Uwe Kirst (Hrsg.)
Selbständig mit Erfolg

Das Buch ist all jenen gewidmet, die den Mut besitzen, etwas zu verändern.

„Manche betrachten die Privatwirtschaft als einen reißenden Tiger, den man erlegen muss. Für andere ist sie eine Melkkuh, doch nur eine Handvoll Menschen sieht sie als das, was sie wirklich ist – den Gaul, der den Karren zieht.“

Winston Churchill

Uwe Kirst (Hrsg.)

Selbständig mit Erfolg

Wie Sie Ihr eigenes Unternehmen gründen, aufbauen, sichern

7., aktualisierte und erweiterte Auflage

Luchterhand
eine Marke von Wolters Kluwer Deutschland

Bibliografische Information der Deutschen Nationalbibliothek
Die Deutsche Nationalbibliothek verzeichnet diese Publikation in der Deutschen Nationalbibliografie; detaillierte bibliografische Daten sind im Internet über http://dnb.d-nb.de abrufbar.

ISBN 978-3-87156-625-7

www.wolterskluwer.de
www.personalwirtschaft.de

Lektorat: Richard Kastl
Produktmanagement: Andrea Porschen
Programmleitung: Jürgen Scholl
Herstellung: Frauke Hille

Umschlaggestaltung: Konzeption & Design, Köln
Cover-Illustration: Ute Hembold, Essen
Satz: Satz-Offizin Hümmer GmbH, Waldbüttelbrunn
Druck: Wilhelm & Adam OHG, Heusenstamm

Gedruckt auf säurefreiem, alterungsbeständigem und chlorfreiem Papier.

Vorwort zur siebten Auflage

Selbständigkeit ist für viele ein Weg, den eigenen Träumen näher zu kommen und alle vorhandenen Fähigkeiten zum größten Nutzen einzusetzen. Wem es gelingt, sich und seine Familie erfolgreich wirtschaftlich sicher zu stellen, vielleicht eine Idee zum Leben zu erwecken, die auch Anderen eine Existenz sichert, der tut etwas für die Gesellschaft – und nicht nur im eigenen Land, sondern auch in Europa.

Vielleicht ist Ihnen dieser gedankliche Bogen zu kühn? Es sind aber immer wieder Einzelne, die mit dem Bekenntnis zu sich selbst und Ihren Talenten neues Terrain erschließen und damit sich und andere voranbringen.

Seit nunmehr 16 Jahren gibt es dieses Buch als Unterstützung für die, die es wagen wollen. Vor einigen Jahren wurde es von einer Expertenkommission als eines der beiden Besten in Deutschland ausgezeichnet. Mit dieser 7. Auflage haben wir es erneut ergänzt und aktualisiert. Sie finden Neues, z. B. über die Unternehmergesellschaft, das Vermarkten Ihres Businessplanes und darüber, woran Sie ein unseriöses Schneeballsystem erkennen. Sie finden Grundsätzliches wie die Finanzplanung, Ihre Markt- und Standortanalyse sowie Marketing. Und auch die leidigen Themen Steuern und Insolvenz werden nicht ausgespart.

An den bisherigen Auflagen des Buches haben viele Experten mitgewirkt. Darunter auch einige, die heute nicht mehr im beruflich-fachlichen Alltag zu Hause sind und deswegen den Staffelstab ihren Nachfolgern in die Hände gegeben haben: So wie Rechtsanwalt Christian Nowak aus Erlangen und Diplom-Ingenieur Dieter Pelzing aus Dresden; beides Freunde und Kollegen der ersten Stunde. Sie haben sechs Auflagen lang ihr Wissen und ihre Erfahrung eingebracht. Ihnen sowie Dr. Beer und Dr. Hiller gilt an dieser Stelle mein besonderer Dank. Auch Dr. Ulrich Lichtner aus München, der ebenfalls zu den ersten Autoren zählt und 2002 plötzlich verstarb, hat unser Buch entscheidend mitgeprägt – deshalb finden Sie seinen Namen immer noch in der Autorenliste.

Als neue Mitstreiter sind zu begrüßen die Unternehmerinnen Christiane Herget, Heike Kirst und Michaela Schwarzenbach, der Unternehmer Martin Schauer, der Banker Thomas Fürst, der Kammer-Experte Peter Höhne sowie die Rechtsanwälte Thomas Ebert und Arne Kausch – alle eng mit unserem Thema verbunden.

Wir wünschen uns, dass Sie, liebe Leserinnen und Leser, die heutigen Gründerpersonen, wirklich die Unternehmerinnen und Unternehmer von morgen sein werden, die mutig und kompetent, unermüdlich und ehrlich, kreativ und erfolgreich dazu beitragen, dass es trotz aller wirtschaftlichen Reibungsverluste in unserer Gesellschaft aufwärts geht.

Tragen Sie mit Ihrem Geist, Ihrer Überzeugtheit und mit den Werten, die Ihnen wichtig sind, dazu bei, dass langjährig erfolgreiche Unternehmen entstehen! Viel Erfolg dabei!

Dr. Uwe Kirst
Herausgeber *Linz/Leonding, im November 2010*

Aus dem Vorwort zur ersten Auflage

Sie wollen sich selbständig machen? Sie sind vielleicht sogar inmitten konkreter Vorbereitungen? Dann möchten wir Sie mit unserem Buch ein Stück auf Ihrem Weg begleiten, Ihnen Anregungen geben, nützliche Kenntnisse vermitteln, Sie vor gravierenden Fehlern bewahren.

Unser Autorenteam besteht aus Praktikern, die selbst Unternehmer sind oder entsprechende Verantwortung tragen. Was wir Ihnen hier vorlegen, ist der komprimierte Erfahrungsschatz aus Hunderten von Existenzgründungsseminaren und -lehrgängen in ganz Deutschland, aus Analysen und Beratungen. Es ist erprobtes Wissen unternehmerischer Praxis. Trotzdem ist dieses Buch kein Endprodukt, sondern die Momentaufnahme eines Entwicklungsprozesses. Schreiben Sie uns deshalb Ihre Meinung. Schildern Sie uns Ihre Erfahrungen. Es interessiert uns, um Wichtiges in der nächsten Auflage zu berücksichtigen.

Ein Wort an Sie als Gründerin: Wir haben bewusst darauf verzichtet, die Worte „Gründerin und Unternehmerin" parallel zur maskulinen Form zu verwenden. Bitte haben Sie Verständnis dafür – das hätte negative Auswirkungen auf den Fluss der Sprache und den Umfang des Manuskripts gehabt.

Ich danke an dieser Stelle meinen Kolleginnen und Kollegen, den Freunden und Mitarbeitern sowie dem Verlag für die gute Zusammenarbeit.

Ein besonderer Dank gebührt Jil Sander und Konsul Senator Schöller sowie dem Geschäftsführer des Deutschen Franchise-Verbandes e. V., Hans Lang, für ihre freundliche Unterstützung. Ebenso den vielen Existenzgründern, Unternehmern und Mitarbeitern von Industrie- und Handelskammern, die mit Anregungen und Beispielen zum Inhalt beigetragen haben.

Dr. Uwe Kirst *März 1994*

Kurzübersicht

Inhaltsverzeichnis

KAPITEL I

Rahmenbedingungen für die Gründung Ihres Unternehmens

1 Sie selbst und Ihre Ziele – Chance oder Risiko

Sie tragen sich mit dem Gedanken, ein Unternehmen zu gründen? Dann wird es Sie interessieren, dass Sie mit der Bereitschaft, sich auf Ihre Unternehmensgründung umfassend vorzubereiten, Ihre Erfolgschancen bereits um einiges verbessert haben. Das charakterisiert Sie als einen Menschen, der vorausschauend denkt und den Erfolgsfaktor „Wissen" berücksichtigt – unternehmerische Eigenschaften, die jeder braucht, der sein Ziel erreichen will.

Von Interesse sind zunächst die Rahmenbedingungen, die Sie bei Ihrer Gründung zu berücksichtigen haben: das gesellschaftliche und wirtschaftliche Umfeld, die rechtlichen Bedingungen und organisatorischen Erfordernisse, aber auch die Finanzierungsmöglichkeiten und die Förderhilfen des Staates und – nicht zuletzt – Ihre persönlichen Voraussetzungen – das alles in Abhängigkeit von Ihrer konkreten Gründungsform. Dieses Kapitel wird Ihnen helfen, Ihre eigene Gründungssituation richtig einzuschätzen.

Falls Sie bereits selbständig sind, wissen Sie ja, wie schwierig es ist, Erfolg zu organisieren. Sie finden hier Anregungen, die Ihnen in Ihrem Unternehmeralltag nützlich sind.

1.1 Wann ist Gründerzeit?

Gründer hat es immer gegeben. Zu allen Zeiten fanden sich Menschen, die, auf eigenes Risiko, oft mit großen anfänglichen Opfern, all ihre Kraft, ihr Wissen und Können für eine Idee, für ein bestimmtes Ziel eingesetzt haben. Motive dafür gab und gibt es unzählige. Die Unzufriedenheit mit der persönlichen Lebenssituation gehört genauso dazu wie das Bestreben, eine technische Novität, eine eigene Idee umzusetzen. Oft war es ein gesellschaftlicher Trend, der dazu animierte, manchmal ganz einfach der Wunsch, eine Menge Geld zu verdienen. Viele dieser Gründer begannen ihr Vorhaben, ohne zu ahnen, was sie auf sich nahmen. Sie erkämpften den Erfolg gegen alle Widrigkeiten und Gefahren des Marktes sowie ihrer Zeit, sie überwanden viele Hürden, besiegten nicht nur Konkurrenten, sondern auch sich selbst, schufen dadurch zum Teil Beachtliches für die Gesellschaft, aber – sie scheiterten auch, erlitten wirtschaftliche und persönliche Verluste.

Die Geschichte nennt immer nur die Erfolgreichen – Werner von Siemens, Jil Sander oder Theo Schöller. Manche dieser Namen kennen wir heute als Bezeichnung ausgedehnter Wirtschaftsstrukturen mit internationalem Profil. Kaum vorstellbar, dass am Anfang oft die Werkstatt eines Handwerkers stand, ein kleines Ladengeschäft, ein Familienunternehmen oder der Schreibtisch eines von seiner

Idee begeisterten Ingenieurs. Sie alle begannen damit, dass ein Einzelner oder eine Gruppe von Enthusiasten den ersten Schritt wagte – auf eigenes Risiko, ohne soziale Absicherung oder finanzielle Hilfen.

Wie sah der Anfang eines heute erfolgreichen Unternehmers aus? Wir fragten den inzwischen leider verstorbenen Konsul Senator Schöller, Gründer der Schöller Lebensmittel GmbH & Co KG, Nürnberg, der bis ins hohe Alter an der Spitze des Unternehmens stand:

An Visionen festhalten – acht Fragen an Theo Schöller

1. **Was war Ihr Motiv, sich selbständig zu machen?**
   „Ich hatte ein Produkt gefunden, von dem ich einfach überzeugt war: Eis war und ist für mich ein Erzeugnis der Zukunft."

2. **Wann und wo haben Sie Ihr Unternehmen gegründet?**
   „Ich begann 1937 mit meinem Bruder Karl. Es hieß Karl Schöller, Jopa-Eiskrem-Fabrik, und war eine Personengesellschaft."

3. **Wie sah das Gründungsunternehmen aus?**
   „Wir installierten unsere Eisproduktion in der Martin-Richter-Straße in Nürnberg. Es war nur eine kleine Eisfabrik. Das Solebecken hatte zum Beispiel nur ca. 0,6 mal 4 Meter Grundfläche."

4. **Hat Ihnen jemand geholfen?**
   „Wir durften den kleinen Betrieb auf dem elterlichen Grundstück errichten."

5. **Wie lange hat es gedauert, bis Sie sagen konnten: Die Kuh ist vom Eis?**
   „Die Frage ist so genau nicht zu beantworten, denn nach dem Krieg hatte ich erneut von vorn anzufangen. 1955 musste ich auf Betreiben unserer Bank ohne meinen Bruder mit 1,5 Millionen DM Schulden und einem Umsatz von 900.000 DM weitermachen."

6. **Wie groß ist Ihr Unternehmen heute?**
   „Wir erzielen heute mit mehr als 6.500 Mitarbeitern einen Listenpreis-Umsatz von über 1,5 Milliarden DM."

7. **Was ist der schlimmste Fehler, den ein Gründer oder Jungunternehmer begehen kann?**
   „Dass er nicht an sein Produkt glaubt!"

8. **Wie lautet die wichtigste Regel, die er oder sie befolgen sollten?**
   „Eisern an seinen Visionen festzuhalten."

Angesichts der heutigen Unternehmensstrukturen und des scheinbaren Wirrwarrs von Gesetzen und Bestimmungen wird oft die Frage gestellt, ob der bescheidene Anfang eines oder einer Einzelnen heute überhaupt noch zeitgemäß, ja noch möglich ist; ob nicht moderne Technik und Technologien, grenzenlose

Kommunikation, eine auf Europa und die Welt orientierte Wirtschaftspolitik, nebst allen bürokratischen Innovationen, den Gründer zum Relikt einer vergangenen Zeit machen – es einen solchen Gründer also gar nicht mehr geben kann. Drohen er und das kleine Unternehmen auszusterben?

Das Statistische Bundesamt hat nach Informationen des Institutes für Mittelstandsforschung Bonn IfM im Jahre 2009 in Deutschland 412.600 Existenzgründungen ausgewiesen. Nur 393.400 Abmeldungen stehen dem entgegen. Das sind also 19.200 Existenzen als positiver Saldo.

Dabei sind die kleinen und mittleren Unternehmen für eine funktionierende Wirtschaft unverzichtbar. Es sind nicht die großen Einheiten der modernen Wirtschaftssysteme allein, die die Entwicklung eines Landes oder einer Region voranbringen, sondern auch die Vielzahl der kleinen und mittleren Betriebe. In ihnen werden Ideen geboren und zuweilen gegen jede Erfolgswahrscheinlichkeit durchgesetzt. Hier fallen die Entscheidungen der kurzen Wege. Wer sie trifft, trägt meist auch die Folgen selbst.

Wir haben Menschen nötig, die Unternehmer sein wollen, etwas „unternehmen", kreativ sind und sich selbst in Gänze einbringen: Menschen, die für etwas stehen und damit dem Wirtschaftsstandort Deutschland Impulse geben. Wir brauchen Selbständige, die sich voll und ganz der Chancen und Risiken ihres Weges bewusst sind – die ihre Funktion als Motor und Zugpferd wirtschaftlicher Entwicklung in unserer Gesellschaft richtig erfassen.

Kleine Unternehmen reagieren viel empfindlicher auf die Bewegungen des Marktes. Jede Entscheidung birgt das Risiko persönlicher Existenzvernichtung in sich: Wenn große Strukturen einen Schnupfen haben, wird dieser für manchen Mittelständler zur Lungenentzündung. Rechnen Sie deshalb auch mit Hilfe und Unterstützung: durch kostenlose Beratung bei Industrie- und Handelskammern, Handwerkskammern, durch staatliche Förderprogramme und steuerliche Entlastungen.

Niemand wird Ihnen jedoch die Verantwortung für sich selbst und Ihre Entscheidungen abnehmen. Das unternehmerische Risiko tragen Sie allein: stets und in vollem Umfang. Jeder Fakt, den sie selbst kennen, jeder Kniff, den Sie beherrschen, macht Ihren Weg sicherer. Denn einen absolut störungsfreien Pfad zum Erfolg gibt es nicht. Wir liefern Ihnen deshalb einen Grundstock an Wissen, an Informationen, an Denkanstößen und Instrumenten – für die Hilfe zur Selbsthilfe. Vergleichen Sie Ihre eigene Situation mit den Beispielen und Anregungen. Erarbeiten Sie Ihr Konzept. Machen Sie sich immer wieder bewusst, wie komplex die Aufgabe ist, ein Unternehmen zu gründen und zum Erfolg zu führen.

1.2 Das Umfeld Ihrer Gründung

Sowohl Ihr Gründungsvorhaben als auch Ihr späteres Unternehmen unterliegen vielfältigen Einflüssen. Es ist Ihre Aufgabe, jede veränderte Situation des Umfeldes in den eigenen unternehmerischen Entscheidungen zu berücksichtigen. Die folgende Grafik nennt nur die wichtigsten von vielen Faktoren. Hinter jedem Begriff ist eine Fülle weiterer Problemfelder und Einflussgrößen verborgen. So steht der Ausdruck Konkurrenz nicht nur für Ihre Mitbewerber, sondern auch für Preisdruck, Rabattpolitik, Werbestrategien, Wettbewerbs- und Vertragsrecht.

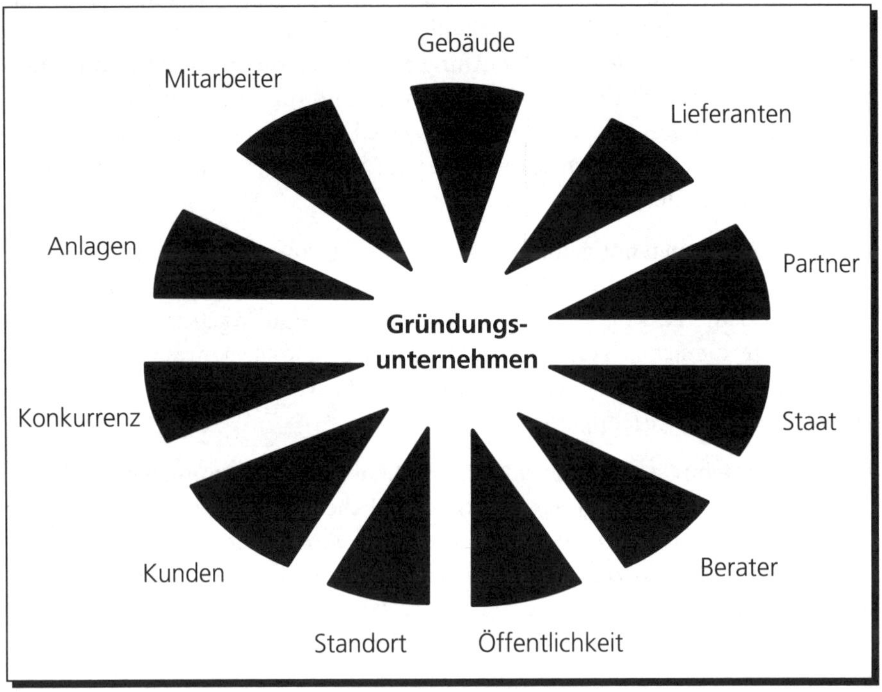

Das Wort Staat repräsentiert Behörden und Gerichte, Genehmigungen und Verbote, Finanzamt und Steuerlast, aber auch Fördermittel und steuerliche Erleichterungen. Gleichgültig, ob Sie als Handwerksmeister, Händler, Produzent oder anderweitig gewerblich Tätiger, als Makler oder Freiberufler selbständig werden – Sie sind diesen Wirkungen ausgesetzt. Dafür sensibilisiert und gerüstet zu sein, ist eine Erfolgsvoraussetzung.

Langjährige Erfahrungen zeigen, dass ca. 70 Prozent der Jungunternehmer innerhalb der ersten fünf Jahre nach der Geschäftseröffnung scheitern, wenn sie unvorbereitet sind und keinerlei Schulung oder Beratung in Anspruch nehmen. Dieser Wert verbessert sich auf rund 30 Prozent, sobald eine verantwortungsbewusste Vorbereitung und permanente Eigenqualifizierung des Gründers stattfindet. Diese Zahlen zeigen aber auch, dass selbst bei gründlichster Vorbereitung ein

Scheitern des Unternehmens nicht auszuschließen ist; das Risiko lässt sich niemals eliminieren. Der Weg zum unternehmerischen Erfolg ist und bleibt mit Gefahren gepflastert.

Eine gewisse Risikobereitschaft sowie entsprechendes Durchstehvermögen gehören genauso zur Unternehmerpersönlichkeit wie Zuversicht und Wachsamkeit. Verwechseln Sie aber bitte nicht die notwendige optimistische Grundhaltung mit Leichtsinn; die Folgen sind meist gravierend. Der Faktor „Risiko" ist der Preis für Ihre unternehmerische Freiheit.

1.3 Frauen, die etwas unternehmen

Sehr oft wird gefragt, ob es Frauen bei der Gründung leichter oder schwieriger haben, ob für sie besondere Regeln gelten.

Für beide Geschlechter gelten gleiche Anforderungen, um erfolgreich zu sein. Weder der Schuldendienst für das Fremdkapital noch die Preise für die eigenen Produkte, weder die Miete noch die Zahlungswilligkeit der Kunden werden durch die Frage beeinflusst, ob Sie Frau sind oder Mann. Intelligenz, Wissen und Können, Gespür für Marktchancen und Führungsqualitäten sind davon nicht abhängig. Entscheidend sind Ihre Anlagen, Kenntnisse und Erfahrungen sowie Ihr Umfeld.

Allerdings ergeben sich aus der sozialen wie auch der biologischen Rolle der Frau in der Gesellschaft einige Besonderheiten, die im Gründungsprozess und auch später in Betracht zu ziehen sind: Bestimmte gesetzliche Bestimmungen zum Schutz der Frau im Arbeitsprozess sind nur ein Aspekt zu berücksichtigender Faktoren. Häufiger als die schwächere körperliche Konstitution erzeugt die Funktion der Frau in ihrer Familie Hindernisse auf dem Weg zur Selbständigkeit. Die Mutterrolle und das nicht immer vorhandene Verständnis von Familienmitgliedern für ein starkes berufliches Engagement legen der künftigen Unternehmerin manchen Stein in den Weg. Hinzu kommt die unbegründete und teilweise diskriminierende Skepsis mancher Fremdkapitalgeber gegenüber einer selbständigen Frau, besonders dann, wenn sie sich für Branchen interessiert, in denen Männer dominieren. Leider wird der typische Unternehmer immer noch fast ausschließlich als männliche Gestalt gesehen.

Dankenswerterweise gibt es bereits spezielle staatliche Hilfen, die Frauen auf ihrem Weg in die Selbständigkeit unterstützen. Auch die Initiative vieler Frauen, sich in Unternehmerverbänden oder Konsultationsgruppen zusammenzuschließen, hat sich als hilfreich erwiesen. Ziel sollte sein, gemeinsam Selbstbewusstsein zu entwickeln und einander dort zu unterstützen, wo unabänderliche Besonderheiten, wie etwa die Kinderbetreuung bei alleinstehenden Müttern, zu Problemen führen. Sinnvoll ist auch, gegen die Benachteiligung von Frauen beim Aufbau ihres Unternehmens durch Behörden, Institutionen oder Banken anzugehen.

Norm muss sein, dass zur Beurteilung eines Unternehmenskonzeptes ausschließlich sachliche Kriterien herangezogen werden. Sind Sie eine Frau, eine Gründerin, so bieten Ihre persönliche Kompetenz sowie ein tragfähiges Konzept die beste Argumentation für Ihr Projekt.

Die Erfahrung zeigt, dass die Frau im Gründungsprozess oft für sie **typische Fehler** begeht: So werden die privaten und geschäftlichen Finanzen häufig nicht klar getrennt. Planen Sie zwei Budgets – das schafft klare Strategien. Auch die positive Einstellung zu Geld und Gewinn hat nicht immer den nötigen Stellenwert. Die Geschäftsidee selbst trägt zuweilen den Charakter eines Hobbys; sie wird verniedlicht, meist aus Unsicherheit. Das ist gefährlich, denn am Ende der Gründung hat eine wirtschaftliche Vollexistenz zu stehen – gerade dann, wenn der Schritt zur Selbständigkeit eine Alternative zur Arbeitslosigkeit bedeuten soll.

Frauen haben jedoch eine ganze Reihe **typischer Vorzüge**, die sie für den schwierigen Weg zum eigenen Unternehmen geradezu prädestinieren: Sie besitzen Organisationstalent und sind meist sehr belastbar. Sie sind gut in der Lage, eigene Wünsche zurückzustellen, entscheiden vorsichtiger und kostenbewusster. Im Umgang mit Menschen bringen sie oft mehr Geduld und Einfühlungsvermögen auf und können andere, zum Beispiel die Mitarbeiter, sehr gut motivieren.

Dieses Beispiel macht Mut: Heidemarie Jiline alias Jil Sander. Geboren in Schleswig-Holstein, aufgewachsen in Hamburg, Textilfachschule in Neumünster, zwei Jahre Amerika, Modejournalistin bei „Constanze“ und „Petra“. 1968 erste eigene Boutique in Hamburg-Pöseldorf an der Milchstraße, damals die Schickimicki-Meile der Hansestadt. Boutiquen gab es zu dieser Zeit in Deutschland noch nicht. Fünf Jahre später die erste Jil-Sander-Kollektion, weitere sechs Jahre danach die erste Kosmetikserie. 1992: Umsatz rund 300 Millionen Mark, über 400 Mitarbeiter, Verkauf in 300 Geschäften in Europa, Japan, Fernost und den USA. Fabrik in Hamburg, firmeneigene Läden, Shops-in-shops, Franchise-Läden.

Ihre Motive: Wunsch nach Eigenständigkeit und der Chance, progressive Vorstellungen umzusetzen; neu denken; Kreativität; Eigensinn; sich nicht unterordnen.

Ihre Erfahrung: „Ich wollte die unternehmerischen Seiten nicht irgend jemandem anvertrauen, deswegen lernte ich ‚by doing it'. Mein Wissen hat sich verstärkt; aus Erfahrung wuchs Professionalität.“

Jil Sander heute: „Ich bin neugieriger denn je. Ich stelle mich der Auseinandersetzung.“

Falls Sie jetzt denken: „Ich kann mich doch nicht mit Jil Sander vergleichen!“ – wieso eigentlich nicht? In jedem Gründungsunternehmen steckt das Fundament für ein Imperium. Vielleicht tragen auch Sie die Kraft und Kreativität in sich, die Sie bei guten Marktchancen eines Tages zur weltberühmten oder zumindest überregional bekannten Unternehmerin machen? Seien Sie nicht kleinlich in Ihren

Visionen, denn die gehören ebenfalls zum Erfolg. Genauso wie die Tatsache, dass man auch nach den ersten Siegen stets auf dem Teppich bleibt.

1.4 Ihre persönlichen unternehmerischen Voraussetzungen

Die Gründung Ihres Unternehmens soll erfolgreich sein – das ist Ihr Ziel. Sie knobeln über Ihrer Idee, zerbrechen sich den Kopf über die Finanzierung und halten Ausschau nach geeigneten Kunden. Doch alle Mühen und Anstrengungen werden vergeblich sein, wenn Sie selbst nicht der Mensch sind, für den Sie sich halten: ein Unternehmer, der alles überblickt, genau im richtigen Moment die passende Entscheidung trifft und Schritt für Schritt zum Erfolg gelangt.

Verdeutlichen Sie sich folgende Erkenntnis, die in unzähligen Gründungssituationen zutage trat: Gründung und erfolgreiche Führung eines Unternehmens – gleich in welcher Branche – stehen und fallen mit der Person des Gründers, des Unternehmers selbst. Im Ernstfall sind Sie selbst Ihr ärgster Feind, stehen Sie sich nicht nur im Weg, sondern sind Ursache und Vollstrecker Ihres eigenen Scheiterns.

Die Sensibilisierung für die eigenen Vorzüge und Schwächen, für die Felder, die es bei Ihnen selbst zu entwickeln gilt, ist demnach erste Aufgabe für jeden, der sich an die Selbständigkeit heranwagt. Diese Analyse ist unverzichtbar, wenn auch nicht angenehm; denn wer gesteht sich schon gern eigene Unzulänglichkeiten ein. Betrachten Sie sich und Ihr Umfeld schonungslos offen, sehen Sie alles im Zusammenhang mit den Konsequenzen für Ihre Unternehmung und ziehen Sie rechtzeitig die richtigen Schlussfolgerungen – notfalls auch die, nicht oder noch nicht zu gründen. Besser aufschieben oder sogar verzichten, als sich und die Familie auf Jahrzehnte verschulden.

Wir helfen Ihnen, sich selbst im rechten Licht zu sehen, Ihre Stärken zu entdecken und zu entwickeln, aber auch Ihre Grenzen zu erkennen sowie jene Bereiche, wo Sie in der Lage sind, sehr viel für sich und Ihren Erfolg zu tun. Einige der notwendigen unternehmerischen Eigenschaften stellen Sie mit diesem kritischen Blick auf sich selbst gleich unter Beweis.

■ Wissen und Können

Überprüfen Sie, welche Voraussetzungen Sie in **fachlicher** Hinsicht mitbringen. Stellen Sie sich die deutliche Frage nach dem Wert Ihrer beruflichen **Qualifikation**. Eine Ausbildung, die Sie nur auf dem Papier absolviert haben, die aber nicht als wirkliches Wissen und anwendbare Fähigkeit zu Gebote steht, nützt Ihnen wenig; denn Ihre Kunden verlangen Qualität von Ihnen und sind kaum mit dem Hinweis auf Ihr einst erworbenes Diplom zufrieden. Qualifikation als Selbstzweck bringt Ihnen ebenfalls keinen Nutzen, wenn diese sich nicht in dem fachlichen Umfeld befindet, in dem Sie Ihre Gründungsabsicht verwirklichen wollen. Der Diplomingenieur für Maschinenbau bringt allein aus der Sicht seiner Ausbildung kaum die besten Voraussetzungen mit, einen Baubetrieb zu führen. Manche Unternehmung bedarf zur Erlaubnis allerdings bestimmter Berufsabschlüsse oder Leistungsnachweise. Hier zählt Ihre tatsächliche Erfahrung nichts, wenn sie nicht durch ein entsprechendes Zertifikat belegt wird.

Von ebensolcher Bedeutung ist das Maß an **Berufserfahrung**, das Ihnen zur Verfügung steht. Stellen Sie fest, dass Ihnen Erfahrungen fehlen, sollten Sie Ihren Praxishorizont noch vor der Gründung erweitern und den Termin verschieben.

Analyse-Prinzip:

Die schönste Ausrede ändert nichts am Mangel selbst!

Fragen Sie sich, wie Ihre Branchenkenntnisse beschaffen sind. Häufige Ursache für das Scheitern von Projekten ist die unzureichende Branchenerfahrung des Unternehmers. Das ist kein Widerspruch zu der Tatsache, dass gerade der Außenstehende den klaren Blick besitzt und *die* Idee generiert. Ihm fehlen jedoch meist Kenntnisse über die Marktsituation, die Konkurrenz, die Preise, die Ware und das Material, über bestimmte Handelsbräuche und branchenspezifische Besonderheiten. Das erhöht sein Risiko beträchtlich.

Nicht selten wählt der Gründer sein Geschäftsfeld aus dem Hobbybereich. Das geht natürlich und ist auch schon erfolgreich gewesen. Prüfen Sie jedoch sehr kritisch, wie weit sich Ihre Kenntnisse im Hobby von der Kompetenz der erfahrenen professionellen Mitbewerber unterscheiden. Sobald Sie als Unternehmer den Markt betreten, wird aus Ihrer Liebhaberei eine Existenzfrage.

Machen Sie sich aber bewusst, dass alle Ihre technischen oder fachspezifischen Kenntnisse und Erfahrungen nur dann zum geschäftlichen Erfolg führen, wenn Sie keine wesentlichen kaufmännischen Fehler zulassen. Geschäftlicher Misserfolg heißt dabei nicht immer Liquidation oder Konkurs – darunter ist auch ein zwar vorhandenes, aber weit unter den Möglichkeiten liegendes wirtschaftliches Ergebnis zu verstehen. Viele Unternehmer verlieren beträchtliche Geldbeträge, weil sie zu geringe **kaufmännische Kenntnisse** besitzen.

Diese Kenntnisse sind nicht identisch mit dem Wissen eines Buchhalters, sie gehen zum Teil darüber hinaus, zum Teil sind sie oberflächlicher. Sie als Unternehmer haben von allem so viel zu wissen, dass Sie in jeder Situation jederzeit die richtige Entscheidung treffen – oder zumindest erkennen, wann Sie fachlichen Beistand vom Spezialisten (zum Beispiel Finanz- oder Steuerberater) benötigen. Kaufmännisch fit sein schließt die Kenntnis der wichtigsten betrieblichen Kennziffern ebenso ein wie die Fähigkeit, überschlägig zu kalkulieren, sowie den Einblick in Preise und Konditionen der Vertragspartner und Konkurrenten, in Finanzierungs- und Steuerbelange.

Diesen Bereich ausschließlich dem Geschäftspartner – oder dem Ehepartner – zu überlassen, reicht nicht aus, da Sie oft selbst zu entscheiden haben – auch wenn niemand in Ihrer Nähe ist, den Sie fragen können. Im Kaufmännischen brauchen Sie das „gesunde Halbwissen“ des Unternehmers. Besuchen Sie Spezialkurse für Selbständige (keine Buchhalterlehre!). Lesen Sie Fachliteratur und konsultieren Sie regelmäßig einen betriebswirtschaftlich ausgebildeten Steuerberater.

Ein vom Gründer unterschätztes Feld ist die **Führungserfahrung**. Gehen Sie nicht davon aus, dass Sie am Anfang allein arbeiten werden. Bereits die Einstellung der ersten Hilfskraft verlangt von Ihnen einen bestimmten Führungsstil, der sich aus Ihrer Persönlichkeit, Ihren Zielen und Überzeugungen, aus Ihrer Unternehmensphilosophie abzuleiten hat. Mit dem ersten Mitarbeiter stellen Sie in Ihrem Führungsverhalten bereits die Weichen für das künftige **Betriebsklima**.

Versäumnisse am Anfang sind später selten ohne Frust, Leistungsrückgang oder Mitarbeiterverlust korrigierbar. Nutzen Sie Ihre bisherigen beruflichen Erfahrungen. Überlegen Sie, welches Führungsverhalten Sie bei früheren eigenen Vorgesetzten beflügelt, welches Sie abgestoßen hat. Seien Sie sich Ihrer sozialen Funktion als Unternehmer bewusst. Führen Sie sachbezogen und gerecht, aber versuchen Sie nicht, Ihren Angestellten Vater und Mutter zu ersetzen.

Trotz aller nötigen Vorsicht mit Blick auf die Personalkosten – verzichten Sie nicht auf Mitarbeiter nach dem Motto: Das kann ich alles allein. Sie blockieren damit Ihre Zeit, die Sie für unternehmerische, wie planerische und akquisitorische, Aufgaben benötigen. Delegieren Sie rechtzeitig – aber nicht nur die Aufgaben, sondern auch Verantwortung und Entscheidungsbefugnis. Lassen Sie sich bei Schwierigkeiten nicht verlocken, aus Eigenliebe Feuerwehr zu spielen, obwohl die Mitarbeiter die Fähigkeiten besitzen, die Aufgabe selbst zu lösen.

Was gehört noch zum erfolgreichen Start einer Unternehmung? Das Wissen um die Gründung eines Unternehmens selbst, wie Sie alles wann organisieren, was dazu gehört, wer zu welchem Problem zu konsultieren ist – das **Gründungswissen**. Unterschätzen Sie die Folgen nicht, wenn Wichtiges vergessen oder in der falschen Reihenfolge erledigt wird – zum Beispiel bei den Fragen, wann der Kreditantrag zu stellen ist, damit die staatlichen Fördermittel nicht verlorengehen, oder welche Folgen Ihre Entscheidung über die Rechtsform des Unternehmens hat. Während Sie hier darüber lesen, haben Sie bereits einen Weg gewählt. Ergänzen Sie Ihr Studium durch den Besuch von Existenzgründungsseminaren bei Kammern und Verbänden. Konsultieren Sie seriöse Berater, die Ihnen mit ihren Erfahrungen helfen. Wählen Sie, falls Sie im Team gründen wollen, einen erfahrenen Geschäftspartner, der vielleicht schon einmal gegründet hat. Gewinnen Sie nützliche Impulse aus Ihren eigenen Lebenserfahrungen, vielleicht in Führungspositionen oder beim Aufbau von Abteilungen, Filialen.

■ Äußere Bedingungen

Andere Voraussetzungen haben weniger mit Ihren eigenen Fähigkeiten, dem Erlernten oder Erfahrenen, zu tun, sondern mehr mit Ihrem Umfeld, mit Ihrer konkreten Lage zum Zeitpunkt der Gründung.

Von unbestritten besonderer Tragweite ist die **finanzielle Situation** der Gründerperson, also Ihre Vermögenslage. Prüfen Sie genau, welcher finanzielle Rahmen, welche materiellen Sicherheiten Ihnen oder dem Gründerteam zur Verfügung stehen. Je mehr Mittel Sie für Ihr Gründungsvorhaben einzusetzen haben, umso günstiger ist die Überlebenschance Ihres jungen Unternehmens. Das bedeutet nicht: Viel Geld gleich viel Erfolg. Es berücksichtigt nur die Tatsache, dass jeder Fehler teuer ist. Je mehr „Spielraum" Sie besitzen, umso eher lässt sich ein Fehler ausbügeln – sei es bei der Gründung oder später. Haben Sie vorab noch ausreichend Zeit zur Verfügung, nutzen Sie alle Chancen, um Ihre Kapitalbasis zu verbessern.

Vermögen schließt neben Ihrem Eigenkapital in Form von Barmitteln auch materielle Sicherheiten für die Fremdkapitalgeber, meist die Bank, mit ein. Prüfen Sie, was Ihnen wann und in welchem Umfang tatsächlich uneingeschränkt zur Verfügung steht. Prägen Sie sich die Regel ein: Je mehr Eigenkapital Sie haben, umso sicherer ist Ihre Gründung. Bevor Sie jedoch – bei weniger kapitalintensiven Gründungen – mit 100 Prozent eigenem Geld gründen, lesen Sie erst dieses Buch zu Ende.

Quellen der Finanzierung Ihrer Gründung sind vielleicht auch Familienmitglieder. Nicht nur deshalb spielt das **private Umfeld** eine wichtige Rolle bei der Beurteilung Ihrer Gründungsvoraussetzungen. Um beim Geld zu bleiben – viele staatliche Förderprogramme verlangen die Unterschrift des Ehepartners. Schon so manches Projekt scheiterte daran, dass der Partner sich zu einem solchen Schritt nicht entschließen konnte. Klären Sie also vorher alle Fronten.

Ein weiterer Grund für Offenheit vom ersten Tag an ist die Tatsache, dass Sie über mehrere Jahre hinweg unter stärkster Belastung stehen. 12 bis 14 Stunden und mehr Arbeit täglich – oft auch am Sonntag – haben massive Auswirkungen auf jedes Familienleben. Sie riskieren unter Umständen Ihre Partnerschaft, Ihre Ehe; bedenken Sie auch das.

Nutzen Sie den Dialog mit Familienmitgliedern und Freunden, auch Bekannten, um herauszufinden, wie Ihre eigene Persönlichkeit, Ihre Stärken und Schwächen, bezogen auf Ihre Gründungsabsicht, bewertet werden. Es schadet nicht, über sich selbst Neues zu erfahren!

Eine Unternehmensgründung benötigt **Zeit** – nehmen Sie sich diese. Lassen Sie sich nicht von „günstigen Gelegenheiten" oder der „letzten und einmaligen" Chance zu gefährlicher Eile drängen. Neben dem Zweifel an der Seriosität solcher Angebote gibt es immer wieder Versäumnisse durch Hast in der Gründungsphase, die sich später, nach der Geschäftseröffnung, bitter rächen. Klären Sie alles, was möglich ist, vorher, solange Sie noch Zeit dazu haben. Viele dieser Details beeinflussen Ihre unternehmerischen Entscheidungen. Ist der Beginn erst gemacht, lässt sich manches nur noch schwierig ohne Schaden korrigieren. **Hast bringt Verluste!**

Ihre Gründung berührt auch eine Reihe von Gesetzen und Verordnungen. Prüfen Sie, ob Sie die persönlichen Voraussetzungen für das Gewerbe, das Handwerk oder die freiberufliche Tätigkeit mitbringen, die das Gesetz vorschreibt. Manchmal ist es eine bestimmte Prüfung, oft ein polizeiliches Führungszeugnis, ein Auszug aus dem Gewerbezentralregister, ein guter Leumund, Ihre Bonität.

Werfen Sie einen genauen Blick in Ihren Arbeits- oder Dienstvertrag, ob nicht die Kündigungsmodalitäten, ein Wettbewerbsverbot oder andere Bestimmungen Ihrer geplanten Gründung entgegenstehen. Sollten Sie schon selbständig sein, zum Beispiel als Gesellschafter einer GmbH, beachten Sie die gesetzlichen oder Ihre vertraglichen Regelungen über Wettbewerbsverbote von Gesellschaftern. Verhandeln Sie mit Ihren Vertragspartnern oder mit Ihrem Arbeitgeber. Stillschweigendes Übergehen verlagert rechtliche Konsequenzen nur in die Zukunft.

„Wir gründen eine Gesellschaft", das steht nicht selten am Anfang aller Überlegungen. **Partner im Geschäft** sind oft hilfreich, teilweise unverzichtbar, wenn es um die fachlichen Kompetenzen im Unternehmen oder um die Kapitalbeschaffung geht. Gefährlich ist es, Wichtiges vorab ungenau zu besprechen und nicht vertraglich zu regeln. Streitigkeiten selbst im florierenden Unternehmen haben schon häufig das Ende eingeläutet. Diskutieren Sie mit Ihren künftigen Partnern, wie die spätere Gewinnverteilung erfolgen soll – eine lehrreiche Erfahrung für viele Gründer. Regeln Sie Kompetenzen und Verantwortlichkeiten genau. Sichern Sie in Ihrem Vertragswerk, dass jederzeit eine Mehrheitsentscheidung möglich ist, um den Fortgang der Geschäfte bei Unstimmigkeiten nicht zu gefährden.

Legen Sie vertraglich fest, wie im Falle des unverhofften Todes eines Gesellschafters zu verfahren ist. Berücksichtigen Sie auch eine auftretende Erwerbsunfähigkeit oder einen längeren Pflegeaufwand. Achten Sie darauf, dass spätere Testamente Ihren Regelungen im Gesellschaftsvertrag nicht widersprechen.

Und fragen Sie sich lieber einmal mehr: Brauche ich unbedingt einen Partner? Machen Sie nicht ausschließlich Ihre eigene Unsicherheit zum Ratgeber in dieser Entscheidung. Berücksichtigen Sie die angestrebte Unternehmensrechtsform und die sich daraus ergebenden Haftungen. Wenn Sie es aber für richtig halten, nicht allein zu gründen, dann prüfen und wählen Sie sorgfältig. Nur ein fähiger Partner, der Ihre Situation sinnvoll ergänzt, wird Ihnen wirklich etwas bringen.

■ Innere Bedingungen

Sollten Sie alle bisher erwähnten Punkte erfolgreich beleuchtet haben, bleibt nun noch ein Bedingungsgefüge, das sich aus Ihrer physischen und psychischen Struktur ergibt. Hier lässt sich meist wenig oder gar nichts verändern. Umso wichtiger ist es, sich selbst unverblümt ins Gesicht zu schauen.

Bei der zu erwartenden Arbeitsbelastung, die anfangs kaum zu reduzieren ist, muss Ihre **körperliche Konstitution** dem gewachsen sein. Wissen Sie um eigene Schwachstellen, so beurteilen Sie die Lage realistisch. Ein über längere Zeit in der Aufbauphase ernsthaft erkrankter Gründer bedeutet oftmals auch das Ende des Unternehmens. Halten Sie sich fit und gehen Sie keine unnötigen Risiken ein.

Ihre geistigen Fähigkeiten, Ihre **intellektuellen Anlagen,** sollten so geartet sein, dass sie den speziellen Anforderungen Ihrer Gründung entsprechen. Auch ganz bestimmte Eigenschaften, wie **Kontaktfreudigkeit und Flexibilität,** sind nötig. Bedenken Sie, dass Sie als Unternehmer nicht, wie bisher, allein Ihre fachlichen Aufgaben meisterhaft zu lösen haben. Viele Dinge sind zu bewältigen, mit denen Sie vielleicht noch niemals ernsthaft befasst waren: Kunden akquirieren, mit Banken und Lieferanten verhandeln, Verantwortung für Mitarbeiter tragen.

Viele dieser notwendigen Eigenschaften und unternehmerischen Haltungen benötigt jeder, der sich anschickt, selbständig zu sein. Sie sind die Schlüssel zum Erfolg:

Zehn Schlüssel zum Erfolg

- ➔ Blick für die richtige Gelegenheit
- ➔ Heißhunger auf viel Arbeit
- ➔ Selbstdisziplin
- ➔ Unabhängigkeit
- ➔ Anpassungsfähigkeit
- ➔ Selbstvertrauen und -bewusstsein
- ➔ Urteilsvermögen
- ➔ Zielstrebigkeit
- ➔ Fähigkeit, Stress zu tolerieren
- ➔ Lust auf Gewinn

Eine der wichtigsten Voraussetzungen für eine erfolgreiche Unternehmensgründung ist allerdings Ihre **Motivation.**

Machen Sie sich bewusst, **warum** Sie selbständig werden wollen. Verdeutlichen Sie sich Ihre Absichten. Analysieren Sie Ihre inneren Beweggründe, Wünsche und Hoffnungen. Jeder Fakt, der für Ihren neuen Weg spricht, ist ein Motor, bringt Ihnen Antrieb, Kraft, Energie. Er hilft Ihnen, Durststrecken zu überstehen, das Ziel nicht aus den Augen zu verlieren. Wagen Sie es, sich selbst Ihre wirklichen Motive einzugestehen.

Vernachlässigen Sie aber gleichermaßen nicht, welche Punkte **gegen** Ihren Kurs als neuer Unternehmer sprechen. Sensibilisieren Sie sich für die **Risiken**, die Sie eingehen. Werden Sie niemals sorglos, falls bereits anfängliche Erfolge Ihnen recht zu geben scheinen.

Treffen Sie Ihre Entscheidung, Unternehmer zu werden, indem Sie alle **Für-und-Wider-Argumente** gegeneinander abwägen und dann aus Überzeugung das tun, was Sie selbst für richtig halten. Mit offenen Augen alle Chancen und Risiken erkennen und dann zielstrebig verwirklichen, was Sie sich vorgenommen haben – das ist der Weg zum Erfolg.

Ergibt Ihre Selbstanalyse, dass wesentliche Punkte negativ ausfallen, stellen Sie sich folgende Fragen:

1. Wodurch kann ich meine fehlenden Voraussetzungen kompensieren?
2. Würde ein Geschäftspartner das festgestellte Defizit ausgleichen?
3. Sollte ich den Zeitpunkt meiner Gründung verschieben?

Vielleicht macht es Ihnen Freude, unseren **Unternehmerselbsttest** zu absolvieren? Arbeiten Sie die **Checkliste** am Ende dieses Kapitels durch und kennzeichnen Sie die auf Sie zutreffenden Antworten.

1.5 Ihre Geschäftsidee

Nachdem Sie sich über Ihre persönlichen Voraussetzungen Klarheit verschafft haben, prüfen Sie Ihre Idee. Falls Sie bereits eine Geschäftsidee haben, überspringen Sie bitte diesen Abschnitt nicht, denn **eine** einzige ist nicht genug. Sie sollten eine Alternative stets im Hinterkopf haben. Denn selbst die erfolgversprechendste Konzeption ist vor äußeren Einflüssen nicht sicher. Wirkungen des Marktes, Veränderungen im Umfeld des Standortes, wissenschaftliche und technische Entwicklungen verändern die Chancen einer Gründung oft nachhaltig. Nicht zuletzt Sie selbst und Ihre Familie sind als Störfaktoren denkbar.

Was ist zu tun, wenn der Markt plötzlich wegbricht? Die Räumlichkeiten sind gemietet, Maschinen oder Anlagen bestellt oder geliefert. Die Verträge mit Ihren Mitarbeitern sind schon unterzeichnet, die Lieferanten gebunden. Oder Ihr Start liegt Monate zurück. Jetzt alles abzubrechen, bedeutet große Verluste, vielleicht das Ende Ihrer Selbständigkeit. In einer solchen Lage hilft Ihnen nur eine Alternatividee, die Sie mit den vorhandenen Mitteln und Kräften anstelle Ihres ursprünglich geplanten Vorhabens realisieren. Sich darüber erst im Ernstfall Gedanken zu machen, kostet Sie Zeit und Geld, ist unter Zeitdruck weder realisierbar noch erfolgreich. Anders, wenn Sie diese „Variante B“ schon als Konzept in der Schublade haben, durchdacht und durchgerechnet. Es lohnt sich, jähe Wendungen gedanklich vorwegzunehmen – Ihre wirtschaftliche Existenz kann davon abhängen. Auch wenn Sie nicht in diese Situation geraten – gelegentlich entwickeln sich solche Alternativen zum „zweiten Standbein“.

Falls Sie doch noch keine genaue Vorstellung haben: **Wie finden Sie Ihre Geschäftsideen?**

„Die Ideen entzünden einander wie die elektrischen Funken.“ Doch wenn man auf der Suche nach ihnen ist, fällt es oft schwer. Dabei sind innovative Ideen in jeder Branche zu finden und häufig sehr unkompliziert. Was nicht heißt, dass es einfach ist, auf sie zu stoßen oder sie umzusetzen. Manchmal jedoch liegen sie geradezu auf der Hand:

Beispiel

Klaus Schumacher aus Hamburg ist Elektriker. Er war Angestellter eines Unternehmens, das Leuchtschriften installierte und wartete. War eine solche Anlage zu reparieren, behob Herr Schumacher den Schaden, reinigte dabei aber gleichzeitig die Glaskörper, was den jeweiligen Firmen recht war, da für diese gefährliche Aufgabe meist niemand zur Verfügung stand. Das brachte den Elektriker auf die Idee, das Reinigen von Leuchtschriften als selbständige Dienstleistung und auf eigene Rechnung anzubieten. Da er Elektrofachmann war, konnte er beim Reinigen darüber hinaus manchen im Entstehen begriffenen Schaden verhindern. Das von ihm gegründete Unternehmen entwickelte sich sehr erfolgreich.

Die folgenden „Sieben Ratschläge für den Ideensucher“ erleichtern Ihnen den Einstieg:

1. Denken Sie „ganz anders“, denken Sie „quer“!

Vermeiden Sie die ausgefahrenen Gleise! Unterlassen Sie es, nur nachzuvollziehen, was andere bereits gedacht haben. Gehen Sie den Schritt vom Analysieren zur Kreativität; schalten Sie vorher von der linken auf die rechte Hirnhälfte um. Falls Sie nicht wissen, was es bedeutet, „ganz anders“ zu denken, lösen Sie einfach die folgende Aufgabe. Sobald Sie die Lösung kennen, werden Sie wissen, was darunter zu verstehen ist:

Sie haben sechs normale Streichhölzer zur Verfügung. Bilden Sie daraus vier gleichseitige Dreiecke, ohne die Hölzer zu verformen.

2. Suchen Sie in dem Sachgebiet, das Sie am besten beherrschen!

Meist ist das der Beruf oder das intensiv betriebene Hobby. Natürlich finden Sie auch außerhalb des vertrauten Umfeldes gute Ideen, vielleicht sogar recht schnell, da Sie dort nicht „betriebsblind“ sind und als Seiteneinsteiger unbefangener denken. Aber Vorsicht: Eine Idee zu entwickeln **und** sie erfolgreich zu realisieren sind zwei Schuhe eines Paares! Orientieren Sie sich nicht an kurzlebigen Rennern, sondern an Trends – sie halten erfahrungsgemäß zehn Jahre an. Seien Sie experimentierfreudig.

3. Streben Sie nach einer Idee, die Ihnen Spaß macht!

Suchen Sie etwas, zu dessen Verwirklichung Sie Lust und Freude verspüren. Die Erwartung, mit einer Geschäftsidee schnell Geld zu verdienen, darf Sie nicht darüber hinwegtäuschen, dass Sie Ihr künftiges Leben damit entscheidend verändern. Bewegen Sie sich also hauptsächlich in den Bereichen, die für Sie diese Voraussetzungen erfüllen. Lassen Sie sich dabei nicht frustrieren und behalten Sie Ihr Ziel im Auge.

4. Informieren Sie sich umfassend!

Lesen Sie Zeitungen und Fachzeitschriften, führen Sie Gespräche mit Freunden und Bekannten, auch mit geeigneten Spezialisten und mit Konkurrenten! Richten Sie sich nicht nur nach den Wünschen, sondern eher nach den Bedürfnissen Ihrer potenziellen Kunden. Wo zeigt Ihre spätere Konkurrenz heute Schwächen? Besuchen Sie Orte, an denen Sie interessante und für Sie wichtige Leute treffen, zum Beispiel Messen und Veranstaltungen von Verbänden, Organisationen, der IHK oder Handwerkskammern. Vereinzelt gibt es regelrechte Ideenbörsen.

5. Prüfen Sie die Voraussetzungen zur Verwirklichung!

Schon während Sie auf der Suche sind, sollten Sie die Realisierbarkeit Ihrer Idee im Auge behalten. Nicht alles lässt sich wirtschaftlich sinnvoll umsetzen; prüfen Sie Ihre eigenen Potenziale genau. Klammern Sie aus, was für Ihre individuellen Rahmenbedingungen ganz sicher „mehrere Nummern zu groß“ ist. Ist eine Idee jedoch gut, aber für Sie nicht geeignet – vielleicht lässt sie sich vermarkten? Komplizieren Sie auftauchende Lösungen nicht.

6. Verlieren Sie keine Ideen!

Gedankensplitter, verblüffende Erkenntnisse über Zusammenhänge, interessante Denkanstöße oder Informationen – vergessen Sie nichts. Schreiben Sie sich alles auf, notieren Sie jedes Wort, das Ihnen spontan einfällt. Klammern Sie auch Unausgegorenes nicht von vornherein aus. Papier und Stift sollten ständig in Ihrer Nähe sein – sogar nachts neben Ihrem Bett. Im Auto hilft ein einfaches Diktiergerät.

7. Hüten Sie Ihre Zunge!

Ihre Begeisterung in allen Ehren, aber mancher Einfall findet schneller Nachahmer, als Sie vermuten. Manche Idee rechnet sich nur, wenn Sie in der ersten Zeit ein gewisses Monopol besitzen. Prüfen Sie, ob es sich nicht um ein Konzept handelt, das von kapitalkräftiger und erfahrener Konkurrenz noch vor Ihrer Geschäftseröffnung auf den Markt gebracht werden kann. Seien Sie nicht vertrauensselig und sichern Sie sich durch Verschwiegenheit Ihren notwendigen zeitlichen Vorsprung.

1.6 Unternehmensziele und „Firmenphilosophie"

Sie wollen erfolgreich sein, also brauchen Sie Visionen und Ziele, eine Hauptrichtung, in die Sie Ihre Schritte lenken. Denn was nicht durch Ihren Kopf gegangen ist, wird sich in Ihrem Handeln kaum niederschlagen.

Artikulieren Sie Ihre Ziele und Vorstellungen in Ihrer **Unternehmensphilosophie.** Schaffen Sie sich eine Devise, nach der Sie und auch Ihre Mitarbeiter handeln. Geben Sie eine Richtschnur für die Bewertung von Menschen und Konstellationen, für das Treffen von Entscheidungen und das Verhalten in Situationen, die nicht vorhersehbar sind. Gehen Sie aus von der Zielgruppe, für die Sie produzieren oder leisten, vom Markt, auf dem Sie sich mit Ihrem Unternehmen bewegen, von der Art des Betriebes, den Sie aufbauen. Formulieren Sie dann Ihre **Grundsätze zu wichtigen Unternehmensbereichen.** Gehen Sie von diesen Fragen aus:

Meine Grundpositionen

- → Welche Haltung nehme ich gegenüber meinen Mitgesellschaftern und meinen Mitarbeitern ein; welche gegenüber den Kunden und den Lieferanten?
- → Wie stehe ich zu den Mitbewerbern, wie zu meinen Finanzierungspartnern?
- → Wie sehe ich die Rolle von Frauen, von Jugendlichen in meinem Unternehmen oder im geschäftlichen Umfeld?
- → Welche grundsätzliche Einstellung habe ich zur Öffentlichkeit, welche zu Organisationen, zu Behörden, zu politischen Gruppierungen?
- → Was erwarten alle diese Partner von mir – was erwarte ich von ihnen?
- → Was bedeuten mir soziale Ziele oder Verpflichtungen? Welche Rolle spielt mein Unternehmen im gesellschaftlichen Gefüge? Wie ist meine Position zum Umweltschutz?

Bei der Beantwortung dieser Fragen gewinnen Sie Klarheit über die eigenen Positionen. Indem Sie sich artikulieren, finden Sie den Kern Ihrer inneren Überzeugungen, Ihrer Motive im künftigen unternehmerischen Handeln. Formulieren Sie Ihre kurz-, mittel- und langfristigen **Unternehmensziele** sowie Ihre Philosophie bereits **frühzeitig.** Viele Entscheidungen werden dadurch beeinflusst. Nicht zuletzt die Wahl von Partnern, die wirklich zu Ihnen passen.

Vermitteln Sie diese Philosophie später auch Ihren Mitarbeitern, denn sie alle vertreten Ihr Unternehmen nach außen. Klären Sie schon in der Gründungsphase, wie Ihr Betrieb von Dritten gesehen werden soll. Suchen Sie Wege, dieses Bild zu schaffen und zu bewahren. Machen Sie sich bewusst: Bereits die ersten Schritte auf Ihrem Weg in die Selbständigkeit finden in der Öffentlichkeit statt, prägen Ihr Bild als Unternehmer in den Augen anderer.

1.7 Wer helfen kann

Eine fundierte Gründungsplanung erfordert eine beträchtliche Menge an **Informationen**. Diese zu beschaffen ist oft schwierig. Reines Fakten- oder Zahlenmaterial finden Sie vor allem in Fachbüchern, Nachschlagewerken, Zeitschriften, Statistiken. Das Gefundene aber zu werten, einzuordnen in Ihre konkrete Gründungssituation, wird Ihnen zuweilen nicht leicht fallen. Sie brauchen weitere Informationen, die einen gewissen Erfahrungsgehalt besitzen, sich auf Ihre konkrete Gründungssituation beziehen, anwendbares Know-how für Sie darstellen.

Wer kann Ihnen dabei zur Seite stehen? Zunächst prüfen Sie Ihre Einstellung zu dieser Hilfe: Die beste Unterstützung, der nützlichste Rat ersetzen weder Ihre unternehmerische Entscheidung noch sprechen sie Sie frei von den Folgen negativer Entwicklungen. Die Hilfe Dritter ist unverzichtbar, nimmt Ihnen aber nicht das Denken oder gar die Verantwortung ab. Es darf immer nur eine **Hilfe zur Selbsthilfe** sein. Erwarten Sie von keinem Spezialisten, dass er Ihnen eine Entscheidung abnimmt. Begegnet Ihnen ein Ratgeber, der das versucht, trennen Sie sich besser von ihm.

Die Frage, wie Sie einen geeigneten Berater auswählen, ist eng mit dieser Grundposition verbunden. Derjenige unterstützt Sie am besten, der Sie selbst qualifiziert, Sie „schlau macht“ und befähigt, Ihre Aufgaben eigenständig zu lösen. Sicher gibt es Abstufungen, die sich aus dem jeweiligen Gebiet ergeben. So werden Sie trotz intensivster Rechtsberatung noch lange nicht zum Juristen. Auch das sich permanent aktualisierende Erfahrungspotenzial eines Steuerberaters ersetzen Sie nicht durch noch so pfiffige „Tipps und Tricks“. Kostenbewusstes Denken aber oder die Anwendung betrieblicher Kennziffern, wie *Break-even-point* und *Cashflow*, zur Kontrolle Ihres Unternehmens sind erlernbar. Erwerben Sie ein Gefühl für den Punkt, an dem Ihr eigenes Wissen, Ihre eigenen Erfahrungen nicht mehr ausreichen, eine Entscheidung fundiert zu treffen. Verlieren Sie niemals die realistische Sicht für Ihre eigenen Fähigkeiten, überschätzen Sie sich nicht. Gewinnen Sie die Sensibilität, im rechten Moment den geeigneten Spezialisten zu konsultieren, um dann selbst, gut informiert und beraten, richtig zu entscheiden.

Wichtigster und erster Ansprechpartner für den Gründer ist die regionale **Industrie- und Handelskammer**. Als Interessenvertreter der gewerblichen Wirtschaft zählt sie zu den wenigen Konsultanten, die zu einer objektiven, nicht von wirtschaftlichen Eigeninteressen geprägten Beratung und Information in der Lage sind. Finanziert durch die Mitgliedsbeiträge bietet sie ein breites Leistungsspektrum, das auch die Förderung der Selbständigkeit in vielfältiger Form einschließt. Kostenlose Information und Beratung, preisgünstige Weiterbildungsangebote und qualifizierte Gründerseminare gehören genauso dazu wie Kontaktbörsen und Fachveranstaltungen. Die genaue Kenntnis der jeweiligen Region und ihrer Wirtschaftsdaten macht Gespräche mit den Spezialisten der einzelnen Kammerbereiche (Recht, Umweltschutz, Außenwirtschaft, Finanzhilfen ...) zu einer wahren Fundgrube für manchen Gründer.

Oftmals ist die Konsultation der IHK sogar unverzichtbar: Fachliche Stellungnahmen zu Gründungsvorhaben, Empfehlungen über die Wahl einer Firma (Handelsname) zum Eintrag ins Handelsregister oder die für das Erteilen einer Erlaubnis notwendigen Prüfungen und Leistungsnachweise obliegen den Industrie- und Handelskammern. Im Bereich der staatlichen und der EU-Förderprogramme existieren leistungsfähige Datenbanken, mit deren Hilfe das für Sie geeignete Programm schnell ausgewählt ist. Bestimmte Nachschlagewerke, die für eine Anschaffung zu teuer sind, sind dort ohne Entgelt zugänglich. Broschüren zu wichtigen Themen, wie Existenzgründung, Finanzierung, Förderung, Marketing, Umweltschutz, stehen meist kostenlos zur Verfügung. Informieren Sie sich am besten vor Ort über das, was Ihnen Ihre IHK bietet.

Ähnliches ist über die **Handwerkskammern** zu sagen. Während die IHK für die gewerbliche Wirtschaft zuständig ist – „Fremdgründer" werden trotzdem nicht weggeschickt – betreut die Handwerkskammer alle Meister, Gesellen und Lehrlinge im Bereich des Handwerks einer bestimmten Region. Sollten Sie sich nicht sicher sein, ob Ihr Gründungsvorhaben vielleicht im Bereich einer handwerklichen Tätigkeit liegt, konsultieren Sie **rechtzeitig** diese Kammer. Die Voraussetzungen für die Gründung eines Handwerksbetriebes sind genau vorgeschrieben und lassen wenig Spielraum. Sollte sich erst bei der Anmeldung Ihres Gewerbes herausstellen, dass Sie in Wirklichkeit ein Handwerk ausüben, gefährdet das Ihre Gründung ernsthaft, falls Sie die notwendigen Bedingungen nicht erfüllen. Die **Betriebsberater** Ihrer Handwerkskammer stehen Ihnen meist auch für Detailfragen zu Ihrem Projekt zur Verfügung.

Falls Sie aus der Arbeitslosigkeit heraus gründen wollen oder demnächst arbeitslos werden, ist die örtliche **Agentur für Arbeit** ein wichtiger Ansprechpartner. Hier erhalten Sie nicht nur alle Informationen zu den aktuellen Zuschüssen für eine Gründung aus der Arbeitslosigkeit (Berechtigung), sondern Sie erfahren auch, welche Formalitäten zu beachten sind. Informieren Sie sich rechtzeitig über alle Modalitäten, damit Ihnen keine Formfehler unterlaufen. Nutzen Sie dafür das Internetportal der Agentur und die Foren, in denen andere Gründer über ihre Erfahrungen berichten.

Gründen Sie als **Freiberufler**, gibt es bei den Wirtschaftskammern keine Zuständigkeit, da Sie dort nicht Mitglied werden können. Falls Sie keinem passenden Branchenverband zuzuordnen sind, kann Ihnen das „Institut für Freie Berufe – IfB" in Nürnberg spezielle Informationen geben (Adresse im Anhang).

Nützliche Details erfahren Sie auch bei **weiteren öffentlichen Ämtern, Fach- oder Branchenverbänden, Vereinen, Genossenschaften, Gewerkschaften und wissenschaftlichen Institutionen**.

Einige dieser Ansprechpartner verhalten sich grundsätzlich kooperativ gegenüber gründungswilligen Interessenten, sofern nicht ohnehin eine entsprechende Verpflichtung dazu besteht. Nicht immer aber ist die Information kostenlos und – gerade bei Verbänden – meist an eine Mitgliedschaft gebunden. Bevor Sie einen Mitgliedsantrag ausfüllen, bedenken Sie, was Ihnen dieses Dazugehören wirklich bringt, was es Sie kostet und ob es überhaupt der Verein ist, in welchen Sie eintreten sollten. Die Vielzahl der Angebote macht eine Entscheidung nicht immer leicht. Informieren Sie sich deshalb vorher bei Unternehmern, die schon Mitglieder sind, über den Anspruch und die konkreten Leistungen gerade dieses Verbandes.

In manchen Branchen, so in der Gastronomie und Hotellerie oder im Einzelhandel, existieren eigene Beratungsorganisationen, die empfehlenswerte, branchenbezogene Leistungen (Gründungsberatung, Markt- und Standortanalysen) anbieten. Geben Sie erst dann größere Geldbeträge aus, wenn Sie mit ziemlicher Sicherheit wissen, dass Ihr Gründungsvorhaben wirklich realisierbar ist. Die mit vier- oder fünfstelligen Summen bezahlte Erkenntnis, dass Ihre Idee nichts taugt, erarbeiten Sie sich preiswerter erst einmal selbst.

Fragen Sie sich jedoch stets, auf welchem Feld der Sie Beratende seine Kompetenz besitzt, dann wissen Sie auch, wie Sie diese Ratschläge einzuordnen haben.

Fast überall begegnen Ihnen **Statistiken** und anderes analytisches Material. Suchen Sie unbedingt auch nach Themen und Schwerpunkten, die Sie nicht erwarten. Zuweilen gibt es Diplomarbeiten von Studenten, Dissertationen, Werksanalysen oder Werbematerialien, die Ihnen gerade für Ihre Gründung wertvolle Anregungen vermitteln sowie interessante Zahlen und Fakten enthalten. Es lohnt sich, in **Stichwortverzeichnissen von Bibliotheken**, in Fachhochschulen und Universitäten zu stöbern – das geht am einfachsten über das Internet – und – wo immer es geht – Gespräche zu führen, Augen und Ohren offenzuhalten.

Unverzichtbarer Partner bei jeder Unternehmensgründung ist der **Rechtsanwalt**. Bedenken Sie, dass Ihr gesamtes Projekt inmitten eines komplizierten Systems von Gesetzen, Vorschriften und Grundsatzurteilen geplant und realisiert wird. Manche Fehler in Verträgen und Abmachungen oder gar mangelnde konkrete Festlegungen zeigen ihre manchmal vernichtende Wirkung erst nach Jahren. Die Ansicht, dass ein Laie mit angelesenem Wissen den juristischen Wechselfällen des Lebens gewachsen ist, stellt sich immer wieder als Trugschluss heraus. Fruchtlose und langwierige gerichtliche Auseinandersetzungen haben schon manches Unternehmen in den Ruin geführt. Lassen Sie alle Ihre Verträge von Ihrem Anwalt prüfen – nicht nur die, welche der Vertragspartner Ihnen vorlegt, sondern auch die, die Sie allein oder nach Vorlage „entwickelt“ haben.

Bedenken Sie, dass im Konfliktfall nur Sie selbst wirklich auf Ihrer Seite stehen. Das heißt, ein einziger Anwalt für mehrere Partner kann nicht immer die differenzierten Interessen jedes Einzelnen vertreten – Sie brauchen Ihren eigenen Rechtsberater. Gleich, ob es sich dabei um einen Liefervertrag, eine Mietverhandlung oder um einen Gesellschaftsvertrag mit Ihrem Geschäftspartner handelt. Zu treffen ist jede Entscheidung zwar ausschließlich durch Sie, aber ein guter Anwalt wird Sie stets auf alle Risiken aufmerksam machen, die Sie jeweils eingehen.

Juristischen Rat (keine verbindliche Beratung!) erhalten Sie auch bei anderen Stellen, so durch die IHK, entsprechende Beratungsstellen bei anderen Institutionen, durch einen Notar oder einen Steuerberater, wenn er gleichzeitig Rechtsbeistand ist. Prüfen Sie, ob diese Auskünfte für Ihre konkrete Situation ausreichen. Im Falle einer gerichtlichen Auseinandersetzung dürfen diese Fachleute Sie nicht anwaltlich vertreten. Lassen Sie sich immer über die **Haftung Ihrer Berater** für die gegebene Information aufklären.

Wie finde ich einen geeigneten Anwalt? Diese Frage gerät für manchen Gründer zum Hindernis. Es wird Ihnen helfen, wenn Sie sich folgende fünf Regeln zu eigen machen:

Tipp

Fünf Tipps zur Anwaltsuche

1. Fragen Sie Freunde, Bekannte und Kollegen nach Empfehlungen; wählen Sie zusätzlich aus den „Gelben Seiten" weitere geeignete Adressen aus. Treffen Sie die Auswahl passend zu Ihrem Vorhaben. Nicht immer muss es der teure, internationale Fachanwalt sein.
2. Rufen Sie an, bevor Sie die Kanzlei aufsuchen. Fragen Sie noch am Telefon, was Sie an Kosten für die erste Konsultation zu erwarten haben. Der persönliche Erstkontakt zur Klärung Ihres konkreten Beratungsbedarfs (15 bis 20 Minuten) sollte kostenlos sein.
3. Klären Sie bei Ihrem Besuch, was Sie brauchen. Testen Sie, ob Ihnen Ihr Gegenüber Vertrauen einflößt und Sie ernst nimmt.
4. Erfragen Sie den zu erwartenden Umfang der Beratung, welche Kosten wofür und in welcher Höhe anfallen. Haben Sie künftig einen permanenten Beratungsbedarf, ist eine Monatspauschale vielleicht sinnvoll.
5. Selbst wenn Ihnen bereits der erste Anwalt zusagt, sprechen Sie mit mehreren Kandidaten, bevor Sie sich endgültig entscheiden.

Die Inanspruchnahme eines **Notars** hängt davon ab, welche Gründungssituation vorliegt. Kapitalgesellschaften (GmbH, Aktiengesellschaft) oder Unternehmen, die ins Handelsregister einzutragen sind, bedürfen zu ihrer Errichtung der notariellen Beurkundung. Jede Veränderung im Handelsregister verlangt ebenfalls den Notar. Auch bestimmte Verträge, zum Beispiel Gesellschaftsverträge, Eheverträge (Stichwort Gütertrennung) und eine Reihe weiterer Rechtsgeschäfte sind ohne ihn nicht zu vollziehen. Geschäfte, die Grundbucheintragungen erfordern, zählen ebenfalls dazu.

Die Auswahl des Notars erfolgt oft danach, wer am Ort als solcher zugelassen ist. Grundsätzlich ist es gestattet, auch jemanden aus einer anderen Region zu wählen. Beachten Sie aber, dass die Stellung des Notars in den einzelnen Bundesländern zum Teil unterschiedlich geregelt ist und dass sich durch die Wahl eines Auswärtigen die Bearbeitung Ihrer Sache durch das Amtsgericht vielleicht verzögert. Vereinbaren Sie Termine rechtzeitig; die Arbeitsbelastung ist mancherorts groß und führt dann zu unerwünschten Verzögerungen im Gründungsprozess.

Nicht wegzudenken aus Ihrer Gründungsszenerie ist der **Steuerberater**. Seine Kenntnisse und Erfahrungen sind für Sie nicht nur im Zusammenhang mit steuerrechtlichen Belangen nützlich und teilweise unverzichtbar. Er unterstützt Sie auch beim Einrichten und Organisieren Ihrer Buchhaltung. Schon in der Gründungsphase gibt er Ihnen wertvolle Hinweise zu steuerlichen Aspekten bei der Wahl Ihrer Unternehmensrechtsform. Er berät Sie zum Beispiel, ob es in Ihrem konkreten Fall günstiger ist, zu finanzieren oder zu leasen, entwickelt mit Ihnen gemeinsam Abschreibungsmodelle, macht Sie sensibel für steuerliche Sparsamkeit und klärt Sie über Ihre Pflichten in der Buchführung auf. Funktioniert Ihre Zusammenarbeit reibungslos, bewahrt er Sie vor möglichen Verlusten, indem er auf Schwachstellen und Fehler rechtzeitig aufmerksam macht.

Um diese Funktion erfüllen zu können, sind mehrere Dinge zwingend erforderlich: Der Steuerberater hat sowohl kompetent als auch engagiert zu sein, und Sie müssen „mit ihm können". Wählen Sie Ihren Helfer im steuerlichen Bereich genauso sorgfältig aus wie Ihren Rechtsanwalt. Achten Sie auf folgende Punkte, bevor Sie entscheiden, denn den Steuerberater zu wechseln, ist aufwändig und störend für den Geschäftsbetrieb:

Tipp

Fünf Tipps zur Steuerberatersuche

1. Wählen Sie einen engagierten, an Ihnen und Ihrer Geschäftsidee interessierten Partner. Er muss nicht unbedingt seit 25 Jahren eine Kanzlei führen.
2. Fragen Sie danach, wer Ihre Angelegenheiten letztlich bearbeiten wird. Wird Ihnen der Steuerberater persönlich ohne langwierige Anmeldeprozeduren – notfalls kurzfristig – zu einer Konsultation zur Verfügung stehen, oder sucht er vielleicht nur einmal wöchentlich seine Kanzlei auf?
3. Besprechen Sie das detaillierte Vorgehen, den Leistungsumfang und die Abrechenbarkeit der einzelnen Abschnitte. Stellen Sie dabei fest, ob die „Chemie" zwischen Ihnen und dem Berater stimmt. Immerhin wird er Einblick in wirtschaftliche und private Details erhalten.

4. Vereinbaren Sie die Honorierung in Abhängigkeit von der Qualität der vorgelegten Teilergebnisse in Etappen. Die letzte Zahlung sollte beiden Seiten kleine Spielräume lassen. Nutzen Sie die staatliche Beratungsförderung, aber bedenken Sie, dass Sie diese Mittel zu verauslagen haben. Erst nach Prüfung des endgültigen Beratungsberichtes durch die Förderstelle wird Geld fließen. Hüten Sie sich vor Pauschalpreisen, die nicht auf der vorherigen Analyse Ihrer Situation beruhen. Auch „Erfolgshonorare", in Abhängigkeit von den ausgereichten staatlichen Förderhilfen, sind nicht immer über die durch sie erlangten Fördermittel finanzierbar.
5. Bedenken Sie, dass selbst der beste Berater Ihre künftigen Fehlentscheidungen nicht voraussieht und dafür auch nicht verantwortlich ist. Eine noch so gute Beratung bedeutet trotzdem keine Garantie für Ihren geschäftlichen Erfolg. Sie verbessert nur Ihre Chancen!

Trotz der Wichtigkeit dieses Gründungspartners sind Sie gut beraten, wenn Sie Ihr Unternehmenskonzept zunächst selbst erarbeiten und es erst dann mit diesem Spezialisten durchsprechen. Geben Sie sich nicht mit einer vom Steuerberater angefertigten **„Ertragsvorschau"** zufrieden. Meiden Sie diesen recht bequemen Weg. Die Zahlen dafür werden ohnehin bei Ihnen erfragt, und Sie lernen dabei nichts. Falls Ihre Bank es wünscht, wird Ihr gründlich erarbeitetes Konzept von ihm ohne weiteres abgezeichnet, falls die darin enthaltenen Angaben nach Prüfung aus seiner Sicht schlüssig sind.

Liegt Ihnen Ihr Konzept im Entwurf vor, ist es zuweilen sinnvoll, zu seiner Präzisierung oder zur Klärung komplizierterer Zusammenhänge noch vor dem ersten Bankgespräch einen **Unternehmensberater** hinzuzuziehen. Seine speziellen Kenntnisse und Erfahrungen helfen Ihnen, Ihre Gründung sicherer zu machen. Er ist in der Lage, Sie auf Lücken und Ungereimtheiten aufmerksam zu machen und Ihnen wertvolle Hinweise zu geben. Ein guter Berater kann Ihnen nicht nur bei der Finanzplanung, sondern auch bei der Markt- und Standortanalyse helfen.

Vorsicht: Das gelingt nur dann, wenn Sie an einen kompetenten Vertreter dieser Sparte geraten. Achten Sie darauf, dass der ins Auge gefasste Spezialist Kenntnisse in der Gründungsplanung besitzt. Nicht jeder kennt sich mit dieser Spezifik aus, oft wird sie unterschätzt. Das trifft gleichermaßen für bestimmte billige oder gar kostenlose Seminare zu, die wenig Tiefgang besitzen und zuweilen nur veranstaltet werden, um ein Podium zur Akquisition eventueller Kunden zu haben. Leider hat das Auftreten unseriöser und wenig qualifizierter „Berater" in den letzten Jahren dazu geführt, dass diese Berufsgruppe erheblich in Misskredit geraten ist. Die Bezeichnung des Unternehmensberaters ist in Deutschland nicht gesetzlich geschützt, sodass jeder sie frei wählen kann. Einige Verbände, so der Bundesverband Deutscher Unternehmensberater (BDU), bemühen sich nach Kräften, gegen „schwarze Schafe" vorzugehen. Sie informieren Sie gern ausführlicher über die Kriterien eines seriösen und kompetenten Beraters.

In Österreich ist der Beruf des Unternehmensberaters erlaubnispflichtig und an bestimmte Zugangsvoraussetzungen gebunden.

Trotz schlechter Erfahrungen mit inkompetenten und unseriösen „Beratern" ist die pauschale Ablehnung einer gesamten Berufsgruppe, wie sie in manchen Regionen auftritt, keine sachliche Reaktion. Urteilen Sie immer erst dann, wenn Sie sich Ihre eigene Meinung gebildet haben. Vorurteile sind keine Basis für unternehmerische Entscheidungen.

Bevor Sie einen Unternehmensberater endgültig verpflichten, beachten Sie die folgenden Hinweise:

Tipp

Fünf Tipps zum Thema Unternehmensberater

1. Bestimmen Sie exakt Ihren Bedarf, Art und Umfang der gewünschten Leistung und die Mittel, die Sie dafür zur Verfügung haben. Prüfen Sie, ob die eine oder andere Position nicht schon durch eine IHK-Beratung oder eine Dienstleistung Ihrer Hausbank abzudecken ist.
2. Fragen Sie nach der Qualifikation des Beraters für die von Ihnen speziell erwarteten Dienste und lassen Sie sich Referenzen vorweisen. Legen Sie dabei keinen Wert auf schriftliche Lobeshymnen, sondern auf konkrete Ansprechpartner, die Sie selbst anrufen und befragen können. Tun Sie es auch!
3. Besprechen Sie das detaillierte Vorgehen, den Leistungsumfang und die Abrechenbarkeit der einzelnen Abschnitte. Stellen Sie dabei fest, ob die „Chemie" zwischen Ihnen und dem Berater stimmt. Immerhin wird er Einblick in wirtschaftliche und private Details erhalten.
4. Vereinbaren Sie die Honorierung in Abhängigkeit von der Qualität der vorgelegten Teilergebnisse in Etappen. Die letzte Zahlung sollte beiden Seiten kleine Spielräume lassen. Nutzen Sie die staatliche Beratungsförderung, aber bedenken Sie, dass Sie diese Mittel zu verauslagen haben. Erst nach Prüfung des endgültigen Beratungsberichtes durch die Förderstelle wird Geld fließen. Hüten Sie sich vor Pauschalpreisen, die nicht auf der vorherigen Analyse Ihrer Situation beruhen. Auch „Erfolgshonorare", in Abhängigkeit von den ausgereichten staatlichen Förderhilfen, sind nicht immer über die durch sie erlangten Fördermittel finanzierbar.
5. Bedenken Sie, dass selbst der beste Berater Ihre künftigen Fehlentscheidungen nicht voraussieht und dafür auch nicht verantwortlich ist. Eine noch so gute Beratung bedeutet trotzdem keine Garantie für Ihren geschäftlichen Erfolg. Sie verbessert nur Ihre Chancen!

Der gute Berater wird das Ziel seiner Arbeit darin sehen, Sie zu befähigen, Ihr Geschäft erfolgreich zu gründen und zu führen. So bleiben Sie ihm als Mandant erhalten. Sie empfehlen ihn weiter und greifen auch künftig in schwierigen Situationen auf ihn zurück.

1.8 Ihr Unternehmerselbsttest

Arbeiten Sie die Positionen zügig durch und bemühen Sie sich, aufrichtig zu sein. Erlaubt ist jeweils nur eine Antwort. Im Anschluss finden Sie den Punkteschlüssel und eine Bewertung Ihres Ergebnisses, das Ihnen vielleicht manches bewusst macht.

1.

a ❍ Ich interessiere mich für alles und versäume selten aktuelle Informationen zu wirtschaftlichen und politischen Themen.
b ❍ Ich bin an solchen Themen interessiert, habe jedoch selten Zeit, mich aktuell zu informieren
c ❍ Mich interessiert nur meine Arbeit.

2.

a ❍ Wenn ich Zahlen sehe, meldet sich schon das Unbehagen.
b ❍ Nur die Zahl ist konkret. Viele Worte irritieren bloß.
c ❍ Mit Zahlen als Ergänzung lassen sich Fakten besser verdeutlichen.

3.

a ❍ Sport lässt mich kalt.
b ❍ Ich würde gern etwas für mich tun, habe aber keine Zeit dafür.
c ❍ Auch wenn viel zu tun ist, nehme ich mir die Zeit, mich fit zu halten.

4.

a ❍ Bei interessanten Aufgaben arbeite ich auch länger.
b ❍ Ich verwende viel Zeit für meine Familie. Deswegen mache ich immer pünktlich Feierabend.
c ❍ Wenn es Not tut, schaue ich nicht auf die Uhr.

5.

a ❍ Ich notiere mir alle Einnahmen und Ausgaben. Meinen Dispositionskredit nehme ich selten in Anspruch.
b ❍ Was auf dem Konto ist, weiß ich nur ungefähr. Dafür gibt es ja den Dispo.
c ❍ Ich brauche keine Aufzeichnungen, da ich alles im Kopf habe.

6.
a ❍ War der Arbeitstag anstrengend, muss ich mich erst einmal ausruhen.
b ❍ Ich kenne meine Belastbarkeit und teile mir alles unter diesem Aspekt ein.
c ❍ Auch wenn die Kraft nachlässt, das Ziel muss auf jeden Fall erreicht werden.

7.
a ❍ Was ich mir vornehme, ziehe ich durch. Egal, was kommt.
b ❍ Wenn es nicht so funktioniert, wie erwartet, suche ich andere Lösungen.
c ❍ Meine Entscheidungen setze ich um. Ist der Widerstand zu groß, überlege ich noch einmal.

8.
a ❍ Die Bank wird mein wichtigster Helfer bei der Existenzgründung sein.
b ❍ Banken sind Halsabschneider.
c ❍ Banken sind Partner, aber auch Verkäufer.

9.
a ❍ Planung ersetzt nur den Zufall durch den Irrtum. Es kommt ja doch immer anders, als man denkt.
b ❍ Ich arbeite mal nach Plan, mal ganz spontan.
c ❍ Ein genauer Plan erleichtert mir vieles.

10.
a ❍ Es macht mir viel Freude, selbständig zu arbeiten. Geld ist nicht alles.
b ❍ Bin ich von einer Sache überzeugt und begeistert, schaue ich nicht aufs Geld.
c ❍ Das Wichtigste für mich ist, dass Geld dabei herausspringt.

11.
a ❍ Ich habe viele Bekannte und Freunde. An neuen Kontakten bin ich immer interessiert.
b ❍ Ich brauche niemanden und bin am liebsten für mich.
c ❍ Ich kenne eine Menge Leute, aber sie interessieren mich nur am Rande.

12.
a ❍ Wenn es viel zu tun gibt, bin ich unkonzentriert und von den Aufgaben getrieben.
b ❍ Unter großem Druck fühle ich mich erst richtig gefordert.
c ❍ Wenn die Arbeit überhand nimmt, lasse ich weniger wichtige Dinge einfach liegen.

13.
a ❍ Man sollte seine Meinung nur zu den Dingen sagen, die man viele Jahre aus dem Effeff kennt.
b ❍ Eine Meinung habe ich zu allem, aber wenn ich Bescheid weiß, ist sie sicher fundierter.
c ❍ Konkrete Kenntnisse einer Materie sind nicht immer nötig – Intuition ist alles.

14.
a ❍ Ich arbeite am liebsten allein, da kann mir niemand reinreden.
b ❍ Ich löse Aufgaben gern mit anderen gemeinsam und diskutiere ausführlich über alle Vorschläge.
c ❍ Teamarbeit macht mir Spaß. Trotzdem versuche ich, meine Meinung weitestgehend durchzusetzen.

15.
a ❍ Ich bemühe mich, nirgendwo anzuecken, damit die Leute keinen Grund haben, über mich herzuziehen.
b ❍ Ich achte auf meinen Ruf, lasse mich aber trotzdem nicht von Dingen abbringen, die ich für richtig halte.
c ❍ Was die Leute denken, ist mir gleich. Jeder soll vor seiner eigenen Tür kehren.

16.
a ❍ Ich kann andere Menschen sehr gut für meine Vorstellungen gewinnen, selbst wenn sie vorher eine andere Meinung hatten.
b ❍ Ich diskutiere nicht lange herum. Wer nicht will, der hat schon.
c ❍ Ich versuche zwar, andere für meine Vorhaben zu begeistern, es gelingt mir aber sehr selten.

17.
a ❍ Bevor ich etwas Wichtiges entscheide, bespreche ich das mit Freunden und Bekannten.
b ❍ Ich entscheide schnell. Besser falsch als gar nicht entscheiden.
c ❍ Bevor ich schwer wiegende Entschlüsse fasse, muss ich ein paar Nächte darüber schlafen.

18.
a ❍ Wenn ein Kollege oder Mitarbeiter Fehler macht, spreche ich das gleich aus, um bei den anderen einen erzieherischen Effekt zu erzielen.
b ❍ Ich sage erst einmal nichts, um eine unproduktive Auseinandersetzung zu vermeiden.
c ❍ Ich kläre zunächst mit dem Betreffenden unter vier Augen die Ursachen und diskutiere Vorschläge zur Lösung des Problems.

19.

a ❍ Die Konkurrenten sind meine Gegner.
b ❍ Kooperation mit der Konkurrenz kann nützlich sein.
c ❍ Meine Mitbewerber haben die gleichen Sorgen wie ich.

20.

a ❍ Wenn ich eine Verpflichtung eingehe, prüfe ich genau, welche negativen Konsequenzen für mich daraus entstehen könnten.
b ❍ Ich lasse die Finger von etwas, wenn ich nicht hundertprozentig vom positiven Ausgang überzeugt bin.
c ❍ Ich gehe keine Verpflichtungen ein, wenn mir das Risiko im Verhältnis zum Ergebnis zu hoch erscheint.

Punkteschlüssel zum Unternehmerselbsttest

				Ihre Punkte:
Frage 1:	a) = 6	b) = 3	c) = 1	....
Frage 2:	a) = 1	b) = 2	c) = 4	....
Frage 3:	a) = 1	b) = 2	c) = 3	....
Frage 4:	a) = 6	b) = 1	c) = 4	....
Frage 5:	a) = 6	b) = 1	c) = 4	....
Frage 6:	a) = 1	b) = 3	c) = 2	....
Frage 7:	a) = 4	b) = 1	c) = 6	....
Frage 8:	a) = 2	b) = 1	c) = 3	....
Frage 9:	a) = 1	b) = 4	c) = 6	....
Frage 10:	a) = 6	b) = 1	c) = 4	....
Frage 11:	a) = 6	b) = 2	c) = 4	....
Frage 12:	a) = 1	b) = 4	c) = 2	....
Frage 13:	a) = 1	b) = 6	c) = 2	....
Frage 14:	a) = 2	b) = 6	c) = 4	....
Frage 15:	a) = 1	b) = 5	c) = 3	....
Frage 16:	a) = 6	b) = 4	c) = 2	....
Frage 17:	a) = 2	b) = 6	c) = 4	....
Frage 18:	a) = 2	b) = 1	c) = 4	....
Frage 19:	a) = 2	b) = 6	c) = 1	....
Frage 20:	a) = 4	b) = 2	c) = 6	....
Ihre Gesamtpunkte:				

Testauswertung

bis 29 Punkte:

Sie gehen hart mit sich ins Gericht. Das ist positiv. Manches packen Sie jedoch zu zögerlich an. Ihre Meinung sollten Sie nachhaltiger vertreten und entschlussfreudiger sein. Kaufmännische Überlegungen sind noch nicht Ihre Sache. Auch Ihre Einstellung zum Gewinn ist zu überdenken. Studieren Sie aufmerksam dieses Buch und treffen Sie danach Ihre Entscheidung, ob die Selbständigkeit wirklich der richtige Weg für Sie ist. Haben Sie Ihre Schwächen erkannt, lässt sich manches verändern. Zum Unternehmersein gehört auch der Verzicht auf vieles, was man bisher nicht missen wollte. Aufgeschoben ist aber nicht aufgehoben. Ein späterer Zeitpunkt für Ihren geplanten Schritt erspart Ihnen vielleicht einen Misserfolg und viele Enttäuschungen.

30 bis 85 Punkte:

Ihre persönlichen Voraussetzungen für den ins Auge gefassten Lebensweg sind gut; Ihre Einstellungen hauptsächlich positiv. Analysieren Sie genau die vorhandenen Schwachstellen und arbeiten Sie an deren Beseitigung. Nutzen Sie die Beratung von Fachleuten und räumen Sie bei sich selbst mit Vorurteilen auf. Konsequent sein ist gut, aber der Umgang mit Menschen erfordert viel Fingerspitzengefühl. Planvoll sein und mit den eigenen Kräften haushalten gehört auch zum Bild des erfolgreichen Unternehmers.

mehr als 85 Punkte:

Sie haben eine sehr gute Ausgangsposition für den Schritt in die Selbständigkeit. Viele Ihrer Eigenschaften und Prinzipien werden Ihnen dabei nützlich sein. Überschätzen Sie sich jedoch nicht, sondern prüfen Sie gerade dann, wenn alles gut zu gehen scheint, immer wieder die Erfolgsfaktoren Ihres eingeschlagenen Weges. Das Buch wird Ihnen wichtige Hilfen geben, um Fehler zu vermeiden. Sie sind belastbar, kooperativ und entschlussfreudig. Ihr offener Blick für alle Dinge und Ihre unternehmerische Vorsicht kann Sie vor gravierenden Fehltritten bewahren.

2 Der Markt und der Standort

2.1 Ihre Markt- und Standortanalyse

Ob Gründer oder gestandener Unternehmer, ob Hersteller, Dienstleister oder Freiberufler – sich zu informieren, ist erste Pflicht. Systematisch und permanent Informationen zu gewinnen, ist die Voraussetzung für alle Ihre unternehmerischen Entscheidungen. Nur so sind Sie in der Lage, den Grad der Unsicherheit zu reduzieren. Sowohl für Ihre Unternehmensplanung als auch für die Kontrolle der Unternehmensentwicklung ist eine permanente Analyse unumgänglich. Sie ist auf den Absatzmarkt gerichtet, auf dem Sie Ihre Produkte verkaufen. Sie erfasst den Einkaufsmarkt, auf dem Ihre Zulieferer zu Hause sind. Auch für alle innerbetrieblichen Einsatzfaktoren, die den Prozess von der Beschaffung bis hin zum Absatz bestimmen und koordinieren, ist sie unerlässlich. Um zu vereinfachen, bezeichnen wir alle analytischen Untersuchungen, die den Absatzmarkt und den Standort betreffen, nachfolgend mit dem Begriff **Marktforschung**.

Widmen Sie den betrieblichen Einsatzfaktoren Kapital, Personal und Standort, aber auch Ihrem Absatzmarkt, besondere Aufmerksamkeit. Das ist wichtig, um aus vielen Unternehmensanalysen, Konkursstatistiken und Krisendiagnosen die richtigen Konsequenzen zu ziehen:

Beispiel

Eine Untersuchung des Instituts für Mittelstandsforschung stellte dazu fest, dass die Entwicklung gerade junger Unternehmen durch das Fehlen von Erweiterungspotenzial am Standort an Grenzen stößt. Probleme der Mitarbeiterbeschaffung existieren bei zehn Prozent der Firmen. Ein unzureichender finanzieller Spielraum für Erweiterungsinvestitionen engt jeden zweiten Existenzgründer ein. Die falsche Standortwahl setzt etwa der Hälfte aller befragten Existenzgründer Schranken im Wachstum oder führt zum vorzeitigen „Aus" für das Unternehmen.

Die Kriterien, die Ihr **optimaler** Standort zu erfüllen hat, hängen von Ihrem konkreten Gründungsvorhaben ab. Die Anforderungen sind von Branche zu Branche und von Unternehmen zu Unternehmen sehr verschieden. Legen Sie deshalb ein **Anforderungsprofil** fest, bevor Sie auf die Suche nach einem geeigneten Standort gehen. Falls Sie einen **Industrie- oder Handwerksbetrieb** gründen, sollte Ihr Zentrum vielleicht mehr in der Nähe der Rohstoffvorkommen und/oder direkt bei den wichtigsten Lieferanten liegen. Als **Einzelhändler** suchen Sie mehr die unmittelbare Nähe zum Absatzmarkt, also zum Kunden. Sind Sie **Dienstleister**, beispielsweise in der Software- und Elektronikbranche, ist die Verfügbarkeit von kreativen EDV-Leuten wichtig. In diesem Fall ist ein Standort in der Nähe einer Hochschule oder eines größeren Elektronikunternehmens empfehlenswert.

Unterschätzen Sie niemals die Markt- und Standortfragen! Manche Gründer lassen sich ohne weitere Nachforschungen am bisherigen Wohnort nieder. Meist wird noch das eigene Haus, die Wohnung oder die Garage als Firmensitz definiert. Sicher hätte das für Sie den Vorteil, dass Sie an Ihrem Wohnort bekannt sind. Sie verfügen über eine Vielzahl von Verbindungen, die Sie ansonsten erst mühsam aufzubauen hätten. Es ist aber fraglich, ob Ihr mehr oder weniger zufällig gewählter Wohnsitz den Anforderungen Ihres Gründungsvorhabens auch mittel- oder langfristig gerecht wird. Selbst der Kostenvorteil Ihres Wohnstandortes erweist sich vielleicht im Nachhinein als Bumerang. Was ist, wenn Ihr Verkaufskonzept von zu Hause aus nicht optimal zu realisieren ist? Überdies stellt sich zuweilen schnell heraus, dass die Kontakte, Verbindungen und gewachsenen Beziehungen am Wohnort, wenn es ums Geld geht, nichts mehr wert sind: Die erhofften ersten Aufträge bleiben aus!

Verkaufen Sie etwas, brauchen Sie detaillierte Informationen über eine Anzahl einzelner Faktoren:

Was Sie vom Absatzmarkt kennen sollten

- → Die Struktur Ihrer Zielgruppe
- → Art und Umfang der Nachfrage
- → Die Käufergewohnheiten
- → Die Einstellung Ihrer potenziellen Kunden zu den Produkten
- → Die Absatzwege
- → Anwendbare Spielarten der Verkaufsförderung
- → Ihre Wettbewerber

Besonders wichtig sind Ihre Kenntnisse über die tendenzielle Veränderung des Marktes, der Nachfrage und der Standortqualität. Erst mithilfe dieser Informationen sind Sie in der Lage, über Ihr Marketing zu entscheiden und erfolgreiche Strategien zu entwickeln. Dann lässt sich Ihr **absatzpolitischer Instrumentenkasten** sinnvoll einsetzen. Betreiben Sie Ihre Marktforschung sowohl als **Sekundärforschung – desk research** – als auch in Form der zeitnahen **Primärforschung – field research.**

Sekundärforschung liegt vor, wenn Sie bereits vorhandene statistische Daten und andere schriftliche Unterlagen über den Standort am Schreibtisch – desk – auswerten und verwenden. Hier greifen Sie auf interne und externe Quellen zurück.

Die Primärforschung umfasst dagegen Untersuchungen, bei denen Sie marktbezogene Informationen durch neue statistische Erhebungen vor Ort – field – gewinnen. Solche Methoden sind **Beobachtung, Befragung** und **Experiment.**

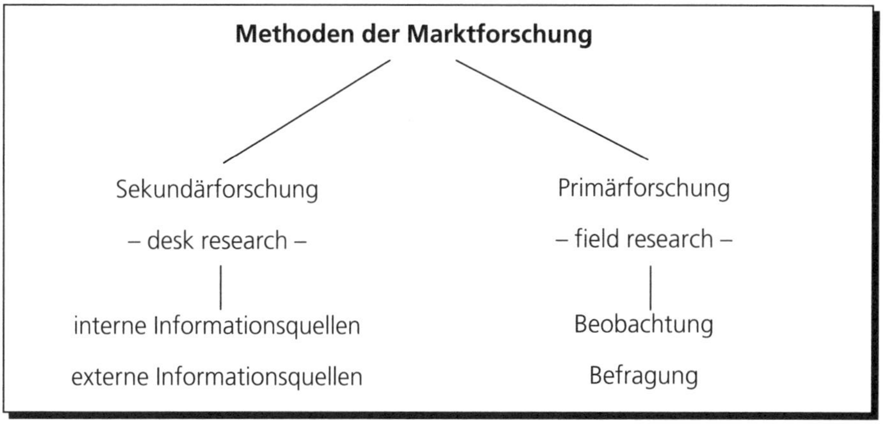

■ Tipps zur professionellen Sekundärforschung

Durchforschen Sie zunächst Fachzeitschriften nach Berichten und Aufsätzen zur Branche, zu Ihrem angestrebten Markt und zum Standort. Häufig finden Sie hier bereits weiterführende Hinweise zu Literaturquellen, Markt- und Standortstudien und zu Institutionen, die über nützliche Informationen verfügen.

Recherchieren Sie im Internet, benutzen Sie Suchmaschinen wie Google, Yahoo und andere. Schreiben Sie nun an ortsansässige Verbände, Marktforschungsinstitute, das Statistische Bundes- oder Landesamt, Regionalzeitungen und Zeitschriften. Bitten Sie um Unterlagen über Ihren Standort, den ins Auge gefassten Markt und über relevante Produkte, beispielsweise Testberichte. Falls Ihnen die Anschriften solcher Quellen nicht bekannt sind, versuchen Sie die entsprechende Internet-Homepage herauszufinden, schauen Sie ins Telefonbuch und die Gelben Seiten oder erfragen Sie die Adresse bei der zuständigen IHK oder Handwerkskammer. Einige Adressen finden Sie im Anhang. Auch Datenbanken liefern Ihnen wertvolle und meist auch zeitnahe Informationen. Beauftragen Sie ein renommiertes Rechercheinstitut, das Zugriff auf in- und ausländische Datenbanken hat. Falls Sie die technischen Voraussetzungen besitzen, recherchieren Sie selbst. Legen Sie auf jeden Fall vorher den Umfang der Recherchen fest und achten Sie auf die Kosten!

■ Tipps zur professionellen Primärforschung

Sie ist die aufwändigere Methode, bietet dafür aber aktuellere Daten. Starten Sie selbst eine Umfrage per Telefon oder E-Mail. Arbeiten Sie zuvor einen detaillierten Fragebogen aus. Sprechen Sie mit Ihren potenziellen Kunden, Lieferanten, Branchenexperten – und mit Ihren Mitbewerbern. Sehr oft erhalten Sie bessere Auskunft, als Sie erwarten! Erkunden Sie bei der Stadtverwaltung, dem Gewerbeamt, der lokalen Werbegemeinschaft und anderen geeigneten Stellen, welche Maßnahmen geplant sind, den Standort attraktiver zu gestalten. Beachten Sie, welche der vorgesehenen Baumaßnahmen vielleicht Ihre Kundenfrequenz negativ beeinflussen! Sind Sie zukünftiger Einzelhändler, sollten Sie Standortalternativen erproben, indem Sie zum Beispiel zu unterschiedlichen Zeiten die Passantenströme ermitteln.

Ein regionaler Testmarkt – ein **Experiment** – eignet sich ebenfalls sehr gut, das Marktpotenzial und die Standortqualität zu beurteilen.

Aktivitäten der Primärforschung sind vor allem für Sie als Händler die Basis für den gezielten Ausbau Ihres Angebotes. Sie geben Ihnen wertvolle Hinweise für Ihre Sortimentspolitik – vorausgesetzt, Sie führen sie sorgfältig durch. Grundlage Ihrer Untersuchung ist die Zusammensetzung der Bevölkerung nach Geschlecht, Alter und Einkommen. Ermitteln Sie die unterschiedlichen Wünsche und die Anforderungen, die Ihre Kunden an ein optimales Warenangebot stellen.

Mithilfe einer **Verbraucherbefragung** ist die Meinung der Bevölkerung über die wichtigsten Imagefaktoren festzustellen: Warenangebot und Auswahl, Preisniveau und Kundenservice, Einkaufsatmosphäre sowie Qualität der Bedienung und Beratung. Die Befragung sagt Ihnen auch:

Fragen zum Verbraucher

- → Wo und wie oft kaufen die Verbraucher ein?
- → Welche Waren oder Warengruppen erwerben sie am Ort, welche außerhalb?
- → Was sind die Gründe dafür?
- → Welche Waren vermissen die Kunden am Ort?
- → Welche Verkehrsmittel benutzen sie?

Die Ergebnisse eines breit gefächerten Fragenkatalogs zeigen sehr oft Schwachstellen beim Unternehmer auf, über die selbst erfahrene Kaufleute überrascht sind. Professionelle Marktanalysen enthalten in der Regel eine vollständige Betriebsstättenerhebung, zum Beispiel des Einzelhandels und des handeltreibenden Handwerks. Dabei werden Umsätze, Verkaufsflächen, geplante Expansionen sowie andere aussagefähige Daten der einzelnen Betriebe erfragt.

Durch spezielle **Standortuntersuchungen** treten oft Mängel zutage, die von einzelnen Geschäften zwar am Umsatz ablesbar waren, deren Ursachen aber vorher niemand kannte. So liefern Ihnen die **Kundenströme** wertvolle Informationen über die Akzeptanz Ihres Standortes. **Verbraucherbefragungen** geben Aufschluss, welche Waren der Kunde warum und wo einkauft.

Sie als Unternehmer sollten die kritische Einstellung der Verbraucher genau erfassen. Nur so sind Ihre Schlussfolgerungen richtig. Ohne eine qualifizierte und verantwortungsbewusste Marktforschung ist das kaum zu erreichen.

2.2 Die Segmente Ihrer Marktforschung

Im Zentrum jeder Marktforschung steht als Grundfrage: Welche Warenmenge ist zu welchem Preis absetzbar? Damit eng verbunden ist folgender Fragenkomplex zum Charakter Ihrer **Ware:**

Fragen zur Ware

- ➔ Welche Eigenschaften hat sie?
- ➔ Was sind ihre Vor- und Nachteile?
- ➔ Wie hoch ist ihre Lebensdauer?
- ➔ Wie ist sie zu verwenden?
- ➔ Welche Aufmachung ist optimal?
- ➔ Welchen Einfluss hat die Mode mit ihren Entwicklungen?

Untersuchen Sie weiterhin den **Käuferkreis** und differenzieren Sie ihn nach Geschlecht, Alter, sozialer Stellung und Verbrauchsgewohnheiten. Schätzen Sie den bisherigen und zukünftigen **Bedarf** ab. Versäumen Sie nicht, einen **Nachholbedarf** rechtzeitig zu erkennen. Wichtig ist dabei, ob und wie intensiv die Kundennachfrage auf **Veränderungen des Preises** Ihrer Ware reagiert, ob sie elastisch oder unelastisch ist. Fixieren Sie verkaufsgünstige und verkaufsruhige, also ungünstige, Zeiten. Das Erkennen dauerhafter bzw. sich wiederholender **saisonaler Schwankungen** wirkt auf Ihre Einkaufspolitik.

Mit den Ergebnissen Ihrer Marktforschung entscheiden Sie auch über Ihre optimale **Vertriebsstrategie**. Sie sind jetzt in der Lage, die richtigen Entscheidungen zu allen **logistischen Fragen** zu treffen: zum Beispiel, welche Transportwege, welche Transportmittel und welche Lagermöglichkeiten für Sie am besten geeignet sind.

In den Instrumentenkasten Ihrer Marktforschung gehört auch eine vollständige **Konkurrenzanalyse**. Übersehen Sie nicht die einschlägigen **gesetzlichen Rahmenbedingungen**, wie die Wettbewerbsgesetze (UWG), die Einfuhr- und Ausfuhrbestimmungen sowie die Zollvorschriften.

Marktforschung bedeutet letztlich für Sie, systematisch Informationen zu gewinnen und auszuwerten. Diese **vier Segmente** sind für Sie besonders wichtig:

Segment 1 – Die Markterkundung

Sie verschafft Ihnen durch Gespräche mit Kunden und Lieferanten, durch Lesen von Fachzeitschriften und Wirtschaftsberichten in den Tages- und Wochenzeitungen, durch den Besuch von Ausstellungen und Fachmessen einen groben Überblick über die Absatzmöglichkeiten Ihrer Produkte.

Segment 2 – Die Marktanalyse

Sie vermittelt Ihnen ein Bild der Marktverhältnisse zu einem bestimmten Zeitpunkt. Der permanente Vergleich von tatsächlichem, erreichbarem und geplantem Absatz sagt Ihnen, ob Ihr Unternehmen alle Absatzchancen ausnutzt. Sie sehen, ob Marktpotenziale oder sogar Nischen unbeachtet blieben. Die Marktanalyse ist die Momentaufnahme aktueller Marktverhältnisse.

Segment 3 – Die Marktbeobachtung

Mit ihr verfolgen Sie den Zweck, alle Veränderungen und Entwicklungen Ihres relevanten Marktes zu beobachten und aufzuzeichnen. So nehmen Sie alle Wandlungen und Entwicklungstendenzen rechtzeitig wahr und reagieren schnell.

Segment 4 – Die Marktprognose

Durch die Erkundung, die Analyse und die Beobachtung Ihres Marktes sind Sie fähig, die zukünftige Bedarfs- und Absatzentwicklung richtig einzuschätzen. Richten Sie Ihre Teilpläne, wie Produktion, Einkauf, Sortimentsstruktur, Personal und Finanzierung, passgenau darauf ein.

Räumen Sie der Marktforschung den richtigen Stellenwert ein. Verwenden Sie Ihre **absatzpolitischen Instrumente** systematisch und mit Kenntnis der Marktfaktoren. So vermeiden Sie eine Fehlinvestition Ihrer ohnehin knappen finanziellen Mittel. Sie erreichen Ihr unternehmerisches Ziel ohne zeit- und geldaufwändige Umwege!

2.3 Die Segmente Ihrer Standortforschung

Für ein Einzelhandelsunternehmen ist die Analyse des Marktpotenzials und die Standortentscheidung wesentlich wichtiger als für Großhändler, Industriebetriebe oder Freiberufler. Der Handelsbetrieb ist nämlich nicht ohne erhebliche Zusatzkosten zu verlagern. Mit der Standortentscheidung des Händlers sind somit Erfolg oder Misserfolg programmiert. Wir stellen deshalb an dieser Stelle die Probleme der Standortwahl anhand eines Einzelhandelsunternehmens dar. Darunter kann sich auch der Gründer in anderen Branchen etwas vorstellen. Einige der Untersuchungsmethoden und -kriterien sind ohne weiteres auf andere Branchen übertragbar. Ziehen Sie daraus konkrete Schlussfolgerungen für Ihr eigenes Gründungsvorhaben.
Die Wahl eines Standortes erfordert eine umfassende und systematische Analyse der Umsatzpotenzialfaktoren.

Die wichtigsten Umsatzpotenzialfaktoren

- ➔ Bedarf
- ➔ Kaufkraft
- ➔ Konkurrenz
- ➔ Verkehr
- ➔ Betriebsraum

Ohne deren Kenntnis ist die richtige Entscheidung für eine der Ihnen zur Verfügung stehenden Alternativen nicht zu treffen. Grenzen Sie zunächst das Einzugsgebiet des in Frage kommenden Standortes ab, bevor Sie Ihre Untersuchung beginnen.

2.3.1 Die regionale Abgrenzung Ihres Einzugsgebietes

Das Einzugsgebiet lässt sich allgemein als das Gebiet der potenziellen Kunden definieren. Wir wählen **als Beispiel ein Einkaufszentrum** mit mehreren Einzelhandels- und Dienstleistungsbetrieben, eine regelrechte Einkaufsstadt.

Die **Regionalforschung** hat hauptsächlich die zuverlässige regionale Abgrenzung des gesamten Einzugsgebietes zum Inhalt. Sie dient der Klärung folgender Fragen:

- ➔ Wie groß ist das Umsatzpotenzial (Marktpotenzial) für unsere Einkaufsstadt?
- ➔ In welchem Umfang schöpfen die vorhandenen Betriebe das Marktpotenzial bereits aus? Was haben wir zu erwarten? Was ist überhaupt erreichbar? Welche Marktlücke gibt es?
- ➔ Wo liegen die äußersten Grenzen des Einzugsgebietes unserer Region? Wie ist das Maß der Marktdurchdringung? Wie die absatzwirtschaftliche Verflechtung mit dem Umland?

Erst nachdem diese Fragen beantwortet sind, lassen sich die Standortfaktoren Bedarf, Kaufkraft, Konkurrenz, Verkehr und Betriebsraum – sowohl aktuell als auch in der Tendenz – analysieren.

Um das Einzugsgebiet einer Stadt im Rahmen der regionalen Markt- und Standortuntersuchung festzulegen, sind insbesondere die Instrumente der **Sekundärforschung** geeignet: So bietet uns das jeweilige **Landesentwicklungsprogramm** wichtige Informationen über die Abgrenzung der Nah- und Fernbereiche von Unter-, Mittel- und Oberzentren. Auch die Ergebnisse der **Pendlerstatistik** aus der **Volkszählung** sind nützlich. Sie helfen uns sowohl beim Abgrenzen des Einzugsgebiets als auch beim Ermitteln der zentralen Lage unserer Einkaufsstadt.

2.3.2 Die lokale Abgrenzung Ihres Einzugsgebietes

Wollen Sie potenzielle Kundenströme erfassen, um das Einzugsgebiet gezielt abzugrenzen, bieten sich verschiedene Verfahren an:

1. Gehminutenzonen-Methode
2. Zeitdistanzen-Methode
3. Auswerten von Kundenkarteien

Es gibt außerdem verschiedene mathematische Verfahren, die hier aufgrund ihrer Komplexität nicht darstellbar sind. Haben Sie dafür Interesse, ziehen Sie die entsprechende Fachliteratur zu Rate.

Das **erste Verfahren** wird insbesondere im Lebensmitteleinzelhandel häufiger eingesetzt: Tragen Sie auf einem Stadtplan den zu untersuchenden Geschäftsstandort ein. Legen Sie durch Einzeichnen von Kreisen um diesen Standort **Gehminutenzonen** fest. Gehen Sie davon aus, dass ein Fußgänger im Durchschnitt innerhalb einer Minute 80 Meter zurücklegt.

Erfahrene Standortforscher dritteln das direkte Einzugsgebiet: Der Bereich bis zu fünf Gehminuten ist der **primäre** mit 70 Prozent Kundenanteil, über fünf bis acht Gehminuten liegt mit 20 Prozent Kundenanteil der **sekundäre** Einzugsbereich. Das Segment über acht bis zehn Gehminuten enthält als **tertiärer** Bereich einen Kundenanteil von zehn Prozent.

Beim **zweiten Verfahren** wird die Zeit zwischen Wohnung und/oder Arbeitsplatz sowie dem Geschäft in **Autominuten** zugrunde gelegt. Diese **Zeitdistanz** bestimmt die Grenzen Ihres Einzugsgebietes. Zur Wegezeit in Autominuten zählt auch die Belastung durch die Verkehrsdichte, durch Ampeln, Bahnschranken, schlechte Straßen und sonstige „Bremsfaktoren". Zahlreiche empirische Untersuchungen zeigen, dass die kritische Zeitschwelle bei 30 Minuten Fahrzeit liegt. Verbinden Sie auf einer Straßenkarte, vom Standort ausgehend, die Endpunkte der Entfernungen, die nach 30 Minuten dieser **ökonomischen Fahrzeit** erreichbar sind. So erhalten Sie die äußersten Grenzen Ihres Einzugsgebietes.

Für das **dritte Verfahren** benötigen Sie alle **Geschäftsaufzeichnungen**, die Anschriften Ihrer Kunden enthalten. Das sind Lieferscheine, Änderungskarteien, Kreditkarteien, Kassenzettel und **Kundenkarteien.** Werten Sie alles aus und markieren Sie die Adressen in einem Stadtplan. Aus Ihrer Karte lesen Sie nun die prozentuale Verteilung Ihrer potenziellen Käufer in den verschiedenen Einzugsbereichen ab.

2.3.3 Die Bestimmung der Standortfaktoren

Da sie den erreichbaren Umsatz Ihres Unternehmens unmittelbar beeinflussen, bezeichnen wir nachfolgende Kriterien als **direkte Umsatzpotenzialfaktoren**:

➔ Bedarf,
➔ Kaufkraft,
➔ Wettbewerb.

Analysieren Sie für den relevanten Einzugsbereich die Struktur der Bevölkerung, der Haushalte sowie die Wünsche und Eigenarten Ihrer Kunden. Das lässt eine Aussage über den heutigen und zukünftigen **Bedarf** Ihres Produktes zu.

Im Wege der Sekundärforschung gewinnen Sie Daten über den aktuellen Status der Bevölkerung und über Entwicklungstendenzen. Ermitteln Sie die Einwohnerzahl, die Bevölkerungsdichte, die Zusammensetzung der Bevölkerung nach Alter, Geschlecht und Beruf. Nutzen Sie dafür Veröffentlichungen des **Statistischen Landesamtes** oder ähnliche Quellen.

Erfassen und bewerten Sie die Anzahl und Struktur der Haushalte im Einzugsgebiet. Für den Einzelhandel ist der Haushalt die wichtigste Konsumenteneinheit. Von den statistischen Ämtern des Bundes und der Länder gibt es dazu interessante Veröffentlichungen. Beispielsweise die Ergebnisse der **Volkszählung** (die letzte fand im Jahr 1987 statt) mit folgenden Strukturmerkmalen: Haushaltsgröße, soziale Stellung der Haushaltsmitglieder, Anzahl der dem Haushalt zur Verfügung stehenden Kraftfahrzeuge, Ausstattung des Haushaltes mit langlebigen Konsumgütern und mehr.

Beantworten Sie sich einige wesentliche Fragen, die Ihre Kunden betreffen:

Checkliste

Checkliste Kundenbedürfnisse

➔ Wer sind die gegenwärtigen und zukünftigen Kunden?
➔ Wie hoch schätzen Sie die Anzahl der Kunden?
➔ Worin besteht ihr konkreter Bedarf und woraus lässt er sich ableiten?
➔ Mit welchen Produkten wird der Bedarf zur Zeit gedeckt?
➔ Wo kauft der Kunde diese Produkte?
➔ Nach welchen Kriterien entscheidet er über einen Kauf?
➔ Welche Faktoren, wie Mode, technischer Fortschritt oder Rohstoffpreise, beeinflussen seine Nachfrage?
➔ Wer sind die Mitbewerber um die Kundschaft?
➔ Warum soll sich der Kunde gerade für Ihr Unternehmen entscheiden anstatt für den Mitbewerber? Was ist Ihr Wettbewerbsvorteil?

Das Kriterium **Kaufkraft** ist der zweite wichtige Bestimmungsfaktor im Potenzial der Nachfrage nach Einzelhandelsgütern. Sie lässt sich aus der Höhe des verfügbaren Einkommens je Einwohner oder Haushalt und der Verwendung dieses Einkommens gewinnen. Beim Statistischen Bundesamt und bei den Landesämtern finden Sie über eine Internet-Recherche sehr schnell aktuelle Werte für eine Gesamtbetrachtung. Regionale Statistiken und Datensammlungen geben Ihnen Informationen zu den in Ihrem Einzugsbereich vorhandenen Haushaltstypen und den dazugehörigen Einkommensverhältnissen. Damit wird die Kaufkraft Ihrer Zielgruppe quantifizierbar.

Eine weitere Hilfe sind die jährlichen **Kaufkraftkennziffern** der GfK (Gesellschaft für Konsumforschung) Nürnberg. Hier wird das Kaufkraftpotenzial einer Region (Stadt- oder Landkreis, Regierungsbezirk, Bundesland) im Vergleich zum Bundesgebiet aufgezeigt. Mit der grafischen Darstellung in der farbigen Kaufkraft-Landkarte beurteilen Sie rasch das Kaufkraftniveau in unterschiedlichen regionalen Einheiten.

Das **Kaufkraftniveau** wird durch den Koeffizienten

$$\frac{\text{Kaufkraftkennziffer}}{\text{Bevölkerungskennziffer}}$$

ausgedrückt. Die **Bevölkerungskennziffer** finden Sie ebenfalls in den GfK-Unterlagen. Ist der Wert nun größer als eins, liegt das Kaufkraftniveau um den entsprechenden Prozentsatz über dem Bundesdurchschnitt und umgekehrt.

Wettbewerb belebt das Geschäft. Diese Aussage mag zwar für einige Unternehmen richtig sein, bedeutet jedoch nicht, dass Sie diesen maßgeblichen Potenzialfaktor deshalb außer Acht lassen dürfen.

Analysieren Sie Ihre Wettbewerber im Einzugsgebiet nach qualitativen und quantitativen Gesichtspunkten. Sie interessiert ja besonders die Antwort auf die Frage: Welcher Anteil der ermittelten Kaufkraft ist bereits durch den Umsatz der vorhandenen Mitbewerber im Einzugsgebiet abgedeckt. Diese Kennziffer nennen wir **Kaufkraftbindungs-Koeffizient**. Gehen Sie nach folgendem Schema vor:

Checkliste

Checkliste Konkurrenzanalyse

1. Schritt: Identifizieren der Wettbewerber

→ Wer sind sie und wo befinden sie sich im Einzugsgebiet?

2. Schritt: Feststellen der Basisdaten

→ Name und Anschrift
→ Branche
→ Rechtsform
→ Gesellschafter – unabhängig oder konzerngebunden
→ Gründungsjahr
→ Standort – Zentrale und Filialen

- ➔ Verkehrsanbindung, Parkplatzsituation
- ➔ Betriebskennzahlen:
  - ➔ Anzahl beschäftigter Personen
  - ➔ Verkaufs-/Geschäftsraum in Quadratmetern
  - ➔ Werbeaufwand
  - ➔ Mietkosten pro Quadratmeter
  - ➔ Jahresumsatz
  - ➔ Verbandszugehörigkeit

3. Schritt: Ermitteln des Gesamtumsatzes, der Marktanteile und der Kaufkraftbindung im Einzugsgebiet

- ➔ Vergleich dieser Wege mit der normalen, das heißt typischen Kaufkraftbindung und damit auch Berechnung des freien Umsatzpotenzials.

4. Schritt: Analyse der Marketingkonzeption der Wettbewerber

- ➔ Wie setzen die Wettbewerber ihr absatzpolitisches Instrumentarium ein:
  - ➔ Produktgestaltung
  - ➔ Sortimentspolitik
  - ➔ Garantieleistungen
  - ➔ Kundendienst
  - ➔ Preispolitik
  - ➔ Absatzsystem/Vertriebswege
  - ➔ Werbung
  - ➔ Verkaufsförderung (Sales Promotion)
  - ➔ Öffentlichkeitsarbeit (Public Relations)

5. Schritt: Einschätzen des Managements, der Leitungsstrukturen und der Personalpolitik Ihrer Wettbewerber

Handelt es sich um Kapitalgesellschaften, so ist der **Umsatz** Ihrer Wettbewerber aus veröffentlichten Bilanzen und Jahresabschlüssen zu ersehen. Bei allen übrigen Rechtsformen sind Sie auf Ihre Berechnungen und Schätzungen angewiesen.

Ein geeignetes Schätzverfahren ist die **Hochrechnung**. Ermitteln Sie mithilfe der Kennziffern aus Betriebsvergleichen auf Basis der Verkaufsfläche, der Zahl der Mitarbeiter, des Werbeaufwandes usw. den Jahresumsatz. Bilden Sie aus den so gewonnenen Beträgen den Mittelwert.

Datenquelle für Betriebsvergleiche:
Institut für Handelsforschung an der Universität zu Köln, Anschrift siehe Anhang.

Hier ein kurzes Beispiel:

Beispiel

*Ein **Händler mit Naturkost/Naturwaren** analysiert seinen Wettbewerber und stellt dabei folgende Eckdaten fest:*

a) Verkaufsraum	*140 qm*
b) Anzahl der Beschäftigten	*5*
c) Mietkosten pro Jahr	*23.500 €*

*Aus dem Betriebsvergleich Einzelhandel (IfH) für das Jahr **2007** zu entnehmen:*

d) Umsatz je qm Verkaufsraum	*4.320 €*
e) Umsatz je beschäftigte Person	*129.500 €*
f) Miete in Prozent des Umsatzes	*3,30 %*

*Mit diesen Kennzahlen vollzieht er folgende **Umsatzhochrechnungen**:*

1) a × d	*604.800 €*
2) b × e	*647.500 €*
3) c : f	*712.121 €*
*Errechneter **Mittelwert**:*	*654.807 €*

Nach einer solchen Berechnung für alle Wettbewerber im Einzugsgebiet wissen Sie, wie hoch der Gesamtumsatz ungefähr ist. Danach ermitteln Sie problemlos die Kaufkraftbindung und das freie Potenzial.

Indirekte Umsatzpotenzialfaktoren sind alle übrigen Faktoren, die Angebot und Nachfrage am Standort beeinflussen. Der nachstehende Fragenkatalog gibt Ihnen einen Überblick, wobei nicht alle Fragen für jeden Unternehmenszweck bzw. für jede Branche von Bedeutung sind:

Checkliste

Checkliste der indirekten Umsatzpotenzial-Faktoren

- ➔ Sind alle erforderlichen Rohstoffe in ausreichendem Maße vorhanden?
- ➔ Sind die Lieferanten in der Nähe?
- ➔ Wie ist die Verkehrssituation (Verkehrsanbindungen, Straßennetz, öffentlicher Nahverkehr, Parkplätze)?
- ➔ Ist die Energieversorgung und -entsorgung geregelt (Strom, Gas, Wasser)?
- ➔ Wie hoch ist die öffentliche Steuer- und Abgabenlast?
- ➔ Gibt es genügend qualifizierte Arbeitskräfte, und wie hoch ist das Lohnniveau?
- ➔ Stehen öffentliche Fördermittel (Subventionen) zur Verfügung?
- ➔ Sind öffentliche Kommunikationsnetze vorhanden (Telefon, Telex, Telefax, ISDN, DSL, WLAN) und mit ausreichender Kapazität versehen?

- ➔ Welche „Lebensqualität" hat der Standort (Ausbildungsstätten, Wohnraum, kulturelles Angebot, klimatische Verhältnisse)?
- ➔ Welche Raum- und Bebauungspläne existieren für den Standort?
- ➔ Gibt es öffentliche Auflagen (Gewerbeamt, Bauamt) oder Auflagen bezüglich Ökologie/Umweltschutz?
- ➔ Wie wird allgemein die Zukunftsentwicklung des Standortes beurteilt und welche Einschätzungen gibt es ortsbezogen für Ihre Branche?
- ➔ Haben Sie Alternativen für den erforderlichen Betriebsraum?
- ➔ Welches sind die Auswahlkriterien für den Betriebsraum?
- ➔ Welche sonstigen Faktoren, die vom Unternehmer oder vom Objekt abhängig sind (auch subjektive Faktoren!)?

Zu diesen Fragen noch einige Hinweise:

■ Verkehrssituation

Die Erreichbarkeit der Unternehmen für Fußgängerkunden, Autofahrer (Individualverkehr) und öffentliche Verkehrsmittel benutzende Kunden ist bei der Mehrzahl der Einzelhändler zum Überlebensfaktor geworden.

Ist Ihr Betrieb **passantenorientiert** (z. B. Tabakwaren- und Zeitschriftenläden oder Drogeriemärkte), dann stellen Sie bei der Standortanalyse die Passantendichte fest. Zählen Sie zu unterschiedlichen Zeiten die Personen, die in unmittelbarer Nähe innerhalb einer bestimmten Zeiteinheit vorbeigehen.

Setzen Sie auf den **Individualverkehr**, dann achten Sie darauf, dass dieser Verkehr auf einigermaßen bequemen Zufahrtswegen möglichst nahe an den Standort gelangen kann und der Kunde in akzeptabler Entfernung zur Einkaufsstelle ausreichend Parkplätze vorfindet. Fußgängerzonen, Shopping-Center, Passagen und Ähnliches untersuchen Sie bitte besonders kritisch. Durch ungünstige Lage, falsche Konzeptionen, unqualifiziertes Center-Management sowie fehlende Attraktionen und Kundenmagnete im Branchenmix bleiben häufig Einzelhändler und Dienstleistungsbetriebe mit hohen Mietverpflichtungen auf der Strecke. Schließen Sie sich mit anderen Geschäftsbetreibern innerhalb der betreffenden Fußgängerzone zu einer **Interessengemeinschaft** zusammen. Koordinieren Sie so die Einzelinteressen und organisieren Sie Gemeinschaftsaktionen. Setzen Sie gemeinsam Wünsche und Forderungen gegenüber der Stadtverwaltung durch. Ein derartiger Zusammenschluss empfiehlt sich besonders für Geschäfte, die im Randgebiet solcher Fußgängerzonen liegen und an denen der Hauptkundenstrom vorbeiläuft. Organisieren Sie ein Straßen- oder Stadtviertelfest mit besonderen Attraktionen für Jung und Alt. Falls das Wetter mitspielt, erschließen Sie auf diese Weise ein neues Kundenpotenzial auch für Ihr Unternehmen!

■ Steuer- und Abgabenlast

Zu den Einflussfaktoren einer Standortentscheidung gehört auch die örtliche Steuer- und Abgabenlast. Es gibt erhebliche lokale Unterschiede in der Belastung der Unternehmen mit gemeindespezifischen Abgaben, da der Gesetzgeber den Gemeinden einen gewissen Spielraum bei der Festsetzung ihrer Steuerhebesätze und Gebühren lässt. Von Kritikern, insbesondere der Gewerbesteuer, wird das immer wieder als ein wettbewerbsverzerrendes Ärgernis gebrandmarkt. Da die lokale Hebesatzpolitik von zu vielen inner- und außerörtlichen Einflüssen abhängt, erscheint sie selbst auf mittlere Sicht schwer kalkulierbar. Als Entscheidungshilfe für eine meist langfristig zu treffende Standortwahl ist dieses Kriterium daher eher sekundär.

■ Kommunikationseinrichtungen

Die Anzahl elektronischer Informationsbanken und Verarbeitungsdienste nimmt zu. Der schnelle technologische Fortschritt eröffnet den Weg zu einem neuen Zeitalter der Nachrichtentechnik. Daraus ergeben sich für alle Regionen Veränderungen der Fernmeldenetze und der Infrastruktur. ISDN-Fernmeldenetze (ISDN = Integrated Services Digital Network) sind inzwischen Gegenstand der Planung, Projektierung und Realisierung bei Bund, Ländern, Kreis- und Stadtverwaltungen sowie nahezu in allen Bereichen der Wirtschaft. Klassische Kommunikationseinrichtungen und eine umfangreiche Palette neuer und zum Teil erheblich verbesserter Dienste entwickeln sich so für jede Region zu einem bedeutenden Standortfaktor (z. B. DSL).

Berücksichtigen Sie das bei Ihrer Standortentscheidung sowie bei der Planung Ihrer Investitionen.

■ Betriebsraum

Der Standortfaktor Betriebsraum ist für viele Einzelhandelsbetriebe erfolgsbestimmend, weil nach den Personalkosten meist die Mietkosten den größten Fixkosten-Anteil darstellen. Prüfen Sie, ob die quantitativen und qualitativen räumlichen Bedingungen der angebotenen Gewerbeflächen Ihren Anforderungen wirklich entsprechen:

Checkliste

Checkliste zum Betriebsraum

- → Besteht eine uneingeschränkte Gewerbenutzungs-Genehmigung?
- → Wird den baulichen Bestimmungen und der Arbeitsstättenverordnung entsprochen?
- → Reicht die Nutzfläche aus? Ist sie eventuell erweiterbar?
- → Ist Ihre Verkaufsfläche lückenlos zu überwachen?

- ➔ Sind geeignete Nebenräume für Warenlager, Verwaltung, Aufenthaltsräume, Sanitärbereich vorhanden?
- ➔ Ist die Schaufensterfront groß genug?
- ➔ Haben Sie die Erlaubnis für die vorgesehene Außenwerbung, z. B. Leuchtreklame, von Vermieter und Gewerbeamt eingeholt?
- ➔ Haben Sie bei der Stadt angefragt, welche Stellfläche Sie gegebenenfalls vor dem Geschäft benutzen dürfen und was das kostet?

Bei der Überprüfung Ihres individuellen Vorhabens haben Sie sicherlich noch wesentlich mehr Fragen zu beantworten. Nehmen Sie sich Zeit für jedes Detail, denn der Kauf oder die Anmietung des Betriebsgebäudes bindet Sie in der Regel langfristig. Eine solche Vereinbarung rückgängig zu machen, kostet Geld und Nerven!

2.3.4 Nützliche Verfahren zur Auswahl Ihres Standortes

Sie haben Ihren Unternehmensstandort nun wie beschrieben analysiert. Jetzt ist unter mehreren geeigneten **Standortalternativen** auszuwählen, um eine objektive Entscheidung zu treffen.

Dafür bieten sich eine Reihe von praxisbewährten Verfahren an. Das Beispiel eines komplex-mathematischen Investitionsrechnungs-Verfahrens sprengt unseren Rahmen. Eine einfachere Entscheidungshilfe bietet Ihnen das nachstehend beschriebene **Punktbewertungs-Verfahren**:

Punktbewertung von Standortalternativen				
Standortfaktor	Maximale Punkte	Standort-Alternative 1	Standort-Alternative 2	Standort-Alternative 3
Absatzmarkt				
Verkehrslage				
Arbeitskräfte				
Wettbewerb				
Mietkosten				
Betriebsraum				
Summe				
Rangfolge/Priorität				

Listen Sie am besten alle relevanten Standortfaktoren in einer Tabelle auf. Bewerten Sie die Faktoren mit einer Höchstpunktzahl zwischen 1 und 100. Die höhere Punktzahl räumt dem entsprechenden Faktor eine größere Bedeutung ein. Die Summe aller Punkte ergibt die maximale Punktzahl für den **optimalen** Standort. Listen Sie die in Frage kommenden Standortalternativen spaltenweise auf. Vergeben Sie für jede Alternative und für jeden Faktor die Anzahl von Punkten, die Ihnen nach reiflicher Überlegung angemessen erscheint. Addieren Sie nun die Punkte pro Standortalternative und vergleichen Sie die Summen; Sie erhalten eine Rangfolge und können sehen, welche Alternative dem Optimum am nächsten kommt.

Das Punktbewertungs-Verfahren lässt sich verbessern, indem Sie über eine zusätzliche Gewichtung die Bedeutung der einzelnen Standortfaktoren berücksichtigen: Für jeden Standortfaktor wird eine Gewichtungszahl festgelegt, mit der die vergebene Punktzahl zu multiplizieren ist.

Natürlich ist es nicht einfach, den einzelnen Standortfaktoren die angemessene Punktzahl zuzuordnen. Versuchen Sie, möglichst viele Aussagen von sachkundigen Personen oder von Standortexperten einzuholen. Vielleicht ergeben die Summen Ihrer Standortalternativen keinen eindeutigen „Sieger"? Ziehen Sie dann weitere, auch subjektive Faktoren aus Ihrem persönlichen Umfeld zur Entscheidungsfindung heran.

2.3.5 Ihre Standort-Risikofaktoren

Auch wenn Sie die Standortwahl sehr sorgfältig vorbereitet haben, dürfen Sie die Akten nach der getroffenen Entscheidung nicht ohne weiteres schließen! Halten Sie Ihre direkten und indirekten Umsatzpotenzialfaktoren permanent unter Kontrolle. Registrieren Sie alle Veränderungen. Prüfen Sie, ob sich Auswirkungen für Ihre Unternehmenskonzeption ergeben. Schaffen Sie bereits in der Analysephase einen Maßnahmenkatalog, falls Sie Anhaltspunkte oder auch nur schwache Anzeichen für einen negativen Trend erkennen.

Die Verschlechterung Ihrer Standortqualität durch eine Veränderung der direkten Umsatzpotenzialfaktoren bedroht Ihre Geschäftsgrundlage erheblich. Stellen Sie die Ursache, beispielsweise für eine rückläufige Nachfrage, genau fest. Das gibt bereits erste Signale für geeignete Gegenmaßnahmen.

Ist der Bedarf allgemein zurückgegangen, weil sich die Verbrauchergewohnheiten geändert haben: Verändern Sie Ihr Sortiment oder strukturieren Sie das gesamte Leistungsangebot neu. Es sind jedoch noch andere Ursachen für die abnehmende Kaufkraft denkbar:

Info

Ursachen für sinkende Kaufkraft

- Die Erhöhung von Steuern und Abgaben, die das ausgabefähige Einkommen reduzieren.
- Ein verstärkter Kaufkraftabfluss nach außen, vielleicht in die nächste Großstadt, weil das Angebot an Ihrem Standort unzureichend geworden ist, zum Beispiel durch Sortimentslücken, modische Defizite, geringe Auswahlmöglichkeiten, ein ungünstiges Preis-Leistungs-Verhältnis.
- Die Schwachstelle liegt im kommunikativen Bereich; den Verbrauchern ist die Leistungskraft des Einzelhandels am Wohnort nicht ausreichend bekannt.

Werbestrategien gestalten Absatzmärkte!

Ihre Werbung ist eine Investition ins Verbraucherbewusstsein! Was Sie allein mit Ihrem relativ schmalen Werbebudget wahrscheinlich nicht bewirken, schafft vielleicht eine gezielte Werbekampagne der regionalen Werbegemeinschaft. Schließen Sie sich ihr an und wirken Sie in Ihrem eigenen Interesse intensiv mit. Schließlich ist es Satzungsauftrag einer solchen Gemeinschaft, den größtmöglichen Teil der Kaufkraft zu binden und marktgestaltend tätig zu werden. Untersuchen Sie auch das immer stärker werdende Leistungsangebot von Versandhäusern in diesem Zusammenhang sehr kritisch.

Diese Maßnahmen gehören mehr zur Imagewerbung Ihres Standortes und ergänzen die individuellen Produktwerbemaßnahmen. Denken Sie aber auch an den Aufbau und die Pflege Ihres eigenen Images! Vielleicht tauchen neue Wettbewerber auf, die Ihnen an Kapitalkraft überlegen sind, deren Produktangebot umfangreicher ist? Der von ihnen betriebene hohe Werbeaufwand macht vielleicht auch Ihre Stammkundschaft neugierig?

Handeln Sie!

Tipp

- Bauen Sie Ihren Zeitvorsprung aus, den Sie bezüglich Reputation, Image und Kundenvertrauen haben, indem Sie Ihre Anstrengungen beim Kundenservice verdoppeln!
- Messen Sie die Zufriedenheit Ihrer Kunden durch eine Befragung!
- Beseitigen Sie Schwachstellen und bieten Sie kostenlose Nach- oder Ausbesserung von Fehlern an!
- Verstärken Sie Ihre Qualitätskontrollen!
- Betreuen Sie den Kunden auch nach dem Verkauf durch regelmäßige Produkt- oder Leistungsinformationen („after sales service")!
- Schwören Sie Ihre Belegschaft auf das Motto ein: Der Kunde ist König!

- → Bringen Sie bei Ihrer Verkaufsmannschaft nicht nur das Fachwissen permanent auf den neuesten Stand, sondern auch die Kenntnisse über den psychologisch richtigen Umgang mit besonders kritischen Kunden!
- → Beobachten Sie permanent das Marktverhalten der wichtigsten Konkurrenten, auch durch Geschäftsrundgänge, um den Erfolg Ihrer Marketingstrategie mit durchdachten und zielgerichteten Gegenmaßnahmen zu gewährleisten!

Welche Risiken bei den indirekten Umsatzpotenzialfaktoren liegen können, veranschaulicht folgendes Praxisbeispiel:

Beispiel

Mitten in der Großstadt, wenn auch etwas abseits von den Haupteinkaufsstraßen, sollte ein neues, überdachtes und vollklimatisiertes Einkaufszentrum errichtet werden. Der Bauherr versprach ein Einkaufsparadies mit attraktivem Branchenmix von Konsumgütern des gehobenen Bedarfs. Eine Werbegemeinschaft, der alle Mieter angeschlossen waren, sollte durch überregionale Werbung die Attraktivität des Standortes ausbauen und sichern. Gleichzeitig wurde auf geplante öffentliche Infrastrukturmaßnahmen hingewiesen: Ein U-Bahn-Anschluss in unmittelbarer Nähe, entsprechende Parkplätze und sogar eine Verlegung der Busverkehrsführung seien vorgesehen. Es klang wie eine einmalige Chance für den schnell entschlossenen Einzelhandelsunternehmer, insbesondere, da bereits 80 Prozent der Fläche vermietet waren. Die Geschäftsausstattung wurde etwas teurer, weil man sich dem großzügigen Stil des Zentrums anschließen wollte. Die Miete war auch höher als die des Geschäftes am alten Standort, und eine üppige Maklercourtage war fällig. Die Nebenkosten ließ man in der allgemeinen Euphorie mehr oder weniger außer Acht und fieberte dem Start entgegen.

Am Tage der Eröffnung des Einkaufszentrums fand sich eine große Menschenmenge ein. Die wenigsten Besucher waren jedoch Käufer, sondern nur neugierige „Freibier-Passanten". In den darauf folgenden Tagen wurde es bereits merklich ruhiger auf den Gängen. Die erhofften Umsätze blieben aus. Gelegentlich beschwerte sich ein Kunde über die schlechte Verkehrsanbindung. Rückfragen bei der Stadt brachten die Ernüchterung: Wegen fehlender Finanzmittel hatte die Stadt alle Infrastrukturmaßnahmen ersatzlos gestrichen; weder U-Bahn-Anschluss noch der öffentliche Parkplatz wurden gebaut. Die Linienführung der Busse blieb bestehen, weil für die neue Strecke kein Bedarf bestand. Zu allem Überfluss öffnete ein weiteres großes Einkaufszentrum mit ähnlichem Branchenmix – in unmittelbarer Nähe der Haupteinkaufsstraßen. Mit den Umsätzen der Einzelhandelsgeschäfte im „Einkaufsparadies" ging es steil bergab. Bald darauf schlossen die ersten Läden ...

„Schadensersatz und Mietminderung verlangen und notfalls einklagen" wird sicherlich Ihre erste Reaktion auf diese Geschichte sein. In der Praxis zeigt sich jedoch, dass kaum Aussichten auf einen erfolgreichen Prozess bestehen: Sofern der Vermieter bestimmte Eigenschaften nicht ausdrücklich zusichert, sondern es, wie üblich, bei allgemeinen Anpreisungen bleibt, sind solche fehlgeschlagenen Erwartungen nicht als Fehler der Mietsache anzusehen, der zu einer Minderung des Mietzinses berechtigt. Aus den gleichen Erwägungen kommt auch ein Anspruch auf Schadensersatz des Mieters gegen den Vermieter nicht in Betracht. Mit anderen Worten:

Mit Ihrer unternehmerischen Entscheidung, ein Objekt zu mieten, übernehmen Sie gleichzeitig das Risiko eines finanziellen Fehlschlagens, das Sie nachträglich nicht auf den Vermieter abwälzen können.

2.4 Beispiel zur Abschätzung Ihres Umsatzpotenzials

Kurzcharakteristik: Textilbranche, Einzelhandel, Geschäft mit Damen-, Herren- und Kinderoberbekleidung.

Schritt 1: Einzugsbereich festlegen

Der Ort, in dem das Geschäft eröffnet werden soll, hat 90.000 Einwohner. Zum Einzugsbereich gehören noch drei kleinere Ortschaften mit insgesamt 9.000 Einwohnern. Zielgruppe ist der Haushaltstyp PmK = „Paare mit Kind(ern)".

Quellen: Sekundärforschung über Einwohnermeldeamt und Statistisches Landesamt

Anzahl Einwohner:	gesamt 99.000
Anzahl Haushaltungen Typ 2:	16.000
Anzahl Wettbewerber:	4

Quellen: Primär- u. Sekundärforschung

Schritt 2: Kaufkraft (K) errechnen

Die maximale Kaufkraft K(max), bezogen auf die Branchenartikel, ermitteln Sie wie folgt:

Monatliche Durchschnittsausgabe des HH-Typ PmK für Bekleidung im Jahr 2006:	=	146,00 €
Daraus folgt die Jahresausgabe:	=	1.752,00 €
Teuerungszuschlag[1]:	=	2,0 %
Korrigierte Jahresausgabe:	=	1.787,04 €

Maximale Kaufkraft K(max):

$$K(max) = 16.000 \times 1.787{,}04 = 28.592.640\ €$$

Quellen: Sekundärforschung über Statistisches Bundesamt (Statistisches Jahrbuch 2008) und Statistisches Landesamt

Schritt 3: Konkurrenzanalyse durchführen

Schätzen Sie für jeden der ermittelten Wettbewerber den realisierten **Ist-Umsatz**:

➔ Anzahl der beschäftigten Personen?

➔ Wieviel qm Verkaufsfläche sind vorhanden?

➔ Geschätzter Werbeaufwand (Annoncen, Prospekte)?

➔ Wie hoch sind die jeweiligen Mietkosten?

Quellen: Primärforschung (Konkurrenzgang)
Sekundärforschung (Betriebsvergleich)

Verwenden Sie die gefundenen Werte nun für Ihre **Umsatzhochrechnung**. Basis sind die Betriebsvergleichszahlen, veröffentlicht vom Institut für Handelsforschung an der Universität zu Köln, für das Jahr 2003:

1 Korrektur der Werte um den Teuerungsfaktor, da die Veröffentlichung der Statistiken mit einer Verzögerung von etwa einem Jahr erfolgt.

Textileinzelhandel insgesamt – „Gliederung nach Raumgrößenklassen"

Wettbewerber A, B, C und D	Auswertungsfaktor	Umsatz je beschäftigte Person	Umsatz je qm Geschäftsraum	Kosten für Werbung in % vom Umsatz	Miete oder Mietwert in % vom Umsatz
Firma A	A.-Faktor	131.415	3.096	2,2 %	5,2 %
Personal:	6	788.490			
qm Geschäftsraum:	225		696.600		
Werbekosten:	27.500			1.250.000	
Mietkosten:	45.000				865.385
Firma B	A.-Faktor	159.340	3.537	2,6 %	6,6 %
Personal:	9	1.434.060			
qm Geschäftsraum:	450		1.591.650		
Werbekosten:	40.000			1.538.462	
Mietkosten:	80.000				1.212.121
Firma C	A.-Faktor	171.008	2.126	3,9 %	7,4 %
Personal:	12	2.052.096			
qm Geschäftsraum:	1.000		2.126.000		
Werbekosten:	75.000			1.923.077	
Mietkosten:	150.000				2.027.027
Firma D	A.-Faktor	139.192	2.198	3,2 %	6,7 %
Personal:	30	4.175.760			
qm Geschäftsraum:	1.800		3.956.400		
Werbekosten:	115.000			3.593.750	
Mietkosten:	275.000				4.104.478

Mittelwerte:	Firma A:	900.119 €
	Firma B:	1.664.781 €
	Firma C:	2.965.351 €
	Firma D:	5.686.620 €

Mittelwert für alle vier Konkurrenten: 2.804.218 €

Geschätzter Gesamtumsatz aller Wettbewerber: 11.216.870 € = U(ist);

Schritt 4: Kaufkraftbindung bestimmen

Errechnen Sie jetzt die **effektive Kaufkraftbindung** *K(eff):*

$$K(\mathrm{eff})\ \mathrm{in}\ \% = \frac{U(\mathrm{ist})}{K(\max) \times 100}$$

$$K(eff) = \frac{11.216.870}{28.592.640} \times 100 = 39{,}23\%$$

Auf der Basis von Branchen-, Kaufkraft- und Landesamt-Statistiken stellen Sie nun fest, dass dieser Prozentsatz um etwa 11 Prozentpunkte unter dem üblichen **Kaufkraftbindungs-Prozentsatz K(norm)** liegt:

$$K(norm) = 50{,}0\ \%$$

Analysieren Sie unbedingt die Ursachen für diese Abweichung zwischen K(norm) und K(max) bzw. zwischen K(norm) und K(ist)! Vergleichen Sie dazu auch die vorhin erläuterten Gründe für einen Kaufkraftabfluss.

Schritt 5: Freies Umsatzpotenzial ermitteln

Den Betrag, den Sie aufgrund der nicht ausgeschöpften normalen Kaufkraft als Ihr **freies Umsatzpotenzial U(f)** definieren, berechnen Sie aus folgender Differenz:

$$U(f) = K(norm)\ \% \times K(max)./.U(ist)$$

In unserem Beispiel sind das:

$$U(f) = 50\% \times 28.592.640\ ./.\ 11.216.870$$

$$U(f) = \underline{\underline{3.079.450}}$$

Ein Vergleich dieser Umsatzabschätzung mit dem durchschnittlichen tatsächlichen Umsatz (Mittelwert aller Wettbewerber) in Höhe von 2.804.218 Euro zeigt, dass ein Umsatz in Höhe von ca. 3 Mio. Euro keine unrealistische Vorstellung ist. Vorausgesetzt, Sie planen die Geschäftskapazität und das Sortiment entsprechend und ergreifen geeignete Marketingmaßnahmen.

Hinweis zum Statistischen Bundesamt: Auskünfte

Wenn Sie nicht wissen, welche Daten aus welchen statistischen Quellen Ihnen weiterhelfen oder wie bestimmte statistische Daten zu interpretieren sind, bieten Ihnen die verschiedenen Auskunftsdienste des Statistischen Bundesamtes Beratung und Unterstützung bei der Datenrecherche und -analyse.

Der Statistische Informationsservice ist zentrale Anlaufstelle für alle Auskünfte quer über das gesamte Arbeitsgebiet der amtlichen Statistik. Sie erreichen Ihn telefonisch montags bis donnerstags von 8 bis 17 Uhr und freitags bis 15 Uhr unter 0611/75–24 05.

Schriftliche Anfragen richten Sie bitte über das Kontaktformular unter www.destatis.de/kontakt an diesen allgemeinen Auskunftsdienst.

Anschrift:
Statistisches Bundesamt
Gustav-Stresemann-Ring 11
65189 Wiesbaden

Internet: www.destatis.de

2.5 Beispiel zur Standortauswahl – Punktbewertungs-Verfahren (Einzelhandel)

Schritt 1: Auswahl relevanter Standortfaktoren

Wählen Sie die für Ihr Vorhaben relevanten Standortfaktoren aus; im Beispiel Absatzmarkt, Verkehrslage, Arbeitskräfte, Wettbewerb, Mietkosten, Betriebsraum. Tragen Sie diese Faktoren zeilenweise in die Spalte **Standortfaktoren** ein.

Schritt 2: Optimale Bewertung

Bewerten Sie die Standortfaktoren je nach ihrer Wertigkeit für den Erfolg Ihres Vorhabens mit einer Punktzahl zwischen 1 und 100. Die Eins steht für Faktoren von relativ geringer, die Hundert für Einflussgrößen von größter Bedeutung. Analysieren Sie diese Gewichtung sorgfältig und tragen Sie die Punkte in die Spalte **Maximalpunkte** ein.

Schritt 3: Standortalternativen und -bewertung

Prüfen Sie, welche Standorte in Ihrem Einzugsgebiet in Frage kommen, und bewerten Sie die jeweilige Alternative, indem Sie für jeden Standortfaktor Punkte verteilen:

Punktbewertung von Standortalternativen

Standort-faktor	Maximale Punkte	Standort 1	Standort 2	Standort 3	Standort 4
Absatzmarkt	100	70	90	80	100
Verkehrslage	90	60	90	70	80
Arbeitskräfte	60	50	60	60	40
Wettbewerb	80	80	70	50	40
Mietkosten	90	80	70	90	60
Betriebsraum	70	40	70	60	70
Summe	490	380	450	410	390
Rang/Priorität	**Optimum**	**IV**	**I**	**II**	**III**

Schritt 4: Entscheidung

Ihre Standortalternative 2 kommt dem optimalen Standortbild am nächsten und hat daher bei Ihrer Entscheidungsfindung die höchste Priorität. Beachten Sie, dass eine solche Analyse auch dann notwendig ist, wenn Ihr Standort bereits festzustehen scheint. Die Tatsache, dass ein Objekt – ein Haus oder Grundstück – bereits Ihnen gehört, macht einen problematischen Standort nicht geeigneter!

3 Die Finanzierung Ihres Unternehmens

3.1 „Ohne Moos nichts los"

Dieses Zitat aus unserem Alltag trifft haargenau einen der kritischsten Punkte Ihrer Gründung: die Finanzierung des neuen Unternehmens. Fast die Hälfte aller Gründungen scheitert bereits im ersten Jahr; finanzielle Engpässe sowie eine unzureichende Finanzierung gehören zu den Hauptursachen.

Beziehen Sie die notwendigen Schritte, die zu einer ausgewogenen und durchdachten Finanzierung führen, frühzeitig in Ihre Planung ein.

Ein detaillierter **Finanzplan** (s. Kapitel II) ist dafür unverzichtbar. Er verdeutlicht nicht nur Ihre tatsächliche Situation, sondern gibt auch Auskunft über die realen Chancen Ihrer Gründungsabsichten. Er liefert Ihnen wichtige Anhaltspunkte sowie Vorgaben für die ersten Jahre Ihrer Unternehmertätigkeit und dient der Kontrolle des tatsächlich Erreichten. Auf seiner Grundlage ermitteln Sie u. a. Ihren Kapitalbedarf. Die ausführliche Anleitung dazu finden Sie im Kapitel II „Erarbeiten Ihres Unternehmenskonzeptes/Businessplans".

Zuvor werfen wir einen Blick auf die grundsätzlichen Finanzierungsmöglichkeiten und geben einige wichtige Hinweise aus der Praxis.

Finanzierungsquellen		
	Langfristige Mittel	**Kurzfristige Mittel**
Eigenkapital	Barmittel Sacheinlagen Eigenleistung Beteiligungen Venture Capital	
Fremdkapital	Bankdarlehen Verwandtendarlehen Gesellschafterdarlehen Fördermittel	Eurokredit Saisonkredit Aval-Kredit Kommissionsverträge Kontokorrentkredit Lieferantenkredit Gesellschafterdarlehen Factoring

Ihr **Eigenkapital** zählt stets als langfristig, denn Sie verfügen darüber uneingeschränkt und ohne zeitliche Begrenzung durch eine Rückzahlungsfrist.

Ihr **Fremdkapital** ist dann langfristig, wenn die Laufzeit über vier Jahre geht. Weitere Merkmale sind der Tilgungsmodus, die Bindungsdauer der Konditionen und die niedrigere Verzinsung als beim kurzfristigen Geld.

3.2 Finanzierungsregeln

Für die Unternehmensfinanzierung haben sich in der Praxis bestimmte Regeln herausgebildet, die Sie auch auf Ihre Gründung anwenden sollten. Eine festgeschriebene Grundlage gibt es dafür nicht. Den Banken dienen diese Grundsätze jedoch als Anhaltspunkte für die Prüfung Ihrer Kreditwürdigkeit sowie für die Vergabe der Kredite. Die wichtigsten Finanzierungsregeln sind:

Regel 1: Finanzieren Sie Ihr Anlagevermögen mit langfristigem Geld, niemals mit kurzfristigen Mitteln.

Durch diese Praxis steht in Ihrer Bilanz dem Kapitaleinsatz auf der Passivseite immer ein entsprechender Gegenwert auf der Aktivseite gegenüber: Sie finanzieren zum Beispiel eine Maschine mit einer betriebsüblichen Nutzungsdauer von sechzehn Jahren mithilfe eines Darlehens über den gleichen Zeitraum. Der sinkende Darlehensbetrag wird immer durch den gleichfalls sinkenden Restbuchwert im Anlagevermögen gedeckt (gleiche Fristigkeiten). Ist das Wirtschaftsgut abgeschrieben, steht auch der Kredit auf Null, ist also zurückgezahlt.

Verletzen Sie diese Regel, wird Ihr kurzfristiger Kreditrahmen durch die daraus finanzierte Investition langfristig blockiert. Sie haben keinen Spielraum mehr, auf unerwartete Zahlungsverpflichtungen zu reagieren. Der Zinssatz ist überdies deutlich höher als bei langfristigem Geld. Dieser Grundsatz wird auch die **Goldene Finanzierungsregel** genannt.

Regel 2: Decken Sie Ihren kurzfristigen Kapitalbedarf stets mit kurzfristigen Mitteln, niemals mit langfristigem Geld.

Kurzfristiges Geld, wie Ihr Kontokorrentkredit, dient der Erfüllung von Verbindlichkeiten, die nicht lange bestehen: beispielsweise Zahlungen, die wegen überraschender Warenlieferungen (die „günstige Gelegenheit") oder wegen unerwartetem Ausbleiben von Umsätzen notwendig werden. Verkaufen Sie die damit finanzierte Handelsware, fließt das Geld sofort zurück. Bezahlen Sie dagegen solche Warenlieferungen mit Geld aus einem langfristigen Darlehen, stehen diesem Kredit über seine gesamte Laufzeit auf der Vermögensseite Ihrer Bilanz die finanzierten Werte nicht mehr gegenüber. Die verkaufte Ware hat ja Ihr Lager schon längst verlassen.

Regel 3: Erbringen Sie den für Ihr Fremdkapital erforderlichen Kapitaldienst möglichst durch den Cashflow Ihres Unternehmens.

Welche Aussagekraft die Kennziffer „Cashflow“ hat und wie sie errechnet wird, erläutern wir Ihnen im Abschnitt 5.4.6 „Cashflow“. Da der Cashflow Ihre verfügbaren flüssigen Mittel darstellt, wird der Sinn erkennbar: Sie finanzieren Ihre Investitionen aus dem Geld, das Ihnen im Unternehmen real zur Verfügung steht. Das spart Fremdkapital und damit Kosten.

Gerade diese Regel lässt sich meist nur schwer beachten.

3.3 Ihr Eigenkapital

Ihr Eigenkapital kann aus unterschiedlichen Quellen stammen: Das selbst erarbeitete oder ersparte Geld zählt ebenso dazu wie Beteiligungen, die andere Personen oder Institutionen eingehen, indem sie Ihnen ihr eigenes Geld haftend zur Verfügung stellen. Vergessen Sie dabei nicht, dass der Investor oder die Beteiligungsgesellschaft das wirtschaftlich sinnvolle Ziel verfolgt, aus dieser Beteiligung eines Tages einen deutlich größeren Betrag zu erhalten.

Stellen Sie sich vor, Sie selber hätten eine Million Euro übrig und würden das Geld gern irgendwo sinnvoll einsetzen. Nun wissen Sie, wie sich ein Beteiligungsgeber fühlt: Er wird alles dafür tun, dass er sein Geld, woher auch immer es stammt, nicht verliert!

An dieser Stelle noch einige Hinweise zum Thema **Zuschüsse**. Sie betreffen zwar das Thema „**Fördermittel**“ und werden im Abschnitt 6 dieses Kapitels ausführlich behandelt, stellen aber einen wichtigen Beitrag zur Verstärkung Ihrer Eigenkapitalbasis dar.

Sie bekommen sie von verschiedenen Seiten zur Unterstützung Ihres Vorhabens:

- ➔ vom Bundeswirtschaftsministerium zu den Beratungskosten,
- ➔ von der KfW und bestimmten Industrie- und Handelskammern (z. B. in Bayern) im Rahmen des Coachingprogrammes,
- ➔ von den Agenturen für Arbeit und
- ➔ von Kommunen und Gemeinden regional begrenzt für
  - bestimmte Personengruppen, die sich selbständig machen,
  - einzelne Projekte, z. B. kulturelle Initiativen, Kinderprojekte, soziale Dienstleistungen (z. B. für Bürgerberatung oder die Arbeit der Frauenbeauftragten; Informationen erhalten Sie bei Ihrer Kommune).

„Indirekte Zuschüsse“ gibt es auch von Unternehmen, wie in der Gastronomie und dem Hotelgewerbe, die teilweise die Geschäftseinrichtung stellen. Da das meist mit entsprechenden Pacht- bzw. Abnahmeverträgen verbunden ist, prüfen Sie genau, ob ein solches Angebot wirklich vorteilhaft für Sie ist!

3.3.1 Der Einsatz Ihrer Eigenmittel

Prüfen Sie zunächst den Umfang Ihrer eigenen Mittel. Im Regelfall werden mit diesem Begriff die (Bar-)mittel der Gründer verstanden, die in liquider Form in das Finanzierungsvorhaben eingebracht werden.

Machen Sie Kassensturz und tragen Sie zusammen, welche Werte Sie besitzen und wann Sie darüber verfügen können (beispielsweise Termingeld, festverzinsliche Wertpapiere, Sparbriefe, Aktien, Investmentfonds). Meist ist es sinnvoller, eigenes Geld einzusetzen, bevor teure Kredite in Anspruch genommen werden. Über Eigenkapital zu verfügen, bedeutet für Sie eine größere finanzielle Unabhängigkeit.

Planen Sie nicht uneingeschränkt den Einsatz aller vorhandenen Eigenmittel. Bevor Sie längerfristige Anlagen kündigen, klären Sie, ob und in welcher Höhe damit Verluste verbunden sind. Oder ob Ihre Anlage Ihnen nicht mehr Ertrag bringt als Sie ein Darlehen kostet. In einem solchen Fall ist es sinnvoll, Ihre Geldanlage zu belassen und gegebenenfalls Ihrer Bank als Absicherung eines kurz- oder mittelfristigen Darlehens abzutreten. Später, nachdem Sie dieses Darlehen zurückgezahlt haben, verfügen Sie über ein gewachsenes Kapital.

Erfassen Sie bei Ihrer Zusammenstellung auch, über welche **Kapitallebensversicherungen** oder **Private Rentenversicherungen** Sie verfügen. Erfragen Sie bei der jeweiligen Versicherungsgesellschaft, welchen **Rückkaufswert** Ihre Police jetzt hat. In den seltensten Fällen empfiehlt es sich, sie aufzulösen und als Eigenkapital ins Unternehmen einzubringen. Sie können sie aber zur **Absicherung** eines Darlehens heranziehen. Gleichzeitig erhalten Sie sich den Versicherungsschutz für die Familie oder die geplante Altersabsicherung.

Nachdem Sie nun wissen, welches Eigenkapital Ihnen zur Verfügung steht, ist zu regeln, wie dieses Geld in Ihr neues Unternehmen fließen soll. Errichten Sie ein „Firmen"-Konto. Von nun an haftet das eingebrachte Eigenkapital für alle Verbindlichkeiten Ihres Unternehmens. Berücksichtigen Sie die Besonderheiten der einzelnen Rechtsformen (vgl. Abschnitt 4 dieses Kapitels).

Ein eigenes Geschäftskonto ist immer sinnvoll, auch wenn Sie keine Kapitalgesellschaft gründen. Die Schuldzinsen darauf sind Betriebsausgaben, also steuerlich wirksam. Vermischen Sie allerdings Ihre privaten Ausgaben mit den geschäftlichen, erkennt Ihr Finanzamt den betrieblichen Zweck der Fremdkapitalkosten vielleicht nicht an. Trennen Sie sauber und nutzen Sie lieber den Kreditrahmen beim Firmenkonto (Ihren Kontokorrent-Kredit).

Wie hoch Ihr Eigenkapitaleinsatz sein muss, lässt sich nicht pauschal beantworten. Üblicherweise soll die Gesamtfinanzierung einen „angemessenen Eigenkapitaleinsatz" beinhalten. Eine allgemein gültige Eigenkapitalquote gibt es jedoch nicht, sie ist jeweils individuell zu vereinbaren und bemisst sich u. a. an der Höhe des Gesamtkapitalbedarfes, der Anlaufverluste und natürlich auch an Ihrem Vermögenshintergrund als Gründer.

Sofern Sie öffentliche Fördermittel in Anspruch nehmen wollen, werden meist 15 Prozent Eigenkapital als wünschenswert dargestellt. Eine Gründungsfinanzierung, die ausschließlich über Kredite erfolgen soll, ist nur in äußerst seltenen Ausnahmefällen möglich.

Investieren Sie nur so viel Eigenkapital wie unbedingt notwendig und halten Sie eine ausreichende Summe als „eiserne" Reserve zurück. Damit können Sie jederzeit längerfristige Lücken bei den Einnahmen oder auch spätere notwendige Investitionen auffangen, die Sie nicht über einen Kredit finanzieren können oder wollen.

Bei der Gründung einer Kapitalgesellschaft dürfen Sie Ihr Stamm- oder Grundkapital auch in Form von Sacheinlagen erbringen. Damit reduzieren Sie den Einsatz von Barmitteln. Ihnen verbleibt eine größere Liquidität.

Beispiel

Peter Czurratis aus Aalen benötigt für die Gründung seiner GmbH 25.000 Euro Stammkapital. Er besitzt ein neuwertiges Auto. Dessen fachmännische Schätzung ergibt einen aktuellen Wert von 18.000 Euro. Somit sind an Barmitteln nur noch 7.000 Euro zu erbringen. Sein Pkw wird zum Firmenfahrzeug. Er spart dadurch einen Bargeldeinsatz von 18.000 Euro.

Geeignet als Sacheinlagen sind Grundstücke und Gebäude, Fahrzeuge, Maschinen und Geräte sowie Teile der Büroeinrichtung und Computer. Zwei Kriterien sind Bedingung: Die Sache muss **betriebsnotwendig** und **werthaltig** sein. Die Betriebsnotwendigkeit ergibt sich aus Ihrem konkreten Gründungsvorhaben. Für die eindeutige und objektive finanzielle Einschätzung der Werthaltigkeit ist ein **Sachgründungsbericht** erforderlich. Führen Sie alle Objekte und Gegenstände sowie deren Anschaffungsdaten und -preise auf. Die zeitgemäße Bewertung hat ein unabhängiger Sachverständiger vorzunehmen. Achten Sie auf die Seriosität dieses Gutachtens. Im Insolvenzfall werden solche Unterlagen geprüft. War der tatsächliche Wert geringer als im Gutachten ausgewiesen, haften Sie für die Differenz.

Bevor Sie einen Pkw als Sacheinlage in Ihr Unternehmen aufnehmen, klären Sie mit Ihrem Steuerberater die steuerliche Sinnhaftigkeit. Denn nicht immer ist es aus steuerlichen und rechnerischen Gründen von Vorteil, einen Privat-Pkw zum Firmenwagen zu machen.

3.3.2 Kapitalbeteiligungsgesellschaften

Eigenkapital kann auch von dritter Seite zufließen. Dies ist vor allem dann der Fall, wenn Ihr Gründungsvorhaben eine lange Anlaufphase aufweist und dadurch bis zum Erreichen der Gewinnzone hohe Anlaufverluste entstehen.

Das betrifft hauptsächlich Gründungen im innovativen Bereich, bei denen Forschungs- und Entwicklungstätigkeiten und kostspielige Markteintrittsmaßnahmen zu finanzieren sind. Hier ist der erste Gewinn noch weit entfernt.

Verzögerungen bei der technischen Realisierung einer derartigen innovativen Produkt- oder Dienstleistungsidee sind oftmals der Fall. Damit schieben sich der Markteintritt und die ersten Umsätze und Gewinne zeitlich nach hinten. Weitere Finanzierungsrunden können notwendig sein. Diese Verzögerungen sind zwar meist eingeplant, tragen aber stets das Risiko in sich, dass die Investoren auf eine weitere Finanzierungsrunde verzichten, den Betrieb in die Insolvenz schicken und ihr Geld „abschreiben".

Seit den sechziger Jahren wurden in der Bundesrepublik Deutschland von den Banken sowie branchenspezifischen Verbänden Kapitalbeteiligungsgesellschaften ins Leben gerufen, die die Gründung von Unternehmen mit besonderen Erfolgs- und Ertragschancen unterstützen.

Diese Beteiligungen sind zeitlich limitiert – meist auf maximal fünf bis sieben Jahre angelegt. Zu unterscheiden ist zwischen offenen Beteiligungen und stillen Beteiligungen. Bei offenen Beteiligungen erhält das Unternehmen unverzinsliches haftendes Eigenkapital gegen Gesellschaftsanteilsübertragung an die Beteiligungsgesellschaft. Der Ausstieg (Exit) der Beteiligungsgesellschaft kann durch Rückkauf der Anteile durch die sonstigen Gesellschafter oder durch Verkauf an neue Gesellschafter erfolgen. Diese können z. B. strategische Investoren sein. Im Einzelfall ist auch die Weiterveräußerung an eine Vielzahl an Investoren im Wege eines Börsenganges möglich.

Bei der stillen Beteiligung hingegen erwirbt die Beteiligungsgesellschaft keine Anteile am Unternehmen, sondern vergibt eigenkapitalähnliche Mittel (so genanntes Mezzanine-Kapital). Diese Mittel werden für ca. fünf bis sieben Jahre verzinslich zur Verfügung gestellt. Die Höhe der Verzinsung errechnet sich aus einem festen Basissatz sowie einer gewinnabhängigen Größe. Für eine solche Beteiligung ist die Schriftform unerlässlich. Im Vertrag werden folgende Positionen geregelt:

- ➔ die Beteiligungssumme,
- ➔ die Einzahlungs- und Rückzahlungsmodi,
- ➔ die Verzinsung,
- ➔ die Liquidationspräferenzen,
- ➔ das Mitspracherecht bei wichtigen Unternehmensentscheidungen,
- ➔ die Form der Berichterstattung,

- ➔ das Eingriffs- und Prüfungsrecht,
- ➔ die Form der Auseinandersetzung sowie
- ➔ die Kündigungsrechte.

Bevor Sie diese Form der Eigenkapitalbeschaffung ins Auge fassen, verdeutlichen Sie sich die entstehenden Probleme und Nachteile. Unter Umständen entscheiden Sie zukünftig nicht mehr allein über Ihr Unternehmen, sondern haben das Mitspracherecht des Kapitalgebers zu beachten. Die relativ hohe Verzinsung des Beteiligungskapitals führt eventuell zu Liquiditätsproblemen.

Der **Vorteil** einer Beteiligungsfinanzierung ist, dass dieses Geld entweder als haftendes Eigenkapital (offene Beteiligung) oder im Falle der stillen Beteiligung – bei der Bilanzanalyse durch eine Bank – als wirtschaftliches Eigenkapital gewertet wird. Dadurch kann die **Kreditwürdigkeit** Ihres Unternehmens steigen und Sie schaffen damit womöglich die Grundlage für eine zusätzliche Kreditvergabe durch eine Bank.

Mittelständische Beteiligungsgesellschaften mischen sich im Regelfall nicht in die Geschäftsführung ein, verlangen aber eine genaue Rechenschaft über den Einsatz der Mittel und den Fortgang der Geschäfte. Solch eine Beteiligungsgesellschaft ist in Bayern z. B. die BayBG, Bayerische Beteiligungsgesellschaft mbH.

3.3.3 Venture Capital und Business Angels

Findet Ihre Existenzgründung in einem innovativen und schnellwachsenden Bereich statt, stehen Sie vielleicht vor dem Problem, dass Banken die notwendigen Finanzierungen als zu risikobehaftet ansehen und nur bereit sind, Gelder zur Verfügung zu stellen, wenn die Eigenkapitaldecke des Unternehmens vergrößert und das Risiko auf mehrere Kapitalgeber verteilt wird. Da kann Ihnen eine Venture-Capital-Gesellschaft weiterhelfen.

Als Venture Capital (VC) bezeichnet man das „Chancenkapital" (auch „Wagniskapital"), mit dem sich andere Gesellschaften an innovativen Unternehmen, der Weiterentwicklung von Erfindungen, neuen Verfahren oder zukunftsträchtigen Projekten beteiligen.

Auf die klassische Verzinsung des eingesetzten Kapitals wird verzichtet und dafür später ein umso höherer Gewinn erwartet. Der Rückfluss für den Investor erfolgt durch den **Exit** (Ausstieg) entweder über die **Veräußerung** der Anteile (Zuwachs an Unternehmenswert) oder – im Idealfall – durch den Gang an die **Börse (Going public)**, das heißt aus den über die emittierten Aktien fließenden Geldern.

Die Beteiligung der Venture-Capital-Gesellschaft ist häufig auf einen Zeitraum von drei bis fünf Jahren begrenzt. Während dieser Zeit helfen Ihnen die Finanzierungspartner auch beim Anbahnen nationaler und internationaler Kontakte. Die Investment-Manager der VC-Gesellschaft unterstützen Sie durch Beratung und Hilfe bei der Führung Ihres Unternehmens und wichtigen Entscheidungen.

Wir sprechen deshalb auch von **intelligentem Kapital**. Die VC-Geber bemühen sich, dass Ihre unternehmerische Initiative ungebremst bleibt, werden aber über die Kontrollgremien (Aufsichtsrat) deutlich Einfluss ausüben. Neben einer regelmäßigen Berichterstattung wird erwartet, dass die Entwicklungen und Neuheiten bald gewinnbringend vermarktet werden.

Bevorzugte Gründungsvorhaben für die Vergabe von Venture Capital sind (Auszug)

➔ Informations- und Kommunikationstechnologie,
➔ Biotechnologie, Gen- und Medizintechnik,
➔ Neue Werkstoffe,
➔ Innovationen im Elektronikbereich, in der Mess- und Regeltechnik.

Venture Capital gibt es in verschiedenen Spielarten:

➔ **Seed-Capital:** Finanziert wird die Umsetzung einer Idee bis hin zum Gründungskonzept,
➔ **Start-up:** Gründungsfinanzierung,
➔ **Bridge-Financing:** Folgefinanzierungen bzw. Vorbereitung von Börsengängen.

Ob Ihr Gründungsvorhaben für eine Venture-Capital-Vergabe in Frage kommt, hängt neben dem Unternehmenszweck von einem kompletten überzeugenden Geschäftsplan (Businessplan) ab, der neben Ihrer strategischen Zielstellung, Ihrer Produktpolitik, dem Absatzmarkt, dem Standort und der Marketingstrategie auch den ausführlichen Finanzplan enthalten muss. Oft sind Jahresumsätze ab 2,5 Millionen Euro oder eine passende Branchenzugehörigkeit die Mindestschwelle. Im Mittelpunkt stehen aber die Renditeaussichten für Ihr Unternehmen sowie die Geschwindigkeit, mit der die wirtschaftlichen Ziele zu erreichen sind. Die Auswahlkriterien sind streng. Gehen Sie davon aus, dass Ihre Unterlagen von Sachverständigen gründlich geprüft werden. Dieses Verfahren heißt **Due Diligence.**

Informieren Sie sich bei Erfindermessen, den Industrie- und Handelskammern, den Banken sowie örtlichen Innovations- und Gründerzentren über VC-Gesellschaften. Sprechen Sie auch mit Unternehmern, die bereits mit Venture Capital arbeiten, über deren Erfahrungen.

Die Venture-Capital-Idee als Unterstützung bei Unternehmensgründungen kommt aus den USA. Ebenfalls aus den USA kommt die Idee der **„Business Angels“**. Das sind private Geldgeber, die in innovative Menschen, also in Gründer und deren Idee, investieren. Wie in vielen Bereichen, lässt sich auch dieses, in Übersee gut funktionierendes, Modell nur in Ansätzen auf Europa adaptieren.

3.4 Die Fremdfinanzierung

Zur Finanzierung Ihrer Existenzgründung ist sicherlich Fremdkapital als Ergänzung zu Ihren Eigenmitteln notwendig. Erhalten Sie Geld von fremden Dritten, heißt das Fremdfinanzierung.

Prüfen Sie alle in Frage kommenden Finanzierungsquellen. Vergleichen Sie die Varianten und achten Sie darauf, dass sie kostengünstig sind. Die nachfolgende Aufteilung in lang- und kurzfristige Gelder wurde gewählt, um Ihnen den Bezug zur Verweildauer des finanzierten Gegenstandes im Betriebsvermögen zu verdeutlichen. Einige Mittel sind sowohl kurz- als auch langfristig zu erhalten. Achten Sie darauf, dass die Nutzungsdauer Ihrer Investitionen mit der Laufzeit der Kredite übereinstimmt.

3.4.1 Langfristige Fremdmittel

■ Darlehen von Verwandten und Bekannten

Besprechen Sie Ihr Vorhaben zunächst im Verwandten- und Bekanntenkreis. Dabei wird Ihnen vielleicht die eine oder andere finanzielle Unterstützung angeboten. Überlegen Sie in diesem Fall genau, ob Ihnen ein solches Angebot von Nutzen ist. Erwägen Sie auch die dadurch entstehenden **Bindungen** und **emotionalen Belastungen**. Private Darlehen und Bürgschaften wirken zuweilen zerstörend auf das private Umfeld. Neben einer finanziellen Hilfe sind Sachmittel oder **Arbeitsleistungen** durch Freunde und Verwandte oft sehr hilfreich.

Wenn Sie finanzielle Hilfe in Anspruch nehmen, sichern Sie sich und die Geldgeber durch vernünftige Verträge ab. Mündliche Zusagen verlieren ihre Wirkung, wenn beispielsweise der Erbfall oder die Insolvenz eintritt. Damit die Dinge klar nachprüfbar sind, halten Sie die detaillierte Absprache schriftlich fest. Je genauer die Vereinbarung formuliert ist, umso weniger Probleme kann es in der Zukunft geben. Eine schriftliche Vereinbarung ist übrigens unverzichtbar, wenn Sie anfallende Zinsen steuerlich geltend machen wollen. Darüber hinaus sind die Einzahlungen des Verwandten- bzw. Bekanntendarlehens auf das Geschäftskonto sowie eine erfolgte Rückzahlung immer nachvollziehbar zu halten. Dies kann bei Steuerprüfungen oder auch im Insolvenzfall sehr wichtig sein.

Die schriftliche Vereinbarung sollte folgende Punkte verbindlich regeln:

Inhalt eines Kreditvertrages mit Verwandten

➔ Höhe des Betrages
➔ Zeitraum, für den das Geld zur Verfügung gestellt wird
➔ Rückzahlungstermin
➔ Vermerk „zinslos" oder die Höhe der Zinsen
➔ Rückzahlungsweise und -form
➔ Sicherheiten
➔ Mitspracherecht

Ein Verwandten- oder Bekanntendarlehen gilt wie Eigenkapital. Es kann kurz- oder langfristig sein. Denken Sie auch an die Möglichkeit, Erbschaften in Form von Schenkungen vorzuziehen. Hier sind sogar steuerliche Vorteile für den Erblasser und den Erben nutzbar.

■ Gesellschafterdarlehen

Die Gesellschafter Ihres Unternehmens, Sie allein oder Ihre Partner, dürfen der Firma jederzeit ein Darlehen geben. Lässt es die wirtschaftliche Situation zu, ist es ohne Schwierigkeiten wieder ins Privatvermögen zurückzuführen und kann sogar mit einem üblichen Zinssatz versehen werden. Gründen Sie eine GmbH, kann ein solcher Kredit die Insolvenz abwenden. Für das Darlehen wird dann der **Rangrücktritt** erklärt, das heißt, die Gesellschafter verzichten so lange auf ihre Forderungen, bis alle anderen Gläubiger befriedigt wurden. Wird die Insolvenz abgewendet, bleibt es ein Darlehen, ohne zum haftenden Kapital zu werden. Diese Form ist auch als **kurzfristige Liquiditätshilfe** üblich. Stocken Sie jedoch mit diesem Geld Ihr Stammkapital auf, wird das Darlehen zu haftendem Kapital.

■ Bankdarlehen

Bankdarlehen sind die am meisten verbreitete Form langfristigen Geldes. Dabei wird Ihnen eine bestimmte Summe für eine vereinbarte Zeit ausgeliehen. Das Darlehen ist **endfällig**, das heißt es wird am Ende der Laufzeit auf einmal zurückgezahlt, zum Beispiel durch die Ablaufsumme einer Lebensversicherung oder des angesparten Kapitals in einem Investmentfonds, oder das Geld fließt in gleichen, monatlichen oder vierteljährlichen **Raten** zurück. Die Zinsen werden gesondert berechnet und gelten als Betriebsausgaben. Diese Art des Bankdarlehens heißt **Festdarlehen.**

Bleibt die Kreditrate stets gleich und setzt sich aus Tilgung und Zins zusammen, spricht man von einem **Annuitätendarlehen.** Dabei steigt der Tilgungsanteil innerhalb der Rate allmählich an und der Zinsanteil, der sich auf ein immer niedrigeres Kreditvolumen bezieht, sinkt.

Investitionskredite

Für gewerbliche und geschäftliche Investitionen bieten die Banken **Investitionskredite** an. Die Höhe des Darlehens richtet sich nach der Höhe Ihres Investitionsbedarfs und ist in der Laufzeit auf die Nutzungsdauer der Anschaffung abgestellt.

Der Zinssatz ist niedriger als bei Kontokorrentkrediten. Er wird je nach Marktlage und Nutzungsdauer der Anschaffung für fünf oder zehn Jahre gebunden. Nach Ablauf der Zinsbindung wird er nach den gleichen Kriterien für weitere fünf oder zehn Jahre festgeschrieben. Die **lange Laufzeit** bewirkt eine **niedrige Tilgungsrate**, was sich positiv auf Ihre Liquidität auswirkt.

Die Höhe eines Investitionskredites wird genau auf Ihren Bedarf abgestellt. Die Tilgungsrate und die Zinsen sind aus Ihren laufenden Einnahmen zu bestreiten.

Sollten Sie anfänglich noch keine ausreichenden Erträge oder Umsätze erwirtschaften, besprechen Sie mit der Bank eine Tilgungsaussetzung für die ersten Jahre. Sie zahlen dann anfänglich nur die Zinsen. Die Aussetzung wird später durch einen höheren Tilgungssatz aufgefangen oder endfällig durch die Ablaufsumme einer Lebensversicherung vollzogen.

Da Laufzeit und Höhe des Zinssatzes Verhandlungssache mit der Bank sind, achten Sie besonders bei einem niedrigen Zinsniveau auf eine lange Zinsbindung.

Hypothekendarlehen

Für die Anschaffung von Grundstücken und Gebäuden in Verbindung mit Ihrer Unternehmensgründung ist ein **Hypothekendarlehen** geeignet.

Damit finanzieren Sie bis zu 80 Prozent des Kaufpreises. Dieser Kredit wird durch die Eintragung im Grundbuch gesichert. Durch eine **Grundschuld** ist die Bank, die die Hypothek gewährt, weitgehend vor einem vollständigen Ausfall des Kredits geschützt. Im Veräußerungsfall ist erst das Hypothekendarlehen zurückzuzahlen und die Eintragung im Grundbuch zu löschen, bevor Sie verkaufen dürfen. Eine Ausnahme ist denkbar, wenn der Käufer die bestehenden Darlehen übernimmt und lediglich die Besitzverhältnisse im Grundbuch zu ändern sind.

Der **Zinssatz** richtet sich nach der jeweiligen Marktsituation. Er ist ebenfalls niedriger als bei einem kurzfristigen Kredit. Die Laufzeit kann zwischen fünf, zehn oder 15 Jahren liegen. Auch hier gilt, je niedriger der aktuelle Zinssatz, umso länger sollte die Zinsfestschreibung vereinbart werden. Verhandeln Sie über die Tilgungsrate und passen Sie diese, ebenso wie bei einem Investitionskredit, Ihrer persönlichen Situation an.

Die **Tilgung** liegt zwischen 0,5 bis 2 oder mehr Prozent. Eine Tilgungsaussetzung ist gestattet – ganz oder teilweise, oft aber nur dann, wenn Mittel zur Sicherung vorhanden sind, wie Lebensversicherungen oder auch Geldanlagen.

Praxisdarlehen

Eine Sonderform ist das Praxisdarlehen. **Freiberufler** wie Ärzte, Steuerberater, Rechtsanwälte, Unternehmensberater und Wirtschaftsprüfer erhalten von den Finanzinstituten einen Kredit, der langfristig ausgelegt ist und der Errichtung, Erweiterung bzw. der Übernahme einer Praxis oder Kanzlei dient.

Meist wird bei Gründungen eine Tilgungsaussetzung von zwei bis drei Jahren vereinbart. Je nach Vereinbarung tilgen Sie das Praxisdarlehen dann mit gleichbleibenden Beträgen. Der Zinssatz kann für die gesamte Laufzeit festgeschrieben werden.

■ Fördermittel

Der Bereich der öffentlichen Fördermittel ist umfassend im Abschnitt 6 dieses Kapitels erläutert.

3.4.2 Kurzfristige Fremdmittel

Auch bei kurzfristigem Geldbedarf steht die Bank als Kreditgeber im Mittelpunkt. Im Gegensatz zu einem längerfristigen Darlehen haben Sie hier mehr Spielraum, den Kredit ganz oder teilweise zu tilgen, ohne dass Vorfälligkeitszinsen anfallen.

■ Kontokorrentkredit

Das bekannteste und wichtigste kurzfristige Bankdarlehen ist der **Kontokorrentkredit** – im privaten Bereich als Dispositionskredit bezeichnet. Er ist dafür gedacht, kurzfristigen Geldbedarf abzudecken, bevor Ihre Einnahmen auf dem Konto eingegangen sind.

Mithilfe Ihres Kontokorrentkredites decken Sie laufende Ausgaben, wie Kosten für Material, Waren, Miete, Telefon, Lohn und Gehalt, bis Sie Zahlungseingänge durch den Verkauf von Waren, Erzeugnissen oder Dienstleistungen erzielt haben. Deshalb wird er auch **Betriebsmittelkredit** genannt. Sie benötigen diesen Kontokorrentkredit immer nur kurzfristig. Die darauffolgenden Einnahmen gleichen den Minussaldo Ihres Kontos sofort wieder aus.

Der Kontokorrentkredit wird Ihnen von der Bank in Form eines Kreditrahmens auf Ihrem Geschäftskonto eingeräumt. Er ist üblicherweise unbefristet, darf aber jederzeit gekündigt werden. Beispielsweise, wenn Sie über längere Zeit keine Kontenbewegungen, also Umsätze, zu verzeichnen haben. Nutzen Sie ihn ständig und überziehen Sie ihn sogar, beeinflusst das Ihr Rating. Der Umgang damit ändert sich aber ständig, so dass es wichtig ist, den Kontakt zu Ihrem Bankberater lebendig zu halten.

Bei bestehenden Betrieben ist die **Höhe** des Kontokorrentkredites abhängig von dem Umsatz, den Ihr Konto im Laufe eines Jahres ausweist. Bei Gründungen ist die Höhe der monatlichen Ausgaben und Einnahmen ausschlaggebend. Sinnvoll ist ein Kreditrahmen in Höhe von drei Monatskosten. Am Ende entscheiden Ihre konkreten Verhandlungen mit der Bank über den effektiven Rahmen für Ihr Unternehmen.

Die **Tilgung** erfolgt durch die laufenden Einnahmen. Der **Zins** liegt höher als bei langfristigen Darlehen. Er ist variabel und wird von der Bank immer der Marktsituation angepasst. Der Vorteil des Kontokorrentkredites liegt darin, dass nur Zinsen für die Höhe des Sollstandes gezahlt werden; das heißt, wenn Sie ihn nicht in Anspruch nehmen, fallen auch keine Zinsen an. Vielfach verlangt die Bank für die Bereitstellung eines Kontokorrentkredites die Hinterlegung einer Sicherheit.

Form und Höhe sind von den Verhandlungen über die Kreditbedingungen abhängig.

Mithilfe des Kontokorrentkredites verfügen Sie über eine **Liquiditätsreserve**, die es Ihnen ermöglicht, Verschiebungen bzw. Lücken bei Ihren Einnahmen zu überbrücken.

■ Eurokredit

Neben dem Kontokorrentkredit können Sie von Ihrer Bank auch einen **Eurokredit** erhalten. Erkundigen Sie sich in Ihren Gesprächen nach dieser Variante. Oft bieten Banken nur sehr bonitätsstarken und gut bekannten Kunden diese Form der Kreditvergabe an. Er ist dann interessant, wenn sein Zinssatz unter dem des Kontokorrents liegt. Die Bank ist in diesem Fall Vermittler und beschafft das Geld auf dem Euromarkt. Sie gibt Ihnen den Zinssatz mit einem Zinsaufschlag zwischen 0,5 und 1 Prozent weiter.

Eurokredite sind erst in Größenordnungen über 50.000 Euro zu bekommen und werden über eine feste Laufzeit bewilligt. Sie lohnen sich nur dann für Sie, wenn Sie sicher wissen, dass Ihr Geldbedarf genau befristet ist. Sie haben nämlich den gesamten Betrag nach Ablauf der Frist – meist drei, sechs oder neun Monate – in einer Summe zurückzuzahlen. Zahlungsaufschub oder die Verlängerung des Kredits ist nur unter bestimmten Voraussetzungen möglich.

Der Nachteil des Eurokredits besteht darin, dass die Banken eine ausreichende Besicherung verlangen.

■ Saisonkredit

Falls sich Ihr Geldbedarf nur auf eine bestimmte Jahreszeit, zum Beispiel auf die Vorweihnachtszeit erstreckt, beantragen Sie bei Ihrer Bank einen **Saisonkredit.** Dieser wird in vereinbarter Höhe für zwei, drei oder vier Monate zur Verfügung gestellt. Sie nutzen die Höhe des Kredits in dieser Zeit gänzlich aus und führen ihn erst nach Abschluss des Saisongeschäftes in voller Höhe zurück.

Sein **Vorteil** liegt in den Kosten. Sie sind niedriger als beim Kontokorrent, aber höher als bei einem langfristigen Darlehen.

Nachteile bringt die Fristigkeit. Sollte Ihr Saisongeschäft schlechter als erwartet ausfallen, kommt es vielleicht zu Liquiditätsengpässen. Oft lässt sich aber in solchen Fällen der Saisonkredit in ein langfristiges Darlehen umwandeln. Der zweite Weg wäre, die kurzfristige Unterdeckung über den Kontokorrentrahmen auszugleichen.

Avalkredit

Der **Avalkredit** ist eine Bürgschaft für Ihre Verbindlichkeiten gegenüber einem Lieferanten oder einem Produktpartner (beispielsweise zahlen Versicherungen Provisionen für vermittelte Verträge an Versicherungsagenten und -makler nur aus, wenn ein Avalkredit vorliegt). Das Aval garantiert dem Gläubiger die Zahlung oder Rückzahlung (beispielsweise bei Vertragsstornos), falls Sie selbst dazu nicht fähig sind. Der Zinssatz liegt derzeit zwischen 0,75 und 2,5 Prozent jährlich.

Lieferantenkredit

Der **Lieferantenkredit** stellt eine der einfachsten und sehr oft genutzten kurzfristigen Finanzierungsformen dar. Ihr Lieferant räumt Ihnen für die Bezahlung seiner Ware ein Zahlungsziel ein. Damit überbrücken Sie die Zeitspanne zwischen Warenbeschaffung und Warenabsatz. Die Einnahmen verwenden Sie dazu, Ihre Lieferantenrechnung zu begleichen. Er wird meist für die Dauer von ein bis drei Monaten, zuweilen auch länger gewährt. Der Lieferant sichert den gewährten Kredit durch einen **Eigentumsvorbehalt** auf die gelieferte Ware bis zum vollständigen Begleichen der Rechnung.

Dieser Kredit scheint für Sie zunächst sehr vorteilhaft. Sie brauchen ihn nicht zu beantragen. Auch Auskünfte über Ihren geschäftlichen und finanziellen Status sind nicht zu geben. Lediglich bei einem längerfristigen Lieferantenkredit für Neukunden und Existenzgründer wird nach der Umsatzplanung gefragt. Hier benötigen Sie Ihr Konzept, Ihre Gründungsplanung, zur Argumentation! Ansonsten wird Ihnen ein Zahlungsaufschub von 30 Tagen fast automatisch eingeräumt.

Anhand der Berechnung sehen Sie, dass ein Lieferantenkredit sehr teuer ist. Falls Sie ein Skonto vereinbart haben, greifen Sie lieber auf einen Bankkredit, zum Beispiel einen Saisonkredit, zurück und zahlen Sie sofort. Im Zweifel ist anhand der Laufzeit, der Skontohöhe und des aktuellen Zinssatzes zu prüfen, welcher Kredit die sparsamere Variante ist.

Beispiel

Evelin Beckmann besitzt in Osnabrück ein Papierwarengeschäft und erhält eine Rechnung über 7.400 € für gelieferte Ware. Das Zahlungsziel lautet über 30 Tage; der Skontosatz beträgt „bei sofortiger Zahlung" 2 Prozent, d. h. sie darf diesen Satz vom Rechnungsbetrag abziehen, sofern sie gleich zahlt.

Um das zu können, muss Frau Beckmann allerdings ihren Kontokorrentkredit belasten, der mit 12 Prozent p. a. ausgewiesen ist.

Sie stellt folgende Rechnung an:

7.400 € minus 2 Prozent ergeben 148 €, die bei sofortiger Zahlung abgezogen werden dürfen. Es bleiben demzufolge 7.252 € zum Überweisen.

Diesen Betrag über den Kontokorrentkredit für 30 Tage zu finanzieren, kostet sie 72,70 €. Das heißt, Frau Beckmann hat einen Gesamtaufwand von

7.252,00 € Überweisung an den Lieferanten
+ 72,20 € Zinsen
= 7.324,52 € zu zahlen

Die Differenz zu den 7.400 €, die sie ohne Skontierung zahlen müsste, beträgt trotz Inanspruchnahme ihrer „Linie" bei der Bank 75,48 €.

Das Rechnen hat sich für Frau Beckmann gelohnt!

Böse Überraschungen vermeiden Sie dadurch, dass Sie solche Konditionen in den **Zahlungs- und Lieferbedingungen** bei Abschluss des Kaufvertrages **schriftlich** festhalten.

■ Kommissionsverträge

Eine Alternative zu den Lieferantenkrediten bieten **Kommissionsverträge.** Ihr Lieferant stellt Ihnen ein bestimmtes Warensortiment in Ihren eigenen Geschäfts- oder Betriebsräumen zur Verfügung. Dieses Lager heißt **Kommissions- oder Konsignationslager.** Die gelieferte Ware gehört weiterhin Ihrem Lieferanten. Lediglich die Lagerhaltung wird von ihm auf Sie – den Geschäftsinhaber – übertragen. Erst durch Entnahme und Verkauf der Ware kommt ein Kaufvertrag zustande. Die Warenentnahme erfassen Sie im vereinbarten Rhythmus und zahlen dann.

Das Kommissionslager stellt eine interessante Alternative zu Lieferantenkrediten dar. Sie sollten sich nicht scheuen, Ihren Lieferanten auf diese Finanzierungsform anzusprechen, denn das spart ihm teure Lagerhaltungskosten. Der Vorteil für Sie besteht darin, dass Sie die Ware nach dem Motto „pay as you earn" bezahlen und andere Darlehensverpflichtungen nicht einzugehen brauchen.

■ Factoring (Sonderfinanzierungsform für die Betriebsmittelfinanzierung)

Räumen Sie Ihren Kunden längerfristige Zahlungsziele ein, verfügen Sie zwar über Forderungen, nicht aber über Geld. Das führt häufig zu Liquiditätsengpässen. Verkaufen Sie jedoch Ihre Forderungen und Außenstände an eine **Factoringgesellschaft,** erhalten Sie von dieser unverzüglich Ihr Geld. Das Factoringinstitut prüft zum einen Ihre Kreditwürdigkeit, so als hätten Sie einen Bankkredit beantragt. Geprüft wird darüber hinaus aber insbesondere die Bonität Ihrer Kunden. Fällt die Recherche positiv aus, wird ein Vertrag, meist für die Dauer von zwei Jahren, geschlossen.

Factoring bedeutet für Sie nicht nur den Verkauf Ihrer Forderungen. Die Factoringgesellschaft übernimmt bei Bedarf auch die Debitorenbuchhaltung, das Mahnwesen sowie das Inkasso einschließlich notwendiger rechtlicher Maßnahmen.

Für diese Leistungen und für die Übernahme des Ausfallrisikos zahlen Sie eine **Gebühr.** Sie liegt zwischen 0,5 und 2,5 Prozent Ihres Umsatzes. Ihnen selbst werden bei der Abgabe Ihrer Forderungen sofort 80 bis 90 Prozent des Rechnungsbetrages gutgeschrieben. Die Restsumme erhalten Sie erst, wenn Ihr Kunde gezahlt hat. Sollte Ihr Kunde zahlungsunfähig werden, trägt das Ausfallrisiko die Factoringgesellschaft.

Factoring ist sowohl für Produktionsbetriebe und Dienstleistungsunternehmen als auch für den Großhandel geeignet. Bei der Ware oder Dienstleistung sollte es sich um standardisierte Güter handeln, wie Möbel, Bekleidung, Maschinen, Elektrogeräte, Nahrungs- und Genussmittel, Bauartikel oder Kosmetika. Die Einzelforderung sollte nicht unter 250 Euro je Rechnung liegen, das Zahlungsziel 90 Tage nicht überschreiten, der Umsatz mindestens 250.000 € betragen. Factoring ist nur für Forderungen gegenüber gewerblichen Abnehmern geeignet. Da die Factoringgesellschaften ihre Finanzierungsentscheidung stark auf die Bonität der Abnehmer ihrer Finanzierungspartner setzen, ist Factoring auch für Existenzgründer interessant. Auch hier gilt, dass eine Kosten-Nutzen-Analyse nötig ist. Factoring rentiert sich meist dann, wenn Sie aufgrund der zusätzlichen Liquidität Kosten durch Skontierung einsparen können. Setzen Sie Factoring nur dann ein, wenn es Ihre Liquidität steigert und Ihre Kosten senkt.

Durch den Verkauf Ihrer Forderungen reduziert sich die Bilanzsumme Ihres Unternehmens. Damit steigt tendenziell die Eigenkapitalquote, was sich wiederum positiv auf Ihr Bankenrating auswirken kann.

3.4.3 Was Sie über Leasing wissen sollten

Leasing ist eine **Sonderfinanzierungsform** und stellt eine Alternative zur Kreditfinanzierung von Anlageinvestitionen dar. Die Leasinggesellschaft überlässt Ihnen einen bestimmten Gegenstand, einen Pkw, eine Maschine, einen Computer, zur Nutzung. Sie werden nicht Eigentümer, sondern lediglich Nutzer dieser Gegenstände. Die Überlassung ist zeitlich befristet. Je nach vertraglicher Vereinbarung geben Sie am Ende der Leasingzeit den Gegenstand an die Leasingfirma zurück. Oder Sie erwerben den Gegenstand durch Zahlung eines Restwertes, der bereits bei Vertragsabschluss festgelegt wurde. Damit ist das Vertragsverhältnis beendet. Für die zeitliche Überlassung zahlen Sie an das Leasingunternehmen eine monatliche **Leasinggebühr.** Je nach vertraglicher Vereinbarung leisten Sie eine **Anzahlung** (Mietsonderzahlung), die dann Ihre monatliche Leasingrate reduziert.

Niedrige Raten ohne Anzahlung erzielt der Leasinggeber dadurch, dass die Restzahlung bei Leasingende höher angesetzt wird. Wer auf niedrige Leasingraten eingeht, sollte sicher sein, auch die Abschlussrate aufbringen zu können. Unbedingt zu beachten ist, dass die **Leasingdauer** der **Nutzungsdauer** des geleasten Gegenstandes entspricht, denn nur so ist der steuerliche Effekt gesichert.

Die Kosten des Leasings liegen im Normalfall über denen eines normalen Bankkredites. Warum aber ist es dann so interessant? Sie nutzen technische Neuerungen und vermeiden Entwertungsrisiken. Abgesehen von der steuerlichen Begünstigung entlastet es Ihr Finanzierungsbudget und Ihre Bilanz.

Es gibt das Herstellerleasing, auch **direktes Leasing** genannt. Hier ist der Hersteller direkt Ihr Leasingpartner. Er bietet oft interessante und günstige Konditionen. Allerdings stehen nur seine Produkte zur Auswahl.

Beim **indirekten Leasing** ist Ihr Partner ein unabhängiges Leasingunternehmen. Es bietet Ihnen Produktvielfalt. Sie wählen frei aus einer großen Angebotspalette.

Ebenso wie bei Factoring ist die Auswahl der Investitionsgüter, die Sie leasen können, beschränkt auf solche, die fungibel, also leicht austauschbar, sind. Langlebigkeit sowie technischer Nutzen sind darüber hinaus ausschlaggebend. Leasing entbindet Sie dabei nicht von der Bonitätsprüfung. Der Leasinggeber prüft, ob Sie in der Lage sind, Ihre Verpflichtung zu erfüllen. Frisch gegründete GmbHs haben zuweilen neben der Bedingung einer **Mietsonderzahlung** auch **Bürgschaften** abzugeben.

Es ist empfehlenswert, bei jeder Investition die Leasingvariante zu prüfen. Lassen Sie sich in **Vergleichsrechnungen** immer die Gesamtkosten darstellen und wägen Sie dann unter Berücksichtigung Ihrer persönlichen und betrieblichen Situation ab, für welche Finanzierungsform Sie sich entscheiden.

Ebenso wie bei Factoring ist auch Leasing eine Finanzierungsform außerhalb der Bilanz Ihres Unternehmens. Indem Sie Anlagevermögen leasen, vermeiden Sie das Bilanzsummenwachstum Ihres Unternehmens. Somit bleibt die Eigenkapitalquote tendenziell gleich.

3.5 Ihr Zahlungsverkehr

Unter Zahlungsverkehr versteht man alle Zahlungen, die in der Wirtschaft vorgenommen werden. Heute vollzieht sich der Zahlungsverkehr meist bargeldlos. Als Unternehmer benötigen Sie dafür eine besondere Übersicht und die ständige Disposition Ihrer verschiedenen Zahlungsmittel und deren Verfügbarkeit. Das hilft, Ihre ständige **Liquidität** zu sichern.

Einige Aspekte sind für Sie in der Gründungsvorbereitung weiterhin überlegenswert:

Sind Sie der Zahlungsempfänger innerhalb einer Geschäftsbeziehung, ist eine Lastschrift vom Konto Ihres Kunden für Sie die günstigste Möglichkeit. Sie steuern damit Ihre Eingänge selbst. Sind Sie selbst Kunde, überlassen Sie es allerdings damit dem Geschäftspartner, den Zahlungstermin zu bestimmen. Die Bezeichnung **Electronic Banking** steht inzwischen für eine Auswahl von Leistungen, die eine Bank ihren Kunden – und hier überwiegend Unternehmern – als Service zur Verfügung stellt. Dazu gehört auch eine Vielzahl von Software, die Ihnen bei Analysen oder beim Errechnen von betrieblichen Kennziffern helfen kann.

Ob Sie sich dafür entscheiden, Ihren Zahlungsverkehr hauptsächlich am PC auf elektronischem Wege abzuwickeln, richtet sich vor allem danach, ob Ihnen Bildschirmarbeit liegt, ob der persönliche Kontakt zum „Bankschalter" in Ihrem konkreten Fall nicht bestimmte Vorteile hat und die Datenübertragung Ihrem Sicherheitsbedürfnis entspricht.

Ein oder zwei der wichtigsten **Kreditkarten** sind für manches Unternehmen ebenfalls von Nutzen. Ordnen Sie diese Karten aber eindeutig dem Privat- oder dem Geschäftskonto zu, damit bei der Beurteilung der Betriebsausgaben keine Irritationen beim Finanzamt entstehen.

3.6 Immer wieder Sicherheiten

Neben Ihrer Persönlichkeit, Ihrem bisherigem Werdegang und dem Unternehmenskonzept ist der Nachweis von Sicherheiten eines der wichtigsten Kriterien für eine positive Entscheidung über Ihre Kreditvorstellungen.

3.6.1 Sicherungsübereignung

Je nach Kreditart sind unterschiedliche Sicherheiten erforderlich. Bei **Gütern des Anlagevermögens** ist die Besicherung relativ einfach. Sie erfolgt durch Abtreten der Besitzansprüche. Das heißt, Ihre erworbene Büroeinrichtung stellt bis zur restlosen Tilgung der Schuld ein Pfand dar. Sie wird als Sicherheit übereignet. Spätestens hier stellen Sie fest, wie wichtig es ist, die Kreditart und Laufzeit auf den zu finanzierenden Gegenstand und dessen Nutzung abzustellen.

Bei der Sicherungsübereignung ist eine genaue Auflistung der Gegenstände, die als Sicherungsgut dienen, erforderlich – insbesondere für einen späteren Nachweis. Zwischen dem Existenzgründer und der Bank wird ein Vertrag geschlossen. Bei einer Auto-Finanzierung erhält die Bank den Kfz-Brief. Darüber hinaus wird die Gesellschaft informiert, bei der das Gut versichert ist. Bei einem Kfz ist dies die Haftpflichtversicherung, bei anderen Gegenständen ist es die Sachversicherung. Ihr Material- und Warenlager, das ständig seine Zusammensetzung und Größe wechselt, darf nur als ganzes Lager, nicht in Einzelstücken, abgetreten werden.

Hier lässt sich die Bank ein Überprüfungs- und Kontrollrecht einräumen, das ihr erlaubt, die Bestände jederzeit in Augenschein zu nehmen.

3.6.2 Verpfändung

Gegenstände und Wertpapiere, die in Ihrem Besitz sind, dürfen Sie Ihrer Bank ebenfalls als Sicherheit für ein gewährtes Darlehen verpfänden. So zum Beispiel Gold, Wertpapiere, Geldforderungen, Sparbücher oder Geschäftsanteile.

Bei der Verpfändung schließen Sie mit der Bank einen Vertrag. Gegenstände übergeben Sie, Wertpapiere oder Sparbücher bleiben meist in Ihrem Besitz, werden aber durch einen Vermerk gesperrt.

3.6.3 Grundschuld und Hypothek

Die höchste Sicherheitsgarantie für Banken stellen die Grundschulden und Hypotheken dar. Es sind **dingliche Sicherheiten**. Das liegt daran, dass ein Grundstück kaum an Wert verliert, eine Veräußerung also stets einen Mindesterlös erwarten lässt.

Der Unterschied zwischen Hypothek und Grundschuld besteht darin, dass die Hypothek für die Finanzierung bzw. Bebauung eines Grundstückes eingetragen und nach restloser Tilgung gelöscht wird. Die Grundschuld, wenn sie einmal eingetragen ist, wird nach Ablauf des Besicherungszeitraums wieder frei. Wenn Sie wollen, bleibt sie im Grundbuch bestehen und kann von Ihnen zu einer nächsten Besicherung verwendet werden.

Grundschuld und Hypothek werden ins **Grundbuch** eingetragen und somit öffentlich gemacht, da jeder Einsicht in die Grundbücher hat. Die Höhe der Eintragung richtet sich nach der Höhe Ihres Kredites. Zusätzlich werden die Zinsen eingetragen. Die Bank erwirbt mit der Eintragung das Recht, den offenen Kreditvertrag notfalls aus dem Grundstück zu bezahlen.

Durch die Eintragung einer Grundschuld haftet nicht nur das Grundstück selbst, sondern es haften auch alle wesentlichen Bestandteile, Zubehör, Grundstückserzeugnisse sowie Erträge daraus für die eingetragenen Verbindlichkeiten – also Gebäude, alle Einbauten, Büroeinrichtungen, Maschinen, in landwirtschaftlichen Betrieben sogar das Vieh.

Ein Problem stellt die **Bewertung des Grundstückes** mit oder ohne Gebäude dar. Je nach der Höhe des Kredits führt die Bank eine eigene Bewertung durch oder lässt von einem Sachverständigen ein Gutachten erstellen. Ein Kredit wird üblicherweise bis zu 80 Prozent des ermittelten Wertes gewährt. Weil eine Immobilie im Falle eines Notverkaufs meist einen niedrigeren Preis erzielt als den Verkehrswert, ist damit ein Sicherheitspuffer einkalkuliert. Darlehen mit Grundschuldeintragung sind zwar vom Zinssatz her relativ günstig. Sie sollten sich jedoch nur dann dazu entschließen, wenn Sie eine langfristige Investition mit einem langfristigen Kredit abzudecken haben.

3.6.4 Bürgschaften

Eine sehr verbreitete Möglichkeit, Kredite abzusichern, ist die Abgabe einer Bürgschaftserklärung. Man bezeichnet sie als **Personensicherheit**, weil die Erklärung von einer Person gestellt wird.

Bei einer Bürgschaft erklärt Ihr Bürge gegenüber der Bank, dass er im Falle Ihrer Zahlungsunfähigkeit die Tilgung Ihrer Verbindlichkeit übernimmt. Die Bürgschaft darf auch von Verwandten und Bekannten übernommen werden. Wichtig für die Bank ist lediglich, ob der Bürge selbst über genügend Vermögen verfügt, um die Kreditverpflichtung im Ernstfall zu übernehmen.

Wichtig ist, dass Ihre Bank Sie und den Bürgen genau über die Verpflichtungen, die aus einer Bürgschaft entstehen, informiert. Eine Bürgschaft ist **selbstschuldnerisch**, **unbefristet** und meistens auch **unbegrenzt**. Achten Sie darauf, dass die erteilte Bürgschaft nur für den gewährten Kredit gilt. Der Bürge geht eine langfristige Verpflichtung ein, da er solange haftet, bis der Kredit vollständig getilgt ist. Einer vorzeitigen Entlastung des Bürgen wird die Bank nur dann zustimmen, wenn ein Ersatzbürge mit ausreichender Bonität zur Verfügung steht.

Ob der eigene Ehepartner als Bürge geeignet ist, hängt von seinem Einkommen oder Vermögen ab.

Solange das Darlehen besteht, verbleibt die Sicherheit bei Ihrer Bank, auch dann, wenn nur noch ein Restbetrag offen ist. Eine Anschlussfinanzierung bei einer anderen Bank zu erhalten, ist daher schwierig. Wählen Sie Ihre Hausbank also sehr sorgfältig aus.

Wenn Sie nicht in der Lage sind, ausreichende Sicherheiten für die benötigten Fremdfinanzierungsmittel zu stellen, können Ihnen öffentliche Bürgschaften weiterhelfen. Die Länder stellen diese Bürgschaften über **Bürgschaftsbanken** zur Besicherung von Krediten zur Verfügung.

Die Bürgschaftsbanken liefern die erforderlichen Sicherheiten bis zu immer wieder angepassten Maximalgrenzen.

Informieren Sie sich im Internet bei den staatlichen Förderbanken oder direkt bei Ihrer Hausbank über dieses Thema.

3.7 Wie Sie Ihre Bank überzeugen

Bedenken Sie stets, dass Ihr Kundenberater ein wichtiger Partner auf Ihrem unternehmerischen Weg ist. Er ist Experte für Ihre Finanzierungsfragen und verfügt über Markt- und Branchenkenntnisse. Er kann Ihnen ein wichtiger Ratgeber sein und Sie bei unternehmerischen Entscheidungen stützen.

Wichtig ist, sich auf die Gespräche mit der Bank gut vorzubereiten, damit sich der Kundenberater ein Urteil bilden kann.

3.7.1 Die erfolgskritische Sicht des Kapitalgebers

Grundlage für ein konkretes Finanzierungsgespräch ist Ihr Geschäftsplan – die Visitenkarte für Existenzgründer (vgl. Kapitel II). Es gilt, ein erfolgreiches Verkaufsgespräch mit Ihrem „ersten Kunden", dem Kapitalgeber, zu führen.

Die Inhalte eines solchen Finanzierungsgespräches sind nicht auf die Attraktivität Ihres Angebotes bezogen – im „Verkaufsgespräch Finanzierung" werben Sie für Ihr gesamtes Unternehmen mit all seinen Teilaspekten.

Alle Informationen und Planungsgrößen müssen für den Kapitalgeber verständlich und plausibel sein. Bieten Sie aussagekräftige Fakten, die sich aus dem Geschäftsplan ergeben und von Ihnen überzeugend präsentiert werden. Schlagen Sie also nicht mit vagen Vorstellungen bei der anvisierten Bank oder Sparkasse auf.

Ihr Plan wird dort mit Ihnen diskutiert. Die Fragen des Kapitalgebers sollen Sie nicht ärgern, sondern zeigen, was die Bank wissen will. Es liegt nun an Ihnen, diese Fragen gehaltvoll zu beantworten. Für eine Finanzierungsentscheidung braucht es ein möglichst geschlossenes Bild vom Gründungsvorhaben, um dieses unter Chancen- und Risikoaspekten wirklich einschätzen zu können.

Welche Aspekte betrachtet der Kapitalgeber nun als erfolgskritisch?

- ➔ Wie attraktiv ist das Produkt, die Ware oder die Dienstleistung des Gründers?
- ➔ Sind die relevanten Kundenzielgruppen bekannt?
- ➔ Bietet der Markt genügend Kundenpotenzial?
- ➔ Wie schnell und wie nachhaltig kann der Markteintritt sein?
- ➔ Ist die Finanzplanung realistisch?

Antworten auf diese Fragen geben Sie dann überzeugend, wenn Sie Ihren Geschäftsplan selbständig verfasst (vgl. Kapitel II) und alle übrigen Fachthemen dieses Buches gründlich durchgearbeitet haben.

Bringen Sie Dokumente und aussagefähige Unterlagen mit und arbeiten Sie mit konkreten Beispielen. Häufig fordert die Bank als „Zahlenwerk" folgende Unterlagen:

- ➔ Investitionsplanung,
- ➔ Personalplanung,
- ➔ Umsatz- und Ertragsplanung,
- ➔ Liquiditätsplanung.

Wichtig!

Sobald Sie die im Kapitel II ausführlich erläuterte Finanzplanung angefertigt haben, enthält Ihre Planung nicht nur alle diese Elemente, sondern liefert auch einen Nachweis über die Zusammenhänge zwischen Ihren Zahlen. Nur „ausgefüllte" Umsatz- und Ertragsvorschauen überzeugen den Kapitalgeber nicht. Auch nicht, wenn der Steuerberater die eingefügten Werte vorgeschlagen hat!

Ihre Zahlen haben wenig Wert, wenn Sie sie nicht erläutern können bzw. Ihr qualitativer (Text-)teil keine Begründungen dafür liefert. Für die Bank ist sehr wichtig, dass Ihr zu gründendes Unternehmen auch die Mittel erwirtschaftet, die **zusätzlich zu Ihren persönlichen Lebenshaltungs- und Vorsorgeaufwendungen** für den **Kapitaldienst** notwendig sind – und zwar über die gesamte Laufzeit der Kredite!

3.7.2 Basel II und das Rating

War es bereits in der Vergangenheit gerade für Existenzgründer schon sehr schwer, eine Finanzierung für ihr Vorhaben zu bekommen, so zwingen die vom „Baseler Ausschuss für Bankenaufsicht" erarbeiteten **Eigenkapitalrichtlinien** (auch Basel II genannt) die Banken und Sparkassen dazu, bei der Kreditvergabe die Bonität der Unternehmen immer stärker zu berücksichtigen.

Es gilt: Je schlechter die Bonität eines Unternehmers eingestuft wird, desto mehr Eigenkapital muss die Bank dafür vorhalten. Dies macht den Kredit teurer, sichert dafür aber die Bank besser gegen mögliche Kreditausfälle ab.

Ratingkriterien gab es schon immer. Jetzt nutzen Kreditgeber jedoch ein **Ratingverfahren** (Bewertungsverfahren), das sich eng an den Positionen der bekannten Agenturen Moody's sowie Standard & Poor's orientiert. Dies führt dazu, dass der Kreditzins auch das Insolvenzrisiko auszugleichen hat.

So orientieren Banken ihre Kunden:

Ratingkriterien

1. **Tätigkeitsgebiet/Brancheneinschätzung**
   Wie sind die kurzfristigen Aussichten der Branche? Gibt es Abhängigkeiten von anderen Branchen?
2. **Marktbedingungen/Wettbewerbspositionen**
   Wie ist die individuelle Situation innerhalb der Branche; wie der Marktanteil, das Marktpotenzial? Gibt es Vor- oder Nachteile beim Standort?
3. **Einschätzung der Unternehmensführung**
   Wie ist die Kompetenz der Inhaber/Geschäftsführer? Ist die Nachfolge geregelt?

4. **Ertragslage**
   Was leistet der Betrieb? Wie ist die Bilanzpolitik?
5. **Finanzlage**
   Wie hoch ist die Eigenkapitalquote? Sind die Zahlen aktuell (Bilanz, BWA usw.)?
6. **Planung/Controlling**
   Gibt es eine Finanzplanung, ein Controlling? Wie entwickeln sich Umsatz, Ertrag und Finanzlage? Sind die Planzahlen plausibel?
7. **Kontoführung**
   Gab es Überziehungen? Wie ist das Verhältnis von Kontoumsätzen und Kreditvolumen?
8. **Kundenverbindung?**
   Wie lange besteht die Kundenverbindung bereits?
9. **Rechtsform**
   Haften die Gesellschafter für die Verbindlichkeiten des Unternehmens (z. B. Einzelunternehmen, OHG, Partnerschaftsgesellschaft) oder wird versucht, die Haftung auf übliche (z. B. GmbH, AG) oder auf unübliche (GbRmbH, englische Limited) bzw. ungewohnte Weise (UG haftungsbeschränkt) zu beschränken?

Dem Rating folgend, ist das vorhandene Eigenkapital Ihres Unternehmens ein entscheidendes Kriterium für die Vergabe von Krediten. Die Eigenkapitalquote gilt dafür als Beleg

$$\textbf{Eigenkapitalquote in \%} = \frac{\text{Eigenkapital} \times 100}{\text{Umsatz}}$$

Je niedriger diese Quote ist, umso schwieriger wird es für Sie sein, Fremdkapital von Banken zu bekommen. Umgekehrt gilt, je höher die Quote, umso unabhängiger ist das Unternehmen von Fremdkapital. Das bewerten Banken positiv und bieten niedrigere Zinsen.

Informieren Sie sich, welche Varianten die KfW Mittelstandbank bietet, Ihre (Eigen-) Kapitalbasis zu stärken, zum Beispiel durch Nachrangdarlehen.

3.7.3 Ihre Bonitätsprüfung

Für Ihr Gründungsvorhaben streben Sie mit Sicherheit eine möglichst zinsgünstige Finanzierung an. In welcher konkreten Höhe Ihnen die Zinssätze angeboten werden, richtet sich nach dem **Risikogerechten Zinssystem**. Dabei ermittelt die Bank in drei Schritten die Zinshöhe:

■ Die Bonität als Kreditnehmer

Ihre künftige Hausbank prüft die Finanzierungsanfrage auf Erfolgsfähigkeit und Wirtschaftlichkeit.

Anhand der gewonnenen Informationen aus dem Geschäftsplan, aus Jahresabschlüssen, Einnahme-Überschuss-Rechnungen, betriebswirtschaftlichen Auswertungen und sonstigen entscheidungsrelevanten Daten, z. B. Ihrer Qualifikation, gibt die Hausbank eine **Bonitätseinschätzung** ab. Diese findet ihren Ausdruck in einer **Bonitätsklasse**. Das wiederum ist der erste **Preisbildungsfaktor** für den Zinssatz Ihres Darlehens.

Zuordnung zu Bonitätsklassen			
Bonitätsklasse	**Bonitätseinschätzung durch die Hausbank**	**Risikoeinschätzung durch die Hausbank**	**Einjahres-Ausfallwahrscheinlichkeit des Kreditnehmers**
1	ausgezeichnet	niedrig	bis 0,10%
2	sehr gut	I	über 0,10% bis 0,40%
3	gut	I	über 0,40% bis 1,20%
4	befriedigend	I	über 1,20% bis 1,80%
5	noch befriedigend	I	über 1,80% bis 2,80%
6	ausreichend	I	über 2,80% bis 5,50%
7	noch ausreichend	hoch	über 5,50% bis 10,00%

Quelle: KfW Mittelstandsbank – Risikogerechtes Zinssystem

Die **Ein-Jahres-Ausfallwahrscheinlichkeit** drückt die anhand von Erfahrungswerten ermittelte Wahrscheinlichkeit aus, dass der Kreditnehmer innerhalb eines Jahres zahlungsunfähig wird.

■ Die Beurteilung der Besicherungsvarianten

Neben der Bonitätsklasse bestimmen Ihre vorhandenen Sicherheiten den Preis Ihres Kredites.

Die Sicherheiten werden in der Höhe eines voraussichtlich zu erzielenden Wiederverkaufspreises angesetzt. Als werthaltig gelten sie dann, wenn der Verkaufswert mit einem hohen und sicheren Wertansatz festgelegt werden kann. Danach werden sie den entsprechenden **Besicherungsklassen** zugeordnet.

Zuordnung zu Besicherungsklassen	
Besicherungsklasse	**Werthaltige Besicherung in Prozent**
1	70 und mehr
2	unter 70 und über 40
3	bis 40

■ Die Ermittlung der Preisklassen

Die Bonitätsklasse bildet zusammen mit der Besicherungsklasse die **Preisklasse**, d. h. beide Werte werden in einer Zuordnungsmatrix zusammengeführt:

Bonitätsklasse	1 1	1 2	2 3	4	2 3 5	4 6	5	3 4	6 5
Besicherungsklasse	1 2	3 1	2 1	1	3 2 1	2 1	2	3 3	2 3
Preisklasse	A	B	C	D	E	F	G	H	I

Quelle: KfW Mittelstandsbank – Risikogerechtes Zinssystem

Je besser die Bonität und die Werthaltigkeit der Sicherheiten, desto chancenreicher und risikoärmer wird die Finanzierung eingestuft. Das zeigt nun die Preisklasse.

4 Die rechtlichen Voraussetzungen Ihrer Gründung

4.1 Die Wahl Ihrer Rechtsform

Ihre Unternehmensgründung bewegt sich inmitten einer Vielfalt von gesetzlichen Vorschriften, die es Ihnen nicht immer leicht macht, richtig zu entscheiden. Auch nach Ihrer Gründung konfrontiert Sie Ihre unternehmerische Praxis mit mancher Situation, in der Sie juristische Kenntnisse benötigen, um Schaden abzuwenden. Sicherlich wird der verantwortungsbewusste Unternehmer dann seinen Rechtsanwalt oder -beistand konsultieren, aber Grundzüge juristischen Wissens ersetzt das nicht.

Schon die Wahl Ihrer Rechtsform, die Sie für Ihre Gründung ins Auge fassen, wirkt weit hinein in Ihre unternehmerische Zukunft. Um Ihnen eine erste Orientierung zu geben, stellen wir Ihnen einige Kriterien vor. Prüfen Sie mit deren Hilfe, ob die von Ihnen geplante Unternehmensform Ihren Interessen entspricht. Oft sind bestimmte Konstruktionen branchenüblich. Nehmen Sie trotzdem nichts als „ehernes Gesetz". Analysieren Sie Ihre tatsächlichen Bedürfnisse und Bedingungen, denn Ihre Entscheidung hat **steuerliche** und **finanzielle** Gesichtspunkte. Sie berührt **Haftungsfragen** genauso wie Ihren späteren **Verwaltungsaufwand**.

10 Kriterien zur Wahl der Rechtsform

1. **Zahl der Existenzgründer**

   Gründen Sie gemeinsam mit Partnern oder allein?

2. **Unternehmenszweck**

   Erreichen Sie gerade mit dieser Form Ihr Unternehmensziel?

3. **Gründungskapital**

   Erfüllen Sie die Mindestanforderungen an die Kapitalausstattung, beispielsweise einer GmbH?

4. **Rechtsformaufwand**

   Wieviel kosten die Gründung und der Unterhalt gerade dieser Rechtsform? Ist sie dem Geschäftsgegenstand angemessen? Sind besondere Formalitäten zu beachten?

5. **Unternehmerinitiative**

   Bei welcher Form entscheiden Sie am freiesten? Wie sind die Geschäfts- und Vertretungsbefugnisse geregelt? Dürfen Sie einen Fremdgeschäftsführer einsetzen?

6. **Risiko**

   Wer haftet, wenn das Unternehmen scheitert? Haben die Gläubiger Zugriff auf Ihr gesamtes Vermögen?

7. **Steuerbelastung**

   Bei welcher Form fallen die wenigsten Steuern an?

8. **Firma**

   Haben Sie vor, unter Ihrem Namen aufzutreten, oder wollen Sie Ihrem Unternehmen eine Sach- oder Phantasiebezeichnung geben?

9. **Prüfungs- und Publizitätspflicht**

   Besteht die Pflicht, Abschlüsse des Unternehmens durch Fachleute prüfen und veröffentlichen zu lassen?

10. **Unternehmensnachfolge**

    Was geschieht, wenn der Unternehmer stirbt? Darf das Unternehmen fortgeführt werden?

Welche Rechtsformen sind es nun, die für Sie zur Wahl stehen? Zur Erleichterung der Zuordnung gibt Ihnen die folgende Tafel einen Überblick. Die in diese Darstellung nicht sinnvoll einfügbaren Formen wie **Genossenschaft, Verein und Stiftung** sind ausgespart, aber im nachfolgenden Text ausführlich erläutert.

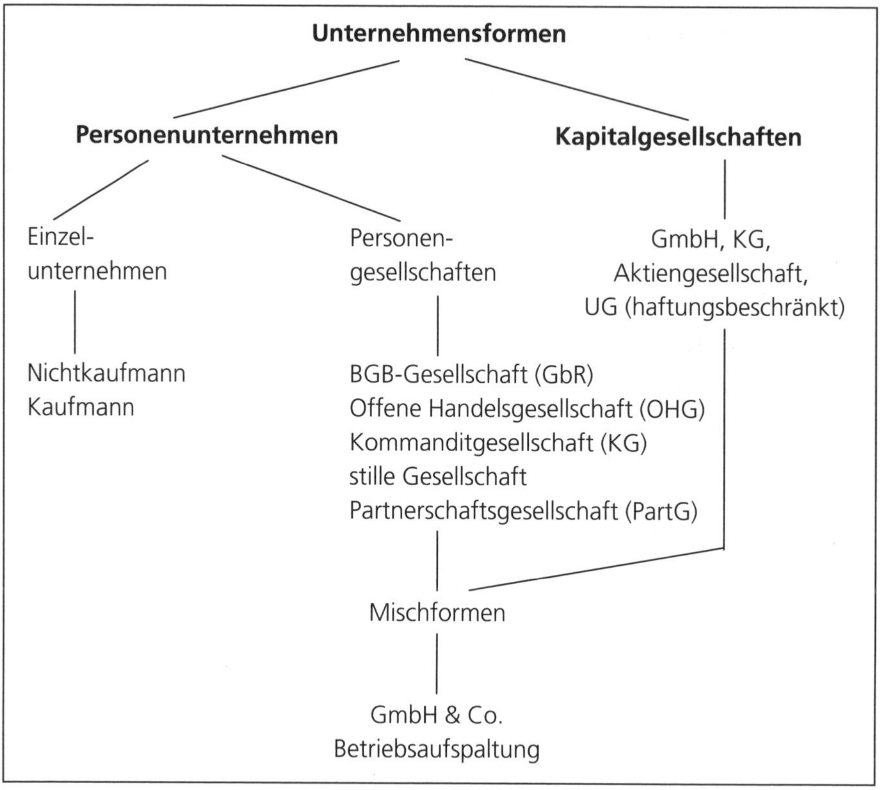

4.2 Personengesellschaft und Kapitalgesellschaft

Im Schaubild erkennen Sie eine deutliche Trennung zwischen Personengesellschaften und Kapitalgesellschaften. Beide Gesellschaftsarten unterscheiden sich rechtlich in fundamentaler Weise voneinander.

Die **Personengesellschaft** ist ganz auf die Personen ihrer Gesellschafter ausgerichtet. Das heißt, diese, also die Menschen, sind rechtlich die tragenden Figuren der Gesellschaft.

Das **Gesellschaftsvermögen** ist nicht rechtlich verselbständigt, sondern der Gesamtheit der Gesellschafter gemeinsam zugeordnet (so genanntes **Gesamthandvermögen**; dazu Näheres im Abschnitt 4.5.2). Diese Gesellschaften besitzen also im klassischen Sinne selbst kein Vermögen – sondern ausschließlich die Gesellschafter, also die **Personen.**

Grundform der Personengesellschaft ist die BGB-Gesellschaft. Eine andere Bezeichnung dafür ist: Gesellschaft bürgerlichen Rechts (GbR). Die übrigen Personengesellschaften sind letztlich nur Sonderformen der GbR.

Im Gegensatz zu den Personengesellschaften sind die **Kapitalgesellschaften** rechtlich selbständige Gebilde, also **juristische Personen**, die mit eigener Rechtspersönlichkeit am Rechtsverkehr teilnehmen.

Aufgrund dieser rechtlichen Selbständigkeit ist das Bestehen einer Kapitalgesellschaft nicht von den jeweiligen Personen der Gesellschafter abhängig; die sind ohne weiteres austauschbar. Dazu ein Beispiel:

Beispiel

Bauunternehmer Erwin Pfister aus Forchheim hat mit der Sonnenschein GmbH Bamberg, vertreten durch Herrn Lehmann, Geschäftsführender Gesellschafter, einen Vertrag über Bauleistungen geschlossen.

Nachdem die Leistung zum großen Teil erbracht wurde, hat Herr Lehmann seine Gesellschaft aus familiären Gründen verkauft.

Der Vertrag des Herrn Pfister mit der GmbH besteht fort, nur wird die Sonnenschein GmbH jetzt durch den neuen Anteilseigner und Geschäftsführer, Herrn Schulze, vertreten.

Dementsprechend hat der Gesellschaftsvertrag von Kapitalgesellschaften eine andere Bedeutung als der von Personengesellschaften: Er ist nicht nur eine vertragliche Verbindung zwischen den Gesellschaftern, sondern gleichzeitig Satzung oder „Verfassung“ der Kapitalgesellschaft.

Voraussetzung für die eigenständige rechtliche Existenz der Kapitalgesellschaft als juristische Person ist allerdings ihre Eintragung im Handelsregister.

4.3 Der Kaufmann

4.3.1 Die Kaufmannseigenschaft

Der rechtliche Begriff **Kaufmann** hat mit dem umgangssprachlichen Wort nichts zu tun. Sie sind also auch dann Kaufmann im Sinne des Handelsrechts, wenn Sie keinerlei kaufmännische Ausbildung haben.

Der Begriff dient dazu, Personen, die in bestimmter Art und Weise am Handelsverkehr teilnehmen, zu bezeichnen und sie wegen ihrer Teilnahme am Handelsverkehr besonderen Regelungen, dem so genannten Sonderrecht der Kaufleute (siehe dazu Abschnitt 4.3.2), zu unterwerfen.

Für wen diese besonderen Regelungen gelten, wer also Kaufmann ist, ist in den §§ 1 ff. Handelsgesetzbuch (HGB) geregelt. Wir erläutern hier zwar diese Vorschriften, bitte lesen Sie aber trotzdem die zitierten Vorschriften nach, denn die

Rechtsfolgen aus Fehlern in diesem Bereich sind teilweise erheblich. Die wichtigsten für Sie geltenden Gesetze sollten Sie ohnehin stets griffbereit haben!

Übrigens gilt das Kaufmannsrecht auch für Gründerinnen, selbst wenn im Gesetz nur von Ist- und Kannkauf*mann* die Rede ist.

■ Istkaufmann

Nach § 1 HGB ist Kaufmann, wer ein Handelsgewerbe betreibt (**Istkaufmann**).

Handelsgewerbe ist in der Regel jeder Gewerbebetrieb. Unter Gewerbe ist dabei jede selbständige, erlaubte und auf Gewinnerzielung gerichtete Tätigkeit zu verstehen, die unter Ausübung kaufmännischer oder technischer Fähigkeiten vorgenommen wird.

Typische Gewerbe sind beispielsweise der Betrieb eines Einzel- oder Großhandelsunternehmens, die meisten Dienstleistungstätigkeiten und die Herstellung von Waren, sofern dabei nicht die handwerkliche Tätigkeit überwiegt.

Die Angehörigen freier Berufe (z. B. Architekten, Rechtsanwälte, beratende Betriebswirte, Dolmetscher usw.) sowie Landwirte und Wissenschaftler scheiden als Kaufleute aus.

Auch wenn Ihr Unternehmen einen gewerblichen Charakter hat, wird es aber nicht als Handelsgewerbe angesehen, wenn es nach Art und Umfang keinen in **kaufmännischer Weise eingerichteten Geschäftsbetrieb** erfordert.

Gehören Sie zu den Istkaufleuten, sind Sie unabhängig von einer handelsregisterlichen Eintragung Kaufmann. Trifft das zu, sind Sie jedoch als Kaufmann verpflichtet, die Eintragung Ihrer Firma im Handelsregister zu veranlassen (§ 29 HGB).

Der Begriff **„Firma"** bezeichnet übrigens nicht Ihr Unternehmen, sondern den **Namen, unter dem Sie als Kaufmann am Rechtsverkehr teilnehmen** (§ 17 Abs. 1 HGB).

■ Kannkaufmann

Betreiben Sie zwar ein Gewerbe, Ihr Unternehmen hat aber noch nicht die Größe, dass es einen in kaufmännischer Weise eingerichteten Geschäftsbetrieb erfordert, besteht für Sie trotzdem die Möglichkeit, Kaufmann zu sein.

Als **Kannkaufmann** in diesem Sinne (§ 2 HGB) sind Sie nämlich **berechtigt**, wenn auch nicht verpflichtet, Ihre Firma ins Handelsregister eintragen zu lassen. Ihr Unternehmen gilt dann als Handelsgewerbe, so dass Sie gewissermaßen über den Umweg der Eintragung Ihrer Firma die Kaufmannseigenschaft erlangen können.

Beachten Sie aber Folgendes: Ist die Eintragung im Handelsregister erst erfolgt, können Sie die Gültigkeit des Handelsrechts für Sie (Anwendung des Sonderrechts der Kaufleute) nicht mehr mit dem Argument ablehnen, Ihr Unternehmen sei kein Handelsgewerbe (§ 5 HGB)! Wollen Sie die Geltung dieses Sonderrechts für Ihr Unternehmen wieder ausschließen, bleibt Ihnen nur die Löschung der Eintragung im Handelsregister.

Ist Ihr Unternehmen aber inzwischen so gewachsen, dass es nun einen in kaufmännischer Weise eingerichteten Geschäftsbetrieb erfordert, ist die Löschung nicht mehr möglich, es sei denn, Sie schließen den Betrieb gänzlich.

Als Kannkaufmann haben Sie also die freie Wahl, ob Sie Kaufmann sein wollen oder nicht. Solange Ihre Firma allerdings im Handelsregister eingetragen ist, müssen Sie sich behandeln lassen wie ein Kaufmann.

■ Formkaufmann

Ein dritter Weg, die Kaufmannseigenschaft zu erlangen, besteht für die **Formkaufleute.**

Formkaufleute sind die Handelsgesellschaften (OHG und KG) sowie die als Handelsgesellschaft geltenden Kapitalgesellschaften GmbH und AG (§ 13 Abs. 3 GmbHG, § 3 Abs. 1 AktG). Auf sie finden die für Kaufleute geltenden Vorschriften ohne Rücksicht auf ihren Unternehmensgegenstand oder das Erfordernis eines in kaufmännischer Weise eingerichteten Geschäftsbetriebes Anwendung (§ 6 Abs. 1 HGB).

Das heißt, dass für Sie vom ersten Tag an das Handelsrecht gilt, sofern Sie eine der genannten Rechtsformen wählen.

Beachten Sie dabei, dass zwar die Kaufmannseigenschaft bei den Formkaufleuten an die jeweilige Gesellschaft geknüpft ist, Sie selbst aber als handelnde Person, z. B. als Geschäftsführer Ihrer GmbH, dafür verantwortlich sind, das Sonderrecht der Kaufleute zu beachten.

Auch wenn bei Ihnen keine der drei genannten Voraussetzungen vorliegt, werden Sie wie ein Kaufmann behandelt, wenn Sie sich im Rechtsverkehr wie ein solcher verhalten, also beispielsweise als (Mit-)Inhaber eines kaufmännisch geführten Betriebes auftreten. Ihr Geschäftspartner schließt aus Ihrem Verhalten, dass Sie Kaufmann sind und vertraut darauf, dass das Handelsrecht gilt. Als ein solcher **Scheinkaufmann** haben Sie natürlich die Rechtsfolgen persönlich zu tragen.

4.3.2 Das Sonderrecht der Kaufleute

Die besonderen, nur für Kaufleute geltenden Regelungen sind **Ausdruck der besonderen Bedürfnisse des Handelsverkehrs**, in dem es häufig mehr als in anderen Bereichen auf schnelle und verlässliche Geschäftsabwicklung, auf erhöhte Professionalität und besonderen Vertrauensschutz ankommt.

Die wichtigsten Regelungen des Sonderrechts der Kaufleute sind:

■ Firmenrecht

Die Firma ist der Name, unter dem Sie als Kaufmann im Rechtsverkehr auftreten (§ 17 Abs. 1 HGB).

Grundsätzlich dürfen Sie Ihre Firma frei bestimmen. Es steht Ihnen frei, Ihren Namen in die Firma aufzunehmen oder stattdessen eine von Ihrem Unternehmensgegenstand abgeleitete oder Ihrer Phantasie entspringende Firma zu wählen. Wegen der gewollten Liberalisierung des Namensrechts sind auch solche Firmenbezeichnungen zulässig, die im geschäftlichen Verkehr bisher noch nicht üblich sind wie z. B. Werbeslogans, Abkürzungen oder lediglich aus einzelnen Buchstaben oder Ziffern und Zeichen gebildete Firmierungen soweit sie klar auszusprechen sind.

Allerdings gibt es Beschränkungen bei der Auswahl Ihrer Firma. Das Firmenrecht verfolgt bestimmte Zwecke. Diese bestehen im Wesentlichen darin, Ihr Unternehmen im Rechtsverkehr namentlich zu bezeichnen und dadurch von anderen Unternehmen zu unterscheiden. Gleichzeitig sollen andere am Rechtsverkehr Beteiligte erkennen können, in welcher Rechtsform das Unternehmen betrieben wird.

Damit das gewährleistet ist, haben Sie folgende Einschränkungen bei Ihrer Firmenwahl zu berücksichtigen:

➔ **Unterscheidungskraft** (§ 30 HGB). Sie müssen eine Firma wählen, die in dem sachlichen und geographischen Bereich, in dem Sie tätig werden wollen, nicht schon so oder ähnlich existiert. Es darf zu keinen Verwechslungen aufgrund zweideutiger oder ähnlicher Firmenbezeichnungen kommen, sondern es muss aufgrund der Firma eine eindeutige **Individualisierung** Ihres Unternehmens möglich sein.

➔ **Firmenwahrheit** (§ 18 Abs. 2 HGB). Die von Ihnen gewählte Firma darf nicht auf einen Unternehmensgegenstand oder sonstige Umstände hindeuten, die bei Ihrem Unternehmen nicht vorliegen. Eine **Irreführung** des Handelsverkehrs durch Ihre Firma ist zu vermeiden.

➔ **Rechtsformzusatz** (§ 19 HGB). Um im Rechtsverkehr anderen zu signalisieren, welche Rechtsform Ihr Unternehmen hat und wer demnach in welchem Umfang für die Verbindlichkeiten Ihres Unternehmens haftet, müssen Sie in Ihre Firma auf jeden Fall einen Zusatz aufnehmen, der die Rechtsform angibt. Zulässig sind dabei auch allgemeinverständliche Abkürzungen, beispielsweise

„e. K." für einen „eingetragenen Kaufmann" bzw. „eingetragene Kauffrau" oder „OHG" für eine „Offene Handelsgesellschaft".
Nicht ausreichend ist der Zusatz „GmbH & Co.", da dies sowohl auf eine OHG als auch auf eine KG hindeuten kann.
Den Zusatz „& Partner" dürfen Sie übrigens nur dann verwenden, wenn Sie Ihr Unternehmen in der Form einer Partnerschaftsgesellschaft betreiben, also bei **keiner anderen Rechtsform**.
Eine Besonderheit gilt für OHG und KG: Wenn bei ihnen keine natürliche Person unbeschränkt haftet, muss diese Haftungsbeschränkung gekennzeichnet werden.

➔ **Angabe auf Geschäftskorrespondenz** (§ 37 a HGB). *Nichtkaufmännische Gewerbetreibende* müssen auf Geschäftskorrespondenz *gleich welcher Form* (also auch E-Mails oder der Geschäftsauftritt im Internet) lediglich ihren Nachnamen mit mindestens einem ausgeschriebenen Vornamen angeben (§ 15 b Abs. 1 Satz 1 GewO).
Sind Sie *Kaufmann*, hat Ihre Geschäftskorrespondenz nicht nur Ihre Firma, sondern auch den Sitz Ihres Unternehmens, dessen vertretungsberechtigte Personen, das Registergericht und die Nummer Ihrer Handelsregistereintragung zu enthalten. Strengere Sondervorschriften bestehen für Gesellschaften (§§ 125 a HGB, 35 a GmbHG, 80 AktG).

■ Untersuchungs- und Rügepflicht beim beiderseitigen Handelskauf

Sobald Sie als Kaufmann bei einem anderen Kaufmann etwas erwerben, liegt ein beiderseitiger Handelskauf vor. Bei einem solchen Kauf sind Sie verpflichtet, die erhaltene Ware unverzüglich (also ohne schuldhaftes Zögern) auf Mängel zu untersuchen. Entdecken Sie dabei einen Mangel an der gelieferten Ware, haben Sie das dem Verkäufer unverzüglich mitzuteilen.

Falls Sie das versäumen oder zu spät, also verzögert tun, gilt die Ware trotz des Mangels als akzeptiert (§ 377 HGB). Das gleiche gilt bei Falschlieferungen und Abweichungen in der Menge (§ 378 HGB).

Beispiel

Peter Meister ist eingetragener Kaufmann und verhandelt mit einem GmbH-Geschäftsführer über eine Lieferung verschiedener elektronischer Bauteile. Sie einigen sich auf für Peter Meister äußerst günstige Konditionen: Lieferort, Lieferzeit, Stückelung, Preis und Rabatt.

Wenige Tage nach der mündlich geführten Verhandlung erhält der Besteller einen Brief seines Lieferanten, in dem dieser ihm mitteilt, dass er „die Bestellung mit großer Freude" entgegengenommen habe und sie „entsprechend seiner AGB" zu Peter Meisters „vollster Zufriedenheit erfüllen" werde.

Zwei Wochen später wird die Ware geliefert, jedoch keine der ausgehandelten Konditionen stimmt mit den Absprachen überein. Peter Meister reklamiert sehr verärgert.

Der Lieferant teilt ihm daraufhin mit, dass Peter Meister doch sicher sein „kaufmännisches Bestätigungsschreiben" erhalten hätte, in welchem er deutlich auf die Gültigkeit seiner, des Lieferanten, AGB hingewiesen hätte. Und von Peter Meister wäre doch kein Widerspruch gekommen …

Haben Sie mit einem anderen Kaufmann Verhandlungen über den Abschluss oder die Änderung eines Vertrages geführt und erhalten Sie kurz danach von Ihrem Verhandlungspartner eine schriftliche Zusammenfassung des Verhandlungsergebnisses, ein kaufmännisches Bestätigungsschreiben, so prüfen Sie stets genau, ob die schriftliche Darstellung tatsächlich dem entspricht, was Sie vereinbart haben!

Ist das nicht der Fall, müssen Sie Ihrem Verhandlungspartner unverzüglich widersprechen. Ansonsten kommt der Vertrag so zustande, wie er in dem kaufmännischen Bestätigungsschreiben dargestellt wurde – also mit dem falschen, für Sie nachteiligen Inhalt.

In unserem Beispiel hätte Peter Meister also sofort schriftlich widersprechen müssen. Neue Verhandlungen oder ein Wechsel des Lieferanten wären sicherlich die Folge.

4.4 Ihre Pflichten als Gründer

Wenn Sie als Gründer oder Unternehmer am Rechtsverkehr teilnehmen, haben Sie selbstverständlich das für jedermann geltende Recht zu beachten. So sind für Sie das Bürgerliche Gesetzbuch (BGB), ggf. auch das Gesetz zur Regelung des Rechts der Allgemeinen Geschäftsbedingungen (AGBG) relevant. Falls Sie Kaufmann sind, kommt für Sie noch das Sonderrecht der Kaufleute hinzu.

Zusätzlich gelten eine Reihe von insbesondere öffentlich-rechtlichen Vorschriften, die speziell bei einer Existenzgründung zu beachten sind. Sie lassen sich einteilen in **formelle Regelungen**, die bloße Angaben einer Behörde verlangen, und **materielle Regelungen**. Letztere verlangen das Feststellen bestimmter Berechtigungen in einem Verwaltungsverfahren.

■ Formelle Regelungen (Anzeige- und Meldepflichten)

→ Die **Anzeigepflicht für alle stehenden Gewerbebetriebe**, auch wenn sie gleichzeitig erlaubnispflichtig sind (§ 14 GewO) und die Erteilung des Gewerbescheins als Bestätigung der Behörde dafür, dass die Anzeige eingegangen ist (§ 15 GewO). Der Gewerbeschein stellt also keine gesonderte Erlaubnis dar.

→ Die **Meldung an das Finanzamt** (§§ 137, 138 AO). Es genügt Ihre formlose Mitteilung über die Eröffnung Ihres Gewerbes (oder Ihrer freiberuflichen Tätigkeit). Das Finanzamt übersendet Ihnen daraufhin einen Fragebogen, der auszufüllen ist und auch Angaben über den von Ihnen erwarteten Umsatz enthält. Konsultieren Sie vorher Ihren Steuerberater!

→ Die Meldung bei der zuständigen **Berufsgenossenschaft und** bei der **Krankenkasse** – gegebenenfalls auch die **Anmeldung zum Handelsregister.**

■ **Materielle Regelungen (Genehmigungserfordernisse)**

→ **Persönliche Genehmigungen** sind an Ihre Person als Gewerbetreibender gebunden, da das betreffende Gewerbe eine besondere fachliche Befähigung, Sachkunde oder Zuverlässigkeit voraussetzt. Vergleichen Sie dazu den Abschnitt 5.

→ **Sachliche Genehmigungen** werden für bestimmte Anlagen oder für den bestimmten Gewerbebetrieb, nicht für Sie als Person erteilt. Sie sind folglich im Fortbestand unabhängig von einem möglichen Wechsel des Inhabers Ihres Unternehmens. Zu beachten sind beispielsweise das **Bundesimmissionsschutzgesetz**, die **Landesbauordnung** und das **Baugesetzbuch**.

4.5 Die einzelnen Unternehmensformen

4.5.1 Das Einzelunternehmen

Gründen Sie allein, werden Sie – abgesehen vom Sonderfall der Gründung einer Ein-Personen-GmbH oder -AG – als **natürliche Person,** und zwar als Nichtkaufmann oder Kaufmann tätig. Als Einzelunternehmer tragen Sie, im Gegensatz zu den anderen Unternehmensformen, den geringsten Aufwand. Ein **Mindestkapital ist nicht erforderlich**.

Sie besitzen die **uneingeschränkte Verfügungsmacht** des Unternehmers, die **Alleinentscheidungsbefugnis** und das **Alleinvertretungsrecht**. Ihre **Unternehmensnachfolge** dürfen Sie beliebig unter Lebenden oder durch Ihre letztwillige Verfügung regeln. Weniger günstig ist, dass der Unternehmenserfolg mit Ihrer Person steht und fällt. Schon eine längere Erkrankung kann das Ende Ihres Unternehmens bedeuten. Wichtigster Nachteil und oft ein Argument für die Gründung einer Ein-Personen-GmbH oder -AG ist die **unbegrenzte und unbeschränkte Haftung** des Einzelunternehmers für sämtliche private wie geschäftliche Schulden.

4.5.2 Die BGB-Gesellschaft

Die BGB-Gesellschaft – auch GbR – ist eine vertraglich begründete Personengesellschaft zur Förderung eines von den Gesellschaftern verfolgten Zweckes (§ 705 BGB).

Mit dieser weiten Begriffsbestimmung sind im Grunde sämtliche Gesellschaftsformen abgedeckt. Die Abgrenzung zu anderen Formen – OHG und KG – ergibt sich daraus, dass diese Formen zusätzliche Merkmale fordern. Die BGB-Gesellschaft stellt so den **Grundtypus der Personengesellschaft** dar.

Info

Voraussetzungen der BGB-Gesellschaft

- ➔ Vertraglicher Zusammenschluss mindestens zweier Gesellschafter
- ➔ Verfolgung eines gemeinschaftlichen Zwecks durch das Zusammenwirken aller Gesellschafter
- ➔ Nichteingreifen einer anderen Gesellschaftsform

Die GbR erfordert **kein Gründungskapital** oder eine Mindesteinlage. Sie dürfen das jedoch beliebig vereinbaren. Auch die **Form zum Abschluss** des Gesellschaftsvertrages ist nicht vorgeschrieben. Mündliche Absprachen, sogar schlüssiges Handeln genügen. Es besteht daher immer die Gefahr, dass Sie – ohne es vertraglich vereinbart zu haben – bereits Mitglied einer BGB-Gesellschaft sind! Dann sind Sie gezwungen, sich nach den teilweise unpraktikablen Vorschriften des Gesetzes zu richten.

Geschäftsführungsbefugnis und **Vertretungsmacht** stehen – laut Gesetz – sämtlichen Gesellschaftern zu. In der Praxis ist das allerdings völlig unhaltbar. Im Gesellschaftsvertrag werden deshalb meist genauere Regelungen getroffen. Eine Person zum Geschäftsführer zu bestellen, der nicht auch zu den Gesellschaftern gehört (Fremdorganschaft), ist nicht erlaubt. Das bedeutet, dass nur die Gesellschafter selbst zur Geschäftsführung und Vertretung des Unternehmens nach außen berechtigt sind.

Die weitgehende Einheitlichkeit des Auftretens der Gesellschaft im Rechtsverkehr erlaubt es den Gesellschaftern, einen **Gesamtnamen** zu bilden. Unter diesem Namen dürfen sie – bei der Verfolgung des Gesellschaftszwecks – auch handeln. Erlaubt sind die Namen der Gesellschafter, verbunden mit oder ersetzt durch (nicht willkürliche) Sachbezeichnungen. Es darf jedoch keine Verwechslungsgefahr mit existierenden kaufmännischen Firmen (Handelsnamen) bestehen! Beachten Sie auch, dass von Gewerbetreibenden auf allen Geschäftsbriefen, die an einen bestimmten Empfänger gerichtet sind, der Familienname mit mindestens einem ausgeschriebenen Vornamen anzugeben ist (§ 15 b GewO).

Die **Willensbildung** Ihrer GbR erfolgt grundsätzlich in der Gesellschafterversammlung. Nach dem Gesetz hat jeder Gesellschafter eine Stimme. **Einstimmigkeit** ist erforderlich.

Gewinn und Verlust der Gesellschaft werden nach Köpfen verteilt. Die Gesellschaft ist aufgelöst, wenn ein Gesellschafter stirbt oder über sein Vermögen oder das der Gesellschaft das Insolvenzverfahren eröffnet wird.

Die **Ansprüche** auf noch ausstehende Beiträge oder das durch die Geschäftstätigkeit der GbR erworbene Vermögen werden **Gesamthandvermögen**. Das bedeutet, dass die Gesamtheit aller Gesellschafter Rechtsträger wird. Im Normalfall haben daher alle Gesellschafter eine bestehende Forderung gegen einen Schuldner gemeinschaftlich einzuklagen.

Bei der **Haftung** für Schulden der BGB-Gesellschaft ist zu unterscheiden:

1. Sie als vertretungsberechtigter Gesellschafter sind im Namen aller Gesellschafter **vertragliche Verpflichtungen** eingegangen. Sie haben vielleicht eine Bestellung ausgelöst oder einen Mitarbeiter eingestellt. Dafür haften nun alle Gesellschafter
   - ➔ als Gesamthandschuldner mit dem Gesellschaftsvermögen,
   - ➔ als Gesamtschuldner mit ihrem Privatvermögen.
2. Haben Sie **schuldhaft** gehandelt, haften Sie zunächst selbst. Ihre übrigen Gesellschafter haften dann, falls die Vertragsverletzung ihnen zurechenbar ist, das heißt, wenn Ihr Gläubiger, als Vertragspartner Ihrer GbR, auf die gesamtschuldnerische Haftung aller Gesellschafter vertraut hatte – oder dann, wenn Sie Erfüllungsgehilfe aller anderen Gesellschafter waren.
3. Haben Sie eine unerlaubte Handlung als berufener Vertreter in Ausführung einer Tätigkeit für die GbR begangen, haftet neben Ihnen auch die Gesellschaft – im Insolvenzfall also auch Ihre Mitgesellschafter, ansonsten haften Sie allein.

Die GbR bietet Ihnen den **Vorteil**, zu mehreren ohne Mindestkapital und mit der Möglichkeit der Arbeitsteilung den Schritt in die Selbständigkeit zu wagen.

Da die GbR formlos eingegangen werden darf, sollten Sie sehr früh einen kundigen Berater hinzuziehen, um so durch schriftliche Einzelfallregelungen im **Gesellschaftsvertrag** die gesetzliche Vorschrift abzuändern. Der Vertrag sollte mindestens Bestimmungen enthalten über:

Info

Minimalinhalt eines Gesellschaftsvertrages – GbR

- ➔ Geschäftsführung und Vertretung
- ➔ Verteilung des Gewinns
- ➔ Nachfolgeregelungen
- ➔ Handhabung der Gesellschafterversammlung

- ➔ Stimmrechte
- ➔ Kündigungs-, Ausscheidungs- und Abfindungsregelungen
- ➔ Vorschriften über die Liquidation

Grundsätzlicher **Nachteil** der GbR ist, wie beim Einzelunternehmer, die **unbeschränkte Haftung**. Zusätzlich besteht die Gefahr, für Handlungen eines Mitgesellschafters einstehen zu müssen. Ist Ihnen das Risiko zu hoch, erwägen Sie den Wechsel der Rechtsform.

Die Form einer früher vereinzelt aufgetretenen sogenannten **GbR mit beschränkter Haftung – „GbRmbH"** wird von den Gerichten für unzulässig gehalten. Grund: Die Bezeichnung sei irreführend und verstoße gegen Paragraph 5 des Gesetzes gegen den unlauteren Wettbewerb (UWG). Es bestünde die Gefahr einer Verwechslung mit der GmbH. Eine generelle Haftungsbeschränkung, allein durch Aufnahme des Zusatzes „mbH" oder „mit beschränkter Haftung" ist auch rechtlich nicht möglich.

Eine rechtswirksame Haftungsbeschränkung kann nach Auffassung der Rechtsprechung nur für einzelne Geschäfte jeweils gesondert vereinbart werden oder – soweit zulässig – in Allgemeinen Geschäftsbedingungen (AGB) enthalten sein.

4.5.3 Die Offene Handelsgesellschaft – OHG

Die OHG ist wie die GbR eine Gesellschaft, bei der alle Gesellschafter unbeschränkt haften. Von der GbR unterscheidet sich die OHG jedoch durch ihren **Zweck**: Dieser liegt **im Betrieb eines Handelsgewerbes unter gemeinsamer Firma** (§ 105 HGB). Ist der Gewerbebetrieb der Gesellschaft kein Handelsgewerbe oder verwaltet die Gesellschaft nur eigenes Vermögen, ist sie dennoch OHG, wenn ihre Firma in das Handelsregister eingetragen wird.

Den **Gesellschaftsvertrag** können Sie auch hier stillschweigend schließen. Besondere Formvorschriften bestehen nicht. Allerdings ist die OHG von sämtlichen Gesellschaftern zum Handelsregister anzumelden (vgl. § 106 HGB). Die Unterschriften der Gesellschafter sind dabei für die Anmeldung notariell zu beglaubigen.

Im Gegensatz zur BGB-Gesellschaft, die mit Abschluss des Gesellschaftsvertrages nach innen und außen entsteht, ist bei der OHG zwischen Innen- und Außenverhältnis genau zu unterscheiden: Im **Innenverhältnis** ist für die Entstehung Ihrer Gesellschaft allein der Gesellschaftsvertrag maßgebend. Registereintragung und Geschäftsbeginn sind nicht entscheidend. Da der bloße Vertragsschluss für Dritte nicht erkennbar ist, reicht er für das Entstehen der OHG im **Außenverhältnis** nicht aus, ihre Gründung ist nach außen kundzutun. Die Wirksamkeit der OHG beginnt (§ 123 HGB):

➔ mit Aufnahme der Geschäfte, sofern sie ein Handelsgewerbe betreibt oder spätestens
➔ mit ihrer Eintragung ins Handelsregister.

Die gesetzliche Regelung von Geschäftsführung und Vertretung bei der OHG hat das Ziel, im Handelsverkehr keine Verzögerungen zuzulassen. Deshalb hat jeder Gesellschafter das Recht, interne Entscheidungen zu treffen, also Geschäftsführer zu sein. Es besteht **Einzelgeschäftsführungsbefugnis**. Die übrigen Gesellschafter haben jedoch ein Widerspruchsrecht. Diese Befugnis betrifft jedoch nur die Vornahme von Handlungen, die der **gewöhnliche Betrieb** gerade dieses Unternehmens mit sich bringt (§ 116 Abs. 1 HGB), das heißt beispielsweise, wenn in einem Gemüsegroßhandel Kartoffeln bestellt werden. Für **ungewöhnliche Geschäfte** ist die Zustimmung aller Gesellschafter erforderlich, das heißt, wenn ein Geschäftsführer dieser Großhandlung plötzlich Wertpapiere kauft.

Die **Vertretung der Gesellschaft** steht jedem Gesellschafter einzeln zu (§ 125 Abs. 1 HGB). Ein Fremder als Geschäftsführer ist nicht zulässig.

Anders als bei der BGB-Gesellschaft dürfen **Forderungen der OHG** gegen Dritte auch im Namen der Gesellschaft geltend gemacht werden (§ 124 Abs. 1 HGB). **Die OHG haftet zudem** mit ihrem Gesellschaftsvermögen selbständig für Gesellschaftsschulden (§ 124 Abs. 1 HGB). Daneben haften aber auch alle Gesellschafter mit ihrem Privatvermögen für die Schulden der OHG – ohne Rücksicht auf den Rechtsgrund (§ 128 HGB). Die Haftung ist wie bei der GbR **unbeschränkt**.

Im Unterschied zur GbR wird die OHG nicht durch den Tod eines Gesellschafters oder die Eröffnung des Insolvenzverfahrens über sein Vermögen aufgelöst. Vielmehr führen diese Tatbestände nur zu seinem Ausscheiden aus der Gesellschaft, sofern im Gesellschaftsvertrag nichts anderes geregelt ist.

Die gesetzliche Ausgestaltung der OHG wird den praktischen geschäftlichen Anforderungen etwas besser gerecht als die GbR. Versäumen Sie trotzdem nicht, auch hier eine eingehende rechtliche und steuerliche Beratung vor Abschluss des Gesellschaftsvertrages in Anspruch zu nehmen!

4.5.4 Die Kommanditgesellschaft – KG

Die Kommanditgesellschaft ist eine Gesellschaft, deren Zweck ebenfalls auf den Betrieb eines Handelsgewerbes unter gemeinschaftlicher Firma gerichtet ist. Allerdings ist die Haftung nur bei mindestens einem Gesellschafter unbeschränkt. Die übrigen haften nur mit dem Betrag ihrer Einlage.

Der persönlich haftende Gesellschafter heißt **Komplementär**, der beschränkt haftende Gesellschafter **Kommanditist**. Die Kommanditgesellschaft ist eine Abart der OHG. Die Rechtsstellung des Komplementärs entspricht dabei voll der des OHG-Gesellschafters. Die KG fordert weder **Mindestkapital** noch **Mindesteinlage**. Auch die Anmeldung zum Handelsregister vollzieht sich wie bei der OHG.

Nur der Komplementär darf als unbeschränkt Haftender Geschäftsführer sein. Kommanditisten sind von der Geschäftsführung ausgeschlossen. Bei ungewöhnlichen Geschäften (§ 116 Abs. 2 HGB) haben sie jedoch zuzustimmen. Die Kommanditisten haben auch keine Vertretungsmacht (§ 170 HGB). Sie dürfen aber Prokuristen oder sonstige Bevollmächtigte sein.

Der Kommanditist besitzt gewisse Kontrollrechte (§ 166 HGB). Er darf die Abschrift des Jahresabschlusses verlangen und dessen Richtigkeit unter Einsicht in Bücher und Papiere prüfen. Entgegen der Regelung bei der OHG hat er kein Wettbewerbsverbot zu beachten (§ 165 HGB).

Das **Gesellschaftsvermögen** gehört – wie bei der OHG – sämtlichen Gesellschaftern zur gesamten Hand.

Die **Haftung der KG und ihres Komplementärs** verhält sich wie die Haftung der OHG und des OHG-Gesellschafters – er haftet voll.

Der Kommanditist haftet für alle Gesellschaftsschulden **nur mit seinem Anteil** am Gesellschaftsvermögen, sofern er seine Einlage geleistet hat und die KG im Handelsregister eingetragen worden ist. Vorher haftet er auch persönlich mit seinem Privatvermögen. Hierbei ist zwischen einer unbeschränkten und einer beschränkten persönlichen Haftung zu unterscheiden:

■ Unbeschränkte persönliche Haftung

Solange die im Gesellschaftsvertrag vereinbarte Haftungsbeschränkung noch nicht im Handelsregister eingetragen, also öffentlich ist, haftet der Kommanditist unbeschränkt persönlich (§ 176 HGB). Grund ist, dass ihn ein Außenstehender für den Gesellschafter einer OHG oder den Komplementär einer KG halten könnte. Voraussetzung ist aber:

- ➔ das Bestehen einer Handelsgesellschaft,
- ➔ der Beginn der Geschäfte mit Zustimmung des Kommanditisten,
- ➔ die Nichteintragung des Kommanditisten,
- ➔ die Gutgläubigkeit desjenigen, der die Forderung erhebt.

Die Registereintragung ist also nicht nur eine Formsache, sondern schafft erst die letzten Bedingungen für die Wirksamkeit Ihrer gewählten Rechtsform.

■ Beschränkte persönliche Haftung

Hat der Kommanditist zu haften, nachdem die KG bereits im Handelsregister eingetragen worden ist, so trifft ihn eine bis zur Höhe seiner Haftsumme gehende Verpflichtung, wenn er die von ihm versprochene Einlage noch nicht eingezahlt hat (§§ 171 f. HGB).

Er haftet allerdings auch dann beschränkt persönlich, wenn er seine Einlage zurückerhält oder gegen § 169 Abs. 1 HGB verstößt, das heißt, wenn er Gewinne entnimmt, obwohl durch Verluste seine Einlage gar nicht mehr im Unternehmen vorhanden war, oder wenn durch diese Entnahme sein Kapitalanteil im Unternehmen unter den Wert der Einlage sinkt.

Die KG nimmt insgesamt eine Zwitterstellung ein. Das Haftungsrisiko ist bei ihr nicht für sämtliche Gesellschafter befriedigend gelöst.

4.5.5 Die stille Gesellschaft

Die stille Gesellschaft ist eine **Innengesellschaft**, bei der sich jemand mit einer Vermögenseinlage an dem Handelsgewerbe eines Kaufmanns beteiligt. Er tritt nach außen nicht als Gesellschafter in Erscheinung, bleibt also „still" (§ 230 HGB). Bevor Ihre stille Gesellschaft entsteht, ist also eine andere Unternehmensgründung notwendig: nämlich die Ihres Handelsgewerbes, an dem sich der Stille mit einer Einlage beteiligen will.

Als Gegenleistung für seine Vermögenseinlage erhält er einen Gewinnanteil. Entstehen Verluste, nimmt der stille Gesellschafter daran grundsätzlich im Rahmen seines Beteiligungsverhältnisses teil. Die Verlustbeteiligung darf man jedoch ausschließen.

Eine bestimmte **Höhe der Einlage** des Stillen ist gesetzlich nicht vorgeschrieben. Der Abschluss des **Gesellschaftsvertrages** unterliegt keiner bestimmten Form. An einem Handelsgewerbe dürfen mehrere stille Gesellschafter beteiligt sein. Variante 1: Es liegen so viele stille Gesellschaften vor, wie es stille Gesellschafter gibt. Variante 2: Es handelt sich um eine mehrgliedrige, aber einheitliche stille Gesellschaft.

Die geleistete Vermögenseinlage geht auf den Inhaber des Gewerbes über. Zwischen diesem und dem stillen Gesellschafter bestehen nur schuldrechtliche Ansprüche. Der Stille ist am Vermögen des Inhabers dinglich nicht beteiligt, das heißt, er ist nicht Inhaber eines Gesellschaftsanteils. **Geschäftsführung und Vertretung** liegen ausschließlich beim Inhaber des Handelsgewerbes. Der Stille hat nur Kontroll- und Informationsrechte, **Haftungsgefahren** ist er nicht ausgesetzt.

Bei der stillen Gesellschaft wird zwischen **typischer und atypischer** stiller Gesellschaft unterschieden:

→ typische stille Gesellschaft

Die Einlage des stillen Gesellschafters hat Fremdkapitalcharakter. Demzufolge zählen die Gewinnanteile des Stillen als Betriebsausgaben des Geschäftsinhabers. Beim stillen Gesellschafter gehören sie zu den Einkünften aus Kapitalvermögen. Sie sind kapitalertragsteuerpflichtig.

→ atypische stille Gesellschaft

Hier wird eine schuldrechtliche Beteiligung am Unternehmensvermögen vereinbart. Ohne Bildung von Gesamthandvermögen ist der stille Gesellschafter einer Handelsgesellschaft verbunden. Hinzu kommen Geschäftsführungsbefugnis, Rechte des Stillen in Form von Widerspruchsrechten, Zustimmungserfordernissen, Weisungsrechten oder tatsächlichen Geschäftsführungsfunktionen bis hin zur Vertretungsmacht. Hier liegt also steuerlich **Mitunternehmerschaft** vor. Die Gewinnanteile des Stillen sind demzufolge Einkünfte aus Gewerbebetrieb.

Info

Vorteile der stillen Gesellschaft

- → Langfristiges Fremdkapital lässt sich in anonymer Form aufnehmen.
- → Die gesetzlichen Vorschriften über eine Kapitalerhöhung bei Kapitalgesellschaften werden vermieden.
- → Die stille Beteiligung gewährt dem Stillen mehr Einfluss als eine bloße Geldeinlage.
- → Im Gegensatz zu einer KG-Beteiligung ist das Verlustrisiko ausschließbar oder zu beschränken.
- → Die mit einer anderen Beteiligung gegebenenfalls verbundene gesamtschuldnerische Haftung (§ 128 HGB) besteht nicht.

4.5.6 Die Partnerschaftsgesellschaft – PartG

Die Partnerschaftsgesellschaft, vom Gesetz auch Partnerschaft genannt, ist die den **Angehörigen Freier Berufe**, also etwa Architekten, Ärzten oder Rechtsanwälten vorbehaltene Gesellschaftsform. Dazu zählen beispielsweise auch beratende Betriebswirte und Ingenieure. Sie existiert erst seit 1995 und wurde geschaffen, um auch den Freiberuflern ebenfalls eine rechtsfähige Gesellschaftsform zu ermöglichen, was zur Konsequenz hat, dass die Gewerbesteuerfreiheit nicht, wie bei der Gründung einer Kapitalgesellschaft, für diese Personen verlorengeht.

Ihr **Zweck** ist die **gemeinsame Ausübung des gemeinsamen Berufs**; die Ausübung eines Handelsgewerbes ist ausdrücklich ausgeschlossen (§ 1 Abs. 1 PartGG). In den Namen der PartG muss der Name mindestens eines Partners und der Zusatz „und Partner“ oder „Partnerschaftsgesellschaft“ aufgenommen werden.

Der Partnerschaftsvertrag, der schriftlich abzufassen ist, muss mindestens enthalten:

Info

Mindestinhalt des Partnerschaftsvertrages

- ➔ Name und Sitz der Partnerschaft
- ➔ Name, Vorname, Wohnort und in der Partnerschaft ausgeübter Beruf jedes Partners
- ➔ Gegenstand der Partnerschaft

Die PartG ist von sämtlichen Partnern in das Partnerschaftsregister eintragen zu lassen. Mit der Eintragung wird sie Dritten gegenüber wirksam (§ 7 Abs. 1 PartGG).

Die Regelung der **Willensbildung** und interne Absprachen über die **Geschäftsführung** überlässt das Gesetz weitgehend dem Partnerschaftsvertrag, das heißt, Sie dürfen das nach eigenem Bedürfnis regeln.

Beachten Sie aber das für Sie jeweils geltende Berufsrecht. Von der Geschäftsführung, also der Erbringung Ihrer berufsspezifischen Leistung, können Sie nicht ausgeschlossen werden.

Für die **Vertretung** der Partnerschaftsgesellschaft verweist das PartGG auf die für die OHG geltenden Vorschriften.

Für die **Haftung** besteht allerdings die Besonderheit, dass eine „Haftungskonzentration" vorgesehen ist: Das bedeutet, dass nur der Partner, der den Auftrag ausgeführt hat, neben der Partnerschaftsgesellschaft selbst, für einen beruflichen Fehler haftet (§ 8 Abs. 2 PartGG). Diese Haftung ist dann aber grundsätzlich unbeschränkt, es sei denn, aufgrund des Berufsrechts ist eine durch eine Berufshaftpflichtversicherung kompensierte Haftungsbeschränkung auf einen bestimmten Höchstbetrag vorgesehen.

Verliert einer der Partner die für seine Berufsausübung erforderliche Zulassung, so scheidet er aus der Partnerschaft aus, ohne dass diese deswegen aufgelöst wird. Das Ausscheiden eines Partners und die Auflösung der Partnerschaft werden ebenfalls nach den für die OHG geltenden Bestimmungen geregelt.

Die Partnerschaft ist gewissermaßen die „OHG der Freien Berufe". Von der OHG unterscheidet sie sich allerdings u.a. wohltuend durch die für die Partner günstigere Ausgestaltung der Haftung.

Für Sie als Freiberufler stellt sie damit eine praktikable Variante zwischen GbR und GmbH dar.

4.5.7 Die Gesellschaft mit beschränkter Haftung – GmbH

Die GmbH ist als **juristische Person** eine Handelsgesellschaft mit eigener Rechtspersönlichkeit (§ 13 Abs. 3 GmbHG). Sie ist fähig, **selbständig Träger von Rechten und Pflichten** zu sein (§ 13 Abs. 1 GmbHG). Ihre Gesellschafter sind mit

Stammeinlagen an dem in Geschäftsanteile zerlegte Stammkapital beteiligt. Sie **haften nicht persönlich** für die Verbindlichkeiten der Gesellschaft. Unzulässig ist die GmbH als Rechtsform für Hypothekenbanken, Versicherungsvereine und Versicherungsunternehmen.

Das **Stammkapital** der Gesellschaft hat mindestens 25.000 Euro zu betragen. Zur **Stammeinlage** jedes Gesellschafters gibt es eine Reihe von Bestimmungen:

Vorschriften zur GmbH-Stammeinlage

- Die Mindesthöhe ist 100 Euro.
- Der Betrag der Stammeinlage kann für die einzelnen Gesellschafter unterschiedlich sein. Die Teilbarkeit in Euro durch fünfzig ist jedoch Bedingung.
  Kein Gesellschafter darf bei Errichtung der Gesellschaft mehrere Stammeinlagen übernehmen (§ 5 GmbHG).
  Die Höhe der Stammeinlage kennzeichnet die unabdingbare Mindestleistungspflicht des betreffenden Gesellschafters (Verbot der Unterpari-Emission).
- Ein Mehrbetrag (Agio) ist zulässig, wenn er in der Satzung oder zwischen Gesellschaft und Gesellschaftern vereinbart ist.
- Sie ist grundsätzlich in Geld zu leisten. Unter bestimmten Voraussetzungen ist aber auch die Leistung anderer Gegenstände als Geld erlaubt (Sacheinlage).

Zur **Sacheinlage** eine Bemerkung: Einlagefähig sind alle übertragbaren Gegenstände, soweit der GmbH dadurch reales und verwertbares Vermögen zufließt. Die Sachen haben also **werthaltig und betriebsnotwendig** zu sein. Sie sind als Erfüllung einer gedachten Geldschuld zu betrachten. Ihre Bewertung erfolgt nach objektiven Kriterien. Als Höchstwert ist immer der Zeitwert zu sehen.

Sie dürfen die GmbH **allein oder mit mehreren Personen** gründen (§ 1 GmbHG). Der Gesellschaftsvertrag verlangt notarielle Form, er hat zumindest folgende Regelungen zu enthalten (§ 3 GmbHG):

Info

Mindestinhalt des GmbH-Gesellschaftsvertrages

- Firma und Sitz der Gesellschaft
- Gegenstand des Unternehmens
- Betrag des Stammkapitals
- Betrag der von jedem Gesellschafter auf das Stammkapital zu leistenden Einlage (Stammeinlage)

In der **Gründungsversammlung** vor dem Notar wird nicht nur der Gesellschaftsvertrag festgestellt, sondern auch der (die) erste(n) Geschäftsführer der Gesellschaft bestellt. Der erste Geschäftsführer meldet (notariell beglaubigt) die Gesellschaft zur **Eintragung in das Handelsregister** bei dem Gericht an, in dessen Bezirk die Gesellschaft ihren Sitz hat. Die Anmeldung darf erst erfolgen, wenn auf jede Stammeinlage, soweit nicht Sacheinlagen vereinbart sind, ein Viertel erbracht ist. Insgesamt muss auf das Stammkapital mindestens so viel eingezahlt sein, dass der Gesamtbetrag der Geldeinlagen – zuzüglich des Geldwertes der Sacheinlagen – 12.500 Euro erreicht. Bringen Sie also Ihren Pkw mit einem Wert von 6.000 Euro ein, sind noch mindestens 6.500 Euro in bar einzuzahlen.

Gründen Sie die GmbH mit einer Person, also allein, darf die Anmeldung erst erfolgen, wenn Sie mindestens diese Einzahlungen geleistet haben. Für den übrigen Teil der Einlage ist eine Sicherung nötig (§ 7 Abs. 2 GmbHG).

Bei der Anmeldung wird eine **Gesellschafterliste** beigefügt. Sie ist nach jeder Veränderung in den Personen der Gesellschafter oder des Umfangs ihrer Beteiligung unverzüglich zu aktualisieren und zum Handelsregister einzureichen (§ 40 GmbHG). Die Gesellschafterliste hat zu enthalten:

Info

Inhalt der GmbH-Gesellschafterliste

- ➔ Name und Vorname
- ➔ Geburtsdatum
- ➔ Wohnort
- ➔ Die Höhe der Stammeinlage je Gesellschafter

Vollziehen Sie eine **Sachgründung**, haben die Gesellschafter einen **Sachgründungsbericht** zu erstellen und zur Anmeldung mitzubringen (§ 5 Abs. 4 Satz 2 GmbHG). Darin ist die Werthaltigkeit der einzubringenden Sachen nachzuweisen. Bringen Sie ein **bestehendes Unternehmen** in Ihre GmbH ein, sind die Jahresergebnisse der beiden letzten Geschäftsjahre anzugeben.

Bedarf Ihr Unternehmen einer **Erlaubnis oder Genehmigung**, so fügen Sie die entsprechende Urkunde bei. Die Geschäftsführer haben bei der Anmeldung zu versichern, dass die Voraussetzungen des § 7 Abs. 2 und Abs. 3 GmbHG erfüllt sind:

Info

Voraussetzungen zur GmbH-Anmeldung

1. Die Einlagen stehen der Geschäftsführung endgültig zur freien Verfügung.
2. Es existieren keine Umstände, die der Bestellung der Geschäftsführer entgegenstehen. Solche Umstände sind
   - ➔ Verurteilung wegen Bankrott oder Verletzung der Buchführungspflicht,
   - ➔ Berufsverbot,
   - ➔ Gewerbeuntersagung.
3. Sie sind über ihre unbeschränkte Auskunftspflicht gegenüber dem Gericht belehrt worden.

Aus der Höhe der einzelnen Geschäftsanteile ergibt sich die Höhe des später an die Gesellschafter **auszuschüttenden Gewinns** (§ 29 Abs. 3 GmbHG). Das **Stimmrecht** des einzelnen Gesellschafters richtet sich ebenfalls nach den Geschäftsanteilen (§ 47 GmbHG).

Im Gesellschaftsvertrag dürfen Sie aber abweichende Regelungen treffen. Jeder Gesellschafter kann seinen Geschäftsanteil veräußern, wodurch die Mitgliedschaftsrechte auf den Erwerber übergehen. Die **Abtretung von Geschäftsanteilen** hat in notarieller Form zu erfolgen (§ 15 Abs. 3 GmbHG). Die Geschäftsanteile sind vererblich (§ 15 Abs. 1 GmbHG).

Ihre Gesellschaft entsteht als **juristische Person** erst mit ihrer Eintragung. Die gewünschte Haftungsbeschränkung tritt also erst mit diesem Zeitpunkt ein! Handeln Sie bereits vor diesem Termin, haften Sie unter Umständen persönlich! Bevor die GmbH beim Notar errichtet ist, existiert Ihr Unternehmen als **Vorgründungsgesellschaft**. Sie ist zumeist eine GbR. Das bedeutet, dass bereits die Absicht, eine GmbH zu gründen, Sie mit Ihren Partnern zur GbR macht. Eröffnen Sie beispielsweise ein Konto, um das künftige Gesellschaftsvermögen einzuzahlen, haften Sie in diesem Stadium dafür in vollem Umfang persönlich. Das betrifft auch Bestellungen oder andere Rechtsgeschäfte.

Ist die GmbH beim Notar errichtet, entsteht die **Vorgesellschaft**. Bei ihr haften Sie und die anderen Gesellschafter persönlich und solidarisch (§ 11 Abs. 2 GmbHG).

Beispiel

Ablauf einer GmbH-Gründung

Absicht (z. B. Kontoeröffnung)	*Errichtung (Notartermin)*	*Eintragung ins HR*
10. März 2010	*30. April 2010*	*13. Juni 2010*
Vorgründungsgesellschaft	***Vorgesellschaft***	***GmbH***

Erst mit Eintragung der Gesellschaft ist die Haftungsbeschränkung wirksam. Ändern Sie alle vorher geschlossenen Verträge auf die nun existente GmbH, sonst besteht die Haftung für Sie weiter!

Trotz Haftungsbeschränkung gibt es dabei Ausnahmen – die **Durchgriffshaftung**. Sie tritt in folgenden Fällen ein:

Info

Eintritt der Durchgriffshaftung

- **Unterkapitalisierung**
  Die Gesellschaft ist unzureichend mit Eigenkapital ausgestattet.

- **Vermögensvermischung**
  Privat- und Gesellschaftsvermögen sind vermischt, das Prinzip der Vermögenstrennung ist nicht mehr glaubhaft.
- **Sphärenvermischung**
  Sie verschleiern die Trennung von GmbH und Gesellschaftern, beispielsweise durch Führung gleicher Firmen, durch gleiche Geschäftsräume oder gleiches Personal.
- **Institutsmissbrauch**
  Sie setzen die Haftungsfreistellung des Gesellschafters bewusst zum Nachteil Ihrer Gläubiger ein.

Im Normalfall hat Ihre GmbH nur zwei notwendige **Organe**: Geschäftsführer und Gesellschafterversammlung. Durch Ihre Satzung können Sie allerdings auch einen **Aufsichtsrat**, der die Geschäftsführung kontrolliert, oder einen **Beirat** (**Verwaltungsrat, Gesellschafterausschuss**), der beratende oder repräsentative Funktionen haben kann, hinzufügen (§ 52 GmbHG).

Der Geschäftsführer

Ihre Gesellschaft ist durch den oder die Geschäftsführer gerichtlich und außergerichtlich vertreten (§ 35 Abs. 1 GmbHG). Das Gesetz schreibt eine Gesamt-Geschäftsführungsbefugnis und -vertretung vor. Praktischer ist es aber, im Vertrag die Einzelgeschäftsführung sowie die Alleinvertretungsmacht zu vereinbaren.

Der Geschäftsführer als Organ der GmbH (Organverhältnis) wird zum Angestellten der Gesellschaft (Anstellungsverhältnis). Das geschieht durch den schriftlichen Geschäftsführerdienstvertrag. In ihm sind Bezahlung, Altersversorgung, Urlaub etc. geregelt.

Den Geschäftsführer trifft eine Vielzahl von **Pflichten** aus seiner Organstellung. Grundaufgabe ist die Geschäftsführung, der eine intensive **Treuepflicht** gegenüber der Gesellschaft zugrunde liegt. Diese enthält unter anderem seine Pflicht zur **Verschwiegenheit** und ein **Wettbewerbsverbot**.

Aber auch seine **Haftung** ist umfassend. Als Geschäftsführer haben Sie bei eingetretener **Zahlungsunfähigkeit oder Überschuldung** Ihrer Gesellschaft grundsätzlich ohne schuldhaftes Zögern – also sofort – die Eröffnung des Insolvenzverfahrens zu beantragen (§ 15a InsO). Einziges Zugeständnis ist eine Frist von höchstens drei Wochen nach Eintritt der Zahlungsunfähigkeit oder Überschuldung für die Suche nach Sanierungsmöglichkeiten. Halten Sie diese nicht ein, werden Sie bestraft und sind für den Zeitraum von 5 Jahren von der Geschäftsführung ausgeschlossen (§ 6 GmbHG). Zusätzlich haften Sie dann als Geschäftsführer aus „culpa in contrahendo", also durch „Verschulden bei Vertragsschluss".

Das heißt, das Gesetz geht davon aus, dass Sie bei Abschluss die vorvertragliche Schutzpflicht, also die **Warn- und Hinweispflicht gegenüber Dritten**, schuldhaft verletzen. Dazu ein Beispiel:

Beispiel

Manfred E. aus München weiß, seine GmbH ist überschuldet oder zahlungsunfähig. Trotzdem löst er eine Bestellung bei seinem Lieferanten aus, in der Hoffnung, vielleicht mit diesem Posten Ware das geschäftliche Tief zu überwinden. Der Traum erfüllt sich nicht. Der Lieferer verliert sein Geld. Manfred E. wusste, dass er wahrscheinlich nicht in der Lage sein würde, die Rechnung zu begleichen. Er hat seinen Gläubiger aber auf dieses Risiko nicht aufmerksam gemacht, sondern ihn schuldhaft geschädigt!

Als Geschäftsführer haften Sie auch für die **mangelnde oder verspätete Festsetzung oder Erfüllung von Steuerschulden**, in diesem Fall gegenüber dem Finanzamt. Für **nicht abgeführte Arbeitnehmeranteile oder Sozialversicherungsbeiträge** sind Sie ebenfalls verantwortlich. Betroffen sind hier die Sozialversicherungsträger. Zu dieser **ausgedehnten zivilrechtlichen Haftung** kommt Ihre **strafrechtliche Verantwortlichkeit** hinzu (vor allem § 266 StGB – Untreue).

■ Die Gesellschafterversammlung

Die Gesellschafterversammlung ist die **oberste Instanz.** Sie ist zuständig für sämtliche Angelegenheiten der GmbH, sofern Ihre Satzung nichts anderes bestimmt. Sie darf jede Angelegenheit an sich ziehen und für die Geschäftsführer im Innenverhältnis bindend entscheiden. Die Gesellschafter dürfen auch außerhalb der Versammlung schriftlich, mündlich oder stillschweigend – im Umlaufverfahren – Beschlüsse fassen. Das ist im Vertrag zu regeln.

Die GmbH bietet sich als Gesellschaftsform für kleinere und mittlere Unternehmen an. Sie kann mit relativ wenig Kapital gegründet werden. Der Rechtsformaufwand für die Gründung beläuft sich auf ca. 1.500 Euro. Die Haftung der Gesellschafter ist grundsätzlich auf die Stammeinlagen beschränkt. Allerdings dürfen Sie nicht verkennen, dass in den so genannten Durchgriffs- bzw. Konzernfällen in der Praxis die Haftungsbeschränkung von Kreditgebern entwertet wird. Das heißt, dass die Bank Schuldbeitritte und Bürgschaften von Ihnen als Gesellschafter für Schulden der GmbH verlangt.

4.5.8 Die Unternehmergesellschaft – UG (haftungsbeschränkt)

Die Unternehmergesellschaft, vor allem als Alternative zu der in den letzten Jahren auch in Deutschland zunehmend verbreiteten englischen Limited mit dem

MoMiG 2008 eingeführt, ist rechtlich eine an den Bedürfnissen der Existenzgründer orientierte Sonderform der GmbH mit einem geringeren Mindestkapital und deshalb mit einer besonderen Bezeichnung. Sie ist aber ebenfalls eine juristische Person mit allen daraus entstehenden Rechten und Pflichten (Körperschaftssteuer, Veröffentlichung der Jahresabschlüsse). Ihre Rechtsverhältnisse sind neben dem Gesellschaftsvertrag (der Satzung) im Gesetz betreffend die Gesellschaften mit beschränkter Haftung (GmbHG) geregelt. Rechtlich bildet die UG (haftungsbeschränkt) nämlich eine Unterform der GmbH.

Der Name der Gesellschaft kann als Personen-, Sach-, Phantasiebezeichnung oder auch, bei Vorliegen einer Mischfirma – z. B. als „UG (haftungsbeschränkt) & Co KG“ – gewählt werden. Im Rechtsverkehr hat die Unternehmergesellschaft aber stets den Rechtsformzusatz „Unternehmergesellschaft (haftungsbeschränkt)“ oder „UG (haftungsbeschränkt)“ zu führen. Eine Abkürzung des Zusatzes „haftungsbeschränkt“ ist dabei nicht zulässig.

■ Gründung der Gesellschaft

Die UG (haftungsbeschränkt) wird auch mit geringen Abweichungen so wie eine GmbH gegründet. Eine notariell beurkundete Satzung aller Gründer sowie die Erbringung der vereinbarten Stammeinlagen sind also in jedem Fall erforderlich. Für eine UG (haftungsbeschränkt) mit maximal drei Gesellschaftern und nur einem Geschäftsführer kann die Gründung aber hierbei im vereinfachten Verfahren mittels eines Musterprotokolls gemäß Anhang zu § 2 GmbHG erfolgen. Bei Verwendung der Mustersatzung ist jedoch nicht mehr deren komplette notarielle Beurkundung (wie bei einer GmbH), sondern nur noch eine, mit erheblich geringeren Gebühren verbundene Beglaubigung der Unterschriften vorgeschrieben.

Mindestinhalt der Satzung ist:

- ➔ Name und Sitz der Gesellschaft,
- ➔ Gegenstand der Tätigkeit,
- ➔ Höhe des Stammkapitals,
- ➔ Namen der Gesellschafter sowie
- ➔ Anzahl und Nennbetrag von deren Stammeinlagen.

Der Notar reicht die beurkundete Satzung nebst einer von allen Gründern unterzeichneten Gesellschafterliste und einer ebenso zu beurkundenden Anmeldung der Gesellschaft durch deren ersten Geschäftsführer beim Handelsregister ein. Die Nennbeträge des Stammkapitals müssen jetzt ebenfalls erbracht werden. Sie betragen

- ➔ mindestens 1 Euro bis maximal 25.000 Euro,
- ➔ dürfen nicht durch sog. Sacheinlagen erbracht werden und
- ➔ sind in voller Höhe sofort fällig (sinnvoll ist die UG deshalb nur bis zu 12.500 Euro Stammkapital).

Soweit die Kosten der Gründung die Höhe des Stammkapitals überschreiten, hat die Gesellschaft diese zu tragen oder eine Verpflichtung der Gründer nachzuweisen.

Die Gewinne der Unternehmergesellschaft dürfen jedoch nicht in vollem Umfang ausgeschüttet werden. Vorgeschrieben ist, dass mindestens 25 % des jeweiligen Jahresüberschusses der Einkünfte in eine Rücklage eingestellt werden. Sobald diese Rücklage zusammen mit dem Gründungskapital die Summe von 25.000 Euro (dem Mindeststammkapital einer GmbH) übersteigt, können die Gesellschafter eine Kapitalerhöhung (Umwandlung der Rücklage in Stammkapital) beschließen, die es der UG erlaubt

- ➔ auf eine weitere Fortführung dieser Rücklage zu verzichten und somit
- ➔ über den Jahresüberschuss zukünftig frei zu verfügen oder auch
- ➔ ihre Firma in eine GmbH umzuwandeln.

Es besteht bei Eintritt dieses Falls jedoch kein gesetzlicher Zwang zur Kapitalerhöhung oder gar zur Umwandlung in eine GmbH, um den Gesellschaftern hierdurch entstehende hohe Kosten (etwa für eine geprüfte Bilanz) auch vermeidbar zu machen.

■ Rechte und Pflichten der Beteiligten

Organe der Gesellschaft sind, ebenso wie bei der GmbH, die Geschäftsführer (die gesetzlichen Vertreter) sowie die Gesellschafter (die Inhaber der Geschäftsanteile). Deren Rechte und Pflichten entsprechen im Wesentlichen denen bei einer GmbH. Die Gesellschafter der UG sind jedoch bereits bei deren drohender Zahlungsunfähigkeit (also schon, wenn nur eine Rechnung nicht innerhalb der gesetzten Frist bezahlt werden kann) gesetzlich verpflichtet, unverzüglich eine Gesellschafterversammlung abzuhalten (bei einer GmbH nur, wenn sich aus der Bilanz ein Verlust von mindestens 50% des Stammkapitals ergibt).

Der Geschäftsführer einer UG hat dieselben Voraussetzungen wie bei einer GmbH für die Berufung und auch entsprechende Pflichten zu erfüllen. Er ist insbesondere persönlich haftbar für eine zeitnahe und vollständige Buchführung, gegebenenfalls für einen rechtzeitigen Insolvenzantrag sowie zur regelmäßigen Abgabe von Steuererklärungen der Gesellschaft verpflichtet.

Bei Pflichtverletzung gelten für die handelnden Personen der Gesellschaft auch die **Haftungsregelungen des GmbH-Gesetzes in vollem Umfang**, also insbesondere die Insolvenzantragspflicht, deren Verletzung strafbar ist und die die Geschäftsführer in persönliche Haftung bringt. Bei Einhaltung aller Pflichten haftet die UG gegenüber Gläubigern nur mit ihrem Gesellschaftsvermögen. Die Gesellschafter haften – ohne besondere vertraglich eingegangene Verpflichtungen – in der Regel nicht mit ihrem privaten Vermögen (Ausnahme: Durchgriffshaftung).

■ Wirkung im Markt

Unterschätzen Sie jedoch niemals die Wirkung dieser Rechtsform im Markt. Prüfen Sie zunächst, in welcher „Gesellschaft" Sie sich im Markt bewegen werden: Wer sind Ihre Zielgruppen? In welcher Rechtsform agieren Ihre Mitbewerber oder Ihre Kunden? Sind Sie grenzüberschreitend tätig?

Bei Privatkunden mag das im Einzelfall keine große Bedeutung haben, aber bei Geschäftskunden wird immer die unausgesprochene Frage gestellt werden, wieso Ihr Unternehmen den Mindestbetrag von 12.500 Euro (50 Prozent des vorgeschrieben Stammkapitals von 25.000 Euro) nicht aufbringen konnte oder wollte, um eine „reguläre" GmbH zu gründen. Aus Geldmangel? Weil Sie sich einer höheren Haftung entziehen wollten? Diese Gedanken stehen stabilen Beziehungen mit etablierten Unternehmen meist im Wege. Als Plattform für lukrative bzw. größere Geschäfte sind sie denkbar ungeeignet.

Es gibt aber auch Situationen, wo die UG helfen kann, das Risiko der gesamtschuldnerischen Haftung in einer GbR zu vermeiden: Falls Sie z. B. mit einem ausländischen Geschäftspartner ein einfaches Handelsgeschäft planen oder ein wissenschaftliches Projekt vermarkten wollen. Die durchaus ehrenhaften Aktivitäten dieses Partners im Ausland können ungewollt zu einer Haftung Ihrerseits in Deutschland führen. Allerdings wäre bei einer Unternehmung, die hauptsächlich im Ausland agiert und dort etabliert wird, eher eine Limited sinnvoll, weil diese dort als englische Kapitalgesellschaft anerkannt ist, während die deutsche UG noch niemand kennt.

4.5.9 Die Aktiengesellschaft – AG

Die Aktiengesellschaft ist, wie die GmbH, juristische Person, somit selbst Trägerin von Rechten und Pflichten (§ 1 Abs. 1 Satz 1 AktG). Als **Formkaufmann** (§ 3 Abs. 1 AktG) gilt sie als Handelsgesellschaft, auch wenn sie kein Handelsgewerbe betreibt.

Ihr **Grundkapital** wird in **Aktien** zerlegt (§ 1 Abs. 2 AktG). Es darf 50.000 Euro nicht unterschreiten. **Mindestnennbetrag der Aktien** ist 1 Euro. Höhere Aktiennennbeträge müssen auf volle Euro lauten.

Vom Grundkapital ist das **Gesellschaftsvermögen** streng zu unterscheiden. Sein Wert schwankt naturgemäß. Aktionär ist, wem mindestens eine Aktie zusteht. Das in der Aktie verkörperte **Anteilsrecht** ist in der Regel frei übertragbar und damit nicht an eine Person gebunden. Eine Haftung der Aktionäre findet grundsätzlich nicht statt. Für Verbindlichkeiten der Aktiengesellschaft haftet nur das Gesellschaftsvermögen (§ 1 Abs. 1 Satz 2 AktG).

Die Aktiengesellschaft ist eine typische Kapitalgesellschaft, da ihre Gesellschafter, die Aktionäre, nur mit einer Geldeinlage und nicht mit ihrer Arbeitskraft beteiligt sind. In der Hauptversammlung üben die Aktionäre ihr **Stimmrecht** nach dem Umfang ihrer Kapitalbeteiligung und nicht nach Köpfen aus (§ 134 AktG).

Die Aktiengesellschaft hat drei **Organe**: Vorstand, Aufsichtsrat und Hauptversammlung.

■ Der Vorstand der AG

Der Vorstand leitet unter eigener Verantwortung die Gesellschaft (§ 76 Abs. 1 AktG). Ihm obliegen Geschäftsführung und Vertretung der Gesellschaft. Je nach Satzung besteht der Vorstand aus einer oder mehreren natürlichen Personen, die nicht Aktionär sein müssen. Ein Vorstand aus fremden Dritten (Fremdorganschaft) ist daher erlaubt.

Der Vorstand wird auf höchstens fünf Jahre vom Aufsichtsrat bestellt (§ 84 Abs. 1 AktG). Eine erneute Bestellung des Vorstandes ist zulässig. Eine Abberufung aus wichtigem Grund, insbesondere wegen grober Pflichtverletzung oder Vertrauensentzug durch die Hauptversammlung, ist jederzeit möglich (§ 84 Abs. 3 AktG). Besteht der Vorstand aus mehreren Personen, ist grundsätzlich Gesamtgeschäftsführung angeordnet, falls nicht die Satzung der Aktiengesellschaft oder die Geschäftsordnung anderes vorsieht. Zum Beispiel:

- ➔ Mehrheitsentscheidungen,
- ➔ Einzelgeschäftsführung oder
- ➔ eine Verteilung der Geschäftsführung.

■ Der Aufsichtsrat der AG

Der Aufsichtsrat der Aktiengesellschaft ist Kollegialorgan und besteht aus mindestens drei, höchstens 21 Mitgliedern (§ 95 AktG). Die Aufsichtsräte werden grundsätzlich von der Hauptversammlung für höchstens fünf Jahre bestellt.

Hauptaufgabe des Aufsichtsrates ist es, den Vorstand zu bestellen, abzuberufen und dessen Geschäftsführung laufend zu überwachen. Eigene Geschäftsführungsaufgaben stehen ihm nicht zu (§ 111 AktG). Er soll einmal im Kalendervierteljahr und muss einmal im Kalenderhalbjahr sowie auf Verlangen eines Aufsichtsratsmitglieds berufen werden (§ 110 AktG).

■ Die Hauptversammlung der AG

Die Hauptversammlung als Versammlung aller Aktionäre ist das **oberste Organ** der Aktiengesellschaft, das über alle Grundfragen entscheidet. Ihre **Aufgaben** sind insbesondere:

- ➔ Entsendung der Aktionärsvertreter in den Aufsichtsrat,
- ➔ Satzungsänderung,

➔ Entscheidung über Gewinnverwendung,
➔ Entlastung von Vorstand und Aufsichtsrat,
➔ Abschluss von Unternehmensverträgen.

Die Hauptversammlung ist auch das Forum, auf dem die Aktionäre ihre Rechte ausüben. Hier liegt die Möglichkeit des Aktionärs, sein **Auskunftsrecht** auszuüben. Die Hauptversammlung wird durch den Vorstand einberufen – jährlich hat mindestens eine ordentliche Hauptversammlung stattzufinden. Außerordentliche Hauptversammlungen können bei Bedarf oder müssen auf Verlangen einer Aktionärsminderheit stattfinden (§ 122 AktG).

Die Willensbildung der Hauptversammlung erfolgt durch Beschlüsse, die von den stimmberechtigten Aktionären in der Regel mit einfacher Mehrheit gefasst werden und notariell zu beurkunden sind. Eine Mehrheit von 75 Prozent ist insbesondere bei Satzungsänderungen erforderlich. Das Stimmrecht der Aktionäre entspricht den Nennbeträgen oder – bei nicht mit zahlenmäßigen Werten versehenen Stückaktien – der Anzahl ihrer Aktien.

Die Gründung der Aktiengesellschaft beginnt mit der Feststellung der Satzung und endet mit der Eintragung in das Handelsregister. Einfache und qualifizierte Gründung sind zu unterscheiden.

■ Die Voraussetzungen der einfachen Gründung

1. Feststellung der **Satzung,** d. h. Abschluss des Gesellschaftsvertrages in notarieller Form. Hieran können mehrere Personen (Gründer) beteiligt sein, es genügt aber auch die Beteiligung einer Person (Einmann-AG). Die Satzung der Aktiengesellschaft muss einen bestimmten **Mindestinhalt** aufweisen:

Info

Mindestinhalt der Satzung einer AG

➔ Sitz und Firma der Gesellschaft
➔ Unternehmensgegenstand
➔ Höhe des Grundkapitals
➔ Nennbetrag, Zahl und Gattung der Aktien

2. Mit Übernahme sämtlicher Aktien durch den oder die Gründer entsteht die so genannte Vor-Aktiengesellschaft, das heißt, das „Publikum" kann im Gründungsstadium keine Aktien erwerben.
3. Durch Bestellung der Organe wird die Aktiengesellschaft handlungsfähig.
4. Im Gründungsbericht wird als Voraussetzung für die Gründungsprüfung der Gründungsvorgang dargestellt.
5. Die Gründungsprüfung wird durch Vorstand und Aufsichtsrat durchgeführt.

6. Eine Teileinzahlung des Kapitals hat in Höhe von mindestens einem Viertel des Nennwertes je Aktie zu erfolgen.
7. Die Anmeldung der Gesellschaft zur Eintragung in das Handelsregister.
8. Die Prüfung von Errichtung und Anmeldung durch das Registergericht.
9. Die Aktiengesellschaft entsteht als juristische Person mit Eintragung in das Handelsregister.

■ Die Voraussetzungen der qualifizierten Gründung

Eine qualifizierte Gründung ist dann durchzuführen, wenn durch Gewährung von Sondervorteilen für einzelne Aktionäre die Aufbringung oder Erhaltung des Grundkapitals gefährdet wird. Solche Vorteile sind eine Gewinnbeteiligung oder ein Warenbezugsrecht. Auch das Vereinbaren von Sacheinlagen statt Geldleistungen verlangt diese Form. Das Aktiengesetz sieht dafür zusätzliche Schutzvorschriften vor:

1. Die Vereinbarungen gegenüber der Aktiengesellschaft sind nur bei Aufnahme in die Satzung wirksam (§§ 26 f. AktG).
2. Die Eintragung im Handelsregister und die Veröffentlichung.
3. Die besondere Bestellung des Aufsichtsrates bei Sachgründung.
4. Ein qualifizierter Gründungsbericht, der Auskunft über die Angemessenheit der Leistungen für Sacheinlagen oder Sachübernahmen gibt (§ 32 Abs. 2 AktG).
5. Die Bestellung besonderer Gründungsprüfer.

Die Aktiengesellschaft stellt die **anspruchsvollste Unternehmensform** dar, hat deshalb **Nachteile** für Sie. Sie

- ➔ ist kompliziert zu handhaben,
- ➔ erfordert hohen Rechtsformaufwand,
- ➔ braucht verhältnismäßig hohes Gründungskapital und
- ➔ verursacht hohe Handlingkosten.

Demgegenüber verlieren **Vorteile** wie die Haftungsbeschränkung des Aktionärs (wegen der Alternative GmbH) und die anonyme Beteiligung an Gewicht. Letztere zielt auf die Möglichkeit der Kapitalbeschaffung, indem weite Schichten von Geldgebern durch kleine Stückelung des Grundkapitals und hohe Umlauffähigkeit der Aktien angesprochen werden. Dies setzt aber Vertrauen der Kapitalanleger in das Unternehmen voraus. Das ist gegenüber Existenzgründungen naturgemäß nicht gegeben.

■ Die Kleine Aktiengesellschaft

Die „Kleine AG" ist keine eigene Rechtsform – nicht einmal eine besondere Kategorie der Aktiengesellschaft. Bei ihr handelt es sich um eine „normale" AG, für deren Gründung bestimmte Regelungen des Aktiengesetzes vereinfacht angewendet werden dürfen. Der Name hat sich aber infolge einer missverständlichen Gesetzesbezeichnung inzwischen eingebürgert.

Um die Aktiengesellschaft auch für mittelständische Unternehmen als Gesellschaftsform attraktiver zu gestalten, wurden vom Gesetzgeber verschiedene Regelungen des Aktienrechts für Gesellschaften geringer Größe **vereinfacht**. Kriterien für eine „geringe Größe“ sind u. a. die Zahl der Gesellschafter, keine Börsennotierung, namentliche Bekanntheit der Aktionäre, geringe Zahl der Arbeitnehmer usw.

Vereinfachungen für eine „Kleine AG“

- ➔ Vereinfachte Einberufung und Durchführung der Hauptversammlung für Gesellschaften mit namentlich bekannten Aktionären durch Wegfall von Einberufungsfrist, Einberufungsmöglichkeit durch eingeschriebenen Brief statt durch öffentliche Bekanntmachung, Wegfall der Pflicht zur Bekanntmachung der Tagesordnung, Erweiterung des Kreises der Einberufungsberechtigten u. a.
- ➔ Mitbestimmungsfreiheit für Neugründungen von Aktiengesellschaften nach dem 10.08.1994 mit unter 500 Arbeitnehmern
- ➔ Zulässigkeit auch von Stückaktien (statt wie früher nur von Nennbetragsaktien)
- ➔ Zulässigkeit einer Ein-Mann-Aktiengesellschaft unabhängig von der Größe des Unternehmens

Durch die Vereinfachung des Aktienrechts wurde hier eine relative Gleichstellung gegenüber der GmbH bezüglich des Aufwandes für Gründung und Betrieb erreicht. Nun können auch mittelständische Unternehmen die Rechtsform der Aktiengesellschaft einfacher wählen.

4.5.10 Die GmbH & Co.

Die GmbH & Co. ist sowohl als OHG wie auch als KG denkbar. Nur als letztere macht sie Sinn: Wenn einziger persönlich haftender Gesellschafter der Kommanditgesellschaft eine GmbH ist, haftet keine natürliche Person unbeschränkt. Ein möglicher Grund für die Ausgestaltung von Geschäftsbereichen einer GmbH als Tochterfirmen in der Rechtsform einer GmbH & Co KG kann die hierdurch zu erreichende erhöhte Flexibilität bei der Kapitalbeschaffung (etwa durch Aufnahme weiterer Kommanditisten) sein.

Beispiel

Die Sportartikelherstellerin Emil Heeger GmbH beabsichtigt, auf Empfehlung ihrer Marketingfachleute nach dem Verbot der Fuchsjagd den britischen Markt verstärkt mit Qualitäts-Tontauben zu beliefern. Neben einer bloßen Kreditaufnahme (zu üblichen Kredit-Zinssätzen und gegen die von Banken verlangten erheblichen Sicher-

heiten) könnte sie zur Deckung ihres entsprechenden Finanzierungsbedarfs einem Investor die Kommanditbeteiligung an ihrer zuständigen Tochterfirma Emil Heeger Tontauben GmbH & Co KG in Höhe des erwünschten Beitrages anbieten.

Steuerrechtlich lassen sich durch die Gestaltung als GmbH & Co KG Teile des Unternehmens – die Kommanditanteile – ganz aus der Körperschaftsteuer heraushalten, soweit sie von natürlichen Personen gehalten werden.

Zur Gründung der GmbH & Co. KG ist die Gründung sowohl der Komplementärin – der GmbH – als auch der KG erforderlich. Insoweit ergeben sich keine Besonderheiten.

Während bei der „normalen" Kommanditgesellschaft kein fremder Geschäftsführer eingesetzt werden darf, ist das jetzt bei der GmbH & Co. KG erlaubt: Geschäftsführer der KG ist die Komplementärin GmbH. Diese darf sich einer natürlichen Person, auch eines „fremden" Geschäftsführers bedienen.

Die Wahl der Rechtsform GmbH & Co. KG verdoppelt die Möglichkeiten der **Unternehmensfinanzierung**. Eine Beteiligung sowohl an der GmbH als auch an der KG in Form einer Kommanditeinlage ist möglich. Der **Rechtsformaufwand** steigt; es sind zwei Vertragswerke (für die GmbH und für die KG) erforderlich. Die Verbindung von GmbH und KG zwingt zu einer Harmonisierung der gesetzlichen Regelungen. Abweichungen ergeben sich insbesondere bei Abstimmungen. In der GmbH gilt das Mehrheitsprinzip, in der KG das Einstimmigkeitsprinzip. Bei der GmbH hängt die Stimmenzahl des Gesellschafters von der Höhe seiner Kapitalbeteiligung ab, bei der KG hat jeder Gesellschafter nur eine Stimme. Abweichungen ergeben sich auch bei Fragen des Gesellschafterwechsels. Der Geschäftsanteil der GmbH ist grundsätzlich frei veräußerlich, der Kommanditanteil nicht. Regeln Sie die Angleichung in den entsprechenden Gesellschaftsverträgen.

Für KG und Komplementär-GmbH sind je eine eigene Organisation und eine eigene getrennte Buchführung erforderlich. Durch zwei Buchführungskreise erhöhen sich auch die Kosten für Beratung und Abschlussarbeiten.

4.5.11 Die Stiftung

Eine Stiftung ist rechtlich verselbständigte Vermögensmasse, die einen vom Stifter festgelegten Zweck verfolgt. Dabei soll in der Regel das Vermögen der Stiftung auf Dauer erhalten und nur ihre Erträge für den Stiftungszweck verwendet werden. Stiftungen können in privat- oder auch öffentlich-rechtlichen Formen und zu wirtschaftlichen wie gemeinnützigen Zwecken errichtet werden. Anders als der Verein hat eine Stiftung keine Mitglieder, nötig ist lediglich ein Vorstand. Sie wird von einer Stiftungsaufsicht kontrolliert.

■ Errichtung

Stiftungen können als selbständige rechtsfähige Stiftung (Juristische Person), oder in Trägerschaft eines Treuhänders, also ohne eigene Rechtsfähigkeit, errichtet werden. Stiftungsähnliche Juristische Personen können z. B. auch in anderen Rechtsformen wie z. B. einer Stiftungs-GmbH, Stiftungs-AG oder eines Stiftungs-Vereins errichtet werden.

Gemäß §§ 80 ff des Bürgerlichen Gesetzbuches wird eine rechtsfähige Stiftung wie folgt errichtet:

➔ Vornahme des Stiftungsgeschäfts
➔ Anerkennung des Bundeslandes, in dem die Stiftung ihren Sitz haben soll

Der Stifter hat dann einen Anspruch auf die Anerkennung, wenn er Folgendes nachweist:

➔ Ein ordnungsgemäßes Stiftungsgeschäft, also
  – die rechtsverbindliche schriftliche Erklärung des Stifters, ein Vermögen der Erfüllung des von ihm genannten Zwecks zu widmen,
  – eine schriftliche Satzung, die mindestens Name, Sitz und Zweck der Stiftung sowie ihr Vermögen und den Vorstand der Stiftung enthält.
➔ Die Sicherung einer dauernden und nachhaltigen Erfüllung des Stiftungszwecks und
➔ keine Gefährdung des Gemeinwohls durch den Stiftungszweck.

Die Stiftung ist durch mindestens ein Vorstandsmitglied zu leiten. Der Stifter kann weitere Organe bestimmen.

Wird die Stiftung zu gemeinnützigen, mildtätigen oder kirchlichen Zwecken errichtet, muss die Satzung weitere Angaben enthalten, etwa zur Art der Zweckverwirklichung und zur Vermögensbindung für steuerbegünstigte Zwecke.

Bis zur Anerkennung der rechtsfähigen Stiftung durch die entsprechende Behörde kann der Stifter das Stiftungsgeschäft widerrufen. Verstirbt der Stifter nach Beantragung der Anerkennung, haben die Erben jedoch kein Widerrufsrecht. Mit der behördlichen Anerkennung erlischt das Widerrufsrecht des Stifters und die Stiftung hat gegenüber dem Stifter einen Rechtsanspruch auf Übertragung des Stiftungsvermögens.

Ein Mindestkapital ist für die Stiftung gesetzlich nicht vorgeschrieben. Zur „dauernden und nachhaltigen Sicherung einer Erfüllung des Stiftungszwecks“ fordern in der Verwaltungspraxis die meisten Stiftungsbehörden allerdings ein Ausstattungskapital von mindestens 25.000 Euro.

Eine nicht rechtsfähige (auch sog. „unselbständige“, „treuhänderische“ oder „fiduziarische“) Stiftung wird hingegen allein durch einen Vertrag zwischen dem Stifter und dem Treuhänder (oder „Träger“) errichtet. Der Stifter überträgt das Stiftungsvermögen an den Treuhänder, der es getrennt von eigenem Vermögen zu verwalten hat. Sämtliche Grundlagen der Stiftung (Satzung, Stiftungszweck, Mittelverwendung etc.) sind im Stiftungsvertrag festzulegen. Nach außen handelt dann nur der Treuhänder für die Stiftung, die keine eigene Rechtspersönlichkeit besitzt. Die nichtrechtsfähige Stiftung ist nicht ausdrücklich im Gesetz geregelt. Für sie gelten vorrangig die Regelungen des Stiftungsvertrages, ergänzt durch das allgemeine Zivilrecht (z. B. das Rechtsinstitut der Schenkung für die Vermögensübertragung und des Auftrags für das Treuhandverhältnis).

■ **Gemeinnützigkeit**

Eine Gemeinnützigkeit der Stiftung und somit ihre Steuerbegünstigung erkennt das zuständige Finanzamt auf Antrag an, wenn die Satzung und tatsächliche Geschäftsführung den Anforderungen der §§ 51 ff. der Abgabenordnung entsprechen, also „unmittelbar gemeinnützige, mildtätige oder kirchliche Zwecke" verfolgt werden. Bei gemeinnützigen Stiftungen sind die Errichtung sowie spätere Zustiftungen von der Erbschaft- bzw. Schenkungsteuer befreit. Zuwendungen (Spenden und Zustiftungen) berechtigen den Spender oder Stifter darüber hinaus zu ihrer steuerlichen Geltendmachung als Sonderausgaben.

Einer gemeinnützigen Stiftung ist es außerdem erlaubt, bis zu einem Drittel ihrer Vermögenserträge für den „angemessenen" Unterhalt des Stifters und seiner nächsten Angehörigen (Kinder und Enkelkinder) sowie die Pflege ihres Andenkens und ihrer Gräber zu verwenden (§ 58 Nr. 5 AO). Die Empfänger müssen solche Leistungen aber versteuern.

Begünstigt eine Stiftung überwiegend oder ausschließlich Mitglieder einer bestimmten Familie oder mehrerer Familien, wird sie auch als Familienstiftung bezeichnet. Bei Familienstiftungen fällt alle 30 Jahre eine so genannte Erbersatzsteuer an. Häufig werden Familienstiftungen daher kurz vor dem Ablauf der 30-Jahres-Frist in gemeinnützige Stiftungen umgewandelt. Damit entfällt die Erbersatzsteuer. Die Erträge der Stiftung dürfen dann aber zukünftig nicht mehr der Familie, sondern nur noch gemeinnützigen Zwecken zugute kommen.

Steuerrechtlich gelten die meisten Stiftungen als selbständige Steuersubjekte. Anders als gemeinnützige Stiftungen genießen sie keine Steuervorteile. Bei der Übertragung von Vermögen (ohne Gegenleistung) auf eine solche Stiftung fällt also Schenkungsteuer an. Ihre Einkünfte unterliegen der Körperschaft- und Gewerbesteuer.

4.5.12 Die Genossenschaft (eG)

Eine eingetragene Genossenschaft ist eine Personenvereinigung (Zusammenschluss Natürlicher oder Juristischer Personen), die auf gemeinsamen und gleichberechtigten Betrieb eines Unternehmens gerichtet ist. Unternehmerische Entscheidungen sind gemeinsam und demokratisch zu treffen. Hauptzweck der Genossenschaft ist die Förderung der Mitglieder, die primär über Leistungsbeziehungen zwischen den Mitgliedern (Privatpersonen oder Firmen) und dem

Gemeinschaftsunternehmen erfolgen soll. Neben wirtschaftlichen Zwecken dürfen seit der 2006 in Kraft getretenen Novellierung des Genossenschaftsrechts auch soziale oder kulturelle Zwecke Gegenstand der Genossenschaft sein.

Die gesellschaftsrechtlichen und die Leistungsbeziehungen zwischen der Genossenschaft und ihren Mitgliedern sind freiwillig, die in der Satzung festgelegte Kapitalbeteiligung ist hingegen obligatorisch für die Mitglieder.

Eine Genossenschaft ist anhand ihrer rechtlichen Verfassung sowohl mit einem eingetragenen (wirtschaftlichen) Verein (e. V.) wie auch mit einer Kapitalgesellschaft (insbesondere Aktiengesellschaft) vergleichbar.

Die eingetragene Genossenschaft ist mit ihrer Entstehung (Eintragung im Genossenschaftsregister) eine juristische Person und nach § 17 GenG Formkaufmann im Sinne des Handelsrechts.

Eine Begrenzung der Haftung für Geschäfte der eG auf das Vermögen der eG ist möglich. Die Mitglieder der eG haften dann nicht mit ihrem gesamten Privatvermögen. Die Satzung der e. G. kann jedoch bestimmen, dass im Falle einer Insolvenz der Genossenschaft Nachschusspflichten der Mitglieder bestehen.

Eine eG muss Mitglied in einem Prüfungsverband (eingetragener Verein) sein, was mit erheblichen Kosten verbunden sein kann. Dieser nimmt Kontroll- und Aufsichtsrechte gegenüber der eG wahr, berät und betreut die vereinigten Genossenschaften rechtlich, steuerlich sowie wirtschaftlich. Der Prüfungsverband führt die genossenschaftsrechtliche Pflichtprüfung durch.

Eine eG muss aus mindestens drei Gründern bestehen. Die Genossenschaft ist in das Genossenschaftsregister des zuständigen Registergerichts (Amtsgericht) einzutragen. Sie muss über eine Satzung mit gesetzlich vorgeschriebenem Mindestinhalt (Firma und Sitz, Unternehmensgegenstand, Nachschusspflicht bei Insolvenz, Mitgliederversammlung sowie Bekanntmachung) verfügen.

Eine Genossenschaft hat in der Regel drei Organe: Vorstand, Aufsichtsrat und Generalversammlung. Es sind mindestens zwei Vorstandsmitglieder und drei Aufsichtsratsmitglieder zu bestimmen. Ein Aufsichtsrat ist jedoch nicht zwingend vorgeschrieben.

Mitglieder und Vertragspartner der Genossenschaft können identisch sein (wie z. B. bei Genossenschaftsbanken oder Wohnungsbaugenossenschaften).

Bei Handelsgenossenschaften, landwirtschaftlichen Genossenschaften und Handwerksgenossenschaften sind hingegen die Mitglieder stets Unternehmer und deren Vertragspartner in der Regel nicht Mitglieder.

4.5.13 Der Verein

Der Verein ist eine auf Dauer angelegte Personenvereinigung, die einen eigenen Namen führt und in der sich Personen von wechselndem Bestand zu einem bestimmten gemeinsamen, durch Satzung festgelegten Zweck zusammengeschlossen haben. Vereine können sowohl gemeinnützig sein wie auch wirtschaftlichen Zwecken dienen.

■ Gründung

Die Entstehung eines rechtsfähigen Vereins erfolgt mit dessen Eintragung in das Vereinsregister des für seinen Sitz zuständigen Amtsgerichts, diese setzt folgendes voraus:

➔ Es handelt sich um einen nicht wirtschaftlichen (also gemeinnützigen oder Ideal-)Verein.

➔ Der Verein besteht aus mindestens sieben Mitgliedern.

➔ Die Satzung erfüllt den in § 57 BGB genannten Mindestinhalt:
- Name des Vereins,
- Sitz des Vereins,
- eine evtl. beabsichtigte Eintragung in das Vereinsregister,
- die Zweckbestimmung des Vereins,
- Erwerb und Verlust der Mitgliedschaft,
- Beiträge der Mitglieder,
- die Bildung des Vorstandes,
- die Einberufung der Mitgliederversammlung.

➔ Der Vorstand meldet den Verein – unter Beifügung der Satzung (in Urschrift und Abschrift) sowie einer Abschrift der Urkunde über die Vorstandsbestellung – an.

Mit der Eintragung eines Vereins im Vereinsregister (als eingetragener Verein, „e. V.") erwirbt der Verein Rechtsfähigkeit als eigenständige Juristische Person. Eingetragene Vereine sind voll rechtsfähig, das heißt sie können selbst (neben ihren Mitgliedern) Träger von Rechten und Pflichten sein, vor Gericht klagen und verklagt werden.

■ Wirtschaftlicher Verein

Ein wirtschaftlicher, d. h. nicht auf gemeinnützige Zwecke gerichteter Verein erwirbt seine Rechtsfähigkeit durch staatliche Verleihung. Diese erfolgt jedoch nur in begründeten Ausnahmefällen:

„Ein Verein, dessen Zweck auf einen wirtschaftlichen Geschäftsbetrieb gerichtet ist, erlangt in Ermangelung besonderer bundesgesetzlicher Vorschriften Rechtsfähigkeit durch staatliche Verleihung" (§ 22 S. 1 BGB).

Prinzipiell hat eine juristische Person aus Gründen des Minderheiten- und Gläubigerschutzes die spezialgesetzlichen Ausprägungen des Vereins, nämlich die Gesellschaftsformen einer GmbH, AG, KG, eG, etc. zu wählen. Nur wenn dies nicht möglich oder unzumutbar ist, kann dem wirtschaftlichen Verein die Rechtsfähigkeit verliehen werden. Ist der wirtschaftliche Verein hingegen schon durch ein Bundesgesetz zugelassen (wie zum Beispiel Erzeugergemeinschaften nach dem Marktstrukturgesetz), so ist ihm die Rechtsfähigkeit zu verleihen.

■ Vereinsorgane

Die Einrichtung eines **Vorstands** ist für den eingetragenen Verein gesetzlich vorgeschrieben. Der Vorstand vertritt den Verein gerichtlich und außergerichtlich. Wenn ein Vorstand fehlt, bestimmt das zuständige Registergericht auf Antrag einen Notvorstand.

Das oberste Organ des Vereins ist die **Mitgliederversammlung** (bei mitgliederstarken Vereinen wie z. B. dem ADAC die **Hauptversammlung**). Sie entscheidet in allen Vereinsangelegenheiten, die nicht vom Vorstand oder einem anderen satzungsmäßigen Organ zu besorgen sind. Der Vorstand hat die Mitgliederversammlung nach den Vorschriften der Satzung einzuberufen oder wenn die Interessen des Vereins es gebieten. In der Praxis sehen viele Vereinssatzungen eine regelmäßige jährliche Mitgliederversammlung vor.

Die Mitgliederversammlung entscheidet mit der Mehrheit der erschienenen Mitglieder (bzw. der Delegierten soweit eine Hauptversammlung besteht). Eine Änderung der Satzung oder die Auflösung des Vereins bedürfen dabei einer Mehrheit von drei Vierteln der Erschienenen. Die Änderung des Vereinszwecks kann nur mit Zustimmung aller Mitglieder erfolgen.

Eine **außerordentliche Mitgliederversammlung** muss einberufen werden, wenn mindestens 10 Prozent aller Mitglieder dies verlangen (**Minderheitenvotum**).

■ Nicht Rechtsfähiger Verein

Ein nicht rechtsfähiger (d. h. nicht im Vereinsregister eingetragener) Verein wird teilweise wie eine Gesellschaft bürgerlichen Rechts behandelt. Da der nicht rechtsfähige Verein jedoch anders als die Gesellschaft bürgerlichen Rechts, die eine Personengesellschaft ist, körperschaftlich organisiert ist (d. h. unabhängig vom Bestand seiner Mitglieder, vertreten durch einen Vorstand), werden zahlreiche Vorschriften des rechtsfähigen Vereins analog auf ihn angewandt. Der nicht rechtsfähige Verein ist aber nur teilrechtsfähig, kann also z. B. nicht Grundbesitz erwerben, erben oder klagen, jedoch verklagt werden. Bekannte nicht rechtsfähige Vereine sind z. B. die Gewerkschaften und politische Parteien.

■ Haftung

Für **Verbindlichkeiten**, die der eingetragene Verein (durch Handeln seines Vorstandes) begründet, haften nicht die einzelnen Vereinsmitglieder mit ihrem jeweiligen Privatvermögen, sondern nur das Vereinsvermögen. Nur in Fällen des Verstoßes gegen satzungsmäßige Pflichten oder bei unerlaubten Handlungen kann es daneben zur Durchgriffshaftung der handelnden Vorstände oder Vereinsmitglieder (mit ihrem Privatvermögen) kommen.

Achtung:
Für **Verbindlichkeiten des nicht rechtsfähigen Vereins** kann eine Haftung der Mitglieder mit ihrem Privatvermögen bestehen, soweit das Vereinsvermögen nicht zur Deckung ausreicht und eine Haftungsbegrenzung nicht vereinbart wurde!

■ **Entziehung der Rechtsfähigkeit**
Dem eingetragenen Verein kann die Rechtsfähigkeit (und somit die Haftungsbeschränkung) auf Antrag oder von Amts wegen entzogen werden, wenn
- ➔ durch einen rechtswidrigen Beschluss des Vereins das Gemeinwohl gefährdet ist,
- ➔ der Verein durch das Bundesverfassungsgericht verboten wird,
- ➔ der Verein satzungswidrig wirtschaftliche Zwecke verfolgt oder
- ➔ die Zahl der Vereinsmitglieder unter drei sinkt.

Der Verein kann im Übrigen durch Beschluss der Mitgliederversammlung oder durch Eröffnung des Insolvenzverfahrens aufgelöst werden. Sein Vermögen fällt dann an die in der Satzung bestimmten Personen oder – mangels solcher Bestimmungen – an den Fiskus des Bundeslandes, in dem der Verein seinen Sitz hatte.

■ **Mitgliedschaft im Verein**
Die Mitgliedschaft im Verein wird durch Beteiligung als Gründer oder durch Beitritt erworben. Der Beitritt ist ein Vertrag zwischen dem Verein und dem neuen Mitglied. Die mitgliedschaftlichen Rechte sind dann (ohne entsprechende Regelung in der Satzung) nicht übertragbar oder vererblich. Die Mitgliedschaft endet durch Tod, Ausschluss oder Austritt, letztere sind oft in der Satzung geregelt.

4.5.14 Gesellschaften ausländischer Rechtsformen

Seit mehreren Urteilen europäischer und deutscher Gerichte zur Niederlassungsfreiheit juristischer Personen ist die Rechtsform (insbesondere die mit teilweise deutlich geringeren Anforderungen an das Stammkapital verbundene Haftungsbeschränkung) von ausländischen Gesellschaften in Deutschland anerkannt. Stellvertretend für eine Vielzahl von Rechtsformen (BV, S. A., LLP etc.) soll hier nur auf die in den letzten Jahren in Deutschland zunehmend beliebtere britische **Limited**, Ltd. (die Private Company Limited by Share oder Private Company Limited by Guarantee) eine der Aktiengesellschaft ähnliche juristische Person eingegangen werden.

Die britische Limited benötigt lediglich ein Stammkapital von 1 £. Der Name der Gesellschaft muss den ihre Rechtsform kennzeichnenden Zusatz (Limited, Ltd. oder PLC) enthalten. Er kann im Übrigen frei gewählt werden, mit Ausnahme genehmigungspflichtiger, staatlich geschützter Bezeichnungen (z. B. „International", „European", „Royal" oder „British") sowie aus gewerberechtlichen Gründen genehmigungspflichtiger Tätigkeitsbeschreibungen (z. B. „Bank" oder „Holding").

■ Gründung

Für die Errichtung, den Betrieb und für eine etwaige Haftung der handelnden Personen gilt britisches Recht, insbesondere der **Companies Act** aus dem Jahr 2006. Die Gesellschaft hat auch ihren Gründungssitz im Vereinigten Königreich, für einen Geschäftsbetrieb in Deutschland wird lediglich ein weiterer Geschäftssitz errichtet, der auch Hauptsitz sein kann. Die Verwaltung der Limited selbst muss sich nicht in Großbritannien befinden, notwendig ist jedoch ein formeller Verwaltungssitz, Registered Office, mit einer zustellfähigen Adresse, über die offizieller Schriftverkehr mit Behörden abgewickelt werden kann.

Folgende Unterlagen sind für den Gründungsakt beim Handelsregister, Companies House in Cardiff einzureichen:

- ➔ das durch einen Notar oder Rechtsanwalt bestätigte **Memorandum of Association**, welches alle notwendigen Angaben zur Gründung der Gesellschaft enthält, wie deren Bezeichnung und Zweck, die Höhe ihres Stammkapitals, die Anzahl und den Nennwert der Firmenanteile, Shares sowie den Sitz des Registered Office und die Angabe, ob die Gesellschaft limited oder unlimited ist;
- ➔ die **Articles of Association**, eine Satzung zum Innenverhältnis der Gesellschaft;
- ➔ eine Liste der Gründungdirektoren und Schriftführer (Secretary).

Die Gesellschaft, und somit die Haftungsbeschränkung, entsteht erst mit ihrer Eintragung beim Companies House, eine Gründungs- oder Vorgesellschaft besteht nicht.

■ Organe der Gesellschaft

- ➔ **Board of Directors**
  Der Vorstand (Executive Director) vertritt die Gesellschaft. Die – vor allem bei größeren Gesellschaften – vorgesehenen, etwa Aufsichtsräten vergleichbaren Non-Executive Directors, haben hingegen beratende und überwachende Funktionen.
- ➔ **Shareholders**
  Die Gesellschafter wählen das Board of Directors und haben in grundsätzlichen Angelegenheiten der Gesellschaft Entscheidungsbefugnis. Eine jährliche Hauptversammlung ist nicht notwendig, soweit die Gesellschafter darauf verzichten. Entscheidungen (Resolutions) können auch schriftlich oder elektronisch im Umlaufverfahren getroffen werden. Die Shareholder haben gegenüber dem Board of Directors einen Anspruch, jährlich über den Stand der Gesellschaft schriftlich informiert zu werden.
- ➔ **Company Secretary**
  Schriftführer einer Limited kann eine natürliche oder juristische Person (Ge-

sellschaft) sein. Sie muss gewisse Voraussetzungen erfüllen (etwa einen buchhalterischen oder rechtsberatenden Beruf ausüben). Sie ist jedoch für kleinere Gesellschaften, so genannte Private Companies, nicht zwingend vorgeschrieben. Hat eine Gesellschaft mehr als einen Director, darf einer dieser Directors gleichzeitig die Funktion des Corporate Secretary ausüben. Aufgabe der Company Secretary ist die jährliche Meldung und sonstige Mitteilungen an das Companies House.

➔ Registered Office

Das zwingend in Großbritannien ansässige Registered Office ist für britische Behörden die alleinige offizielle Anschrift der Gesellschaft. Eine Postfachadresse ist hierfür nicht ausreichend. Während üblicher Geschäftszeiten sind im Registered Office folgende Unterlagen (Statutory Registers) über die Gesellschaft zur Einsichtnahme vorzuhalten:

- Jahresabschlüsse der Gesellschaft
- Verzeichnis der Shareholder
- Verzeichnis zum Board of Directors
- Beschlüsse (Resolutions) der Shareholder und des Board of Directors
- Unterlagen über Kredite der Gesellschaft

■ Pflicht zum Jahresabschluss und Steuerpflicht

Die Informationen über die Shareholder, das Board of Directors, Corporate Secretary der Gesellschaft sowie deren Bilanz sind auch jährlich an das Companies House zu übermitteln („Annual Return"). Für die Bilanz gelten britische Vorschriften und Standards der Rechnungslegung (UK-GAAP oder IFRS). Die Steuerpflicht für jede „deutsche" Limited, die ja in Großbritannien und in Deutschland einen Geschäftssitz betreibt, richtet sich (infolge der Doppelbesteuerungsabkommen) nach dem Sitz ihrer Geschäftsleitung und dem Ort der erzielten Einkünfte. Im Falle der Geschäftstätigkeit ausschließlich in Deutschland unterliegt deshalb der (nach deutschen Gewinnermittlungsvorschriften zu bestimmende) Gewinn einer solchen Limited nur der deutschen Körperschafts- und Gewerbesteuer.

■ Anwendbares Recht, Haftung, Sanktionen bei Regelverstößen

Im Geschäftsverkehr gilt für die Außenrechtsverhältnisse, also insbesondere für alle Verträge einer in Deutschland ansässigen Limited beim Handeln ohne Auslandsbezug, natürlich deutsches Recht. Bei Streitigkeiten im Innenverhältnis (zwischen den Gesellschaftern bzw. Directors) gilt jedoch zwingend englisches Recht.

Das bedeutet unter anderem, dass die Arbeitsverträge der in Deutschland angestellten Mitarbeiter unterhalb der Geschäftsführungsebene – und daraus resultierende Streitigkeiten – nach deutschem Recht zu entscheiden sind. Das gilt ebenso für entsprechende Verträge mit Auftraggebern.

Soweit gegen eine in Deutschland geschäftsansässige Limited Schadensersatzansprüche geltend gemacht werden, gilt ebenfalls primär deutsches Recht. Wenn diese Limited als juristische Person nicht in der Lage ist, sämtliche Verbindlichkeiten aus ihrem Vermögen zu begleichen, ist nach europarechtlichen Vorschriften ein Insolvenzverfahren im Staat ihres tatsächlichen Geschäftssitzes nach dessen Vorschriften durchzuführen.

Beispiel

Die in Hamburg ansässige Fairy Raisin Trade Ltd. kann nach ihrer Gründung (im All-Inclusive-Komplettpaket zum Sonderpreis von 119,00 Euro) – mit ihrem Stammkapital von GB£ 1 die Mietschulden für ihre auf 5 Jahre fest angemieteten Geschäftsräume nach den ersten vier, noch wenig erfolgreichen Monaten, nicht weiter zahlen.

Der Alleingesellschafter und Director Rainer Zufall hat keine Mittel zu weiteren Einlagen in das Firmenvermögen.

Die Klage des Vermieters mündet deshalb (rechtlich unproblematisch aber wirtschaftlich erfolglos) in ein nicht vollstreckbares Urteil und hernach in ein Insolvenzverfahren des Amtsgerichts Hamburg. Der dort bestellte Insolvenzverwalter, Rechtsanwalt Alexander Hansen, erfährt von einer großen Erbschaft des sich inzwischen ins Privatleben zurückgezogenen Alleingesellschafters Zufall.

Kann er diesen entgegen der Werbung der Gründungsagentur über eine angebliche „Ausschaltung von Haftungsrisiken" für die Altschulden der untergegangenen Limited persönlich in Anspruch nehmen?

Ja, denn nach der Rechtsprechung mehrerer deutscher Gerichte haften die tatsächlich handelnden Personen einer in Deutschland tätigen Limited sowohl

- ➔ aus deutschem Recht (hier etwa wegen Insolvenzverschleppung gemäß § 15 a InsO) wie auch gegebenenfalls
- ➔ nach den Bestimmungen des britischen Insolvency Act 1986 (z. B. sogar als so genannte shadow directors neben den im Register eingetragenen Organen der Gesellschaft) und
- ➔ teilweise nach den erheblich weiter gefassten britischen Vorschriften über „fraudulent-" (betrügerisches-) oder „wrongful trading" (Missmanagement).

Bei **Nichterfüllung** der einer Limited nach britischem Recht obliegenden **Pflichten** (z. B. zur unverzüglichen Beantwortung britischer Behördenanfragen oder zur Einreichung eines Annual Return drohen **Bußgelder** sowie die **Zwangslöschung** beim Companies House und damit verbunden der **unverzügliche Verlust der Rechtsfähigkeit** der Gesellschaft und auch **aller Haftungsbeschränkungen** für ihre Gesellschafter.

4.5.15 Die Betriebsaufspaltung

Die Betriebsaufspaltung tritt hauptsächlich in zwei Grundformen auf:

➔ als Besitzpersonengesellschaft und Betriebskapitalgesellschaft oder als
➔ Betriebspersonengesellschaft und Vertriebskapitalgesellschaft.

Zumeist ist die Personengesellschaft Eigentümerin des Anlagevermögens, insbesondere von Grund und Boden, Gebäuden und Maschinen. Diese werden an die Kapitalgesellschaft verpachtet. Das Betriebsunternehmen muss jedenfalls ein gewerbliches Unternehmen betreiben oder kraft Rechtsform (Kapitalgesellschaft) gewerblich sein. Die Betriebsaufspaltung entsteht durch die Ausgründung der Kapitalgesellschaft aus einer Personengesellschaft, durch die Neugründung zweier rechtlich selbständiger Gesellschaften oder durch die Abspaltung einer Personengesellschaft aus einer Kapitalgesellschaft.

Die Betriebsaufspaltung dient der weitgehenden Haftungsbeschränkung. Das ist ein **Vorteil**. Die Betriebs- bzw. Vertriebsgesellschaft trägt das Risiko. Gegenüber Marktteilnehmern tritt die Betriebsaufspaltung nicht nach außen in Erscheinung, die Vermögensverhältnisse bleiben verborgen. Steuerlich lassen sich Gewinne so verteilen, dass sie bei der jeweils steuerlich günstigsten Unternehmensform entstehen. Gesellschafter-Geschäftsführergehälter der Kapitalgesellschaft sind steuerlich abziehbar.

Nachteil der Betriebsaufspaltung sind der enorme Beratungsaufwand und die, wie bei der GmbH & Co., erhöhten Buchführungs-, Beratungs- und Abschlusskosten.

4.6 Wie Ihre Firma lauten darf

4.6.1 Grundsätze der Firmierung

Der Name eines Unternehmens hat aus gesetzlicher Sicht zunächst die Aufgabe, das Unternehmen zu **kennzeichnen**, um es von anderen **unterscheiden** zu können. Dabei soll jede **Verwechslung** ausgeschlossen sein und jede **Irreführung**, die sich aus einem Unternehmensnamen ergeben könnte, vermieden werden. Hier wird vom Gesetz auch der Begriff der „**Firmenwahrheit**“ verwendet. Die Rechtsgrundlagen für die Benennung eines Unternehmens sind u. a. im Handelsgesetzbuch (§§ 18 II, 19, 30, 37 a HGB) sowie im Markengesetz (§ 15 II MarkenG) und im Gesetz gegen unlauteren Wettbewerb (§ 3 UWG) zu finden.

Wichtig ist, dass die Vorschriften für die Firmierung sinngemäß auch für „Nichtkaufleute“, also für nicht im Handelsregister eingetragene Unternehmen gelten. Der Begriff „**Firma**“ bezeichnet übrigens nicht den Betrieb als solchen, sondern stets nur den Namen des Kaufmanns, unter dem er im Markt (im Rechtsverkehr) auftritt (§ 17 Abs. 1 HGB). Das bedeutet, dass eine „Firma“ nur derjenige hat, der

Übersicht zu den Unternehmensrechtsformen (Teil 1)

Merkmale	Einzelunternehmen	GbR	Stille Gesellschaft	OHG	KG	PartG	GmbH	AG
Eintrag im HR	bei Kaufleuten verpflichtend, sonst fakultativ	bei Gewerbebetrieb oder Vermögensverwaltung fakultativ	Eintragung nur des Kaufmanns, nicht d. St. Gesell.	stets verpflichtend	stets verpflichtend	verpflichtend (im Partnerschaftsregister)	stets verpflichtend	stets verpflichtend
Mindestkapital	Nein	Nein	Nein	Nein	Nein	Nein	25.000 Euro	50.000 Euro
Haftung	Inhaber unbeschränkt	Gesellschafter unbeschränkt	Inhaber unbeschränkt Stiller mit Einlage	Gesellschafter unbeschränkt	Komplementär wie OHG Kommanditist mit Einlage	unbeschränkte Haftung des handelnden Partners	mit Einlage	mit Einlage
GF und Vertretung	Inhaber	Gesellschafter	Inhaber	Gesellschafter	Komplementär	Partner	Geschäftsführer	Vorstand
Kontrolle	Inhaber	Gesellschafter	Inhaber	Gesellschafter	Komplementär Kommanditisten	Partner	Gesellschafterversammlung, ggf. AR	Hauptversammlung, Aufsichtsrat
Gewinnverteilung	Inhaber 100%	Gesellschafter 100%	laut Vertrag	Vertrag; ansonsten 4% vom Kapital, der Rest nach Köpfen	Vertrag; ansonsten 4% Rest im angemessenen Verhältnis	laut Vertrag	Vertrag; ansonsten nach Geschäftsanteilen	Dividende nach Kapitalanteilen

Fortsetzung auf Folgeseite

Aus Platzgründen sind nicht alle Aspekte in die Übersicht eingeflossen. Verwenden Sie sie deshalb immer im Zusammenhang mit dem Text des Abschnitts 4 im Kapitel I.

Übersicht zu den Unternehmensrechtsformen (Teil 2)

Merkmale	UG (haftungsbeschränkt)	Genossenschaft e.G	Rechtsfähiger Verein e. V.	Stiftung	Limited Ltd.
Eintrag im HR	stets verpflichtend	im Genossenschaftsregister GnR	im Vereinsregister VR	nein	stets verpflichtend
Mindestkapital	1 Euro	nein	nein	nein	1 GB £
Haftung	mit Einlage	mit Einlage bei Satzungsbeschränkung, sonst voll	mit Vereinsvermögen bei Satzungsbeschränkung, ggf. handelnde Personen,	Stiftungskapital	Gesellschaftsvermögen ggf. handelnde Personen
GF und Vertretung	Geschäftsführer	Vorstand	Vorstand	Vorstand/Treuhänder	Director
Kontrolle	Gesellschafterversammlung	Generalversammlung Aufsichtsrat	Mitgliederversammlung	Vorstand, ggf. vom Stifter benannte Organe	Shareholders
Gewinnverteilung	abzüglich 25 %, lt Vertrag ansonsten nach Anteilen	nach Satzung, ansonsten nach Anteilen	ggf. nach Satzung	ggf. nach Satzung	Vertrag, ansonsten Geschäftsanteile

im Handelsregister steht. (Deswegen hat eine Partnerschaftsgesellschaft als nichtgewerbliches Unternehmen auch keine „Firma“, sondern nur einen „Namen“.)

Die Unternehmensbezeichnung muss bei einem Einzelunternehmen mindestens den **Familiennamen** des Gründers enthalten (**„Personenfirma“**), bei einer OHG mindestens den eines Gesellschafters und bei einer KG mindestens den eines Komplementärs. Falls der Familienname allein für die Unterscheidung nicht ausreicht, kann der Vorname zusätzlich notwendig sein.

Verwenden Sie zunächst ausschließlich den Vornamen, weil Sie nicht im Handelsregister stehen, stört Sie die Verpflichtung, den **Nachnamen** zu verwenden spätestens dann, wenn Ihr Gewerbebetrieb eine Größe erreicht hat (vgl. Kapitel III, Abschnitt 3 und 4), die Sie zwingt, sich ins Handelsregister einzutragen. Falls Ihre Bezeichnung dann nicht den Vorschriften entspricht, wird Ihnen die Eintragung des Namens verweigert, unter dem Sie vielleicht schon seit Jahren im Markt bekannt sind. Ein solcher Namenswechsel ist nicht nur schädlich, weil Sie Kunden verlieren: Er kostet Sie zusätzlich Geld, weil Sie Ihren gesamten Unternehmensauftritt ändern müssen.

Tipp

Prüfen Sie schon bei Ihrer Gründungsplanung die Zulässigkeit Ihrer gewünschten Unternehmensbezeichnung – das verhindert spätere, negative Folgen!

Bei allen im Handels- oder Partnerschaftsregister einzutragenden Namen prüft dies das Registergericht. Bei ausschließlich gewerblichen Gründungen hat diese Prüfungsaufgabe die örtliche Industrie- und Handelskammer zu erfüllen; für die Benennung Ihrer Partnerschaftsgesellschaft fragen Sie direkt beim Partnerschaftsregister nach.

Die **„Sachfirma“** (siehe folgende Beispiele) ist auch für Einzelkaufleute wählbar. Wichtig ist, dass sie den Unternehmensgegenstand widerspiegelt und eine Unterscheidung zulässt; reine Branchen- oder Gattungsbezeichnungen sind unzulässig. Beachten Sie aber, dass z. B. die Zusätze „Institut“ oder „Akademie“ irreführend sein könnten, weil sie vielleicht scheinbar auf einen staatlich sanktionierten Hintergrund hinweisen.

Bei einer **„Fantasiefirma“** haben Sie trotz einer relativ freien Wahl juristische Aspekte zu beachten: Es wird auch hier die Unterscheidungskraft gefordert und – bei aller Kreativität – der Name darf nicht völlig ohne Sinn sein.

Bei den **Partnerschaftsgesellschaften** wird verlangt, die Berufsbezeichnung der Partner hinzuzufügen, z. B. „Betriebswirte“ oder „Rechtsanwälte“, damit der Geschäftsgegenstand bzw. das Kompetenzfeld des Unternehmens deutlich wird.

Allerdings sind auch einige gefährliche Stolpersteine zu beachten:

Der Zusatz „... und Partner", „... & Partner" sowie „Partnerschaft" ist nur für die ausschließlich den Freiberuflern vorbehaltene Rechtsform der Partnerschaftsgesellschaft PartG zulässig. d. h. jeder, der sich so nennt, ohne im Partnerschaftsregister eingetragen zu sein, verstößt gegen das Gesetz. Alle anderen ähnlich formulierten Zusätze bergen zumindest die Gefahr, dass ein böswilliger Dritter (z. B. ein „Abmahnverein") diese Verwechslung unterstellen kann. Das kann teuer werden!

Deshalb sind viele Unternehmer dazu übergegangen, vor allem Freiberufler, die die Rechtsform der PartG nicht wählen wollen, solche Zusätze zu nutzen, die diese Verwechslung mit ziemlicher Sicherheit ausschließen, z. B. „... und Kollegen". Es handelt sich aber stets um eine BGB-Gesellschaft, niemals um ein Einzelunternehmen. Wählen Sie eine solche Benennung trotzdem, obwohl Sie allein als Einzelunternehmer tätig sind, ist das irreführend und gesetzeswidrig.

Der Zusatz „... und Cie." oder „... & Cie." bedeutet übrigens – genau wie „... und Co." oder „... & Co", dass es sich um eine Mehrheit von Gesellschaftern handelt. Die Rechtsform dürfte eine GbR sein, da es für die OHG, die KG und die Kapitalgesellschaften ja genaue Namensvorschriften gibt.

Gründen Sie eine Gesellschaft, ist Ihr Unternehmensname, Ihre Firma stets in die Satzung, den Gesellschaftsvertrag oder das Statut aufzunehmen.

4.6.2 Beispiele

Maria Lachmann bzw. Emil Heeger gründen ein Einzelunternehmen in der Textilbranche:

Rechtsform:	**Einzelkaufmann**
zulässig sind:	Personen-, Sach-, Phantasiefirma bzw. Mischfirma
notwendiger Rechtsformzusatz:	Eingetragener Kaufmann, eingetragene Kauffrau; Abkürzungen: e. K., e.Kfm., e.Kfr.
notwendige Angaben auf Geschäftskorrespondenz:	Firma, Rechtsformzusatz, Ort der Handelsniederlassung, Nennung des Registergerichts und der Nummer, unter der der Eintrag erfolgt ist
Beispiele:	Emil Heeger eingetragener Kaufmann oder Emil Heeger e. K. oder Emil Heeger e.Kfm. Maria Lachmann eingetragene Kauffrau oder Maria Lachmann e. K. oder Maria Lachmann e.Kfr.

	Maria Lachmann Textilhandel e.Kfr. Chic e. K.

Nun gründen beide gemeinsam verschiedene Gesellschaften:

Rechtsform:	**Gesellschaft bürgerlichen Rechts**
zulässig sind:	Personen-, Sach-, Phantasiefirma bzw. Mischfirma, die Nennung aller Gesellschafter (mit Nachnamen) ist erforderlich
notwendiger Rechtsformzusatz:	keiner, üblich sind „Gesellschaft bürgerlichen Rechts" oder die Abkürzung „GbR"
notwendige Angaben auf Geschäftskorrespondenz:	Firmenname, Ort der Handelsniederlassung
Beispiele:	Emil Heeger und Maria Lachmann Emil Heeger und Maria Lachmann GbR Heeger & Lachmann GbR Maria Lachmann und Emil Heeger Textilhandel, Gesellschaft bürgerlichen Rechts Chic GbR, Lachmann und Heeger

Rechtsform:	**Offene Handelsgesellschaft**
zulässig sind:	Personen-, Sach-, Phantasiefirma bzw. Mischfirma
notwendiger Rechtsformzusatz:	offene Handelsgesellschaft oder OHG
notwendige Angaben auf Geschäftskorrespondenz:	Firma, Rechtsformzusatz, Sitz der Gesellschaft, Nennung des Registergerichts und der Nummer, unter der der Eintrag erfolgt ist. Ist kein Gesellschafter eine natürliche Person, sind die Firmen der Gesellschafter anzugeben sowie die für diese jeweils vorgeschriebenen Angaben.
Beispiele:	Emil Heeger und Maria Lachmann OHG Heeger & Lachmann OHG Maria Lachmann Textilhandel offene Handelsgesellschaft Chic OHG

Rechtsform:	**Kommanditgesellschaft**
zulässig sind:	Personen-, Sach-, Phantasiefirma bzw. Mischfirma
notwendiger Rechtsformzusatz:	Kommanditgesellschaft oder KG
notwendige Angaben auf Geschäftskorrespondenz:	Firma, Rechtsformzusatz, Sitz der Gesellschaft, Nennung des Registergerichts und der Nummer, unter der der Eintrag erfolgt ist. Ist kein Gesellschafter eine natürliche Person, sind die Firmen der Gesellschafter anzugeben sowie die für diese jeweils vorgeschriebenen Angaben.
Beispiele:	Emil Heeger KG Heeger & Co KG Maria Lachmann Textilhandels KG Chic Kommanditgesellschaft

Rechtsform:	**Gesellschaft mit beschränkter Haftung**
zulässig sind:	Personen-, Sach-, Phantasiefirma bzw. Mischfirma
notwendiger Rechtsformzusatz:	Gesellschaft mit beschränkter Haftung oder GmbH
notwendige Angaben auf Geschäftskorrespondenz:	Firma, Rechtsformzusatz, Sitz der Gesellschaft, Nennung des Registergerichts und der Nummer, unter der der Eintrag erfolgt ist, Liste der Geschäftsführer mit Namen und Vornamen, Name und mindestens ein ausgeschriebener Vorname des Aufsichtsratsvorsitzenden (sofern ein AR gebildet wurde)
Beispiele:	Emil Heeger und Maria Lachmann GmbH Heeger & Lachmann GmbH Emil Heeger GmbH Maria Lachmann Textilhandels GmbH Chic GmbH

Rechtsform:	**Unternehmergesellschaft/UG (haftungsbeschränkt)**
zulässig sind:	Personen-, Sach-, Phantasiefirma bzw. Mischfirma
notwendiger Rechtsformzusatz:	Unternehmergesellschaft (haftungsbeschränkt) oder (haftungsbeschränkt) UG

notwendige Angaben auf Geschäftskorrespondenz:	Firma, Rechtsformzusatz, Sitz der Gesellschaft, Nennung des Registergerichts und der Nummer unter der der Eintrag erfolgt ist, Liste der Geschäftsführer mit Namen und Vornamen, Name und mindestens ein ausgeschriebener Vorname des Aufsichtsratsvorsitzenden (sofern ein AR gebildet wurde)
Beispiele	Emil Heeger und Maria Lachmann Unternehmergesellschaft (haftungsbeschränkt) Heeger & Lachmann UG (haftungsbeschränkt) Maria Lachmann Textilhandels UG (haftungsbeschränkt) Chic Unternehmergesellschaft (haftungsbeschränkt)

Rechtsform:	**Aktiengesellschaft**
zulässig sind:	Namens-, Sach-, Phantasiefirma bzw. Mischfirma
notwendiger Rechtsformzusatz:	Aktiengesellschaft oder AG
notwendige Angaben auf Geschäftskorrespondenz:	auf Geschäftskorrespondenz: Firma, Rechtsformzusatz, Sitz der Gesellschaft, Nennung des Registergerichts und der Nummer, unter der der Eintrag erfolgt ist, Liste aller Vorstandsmitglieder mit Namen und Vornamen, Name und mindestens ein ausgeschriebener Vorname des Aufsichtsratsvorsitzenden
Beispiele:	Emil Heeger Aktiengesellschaft Lachmann Textilhandels AG Chic AG

Rechtsform:	**„Limited" (Private Company Limited by Shares)**
zulässig sind:	Namens-, Sach-, Phantasiefirma bzw. Mischfirma. (mit Ausnahme genehmigungspflichtiger, staatlich geschützter Bezeichnungen (z. B. „*International*", „*European*", „*Royal*" oder „*British*") sowie aus gewerberechtlichen Gründen genehmigungspflichtiger Tätigkeitsbeschreibungen (z. B. „Bank" oder „Holding")
notwendiger Rechtsformzusatz:	Limited oder Ltd.
	Firma, Rechtsformzusatz, Sitz der Gesellschaft

notwendige Angaben auf Geschäftskorrespondenz:	Nennung des (in Deutschland zuständigen) Registergerichts und der Nummer unter der der Eintrag erfolgt ist, Liste aller *Directors* mit Namen und Vornamen
Beispiele:	Emil Heeger Limited Lachmann Textilhandels Ltd. Chic Limited

Die Betriebswirte Helmut Brand und Erwin Paulsen sind Freiberufler und wollen eine Gesellschaft gründen. Sie haben sich für folgende seit 1995 mögliche Rechtsform entschieden:

Rechtsform:	**Partnerschaftsgesellschaft**
zulässige Namen sind:	Die Namen der Gesellschafter
notwendiger Rechtsformzusatz:	„und Partner" oder „Partnerschaft"
übliche Angaben auf Geschäftskorrespondenz:	Name der Gesellschaft einschl. Rechtsformzusatz, Sitz der Gesellschaft, Nennung des Registergerichts und der Nummer unter der der Eintrag erfolgt ist, Liste der Partner Nennung des (in Deutschland zuständigen) Registergerichts und der Nummer unter der der Eintrag erfolgt ist, Liste aller *Directors* mit Namen und Vornamen
Beispiele:	Helmut Brand und Partner oder Brand & Partner oder Paulsen & Partner oder Brand Partnerschaft oder Paulsen Partnerschaft

4.7 Der Schutz Ihres geistigen Eigentums – „Immaterialgüterrechte"

Nicht immer entstehen aus Ihrer Arbeit Werte, die allein in *Sachen* verkörpert sind. Viele Gründer und Unternehmer mussten bereits erleben, dass ihre immateriellen Arbeitsergebnisse, wie etwa ihre schöne Idee, ihr Logo oder ihre originelle Gestaltung kopiert wurden.

Dabei unterliegen diese **Immaterialgüterrechte**, d. h. die Ergebnisse eigener schöpferischer Arbeit, aber auch einer Marke, einem besonderen Schutz, der sich an der Art des geistigen Eigentums orientiert. Entweder ist dieser Schutz bereits durch Gesetze gesichert oder es bedarf erst einer zusätzlichen gesetzlichen Sicherung.

Oft genügt es, wenn Sie rechtzeitig die vorhandenen gesetzlichen Spielräume ausschöpfen, denn nur in einigen Fällen ist es nicht möglich oder nicht wirtschaftlich, einen solchen Schutz anzustrengen.

Gesetzlich geschützt oder schutzfähig sind folgende Immaterialgüterrechte:

Schutzgegenstand	Schutzumfang	Möglicher Rechtsschutz
insbesondere: – Werke allgemein – Sprachwerke (Schriften, Reden, Computerprogramme) – Pantomimische Werke (einschl. Tanzkunst) – Werke der bildenden Kunst (einschl. Architektur) – Lichtbildwerke (sowie „einfache" Fotografien) – Werke der Musik – Filmwerke – Wissenschaftliche, Technische Darstellungen		Markenschutz für Werbeslogans Geschmacksmusterschutz Geschmacksmusterschutz Geschmacksmusterschutz Patent- oder Gebrauchsmusterschutz
Marken (insb. Wort-, Bildmarken, Klangmarken)	nur im Umfang der Verkehrsgeltung	Eintragung in Markenregister
Namensbezeichnungen, Logos etc.	bei Benutzung	DPMA oder HABM
Erfindungen	nur für verkörperte Darstellungen ggf. nach Urheberrechtsgesetz	Patent- oder Gebrauchsmusterschutz
Designs und Modelle	ggf. nach Urheberrechtsgesetz	Eintragung als Geschmacksmuster
Topografien mikroelektronischer Halbleiter	nur für verkörperte Darstellungen ggf. nach Urheberrechtsgesetz	Registrierung beim Deutschen Patent- und Markenamt
Sorten (insbesondere Pflanzenarten, Züchtungen)	nein	Registrierung beim Bundessortenamt
Geschäftsgeheimnisse allgemeiner Art	nein	Geheimhaltungsvereinbarung

An dieser Übersicht sehen Sie nicht nur, was bereits automatisch gesetzlich geschützt ist, sondern auch, bei welchen Themen Sie sich auf welche Gesetze stützen dürfen, um den Missbrauch Ihrer „Schöpfungen" zu verhindern oder zumindest einzuschränken.

Hier ein Überblick, welche Gesetze Ihnen zur Verfügung stehen:

4.7.1 Urheberrecht

Durch das Urheberrechtsgesetz (UrhG) werden Ihre schöpferischen **Werke der Wissenschaft und aller Künste** geschützt, soweit sie eine persönliche geistige Schöpfung darstellen.

Auch die Kombination von bereits Vorhandenem erlangt dabei Werkcharakter im Sinne des Urheberrechtsgesetzes, wenn eine bestimmte eigenschöpferische Qualität erreicht wird. Das bedeutet aber auch, dass jemand, der Ihr geistiges Eigentum in origineller Zusammensetzung verarbeitet, diesen Schutz umgehen kann. Vom Urheberrecht geschützt sind Übersetzungen, andere Werkbearbeitungen sowie Computerprogramme und Datenbanken.

Der Urheberrechtsschutz entsteht durch Schöpfung des geschützten Werks, ohne dass eine Anmeldung erfolgt.

Sie als Urheber haben dabei die ausschließlichen Rechte für die Nutzung oder die Verwertung Ihres Werkes in jeglicher Form. Dies betrifft insbesondere die Verbreitung oder öffentliche Wiedergabe, wobei Ihnen grundsätzlich eine angemessene Vergütung für jede Nutzung und Verwertung zusteht. Die Höhe orientiert sich an allgemein gültigen Tarifen, dem wirtschaftlichen Wert sowie dem Umfang der Rechtsübertragung.

4.7.2 Marken

Marken dienen als Kennzeichnung für eine Ware oder Dienstleistung, um sie von gleichartigen Produkten zu unterscheiden.

Sie sind schutzfähig durch Eintragung in das Markenregister des Deutschen Patent- und Markenamtes (**Markengesetz – MarkenG**) Falls keine Eintragung erfolgt ist, genießen sie durch ihre Benutzung im geschäftlichen Verkehr, durch ihre Verkehrsgeltung oder Bekanntheit einen Schutz gegen unerlaubte Fremdbenutzung, aber auch gegen Rufausbeutung, Verwässerung oder Verunglimpfung.

Als Marke gelten hier grafische Gestaltungen, Farben und Worte sowie Kombinationen daraus. Um schutzfähig zu sein, muss Ihre Marke aber tatsächlich zur Unterscheidung dienen können; sie braucht also einen bestimmten Grad an Individualität. Allgemeine Formen oder Worte, wie geografische Bezeichnungen, sind demzufolge als Marken nicht tauglich.

Die **Schutzdauer** für Ihre Marke währt zehn Jahre und darf danach beliebig verlängert werden.

4.7.3 Patente

Technische Erfindungen (auch EDV-Programme) können Sie durch Patente schützen (**Patentgesetz – PatentG**). Vorausgesetzt, sie sind

➔ neu,
➔ entsprechen nicht bereits dem Stand der Technik,
➔ beruhen auf dem Ergebnis Ihrer erfinderischen Tätigkeit und
➔ sind gewerblich anwendbar.

Der Schutz entsteht durch Anmeldung und Erteilung eines Patents nach entsprechender Prüfung durch das Deutsche Patentamt.

Europäische Patente werden beim Europäischen Patentamt eingetragen, wobei die Überprüfung dann auf europäischer Ebene stattfindet und eine Eintragung nur erfolgen kann, wenn die Voraussetzungen zur Erteilung in jedem Mitgliedsstaat erfüllt sind.

Wollen Sie Ihre Erfindung noch in anderen Staaten oder Wirtschaftsgebieten schützen, gelten weitere Vorschriften und Besonderheiten, über die Sie sich besser konkret beim Patentamt informieren. In den USA beispielsweise gelten von Europa abweichende Bestimmungen für Ihr Einspruchsrecht gegenüber Patentanmeldungen anderer Personen. In einigen anderen Ländern wiederum hat es wenig Sinn, einen Patentschutz anzustrengen, da sich dort kaum jemand daran hält.

Beachten Sie, dass jeder Patentschutz Geld kostet, d. h. jedes zusätzliche Land Ihre Kasse schmälert. Auch die **Patentpflege** durch einen damit betrauten Patentanwalt verursacht zum Teil beträchtliche Aufwendungen. Es lohnt sich immer, vorher zu rechnen.

Die **Schutzdauer** eines Patents beträgt 20 Jahre ab Anmeldung.

4.7.4 Gebrauchsmuster

Ergänzend zum geprüften Schutz durch das Patent können Sie ein **Gebrauchsmuster** als ungeprüftes Schutzrecht beantragen (**Gebrauchsmusterschutzgesetz – GebrMG**). Voraussetzungen sind, dass ihre Entwicklungen

➔ auf einem erfinderischen Schritt beruhen,
➔ neu gegenüber dem Stand der Technik sind und
➔ sich zur gewerblichen Anmeldung eignen.

Gegenüber dem Patent besteht der Unterschied, dass keine Prüfung auf Neuheit und erfinderische Leistung durch das Patentamt vorgenommen wird.

Die Reichweite des Gebrauchsmusterschutzes entspricht mit geringen Ausnahmen der des Patentschutzes.

4.7.5 Geschmacksmuster

Durch ein eingetragenes Geschmacksmuster (**Geschmacksmustergesetz – GeschmMG**) werden ästhetische Gestaltungen, also **äußere Erscheinungsbilder gewerblicher Erzeugnisse** geschützt.

Voraussetzungen für die Schutzfähigkeit sind:

➔ die eigene schöpferische Leistung sowie
➔ die Neuheit und Eigentümlichkeit des Musters.

Der Schutz entsteht bereits mit der Schöpfung eines Geschmacksmusters durch seinen Urheber.

Für die öffentliche Wahrnehmung, dass es wirklich Ihr geistiges Eigentum ist, empfiehlt sich aber dringend die **Anmeldung innerhalb von sechs Monaten ab der Schöpfung** beim Patent- und Markenamt. Nur so können Sie Ihr ausschließliches Recht zur Benutzung und zur Einflussnahme auf die Verwendung Ihres Geschmacksmusters effektiv ausüben.

4.7.6 Sonstige Schutzrechte

Zwei weitere Schutzrechte sind erwähnenswert, die heutzutage immer öfter eine Rolle spielen:

■ Sortenschutzgesetz (SortSchG)

Schutzfähig durch Anmeldung beim Bundessortenamt sind neue Pflanzenarten (z. B. Züchtungen oder Entdeckungen) sowie neue Zusammenfassungen und Unterteilungen von Pflanzenarten.

Eine Eintragung berechtigt den Rechteinhaber zur exklusiven Erzeugung, Aufbereitung (für Vermehrungszwecke) und Aufbewahrung von Vermehrungsmaterial der geschützten Sorte, d. h. von Pflanzen und Pflanzenteilen einschließlich Samen, die für die Erzeugung von Pflanzen oder sonst zum Anbau bestimmt sind.

■ Halbleiterschutzgesetz (HalblSchG)

Schutzfähig durch Anmeldung beim Patentamt sind auch die Topografien, d. h. die dreidimensionalen Strukturen mikroelektronischer Halbleitererzeugnisse, soweit sie das Ergebnis einer selbständigen geistigen Arbeit darstellen.

Sind Sie nun Inhaber eines der vorgenannten Schutzrechte, so stehen Ihnen bei unbefugter Benutzung durch einen Mitbewerber Ansprüche zu, beispielsweise auf Unterlassung und Auskunft, gegebenenfalls auch auf Schadenersatz und Löschung seiner rechtswidrigen Eintragung aus einem öffentlichen Register.

Oft existieren bei rechtswidriger Nutzung oder Verwertung Ihrer geschützten Elemente zu gewerblichen Zwecken durch andere auch noch Unterlassungsansprüche aus dem Gesetz zur Bekämpfung des unlauteren Wettbewerbs (UWG). Möchten Sie Ihr geistiges Eigentum oder Nutzungsrechte daran weitergeben, schließen Sie mit dem betreffenden Partner am besten klare Lizenzvereinbarungen ab, die Dauer, Umfang, Ausschließlichkeit und Art der Nutzung regeln.

Wollen Sie herausfinden, was von dem Geschilderten Ihrem Fall verbindlich entspricht, erhalten Sie genaue Auskunft beim Patentamt, den Wirtschaftskammern oder entsprechenden Fachjuristen. Erkundigen Sie sich frühzeitig nach Details, bevor Sie teure Versäumnisse begehen oder sich Illusionen hingeben.

5 Die Gründungsformalia

5.1 Freier Beruf oder Gewerbe?

Vor Ihnen steht eine entscheidende Frage: Erfülle ich die Anforderungen, die der Gesetzgeber an mein Vorhaben stellt? Gibt es Einschränkungen? Darf ich mich in dem vorgesehenen Bereich überhaupt selbständig machen? Die folgende Übersicht wird Ihnen bei der Einordnung Ihres Vorhabens helfen:

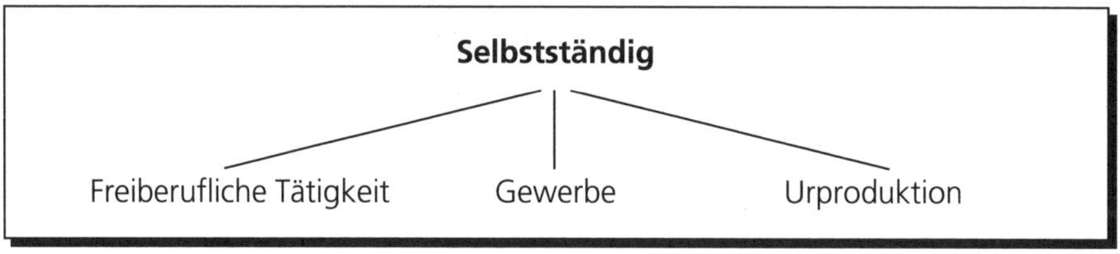

Diese Gliederung unterscheidet zunächst danach, ob Ihre Tätigkeit als eine freiberufliche oder gewerbliche einzustufen ist oder ob sie zur Urproduktion gehört. Der letztgenannte Bereich umfasst die Land- und Forstwirtschaft, den Garten- und Weinbau, die Tierzucht, die Jagd, die Fischerei sowie den Abbau von Bodenschätzen. Das **Gewerbe** wiederum ist wie folgt differenziert:

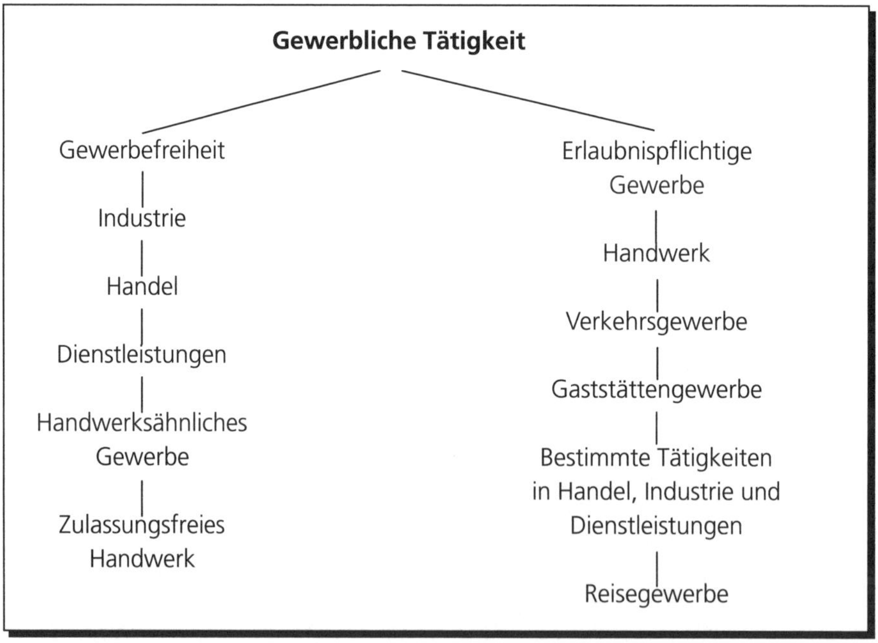

Ob eine freiberufliche Tätigkeit vorliegt oder Ihr Vorhaben gewerblichen Charakter besitzt, hat vor allem steuerliche Konsequenzen: Als Freiberufler sind Sie gewerbesteuerfrei. Deshalb ist dieser Status auch im Einkommensteuergesetz (§ 18 EStG) definiert:

Zu einer freiberuflichen Tätigkeit gehört *„die selbständig ausgeübte wissenschaftliche, künstlerische, schriftstellerische, unterrichtende oder erzieherische Tätigkeit"*.

Danach nennt das Gesetz eine Reihe anerkannter freier Berufe, die „Katalogberufe". Das sind: Ärzte, Zahnärzte, Tierärzte, Rechtsanwälte, Notare, Patentanwälte, Vermessungsingenieure, Ingenieure, Architekten, Handelschemiker, Wirtschaftsprüfer, Steuerberater, beratende Volks- und Betriebswirte, vereidigte Buchprüfer (vereidigte Bücherrevisoren), Steuerbevollmächtigte, Heilpraktiker, Dentisten, Krankengymnasten, Journalisten, Bildberichterstatter, Dolmetscher, Übersetzer, Lotsen und ihnen ähnliche Berufe.

Wenn Ihre Tätigkeit nicht den in § 18 EStG aufgeführten Katalogberufen zugeordnet werden kann, ist für die Abgrenzung, ob es sich um eine gewerbliche oder eine freiberufliche Tätigkeit handelt, die gewerberechtliche Definition der freien Berufe heranzuziehen. Demnach sind Sie Freiberufler immer dann, wenn Sie eine *„freie wissenschaftliche, künstlerische und schriftstellerische Tätigkeit sowie persönliche Dienstleistungen* ***höherer Art ausüben, die in der Regel eine höhere Bildung erfordern"***.

Ihr konkretes Vorhaben einzuordnen, ist zuweilen aufwändig, da die Zulassung zu den freien Berufen unterschiedlich geregelt ist. So gibt es für die freiberufliche künstlerische oder schriftstellerische Tätigkeit keine Zulassungsvoraussetzungen. Bei den freien Berufen, die persönliche Dienstleistungen zum Gegenstand haben, wie Architekten, Ärzte, Rechtsanwälte und Steuerberater, sind diese Voraussetzungen in der Regel gesetzlich festgelegt. Lässt sich keine Klarheit erreichen, hat das zuständige Finanzgericht das letzte Wort. In Zweifelsfällen sollten Sie sich rechtzeitig mit Ihrem Finanzamt in Verbindung setzen, da gewerbliche Existenzgründer den Beginn ihres Gewerbebetriebes vor oder gleichzeitig mit Beginn bei der örtlich zuständigen Gemeinde anzuzeigen haben. Schaffen Sie eindeutige Positionen! Im Zweifel haben Sie Rechtsfolgen zu fürchten und die Gewerbesteuer nachzuentrichten, falls Ihr freier Beruf nicht anerkannt wird. Wählen Sie allerdings eine gewerbesteuerpflichtige Rechtsform wie die GmbH, entfällt dieser Steuervorteil trotz Anerkennung als freier Beruf.

Die richtige Einordnung Ihrer Tätigkeit wirkt sich auch auf die Anmeldeformalitäten aus: Freiberuflich Tätige haben lediglich eine **Steuernummer** beim zuständigen Finanzamt zu beantragen; eine Gewerbeanmeldung ist nicht notwendig.

5.2 Gewerbefreiheit

Vom Grundsatz her besteht in der Bundesrepublik **Gewerbefreiheit**, das heißt, bei vielen Vorhaben verlangt der Gesetzgeber von Ihnen, dem Gründer, keine Fachkenntnisse. Eine ausdrückliche behördliche Erlaubnis für den Beginn und die Veränderung eines Gewerbes ist meist nicht erforderlich. Gewerbefreiheit besteht hauptsächlich im Bereich des Handels. Das gilt – bis auf Ausnahmen – sowohl für den Einzelhandel als auch für den Großhandel oder die Handelsvermittlung. Erlaubnisfrei sind auch viele Dienstleistungen außerhalb des Handwerks sowie die industrielle Serienfertigung.

Für Gewerbe, die zulassungsfreies Handwerk sind oder handwerksähnlich betrieben werden, sind nicht die strengen Zulassungsvoraussetzungen zu erfüllen, die für einen Handwerksbetrieb gelten. Für den Betrieb eines Vollhandwerks sind die entsprechenden **handwerksrechtlichen Zulassungsvoraussetzungen** zu beachten. Neben den einschlägigen **Qualifikationen**, über die der Existenzgründer verfügen muss, bedarf es für die Ausübung des Gewerbes der **Eintragung in die Handwerksrolle** bei der örtlich zuständigen Handwerkskammer. Bevor Sie sich für den Betrieb eines Vollhandwerks entscheiden, sollten Sie sich daher zur Klärung der handwerklichen Voraussetzungen mit Ihrer zuständigen Handwerkskammer in Verbindung setzen.

Gewerbefreiheit bedeutet für Sie vielfach jedoch nur den freien Zugang zum Gewerbe. So unterliegen die überwachungsbedürftigen Gewerbe wie beispielsweise der Gebrauchtwarenhandel mit bestimmten Gütern, die Ehe- und Partnerschaftsvermittlung und auch der Betrieb von Reisebüros und Auskunfteien teilweise gewissen Einschränkungen. Wird ein überwachungsbedürftiges Gewerbe angemeldet, überprüft die Kreisverwaltungsbehörde unmittelbar nach der Gewerbeanmeldung die persönliche Zuverlässigkeit des Gewerbetreibenden.

Sie haben deshalb bei der Meldebehörde (Gemeinde) ein polizeiliches Führungszeugnis und einen Auszug aus dem Gewerbezentralregister jeweils zur Vorlage bei einer Behörde zu beantragen. Die Dokumente werden unmittelbar an die zuständige Kreisverwaltungsbehörde geschickt.

Bei dem gewerblichen Verkauf von Gebrauchtwaren wie z. B. hochwertigen Konsumgütern, insbesondere Unterhaltungselektronik, Computern, Fotoapparaten, Teppichen, Pelz- und Lederbekleidungen, wird nicht nur die Zuverlässigkeit des Gewerbetreibenden geprüft. Vielmehr können bei dieser Art der überwachungsbedürftigen Tätigkeit auch besondere Aufzeichnungs- und Auskunftspflichten bestehen. Überwachungsbedürftige Betriebe unterliegen auch einer Kontrolle (Nachschau) durch die Gewerbebehörden. Informieren Sie sich über diese besonderen Vorschriften zur Berufsausübung bei der zuständigen Industrie- und Handelskammer oder bei Ihrer Gewerbebehörde.

Tipp

Auch wenn für Sie der Grundsatz der Gewerbefreiheit gilt, überlegen Sie genau, ob Sie die notwendigen Fachkenntnisse und das unabdingbare kaufmännische Wissen für Ihr geplantes Vorhaben besitzen. Ihr Gewerbeschein ist kein Qualifikationsnachweis!

5.3 Erlaubnispflichtige Gewerbe

Die Gründung und der Betrieb Ihres Gewerbebetriebes bedürfen im Ausnahmefall trotz Gewerbefreiheit einer Zulassung (**Erlaubnis**). In einem solchen Fall prüft die für Sie zuständige Behörde (in Bayern zum Beispiel das Landratsamt, die kreisfreie Stadt), ob alle Voraussetzungen tatsächlich gegeben sind. Die persönliche Erlaubnis gilt nur für den Inhaber, also kann der Einzelunternehmer seine Erlaubnis nicht auf eine GmbH übertragen. Auch dann nicht, wenn er alleiniger Gesellschafter ist. Beispiele sind das Bewachungsgewerbe oder die Makler-, Bauträger- und Baubetreuertätigkeit. Bei Gaststätten oder Spielhallen bezieht sich die Erlaubnis auf den Inhaber und die Räume. Im Folgenden sind einige wichtige erlaubnispflichtige Tätigkeiten kurz dargestellt:

5.3.1 Handwerk

Nach der Handwerksordnung ist Ihnen der Betrieb eines Handwerks nur dann erlaubt, wenn Sie als Betriebsinhaber in die Handwerksrolle bei der örtlichen für den Betrieb zuständigen Handwerkskammer eingetragen sind. Eintragungsfähig sind natürliche Personen (Einzelunternehmen), juristische Personen (GmbH, AG, GmbH & Co. KG – letztere wird handwerksrechtlich ausnahmsweise als juristische Person gesehen) und Personengesellschaften (GbR, OHG, KG).

Eintragungsvoraussetzung für Sie als **natürliche Person** für die Ausübung eines Vollhandwerks ist ein von der Handwerkskammer ausgestelltes Meisterprüfungszeugnis oder eine gleichgestellte Prüfung für das ausgeübte oder für verwandt erklärte Handwerk. Eine Ausübungsberechtigung erhalten Sie in der Regel auch auch als Altgeselle, wenn Sie sich nach sechs Jahren praktischer Tätigkeit, davon vier in leitender Postion selbständig machen. Alternativ können Sie aber auch einen Betriebsleiter einstellen, der eine entsprechende Berechtigung (z. B. als Meister oder Altgeselle) hat.

Was geschieht, falls Sie kein solches Zeugnis, aber eine gleichgeartete höhere Ausbildung besitzen? Ihre an einer deutschen Hochschule abgelegte Diplomprüfung oder die Abschlussprüfung an einer deutschen Fachhochschule ersetzen dieses Zeugnis – allerdings nur, wenn Ihre Ausbildung dem jeweiligen Handwerksberuf entspricht. Falls Sie außerhalb des Handwerks in der ehemaligen DDR eine Meisterprüfung als VE-Meister abgelegt haben, erfüllen Sie die Voraussetzungen. Bedingung ist eine nach 1981 absolvierte dreijährige Berufspraxis. Wegen der Anerkennung Ihrer Berufsabschlüsse aus der ehemaligen DDR sprechen Sie am besten mit Ihrer zuständigen Handwerkskammer, ebenso über Eintragungsvoraussetzungen für EU/EWR-Angehörige oder Flüchtlinge/Vertriebene sowie über Ausnahmebewilligungen.

Gründen Sie eine GmbH oder AG, also eine **juristische Person**, muss Ihr Betriebsleiter für den handwerklichen Bereich die geforderten Bedingungen erfüllen.

Bestimmend für die Eintragung einer **Personengesellschaft** ist, dass für die technische (handwerkliche) Leitung mindestens ein persönlich haftender Gesellschafter verantwortlich ist, der diesen Ansprüchen genügt oder ein Meister als Betriebsleiter eingestellt ist.

> Tipp
>
> Klären Sie unbedingt schon in der Planungsphase, ob die Voraussetzungen für Ihre Eintragung in die Handwerksrolle gegeben sind. Falls nicht, ist Ihre unternehmerische Tätigkeit, zumindest in diesem Bereich, beendet. Informieren Sie sich rechtzeitig vor Ihrer Entscheidung bei der örtlichen Handwerkskammer oder der IHK.

5.3.2 Verkehr

Gewerbliche Personenbeförderung: Falls Sie mit Taxen, Mietwagen oder Omnibussen Personen befördern, benötigen Sie dazu eine Genehmigung der zuständigen Behörde (in Bayern zum Beispiel die Kreisverwaltungsbehörde, für Omnibusse die Bezirksregierung). Voraussetzungen für die Genehmigung sind:

- ➔ Ihre persönliche Zuverlässigkeit. Für die Gründung ist u. a. ein aktuelles polizeiliches Führungszeugnis vorzuweisen.
- ➔ Die Sicherheit und wirtschaftliche Leistungsfähigkeit Ihres Betriebes.
- ➔ Ihre fachliche Eignung oder die der für die Führung der Geschäfte bestellten Person(en). Sie ist in der Regel durch eine Prüfung vor der zuständigen IHK zu belegen.

Detaillierte Informationen zu den Vorbedingungen finden Sie in der Berufszugangsverordnung für den Straßenpersonenverkehr vom 15.06.2000.

Güterkraftverkehr: Haben Sie die Absicht, sich im Güterkraftverkehr selbständig zu machen, gelten die Bestimmungen des Güterkraftverkehrsgesetzes (GüKG). Danach ist für den gewerblichen Güterkraftverkehr mit Kraftfahrzeugen von einem zulässigen Gesamtgewicht über 3,5 t (einschließlich Anhänger) eine Erlaubnis erforderlich. Sie wird von der zuständigen Kreisverwaltungsbehörde erteilt, wenn wirtschaftliche Leistungsfähigkeit, persönliche Zuverlässigkeit und fachliche Eignung nachgewiesen werden.

Neben der entsprechenden Fachkundeprüfung wird als Nachweis der **Fachkunde** auch anerkannt, wenn Sie mindestens fünf Jahre in leitender Stellung die erforderlichen Kenntnisse erworben haben. Anerkannt sind gewerbliche Betriebe des Güterkraftverkehrs oder Speditionsunternehmen. Auch die Abschlussprüfungen zum „Kaufmann/zur Kauffrau im Eisenbahn- und Straßenverkehr, Schwerpunkt Güterverkehr“, zum „Speditionskaufmann/zur Speditionskauffrau“ und zum „Verkehrsfachwirt/zur Verkehrsfachwirtin“ sind gültig.

Für **grenzüberschreitende Güterkraftverkehre mit Staaten der Europäischen Union** (EU) und den zusätzlichen, nicht zur EU **gehörenden Staaten des Europäischen Wirtschaftsraumes (EWR)**, das heißt Norwegen, Island und Liechtenstein, wird eine **Gemeinschaftslizenz** (auch „EU-Lizenz“ genannt) benötigt. Diese kann ebenfalls für innerdeutsche Verkehre eingesetzt werden und berechtigt darüber hinaus auch zu innerstaatlichen Verkehren in anderen EU-/EWR-Staaten („Kabotageverkehre“). Allerdings gilt dies noch nicht für die neuen Beitrittsländer.

Verkehre mit nicht zur EU/zum EWR gehörenden Drittstaaten (z. B. Russland) können mit **bilateralen Genehmigungen** durchgeführt werden.

Detaillierte Informationen zu den Voraussetzungen finden Sie in der Berufszugangs-Verordnung für den Güterkraftverkehr vom 21.06.2000.

Tipp

Informieren Sie sich über diese Vorschriften genau bei der IHK.

5.3.3 Gaststättengewerbe

Im Zuge der Föderalismusreform wurde die Gesetzgebungskompetenz für das Gaststättenrecht im Juli 2007 auf die Bundesländer übertragen. D. h., die Länder können selbst regeln, ob das Betreiben einer Gaststätte erlaubnispflichtig ist oder nicht.

Bis zu einer solchen Neuregelung auf Landesebene (bisher haben vier Bundesländer von der neuen Regelung Gebrauch gemacht), gilt das bisherige Bundesrecht unverändert weiter. Wer sich in der Gastronomie selbständig machen möchte, benötigt daher grundsätzlich eine personen- und raumbezogene Erlaubnis. Sie ist auf einen bestimmten Betrieb und dessen Betriebsart (z. B. Schankwirtschaft), auf festgelegte Räumlichkeiten und auf die jeweilige natürliche oder juristische Person bzw. auf nicht rechtsfähige Vereine (vgl. Kap. I, Abschnitt 4.5.12) bezogen.

Ein Sachkundenachweis oder einschlägige Berufserfahrung sind für den personenbezogenen Teil der Erlaubnis nicht notwendig. Voraussetzung für ihre Erteilung ist jedoch die Teilnahme an einem Kurs bei der IHK über lebensmittel- und hygienerechtliche Vorschriften (**Unterrichtungsnachweis**). Befreit von diesem Kurs sind lediglich einschlägig vorgebildete Berufsgruppen.

Die Erlaubnis erteilt die zuständige Behörde; in Bayern ist das beispielsweise die Kreisverwaltungsbehörde, also das Landratsamt oder die kreisfreie Stadt.

Eine Ausnahme von der Erlaubnispflicht gilt seit Juli 2005 für Betriebe, die nur alkoholfreie Getränke ausschenken und/oder fertig zubereitete Speisen verabreichen, In diesem Fall ist nur eine Gewerbeanzeige erforderlich.

Die Erlaubnisfreiheit nach dem Gaststättengesetz entbindet aber nicht von der Beachtung sonstiger gesetzlicher, zum Beispiel baurechtlicher oder lebensmittel- und hygienerechtlicher Vorschriften.

5.3.4 Bestimmte Tätigkeiten in Handel, Industrie und Dienstleistungsgewerbe

Eine ausführliche Darstellung aller betroffenen Bereiche ist nicht sinnvoll. Deshalb hier nur kurz die wichtigsten erlaubnispflichtigen Gewerbe:

Waffenhandel: Handeln Sie mit Waffen, benötigen Sie die Erlaubnis der für Ihren Wohnsitz zuständigen Behörde. In Bayern ist das die Kreisverwaltungsbehörde. Erfolg haben Sie nur, wenn Sie die erforderliche Zuverlässigkeit besitzen. Ihre Fachkunde ist durch eine Prüfung nachzuweisen. Diese entfällt, wenn Sie als Büchsenmacher die Voraussetzungen für die Eintragung in die Handwerksrolle erfüllen. Eine Beschäftigung als Hilfskraft reicht dazu nicht aus.

Herstellung von Arzneimitteln: Wenn Sie Arzneimittel gewerbs- oder berufsmäßig herstellen, müssen Sie eine verantwortliche Person benennen, die sachkundig und zuverlässig ist. Auch müssen Ihre Räume und Einrichtungen einer Überprüfung hinsichtlich ihrer Geeignetheit für die Tätigkeit standhalten. In Bayern wird die Erlaubnis durch die Bezirksregierung erteilt.

Freiverkäufliche Arzneimittel: Der Einzelhandel mit freiverkäuflichen Arzneimitteln setzt einen Sachkundenachweis voraus. Liegt kein einschlägiger Berufsabschluss vor, wie beispielsweise Drogistin, haben Sie Ihre Sachkunde durch eine IHK-Prüfung unter Beweis zu stellen. In jedem Ladengeschäft muss mindestens eine sachkundige Person zur Verfügung stehen.

Zoogeschäft: Der Einzelhandel mit Wirbeltieren erfordert die Sachkunde des Inhabers oder des für den Umgang mit Tieren verantwortlichen Mitarbeiters, Ihre persönliche Zuverlässigkeit sowie die Eignung Ihrer Räumlichkeiten und Einrichtungen. Die Erlaubnis erhalten Sie von der Kreisverwaltungsbehörde bzw. der kreisfreien Stadt.

Buchführungshelfer/in: Die Tätigkeit des Buchführungshelfers unterliegt grundsätzlich dem Verbot der Hilfeleistungen in Steuersachen. Es gibt jedoch eine Ausnahme. Sie betrifft das Buchen laufender Geschäftsvorfälle, soweit diese

Tätigkeiten verantwortlich durch Personen erbracht werden, die nach Bestehen der Abschlussprüfung in einem kaufmännischen Ausbildungsberuf oder einer gleichwertigen Vorbildung mindestens drei Jahre auf dem Gebiet des Buchhaltungswesens in einem Umfang von mindestens 16 Wochenstunden praktisch tätig gewesen sind. Bedingungen für den verantwortlichen Bearbeiter sind

- ➔ die Abschlussprüfung im steuer- und wirtschaftsrechtberatenden bzw. einem kaufmännischen Ausbildungsberuf oder
- ➔ die dreijährige hauptberufliche Tätigkeit auf dem Gebiet des Buchhaltungswesens nach Erwerb einer gleichwertigen Vorbildung.

Diese Befugnis gestattet Ihnen aber nicht die darüber hinausgehende geschäftsmäßige Hilfeleistung in Steuersachen. So sind folgende Punkte nach wie vor den steuerberatenden Berufen vorbehalten:

- ➔ die Einrichtung der Finanzbuchhaltung, insbesondere das Erstellen des auf die betrieblichen Belange abgestellten Kontenplans,
- ➔ die vorbereitenden Abschlussbuchungen und das Erstellen der Hauptabschlussübersicht,
- ➔ das Aufstellen des Jahresabschlusses,
- ➔ das Einrichten der Lohnbuchhaltung,
- ➔ die Abschlussarbeiten der Lohnbuchhaltung,
- ➔ das Erstellen der Umsatzsteuervoranmeldung.

Makler, Bauträger, Baubetreuer: Vermitteln Sie gewerbsmäßig den Abschluss von Verträgen über Grundstücke, grundstücksgleiche Rechte, gewerbliche Räume, Wohnräume oder Darlehen, sind weder einschlägige Berufserfahrung noch eine Ausbildung nachzuweisen. Das gilt ebenfalls für Bauträger oder Baubetreuer. Eine Erlaubnis ist für Sie jedoch zwingend. Sie setzt geordnete Vermögensverhältnisse und persönliche Zuverlässigkeit bei Ihnen voraus und wird von der zuständigen Behörde – in Bayern der Kreisverwaltungsbehörde – erteilt. Für die Ausübung selbst sind eine Reihe von Vorschriften, wie die Buchführungs- und Informationspflicht, zu beachten. Genaueres finden Sie in der Makler- und Bauträgerverordnung.

Versicherungsvermittler: Wer gewerbsmäßig Versicherungen vermittelt oder als Versicherungsberater tätig ist, bedarf seit dem 22. Mai 2007 der **Erlaubnis** der zuständigen Industrie- und Handelskammer.

Diese Erlaubnis wird erteilt, wenn folgende Voraussetzungen erfüllt sind:

- ➔ Zuverlässigkeit durch:
  - Polizeiliches Führungszeugnis zur Vorlage bei einer Behörde,
  - Auskunft aus dem Gewerbezentralregister zur Vorlage bei einer Behörde,
- ➔ Nachweis von geordneten Vermögensverhältnissen durch die Auskunft aus den beim Amtsgericht (Insolvenz- und Vollstreckungsgericht) geführten Schuldnerverzeichnissen,

- ➔ Nachweis einer Berufshaftpflichtversicherung mit vorgegebenen Deckungssummen,
- ➔ Sachkundenachweis.

Zusätzlich zur Erlaubnis ist eine **Registrierung** des Versicherungsvermittlers oder -beraters in einem zentralen **Vermittlerregister** erforderlich. Auch diese Registrierung erfolgt durch die zuständige IHK.

Wer Versicherungen als Ergänzung der im Rahmen seiner Haupttätigkeit gelieferten Ware oder erbrachten Dienstleistung vermittelt und dabei im Auftrag eines Versicherungsvermittlers mit Erlaubnis oder eines Versicherungsunternehmens tätig wird, kann sich unter bestimmten Voraussetzungen von der Erlaubnispflicht befreien lassen. Für das Erlaubnisbefreiungsverfahren ist wieder die IHK zuständig.

Gänzlich von der Erlaubnispflicht ausgenommen sind Vermittler, die ihre Tätigkeit ausschließlich im Auftrag eines oder, wenn die Versicherungsprodukte nicht in Konkurrenz stehen, mehrerer Unternehmen ausüben. Das verlangt aber, dass diese Versicherungsunternehmen die uneingeschränkte Haftung für diesen Vermittler übernehmen.

Für die Vermittler bestimmter Bagatellversicherungen bestehen, unter gesetzlich eng umrissenen Voraussetzungen, Ausnahmen von der Erlaubnis- und Registrierungspflicht.

Bewachungsgewerbe: Bewachen Sie gewerbsmäßig Leben oder Eigentum fremder Personen, sind Ihre Zuverlässigkeit und der Nachweis der erforderlichen Mittel geboten. Ferner hat der Antragsteller – soweit er nicht befreit ist – durch eine Bescheinigung der IHK nachzuweisen, dass er über die für die Ausübung des Gewerbes notwendigen rechtlichen Vorschriften unterrichtet worden und mit ihnen vertraut ist. Davon hängt die Erlaubnis ab. Der Mittelnachweis soll absichern, dass Sie in der Lage sind, qualifiziertes Wachpersonal einzustellen und die Einrichtungen für den Gewerbebetrieb anzuschaffen.

Zu beachten ist, dass die mit der Durchführung von Bewachungsaufgaben betrauten Mitarbeiter ebenfalls zuverlässig sein und am Unterrichtungsverfahren teilgenommen haben müssen. Für besondere Bewachungstätigkeiten, beispielsweise als Kaufhausdetektiv oder Türsteher einer Diskothek, ist sogar eine Fachkundeprüfung erforderlich.

Voraussetzungen für die Erteilung einer Erlaubnis sind im Einzelnen:

- ➔ Polizeiliches Führungszeugnis zur Vorlage bei einer Behörde,
- ➔ Gewerbezentralregisterauszug zur Vorlage bei einer Behörde,
- ➔ Auskunft über Einträge in den Schuldnerverzeichnissen des Amtsgerichts (Insolvenz-/Vollstreckungsgericht),
- ➔ Nachweis einer Haftpflichtversicherung gemäß der Verordnung über das Bewachungsgewerbe § 6 (2) mit einer Mindesthöhe der Versicherungssumme,

- ➔ Nachweis der für den Gewerbebetrieb erforderlichen Mittel oder Sicherheiten,
- ➔ Nachweis über die Teilnahme am Unterrichtungsverfahren der IHK oder eines anerkannten Prüfungszeugnisses nach der Verordnung über das Bewachungsgewerbe.

In manchen Bundesländern wird zum Nachweis der Zuverlässigkeit zusätzlich eine Unbedenklichkeitsbescheinigung des Finanzamtes und/oder eine Schufa-Auskunft verlangt.

Versteigerergewerbe: Versteigern Sie gewerbsmäßig fremde bewegliche Sachen, fremde Grundstücke oder fremde Rechte, ist das erlaubnispflichtig. Die Versteigerer-Erlaubnis kann auch juristischen Personen erteilt werden. Voraussetzungen sind Zuverlässigkeit und geordnete Vermögensverhältnisse. Auf Antrag können besonders fachkundige Versteigerer mit Ausnahme juristischer Personen von der zuständigen Kreisverwaltungsbehörde öffentlich bestellt werden.

Inkassobüros: Betreiben Sie geschäftsmäßig „fremde Rechtsangelegenheiten im Sachbereich außergerichtliche Einziehung von Forderungen", hat der Präsident des Landgerichtes bzw. des Amtsgerichtes die Erlaubnis zu geben. Vorausgesetzt werden Zuverlässigkeit, geordnete Wirtschaftsführung, Sachkunde und Eignung sowie ein Mindestalter von 25 Jahren. Letzteres ist eine Sollvorschrift. Eine Gewerbeanmeldung ist jedoch nicht erforderlich.

Altenheime, Altenwohnheime, Pflegeheime und gleichartige Einrichtungen (Altenpensionen): Hierfür ist eine Erlaubnis der zuständigen Kreisverwaltungsbehörde erforderlich. Neben baulichen Mindestanforderungen und Ihrer Zuverlässigkeit haben Sie die ärztlichen oder gesundheitlichen Bedürfnisse der Bewohner und die Betreuung von Pflegebedürftigen zu sichern.

Reisegewerbe: Im Gegensatz zum bisher dargestellten „stehenden Gewerbe" gibt es auch das „Reisegewerbe". Ein solches betreiben Sie dann, wenn Sie gewerbsmäßig

- ➔ Waren feilbieten oder Bestellungen aufsuchen (vertreibt) oder ankaufen, Leistungen anbieten oder Betsellungen auf Leistungen aufsuchen oder
- ➔ unterhaltende Tätigkeiten als Schausteller oder nach Schaustellerart ausüben.

Der Charakter dieser Tätigkeit ist wie folgt beschrieben:

- ➔ gewerbsmäßig ohne vorhergehende Bestellung,
- ➔ außerhalb Ihrer gewerblichen Niederlassung oder ohne eine solche zu haben, das heißt gewissermaßen im Umherziehen.

Haben Sie das vor, benötigen Sie dafür eine Erlaubnis, die **Reisegewerbekarte**. Sie kann inhaltlich (z. B. auf den Vertrieb bestimmter Waren oder auf einzelne Gebiete – auch für das gesamte Bundesgebiet möglich –) beschränkt, befristet oder mit Auflagen verbunden werden. Sie haben dazu persönlich zuverlässig zu sein, nachgewiesen durch ein **polizeiliches Führungszeugnis** sowie einen **Auszug aus**

dem Gewerbezentralregister. Sie dürfen insbesondere nicht wegen eines Verbrechens oder bestimmter Vergehen vorbestraft sein. Bestimmte Waren und Dienstleistungen dürfen im Reisegewerbe nicht angeboten werden.

5.4 Ihre Behördengänge

Für alle **stehenden Gewerbe** besteht eine Anzeigepflicht (§ 14 GewO). Ihr selbständiges Reisegewerbe brauchen Sie also nicht gewerblich anzumelden. Der entsprechende Gesetzestext lautet:

„Wer den selbständigen Betrieb eines stehenden Gewerbes oder den Betrieb einer Zweigniederlassung oder einer unselbständigen Zweigstelle anfängt, muss dies der für den Betrieb zuständigen Behörde gleichzeitig anzeigen. Das Gleiche gilt, wenn

- der Betrieb verlegt wird,
- der Gegenstand des Gewerbes gewechselt oder auf Waren oder Leistungen ausgedehnt wird, die bei Gewerbetreibenden der angemeldeten Art nicht geschäftsüblich sind oder
- der Betrieb aufgegeben wird."

Melden Sie sich bei der Gemeinde an, die für Ihren Betriebssitz zuständig ist. Die Anzeige soll gleichzeitig mit der Aufnahme Ihrer Tätigkeit erfolgen, denn eine rückwirkende Anmeldung ist nicht möglich. Innerhalb von drei Tagen hat die zuständige Behörde den Eingang Ihrer Gewerbeanzeige zu bestätigen. Sie erhalten die Durchschrift – Ihren **Gewerbeschein.**

Die zuständige Gemeinde gibt weitere Durchschriften Ihrer Anmeldung an folgende Stellen:

- Statistisches Landesamt,
- Finanzamt,
- Gewerbeaufsichtsamt,
- Industrie- und Handelskammer,
- Handwerkskammer,
- Eichamt,
- eventuell Kreisverwaltungsbehörde,
- Bundesagentur für Arbeit,
- Deutsche Gesetzliche Unfallversicherung e. V. zur Weiterleitung an die zuständige Berufsgenossenschaft,
- Behörden der Zollverwaltung,
- eventuell Registergericht.

Mit der Gewerbeanzeige haben Sie die wichtigsten Formalitäten zu Ihrem Start erledigt. Beachten Sie jedoch:

Tipp

Vorsicht: Falls Sie längere Zeit keine Nachricht vom Finanzamt erhalten, melden Sie den Beginn Ihrer Tätigkeit selbst! Sofern es die Ländererlasse zur Gewerbeordnung nicht anders vorsehen, besteht nämlich auch eine steuerrechtliche Anmeldepflicht.

Ihre Pflicht ist es weiterhin, Ihren Betrieb innerhalb einer Woche nach Eröffnung bei der fachlich zuständigen **Berufsgenossenschaft** anzumelden. Auskunft über die Zuständigkeit erteilt Ihnen Ihr jeweiliger Landesverband der Berufsgenossenschaften.

Tipp

Falls Sie ein erlaubnispflichtiges Gewerbe ausüben wollen, wird üblicherweise bei der Gewerbeanmeldung die Vorlage ihrer Erlaubnis verlangt.

6 Öffentliche Finanzierungshilfen

6.1 Fördermittel als Gestaltungsinstrument des Staates

Staat, Land und Kommune, auch „öffentliche Hand" genannt, gestalten die Rahmenbedingungen für eine mehr oder weniger deutlich erklärte unternehmensfreundliche Wirtschaftspolitik. Dabei werden Schwerpunkte gesetzt wie das Schaffen zukunftsträchtiger Arbeitsplätze durch Innovationen und moderne Technologien, aber auch die Erhaltung und Pflege bereits angesiedelter Unternehmen oder Branchen.

Die Neuansiedlung von Unternehmen, die Förderung von Existenzgründungen, die Unterstützung für bestehende Betriebe, aber auch die Ansiedlung arbeitsplatzintensiverer Einheiten in strukturschwachen Gebieten sind dabei entscheidende Aufgaben der Politik. Nur so kann die Wirtschaftskraft als Basis für Wohlstand in den Regionen geschaffen und erhalten werden.

Dafür stellen Kommunen, Land, Bund und EU nicht unerhebliche Finanzmittel aus dem Steueraufkommen als Subventionen bereit, die indirekt und direkt den Gründern, Investoren und angesiedelten Unternehmen zugutekommen sollen. Nicht alle Branchen sind gleichermaßen begünstigt: Es geht um diejenigen, welche

- ➔ die größte Innovationskraft besitzen,
- ➔ die meisten qualifizierten Arbeitsplätze schaffen und
- ➔ keine Überkapazitäten aufweisen.

Wie „Überkapazitäten" oder „mangelnde Innovationskraft" definiert werden, bleibt oft intransparent und daher unberechenbar. Großprojekte hingegen, gleich in welcher Branche, werden oft separat betrachtet und nicht nach den gleichen Kriterien bewertet, denen sich der normale Mittelständler zu unterwerfen hat.

Daraus folgt: Fördermittel sind hochgradig politikabhängig und die Beurteilung der Motive, welche zum Anbieten der einzelnen Programme führen, sind zwar höchst ehrenhaft, müssen aber mit Ihren Vorstellungen als Gründer nicht zwingend übereinstimmen. Sie sind als Subventionen direkte oder indirekte Finanzhilfen.

Alle drei Begriffe haben sich mittlerweile im normalen Sprachgebrauch und in den Medien etabliert. Dabei hat sich eingebürgert, dass der Begriff **„Subventionen"** für größere Summen in Millionenhöhe und der Begriff **„Fördermittel"** für kleinere Summen verwendet werden.

Finanzhilfen gibt es dauerhaft, über einen bestimmten Zeitraum, wiederholt für bestimmte Maßnahmen oder als einmalige Unterstützung.

Indirekte Finanzhilfen fließen z. B. in

- ➔ die Erschließung und kostengünstige Bereitstellung von geeigneten Gewerbeflächen,
- ➔ gesenkte steuerliche und andere Kostenbelastungen (quersubventioniert) und in eine
- ➔ funktionierende Infrastruktur (verfügbare Fachkräfte, Energie, Telekommunikation, Verkehrswege).

Direkte finanzielle Förderungen stehen auch für Existenzgründer und Investitionsvorhaben bestehender Unternehmen zur Verfügung.

Dauerhafte oder befristete Subventionen kompensieren meist ein Finanzdefizit für Branchen und Unternehmen, die sich ohne Unterstützung mit den eigenen Erträgen am aktuellen Standort über längere Zeit – vor allem in Krisenzeiten – wirtschaftlich nicht halten könnten.

Einmalige Subventionen machen für Sie als eine Art „Willkommensprämie" die Ansiedlung an einem bestimmten Standort finanziell attraktiver:

- ➔ Eine subventionierte Grundstücks- oder Gebietserschließung – Sie sparen Erschließungs- und Grundstückserwerbskosten.
- ➔ Ein finanzieller Zuschuss oder vergünstigter Kredit für Ihre Erstinvestitionen in Neubau, Anschaffung, Installation sowie in Maschinen und Anlagen.
- ➔ Finanzielle Hilfen bei der Gewinnung und ggf. Qualifizierung der vor Ort notwendigen Fachkräfte (Kostenübernahme für Umschulung, Lohnkostenzuschüsse für die Einstellung von Arbeitslosen, Behinderten usw.)

Einmalige Subventionen werden in Einzelfällen auch zur Rettung von existenzbedrohten Großunternehmen gezahlt. Derartige Beihilfen bedürfen der Zustimmung der EU in jedem Einzelfall. Wettbewerbsverzerrungen zu Lasten gesunder Unternehmen sollen so verhindert werden.

Für kleine Unternehmen sind derartige finanzielle „Rettungsschirme" de facto kaum verfügbar. Bei Banken- und Finanzkrisen werden zuweilen zeitlich begrenzte Hilfen auch für den Mittelstand in Kraft gesetzt, der zur Vermeidung oder Reduzierung von Liquiditätsproblemen auf billigere Kredite zugreifen darf. Schrittweise werden Mikrokreditprogramme aufgelegt, z. B. der „Mikrokreditfonds Deutschland der Bundesregierung".

Eine staatliche Förderung kann es aber immer nur dann geben, wenn Mittel dafür vorhanden sind. Bedenken Sie das in Ihrem eigenen Unternehmen, wenn Sie zuweilen auf gewisse „Steuersparmodelle" stoßen.

6.2 Hilfen für Gründer und Jungunternehmer

Mit Fördermitteln für Gründer, Kleinunternehmen und den Mittelstand (KMU) werden drei Ziele verfolgt:

1. **Anschieben** unternehmerischer Aktivitäten, bis diese sich selbst tragen.
2. **Beschleunigen** verschiedener Geschäftsprozesse (z. B. Erschließung neuer Märkte, Investitionen, Erweiterungen, Stärken der Wettbewerbsfähigkeit)
3. **Stabilisieren** von Unternehmen in Krisensituationen (z. B. Krisen- und Restrukturierungsberatung)

Das maximal mögliche Fördervolumen pro Unternehmen in einem bestimmten Zeitraum wird von der EU über „de-minimis"-Regelungen nach oben begrenzt.

Definition

Beihilfen, die von einem Mitgliedstaat an ein Unternehmen vergeben werden und deren Betrag als geringfügig anzusehen ist, müssen von der EU nicht genehmigt werden. Sie heißen **De-minimis-Beihilfen** und stellen keine Wettbewerbsverzerrung innerhalb der EU dar. Viele Fördermittel für Gründer zählen dazu.

Die Vielfalt der Förderungen für Gründer ist im Laufe der Jahre fast unüberschaubar geworden, die geltenden Spielregeln (Gesetze, Richtlinien, Durchführungsverordnungen) sind meist kompliziert und oft in wenig verständlichem Deutsch gehalten. Beantragung und Bearbeitung von Fördermitteln sind selten anwenderfreundlich und transparent.

So wundert es nicht, dass Fördermittelberatung mittlerweile zu einer auskömmlichen Geschäftsidee wurde. Diese Dienstleistung kostet etwas, kann sich aber lohnen – vor allem, wenn es um EU-Mittel geht.

Gleichzeitig ist es sinnvoll, dass Sie sich selbst über geeignete Förderprogramme informieren. Vorzugsweise

- ➔ im Internet,
- ➔ an Sprechtagen der Kammern und der Förderbanken oder
- ➔ mit Hilfe individueller Beratungen durch Experten.

Neben Unternehmens- und Steuerberatern bieten qualifizierte Mitarbeiter in den Wirtschaftskammern ihren Mitgliedern, aber auch Gründern, Beratungsdienste an. Sie empfehlen geeignete Instrumente und helfen bei der Beantragung.

Da nur selten ausreichend Kapital für ein geplantes Geschäft zur Verfügung steht, ist zusätzliches Geld vom Staat oft notwendig. Beachten Sie trotzdem diese Hinweise:

➔ Entscheiden Sie sich niemals für Ihre Gründung ausschließlich wegen der verfügbaren Fördertöpfe. Eine schlechte Geschäftsidee wird auch mit mehr Geld nicht besser!
➔ Fördermittel können niemals den laufenden Kapitalbedarf in Ihrem Unternehmen decken, weder für Investitionen noch für notwendige Betriebsmittel.
➔ Öffentliches Geld ist als „Vitaminspritze" konzipiert. Es soll beleben und beschleunigen – mehr kann es auch nicht.
➔ Selbst in Krisensituationen dürfen Sie nicht auf Dauer existenziell von Förderungen abhängig sein – im Normalgeschäft muss es langfristig auch ohne Fördermittel gehen.

6.3 Auswirkungen auf Ihr Unternehmen

Setzen Sie öffentliche Mittel ein, sind eine Anzahl **positiver Wirkungen** damit verbunden:

➔ Das Stärken Ihrer Eigenkapitalbasis mit der Folge
  – verbesserter Bonität und damit attraktiverer Kreditkonditionen,
  – einer günstigeren Position bei der Beschaffung von Fremdkapital und
  – einer stärkeren Verhandlungsbasis mit Lieferanten.
➔ Die schnellere Finanzierung besonders dringender Investitionen.
➔ Die erste erfolgreiche Bewertung Ihres Geschäftsmodells durch Dritte.
➔ Die steigende Wertschätzung durch Geschäfts-und Finanzierungspartner.
➔ Zugriff auf etablierte und seriöse Netzwerke von Finanzierungs- und Beratungspartnern und anderen Gründern mit gleichgelagerten Erfahrungen.

Fördermittel werden in der Regel professionell vermarktet und offensiv angeboten. Dabei entfalten sie durchaus auch unangenehme Nebenwirkungen für den Empfänger:

So existiert eine aufwändige **Antrags- und Abrechnungsbürokratie** – und das nicht nur in der EU. In Thüringen gibt es zwar im Bereich der Außenwirtschaftsförderung schon Fortschritte, aber im Bund und in den meisten Ländern versuchen die Geldgeber, Ministerien und Projektträger immer noch zu selten, einfache, verständliche Beantragungs- und Abrechnungsregeln zu definieren und in Richtlinien festzuschreiben.

Mancher Unternehmer verweigert daher die Inanspruchnahme einer Hilfe, wenn sich die Beantragung als zu aufwändig erweist – die Programme bleiben ungenutzte „Chancen auf Papier". Nutzen Sie deshalb z. B. die IHK-Experten als „Übersetzer" beim Verstehen von Fördermittelrichtlinien und -anträgen.

Als Gründer wie als Unternehmer lassen Sie sich mit Fördermitteln auch auf **Risiken** ein:

1. Sie haben sich auf die rechtzeitige Bereitstellung erhoffter, beantragter oder auch schon zugesagter Finanzmittel verlassen.
2. Keinesfalls darf Ihr Konzept der Fördermittelverwendung so aussehen, dass Ihre Existenz davon abhängt. Bei nicht rechtzeitigem Bereitstellen – trotz fristgemäßer Beantragung – muss eine teure Zwischenfinanzierung her. Die vorzeitige Beendigung von Fördermittelprogrammen (z. B. infolge eines Regierungswechsels im Bundesland) kann ebenfalls Finanzquellen versiegen lassen. „Haushaltssperren", ausgeschöpfte Fördertöpfe (mehr Anträge als Finanzmittel) oder schleppende Bearbeitung in Ministerien oder bei den Förderinstitutionen sind keineswegs seltene Faktoren, die die Fördermittelauszahlung um viele Monate verzögern oder sogar scheitern lassen.
3. Sie konnten die mit den Fördermitteln verbundenen Bedingungen und Auflagen (z. B. Neuschaffung und Erhaltung einer bestimmten Zahl von Arbeitsplätzen innerhalb des gesamten vereinbarten Zeitraums (manchmal fünf bis zehn Jahre!) nicht einhalten.
4. In diesem Fall drohen Ihnen verbindliche Rückzahlungen, die der Fördermittelgeber in der Regel auch einklagen wird, weil er dazu gesetzlich verpflichtet ist.

> **Tipp**
>
> Wägen Sie sorgfältig ab, ob die Fördermittel, einschließlich der Beantragungsbürokratie und der umfangreichen Genehmigungsbedingungen, tatsächlich mehr Nutzen bringen als die reine Konzentration aufs Geschäft oder interne bzw. bankübliche Lösungsvarianten.

Schalten Sie Ihren gesunden Menschenverstand nicht aus und arbeiten Sie den „Beipackzettel" der angestrebten Förderung (Fördermittelrichtlinien und AGB, z. B. von geförderten Darlehensverträgen) penibel durch. Lassen Sie sich von neutralen Partnern beraten. Achten Sie besonders auf Bedingungen und Einschränkungen bei:

- ➔ Finanzierungskosten,
- ➔ Verwendungszwecken und Verwendungsnachweisen,
- ➔ Abrechungszeiträumen,
- ➔ Berichtsaufwand und
- ➔ speziellen Bindungen, z. B. an die Zahl der Arbeitsplätze.

Wenn alles gründlich studiert wurde und Risiken sowie Nebenwirkungen in einem akzeptablen Verhältnis zum erwünschten Ergebnis stehen, leiten Sie die Beantragung der Fördermittel ein.

6.4 Wie Sie an Fördermitteln gelangen

Die Einsatzmöglichkeiten von Fördermitteln haben sich den letzten Jahren deutlich erweitert. Heute dürfen Sie eingesetzt werden für:

- ➔ Investitionen,
- ➔ Erwerb und Übernahme eines Unternehmens,
- ➔ Beratung für Gründung, Ausbau, Sicherung, Krise, Nachfolge (Coachingprogramme),
- ➔ Personalkosten (z. B. Schulung, Weiterbildung, Einstellung von Absolventen oder Arbeitslosen),
- ➔ Forschungsvorhaben und Kooperationen,
- ➔ Netzwerke und Verbünde zwischen Unternehmen und Forschungseinrichtungen zur technologischen Kooperation,
- ➔ Vertriebsinstrumente (z. B. Messeteilnahme),
- ➔ Betriebsmittel.

Trotzdem: Die Bewilligung der Mittel hängt selten von Ihren Vorstellungen ab. Nach wie vor stehen fast ausschließlich Investitionen im Mittelpunkt der meisten Hilfen.

Dabei lässt der Name der Programme kaum Rückschlüsse zu, worum es wirklich geht. Dazu das Beispiel Thüringen:

Beispiel

Der „Existenzgründerpass" hat keine Ausweis-Funktion, sondern funktioniert wie eine Art Gutscheinheft. Beim „KfW-Startgeld" wird dem Gründer kein Startgeld wie beim Sport ausgezahlt, sondern ein zinssubventionierter Kredit angeboten. Das „Einstiegsgeld" dagegen zahlt die ARGE als monatlichen Zuschuss an Existenzgründer, die aus der Arbeitslosigkeit heraus gründen. Der Programmtitel „EXIST III" wiederum lässt nicht vermuten, dass damit ein Jahr lang Lebenshaltungskosten für innovative Gründer aus Hochschulen so bezuschusst werden, dass man davon leben kann. Die „Existenzgründungshilfe" der GfAW (Gesellschaft für Arbeits- und Wirtschaftsförderung) trägt den beabsichtigten Zweck schon im Titel ebenso wie die „Richtlinie zur Förderung der Außenwirtschaft" oder das „Mikrodarlehen" für Gründer und Kleinunternehmen.

6.4.1 Grundprinzipien

Bevor Sie sich für einzelne Bundes- oder Länderprogramme interessieren und Ihre Recherchen beginnen, bedarf es einiger Kenntnisse über die Förderprinzipien, die Sie zu beachten haben.

■ Antragstellung über die Hausbank (Hausbankprinzip)

Das Einbeziehen von Fördermitteln in die Finanzierung Ihres Gründungsvorhabens ist ohne die Dienstleistung einer Bank nicht realisierbar. Nicht nur, dass das von Ihnen gewählte Kreditinstitut eine Hilfestellung bei der Gesamtfinanzierung leistet – der Antrag bei der zuständigen Bewilligungsstelle hat über die Hausbank zu erfolgen.

Bei einigen Zuschüssen (zum Beispiel für eine Gründung aus der Arbeitslosigkeit) müssen Sie keine Hausbank einbinden.

■ Zeitpunkt der Antragstellung (Vorbeginnsklausel)

Zum Zeitpunkt der Beantragung der Mittel dürfen Sie mit dem zu fördernden Vorhaben **noch nicht begonnen haben.** Nahezu alle öffentlichen Förderprogramme setzen das voraus, obwohl mittlerweile bestimmte Ausnahmen zugelassen sind. Das bedeutet für Sie:

Im ersten Schritt die Fördermittel beantragen und erst im zweiten Schritt Verträge abschließen, Baumaßnahmen beginnen, Personal einstellen und Bestellungen für Maschinen, Waren und Material auslösen.

Die **Anmeldung Ihres Gewerbes** oder Ihrer **freiberuflichen Tätigkeit** ist unschädlich. Beachten Sie aber länderspezifische Regelungen bei der Gründung aus der Arbeitslosigkeit. Sie dürfen keine „wesentlichen wirtschaftlichen Verpflichtungen" eingegangen sein. Besprechen Sie den Zeitpunkt unbedingt mit Ihrer Bank!

Das Genehmigungsverfahren dauert zuweilen mehrere Monate. Unterschätzen Sie diese Zeitspanne nicht! Für die Bewilligung gibt es zudem keine Gewähr. Und wenn bewilligt wird, dann nicht unbedingt in der beantragten Größenordnung. Das hat schon häufig zu akuten Zahlungsschwierigkeiten junger Unternehmen geführt.

■ Kein Rechtsanspruch

Über Ihren Antrag entscheidet ausschließlich die bewilligende Einrichtung. Häufig ist das die Kreditanstalt für Wiederaufbau (KfW) oder der jeweils beauftragte Projektträger. Nach einer Ablehnung bleibt Ihnen lediglich die Möglichkeit des Einspruchs, jedoch ohne Einschaltung des Rechtsweges.

Machen Sie sich bewusst, dass Sie keinen Rechtsanspruch auf die Zuteilung von Fördermitteln besitzen! Selbst wenn Ihr Vorhaben nach umfangreicher Prüfung, auch durch neutrale Gutachter, die spezifischen Voraussetzungen eines bestimmten Förderprogrammes erfüllt – dieser Anspruch ist nicht einzuklagen (Ausnahmen in einzelnen Bundesländern erfragen Sie bitte zeitnah bei den örtlichen Beratungsstellen).

Die wunderbaren Berechnungen, die Ihnen eifrige Berater anlässlich unterschiedlichster Veranstaltungen aufs Papier zaubern, bedeuten noch lange nicht, dass Sie einen einzigen Euro davon wirklich sehen werden.

■ Anteilsfinanzierung durch den Antragsteller

Bei nahezu allen Förderprogrammen haben Sie sich als Gründer oder aktiver Unternehmer an der Finanzierung Ihres geplanten Vorhabens durch **eigene Mittel** zu beteiligen. Hintergedanke ist, dass Sie bereit sind, ein Mindestmaß an eigenem Risiko zu übernehmen. Nur dann wird gefördert. Als Eigenmittel zählen sowohl Bargeld als auch Sachwerte, beispielsweise Ihr Haus, Ihr Pkw oder die vorhandene Ausstattung.

Für die Höhe Ihrer Eigenmittel gelten keine einheitlichen Vorschriften. Häufig ist sie programmspezifisch festgelegt oder als Orientierung angegeben.

■ Banküblıche Besicherung

Einen Kredit ohne die entsprechende Sicherheit gibt es kaum. Das gilt für Fördergeld genauso wie für herkömmliche Bankkredite. Denn die Bank, die Ihre Mittel beantragt, ist der Schuldner gegenüber den mittelverwaltenden Banken, zum Beispiel der Kreditanstalt für Wiederaufbau (KfW). Sind Sie zahlungsunfähig, bevor beispielsweise Ihr KfW-Kredit in Höhe von 100.000 Euro getilgt ist, hat Ihre Hausbank den Rest- oder gar den Gesamtbetrag an die KfW zurückzuzahlen. Ein Trost für Ihre Hausbank, wenn sie die Schulden aus der Insolvenzmasse Ihres Unternehmens abdecken kann. Das gelingt jedoch nur selten.

Als Sicherheit für Förderkredite gilt ebenfalls das, was im Kapitel I, Abschnitt 3.6 beschrieben ist.

Stehen Ihnen keine ausreichenden Sicherheiten zur Verfügung, übernehmen vielleicht Kreditgarantiegemeinschaften oder spezielle Banken die Bürgschaft für Ihre Kredite. Das ist von der genauen Prüfung Ihres Falles abhängig.

Solche Einrichtungen sind in jedem Bundesland vorhanden, zum Beispiel in Bayern die Bayerische Landesanstalt für Aufbaufinanzierungen – LfA. Sie übernimmt die Ausfallbürgschaften für kleine und mittlere Unternehmen sowie für Angehörige freier Berufe. Einzelne Garantiegemeinschaften übernehmen Bürgschaften in bestimmten Wirtschaftszweigen, beispielsweise in Handel, Verkehr oder Handwerk. Auch der Bund übernimmt Ausfallbürgschaften bei bedeutsamen Investitionsvorhaben.

Für öffentliche Bürgschaften haben Sie mit zusätzlichen Finanzierungskosten von etwa ein bis zwei Prozent des beantragten Bürgschaftsbetrages zu rechnen. Das sind die Kosten für Bearbeitungsgebühren oder Provisionen.

■ Zweckgebundener Mitteleinsatz

Alle Förderprogramme haben einen bestimmten **Zuwendungszweck**. Für den Existenzgründungsbereich sind sie überwiegend auf die Mitfinanzierung von Investitionen ausgerichtet. Das erste Warenlager zählt in diesem Fall als „förderfähige Investition".

Allerdings ist der größte Teil Ihrer Anlaufkosten nur bedingt förderfähig. Diese Einschränkung dürfen Sie nicht übersehen. Im Rahmen Ihrer Liquiditätsplanung sollten Sie deshalb über die Finanzierung der laufenden Kosten und die Vorfinanzierung von Investitionen besonders gründliche Überlegungen anstellen. Ihre scheinbar gute Idee, Finanzierungsdefizite mit anderweitig bewilligten Fördermitteln stopfen zu wollen, führt meist zu unangenehmen Konsequenzen.

■ Förderung tragfähiger Vollexistenzen

Die öffentlichen Finanzierungshilfen haben das Ziel, die gewerbliche Wirtschaft und die Ausübung freier Berufe nachhaltig zu fördern. Das trifft nur zu, wenn das Gründungsvorhaben „hauptberuflich" durchgeführt wird, also Ihren Lebensunterhalt als Unternehmer überwiegend sichert. Nebenberufliche Unternehmungen werden nur in Ausnahmefällen gefördert.

Allerdings ist es schwierig, eine solche **tragfähige Vollexistenz** zu definieren.

Die Bundesagentur für Arbeit geht davon aus, dass Sie als Gründer für ein tragfähiges Unternehmen mindestens 18 Stunden pro Woche arbeiten. Ihr monatliches Bruttoeinkommen sollte auf Dauer mindestens zwei Drittel der Bezüge abhängig Beschäftigter erreichen.

■ Kombinationsmöglichkeit (Kumulation)

Teilweise ist es erlaubt, bestimmte Förderprogramme für Investitionsmaßnahmen kumulativ, d. h. anhäufend oder ergänzend, zu nutzen. Finanzieren Sie beispielsweise Ihre EDV-Ausstattung, dürfen Sie in bestimmten Regionen Zuschüsse und Landesdarlehen beantragen. Es ist für Sie jedoch nahezu unmöglich, diese Kombinationsvarianten selbst zu überblicken. Das liegt daran, dass Sie zusätzlich Bemessungsgrenzen, Höchstwerte und die Art der geförderten Maßnahmen zu beachten haben. Da Ihr Vorhaben nur bis zu einem festgelegten Subventionshöchstwert bezuschusst wird, ist auch diese Obergrenze zu beachten.

Bei der Zusammenstellung Ihrer Förderungen kommen Sie demzufolge ohne Hilfe nicht aus; nutzen Sie das Fachwissen Ihrer Hausbank oder sachkundiger Berater.

■ Steuerliche Auswirkungen

Neben den teilweise erheblichen Finanzierungskosten für den Einsatz von Fremdkapital übersehen Gründer häufig die steuerlichen Auswirkungen der Fördermittel. In der Beratung wird selten darauf hingewiesen.

So sind **Zuschüsse** für Investitionen sowohl in der Handelsbilanz als auch in der Steuerbilanz zu berücksichtigen. Auch bedingt rückzahlbare **Zuwendungen** sind als außerordentlicher Ertrag zu buchen. Zahlen Sie zurück, wird dies als außerordentlicher Aufwand erfasst. Die **Investitionszulage** in den neuen Bundesländern wiederum ist steuerfrei. Und wird die öffentliche Finanzierungshilfe als **zinsgünstiges Darlehen** gewährt, liegt der Fördereffekt im Subventionswert oder im Vorteil der verbilligten Zinskosten. Dieser Vorteil ist gewerbesteuerpflichtig.

Die steuerlichen Auswirkungen sind von Ihnen schwer zu überschauen. Häufig sind die Vor- und Nachteile verschiedener Finanzierungsvarianten sorgfältig abzuwägen. Konsultieren Sie deshalb Ihren Steuerberater.

6.4.2 Formen

Vielfalt oder Wirrwarr? Allein im Freistaat Thüringen gelten sechs verschiedene Zuschussprogramme für Existenzgründungswillige aus der Arbeitslosigkeit, differenziert nach ALGI- und ALGII-Empfängern, und vier Kreditprogramme für Gründungen aus Hochschulen für Absolventen und Wissenschaftler.

Insgesamt stehen Sie vor einem riesigen Regal von Förderangeboten. Schauen Sie sich immer den Programminhalt an und nicht nur die Verpackung; hier die wichtigsten Formen:

- ➔ **Zuschüsse** sind am hilfreichsten, denn die Mittel sind von Ihnen nicht zurückzuzahlen. Das Geld wird auf Ihr Konto überwiesen – abhängig vom Programm entweder zu Vorhabensbeginn oder nach Abschluss der geförderten Maßnahme.
- ➔ **Zulagen** für Investitionen sind gleichfalls attraktiv für Sie. Sie sind rückwirkend zu beantragen, d. h. nach Durchführung Ihrer geförderten Maßnahme. Sie sind von Ihnen vorzufinanzieren, brauchen jedoch ebenfalls nicht zurückgezahlt zu werden.
- ➔ **Zuwendungen** finden Sie vorwiegend bei der Förderung von Forschungs- und Entwicklungsvorhaben. Diese Mittel haben Sie nur dann zurückzuzahlen, wenn Sie Ihre geförderten Produkte oder Leistungen erfolgreich vermarktet haben. Es sind „bedingt rückzahlbare Zuwendungen“. Die Antragsverfahren sind meist besonders kompliziert.
- ➔ **Zinsvergünstigungen** gewährt die öffentliche Hand bei Darlehen verschiedenster Art, z. B. bei Kapitalbeteiligungen. Sie mindern die von Ihnen zu finanzierenden Zinskosten und Bearbeitungsgebühren. Sie erhalten dadurch ei-

nen Vorteil gegenüber anderen Darlehen mit marktüblichen Zinsen. Meist liegt die Differenz zwischen zwei und drei Prozent.

- ➔ **Steuerliche Hilfen** bemerken Sie zunächst nur „auf dem Papier", d. h. in Ihrer Buchführung. Sie bekommen kein Geld, aber Ihr Unternehmen wird steuerlich entlastet. Dadurch führen Sie weniger Steuern an den Staat ab. Die zu versteuernden Einnahmen sind von Ihrem Unternehmen zunächst jedoch zu erwirtschaften.
- ➔ **Bürgschaftsbanken** können Ihnen helfen, wenn es an Sicherheiten fehlt. Es gibt sie in allen Bundesländern. Bei Ausfall des Kapitaldienstes übernehmen diese einen Betrag von bis zu 80 Prozent der Darlehenssumme gegenüber der Hausbank als **Bürgschaft**. Das hat jedoch nichts mit der Haftungsfreistellung zu tun, die der Staat der Hausbank Ihnen gegenüber einräumt.

6.4.3 Wo Sie Ihren Antrag stellen

Die Anträge werden über Ihre Hausbank bei den Förderinstitutionen der EU, des Bundes und der Länder gestellt:

- ➔ KfW (Kreditanstalt für Wiederaufbau) und beauftragte Projektträger wie z. B. die Privatbanken,
- ➔ Förderbanken des jeweiligen Bundeslandes,
- ➔ Kammern (IHK, HWK) als beauftragte Projektträger z. B. bei Existenzgründerpässen, Messe- und Exportförderung,
- ➔ Auslandshandelskammern – nur für Außenwirtschaftsförderung und genehmigte Projekte, wie branchenbezogene Markterkundungsreisen,
- ➔ Beratungsunternehmen als beauftragte Projektträger,
- ➔ Finanzämter – gilt nur für die Investitionszulage in den neuen Bundesländern.

Selbst wenn Ihr Antrag nur über die Hausbank gestellt werden kann, empfiehlt es sich oft, vorher mit den genannten Antragsempfängern über Ihr Projekt zu sprechen und deren Ratschläge aufmerksam anzuhören.

6.4.4 Ihr eigener Beitrag zum Erfolg

Trotz aller Vorschriften und Regeln können Sie selbst einiges dazu beitragen, dass Ihre finanzielle Förderung kurz- und langfristig Nutzen bringt:

- ➔ Recherchieren Sie vor Beginn des Vorhabens gründlich (Fördermittelanalyse)
- ➔ Stellen Sie eine eigene Bedarfs- und Aufwandsbetrachtung an:
  - Wofür genau brauche ich Fördermittel?
  - Wie viel Bürokratie muss ich bewältigen, um sie zu erhalten und später abzurechnen? Welche Dokumente muss ich einreichen?
  - Benötige ich ein gesondertes Abrechnungssystem?
  - Welchen Dokumentationsaufwand muss und sollte ich betreiben und über welchen Zeitraum?

- Muss ich Sicherheiten hinterlegen, falls ja, welche?
- Welche Haftungsrisiken entstehen für das Unternehmen und ggf. für meine persönliche und familiäre Existenz?
- Wie viel Fördergeld kann ich maximal erhalten?

➔ Beachten Sie die Fristen für die Beantragung, die Auszahlung und die Abrechnung.

➔ Sichern Sie Ihre finanziellen Eigenanteile oder Vorfinanzierungen ab. Vor allem, wenn die Fördermittelauszahlung erst sehr spät erfolgt (z. B. nach bis zu zwei Jahren).

➔ Reichen Sie alle Dokumente vollständig und rechtzeitig ein.

➔ Bekommen Sie die Bewilligung, dokumentieren Sie alles, denn Kontrollen und aufwändige Tiefenprüfungen erfolgen oft nach mehreren Jahren rückwirkend.

6.4.5 Todsünden einer Förderung

Selbst wenn alles für Sie sehr günstig aussieht, sollten Sie jeden der drei folgenden Kardinalfehler vermeiden, weil das nicht nur zum Ende Ihres Unternehmens, sondern auch zu weitreichenden juristischen Konsequenzen auf Lebenszeit führen kann:

➔ **Das Vorhaben wird nur wegen der zu erwartenden Fördergelder durchgeführt.**
Bedenken Sie: Geld verändert keine schiefe Ausgangslage; es führt nur zur Verlängerung des Siechtums eines Projektes.

➔ **Das Vorhaben wurde bereits begonnen.**
D. h. viele Ihrer angestellten Berechnungen bleiben Theorie und Sie auf Ihren Vorkosten sitzen.

➔ **Sie haben falsche Angaben gemacht und das ist Subventionsbetrug.**
D. h., wer

- einer für die Bewilligung einer Subvention zuständigen Behörde oder einer anderen in das Subventionsverfahren eingeschalteten Stelle (z. B. IHK, HWK) oder Person über subventionserhebliche Tatsachen für sich oder einen anderen unrichtige Angaben macht, die für ihn vorteilhaft sind,
- den Subventionsgeber entgegen der Rechtsvorschriften über die Subventionsvergabe bezüglich subventionserheblicher Tatsachen in Unkenntnis lässt,
- in einem Subventionsverfahren eine durch unrichtige oder unvollständige Angaben erlangte Bescheinigung über eine Subventionsberechtigung oder über subventionserhebliche Tatsachen gebraucht,

wird nach § 264, Absatz 1, Strafgesetzbuch mit Freiheitsstrafe bis zu fünf Jahren oder mit Geldstrafe belegt.

Obwohl es zuweilen so aussieht, als sei nur mit unlauteren Methoden das große Geld zu verdienen, währt ehrlich doch am längsten. Das ist auch im Bereich der staatlichen Förderhilfen so.

6.5 Finanzierungsbeispiel

Herr Klaus Görting, 42 Jahre alt, bisher über viele Jahre als Arbeitnehmer in einer Druckerei beschäftigt, hat mit seiner Frau des Öfteren über seinen Wunsch nach beruflicher Selbständigkeit gesprochen. Fachlich, kaufmännisch und von seiner Persönlichkeit her hat er alle Voraussetzungen, Unternehmer zu werden.

Bei einem Gespräch in seinem Sportverein erfährt Herr Görting, dass im benachbarten Braunlage für den Inhaber der Papier GmbH aus Altersgründen ein Nachfolger gesucht wird. Nach mehreren Verhandlungen einigt er sich mit dem bisherigen Eigentümer auf die Bedingungen zur Übernahme. Fünf der Arbeitnehmer sollen weiterbeschäftigt werden. Obwohl die Papier GmbH bisher zufriedenstellend mit Aufträgen versorgt war, sieht der zukünftige Besitzer doch die Notwendigkeit von Investitionen im Fertigungsbereich. Die Sanierung der Bausubstanz ist ebenfalls erforderlich. Herr Görting ermittelt folgenden Finanzbedarf:

Finanzbedarf für die Übernahme der Papier GmbH	
Grundstückskauf	*76.000 €*
Gebäudekauf	*50.000 €*
Übernahme von Maschinen	*100.000 €*
Falzautomat	*30.000 €*
Flachbettstanze	*20.000 €*
Verpackungsautomat	*20.000 €*
Bausanierung und Installationsarbeiten	*8.000 €*
Büroausstattung	*8.000 €*
Aufstockung des Warenlagers	*5.000 €*
Betriebsmittelbedarf	*5.000 €*
Summe	*322.000 €*

Herr Görting hat sich mit seiner Frau über die Verwendung von 40.000 Euro Barguthaben als Eigenkapital verständigt. Nach einer Beratung mit der zuständigen IHK wird von ihm folgender Finanzierungsvorschlag in das Übernahmekonzept eingearbeitet:

Finanzierungsplan – Variante 1	
Eigenkapital	*40.000 €*
Landesdarlehen	*121.000 €*
Unternehmenskredit KfW	*156.000 €*
Unternehmenskredit Betriebsmittel	*5.000 €*
Summe	*322.000 €*

Finanzierungskosten: Gebühren und Zinsen 47.000 Euro aus öffentlichen Darlehen; zusätzlich Refinanzierung Hausbankkredit.

Hätte Herr Görting das gleiche Vorhaben im wenige Kilometer entfernten Wernigerode realisiert, wäre folgender Finanzierungsplan entstanden:

Finanzierungsplan – Variante 2	
Eigenkapital	*40.000 €*
Investitionszulage	*20.500 €*
GA-Förderung (gemäß Rahmenplan)	*122.300 €*
Unternehmenskredit KfW	*42.950 €*
Unternehmenskredit Betriebsmittel	*5.000 €*
ERP-Programme	*91.250 €*
Summe	*322.000 €*

Finanzierungskosten: Gebühren und Zinsen 20.000 Euro aus öffentlichen Darlehen; zusätzlich Refinanzierung Hausbankkredit.

Wenn Herr Görting seine Investitionen in Wernigerode realisiert, bekommt er 20.500 Euro Investitionszulage vom Finanzamt zurück. Die Investitionszulage muss jedoch vorfinanziert werden; dadurch ergeben sich zusätzliche Finanzierungskosten.

Das Beispiel verdeutlicht die Kombination verschiedener Programme. Gleichzeitig zeigt es, dass Sie bei Ihrem eigenen Vorhaben stets darauf bedacht sein sollten, eine optimale Finanzierungsstruktur zu erreichen. Zuweilen ist die Standortentscheidung auch aus Fördersicht ein wichtiger Finanzierungsfaktor.

KAPITEL II

Erarbeiten Ihres Unternehmens-konzeptes/Businessplans

1 Warum überhaupt ein Konzept?

Sie haben im vorangegangenen Kapitel wesentliche Rahmenbedingungen für die Gründung Ihres Unternehmens kennen gelernt sowie Ihre unternehmerischen Voraussetzungen analysiert. Sie haben Lust, es nun auszuprobieren: Ihre Geschäftsidee samt Alternativen erscheint vielversprechend. Aber diese Annahme allein bietet keine sichere Grundlage für den Start Ihres Unternehmens. Sie wissen nicht genau, ob sich Ihre Idee tatsächlich „rechnet", haben keine konkreten Vorstellungen über eine Reihe von Details, so zum tatsächlichen Finanzbedarf, zur genauen Verteilung der Kosten, zum erreichbaren wirtschaftlichen Ergebnis. Darüber hinaus sind Ihre Informationen zur Marktsituation, zur Qualität Ihres Standortes und zur Art des Einstiegs in den Markt unzureichend. Bevor Sie aber Ihre Unternehmensgründung auf den Weg bringen, brauchen Sie über diese Fragen ein Höchstmaß an Gewissheit.

Der beste Weg zu einer realistischen Entscheidungsgrundlage ist ein ausführliches Unternehmenskonzept – Ihr **Businessplan**. Dieses Papier wird in erster Linie Antwort auf die Frage geben: Hat meine Idee Aussicht auf wirtschaftlichen Erfolg? Erst wenn die Antwort positiv ausfällt, ist der Beginn des Vorhabens vernünftigerweise zu empfehlen. Auf dem Feld der Selbständigkeit führt das ausschließliche Handeln nach dem Prinzip „learning by doing" fast mit Sicherheit zur Katastrophe. Zwingen Sie sich dazu, mit größter Sorgfalt und Ausdauer alle Informationen zusammenzutragen und zu verarbeiten – denken Sie vor, wägen Sie ab. Jede auch nur im Ansatz gelöste Schwierigkeit in der Planungsphase schafft Ihnen Spielräume für später, nachdem Sie Ihr Unternehmen gestartet haben. Übrigens ist auch für spätere Entwicklungen, zum Beispiel bei größeren Investitionen, dem Eintritt von weiteren Gesellschaftern oder der Ausdehnung Ihres Betriebes, immer wieder eine gründliche planerische Arbeit vonnöten.

Eine weitere wichtige Aufgabe Ihres Konzeptes besteht darin, als Argumentationsmaterial für Verhandlungen, zum Beispiel mit dem Fremdkapitalgeber, zu dienen. Ohne eine präsentable Grundlage für Ihr erstes Bankgespräch sind Ihre Erfolgsaussichten, einen geeigneten Finanzierungspartner zu finden, nämlich äußerst gering. Berücksichtigen Sie jedoch, dass die Priorität beim Erarbeiten Ihrer Unterlagen darin liegt, Ihre Chancen rechenbar zu machen. Trotz der unbestritten großen Bedeutung dieses Papiers für das Bankgespräch darf diese Funktion nicht zum Selbstzweck geraten. Die Folge sind einseitige Denkansätze, unzureichende Zielsetzungen und damit falsche unternehmerische Entscheidungen.

Typische Konsequenz einer solchen Zielverschiebung ist das völlige Übertragen der konzeptionellen Gründungsvorbereitung auf einen Berater. Sicherlich benötigen Sie in dieser Phase Rat und Hilfe von geeigneten Fachleuten. Wichtigste Regel ist jedoch, dass jede Information, jeder Zusammenhang und jede Schlussfolgerung in Ihrem Unternehmenskonzept durch Ihren eigenen Kopf muss (Selbstqualifizierungsaspekt). Wählen Sie den bequemen Weg, alles „im Paket“ zu kaufen, wird Ihnen Ihr eigenes Konzept stets fremd bleiben. Kämpfen Sie sich selbst durch die oft unüberwindlich scheinenden Entscheidungsfelder, gewinnen Sie Wissen und Erfahrung. Diese Kompetenz kommt Ihnen nicht nur in den zu führenden Verhandlungen mit Banken, Vermietern, Lieferanten, Kunden und Mitarbeitern zugute, sie bildet auch die Basis für Ihre künftigen unternehmerischen Entschlüsse. Ihr Businessplan hilft Ihnen so auch während der Realisierungsphase, dient als Steuerungsinstrument.

Negativbeispiel: Ertragsvorschau[1]

Art des Betriebes: Quelle-Agentur sowie Handel mit Büchern und Schreibwaren

Berechnung der Wirtschaftlichkeit

	1.6.-31.12.99	**2000**	**2001**
1. Umsatz Quelle	71.000	180.000	180.000
2. Umsatz Bücher, Schreibw. netto	32.000	56.000	56.000
	103.000	236.000	236.000
3. Wareneinsatz zu 1.	63.900	162.000	162.000
4. Wareneinsatz zu 2.	22.400	39.200	39.200
5. Porto, Telefon	320	520	520
6. Stromgeld	650	1.000	1.000
7. Reinigung	350	600	600
8. Kleinausgaben	150	300	300
9. Zinsen	520	1.200	1.300
10. Vergütung	10.500	21.600	21.600
Rohgewinn vor Steuern	4.210	9.580	9.480

Dem Betriebsinhaber wird empfohlen, die monatliche Entnahmesumme für die ersten 3 Jahre auf maximal 1,8 TDM zu begrenzen bzw. der Umsatzentwicklung anzupassen.
Es wird empfohlen, für die Anfangsfinanzierung einen kurzfristigen Kredit - 5 Jahre - bereitzustellen. Die Höhe ist nach Feststehen des Grundsortiments zu konkretisieren.
Für das lfd. Geschäftskonto ist ein Dispositionskredit zu beantragen.
Der Bankkredit ist mit der Bank nach den gesetzlichen Bestimmungen abzuschließen.

, den 16.2.1999

Gehen Sie also beim Setzen Ihrer Prioritäten von den folgenden vier Funktionen Ihres Unternehmenskonzeptes aus:

1 Aus Gründen der Authentizität wurden Fehler nicht korrigiert und die Beträge in DM belassen.

Die vier Funktionen Ihres Businessplanes

1. Prüfen auf wirtschaftliche **Tragfähigkeit** (Entscheidungsbasis)
2. **Selbstqualifizierung** am konkreten Projekt
3. Instrument zur **Verhandlung** mit Banken, Partnern, Lieferanten und Kunden
4. Leitfaden zur Umsetzung der Idee und Ausgangsbasis für die **Unternehmenssteuerung**

Wir stellen Ihnen den möglichen Aufbau eines Unternehmenskonzeptes, einer kompletten Gründungsplanung, vor. Betrachten Sie diese Hinweise als Anregung, die auf vielen erprobten und erfolgreichen Konzepten beruht. Einiges ist durchaus anders gestaltbar, und die einzelnen Fremdkapitalgeber haben meist ihre eigenen Unterlagen, die sie dem Gründungswilligen gern zur Verfügung stellen. Oft sind die dort geforderten Informationen sehr stark auf die Finanzierungsseite ausgelegt und erwecken dadurch den Eindruck, dass Markt- und Standortfragen oder die Mitarbeiterplanung, um nur zwei Beispiele zu nennen, von geringerer Bedeutung sind. Vereinzelt erwartet die Bank „nur eine Ertragsvorschau“, was leicht zu der irrigen Annahme führt, dass es sich dabei um leicht zu beschaffende Informationen handelt, die man „über den Daumen peilt“. Ein schlechtes Beispiel dafür finden Sie auf der vorherigen Seite.

Wir empfehlen Ihnen eine umfassende und gründliche Planung sowie die Verwendung Ihrer selbst erarbeiteten Unterlagen und Tabellen. Mit diesen ausführlicheren Dokumenten sind Sie gut gerüstet und besitzen einen tiefen Einblick in wirtschaftliche und marktliche Zusammenhänge. So erreichen Sie Ihr Ziel, erfolgreich zu gründen und dafür einen verständnisvollen Finanzierungspartner zu finden, mit größerer Wahrscheinlichkeit. Vielleicht übertragen Sie die folgenden Tableaus in Excel-Tabellen oder nutzen die beiliegende Software.

Von der Verwendung von **Software**, die über Eingabemasken Inhalte abfragt, um daraus „automatisch“ die Druckversion eines Businessplanes zu generieren, ist abzuraten. Diese Methode erfüllt keine der vier wichtigen Businessplanfunktionen; schon gar nicht die, einen erfahrenen Finanzierungspartner zu überzeugen, dem stets die persönliche Leistung der Gründer bei der Planerarbeitung wichtig sein wird.

2 Planen Sie strategisch und operativ

Bevor Sie sich in die Arbeit stürzen, machen Sie sich bewusst, welche wichtige Rolle die Planung für den Unternehmer spielt. Nicht immer herrscht in diesem Punkt Klarheit. Noch allzu oft geistern Erfolgsgeschichten durch das Land, in denen Gründer, ihrer spontanen Eingebung folgend, Millionäre geworden sind. Sicherlich ist die Chance immer vorhanden, durch glückliche Umstände auch ohne gründliche Vorbereitung reich zu werden – ungefähr mit der gleichen Wahrscheinlichkeit, wie ein Hauptgewinn in der Lotterie zu erwarten ist. Bedenkenswert ist jedoch, dass der Gründungsakt, die Geschäftseröffnung selbst, immer relativ schnell und problemlos vonstatten geht. Was aus den so entstandenen Unternehmen später wird, ob sie sich am Markt behaupten, wo sie nach fünf oder zehn Jahren stehen, bleibt meist ungesagt. Richtig ist, dass selbst die akribische Planung jähe Wendungen und Misserfolge nicht ausschließen kann. Aber Ihre Erfolgsaussichten sind beträchtlich größer, wenn Sie sich diesem oft als lästig empfundenen Prozess unterziehen.

Vertreten Sie nicht die Meinung, dass Marktwirtschaft und Planung sich ausschließen. Der erfolgreiche Unternehmer behauptet sich nur dann dauerhaft in einem marktwirtschaftlichen System, wenn er es versteht, die Entwicklung seines Betriebes so exakt es geht vorauszusehen, wenn er alle inneren und äußeren Faktoren weitestgehend berücksichtigt und Risiken sowie Chancen dadurch frühzeitig erkennt. Machen Sie sich bewusst, was Planung wirklich bedeutet: das gedanklich vorweggenommene Resultat Ihrer unternehmerischen Entscheidung.

Ihre Gründungsplanung unterscheidet sich von der Planung eines bereits bestehenden Unternehmens. Vieles ist noch unbekannt und nicht erprobt. Recherchieren Sie besonders gründlich. Prüfen Sie alles mehrfach, damit Sie nicht bereits vor dem Start irreparable Fehler begehen. Bestimmte Aufwendungen kommen nur in dieser Phase vor: die Gründungskosten, abhängig von der gewählten Rechtsform, der Aufwand für die Markteinführung, das „erste Warenlager“ sowie die Kapitaldienstvarianten der einzelnen Förderprogramme.

Unterscheiden Sie zwei Arten – die **strategische Planung**, mit der Sie Ihre Ziele lang- und mittelfristig festlegen, und die **operative Planung**, mit deren Hilfe Sie Ihre nächsten Schritte bestimmen.

Was wollen Sie in zehn bis fünfzehn Jahren erreicht haben? Was ist Ihre Vision, Ihr großes Ziel? – Das sind **strategische Überlegungen:** Ihre angestrebte Marktposition, die Umsatzentwicklung, Ihr Gewinn. Welche Leistungen und Produkte bieten Sie heute an, welche in der Zukunft? Wie sehen Ihre persönlichen, wie Ihre Lebensziele aus? Welche Größenordnung soll Ihr Betrieb eines Tages haben?

Die Chance zum Erfolg existiert permanent. Sie werden mit Ihrer Idee vielleicht Gipfel erklimmen, von denen Sie heute kaum zu träumen wagen. Setzen Sie sich Ziele für die nächsten fünf, zehn und fünfzehn Jahre. Umreißen Sie gedanklich schon heute die Ausdehnung Ihres Einzugsbereiches und Ihres Leistungsspektrums, die Entwicklung Ihres Umsatzes, Ihrer Mitarbeiterzahl sowie des Umfangs der dafür notwendigen Investitionen. Überdenken Sie den Aufbau von Filialen, Niederlassungen oder die Kooperation mit anderen Unternehmen auf neuen Märkten. Schätzen Sie den zu erwartenden Finanzbedarf ab. Erwägen Sie, aus welchen Quellen er zu decken ist. Strategisches Denken weitet Ihren Blick. Es macht Sie offen für die Bewertung von Signalen, die für Ihr Unternehmen neue Ufer bedeuten. Es relativiert Ihre aktuellen unternehmerischen Entscheidungen und bewahrt Sie vor kurzsichtigem Handeln.

Für die einzelnen Etappen dieses Weges benötigen Sie jedoch eine **operative Planung**, die wesentlich ausgefeilter zu sein hat. Sie umfasst einen Zeitraum von drei bis fünf Jahren, wobei die ersten drei auf den Monat genau zu berechnen sind. Die Praxis, nur das erste Jahr detailliert auszuweisen und die restliche Planungszeit mit Quartalszahlen darzustellen, ist nicht empfehlenswert. Spätestens bei der Liquiditätsrechnung wird es gefährlich ungenau. Was nützt Ihnen die Aussage, dass Sie im Quartal liquide sind, weil sich eine große Rechnung und ein hoher Zahlungseingang im Durchschnitt ausgleichen? Wenn die Rechnung im ersten Monat, der Umsatz aber erst im dritten Monat zu Buche schlägt, sind Sie zwischenzeitlich trotzdem zahlungsunfähig.

Runden Sie Ihre Planungswerte auf zweistellige Euro-Beträge. Es ist wenig sinnvoll, auf den Cent genau zu planen, da zu erwartende Toleranzen zwischen „Plan" und „Ist" Ihrer Vorausschau ohnehin eine gewisse Grobschlächtigkeit verleihen. Sichern Sie sich jedoch dadurch ab, dass Sie die Ausgaben grundsätzlich etwas höher und die Einnahmen besser etwas niedriger erwarten, als sie eintreffen. Diesen Spielraum gebietet die **kaufmännische Vorsicht**. Wo Genauigkeit aber zu erzielen ist, verzichten Sie nicht darauf! Verteilen Sie keinen Aufwand gleichmäßig auf das Jahr, wenn Ihre tatsächlichen Belastungen in den einzelnen Monaten differieren. Weisen Sie zum Beispiel das dreizehnte Monatsgehalt in dem Monat aus, in dem Sie es wirklich auszahlen.

Oft wird gefragt, warum eine Planung sinnvoll ist, wenn doch alles anders kommt. Sicher stimmt es, dass Ihre Gründungsplanung schnell überholt sein wird. Vor allem dann, wenn Sie „aus dem Nichts heraus" gründen, also unerprobte Geschäftsideen verwirklichen, über deren Umsetzung es nirgendwo Erfahrungen gibt. Aber Planung heißt auch, den Plan permanent dem wirklichen Leben anzupassen und nicht sklavisch am ursprünglich Erwarteten zu kleben. Vom ersten Tag an Ihr „Soll" mit dem „Ist" zu vergleichen, jede neue Information über Umsätze und Kosten einzuarbeiten und die neue Lage hochzurechnen, ist ohnehin Ihre unternehmerische Pflicht. So gerät Ihr Konzept immer mehr zum Spiegelbild Ihrer Unternehmens-Wirklichkeit. Es ist Hilfsmittel zur sachlichen

Prüfung vorgesehener Veränderungen und dient der gewissenhaften Kontrolle, ob und wie Sie Ihre Ziele erreichen. Deshalb ist das Vorhandensein einer guten Unternehmensplanung – einschließlich eines plausiblen Finanzplans – ein späteres **Ratingkriterium** für Sie bzw. für Ihr Unternehmen.

Der Planungsprozess selbst schafft trotz aller Unwägbarkeiten **Einsichten in Zusammenhänge**, zwingt Sie, **Informationslücken** zu schließen, sensibilisiert Sie für zu erwartende **Hindernisse** und **Entscheidungen**. Viele Entschlüsse sind vor dem Start zu fassen und beeinflussen wesentliche Unternehmensbereiche, zum Beispiel die Wahl der Abschreibungsmethode, den Zeitpunkt von Investitionen und von Lieferungen, die Zahl der Mitarbeiter. Auch die Höhe Ihres Kontokorrent-Kredites passend zu wählen oder kurzzeitige Liquiditätsschwächen rechtzeitig zu erkennen und Maßnahmen dagegen zu ergreifen, ist ohne Vorausschau kaum realisierbar. Zur Planung gibt es demzufolge keine vernünftige Alternative. Gehen Sie mit Energie und Ausdauer ans Werk, lassen Sie sich nicht entmutigen. Es lohnt sich für Sie.

3 Der inhaltliche Aufbau und die Form Ihres Konzeptes

Denken Sie bei der Erarbeitung Ihrer Unterlagen an die zwei Ziele, die Sie im Auge haben: Auf dieser Grundlage **entscheiden** Sie, ob Ihre Idee realisierbar ist; Sie erfahren genauer, welche finanziellen und materiellen Voraussetzungen für eine erfolgreiche Gründung unumgänglich sind. Gleichzeitig schaffen Sie sich ein **präsentables Material** für die Verhandlung mit der Bank und anderen Partnern. Ihr Konzept muss demzufolge übersichtlich sein. Argumentieren Sie logisch und schreiben Sie verständlich, um auch andere zu überzeugen. Wählen Sie die äußere Form sauber und sachlich, verzichten Sie auf Hochglanzvarianten, aber agieren Sie nicht mit einem Sammelsurium von Formblättern der unterschiedlichen Banken oder nachlässig angefertigter Kopien. Empfehlenswert ist die folgende Gliederung:

Die acht Elemente Ihres Businessplans

1. Vorhabens- oder Projektbeschreibung
2. Investitionen
3. Gründerpersonen
4. Markt und Standort
5. Marketing
6. Vertrieb
7. Finanzplanung
8. Anlagen

Die Punkte eins bis sechs stellen die **qualitative** Beschreibung Ihres Vorhabens dar; der Punkt sieben untersetzt diese mit Zahlen, bildet also den **quantitativen** Teil Ihrer Gründungsplanung. Im Punkt acht untersetzen Sie Ihre Aussagen mit Einzeldokumenten wie Vertragsentwürfen, technischen Beschreibungen, Kostenvoranschlägen, Bestellungen oder Bauzeichnungen. Sollten Sie eine andere Gliederung vorziehen, achten Sie darauf, dass keines der notwendigen Elemente fehlt. Die Ausarbeitung erreicht im Umfang mit ca. 40 DIN-A4-Seiten ihre obere Grenze. Vermeiden Sie zu ausführliche Präsentationen. Sie verfehlen meist ihren Zweck, da sie selten gründlich gelesen werden.

Allerdings ist das Gesamtpapier oft ungeeignet, bei ersten Kontakten schnell über Art und Dimension des Projektes, die Besonderheiten und die Erfolgsaussichten der Idee, den Finanzbedarf und die zu wählende Rechtsform aufzuklären. Zuweilen ist es auch nicht wünschenswert, zu viele Details preiszugeben. Für diesen Zweck verfassen Sie besser noch eine **Kurzbeschreibung Ihres Vorhabens,** die eine schnelle Information Dritter (IHK, Bank, andere Verhandlungspartner) zulässt. Dafür genügen zwei DIN-A4-Seiten.

Sie fragen sich nun sicher, wie Sie zu all diesen Informationen kommen und welche davon Eingang in die jeweiligen Abschnitte Ihres Konzeptes finden?

Natürlich ist eine beträchtliche Vorarbeit vonnöten, um zu den notwendigen Aussagen zu gelangen. Sie haben mit Ihrem Konzept ja nur die „Spitze des Eisbergs“ vor sich. Es sind bloß die Schlussfolgerungen aus Ihren umfangreichen und zeitraubenden Analysen, die Eingang finden.

Die ausgedehnten Recherchen, Ihre unternehmerische Gedankenarbeit, die Vielzahl der Entscheidungen, die Sie treffen, bevor eine Zahl auf das Papier gelangt, stellen aber den Hauptteil Ihrer Planungsarbeit dar. Teilweise sind es mehrere Wochen, die Sie für Ihre Marktanalyse oder Ihre Finanzplanung aufwenden. Zu Ihrer Unterstützung finden Sie in den folgenden Abschnitten Informationen, Beispiele und Tipps zum Gestalten der einzelnen Konzeptelemente.

Nutzen Sie zunächst bewährte Quellen, einige Adressen und Internetlinks sind im Anhang aufgelistet:

Checkliste

Checkliste: Externe Quellen der Marktanalyse

- ➔ Internet als Portal
- ➔ Tageszeitung/Rundfunk/Fernsehen
- ➔ Adressbücher, Gelbe Seiten
- ➔ Datenbanken (IHK, Großunternehmen usw.)
- ➔ Fachzeitschriften/-bücher
- ➔ Bibliotheken mit Dissertationen, Diplomarbeiten, Studien
- ➔ Marktforschungsinstitute und ihre Publikationen
- ➔ Betriebsvergleiche
- ➔ Unternehmer (Geschäftspartner, Mitbewerber)
- ➔ Banken und Sparkassen
- ➔ Eigene Umfragen, Erhebungen, Tests
- ➔ Vorträge, Seminare
- ➔ Dokumentationsdienste/Auskunfteien
- ➔ Messen, Ausstellungen
- ➔ Wirtschaftskammern/Fachverbände/Organisationen
- ➔ Statistische Ämter
- ➔ Messekataloge, Prospekte
- ➔ Ämter bei Bund, Ländern und Kommunen

Handelt es sich bei Ihrem Projekt um die **Übernahme** eines Betriebes oder um die **Beteiligung** an einem bestehenden Geschäft, kommen noch **interne Quellen** des Unternehmens als Informationslieferanten hinzu. Dazu zählen unter anderem:

Checkliste

Checkliste: Interne Quellen der Marktanalyse

- ➔ die Finanzbuchhaltung
- ➔ das vorhandene Reportingsystem (Controlling)
- ➔ betriebliche Dokumente, wie Jahresabschlüsse (Gewinn- und Verlustrechnung, Bilanz), betriebswirtschaftliche Auswertungen (BWA), Liste der Forderungen und Verbindlichkeiten usw.
- ➔ Geschäftsplan mit Finanzplanung
- ➔ Kalkulationsunterlagen
- ➔ bestehende Verträge mit Kunden, Lieferanten, Kreditgebern
- ➔ Berichte von Mitarbeitern
- ➔ Marktanalysen

Sprechen Sie mit anderen Unternehmern, mit Fachleuten und Branchenkundigen. Frequentieren Sie Veranstaltungen von Organisationen, Kammern und Verbänden. Suchen Sie den Kontakt mit Gleichgesinnten. Denken Sie sich Methoden aus, durch die Sie zu Informationen kommen. Trotz aller Hilfen liegt die Hauptarbeit jedoch bei Ihnen. Einfallsreich und flexibel sein, manchmal auch pfiffig, immer aber hartnäckig und unverdrossen – diese unternehmerischen Tugenden benötigen Sie bei Ihrer Planungsarbeit in reichem Maße.

3.1 Ihre Vorhabens- oder Projektbeschreibung

Die kurze Beschreibung Ihres Vorhabens steht am Anfang des Gründungsplans. Sie informiert den Leser über Ihre Absichten und die Gründe, die Sie einen Erfolg erwarten lassen, über die zu wählende Rechtsform und den Finanzbedarf. Charakterisieren Sie die Gründungsform – Gründung, Übernahme, Unternehmenskauf oder Beteiligungserwerb. Nennen Sie die Branche, das Sortiment oder Produktionsprofil, das Dienstleistungsspektrum und die Zielgruppe. Auch der Zeitpunkt der Eröffnung ist zu erwähnen. Auf knapp ein bis zwei DIN-A4-Seiten lässt sich viel darstellen.

Verzichten Sie auf komplizierte Erklärungen, vermeiden Sie Fremdwörter und Fachausdrücke. Auch der Unkundige soll begreifen, was Sie vorhaben, sonst finden Sie kaum Anklang. Wahren Sie trotzdem Ihr fachliches Niveau, damit der Insider nicht den Laien in Ihnen vermutet.

Dieser Teil Ihres Konzeptes erfüllt jedoch noch eine weitere Funktion: Sie sind gezwungen, Ihr Vorhaben zu artikulieren, kurz und inhaltsreich zu umreißen. Dabei stellen Sie sicherlich fest, dass das, was Ihnen so deutlich vor Augen steht, plötzlich zu verschwimmen beginnt, sobald Sie es niederzuschreiben versuchen. Nutzen Sie diese Erfahrung, Ihre Geschäftsidee zu präzisieren. Je klarer Ihre Zielvorstellung ist, um so genauer sind Ihre Denkansätze bei allen folgenden Planteilen. Ist das Ziel nur verwaschen formuliert, sind auch Ihre darauf aufbauenden Überlegungen und unternehmerischen Entschlüsse kaum klarer gefasst. Ungenauigkeiten am Anfang kosten nicht nur Zeit, weil sie später nachzuarbeiten sind, sondern auch Geld, denn sie haben Fehlentscheidungen und überflüssige Aktionen zur Folge.

Exkurs: Executive Summary oder Vorhabensbeschreibung?
In englischen Businessplanversionen wird der erste Punkt als „**Executive Summary**" bezeichnet. Lassen Sie sich durch diese Bezeichnung nicht dazu hinreißen, den ersten Punkt als pure Zusammenfassung zu interpretieren und ihn deshalb erst am Schluss Ihrer Analysen und Recherchen zu formulieren; Sie nehmen sich damit den Vorteil einer planvollen und zielführenden Vorgehensweise.

Selbst wenn solche sinnigen Ratschläge in Büchern oder Unterlagen zu Businessplan-Wettbewerben enthalten sind, werden sie dadurch nicht richtiger. Der Grund dafür ist, dass hier zwei Phasen der Arbeit mit Ihrem Geschäftsplan verwechselt werden: Zunächst, nämlich an dieser Stelle, geht es darum, **die Plausibilität des Konzeptes** zu prüfen und dabei selbst zu lernen (Funktionen 1 und 2). Hier ist völlig unerheblich, wer das einmal lesen wird. Es kann sogar sein, dass außer Ihnen selbst niemand Ihre Ausarbeitungen je zu Gesicht bekommt, weil sich zum Beispiel am Ende herausstellt, dass Sie gar nicht gründen werden – aus welchem Grund auch immer.

Erst, wenn Sie diese Vorentscheidung getroffen haben – mit Hilfe Ihres „Basisgeschäftsplanes" –, wird es während Ihrer Realisierungsphase darum gehen, andere Personen zu überzeugen (Funktion 3). Dann allerdings ist die Gestaltung als Summary sinnvoll, wobei es niemals nur eine einzige Fassung des Planes geben wird, mit dem Sie an die Öffentlichkeit treten – also auch mit Sicherheit mehrere „Summaries" notwendig sein werden.

Folgende Hinweise werden Ihnen helfen, Ihren Punkt eins zu gestalten:

Elemente Ihrer Vorhabensbeschreibung

Wer?

Wer gründet das Unternehmen? Ihr Name oder die Namen der Gesellschafter stehen am Anfang. Inwieweit Sie Ihre Titel und Qualifikationen bereits erwähnen, hängt von der Notwendigkeit ab, bereits am Anfang die eigene Kompetenz darzustellen.

Was?

Was wird gegründet? Wählen Sie die üblichen Bezeichnungen, wie „Groß- und Einzelhandel für biologische Baustoffe", „Ingenieurbüro" oder „Speiserestaurant". Stellen Sie in kurzen Worten den Geschäftsgegenstand dar, sodass auf einen Blick erkennbar ist, worum es sich handelt.

Vermeiden Sie tunlichst, komplizierte Wortschlangen zu bilden oder mit Fachausdrücken um sich zu werfen, denn der unbedarfte Leser wird sonst vom Rest Ihrer Ausführungen wenig verstehen, wenn er schon den Anlass der Aktivitäten nicht erfassen kann.

Wo?

Wo, an welchem Standort, wird das Unternehmen errichtet? Hier genügen keine vagen Ortsangaben, wie „in Berlin" oder „im Großraum Nürnberg". Bezeichnen Sie den Standort bis auf das Grundstück, die Straße einschließlich Hausnummer und Stockwerk genau. Machen Sie auch eine Aussage zum Charakter des Gebäudes oder der Räume.

Haben Sie zu diesem Zeitpunkt noch keinen konkreten Standort, legen Sie Ihre genauen Vorstellungen dar.

Wie?

Wie wird Ihr Unternehmen gegründet, also in welcher Rechtsform? Die häufigsten Gründungsrechtsformen sind die Einzelunternehmung, die Gesellschaft bürgerlichen Rechts (GbR) und die GmbH. Nähere Hinweise finden Sie im Kapitel I, Abschnitt 4.

Sollten Sie noch keine Klarheit über die zu wählende rechtliche Gestaltung Ihres Unternehmens haben, gehen Sie zunächst von der wahrscheinlichsten Variante aus. Da die Wahl der Rechtsform Ihres Unternehmens neben rechtlichen auch finanzielle Konsequenzen hat, kann es hier Veränderungen geben, die Sie erst in Ihrer Finanzplanung erkennen.

Für wen?

Für wen werden Sie Ihr Unternehmen betreiben, wer ist die Zielgruppe? Unklare Aussagen an dieser Stelle führen zu ebenso unklaren Recherchen bei der Markt- und Standortanalyse sowie dem Marketingkonzept. Es wird nicht ausbleiben, dass diese Analysen später wieder zu Veränderungen in diesem Punkt Ihrer Zielvorstellungen führen können.

Definieren Sie Ihre Zielgruppe oder Zielgruppen hier zunächst so genau, wie Sie können. Je intensiver Sie sich hier Gedanken machen, umso leichter wird Ihnen das Erarbeiten der anderen Konzeptelemente fallen.

Warum?

Warum gründen Sie das Unternehmen? Argumentieren Sie dazu, warum Sie einen Erfolg erwarten. Das überzeugt nicht nur andere, sondern macht Sie vielleicht auf eigene Schwächen aufmerksam.

Wie viel?

Wie viel Geld benötige ich, um das Unternehmen zu starten? Berücksichtigen Sie alle Aufwendungen, nicht nur Ihre notwendigen Investitionen. Auch Ihr Lebensunterhalt oder Vorkosten sind finanzielle Belastungen, die zu bezahlen sein werden.

Die hier genannten Beträge werden sich allerdings erst durch Ihre Finanzplanung konkretisieren.

Wann?

Wann startet die Unternehmung? Fixieren Sie Ihr vorläufiges Gründungsdatum. Wann Sie wirklich beginnen, entscheidet sich wahrscheinlich erst dann endgültig, wenn Sie Ihr Konzept komplett erarbeitet haben und alle Zeitabläufe gut überblicken.

3.2 Die Investitionen und Ihr Finanzbedarf

Häufig ist es das **Anlagevermögen**, das die meisten Gelder verschlingt. Maschinen und Anlagen, Fahrzeuge und Transportmittel, Ladeneinrichtung, Möbel und Büromaschinen, vielleicht auch Grundstücke und Gebäude. Umreißen Sie diesen Punkt deshalb präzise. Nennen Sie die **konkreten Investitionen**, die Sie für unabdingbar halten. Geben Sie Preise und Bezieher an sowie den Zeitpunkt, zu dem Sie das Wirtschaftsgut anzuschaffen gedenken. Beachten Sie dabei die üblichen Lieferfristen.

Berücksichtigen Sie, dass Art und Umfang dieser Investitionen die Höhe des benötigten Fremdkapitals und damit Ihre langfristige Kapitaldienstbelastung beeinflussen. Entscheiden Sie verantwortungsbewusst, ob die von Ihnen geplanten Ausgaben wirklich in dieser Größenordnung und zu dem vorgesehenen Zeitpunkt notwendig sind. Manchmal entlastet schon das Verschieben um wenige Monate Ihre Liquidität und spart Zinsen. Fragen Sie sich, ob über die Wahl des Lieferanten Preisvorteile zu erzielen sind. Schätzen Sie den Wirkungsgrad der anzuschaffenden Maschinen richtig ein und „schießen Sie nicht mit teuren Kanonen auf Spatzen“. Vermeiden Sie andererseits den Fehler, mit überholtem Gerät gegenüber den Mitbewerbern bestehen zu wollen. Denken Sie an Produktqualität, Leistungsfähigkeit und zu erwartende Reparaturaufwendungen. Die aktuelle Einsparung führt vielleicht über kurz oder lang zu weit höheren Kosten. Hier helfen Ihnen Ihre fachliche Kompetenz und Ihre Branchenerfahrung.

Die Wahl des Pkw sagt viel über den Gründer aus. Falls Sie das Auto nur zur Fahrt in Ihr nahe gelegenes Büro benötigen, sollte der finanzielle Aufwand dafür anders ausfallen als bei der Nutzung durch einen Handelsvertreter, der damit vielleicht mehr als 150.000 Kilometer jährlich zurücklegt. Wirft Ihr Geschäft genügend Gewinn ab, sind der Verwirklichung Ihrer Träume in der Zukunft kaum Grenzen gesetzt. In der Gründungsphase sollten Sie auf dem Teppich bleiben – das macht darüber hinaus auch einen besseren Eindruck auf den Fremdkapital- oder Beteiligungsgeber.

Falls Sie keine Investitionen planen, weil alles da ist, was Sie für das Betreiben Ihres Geschäfts benötigen, nennen Sie diesen Punkt „Vorhandene Geschäftsausstattung" und listen Sie Ihre bereits vorhandenen Wirtschaftsgüter auf, die bei Gründung aus Ihrem Privatvermögen in das Betriebsvermögen übernommen werden sollen.

Berücksichtigen Sie diese Vermögensgegenstände auch bei der späteren Berechnung Ihrer Abschreibungen (Abschreibungsplan).

3.3 Die Gründerpersonen

Die Angaben zu Ihrer Person und der Ihrer Mitgesellschafter, falls es ein Gründerteam ist, gehören ebenfalls in Ihr Konzept. Treffen Sie vor allem Aussagen, die Ihre Ausbildung, Ihre Erfahrungen und beruflichen Leistungen, die speziellen Eignungen für das Gründungsvorhaben – kurz gesagt, Ihre Kompetenz – unterstreichen. Berücksichtigen Sie bei mehreren Gesellschaftern deren spezielle Aufgabe im Unternehmen. Stellen Sie in einem kurzen Lebenslauf alles Wesentliche dar, verzichten Sie aber auf Details, die Ihr Bild für den Fremdkapitalgeber verzerren. Dieser Abschnitt ist Ihre persönliche Visitenkarte. Unterstreichen Sie alles an Leistungen und bisher Erreichtem, was Ihre persönlichen Voraussetzungen dokumentiert.

Angaben zu Ihrem Familienstand sind für die Bank wichtig, um zu erkennen, wer noch für die Haftung oder als Bürge zur Verfügung steht. Deshalb sind auch Angaben zum vorhandenen Vermögen notwendig, um die zur Finanzierung üblichen Sicherheiten darzustellen. Tun Sie das allerdings nur in dem Umfang, wie es für den Finanzierungsrahmen Ihres Vorhabens erforderlich ist.

Alle Informationen, die Ihnen nicht zur Ehre gereichen oder von denen Sie nicht wissen, wie Sie von Menschen mit anderem Erfahrungshintergrund interpretiert werden, dürfen Sie getrost weglassen. Es sei denn, sie sind aus sachlichen Gründen unverzichtbar. Falls Sie sich nicht sicher fühlen – manches lässt sich im Gespräch immer noch ergänzen. Was dort geschrieben steht, wird auch von Personen gelesen, die Sie nicht kennen, aber unter Umständen einen Einfluss auf den Gang der Dinge haben.

3.4 Ihre Aussagen zu Markt- und Standort

Der Markt ist voll von sehr guten und weniger guten Marktforschungsinstituten, Beratern, Werbeagenturen und Betreibern von Datenbanken. Um eine fundierte Markt- und Standortanalyse zu erhalten, liegt also der Gedanke nahe, sich eines solchen Dienstleisters zu bedienen. Das ist aber meist mit erheblichen Kosten verbunden. Zum gegenwärtigen Zeitpunkt – Sie erarbeiten Ihr Gründungskonzept – wissen Sie jedoch noch nicht, ob sich eine solche Geldausgabe wirklich lohnt. Bestreiten Sie also vorerst die notwendigen Recherchen und Analysen mit **eigenen Kräften** und **bescheidenen Mitteln**, wenn auch mit einem **hohen persönlichen Arbeitsaufwand**. Sie lernen sehr viel dabei.

Sollte sich am Ende herausstellen, dass Ihre Idee tragfähig ist, bleibt genügend Zeit, eine professionelle Analyse in Auftrag zu geben. Der zu erwartende geschäftliche Erfolg rechtfertigt das und wird die entstehenden Aufwendungen abdecken.

Ergibt Ihre Gründungsplanung, dass das Projekt nicht zu einem wirtschaftlich sinnvollen Ergebnis führt, dürfen Sie froh sein, an dieser Stelle vorsichtigerweise gespart zu haben.

3.4.1 Positionen zum Markt

Markt und Standort sind in der Darstellung schwer zu trennen. Sie beeinflussen sich wechselseitig. Stellen Sie hier in kurzer Form die wichtigsten Charakterzüge dieser beiden Erfolgsfaktoren dar; zunächst den Markt, in den Sie sich begeben werden. Verwenden Sie dazu die wichtigsten Ergebnisse Ihrer gründlichen **Marktanalyse.** Nutzen Sie die im ersten Kapitel dargestellten Methoden und Hilfsmittel. Treffen Sie in Ihrem Konzept Aussagen zu folgenden Positionen:

- ➔ Zielgruppe
- ➔ Einzugsbereich
- ➔ Kaufkraft
- ➔ Kaufkraftbindung
- ➔ Mitbewerber

Die **Zielgruppendefinition** beeinflusst den Verlauf Ihrer gesamten Planung. Deshalb sollte sie exakt und durchdacht sein. Orientieren Sie sich an den Kunden, mit deren Hilfe Sie die Masse Ihres Umsatzes realisieren. Gelegenheitskäufer sind zwar immer zu erwarten, dürfen aber nicht die Tendenz Ihrer Analyse verwischen. Besteht die Zielgruppe nach Ihrer Meinung nur aus solchen Laufkunden, bestimmen Sie genau, woraus sich dieser Interessentenkreis zusammensetzt. Zuweilen sind dazu konkrete Untersuchungen am Standort notwendig:

Beispiel

Heidemarie Melzer erbte ein Ausflugslokal in der Altmark. Es lag an einem See, in Sichtweite der Landstraße, in der Nähe einer Kreisstadt. Für die Analyse ihrer Zielgruppe wählte sie die Methode der Beobachtung. Mit Unterstützung einiger Studenten registrierte sie über einen Zeitraum von zwei Wochen, wer an ihrem Grundstück in dieser Zeit vorüberfuhr. Festgehalten wurden folgende Daten:

- ➔ *Zahl der Fahrzeuge*
- ➔ *Typ der Fahrzeuge*
- ➔ *Anzahl und Geschlecht der Insassen*
- ➔ *Tag und Uhrzeit*
- ➔ *polizeiliches Kennzeichen*
- ➔ *Fahrtrichtung*

Im Ergebnis stellte Frau Melzer folgende Überlegungen an:

- ➔ *Aus welchen Zulassungsbereichen stammten die Fahrzeuge?*
- ➔ *Welche Wagenklasse überwog? (Kaufkraft!)*
- ➔ *Handelte es sich um Pendler oder Durchreisende?*
- ➔ *Welchen Zweck könnten diese Fahrten gehabt haben? (Ausflug, Geschäftsreise, Weg zur täglichen Arbeit)*
- ➔ *Wie hoch war der Anteil an Familien, Müttern mit Kindern, Dienstreisenden, Jugendlichen? (Bedürfnisse; Rückschlüsse auf das Speisen- und Getränkeangebot, das Leistungsspektrum, das notwendige Marketing)*

Daraus ließen sich weitere Schlussfolgerungen ableiten: zum Beispiel über die Wahrscheinlichkeit, dass die Fahrer anhalten, um das Lokal aufzusuchen, oder dass sie später mit der Familie einen Ausflug dorthin machen würden.

Diese Verfahrensweise war weder aufwändig noch teuer und brachte der Gründerin eine Reihe wichtiger Informationen als Grundlage für ihre Planung der Wiedereröffnung.

Sind Ihre Kunden Familien, also **Haushalte**, ist die soziale Stellung, die Familienstruktur, das Bildungsniveau, das Bedürfnisgefüge wichtig. Zielen Sie auf **Unternehmen**, weil Sie Industriegüter oder Ingenieurleistungen für Handwerks- oder Produktionsbetriebe verkaufen, sollten Sie Struktur, Produktions- oder Leistungsprofil, Marktanteil und Umsatzgröße kennen, vor allem aber die Personen, welche über Ihr Angebot zu entscheiden haben – konkret, mit korrektem Namen und Titel. Nicht immer ist der zuständige Geschäftsführer auch der Entscheider. Oft ist es ein Mitarbeiter, der Ihr Angebot prüfen wird, bevor es zur Bestellung kommt. Sammeln Sie Informationen über diese künftigen Partner. Legen Sie schon in der Planungsphase eine **Kundenkartei** an, und notieren Sie auch persönliche Daten, soweit Sie damit nicht das Datenschutzgesetz verletzen. Zum Beispiel Angaben zum Lebensalter, zur Familie oder zu Hobbies.

Der **Einzugsbereich** ist kurz zu umreißen, falls sinnvoll, auch grafisch darzustellen. Das ist abhängig von Ihrer Geschäftsidee und der Branche, in der Sie gründen. Der Einzelhändler bestimmt sein Umfeld, wie es im ersten Kapitel beschrieben worden ist. Der Dienstleister, Großhändler oder Freiberufler hat zuweilen eine überregionale oder internationale Ausdehnung zu konzipieren. Auch beim Produzenten ist es oft ähnlich. Bedenken Sie, dass die Größe Ihres Einzugsbereiches in einem solchen Fall davon bestimmt wird, wer die Wege und Aufwendungen zahlen wird – Sie oder Ihr Kunde. Es ergibt selten Sinn, wenn Sie aus Dresden oder Passau für eine Dienstleistung nach Flensburg fahren, zwei Arbeitstage verlieren und die Reise noch selber zu finanzieren haben.

Quantifizieren Sie Ihren Einzugsbereich und errechnen Sie genaue Werte: Zahl der Haushalte oder Unternehmen, Kundenfrequenz. Sie sind die Basis für Ihre weiteren Berechnungen.

Die **Kaufkraft** richtet sich nach dem ausgabefähigen Einkommen bzw. Budget Ihrer Zielgruppe. Das sind also die Mittel, die den Haushalten, Einzelpersonen oder Unternehmen zur Verfügung stehen, um Ihr Produkt oder Ihre Dienstleistung zu bezahlen. Nicht immer sind solche Informationen leicht zu beschaffen. Behutsame Schätzungen helfen Ihnen über Wissenslücken hinweg. Berücksichtigen Sie die aus Ihrer Standortanalyse stammenden Fakten zur aktuellen Wirtschaftslage, dem sozialen Umfeld oder der beobachteten Entwicklung des Marktes Ihrer potenziellen Kunden.

Die **Kaufkraftbindung** sagt Ihnen, wie viel der vorhandenen Mittel für das ausgegeben werden, was Sie anbieten. Nutzen Sie Statistiken und die Ergebnisse von Befragungen. Auch hier spielt die Charakteristik Ihres Standortes eine Rolle. Trends und Modeerscheinungen wirken ebenfalls auf das Verhalten Ihrer Käufer.

In den meisten Fällen wird Ihr geplantes Produkt bereits vertrieben, die ins Auge gefasste Dienstleistung schon erbracht. Ihre Mitbewerber befinden sich bereits im Markt. Der Fall, dass Sie als einziger Anbieter fungieren, ist selten. Falls es doch so ist, berücksichtigen Sie folgende Tatsache: Konkurrenz erwächst Ihnen nicht nur von denen, die in der gleichen Branche tätig sind: Verkaufen Sie Polstermöbel, kann auch ein Reisebüro Ihr Konkurrent sein; nämlich dann, wenn sich Ihr Kunde statt für die Renovierung seiner Wohnungseinrichtung lieber für eine Reise entscheidet – und umgekehrt. Die **Konkurrenzanalyse** erfasst allerdings nur Ihre **unmittelbaren Mitbewerber**. Verschaffen Sie sich über folgende Punkte Klarheit und stellen Sie sie im Konzept kurz dar:

- ➔ Anzahl
- ➔ Umsatzgröße
- ➔ Marktanteil
- ➔ Stärken
- ➔ Schwächen
- ➔ Innovationen

Schätzen Sie ab, welchen Anteil am Markt Sie zunächst und in den Folgejahren als realistisch ansehen. Gehen Sie nicht sofort auf den stärksten Konkurrenten los – zuweilen hilft Ihnen ein anfänglicher „Burgfriede" während der ersten Zeit. Unterschätzen Sie übrigens die Rolle Ihrer Mitbewerber als Informationsquelle nicht. Ein offenes Gespräch mit einem Brancheninsider, vielleicht aus einem anderen Einzugsbereich, bringt Ihnen manchen Tipp und sicherlich viele Anregungen.

Um in Ihrem Konzept klare und realistische Aussagen zum Markt zu treffen, benötigen Sie Kenntnisse Ihrer Branche, aber auch viel Instinkt und unternehmerische Weitsicht. Einfallsreichtum und etwas List sind nicht schädlich. Die von Ihnen hier festgestellten Marktverhältnisse sind Basis Ihrer Umsatzplanung. Gravierende Irrtümer darin gefährden die Existenz Ihres künftigen Unternehmens.

3.4.2 Positionen zum Standort

Die **Standortanalyse** steht in engem Zusammenhang mit Ihren marktanalytischen Recherchen. Nutzen Sie die im ersten Kapitel ausführlich dargestellten Hilfen. Standortfragen sind immer auch Existenzfragen. Vernachlässigen Sie diesen Bereich, wird es Sie teuer zu stehen kommen.

Beispiel

Dirk Braun, ein Unternehmensgründer aus Sachsen, erwarb ein Hotel von der Treuhandanstalt, das am Waldrand gelegen war. Die Höhe des Kaufpreises war beträchtlich. Eine gründliche Standortanalyse fand nicht statt, da das Haus ja früher bereits als Hotel genutzt wurde. Dieses Versäumnis hatte weit reichende Folgen.

Nachdem alle Formalitäten abgeschlossen waren, stellte sich heraus, dass für ein solches Haus nicht genügend Parkplätze zur Verfügung standen. Das Grundstück selbst bot keine Reserven. Ein Antrag bei der zuständigen Gemeinde wurde abgelehnt, da für die Parkplätze Bäume zu fällen gewesen wären. Beim Nachbargrundstück stand zum Zeitpunkt des Kaufs der Besitzer noch nicht fest, da es ein Rückgabeobjekt war. Als dieser dann gefunden war, verweigerte er die Genehmigung für die Zufahrt zum Hotel – die einzige Zufahrtsstraße führte über seinen Grund und Boden ...

Selbst wenn in einem solchen Fall früher oder später eine Lösung zu erstreiten ist – ob Sie als Gründer den dazu notwendigen langen (finanziellen) Atem besitzen, bleibt fraglich.

Gründen Sie als **Freiberufler**, überdenken Sie Ihren Plan, das Büro in der Mietwohnung zu betreiben. Schauen Sie in Ihren Mietvertrag, ob nicht die Erlaubnis des Vermieters nötig ist. Haben Sie diese, kann die Tatsache, dass Sie im **Wohngebiet** tätig sind, zur Hürde werden: Falls Nachbarn über die Besuche Ihrer Mandanten verärgert sind, stehen Ihnen harte Zeiten ins Haus. Auch die gewerbliche Nutzung Ihrer Garage verursacht unter Umständen ähnliche Schwierigkeiten – das behördliche Verbot Ihrer Tätigkeit an diesem Standort ist zu erwarten.

Prüfen Sie Ihren Bedarf an **Fachpersonal**. Finden Sie die benötigten Mitarbeiter dort, wo Sie sie brauchen? Falls nicht, haben Sie ein Problem.

Steuerliche Aspekte der Standortwahl sind ebenfalls interessant. Manche Gemeinde hat einen niedrigen Hebesatz für die Gewerbesteuer. Sind Sie nicht auf eine zentrale Stadtlage angewiesen, ist das eine kostengünstige Alternative.

Auch die Entscheidung, Ihr Ladengeschäft in einer **Nebenstraße** zu etablieren, weil dort die Miete niedriger ist, sollte überlegt sein. Deckt die Einsparung den Umsatzverlust einer B-Lage wirklich? Lassen Sie keine Gelegenheit aus, Standorte zu testen und vergleichbare zu studieren. Es ist besser, einige Wochen später zu eröffnen, als irreparable Fehler zu begehen.

Standortfaktoren verändern übrigens ihr Gesicht. Beobachten Sie deshalb auch nach Ihrer Gründung aufmerksam, was um Sie herum vorgeht. Die geplante Umgehungsstraße kann Sie von den Kunden abschneiden; eine veränderte Wohnqualität durch Industrieansiedlung Ihre Käuferstruktur gravierend beeinflussen. **Kommunale Abfallordnungen** wirken direkt auf Ihre Pflichten bei der Müll- und Abfallvermeidung und der Entsorgung, beispielsweise in der Gastronomie. Verfolgen Sie also auch **kommunalpolitische Entwicklungen** aufmerksam. Nehmen Sie Einsicht in **Planungsunterlagen bei Land, Stadt oder Gemeinde**: Tiefbauarbeiten vor Ihrem künftigen Ladengeschäft sind ebenso vernichtend wie die Brückensanierung, die Ihre Zufahrtsstraße auf Monate unpassierbar macht.

Stellen Sie in diesem Punkt Ihres Konzeptes die Markt- und Standortsituation kurz und umfassend dar. Argumentieren Sie für den Standort und für den von Ihnen erwarteten Markt. Führen Sie Fakten an. Bringen Sie Vergleiche und gestalten Sie alles übersichtlich und logisch. Stellen Sie vorhandene kleine Mängel kurz dar und gehen Sie auf Faktoren ein, die kompensierend wirken.

3.5 Ihr Marketing

Marketing bedeutet die Ausrichtung Ihres gesamten Unternehmens auf den Kunden. Ihre **Marketingstrategie** ist das Bindeglied zwischen Ihnen und dem Käufer. Selbst wenn Sie der Beste sind und Spitzenqualität an Waren, Produkten oder Leistungen anbieten – erfährt es Ihre Zielgruppe nicht, war alles umsonst. Bedienen Sie sich, wenn es ernst wird, professioneller Hilfe und stümpern Sie nicht. Ihre Außenwirkung leidet darunter. Trotzdem sind auch die Kosten zu beachten. Kalkulieren Sie deshalb stets sorgfältig und beginnen Sie nur, was Sie auch wirklich durchhalten.

Sehen Sie den Einsatz Ihrer Marketinginstrumente immer unter dem Aspekt der Stimmigkeit in der Gesamtwirkung. Ihre Unternehmensidentität – Ihr **Corporate Identity (CI)** – wird bereits durch scheinbare Kleinigkeiten empfindlich geschädigt:

Beispiel

Ein mittelständisches Unternehmen in Baden-Württemberg stellte einen Rückgang bei den Aufträgen fest. Niemand fand zunächst eine Erklärung dafür, denn der Vertrieb hatte fleißig akquiriert.

Ein Mitarbeiter stieß durch Zufall auf eine Zeitgleichheit dieser Erscheinung mit der Neubesetzung des Sekretariats beim Absatzleiter. Dort wurden die akquirierten Kontakte weiterverfolgt und die Termine mit Neukunden abgestimmt. Ein Test ergab, dass die neue Mitarbeiterin ungeeignet zum Telefonieren war und die Kunden dadurch das Interesse verloren ...

Unterschätzen Sie also nicht die scheinbar kleinen Dinge – sie haben oft ungeahnte Wirkungen. Das Telefonieren ist nur ein Beispiel.

Im dritten Kapitel finden Sie den Abschnitt über Ihr Marketing. Nehmen Sie die dort angebotenen Informationen als Grundlage und nutzen Sie den dort vorgestellten **Marketingplan** als Vorlage für diesen Teil Ihres Konzeptes. Vergessen Sie nicht: Ihre ersten Marketingaktionen mit weit reichenden Erwartungen sind Ihr Konzept und Ihre Verhandlungen mit der Bank!

3.6 Ihr Vertrieb

Im Rahmen Ihrer Gründungsplanung ist auch zu klären, welche Organisation Sie benötigen, um Ihre Produkte oder Dienstleistungen wirksam und kostengünstig abzusetzen. Dazu stehen Ihnen zwei Vertriebswege offen – der **direkte und der indirekte Vertrieb:**

Beispiel

Ralf Beyer aus Nürnberg fertigt Modeschmuck. Da er den Verkauf mit einer kleinen Lebensphilosophie verbindet und jeder Käuferin noch eine Typberatung und ein asiatisches Sprichwort mit auf den Weg gibt, will er seine Kunden selbst betreuen. Er meldet ein Reisegewerbe an und beginnt damit, seine Erzeugnisse ***direkt*** *zu vertreiben. Vom Preis bestreitet er die fixen und variablen Kosten; der Restbetrag ist sein Ergebnis.*

Nach einem halben Jahr stellt Ralf Beyer fest, dass die Nachfrage so gewachsen ist, dass er Produktion ***und*** *Verkauf nicht mehr selbst bewältigt. Er entscheidet sich nun für den (einstufigen)* ***indirekten*** *Vertrieb und sucht sich geeignete Einzelhändler, in* *deren Sortiment seine Erzeugnisse gut passen. Seine speziellen Ratschläge druckt er auf kleine Tücher, in die die Ware beim Verkauf verpackt wird. Mit der gewonnenen Zeit erhöht er seine Produktmenge, sodass ihm trotz Spanne der Zwischenhändler letztlich mehr Ertrag bleibt als vorher.*

Da seine Schmuckartikel auch außerhalb seines bisherigen Einzugsbereiches Anklang gefunden haben, gewinnt er außerdem einen freien Handelsvertreter, der gegen Provision den (mehrstufigen) Vertrieb an die Einzelhändler in Norddeutschland übernimmt.

Für welche Form Sie sich entscheiden, hängt von verschiedenen Bedingungen ab – von der Art Ihrer Produkte und Dienstleistungen, von Ihrer Zielgruppe sowie den branchenüblichen Gepflogenheiten; letztlich auch davon, ob schon Kunden vorhanden sind und welche finanziellen Spielräume Sie haben. Der Blick auf die Mitbewerber verschafft Ihnen wichtige Informationen. Im Folgenden einige Entscheidungshilfen.

3.6.1 Direktvertrieb

Wählen Sie diesen Vertriebsweg, bedeutet das, Sie verkaufen die Ware – wie anfänglich Ralf Beyer in unserem Beispiel – unmittelbar an den Kunden (Endverbraucher), entweder im eigenen Ladengeschäft, auf dem Versandweg, über das Telefon oder in der Wohnung des Käufers bzw. in seinem Unternehmen. So setzen Sie Ihre Handelsware ab oder beliefern Ihren industriellen Abnehmer. Auch Dienstleistungen werden direkt angeboten: die Beratung des Architekten, des Versicherungsvertreters, des Anlagespezialisten im Haus des Kunden. Die Projektbesprechung des Ingenieurs, das Maklerangebot zur Vermittlung von Immobilien im Büro des Interessenten. Im Direktvertrieb realisieren Sie den vollen Endverkaufspreis, tragen aber auch die Vertriebskosten selbst.

Kriterien für den Direktvertrieb

- ➔ Ihr Produkt oder Ihre Dienstleistung ist erklärungsbedürftig.
- ➔ Es handelt sich um leicht verderbliche Waren, die schnell zum Kunden gelangen sollten.
- ➔ Sie vertreiben Hochpreisprodukte, deren Präsentation Sie selbst beeinflussen möchten.
- ➔ Sie suchen den direkten Kontakt zum Kunden und benötigen den schnellen Rückfluss der Informationen.
- ➔ Der Direktvertrieb ist in Ihrer Branche üblich.
- ➔ Sie besitzen ausreichend Vertriebserfahrung oder haben entsprechend qualifizierte Mitarbeiter.
- ➔ Ihre finanzielle Situation erlaubt Ihnen, ein direktes Vetriebssystem aufzubauen.

Für diese Variante benötigen Sie **erfahrene Vertriebsmitarbeiter**, die vom ersten Tag an gut verkaufen und die oft hohen Lohnkosten erwirtschaften. Neben dem Außendienst ist auch ein **qualifizierter Innendienst** zu organisieren. Büroräume, EDV und Fahrzeuge sind bei der Finanzplanung zu berücksichtigen, auch Ausstellungs- und Lagerräume auf Ihrem Gelände. Verkaufen Sie an weit entfernten Orten, sind dort Auslieferungslager und Ladengeschäfte zu planen. Bedenken Sie, wie oft der Kunde Ihr Produkt oder Ihre Leistung braucht. Ihr Ziel ist es, ihn schnell und pünktlich zu beliefern.

Beispiel

Konrad Helfrich aus München gründete ein Unternehmen für den bundesweiten Vertrieb von Zubehörteilen in der Elektrobranche. Er hatte sich für den direkten Absatz entschieden und stellte dafür zwei Mitarbeiter ein. Sie sollten den Vertrieb jeweils in Nord- und in Süddeutschland übernehmen. Obwohl Herr Helfrich bei ihrer Auswahl sehr sorgfältig vorgegangen war, stellte sich nach einem halben Jahr heraus, dass sie ihre Aufgabe nicht bewältigten. Da er sein Unternehmen völlig auf diesen Absatzweg ausgerichtet hatte, kam diese Erkenntnis jedoch zu spät ...

3.6.2 Indirekter Vertrieb

Bei dieser Form nutzen Sie Zwischenhändler, zum Beispiel einen **freien Handelsvertreter** oder **Kommissionär**, die **Einzelhändler**, den **Großhandel**. Den Kunden selbst bekommen Sie kaum zu Gesicht. Von Ihrem Preis gehen die Spannen für die Vertriebspartner ab. Die Kosten sind allerdings wesentlich niedriger. Ihr Vertrieb ist **einstufig**, wenn Sie nur einen Zwischenhändler nutzen, zum Beispiel einen freien Handelsvertreter oder den Großhandel, wie es gegenüber industriellen Abnehmern häufig anzutreffen ist. **Mehrstufig** ist er, wenn verschiedene Vertriebspartner beteiligt sind.

Für den indirekten Vertrieb votieren Sie, wenn zwingende Gründe für den Direktvertrieb nicht gegeben sind und nachstehende Punkte zutreffen:

Kriterien für den indirekten Vertrieb

- → Sie wollen bestehende Vertriebswege nutzen und auf Kundenpotenziale eines Vertriebspartners zugreifen – das ist bei Auslandsgeschäften oft angeraten.
- → Ihr Produkt oder Ihre Leistung ist auch von Dritten qualifiziert anzubieten.
- → Sie haben noch keine geeigneten Vertriebsmitarbeiter.
- → Ihr finanzieller Spielraum ist vorerst beschränkt.
- → Sie möchten Ihr Angebot erst testen und sind sich nicht sicher, ob Sie am gewählten Standort richtig platziert sind.
- → Sie sind noch zu wenig vertraut mit dem Aufbau und der Führung eines eigenen Vertriebs.

Gerade in der Startphase Ihres Unternehmens bietet es zuweilen Vorteile, sich auf den Kundenkreis und die Vertriebserfahrung versierter Händler zu stützen, bevor Sie selbst im Markt bekannt sind und genügend Erfahrung besitzen. Falls Sie **verschiedene Märkte** ins Auge fassen, sind Kombinationen denkbar. Für Ihren unmittelbaren Standort ist vielleicht der Direktvertrieb geeignet: Kurze Wege, überschaubare Kosten. Für weiter entfernte Kunden, zum Beispiel im Ausland, manchmal auch für eine ganz andere Zielgruppe, nutzen Sie zusätzlich die dort bestehende Struktur eines Händlers oder Vermittlers. Bedenklich wird es, wenn Sie gezwungen sind, sich von einem langjährigen Vertriebspartner zu trennen, zum Beispiel von einem Handelsvertreter. Da die Kontakte zum Käufer unmittelbar bei ihm liegen, verlieren Sie nicht nur den Zwischenhändler, sondern meist auch die Mehrzahl der Kunden.

Wägen Sie die **Vorzüge und Nachteile** der einzelnen Vertriebswege auf Ihre eigene Gründungssituation bezogen sorgfältig ab. Kalkulieren Sie alle Kosten genau – vergleichen Sie die Varianten – wie so vieles ist auch das größtenteils eine Rechenaufgabe. Berücksichtigen Sie einzelne Standortbedingungen, wie Transport- und Lagerkosten. Die Aufwendungen für Kundeninformation und für Werbung sind gleichfalls zu bedenken. Bestimmen Sie die geeignete Vertriebsvariante stets mit dem Bestreben, zufriedene Kunden und ausreichenden Absatz zu erzielen.

Beispiel

Der Möbelproduzent Christian Weidhaas in Nordrhein-Westfalen organisierte in den ersten Jahren nach der Gründung seinen Absatz über den Groß- und Einzelhandel. Das sparte Kosten und garantierte ihm den Zugriff auf den Kundenstamm seiner Vertriebspartner. Nach einigen Jahren stetigen Wachstums stellte er jedoch Umsatzverluste fest. Die Ursache lag bei den Zwischenhändlern. Da seine Möbel besonderen Qualitätsansprüchen genügten, war eine sachkundige Bedarfsanalyse beim Kunden wichtig. Die Händler zeigten dafür kein ausreichendes Engagement, da sie mittlerweile genügend andere Möbelprogramme im Angebot hatten, die sich auch ohne intensive Beratung verkauften. Mehrere Gespräche brachten keine Besserung.

Daraufhin traf Christian Weidhaas die Entscheidung, trotz der hohen Investitionskosten an seinen wichtigsten Standorten eigene Verkaufseinrichtungen zu schaffen. Schon im ersten Jahr nach Fertigstellung hatte er einen deutlichen Anstieg der Verkaufszahlen zu verzeichnen. Ohne diese Veränderung wäre er in große Schwierigkeiten geraten und hätte seinen Betrieb wohl schließen müssen.

Rechnen Sie damit, jederzeit Ihre Entscheidung neu zu treffen, falls sich die konkreten Marktbedingungen verändern. Schwächen beim Vertriebspartner rechtzeitig zu erkennen und schnell zu reagieren, bewahrt oft vor großen Verlusten.

Stellen Sie in Ihrem Unternehmenskonzept die von Ihnen gewählte Vertriebsvariante dar und begründen Sie kurz Ihre Entscheidung. Planen Sie für später eine

Veränderung, vielleicht in Abhängigkeit von einer erwarteten Entwicklung Ihres Marktes oder innerbetrieblicher Faktoren, geben Sie einen Ausblick auf diese Absicht.

3.7 Ihre Finanzplanung

Die bisherigen Ausführungen zu Ihrem Unternehmenskonzept betrafen vorwiegend die verbale Beschreibung Ihres Gründungsvorhabens. Sicherlich haben Sie festgestellt, welche Schwachstellen Ihre Idee noch aufweist, welche Informationslücken noch zu schließen sind. Eine Reihe dieser Unklarheiten ist jetzt beseitigt. Sie haben dazu gelernt und sehen Ihr ersehntes Ziel immer näher rücken. Worüber Sie allerdings immer noch keine Klarheit haben, ist die Frage, ob Ihr Projekt wirtschaftlichen Erfolg verspricht. Welche Kosten entstehen wodurch und wann? Wie viel Geld benötigen Sie zu welchem Zeitpunkt? Reicht das Ergebnis aus, um Ihnen wirklich eine **tragfähige Existenz** zu schaffen? Bevor Sie darüber keine Gewissheit haben, wäre ein Vorhabensbeginn äußerst riskant. Außerdem verlangen die Fremdkapitalgeber, Banken und Finanzierungsgesellschaften mehr als nur eine verlockende Beschreibung eventueller Erfolge. Sie erwarten nachprüfbare Fakten, konkrete Zahlen. Um diesen Forderungen gerecht zu werden, bedarf es einer Finanzplanung, die alle Aspekte Ihres Vorhabens umfassend berücksichtigt. „Woher soll ich aber wissen, welchen Umsatz ich wirklich erzielen werde?" Diese Frage taucht bei jeder Planung auf. Eine absolute Sicherheit, dass die von Ihnen erwarteten Planungsgrößen Wirklichkeit werden, gibt es natürlich nicht. Aber je genauer und verantwortungsbewusster Sie Ihre Zahlen ermitteln und in die Planungstableaus eintragen, umso größer ist die Wahrscheinlichkeit, dass sie zutreffen. Viele erfolgreiche Unternehmer sagen, eine schlechte Planung sei besser als keine Planung. Das scheint unverständlich, verdeutlicht aber den komplexen Nutzen des Planungsprozesses. Denn wo liegen Ihre Vorteile?

Was Ihnen Ihre Finanzplanung bringt

- ➔ Sie gewinnen Kompetenz.
- ➔ Typische Zusammenhänge und die Abhängigkeiten einzelner Positionen voneinander werden Ihnen bewusst.
- ➔ Sie erkennen besonders wichtige Details als Schlüsselpositionen Ihres wirtschaftlichen Erfolges.
- ➔ Variantenvergleiche machen Sie flexibel für spätere Situationen nach Eröffnung Ihres Geschäfts.
- ➔ Sie bekommen ein Gefühl für die finanziellen Auswirkungen Ihrer Entscheidungen.
- ➔ Eine betriebswirtschaftlich begründete Kalkulation Ihrer Preise ist vor und auch nach der Gründung ohne eine qualifizierte Finanzplanung nicht möglich (vgl. Kap. III, Abschnitt 5: Controlling und Kalkulation)

Noch etwas zur Terminologie: Im allgemeinen Sprachgebrauch wird häufig zwischen Finanzplan und Finanzierungsplan nicht unterschieden. Das führt zu Irritationen zwischen Gesprächspartnern und dazu, dass die Bedeutung des Finanzplans ausschließlich im Zusammenhang mit der Finanzierung eines Vorhabens gewürdigt wird.

Der **Finanzplan** stellt für den Planungszeitraum alle Zuflüsse und Abflüsse von Mitteln dar, weist die Gewinn- oder Verlustsituation aus und gibt Auskunft über die Liquidität.

Der **Finanzierungsplan** ist ein Bestandteil des Finanzplanes und erfasst alle Zuflüsse an Kapital, gegliedert nach eigenen und fremden Mitteln.

Der Finanzplan bildet damit die Zahlenbasis für die Wirtschaftlichkeitsbetrachtung Ihrer Geschäftsidee und liefert Ihnen gleichzeitig ein Kontroll- und Steuerungsinstrument für die Unternehmensentwicklung. Gleichzeitig ist er in Ihrer Gründungsplanung der Ausgangspunkt für die Ermittlung Ihres Kapitalbedarfs. Das ergibt sich daraus, dass in ihm alle Aufwendungen erfasst sind, die sich sowohl vor der Eröffnung als auch im Geschäftsverlauf ergeben.

Mit Hilfe der Liquiditätsrechnung lassen sich dann die Lücken zwischen geplantem Umsatz und dem Einsatz von Eigen- und Fremdkapital schließen.

Bestandteile Ihres **Gründungsfinanzplans** sind:

➔ Investitionen,
➔ Abschreibungen,
➔ Lohn- und Gehaltskosten,
➔ Fixkosten,
➔ Variable Kosten,
➔ Gründungskosten,
➔ Markteinführungskosten,
➔ Umsätze,
➔ Finanzierung,
➔ Erfolgsrechnung,
➔ Liquiditätsrechnung.

Der **Plan über Lohn- und Gehaltskosten** ist hier separat dargestellt. Diese Aufwendungen sind aber Fixkosten, deren Summe dann in Ihren Fixkostenplan einfließen muss.

Die Planteile **„Markteinführung“** und **„Gründungskosten“** sind nur für den Gründungszeitpunkt relevant, also für Ihr erstes Geschäftsjahr. In den Folgejahren spielen sie keine Rolle mehr. Alle übrigen Pläne gelten auch für Ihre künftigen Planungen. So bietet Ihnen Ihr Gründungsfinanzplan eine gute Basis für eine permanente Unternehmensfinanzplanung.

In unseren **Beispielcharts** werden branchenneutrale Begriffe verwendet, die Sie durch Ihre branchenspezifischen Bezeichnungen sowie durch die nur für Ihr Unternehmen zutreffenden Positionen ersetzen sollten.

Arbeiten Sie exakt. Jede Zahl, die Sie eintragen, ist eine unternehmerische Entscheidung. Schätzen Sie verantwortungsbewusst, wo keine sinnvoll nutzbaren Angaben vorhanden sind. Auch nach der Geschäftseröffnung wird es immer wieder Situationen geben, in denen Sie sich auf Ihre Erfahrung und Ihr Gespür zu verlassen haben.

3.7.1 Investitionsplan

Dieser Planteil enthält die Konkretisierung Ihrer schon in Punkt 3.2 des Konzeptes dargestellten Investitionen. Erfassen Sie die einzelnen Anschaffungen nach Art und Preisen. Die Bezeichnungen in diesem Vorschlag sind allgemein gehalten, um eine branchenunabhängige Darstellung zu erreichen. Ersetzen Sie diese Positionen durch Ihre konkreten Angaben:

Planteil Investitionen				
Investition	**Anschaffungspreis**	**Zeitpunkt**		
		Januar...	**Dezember**	**Jahressumme**
Grundstücke Gebäude Maschinen und Transportmittel Büro- und Geschäftsausstattung Lagereinrichtung Kraftfahrzeuge Patente und Lizenzen Sonstiges				
Summe				

Als Kosten für Anschaffungen fallen an:

- **Grundstücke und Gebäude**
  Anschaffungskosten, Aufwendungen für Aus- und Umbau, Renovierung, Kostenvoranschläge, Projekterstellung

- **Büroausstattung**
  Möbel und Ausstattung, Büromaschinen, PC und Peripheriegeräte

- **Geschäftseinrichtung**
  Beim Händler die Ladeneinrichtung, für eine industrielle Fertigung oder den Handwerksbetrieb die Produktions- oder Werkstatteinrichtung, in Gastronomie oder Hotellerie die Ausstattung der Zimmer und Gasträume. Für bestimmte Dienstleister oder Freiberufler ist dieser Punkt zuweilen bedeutungslos.
- **Lagerausstattung**
  Alle Anschaffungen, die zum Lager gehören, einschließlich der Behälter und Regale
- **Maschinen und Transportmittel**
  Arbeitsmaschinen sowie innerbetriebliche Transportmittel, wie Stapler und Fördereinrichtungen
- **Fahrzeuge**
  Nutzfahrzeuge für Transporte außerhalb des Betriebes; Lkws und Pkws. Beachten Sie, dass in den einzelnen Bundesländern unterschiedliche Richtlinien zur Finanzierung von Pkws existieren. Nicht überall sind Letztere mit staatlichen Fördermitteln finanzierbar.
- **Patente und Lizenzen**
  Nichtmaterielle Wirtschaftsgüter, wie auch Konzessionen, die für Ihre Gründung unabdingbar und von Fremden zu erwerben sind. Berücksichtigen Sie die Zahlungsweise. Nur der einmalige Aufwand gilt als Investition. Wiederkehrende Zahlungen sind Kosten und damit nicht durch Fördermittel abdeckbar.
- **Sonstiges**
  Damit Sie durch Preisveränderungen oder vergessene Positionen nicht in Schwierigkeiten kommen, planen Sie zu Ihrer Sicherheit fünf bis zehn Prozent der Summe als Reserve.

Tragen Sie zunächst die Gesamtbeträge ein und führen Sie diese dann in dem Monat nochmals auf, in dem die Mittel tatsächlich abfließen. Berücksichtigen Sie auch Teilzahlungen. Falls Sie über Zahlungstermine im Zweifel sind, wählen Sie aus Vorsicht den für Sie ungünstigeren Zeitpunkt.

Ihre Planungsdaten erhalten Sie, indem Sie sich Angebote einholen, die Sie, wenn nötig, zur Dokumentation dem Anhang hinzufügen. Sind diese Informationen mit hohen Ausgaben verbunden – zum Beispiel Kostenvoranschläge –, reduzieren Sie den finanziellen Aufwand durch Verhandeln. Führt das zu nichts, verzichten Sie darauf und schätzen Sie lieber den Betrag. Sie wissen noch nicht, ob sich Ihr Gründungsvorhaben rechnet! Ist das nicht der Fall, wäre dieses Geld verloren.

3.7.2 Abschreibungsplan

Abschreibungen erfassen die Wertminderungen eines Wirtschaftsgutes durch Verschleiß, Veralten und Substanzverlust. Verwendet wird auch der Begriff **„AfA“ – Absetzung für Abnutzung**. Sie sind über den Nutzungszeitraum aufgeteilte Betriebsausgaben, die Ihren zu versteuernden Gewinn reduzieren.

Beispiel

Sie kaufen Büromöbel mit einer betriebsgewöhnlichen Nutzungsdauer von zehn Jahren[2] im Wert von 12.000 Euro. Bei linearer Abschreibungsmethode verliert dieser Teil Ihres betrieblichen Vermögens jährlich zehn Prozent, also 1.200 Euro an Wert. Dieser Wertverlust bildet die Basis für den Ersatz des Wirtschaftsgutes nach Ablauf seiner Verwendungsdauer.

Die Abschreibungen sind auch **Bestandteil Ihrer Kalkulation.** So bilden Sie über die aus dem Preis erzielten Verkaufserlöse während des gesamten Nutzungszeitraums Rücklagen für die spätere Wiederbeschaffung. Die zu erwartenden Preisveränderungen sind hier nicht berücksichtigt. Aus diesen Rücklagen wiederum lassen sich zuweilen bis zum notwendigen Ersatz der Sache andere Investitionen finanzieren, ohne Fremdmittel zu beanspruchen. Bevor Sie solche Entscheidungen treffen, sollte Ihr Unternehmen jedoch stabil funktionieren.

Nutzungsdauer (ND) und Abschreibungssätze für die einzelnen Wirtschaftsgüter sind von der jeweiligen Verwendung abhängig und in der AfA-Tabelle des Finanzamtes vorgeschrieben. Für Nutzungen, die einen vorzeitigen Verschleiß Ihres Wirtschaftsgutes zur Folge haben, sind Sonderregelungen zu erreichen. Ihr Steuerberater gibt Ihnen darüber Auskunft.

Planteil Abschreibungen					
Wirtschaftsgut	**Anschaf-fungs-preis**	**AfA-Satz**	**Zeitpunkt**		
			Januar …	**Dezember**	**Jahres-summe**
Gebäude Maschinen und Transportmittel Büro- und Geschäfts-ausstattung Lagereinrichtung Kraftfahrzeuge Sonstiges					
Summe					

2 Der Zeitraum ist aus Gründen der Darstellung willkürlich gewählt.

In der Gewinn- und Verlustrechnung werden die Abschreibungen als Aufwand erfasst, also vor Steuern gegen den Gewinn gerechnet. Daraus ergeben sich interessante **Gestaltungsmöglichkeiten**, zum Beispiel planmäßig hohe Abschreibungen in Jahre mit hohen Gewinnerwartungen zu verlagern, um die Steuerlast zu senken. Für einzelne Regionen oder auch das gesamte Bundesgebiet sind zuweilen Sonderabschreibungen anwendbar. Dadurch tritt ein Fördereffekt ein, da auf diese Weise betrieblicher Gewinn im Unternehmen belassen wird. Informieren Sie sich bei der IHK oder Handwerkskammer und bei Ihrem Steuerberater über solche Wege.

Im Unterschied zu Ihrem Anlagevermögen schreiben Sie geringwertige Wirtschaftsgüter (**GWG**) anders ab. Lesen Sie dazu im Kapitel III die Abschnitte 3 (Steuern) und 4 (Buchführung). Durch die sich immer wieder verändernde Steuergesetzgebung wird das ganze kaum übersichtlicher.

Bringen Sie bei der Gründung ein Wirtschaftsgut ein, das Sie bisher privat genutzt haben – Fahrzeug, PC, Drucker oder Möbel – zählt der Marktpreis, den es zum Zeitpunkt der Übertragung ins Betriebsvermögen hat, der **Teilwert**, als Abschreibungsbasis.

Immaterielle Wirtschaftsgüter sind nur dann abzuschreiben, wenn Sie sie von Dritten erworben haben. Selbstentwickelte Software oder eigene Patente zählen nicht dazu. Informieren Sie sich darüber genauer bei Ihrem Steuerberater, da noch weitere Besonderheiten zu beachten sind.

3.7.3 Planteil Löhne und Gehälter

Jedes Gründungsunternehmen hat Personalkosten, selbst wenn es „nur" die Bezüge des Unternehmers und seiner Familie sind. An diesem Punkt ungenau zu sein, hat weit reichende Folgen. Dieser Aufwand geht in Ihre Fixkosten ein und führt damit – unabhängig vom Umsatz – zu einem regelmäßig wiederkehrenden Geldabfluss. Zu hohe Personalkosten bedeuten sehr häufig das „Aus" für den Selbständigen. Auf Mitarbeiter zu verzichten, ist jedoch auch keine tragfähige Lösung. Versuchen Sie nämlich, alles allein zu bewältigen, blockieren Sie Ihre wertvolle Zeit. Es bleibt dann kein Raum für Ihre Marktbeobachtung, Akquisition und Kontaktpflege sowie Geschäftsanbahnung. Der Ingenieur, der sich mit einem großen Auftrag selbständig macht und diesen dann Monate allein bearbeitet, hat nach dessen Abwicklung oft keinen Folgeauftrag, weil ihm die Zeit fehlte, seinen unternehmerischen Aufgaben nachzugehen.

Planteil Löhne und Gehälter			
Funktion	**Zeitpunkt**		
	Januar...	**Dezember**	**Jahressumme**
Geschäftsführer Bürokraft Buchhalter Mitarbeiter			
Lohn-/Gehaltssumme			
Zuschlag für Personalzusatzkosten			
Geringfügig Beschäftigte			
Lohn- und Gehaltskosten gesamt			

Ob Ihre eigenen Bezüge in diesem Planteil zu berücksichtigen sind, hängt von der Rechtsform ab, in der Sie gründen. Ist es eine GmbH, also eine Kapitalgesellschaft, stehen Sie als Geschäftsführer auch auf der Gehaltsliste. Diese Kosten sind steuerlich als Betriebsausgaben anzusehen. Sie dürfen also im Rahmen des Personalkostenplans in die Fixkosten eingehen, die wiederum vor der Gewinnermittlung zu berücksichtigen sind, wie Sie in der Erfolgsrechnung sehen.

Gründen Sie in einer anderen Rechtsform – als Einzelunternehmer, Freiberufler oder als Personengesellschaft, beispielsweise als GbR, – gelten die Mittel, die Sie für sich selbst verwenden, steuerlich nur als **Entnahme**. Das heißt, Sie entnehmen Ihr Salär aus dem Gewinn nach Steuern. Im Interesse einer kontrollierten Entnahme von Mitteln für den privaten Verbrauch sollten Sie trotzdem einen festen Betrag pro Monat einplanen. Richten Sie einen Dauerauftrag ein und lassen Sie diese Summe von Ihrem Geschäftskonto auf das Privatkonto überweisen. Betriebsausgaben sind das jedoch trotzdem nicht.

Führen Sie alle Lohn- und Gehaltsempfänger mit ihren Bruttobezügen auf. Berücksichtigen Sie den genauen Zahlungsausgang, beispielsweise das dreizehnte Monatsgehalt. Planen Sie es in dem Monat, in dem Sie es tatsächlich auszahlen. Berücksichtigen Sie unbedingt die **Personalzusatzkosten**. Sie setzen sich aus folgenden Positionen zusammen:

- Gesetzliche Personalzusatzkosten
  - ➔ Sozialversicherungsbeiträge der Arbeitgeber einschließlich Unfallversicherung
  - ➔ Bezahlte Feiertage und sonstige Ausfallzeiten
  - ➔ Entgeltfortzahlung im Krankheitsfall
  - ➔ Sonstige Kosten, wie Versicherung gegen Betriebsunfälle und Berufskrankheiten, Mutterschutz.

- Tarifliche und betriebliche Personalzusatzkosten
  → Urlaub, Urlaubsgeld
  → Sonderzahlungen, Gratifikationen (13. Monatsgehalt)
  → Betriebliche Altersversorgung
  → Vermögensbildung.

Je nach Wirtschaftszweig und Branche können diese Lohnzusatzkosten im Maximalfall die 100 Prozent des Bruttoentgeltes erreichen. Da Vieles im Gründungsunternehmen in der Regel noch nicht anfällt, zum Beispiel tarifliche Leistungen, sind Sie mit 40 bis 50 Prozent auf der sicheren Seite. Eingeführte Unternehmen, vor allem im gewerblichen Bereich, kalkulieren ihre Löhne und Gehälter allerdings sehr oft mit einem Aufschlag von 80 bis 100 Prozent.

3.7.4 Umsatzplan

Ihre Umsatzplanung stützt sich auf Ihre Marktanalyse sowie auf Branchenerfahrungen, die Sie selbst gesammelt haben oder aus Betriebsvergleichen entnehmen. Je gründlicher Sie Ihre Recherchen betreiben, um so exakter wird Ihre Umsatzplanung. Trotzdem bleibt sie weitestgehend unsicher. Passen Sie diesen Planteil nach dem Start Ihres Unternehmens laufend den wirklichen Umsätzen an und verändern Sie die daraus abgeleiteten anderen Pläne entsprechend.

Planteil Umsatz			
Bezeichnung	**Zeitpunkt**		
	Januar …	**Dezember**	**Jahressumme**
Produkt I Produkt II Produkt III Warengruppe 1 Warengruppe 2 Warengruppe 3 Dienstleistung A Dienstleistung B Sonstige Umsätze			
Summe			

Führen Sie die aus dem Verkauf der einzelnen Produkte oder Waren erzielten Einnahmen auf und berücksichtigen Sie in Ihrer Branche übliche saisonale Schwankungen. Mit Dienstleistungen oder beratenden Tätigkeiten, für die Honorare anfallen, verfahren Sie ebenso. Auch geplante Verkäufe von Anlagevermögen und Vermittlungsprovisionen finden hier Eingang. Gehen Sie dabei nur von relativ sicheren Einkünften aus. Wunschdenken ist genauso fehl am Platz wie übergroße Zurückhaltung.

Wie Sie die Umsatzgröße errechnen, ab welchem Wert Sie in die Gewinnspanne gelangen, erfahren Sie im Abschnitt „Controlling". Dieser „Break-even-Point" sollte, bis auf den Tag heruntergerechnet, stets in Ihrem „Hinterkopf" zu finden sein.

3.7.5 Markteinführungskosten

Gründungsplanung unterscheidet sich von der üblichen Unternehmensplanung in einigen Punkten, so auch bei der Position **Markteinführung.** Diese Aufwendungen entstehen speziell beim **Start Ihres Vorhabens.** Später tauchen solche Positionen im Fixkostenplan oder bei den variablen Kosten auf.

Erfassen Sie hier alles, was zum Einstieg in Ihren Markt erforderlich ist: beispielsweise die Geschäftsausstattung (Firmenlogo, Briefbögen, Visitenkarten). Diese Kosten sind abhängig vom Charakter Ihres Unternehmens. Bedienen Sie sich ruhig professioneller Hilfe. Nicht jeder, der einen PC mit dazugehörigem Grafikprogramm bedienen kann, ist dadurch schon ein Grafiker. Wenn Sie hier „stümpern", schadet das Ihrem Ruf. Achten Sie aber auf die Kosten und wählen Sie ein angemessenes Verhältnis von Anspruch und erwünschter Außenwirkung. Gehen Sie von Ihrer Unternehmensphilosophie aus und berücksichtigen Sie die Erwartungen Ihrer Kunden und der anderen Geschäftspartner.

Der erste „Werbefeldzug" gehört ebenfalls in diese Rubrik. **Anzeigen**, **Mailings**, **Prospekte** und **Informationsblätter** sowie die **Eröffnungsveranstaltung** sind zu planende Ausgaben. Mit einigem Nachdenken finden Sie auch hier preiswerte Lösungen. Ein guter **Kontakt zur Presse** spart zuweilen teure Annoncen. Kennen Sie Ihre Zielgruppe genau, lässt sich Ihr Aufwand sinnvoll minimieren (Marktanalyse!). Präsentieren Sie sich als Einstieg auf einer **Fachmesse**, sind diese Kosten nicht zu unterschätzen.

Planteil Markteinführung			
Aufwand	**Zeitpunkt**		
	Januar . . .	**Dezember**	**Jahressumme**
Entwurf und Reinzeichnung für Logo Visitenkarten Briefpapier Internet-Präsenz Flyer Informationsmaterialien Angebotskataloge Preislisten Anzeigen Eröffnungsveranstaltung Messekosten Sonstiges			
Summe			

3.7.6 Plan der Gründungskosten

Ihre Gründung selbst kostet Geld. Für die Anmeldung Ihres Gewerbes oder der freiberuflichen Tätigkeit entrichten Sie einen relativ geringen Betrag, gleichgültig, welches Unternehmen Sie planen. Mit den Positionen **Rechtsanwalt** und **Steuerberater** rechnen Sie bitte in jedem Fall, da Sie mit diesen „Investitionen" Ihre Gründung sicherer machen und sich vor finanziellen Folgeschäden schützen. Falls Sie einen **Unternehmensberater** hinzuziehen, gehört auch das in diese Rubrik.

Die für solche Konsultationen vorgesehene staatliche **Beratungsförderung** planen Sie besser nicht. Das Honorar ist von Ihnen zunächst vorzuschießen. Die Fördermittel gibt es erst dann, wenn der Beratungsbericht von der zuständigen Behörde gutgeheißen wird. Das nimmt zuweilen Zeit in Anspruch.

Planteil Gründungskosten			
Aufwand	**Zeitpunkt**		
	Januar ...	**Dezember**	**Jahressumme**
Unternehmensberater Steuerberater Rechtsanwalt Notar Amtsgericht Kapitalverkehrsteuer Anmeldegebühren Reisekosten Bewirtungskosten Seminare Fachliteratur Sonstige Kosten			
Summe			

Einige dieser einmaligen Aufwendungen **sind abhängig von der Rechtsform**, die Sie wählen. Errichten Sie eine Kapitalgesellschaft, wird die **Kapitalverkehrsteuer** fällig. Sie beträgt ein Prozent des Stamm- oder Grundkapitals. Ist Ihr Unternehmen in das Handelsregister einzutragen, kostet das eine Gebühr, die das **Amtsgericht** erhebt. Bei der Gründung solcher Unternehmen benötigen Sie zusätzlich einen **Notar**, der die Verträge beurkundet und die Eintragung auf den Weg bringt. Auch für Grundstücksgeschäfte oder eine geplante Gütertrennung mit Ihrem Ehepartner kommen Sie ohne ihn nicht aus.

Vernachlässigen Sie nicht die Position **Sonstige Kosten**. Hier erfassen Sie alles, was in Vorbereitung Ihrer Gründung, bis zur Eröffnung des Geschäfts, an Aufwand zu betreiben ist: Reisekosten, Telefon- und Parkgebühren, Seminarentgelte, der Kauf von Fachbüchern und Provisionen, die Sie für Informationen im Rahmen Ihrer Markt- und Standortanalyse zahlen. Beachten Sie, dass das, was Sie veranschlagen, angemessen wirkt. Eine ausgedehnte Weltreise zum Zweck der Marktanalyse wird Ihr Finanzamt kaum als Gründungsaufwand akzeptieren.

Noch ein wichtiger Hinweis: Bis zum Zeitpunkt Ihrer Planung sind natürlich solche Ausgaben schon erfolgt. Suchen Sie die Originalbelege hervor und heben Sie alle weiteren gut auf. Fertigen Sie notfalls Eigenbelege an, die den Betrag inklusive Umsatzsteuer, den Verwendungszweck, das Datum und die Unterschrift enthalten. Sind Ihre Angaben glaubhaft, erkennt das Finanzamt auch diese Belege an. Selbst wenn Sie nicht gründen, sind Gründungsaufwendungen bis zu drei Jahren rückwirkend in Ihrer Steuererklärung geltend zu machen – sofern das nicht schon im laufenden Jahr geschehen ist.

3.7.7 Fixkostenplan

Fixe Kosten sind Aufwendungen, die **unabhängig vom Umsatz** entstehen. Bedenken Sie das bereits bei der Planung, denn oft entstehen durch Unterschätzung dieser Position beträchtliche Liquiditätsengpässe. Bei einzelnen Ausgaben, die gewissen Schwankungen unterliegen, fällt die Zuordnung manchmal schwer. Sind es größere Beträge, wie umsatzabhängige Lohnbestandteile, zählen sie zu den variablen Kosten. Bei kleineren Positionen, wie Telefon oder Benzin, ermitteln Sie eine Pauschale und planen Sie sie sicherheitshalber als fixe Bestandteile.

Planteil Fixkosten			
Kostenart	**Zeitpunkt**		
	Januar ...	**Dezember**	**Jahressumme**
Summe Löhne/Gehälter			
Miete/Pacht			
Raumnebenkosten			
Energie			
Kosten für Kraftfahrzeuge			
Porto, Telefon, Fax, Internet			
Wartung			
Reinigung			
Beiträge			
Betriebliche Versicherungen			
Leasingraten			
Werbung			
Reisekosten			
Fremdkapitalzinsen			
Büromaterial			
Andere fixe externe Dienstleistungen (Steuerberater)			
Sonstiges			
Summe			

Zur Position Versicherungen: Gründen Sie keine Kapitalgesellschaft, sind Ihre Aufwendungen zur persönlichen Vorsorge (Lebens- und Rentenversicherung) steuerlich nicht als Betriebskosten anerkannt. Sie sind aus Ihrem Gewinn zu bestreiten. Führen Sie demzufolge nur **betriebliche Versicherungen** auf. Was in welchem Umfang für Sie sinnvoll ist, hängt von Ihren speziellen Risiken ab. Ob Betriebshaftpflicht oder Produkthaftung, Rechtsschutzversicherung oder Datenträgerversicherung – lassen Sie sich von mehreren unabhängigen Fachleuten beraten und entscheiden Sie nicht vorschnell und ohne mehrere Angebote zu vergleichen!

Der Punkt **Zinsen** sollte auch die variablen Verpflichtungen berücksichtigen. Informieren Sie sich über die Höhe und den Zeitpunkt der Fälligkeit von Zinsen für staatliche Förderhilfen. Tilgungen gehören nicht in diesen Plan. Sie sind aus Ihrem Gewinn zu leisten!

Beiträge sind Kosten, die Ihnen aus der Mitgliedschaft bei Kammern und Verbänden sowie anderen Berufsorganisationen entstehen. Aktivitäten für Vereine, die Ihrem Hobby zuzurechnen sind, haben im Hinblick auf die Anerkennung als Betriebsausgaben an dieser Stelle nur dann einen Platz, wenn Sie den betrieblichen Nutzen nachweisen.

Mit der Position **Sonstiges** bauen Sie sich einen Puffer für unvorhergesehene Entwicklungen ein. Drei bis fünf Prozent der Gesamtkosten reichen dafür aus.

3.7.8 Plan der variablen Kosten

Einige Aufwendungen haben Sie nur dann, wenn Sie wirklich produzieren, verkaufen und leisten. Sie entstehen **abhängig vom Umsatz**, sind also variabel. Ausgangspunkt ist Ihr Umsatzplan. Je zutreffender diese Zahlen sind, um so genauer wird die Planung Ihrer variablen Kosten.

Planteil variable Kosten			
Kostenart	**Zeitpunkt**		
	Januar ...	**Dezember**	**Jahressumme**
Rohstoffe Verbrauchsstoffe Halbfabrikate Handelsware **= Wareneinsatz** Fremdleistungen Fracht und Versand Provisionen Saisonkräfte Honorare Gewährleistung/Garantie Sonstige Kosten			
Summe			

Tragen Sie entsprechend Ihrer Branche das jeweils Zutreffende ein. Die erste Kostengruppe wird meist unter dem Begriff **Wareneinsatz** zusammengefasst. Berücksichtigen Sie auch die Positionen, die im unteren Teil des Tableaus aufgeführt sind:

Fremdleistungen bezeichnen Kosten für den Bezug von Sach- oder Dienstleistungen, die Sie von anderen Unternehmern einkaufen. Sie sind deshalb, wie auch die übrigen Positionen, kurzfristig abbaubar, da Sie dafür keine eigenen Kapazitäten zu installieren haben.

Provisionen für Handelsvertreter oder eigene Mitarbeiter finden hier genauso Platz wie Löhne, Gehälter und Honorare für die kurzzeitige Beschäftigung von Personal. Hüten Sie sich jedoch, die Provisionen ausschließlich an die Umsatzgröße zu binden. Umsatz ist nicht gleich Gewinn, und wenn die Kostenstruktur des hereingeholten Auftrags nicht stimmt, zahlen Sie Provisionen, obwohl Ihnen ein Verlustgeschäft vermittelt wurde.

Typisch sind **Saisonkräfte** in der Gastronomie, dem Gartenbau und der Landwirtschaft. Auch Ingenieurbüros, die zur Abwicklung umfangreicher Aufträge Hilfskräfte beschäftigen, wählen diese Form.

Garantieleistungen fallen meist auch an, wenn Sie der Meinung sind, die von Ihnen erreichte Qualität ließe diesen Punkt überflüssig erscheinen. Ihre Kunden werden Sie eines Besseren belehren, denn Reklamationen dienen dem Besteller nicht selten nur als Vorwand für einen Zahlungsaufschub. Ihnen entstehen Kosten, selbst wenn sich die Reklamation später als unbegründet herausstellt. Orientieren Sie sich an den für Ihre Branche üblichen Prozenten vom Umsatz.

3.7.9 Finanzierungsplan

Ihren Kapitalbedarf für die Investitionen und Ihre Anlaufkosten, mit Ausnahme Ihrer Privatausgaben, kennen Sie nun. In diesem Planteil fassen Sie alle Finanzierungsquellen nach ihrer Herkunft zusammen. Dazu zählt Ihr Eigenkapital einschließlich der Einlagen anderer Gesellschafter sowie das Fremdkapital.

Sie wissen allerdings bis jetzt noch nicht, welche dieser Quellen Sie in welchem Umfang und zu welchen Konditionen ausschöpfen dürfen. Die notwendigen Verhandlungen sind aber erst dann zu empfehlen, wenn Ihre gesamte Planung im Entwurf vorliegt. Deshalb behelfen Sie sich zunächst mit Ihren Vorstellungen und den Kenntnissen, die Sie sich durch Ihre Recherchen über aktuelle Bankkonditionen und Fördermittel angeeignet haben.

Dieser Planteil wird damit zu Ihrem Finanzierungsvorschlag, der den bevorstehenden Bankverhandlungen zugrunde liegt.

Planteil Finanzierung			
Aufwand	**Zeitpunkt**		
	Januar ...	**Dezember**	**Jahressumme**
Eigenmittel			
Beteiligungskapital			
Sacheinlagen			
Zuschüsse Arbeitsagentur			
Summe Eigenmittel			
Lang- und mittelfristige Kredite (z. B. Fördermittel)			
Kurzfristige Kredite			
– Kontokorrentkredit			
– Lieferantenkredit			
Summe Fremdmittel			
Gesamtsumme			

Eigenmittel sind all jene Gelder, die Ihnen selbst uneingeschränkt zur Verfügung stehen. Dieses Kapital ist immer langfristig und haftend, das heißt, Ihre späteren Gläubiger dürfen im Ernstfall darauf zugreifen, ohne dass Rechte Dritter daran bestehen, das Geld also vielleicht der Bank gehört. Aus diesem Grund sagt die Höhe dieses Teils der Finanzierung viel über Ihre **Kreditwürdigkeit** und **Finanzkraft** aus. Außerdem ist seine Verwendung für Sie kostenfrei und nicht an eine Rückzahlung gebunden. Sorgen Sie aber dafür, dass sich diese Mittel trotzdem für Sie in Form des späteren Gewinns verzinsen. Falls das nicht eintritt, hätten Sie den Betrag besser angelegt, statt ein Geschäft damit zu gründen.

Bringen Sie eine Maschine, einen PC oder ein Auto mit in das Unternehmen, so sind das **Sacheinlagen**. Bei einer GmbH-Gründung sind diese Sachen auf das zu erbringende Mindestkapital von 25.000 Euro anrechenbar. Zwei Bedingungen haben Sie jedoch zu erfüllen: Die Sache muss **betriebsnotwendig** und sie muss **werthaltig** sein. Die Werthaltigkeit bestätigt ein vereidigter Sachverständiger. Das Gutachten ist zuweilen teuer und hat auch einer späteren Überprüfung – beispielsweise im Konkursfall – standzuhalten. Überlegen Sie, ob sich der Aufwand für Sie wirklich lohnt.

Beteiligungskapital ist eine Finanzierungsform, die für **innovative Gründungen** oder **Betriebserweiterungen** geeignet ist. Kapitalbeteiligungsgesellschaften treten dann als Mitgesellschafter ein und haften mit dieser Einlage wie Sie mit Ihrem Eigenkapital. Bevor Sie eine solche Variante ins Auge fassen, informieren Sie sich, welche Bedingungen (Branche, innovativer Charakter, Mindestjahresumsatz) Ihr Vorhaben zu erfüllen hat, um für diese Kapitalgeber interessant zu sein.

Langfristige Nutzungen, wie Investitionen im Anlagevermögen, finanzieren Sie mit **langfristigen Bankdarlehen.** Aktuell gültige Konditionen und Laufzeiten dienen Ihrer Orientierung, sind aber immer nur Verhandlungsbasis. Mit etwas Geschick erreichen Sie oft weit günstigere Ergebnisse.

Planen Sie für die Beschaffung von Material, Rohstoffen oder Waren, also für nur kurzfristig im Betriebsvermögen verbleibende Wirtschaftsgüter, die Finanzierung auch mit **kurzfristigen Mitteln** ein. Eine typische Form ist der **Kontokorrentkredit**, seinem Verwendungszweck entsprechend auch oft **Betriebsmittelkredit** genannt. Ihre Bank räumt Ihnen einen solchen Kreditrahmen ein, um zeitweilige Schwankungen bei Ihren Zahlungseingängen auszugleichen. Die Zinsen liegen meist höher als beim langfristigen Darlehen, aber auch sie sind verhandelbar! Nutzen Sie diesen Rahmen nicht durchgängig und im vollen Umfang. Das ist teuer und nimmt Ihnen den hilfreichen Spielraum, wenn ein Kunde nicht zahlt oder unverhoffte Rechnungen zu begleichen sind. Deshalb ist diese Finanzierungsquelle nicht für den Kauf von Anlagevermögen geeignet! Die Höhe dieses **Limits** hängt von Ihren Kosten ab; drei Monatskosten sind eine Richtschnur. Wie ein in üblicher Weise genutzter Kontokorrentrahmen aussieht, zeigt Ihnen diese Übersicht:

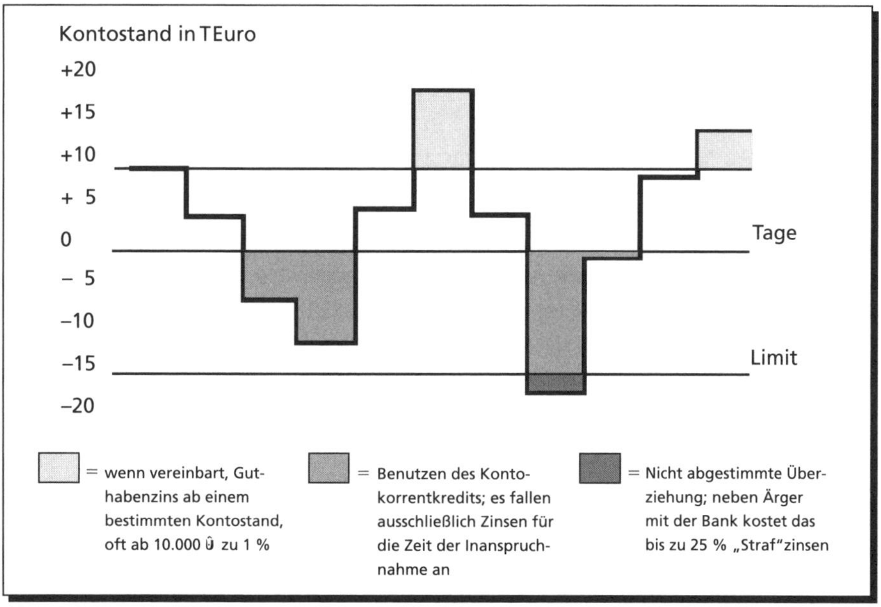

Beziehen Sie Waren, für die ein **Zahlungsziel** ausgehandelt wurde, gibt Ihnen der Lieferant damit für einen kurzen Zeitraum – meist 30 oder 60 Tage – einen **Lieferantenkredit** über den Rechnungsbetrag. Der Zeitraum ist branchenabhängig. Durch Verhandeln erreichen Sie auch längere Zahlungsziele.

Die Kosten, die Ihrem Zulieferer dadurch entstehen, tragen Sie selbst über den Preis, der einen Skonto-Aufschlag für Zinsen, Verwaltungskosten und Kreditrisiko enthält. Den Zahlungsaufschub bekommen Sie also nicht geschenkt. Zahlen Sie vorher, haben Sie das Recht, diesen Aufschlag einzubehalten, zu **skontieren**. Der Umfang ist durch den Skontosatz – meist zwei bis drei, selten fünf Prozent – festgelegt. Skontieren Sie immer, selbst dann, wenn Sie dazu Ihren Kontokorrent in Anspruch nehmen müssen, denn ein Lieferantenkredit kostet derzeit um die 36 Prozent! Das Ziel zu nutzen ist nur dann sinnvoll, wenn es bei niedrigem Skontosatz sehr lang ist oder Sie bei Ihrer Bank keinen Kredit mehr haben. Rechnen Sie das notfalls vorher genau aus.

Beispiel

Günter Odenthal aus Rastatt erhält eine Warenlieferung zum Preis von 3.000 Euro. Das in den AGB (Allgemeine Geschäftsbedingungen) des Lieferanten enthaltene Zahlungsziel beträgt 60 Tage. Bei Vertragsabschluss hat er einen Skontosatz von drei Prozent ausgehandelt. Zahlt er binnen zehn Tagen, spart er 90 Euro. Nimmt er für diese 2.910 Euro 40 Tage lang seinen Kontokorrentkredit in Anspruch, der mit jährlich zwölf Prozent Zinsen vereinbart ist, entstehen für 40 Tage Zinskosten von 1,3 Prozent. Das sind 37,83 Euro. Er spart also mit der Skontierung trotzdem noch 52,17 Euro.

Aus diesen Erwägungen heraus sollten Sie Ihren Finanzbedarf nur im Notfall über Lieferantenkredite decken. Wählen Sie in Ihrer Planung diese Form ausschließlich dann, wenn sich keine andere Variante zur kurzfristigen Geldbeschaffung finden lässt!

Zur Position **Fördermittel** machen Sie sich anhand der von den Förderstellen herausgegebenen Informationsmaterialien kundig und nehmen Sie die Beratung Ihrer Handels- oder Handwerkskammer in Anspruch. Suchen Sie auch nach Sonderprogrammen der EU, des Bundes und der Länder, die vielleicht gerade für Ihren Fall eine Lösung bieten.

Im „Finanzierungsplan" steht die Position „Fördermittel" nur als Erinnerungsposten. Sobald Sie eine klare Vorstellung haben, welche Programme für Sie in Frage kommen, führen Sie diese explizit auf. Die meisten Förderdarlehen sind langfristige Kredite, d. h. sie zählen unter die entsprechende Rubrik in Ihrem Plan. Berücksichtigen Sie für diese Mittel entsprechende Zinsen im Fixkostenplan. Handelt es sich um Zuschüsse oder solche Positionen wie „Überbrückungsgeld", fallen keine Zinsen an.

3.7.10 Erfolgsrechnung

Nun sind Sie an dem Punkt Ihrer Planung angelangt, wo Sie erste Aussagen darüber erhalten, ob Ihr Gründungsvorhaben **wirtschaftlich sinnvoll** ist. Ihre **Erfolgsrechnung** gibt Auskunft darüber, wie sich die von Ihnen so mühevoll zusammengetragenen Daten zueinander verhalten, ob Sie Gewinn oder Verlust zu erwarten haben. Tragen Sie die Werte aus Ihren Einzelplänen in folgendes Tableau ein und berechnen Sie das Ergebnis.

Für die Gründer eines **Handelsbetriebs** ein Hinweis: Der Rohertrag in Prozent vom Umsatz stellt die Ihnen bekannte **Handelsspanne** dar. Vergleichen Sie Ihr Ergebnis mit den branchenüblichen Zahlen, beispielsweise aus den Veröffentlichungen des Instituts für Handelsforschung in Köln. So bekommen Sie ein Gefühl dafür, ob Sie annähernd im „Trend“ liegen.

Die Position **Steuern** ergänzen Sie bitte mit Unterstützung Ihres Steuerberaters. Je nach gewählter Rechtsform unterliegen Sie der Einkommensteuer, der Gewerbe- und Körperschaftsteuer sowie weiteren Belastungen. Sind Sie **Freiberufler**, entfällt für Sie die Zahlung der Gewerbesteuer.

Planteil Erfolgsrechnung			
Aufwand	**Zeitpunkt**		
	Januar ...	**Dezember**	**Jahressumme**
Umsätze ./. Variable Kosten **= Rohertrag** ./. Fixkosten ./. Gründungskosten ./. Markteinführungskosten ./. Abschreibungen **= Betriebsergebnis** + außerordentliche Erträge ./. außerordentliche Verluste **= Gewinn vor Steuern** ./. Steuern			
= Reingewinn			

Was nun, wenn Ihr „Gewinn vor Steuern“ in Ihrer Planung ein „**Verlust** ohne Steuern“ geworden ist? Gehen Sie zunächst davon aus, dass im Gründungsjahr selten mit einem positiven wirtschaftlichen Ergebnis zu rechnen ist. Sollte aber auch im zweiten oder dritten Jahr keine Gewinnspanne erkennbar sein, prüfen Sie zunächst in Ihren Einzelplänen, ob sich Fehler eingeschlichen haben. Ist bereits Ihr Rohertrag zu gering, liegen Sie im Bereich der variablen Kosten zu hoch oder Ihre Preise stimmen nicht. Auch eine fehlerhafte Marktanalyse ist denkbar.

Kontrollieren Sie dann die übrigen Kostenpläne und versuchen Sie, Positionen zu kürzen oder einzusparen. Bringt auch das keine wesentliche Veränderung, verdichtet sich die Vermutung, dass Ihre Idee wirtschaftlich nicht tragfähig ist. Sie sollten die Gründung verschieben und sich nach einem neuen Einfall umsehen. Trotz allem zu beginnen und auf günstige Entwicklungen zu hoffen, wäre äußerst leichtsinnig. Die Umsatzzahlen willkürlich zu erhöhen, stellt ebenfalls keine seriöse Lösung dar!

Nehmen Sie Verluste nicht auf die leichte Schulter. Die weit verbreitete Ansicht, dass ein junges Unternehmen in den ersten Jahren gesetzmäßig Verluste macht, ist grundfalsch! Ihr Bestreben ist es, Gewinn zu erzielen und nicht, Entschuldigungen für Verluste zu suchen. Ihre grundsätzliche Einstellung zu dieser Frage bestimmt unmerklich Ihr Handeln. Gewöhnen Sie sich an den Verlust, werden Sie mit Sicherheit auch welchen produzieren. Suchen Sie Lösungen und Varianten, die Sie, so früh es geht, in die Gewinnspanne bringen.

Die Bewertung Ihres Konzeptes durch den **Fremdkapitalgeber** richtet sich ebenfalls danach, ab wann Sie Gewinne ausweisen – falls Ihr Jahresergebnis nicht über dem Betrag von 20.000 Euro liegt, planen Sie eine „**Kümmerexistenz**".

Diese Ausführungen beziehen sich jedoch nicht auf die Darstellung Ihrer Ertragserwartung gegenüber dem **Finanzamt** nach Anmeldung Ihres Gewerbes oder Ihrer freiberuflichen Tätigkeit. Hier sollten Sie in keinem Fall Gewinne ankündigen! Erzielen Sie welche, ist immer noch Zeit, Steuern zu zahlen. Erreichen Sie nämlich das geplante positive Ergebnis nicht, belastet die Steuervorauszahlung Ihre Liquidität, was stets gefährlich ist. Übrigens haben Ihre Planungsunterlagen auch nichts beim Finanzamt zu suchen. Es ist die Aufgabe Ihres Steuerberaters, die notwendigen Informationen zusammenzustellen und weiterzuleiten.

Ergibt Ihre Gründungsplanung ein erfreuliches Resultat, werden Sie nicht übermütig. Sie haben es noch nicht erzielt! Berücksichtigen Sie auch, dass, außer bei Kapitalgesellschaften, aus diesem Betrag Ihre Entnahme und in jedem Fall die Tilgung Ihres Fremdkapitals zu erfolgen haben.

3.7.11 Liquiditätsrechnung

Ihre Planung ist noch nicht vollständig. Sie wissen zwar jetzt, wie viel Geld Sie wofür benötigen und woher es kommen soll, aber Ihren exakten **Zahlungsmittelbedarf** für die einzelnen Perioden kennen Sie noch nicht. Dabei hilft Ihnen Ihr **Liquiditätsplan.** In ihm stellen Sie dar, welche Mittel zu welchem Zeitpunkt erforderlich sind, um damit kontinuierlich Ihre **Zahlungsfähigkeit** zu sichern. Beachten Sie die Grundregel der erfahrenen Unternehmer: Liquidität geht zunächst vor Rentabilität. Denn das rentabelste Geschäft nützt Ihnen nichts, wenn Sie infolge Zahlungsunfähigkeit Konkurs anzumelden haben.

Planteil Liquiditätsrechnung			
Mittelabfluss für	**Zeitpunkt**		
	Januar . . .	**Dezember**	**Jahressumme**
Übertrag Einnahmen aus Umsatz + Finanzmittel + Außerordentliche Erträge **= Summe Einzahlungen (E)** ./. Investitionen ./. Fixkosten ./. Variable Kosten ./. Markteinführung ./. Gründung ./. Tilgung Fremdkapital ./. Gewerbesteuer ./. Außerordentliche Verluste ./. Rücklagen **= Summe Auszahlungen (A)** **E ./. A**			
= Liquiditätsreserve			

Tragen Sie alle Werte sorgfältig aus Ihren Einzelplänen ein. Hier finden nun auch Ihre Investitionen und das erste Warenlager Platz. Die Tilgung Ihres Fremdkapitals taucht als Mittelabfluss auf. Die Einzahlungen aus Umsätzen sowie eigenem und fremdem Kapital dürfen, gegen die Auszahlungen gerechnet, niemals eine „rote Zahl" ergeben. Dann wären Sie zu diesem Zeitpunkt zahlungsunfähig. Spätestens hier zahlt sich aus, dass Sie auf den Monat genau geplant haben. So verwässern Durchschnitte nicht Ihre genaue Übersicht.

Was aber, wenn nun immer noch rote Zahlen auftauchen? Obwohl Sie doch in Ihrer Erfolgsrechnung Gewinne ausweisen? Genau hier erkennen Sie den Nutzen Ihres Liquiditätsplans für die Ermittlung des Gesamtkapitalbedarfs. Versuchen Sie, nach der üblichen Fehlerprüfung, die roten Zahlen zum Verschwinden zu bringen, indem Sie Kosten senken, Einzahlungen von Gesellschaftern verschieben und Umsätze verändern. Macht alles das keinen Sinn, bleibt nur der Weg, den Einsatz der Finanzmittel zu erhöhen.

Versuchen Sie es mit der Aufstockung von Eigenkapital, sofern es noch nicht gänzlich verplant ist. Als Nächstes bleibt nur noch, den Fremdkapitaleinsatz zu verändern. Prüfen Sie, ob das mit einer Aufstockung des Kontokorrents sinnvoll möglich ist oder ob ein mittel- oder langfristiger Kredit eingesetzt werden muss. Haben Sie die roten Zahlen nun beseitigt, erinnern Sie sich daran, dass Sie von Ihrem Kontokorrent im Jahresdurchschnitt nur 30 bis 50 Prozent nutzen wollten. Bleibt dieser Betrag tatsächlich, wiederum im Jahresdurchschnitt, als Liquiditätsreserve übrig?

Wenn Ihr Unternehmen gestartet ist, betreiben Sie Ihre Liquiditätspolitik vorausschauend und bauen Sie Reserven auf. Die Realität wird Ihnen immer wieder unangenehme Überraschungen bringen, sodass Sie frühzeitig auf Ihre finanziellen Spielräume achten sollten. Was Sie in Ihrer Gründungsplanung gelernt haben, wird Ihnen sicherlich den Überblick erleichtern.

Noch ein Hinweis zur **Umsatzsteuer in Ihrer Planung**: Alle Angaben in Ihrem Finanzplan sollten netto, also ohne Umsatzsteuer erfolgen. Achten Sie also sowohl bei Ihren Umsätzen als auch bei allen Ausgaben darauf, diese Steuer herauszurechnen. Das bietet die Gewähr, dass Ihre *Ergebnisrechnung realistisch* bleibt.

Aus der Sicht der Liquidität ist die Umsatzsteuer jedoch eine Zahllast, die Sie gegenüber dem Finanzamt haben. Fallen bei Ihnen sehr hohe Umsätze an, führt das zu Abweichungen in der Betrachtung Ihrer Liquiditätsreserve. In einem solchen Fall ist es zu empfehlen, eine zweite Planung brutto, also *mit* Umsatzsteuer anzufertigen, bei der dann zwar die Gewinndarstellung nicht mehr exakt ist, dafür aber der *Liquiditätsstatus* genau zu erkennen ist. Besprechen Sie sich in diesem Fall zusätzlich mit Ihrem Steuerberater, der Ihnen eine wesentliche Hilfe sein kann, auch wenn es darum geht, zu entscheiden, wie Sie sich gegenüber dem Finanzamt verhalten sollen, damit der Mittelabfluss für Sie optimal gestaltet wird (Umsatzsteuervoranmeldung).

3.7.12 Ihre Gesamtkapitalbedarfsermittlung

Ihre Planung ist nun fast komplett, doch haben Sie auch an Ihre Privatausgaben gedacht?

Selbst als vielbeschäftigter Unternehmer haben Sie diese Kosten. Einige davon wurden bisher zum Teil von Ihrem Arbeitgeber bestritten, wie die Ausgaben für Kranken- und Rentenversicherung. In Abhängigkeit von der Rechtsform Ihres zu gründenden Unternehmens haben Sie vieles jetzt selbst zu bestreiten. Vergessen Sie solche und andere Positionen, fehlt Ihnen letztlich trotz betrieblicher Kostenplanung Liquidität.

Hinzu kommt, dass gerade in den ersten Monaten nach dem Start meist noch keine ausreichenden Umsätze anfallen. Deshalb ist es wichtig, in Ihrer Kapitalbedarfsplanung keinen Posten zu vergessen, damit Sie nicht von Ausgaben überrascht werden.

Füllen Sie die folgende Checkliste sorgfältig aus, vielleicht erhalten Sie sogar schon für die Vorgründungsphase einige Anregungen zum optimalen Wirtschaften:

Ihre Privatausgaben

Privater Wirtschaftsplan			
Position	**Zeitpunkt**		
	Januar . . .	**Dezember**	**Jahressumme**
Einkünfte			
Lohn/Gehalt			
Lohn/Gehalt Partner			
Arbeitslosen- bzw. Überbrückungsgeld			
Rente			
Unterhalt			
Vermietung und Verpachtung			
Zinsen aus Geldanlagen			
Kindergeld			
. . . .			
. . . .			
Summe E			
Ausgaben			
Wohnen			
Miete			
Rate Immobilie			
Grundsteuer			
Strom			
Öl/Gas			
Wasser und Abwasser			
Kosten für Entsorgung			
Häusliche Reparaturen			
Renovierung			
Instandhaltung			
Garten			
. . . .			
. . . .			
. . . .			
Summe A 1			
Risikoabsicherung/Vorsorge			
Lebensversicherung			
Rentenversicherung			
Krankenversicherung			

Privater Wirtschaftsplan			
Position	**Zeitpunkt**		
	Januar...	**Dezember**	**Jahressumme**
Unfallversicherung			
Haftpflichtversicherung			
Rechtsschutzversicherung			
Hausratversicherung			
Gebäudebrandversicherung			
Aussteuerversicherung			
Sonstige Versicherungen			
....			
....			
Bausparen			
Sparrate 1 (kurzfristig)			
Sparrate 2 (mittelfristig)			
Sparrate 3 (langfristig)			
....			
....			
....			
Summe A 2			
Leben			
Kindergarten/Babysitter			
Schulkosten			
Taschengeld für Kinder			
Kinderspielzeug			
Unterhaltszahlungen			
Nahrungsmittel			
Bekleidung/Schuhe			
Gesundheitspflege			
Körperpflege			
Friseur/Kosmetik			
Essen und Trinken außer Haus			
Geschenke/Einladungen			
Tabakwaren			
Arzt/Medikamente			
Reinigungsdienste			
Reinigung/Wäsche			
Putz- und Reinigungsmittel			
Haushaltsgeräte			

Privater Wirtschaftsplan			
Position	**Zeitpunkt**		
	Januar...	**Dezember**	**Jahressumme**
Möbel/Accessoires			
Kraftfahrzeuge			
– Inspektionen/Reparaturen			
– Benzin			
– Reifen			
– Kredit-/Leasingrate			
– Steuer/Versicherung			
Urlaub			
Bildung			
Unterhaltung/Freizeit			
Haustiere			
Fahrräder			
Öffentliche Verkehrsmittel			
Hobby 1			
Hobby 2			
Zeitungen/Zeitschriften			
Rundfunk/TV			
Sonstige Abos			
Telefon, Fax, Internet			
Papierwaren/Porto			
Mitgliedsbeiträge			
Spenden			
Bankgebühren			
Finanzierungskosten			
Summe A 3			
Summe A 1 – A 3			
Privatsaldo (E ./. Summe A 1 – A 3)			

Manche Position in diesem Plan ist sehr detailliert, weil es bei der nun folgenden Ermittlung Ihres Gesamtkapitalbedarfs auf Genauigkeit ankommt. Wenn Sie nämlich bereits kurz nach Ihrer Geschäftseröffnung feststellen, dass die aufwändig verhandelten Kredite nicht ausreichen, Ihren anfallenden Finanzbedarf zu decken, gestalten sich Nachbesserungen äußerst schwierig. Ein Hinweis: Ihrer Bank sollten Sie diese private Aufstellung nicht ins Konzept legen.

Falls Sie keine Eigenkapitalreserven haben, bleibt Ihnen der erneute Weg zur Bank nicht erspart. Solche Ergänzungskredite sind, wenn überhaupt, meist nur zu schlechteren Konditionen zu erhalten und hinterlassen bei Ihrem Finanzierungspartner den Eindruck, dass Ihre Unternehmensplanung nicht fundiert ist.

Sicherlich ist es möglich, manche Privatausgabe unter dem Blickwinkel der geplanten Selbständigkeit zu reduzieren. Trotzdem sollten Sie ein Mindestmaß an Aufwendungen erwarten, denn auch als Unternehmer haben Sie kulturelle, soziale und materielle Bedürfnisse. Ihre bisherige Lebensqualität soll ja durch den Unternehmerberuf nicht völlig verlorengehen.

■ Ihre Gesamtkapitalbedarfsermittlung

Jetzt besitzen Sie alle notwendigen Daten, um Ihren Gesamtkapitalbedarf zu ermitteln. Dieser Betrag wird der Ausgangspunkt für Ihre Bankgespräche sein. Er enthält sowohl die betrieblichen Ausgaben einschließlich der Investitionen als auch die Kosten für Ihren privaten Lebensunterhalt.

Berechnung des Gesamtkapitalbedarfs	
Mittelabfluss im Gründungsmonat:	
Summe Investitionen	.... €
Warenerstausstattung	.... €
Summe Gründungskosten	.... €
Summe Markteinführung	.... €
Mittelabfluss in den ersten drei Monaten:	
Summe Fixkosten Monat 1 bis n	.... €
Summe variable Kosten Monat 1 bis n (ohne Warenerstausstattung)	.... €
Summe Tilgung Monat 1 bis n	.... €
Summe Privatausgaben 1 bis n	.... €
Summe Mittelabfluss (entspricht Ihrem Gesamtkapitalbedarf)	.... €
Mittelzufluss:	
./. Summe eingesetztes Eigenkapital	.... €
./. Summe Umsätze Monat 1 bis n	.... €
Differenz (entspricht Ihrem Fremdkapitalbedarf)	.... €

Tragen Sie zunächst ein, was im Gründungsmonat anfällt: die Gründungskosten, die Aufwendungen für Markteinführung und die Warenerstausstattung. Danach erfassen Sie die übrigen Aufwendungen der ersten drei Monate: Fixkosten, eventuelle Tilgungen, die übrigen variablen Kosten, die nicht schon als Warenerstausstattung dargestellt sind, und Ihre Privatausgaben.

Davon ziehen Sie nun Ihre Eigenmittel und andere Gesellschaftereinlagen ab. Falls Sie in diesen ersten drei Monaten schon Umsätze geplant haben, sind diese Beträge ebenfalls abzuziehen; sie mindern also Ihren Bedarf an Fremdmitteln.

Der Saldo stellt nun dar, wie hoch Ihr Bedarf an Fremdkapital ist. Diesen Betrag gleichen Sie nun mit den vorgesehenen Finanzierungsquellen aus: Förderkredite, Bankkredite einschließlich Ihres Kontokorrents.

Der Wert für „n" ergibt sich aus Ihrem Dreijahres-Finanzplan, konkret aus Ihrer Liquiditätsplanung. Es ist der Monat, ab welchem Sie in der Lage sind, ausschließlich von Ihren Umsätzen alle Ausgaben zu bestreiten – einschließlich Ihrer Entnahme bzw. Ihres Gehaltes als GmbH-Geschäftsführer. Das heißt, wenn Sie beispielsweise im Januar gründen und ab August Ihrem Betrieb keine Eigen- oder Fremdmittel mehr zuführen müssen, hat „n" den Wert 7. Ist es bereits im Mai der Fall, den Wert 4 im Monat Oktober den Wert 9.

3.8 Die Anlagen Ihres Businessplans

Das letzte Element Ihres Unternehmenskonzeptes ist der Anhang. Hier finden Unterlagen Platz, die den Fluss Ihrer Argumentation im Konzept nur gehemmt hätten, aber zur Illustration und Begründung mancher Aussage sehr nützlich sein können:

Was Ihre Anlage enthalten kann

- ➔ Lagepläne
- ➔ Grundrisse
- ➔ Fotos und Skizzen
- ➔ Produktbeschreibungen
- ➔ Beispielrechnungen
- ➔ Zeugnisse
- ➔ Anfragen künftiger Kunden
- ➔ Bestätigungen für eine Auftragserteilung nach Gründung
- ➔ Gesellschaftsverträge
- ➔ Mietverträge
- ➔ Umfrageraster
- ➔ Berechnungsgrundlagen
- ➔ Zertifikate und Bescheinigungen

Gehen Sie trotzdem immer davon aus, dass weniger oft mehr ist. Denken Sie an Ihre Bankverhandlung: Wer beim Prüfen Ihres Konzeptes wegen Materialfülle die Lust verliert, finanziert Ihre Idee genauso wenig wie jemand, der nicht versteht, was Sie eigentlich meinen.

4 Gehalt oder Entnahme

Eine immer wiederkehrende Frage ist die nach den eigenen Bezügen des Unternehmers. Wo habe ich in meiner Planung meinen Lebensunterhalt vorzusehen? Das hängt von der Rechtsform ab, die Sie für Ihr Unternehmen wählen.

Gründen Sie eine Kapitalgesellschaft, also beispielsweise eine GmbH (oder auch eine UG haftungsbeschränkt), beziehen Sie als Geschäftsführer ein Gehalt von Ihrer Gesellschaft. Die GmbH besitzt eine eigene Rechtspersönlichkeit, sodass Sie, selbst wenn Sie alleiniger Inhaber der Anteile sind, mit ihr wie mit einem Fremden auf der Grundlage von schriftlichen Verträgen Ihr Gehalt vereinbaren.

Das hat zur Folge, dass Ihre Bezüge, einschließlich eventueller besonderer Leistungen, wie vereinbarte Privatnutzung des Geschäftsautos, als Fixkosten der GmbH anfallen. Diese Betriebsausgaben mindern das Betriebsergebnis und damit den zu versteuernden Gewinn der Gesellschaft.

Ihr Gehalt als GmbH-Geschäftsführer wird also gezahlt, auch wenn die GmbH im ersten Jahr Verluste macht. Sie haben trotzdem als Gehaltsempfänger Ihr Einkommen zu versteuern. Eine Verrechnung zwischen den Verlusten Ihrer Gesellschaft und Ihren Einkünften als Geschäftsführer findet also nicht statt.

Hinzu kommt, dass die Höhe Ihrer Einkünfte aus Ihrer Geschäftsführertätigkeit niemals den branchenüblichen Rahmen entsprechend der Betriebsgröße Ihres Unternehmens übersteigen darf. Zahlen Sie sich also verhältnismäßig zu viel, ist das eine verdeckte Gewinnausschüttung, die vom Fiskus massiv geahndet wird. Richtwerte für Ihr Gehalt erfahren Sie bei Ihrem Steuerberater.

Bei Rechtsformen wie der gewerblichen oder freiberuflichen Einzelunternehmung und bei Personengesellschaften, wie der Gesellschaft bürgerlichen Rechts (GbR), der Offenen Handelsgesellschaft (OHG), der Kommanditgesellschaft (KG) oder der Partnerschaftsgesellschaft (PartG), *entnehmen* Sie Ihre Bezüge als *Entnahme* aus dem Reingewinn nach Steuern.

Ihr persönlicher Verbrauch mindert also nicht das Betriebsergebnis des Unternehmens und führt demzufolge auch nicht zur Verringerung steuerlicher Belastungen. Selbst wenn Sie diese Entnahme aus dem laufenden Geschäft tätigen, bevor Sie überhaupt das erste Mal Steuern gezahlt haben, wird das, was Sie ausgeben, in der Gesamtbetrachtung immer als Gewinnausschüttung angesehen. Allerdings ist es auch jedes Mal eine Schwächung Ihrer Kapitaldecke.

Falls Sie nun keinen Finanzplan erarbeiten und über Ihre zu erwartenden Gewinne im Unklaren sind, birgt das die Gefahr in sich, dass Sie bereits Beträge entnehmen, ohne zu wissen, ob der zu erwartende Gewinn das überhaupt zulässt.

Die Höhe Ihrer Entnahmen richtet sich stets nach den erzielten Gewinnen. Falls Sie bereits im ersten Geschäftsjahr 100.000 Euro Reingewinn erzielen und sich den vollen Betrag als Privatentnahme zubilligen, gibt es keine Einschränkungen wie bei der GmbH. Allerdings sollten Sie eine solche Summe wirklich erst dann entnehmen und verbrauchen, wenn sie tatsächlich als Gewinn zur Verfügung steht. Auf einen Plangewinn vorab zuzugreifen, kann ins Auge gehen.

Haben Sie mit Partnern eine Gesellschaft gegründet, entscheidet natürlich immer auch das, was Sie im Gesellschaftsvertrag vereinbart haben, über die Höhe der einzelnen Entnahmen.

Eine gute Methode ist es, sich anfangs einen festen, nicht zu hohen Betrag per Dauerauftrag vom Geschäftskonto auf das Privatkonto zu überweisen. Das hat den Vorteil, dass Sie nicht unmerklich mehr entnehmen als gut ist. Außerdem entsteht so auf Ihrem Privatkonto ein regelmäßiger Zahlungseingang, der einen Dispositionskredit möglich macht. Selbst wenn Sie diese Linie nicht nutzen sollten, da die Zinsen von Privatausgaben steuerlich nicht als Betriebsausgaben wirken, ist es eine willkommene Reserve für schlechte Zeiten.

Stellt sich im Jahresverlauf heraus, dass Ihre Gewinnsituation weit besser ist als erwartet, können Sie jederzeit zusätzliche Gelder entnehmen. Bedenken Sie aber, dass vom ersten Tag Ihrer unternehmerischen Existenz an die Bildung von Rücklagen ein wichtiges Sicherheitsprinzip ist. Was nützen Ihnen hohe Gewinne im ersten Jahr, wenn sie bereits verbraucht sind und im zweiten Jahr plötzlich Verluste auftreten, die Sie nicht kompensieren können.

5 Businessplanfehler

Wir alle sind nicht unfehlbar, also wird auch Ihr Geschäftsplan dem Risiko unterliegen, trotz aller Sorgfalt nicht perfekt zu sein.

Die Zahl der möglichen Fehler, die letztlich den Erfolg all Ihrer Bemühungen gefährdet, kann sehr groß sein. Deshalb haben wir für Sie die wichtigsten Positionen zusammengetragen, die beim Erarbeiten solcher Dokumente auftreten. Sie entstammen langjährigen Erfahrungen aus der Jury- und Gutachtertätigkeit sowie dem Begleiten und Entwickeln von unternehmerischen Projekten. Die Sichtweise ist also auch die eines „Bewerters" solcher Pläne, beispielsweise eines privaten Investors. Es sind sowohl Fehler im Hinblick auf das zu gründende Unternehmen, als auch solche, die sich auf die inhaltliche und formale Gestaltung des Dokumentes beziehen, mit dem Sie schließlich im Vorfeld Ihrer Gründung durch die Lande ziehen wollen.

5.1 Konzeptionelle Fehler

Diese Fehlergruppe lässt erkennen, dass der Vorleger des Geschäftsplanes grundlegende Fähigkeiten und Fertigkeiten vermissen lässt bzw. mit einer problematischen Einstellung an das Thema herangeht.

Visionsdefizit – Es ist nicht erkennbar, aus welchem Motiv heraus die Gründung erfolgt. Es gibt keine Begeisterung, keine Vision.

Beraterdokument – Der Plan wurde offensichtlich nicht selbst erarbeitet. Auch wenn in einem Gespräch die Sachkenntnis des Gründers in einzelnen Punkten unter Beweis gestellt werden kann, fehlt die nachgewiesene eigene Leistung.

Musterkopie – Es wurde versucht, eine vorgegebene Gliederung, woher auch immer, mit Inhalt zu versehen. Die Punkte passen aber nicht zur konkreten Gründungssituation. Oder: es wurden gar ein bestehender Geschäftsplan oder ein „Muster" verwendet und „angepasst".

Softwaregenial – Das Papier wurde mit einer Software erstellt, die vorgefertigte Textbausteine liefert.

Kompetenzvakuum – Der Verfasser besitzt in den wesentlichen Punkten offensichtlich keine ausreichende Sachkenntnis.

Euphorisitis – Außer der Begeisterung des Schreibers ist keine Basis für eine erfolgreiche Selbständigkeit zu erkennen. Fakten werden durch Optimismus ersetzt.

Vorhabensbeschreibung vs. Zusammenfassung – Die unterschiedlichen Funktionen einer Vorhabensbeschreibung und einer Executive Summary wurden nicht verstanden.

Geschäftsplanmarketing vernachlässigt – Die vorliegende Fassung entspricht nicht den Bedürfnissen der Zielgruppe, die durch diese Businessplanfassung überzeugt werden soll.

5.2 Strukturelle Fehler

Hier sind Denk- und Orientierungsfehler gemeint, die teils auch die Struktur oder Ausgestaltung des zu gründenden Unternehmens betreffen und natürlich kein gutes Licht auf den Betreffenden werfen.

Wasserkopfkrankheit – Kurz gesagt: Nur „Häuptlinge" – kaum „Indianer".

Individualgenialität – „Ich schaffe das alles allein!" Behutsames und sparsames Vorgehen am Anfang ist nötig, Selbstüberschätzung aber ist gefährlich.

Vertriebsunterschätzung – Die dringende Notwendigkeit, jede Leistung, jede Ware und jedes Produkt auch verkaufen zu müssen, wird nicht erkannt. Und wenn der Geschäftsgegenstand noch so großartig ist, muss der Kunde trotzdem erst die Kaufentscheidung treffen und sein Geld auf den Tisch legen.

Technik-Anbetung – Die noch so geniale technische Lösung, auf die die Welt wirklich gewartet hat, scheitert zuweilen daran, dass diese Welt bis heute auch ohne ausgekommen ist. Selbst der Erfinder der Verwandlung von Naturkautschuk in Gummi, Charles Goodyear (1800–1860), hat sein ganzes Leben dafür gebraucht, den Markt von seiner Erfindung zu überzeugen.

Rechtsformnebel – Unklarheiten und gefährliche Illusionen über die möglichen Rechtsformen, zum Beispiel Haftungsbeschränkungen, beschädigen das Bild der unternehmerischen Kompetenz des Gründers.

Mangelnde Konzentration – Ausufernde Erläuterungen, akribische Berechnungen bis zur vierten Stelle hinter dem Komma, weitschweifige Szenarien, die das Wesentliche verwässern, künden von den Schwächen der Gründerperson.

„Anlagen"-Strategie – Es ist keine Lösung, wenn der Textteil des Planes gekürzt werden muss, alle ausgegliederten Elemente nun den Anlagen hinzuzufügen.

5.3 Kaufmännische Fehler

Wohl keine Ihrer unternehmerischen Entscheidungen ist ohne kaufmännische Auswirkungen. Natürlich sind auch in Ihrem Businessplan einige harte betriebswirtschaftliche Positionen darzustellen – und die müssen plausibel sein.

Betriebswirtschaftliche Fehler – Betriebswirtschaft ist keine Ansichtssache, d. h. wenn Sie Ihre Entnahme in die Fixkosten schreiben oder die Tilgung Ihrer Förderkredite als Betriebsausgabe darstellen, ist das schlichtweg falsch.

Keine valide Finanzplanung – Die landläufig verteilten Formulare von Umsatz- und Ertragsvorschauen ersetzen keine „lebenstüchtige" Finanzplanung. Auch die vorgefertigten PC-gestützten Planungssysteme entsprechen eher selten Ihren tatsächlichen Strukturen und Inhalten. Der Fachmann wird immer sehen, ob Sie etwas „ausgefüllt" haben bzw. „haben ausfüllen lassen" oder ob Ihre Zahlen „echt" sind. Eine eigene, gute Finanzplanung ermöglicht Ihnen übrigens das Ausfüllen jeglicher von wem auch immer gewünschter Formulare.

Kostenwirrwarr – Wer seine Kosten nicht auseinanderhalten kann (z. B. fixe und variable Kosten), wird sie auch nie im Griff haben.

Kalkulationsvakuum – „Gefühlte" Preise sind keine ausreichende Basis, selbst wenn es zuweilen nicht einfach ist, halbwegs begründet zu kalkulieren.

Fördermittelgläubigkeit – Der Glaube daran, Fördermittel zu bekommen ist zuweilen genauso gefährlich wie der Irrtum, deswegen erfolgreich zu werden, weil man ja schließlich Fördermittel bekommen habe: („Die hätten mir doch das Geld nicht gegeben, wenn die Idee nicht tragfähig gewesen wäre!")

Kapitalstruktur/-dienst – Unterschätzen Sie niemals die langjährige Belastung Ihres Unternehmens durch Ihre Schulden.

Privatplan-Defizit – An der Aussage: „Ich brauche ja nicht viel für mich", sind schon viele Liquiditätspläne im richtigen Leben gescheitert.

„Steuern zahlen die anderen" – Das Ziel eines Unternehmens besteht nicht in erster Linie darin, Steuern zu sparen. Berücksichtigen Sie also diese Pflichten, denn wer Steuern zahlt, schafft die Basis für das Ausreichen von Fördermitteln – und für sich selbst ein gutes Rating.

5.4 Formale Fehler

Der beste Inhalt leidet, wenn die formale Darstellung hinkt. Versuchen Sie, schon bei den ersten Fassungen für Dritte, solche Negativ-Punkte zu vermeiden:

➔ langatmig,
➔ fehlerhaft,
➔ Wiederholungen,
➔ schlechter Druck,
➔ fremdwortlastig,
➔ „Denglisch",
➔ aufgeblähter Anhang,
➔ unsortiert.

6 Geschäftsplanmarketing

Nun sitzen sie vor Ihrem Basis-Geschäftsplan, dem Dokument, das Ihnen geholfen hat, vieles zu lernen. Die Entscheidung, weiterzumachen, ist gefallen. Sie haben erkannt, dass Ihre Geschäftsidee eine gute Chance hat, zu einem erfolgreichen Unternehmen zu werden. Sie sind zutiefst überzeugt, dass es sich lohnt, jetzt alles dafür zu tun, dieses Vorhaben in die Tat umzusetzen.

Damit das möglich wird, brauchen Sie Unterlagen, mit deren Hilfe Sie all jene überzeugen können, die Sie für Ihren Weg brauchen. Das heißt, Sie können jetzt darangehen, Ihre Geschäftsidee zu vermarkten, also: professionelles Geschäftsplanmarketing zu betreiben.

6.1 Ziele und Zielgruppen

Machen Sie sich zunächst bewusst , was Sie erreichen wollen und wessen Hilfe Sie dafür brauchen, kurzgesagt, wen Sie überzeugen müssen:

Ihre Ziele	**Anzusprechende Zielgruppe**
Finanzierung des Gründungsvorhabens	Geldgeber
– durch Kredite	– Banken
– durch Zuschüsse	– Behörden/Institutionen
– durch Beteiligungskapital	– Investoren
Gute Konditionen	Lieferanten
Absichtserklärungen zu künftigen Aufträgen (Letter of Intent – LOI)	Wunschkunden
Kooperationen	Typische Partner/Mitbewerber
Verbesserte Rahmenbedingungen (z. B. am Standort)	Behörden/Institutionen
Persönliches Engagement	künftige Mitarbeiter/Führungskräfte
Gewinnen eines (Businessplan-)Wettbewerbes	Jury

Es leuchtet Ihnen sicherlich ein, dass es teilweise beträchtliche Unterschiede zwischen diesen Zielgruppen gibt. Das bedeutet, Sie haben sich auf jeden Personenkreis einzustellen und dessen Bedürfnisse und Erwartungen genauso exakt zu analysieren wie die Zielgruppen Ihres Geschäftsgegenstandes. Fehlen Ihnen hier die Erfahrungen, ist es ratsam, externe Unterstützung in Anspruch zu nehmen.

Der Sonderfall „Wettbewerb“ ist aufgeführt, weil es darin zunächst hauptsächlich darum geht, den ausgelobten Preis zu gewinnen, also den Bedingungen der Ausschreibung gerecht zu werden. Wie das zu Ihrer konkreten Gründung passt, können nur Sie selbst einschätzen; zumindest bedeutet ein Sieg auf diesem Feld der Ehre zuweilen einen deutlichen Zuwachs Ihres Gründungskapitals.

6.2 Instrumente

Um den Erwartungen der verschiedenen Adressaten gerecht zu werden, ist beträchtliche Sorgfalt auf die eingesetzten Instrumente, Mittel und Methoden zu verwenden. Tun Sie das nicht, werden Sie niemanden bewegen, Sie bei Ihrem Vorhaben, womit auch immer, zu unterstützen.

Das entscheidende Instrument sind immer Sie selbst – die **Gründerperson**! Alles, was in unserem Buch dazu beiträgt, Ihre Kompetenz zu erhöhen, Ihre innere Stärke zu entwickeln und Ihre Ausstrahlung als Gründerperson zu unterstützen, wird Ihnen helfen, Ihre Ziele zu erreichen. Sobald Sie selbst nicht überzeugt sind, werden Sie keinen Dritten dazu bewegen, Ihnen zu folgen. Da helfen dann auch keine teuer eingekauften Hochglanzbusinesspläne oder Preisurkunden.

Gestalten Sie den **Text Ihres Geschäftsplanes, einschließlich aller Anlagen**, kurz und aussagefähig – den Erwartungen der jeweiligen Zielgruppe und dem Anlass der Veranstaltung entsprechend. Ein Lieferant wird niemals dieselben Informationen von Ihnen bekommen wie ein potenzieller Kunde, die finanzierende Bank immer wesentlich gründlicher informiert werden müssen als ein künftiger Mitarbeiter, den Sie für Ihr Projekt kostenbewusst gewinnen wollen.

Die **Präsentationsunterlagen** halten Sie am besten so, dass sie dem Anlass und den Vorstellungen derer entsprechen, die Sie erreichen wollen. Also „Powerpoint“, wenn man es so erwartet und „freie Rede mit Flipchart“, wenn das eher ankommt. „Der Köder muss dem Fisch schmecken, nicht dem Angler“.

Was Sie aus der Hand geben, ist ein für allemal weg. Überlegen Sie also, *welche* **Teilnehmerinformationen** Sie **wem** in welcher Form mitgeben wollen. Verkünden oder verteilen Sie vertrauliches Material nur dann, wenn eine entsprechende Vereinbarung, zum Beispiel ein Non-Disclosure Agreement (NDA), Sie weitestgehend schützt.

Es ist oft nützlich und immer professionell, wenn Sie **Quellennachweise** oder **Berechnungsgrundlagen** bereithalten. Auch bereits zu Hause vorbereitete, zusätzliche Erläuterungen in Schriftform machen oft Eindruck und sind nützlich: Ersparen sie Ihnen doch, alles in den Haupttext Ihres Planes zu quetschen.

Mit Beispielen oder Mustern, wo es sinnvoll ist, unterstreichen Sie nicht nur Ihre Worte, sondern lockern auch die Veranstaltung auf.

6.3 Formale Kriterien

Aller Inhalt kann nichts bewirken, wenn ihn keiner erkennt – hinter dem Wust unsortierter, langatmiger, unschöner Unterlagen und stümperhafter Reden.

Wählen Sie die Sprache, die Sie auch fehlerfrei sprechen, ansonsten lassen Sie sich besser dolmetschen. Fremdsprachige Texte sollte ein Muttersprachler geprüft haben und Ihr eigenes Deutsch sowie die Rechtschreibung prüft besser ein Unbeteiligter, weil wir selbst erfahrungsgemäß Vieles übersehen.

Verzichten Sie, wo immer das geht, auf Fachkauderwelsch – jeder weiß trotzdem, dass Sie kompetent sind. Hüten Sie sich davor, die Leute zu unterschätzen.

Verwenden Sie professionelle grafische Mittel, aber sparsam; Inhalt und Form müssen zueinander passen. Auch wenn Ihre Gäste keine Grafiker sind – schlechte Qualität spürt jeder. Powerpoint-Präsentationen sind nicht für alle Zwecke die ideale Form, schon gar nicht, wenn nur ellenlange Texte von der Videowand abgelesen werden.

Liefern Sie keine Zahlenfriedhöfe, einige wenige Zahlen genügen meist. Diese sollten Sie so bildhaft wie möglich präsentieren. Wenn alles schläft, verpuffen selbst die schlagkräftigsten Argumente.

Bleiben Sie bei allen Bemühungen aber bitte der Mensch, der Sie sind. Nicht jeder ist ein Meister des Wortes oder geübt in freier Rede vor fremden Leuten. Trotzdem ist immer erkennbar, ob sich einer gut vorbereitet hat, das Auditorium respektiert und von seiner Sache etwas versteht.

Wenn Sie mit ehrlicher Begeisterung und Kompetenz Ihre Visionen authentisch erläutern, haben Sie gute Chancen, Ihre Ziele zu erreichen.

7 Ihr Gründungszeitplan

Ebenfalls zur Planung, wenn auch nicht zum Bereich der Finanzen, gehört das Festlegen der Schrittfolge Ihres Vorgehens. Was sollten Sie wann in welcher Reihenfolge tun? Dazu benötigen Sie einen Zeitplan, der in groben Zügen festlegt, wie Sie verfahren. Dies ist wichtig, damit Sie nichts vergessen oder bestimmte Abfolgen nicht so wählen, dass es Ihnen schadet.

Unser Vorschlag für eine solche Gründungschronologie ist eine Empfehlung. Sie brauchen sich nicht sklavisch daran zu halten. Trotzdem steckt eine gewisse Erfahrung darin, sodass Sie zumindest darüber nachdenken sollten. Der empfohlene Zeitpunkt, beispielsweise zur Position Mietverhandlungen, stellt immer den **spätesten Termin** für die betreffende Aktion dar. Natürlich geht das oft auch früher, zuweilen muss das sogar sein.

Einzelne Positionen tauchen mehrfach auf, einige sind sogar verzichtbar, falls Sie gewisse Voraussetzungen bereits erfüllen. Schneiden Sie diese Checkliste auf Ihre eigene konkrete Situation zu.

Gründungschronologie

Grobplanung – Analysephase – (1 bis 3 Monate)

➔ Ideen finden
➔ Konsultation mit IHK oder HWK, gegebenenfalls Bundesagentur für Arbeit
➔ Kontakte knüpfen
➔ Markt und Standort analysieren
➔ Erstkontakt mit dem Steuerberater
➔ Unternehmenskonzept/Geschäftsplan erarbeiten (diskussionsfähiger Entwurf als Verhandlungsbasis)

Detailplanung – Konsultations- und Verhandlungsphase – (3 bis 4 Monate)

➔ Kontakt mit Beratern (Steuerberater, Unternehmensberater, Anwalt, Finanzberater)
➔ Vorauswahl geeigneter Banken
Erstes Bankgespräch
➔ Mietverhandlungen
➔ Nachfragen bei Stadt- oder Gemeindeverwaltung, Ämtern und Behörden
➔ Konsultation mit IHK/HWK
➔ Kontakt mit Branchenverbänden, Vereinen, Organisationen
➔ Verhandlungen mit Lieferanten
➔ Konkrete Gespräche mit Steuerberater, Anwalt, Notar
➔ Zielgerichtetes Suchen von geeigneten Mitarbeitern

Detailplanung – Aktionsphase – (4 bis 5 Monate)

- → Vorverträge eingehen
- → Prüfungen ablegen, Leistungsnachweise oder Konzessionen erwerben
- → Gesamtkonzept nochmals gründlich überprüfen
- → Kredit- und Förderantrag stellen **(Vorhabensbeginn)**
- → Verbindliche Verträge abschließen
- → Beschäftigungsverhältnis kündigen (falls nicht schon früher erforderlich)
- → Geschäft einrichten
- → Eröffnungswerbung organisieren
- → Buchhaltung konzipieren
- → Mitarbeiter vorbereiten und schulen
- → Gewerbe oder freiberufliche Tätigkeit anmelden
- → Geschäftseröffnung

Unternehmensstart

Dieser Gesamtablauf wurde in einen Rahmen von zwölf Monaten gestellt, um eine Orientierung für den ungefähren proportionalen Zeitbedarf zu schaffen. Wie lange Sie wirklich für Ihre Gründung anzusetzen haben, ergibt sich aus den für Sie zutreffenden Bedingungen. Planen Sie lieber etwas mehr Zeit als zu wenig ein. Ihnen bekannte Ausnahmen dafür, dass es schneller gehen kann, belegen nur, dass es Ausnahmen gibt. Ob Sie selbst eine sind, wird sich zeigen.

KAPITEL III

Die Umsetzung Ihres Konzeptes

1 Verhandlungen, die Sie führen

„Wer etwas verkaufen will, braucht tausend Augen" – das sagt ein altes Sprichwort aus China. Vergessen Sie es niemals, wenn Sie eine Ihrer zahlreichen Verhandlungen planen, die Sie bei der Vorbereitung Ihrer Gründung – und darüber hinaus – immer wieder führen werden.

Jedes dieser Gespräche, sei es mit Bankern, Vermietern oder Mitarbeitern, ist im Grunde ein Verkaufsgespräch: Sie verkaufen Ihre Idee, Ihr Produkt, Ihre Ware, Ihre Dienstleistung, und Sie verkaufen sich – im positiven Sinne. Das trifft auch dann zu, wenn Sie meinen, doch der Käufer zu sein, wie beim Aushandeln der Lieferbedingungen. Treten Sie überzeugend auf. Seien Sie sich Ihrer Person und Wirkung bewusst. So wird das Ergebnis eher zu Ihren Gunsten ausfallen, als wenn Sie wie ein Bittsteller auftreten. Machen Sie sich diese Grundeinstellung zu eigen. Sie sind zwar hier derjenige, der etwas will, doch Sie zahlen dafür! Ihr Gegenüber braucht Sie ebenso wie Sie ihn. Hier ein paar Tipps, die Ihnen helfen werden:

Tipp

10 Tipps zur Verhandlungsführung

1. **Finden Sie eine Position zu sich selbst**
   Der entscheidende Punkt für eine erfolgreiche Verhandlung ist Ihre persönliche Einstellung zu sich selbst, zu Ihrem Anliegen. Alle Hinweise aus dem ersten Kapitel zu Ihrer Unternehmensphilosophie, zu Ihren Visionen und Planungen sind die Basis Ihrer Verhandlungsposition. Ihre eigene Überzeugtheit, die überlegene, nicht überhebliche (!) Sicht auf die Dinge, wirkt nach außen, beeinflusst Ihren Gesprächspartner.

2. **Bereiten Sie sich gründlich vor**
   Sie brauchen stets gute Argumente, also Faktenkenntnis und Überblick. Die Erarbeitung Ihres Konzeptes hat Ihnen viel davon gebracht. Niemand sonst kennt sich in Ihrem Gründungsprojekt so gut aus wie Sie selbst. Halten Sie Ihre besten Karten immer etwas zurück. Verwenden Sie sie dann, wenn der andere glaubt, schon gesiegt zu haben.

3. **Sprechen Sie Schwächen offen an**
   Rechnen Sie stets mit unverhofften Fragen, auch mit Zweifel oder Misstrauen, und mit Gesprächspartnern, die Ihre Schwachpunkte erkennen. Seien Sie gerüstet für solche Situationen. Geben Sie die Schwäche ruhig zu, nennen Sie sie sogar selbst, aber bringen Sie sofort einen Vorschlag für denkbare Lösungen.

4. **Haben Sie Geduld**
   Auch Schweigen ist Teil einer Verhandlung. Um Ihr Ziel zu erreichen, ist es oft besser, die anderen reden zu lassen. So erfahren Sie viel und finden irgendwann

den Punkt, an dem Sie einhaken können. Sie erkennen Schwächen in der Argumentation der anderen Seite, sind im Bilde, was Ihr Gegenüber weiß, denkt und beabsichtigt.

5. **Finden Sie die Interessenslage Ihres Gegenübers heraus**
   Versuchen Sie, die wirklichen Ziele Ihrer Gesprächspartner zu ergründen. Seien Sie entgegenkommend, ohne dass Sie Ihre Grundpositionen aufgeben. Das schafft Vertrauen und nimmt den „Verteidigungszwang".
6. **Verletzen Sie nicht das Ego Ihres Verhandlungspartners**
   Geben Sie Ihrem Verhandlungspartner die Chance, sein Gesicht zu wahren. Selbst wenn Sie im Recht sind, trumpfen Sie nicht auf. Das sind zuweilen teure Siege. Fingerspitzengefühl und taktisches Geschick sind hier gefragt. Achten Sie den anderen, wie unfreundlich Ihre Gefühle für ihn auch sein mögen.
7. **Fallen Sie nicht auf einzelne Vorteile herein**
   Lassen Sie sich nicht von scheinbar günstigen Gelegenheiten täuschen. Faustregel: Was leicht geht oder billig ist, hat meist einen Haken!
8. **Lassen Sie sich nicht manipulieren**
   Verhandlungsführung ist immer auch Psychologie. Rechnen Sie mit ausgebufften Kontrahenten, die gezielt eine Situation schaffen, die Sie verunsichern oder auch zu sicher machen soll. Nutzen Sie Ihre Menschenkenntnis. Lesen Sie Fachliteratur zur Verhandlungsführung, um bestimmte Strategien und taktische Tricks rechtzeitig zu erkennen. Üben Sie, wo sich eine Gelegenheit bietet.
9. **Brechen Sie keine Brücken ab**
   Sollte ein Gespräch ohne Ergebnis enden, verschaffen Sie sich stets einen ehrenvollen Abgang. Schlagen Sie niemals eine Tür zu, durch die Sie vielleicht später noch einmal gehen müssen. Das ist kein Rückversichern, sondern Klugheit. Auch Sie wissen nicht, wie sich die Dinge entwickeln werden.
10. **Handeln Sie nicht gegen Ihre Überzeugung**
    Machen Sie keine gemeinsame Sache mit Leuten, die Sie innerlich, aus welchen Gründen auch immer, ablehnen. Sie haben es nicht nötig, Ihre inneren Werte aufzugeben oder gegen Ihre Moral zu handeln – auch als Unternehmer nicht. Langfristig erfolgreich ist noch immer der, der sich selbst treu bleibt, sich nicht um eines augenblicklichen Vorteils wegen verbiegt.

1.1 Die Banken

Das erste Bankgespräch ist für Sie als Gründer immens wichtig, da sich hier entscheidet, ob Ihr Projekt finanziert wird.

Treffen Sie die Auswahl ihrer Bank nicht vorschnell und bedenken Sie, dass auch nach der Eröffnung eine **stabile Bankbeziehung** im Ernstfall wirtschaftliches

Überleben bedeutet. Dazu gehört, dass Sie sich in die Gedankenwelt des Bankers hineinversetzen, seine Besorgnis erkennen und sein Sicherheitsbedürfnis richtig einschätzen.

Sie selbst, Ihre Persönlichkeit und Kompetenz sind maßgebliche Kriterien für die Entscheidung der Bank, Sie zu finanzieren. Alle in den ersten zwei Kapiteln dargestellten Forderungen sind Erwartungen, die die Bank an Sie richtet. Wenn Sie wie empfohlen verfahren und Ihr Konzept tragfähig ist, haben Sie eine Chance finanziert zu werden, selbst in einer Zeit, in der eine restriktive Finanzierungspolitik gegenüber Existenzgründern mit geringem Kapitalbedarf und schwachen Sicherheiten gang und gäbe ist.

Ein Wort zu den **Konditionen der Banken**: Sie sind grundsätzlich verhandelbar. Berücksichtigen Sie das vom ersten Tag an. Fast nichts ist unmöglich – wenn Sie sich auskennen und nicht alles hinnehmen. An der richtigen Stelle nachgeben, um dann später nochmals vorzustoßen, kann ein strategisch kluges Vorgehen sein.

Verwerten Sie nicht alle Ihre **Sicherheiten** auf einmal. Hüten Sie sich jedoch vor dem berühmten Satz eines Gründers: „Das Haus bleibt draußen!" Er könnte das Ende Ihrer ersten Gespräche bedeuten, denn jemand, der von seinem Vorhaben überzeugt ist, fürchtet nicht um seine Sicherheiten!

Eine Kernfrage für Ihren Finanzierungspartner ist stets: Sind Sie in der Lage, die **Zins- und Tilgungsleistungen** für die ausgereichten Darlehen auf Dauer zu erbringen (Kapitaldienstfähigkeit)? Darüber entscheidet nicht nur Ihr Konzept, sondern hauptsächlich das Vertrauen, das in Sie gesetzt wird. Extrem formuliert: Die Bank hat kein Interesse zu finanzieren, wenn Sie nicht der Mensch sind, der auch künftig alle Schwierigkeiten meistern wird. Sie mögen noch so viele Sicherheiten einbringen – erfüllen Sie diesen Anspruch nicht, geht niemand mit.

Hier beeindrucken und wirken persönliche Auffassungen und Erfahrungen. Wählen Sie deshalb Ihre Bank niemals nur nach den Zinskosten oder der Höhe der Kontoführungsgebühren. Für die künftige Stabilität einer Bankbeziehung ist die „Chemie" zwischen den Partnern fast noch wichtiger. Das notwendige **Vertrauensverhältnis** entwickelt sich nicht, wenn man einander nicht mag, nicht die gleiche Sprache spricht, kein „menschlicher Draht" existiert. Das hat einen nicht unerheblichen Einfluss auf das spätere **Rating**, dem Ihr Unternehmen unterworfen sein wird.

Diese von Ihnen in den ersten Gesprächen zu prüfenden Signale sind die Basis für eine gute Atmosphäre. Wie gut sie wirklich ist, werden Sie spätestens dann merken, wenn Sie kurzfristig 10.000 Euro benötigen und Ihre Bank anrufen.

Wie schaffen und erhalten Sie eine solche Grundlage? Mit kalkulierbarem Handeln, Offenheit und Problembewusstsein, mit Verständnis für die Lage des Bankers und seine Spielräume. Hier ist aber auch Vorsicht geboten: Offenheit heißt niemals, vertrauensselig sein! Die Crux besteht darin, dass die Bank zwar Ihr wichtigster Partner ist, aber immer auch ein Verkäufer. Lassen Sie das nie außer Acht!

Geht es Ihrem Unternehmen schlecht und Sie wissen, dass es sich nur um eine vorübergehende Erscheinung handelt, weinen Sie sich nicht bei Ihrem Banker aus. Vermeiden Sie auch, einen Banktermin wahrzunehmen, wenn Sie deprimiert oder mit ernsten Sorgen belastet sind. Das strahlt ab und weckt den Zweifel an Ihrem Erfolg. Dieser Rat betrifft natürlich nicht die Fälle, in denen Sie mit Ihrer Bank sprechen müssen, da Sie sie zur Überwindung des akuten Problems brauchen. Wie Sie verfahren, ist immer abhängig vom aktuellen Stand und der grundsätzlichen Qualität Ihrer Beziehung zur Bank.

Wie Sie eine solche positive Beziehung aufbauen und stabil halten, hängt wesentlich von Ihrer Persönlichkeitsstruktur, Ihren Erfahrungen und Talenten ab. Trotzdem einige Hinweise dazu:

- ➔ Suchen Sie Ihre Bank **regelmäßig** auf, selbst wenn Sie keine Probleme haben. Lassen Sie auch einmal Ihren Banker reden; vielleicht hat er Themen, über die er gern einmal sprechen möchte.
- ➔ **Informieren** Sie von Zeit zu Zeit über den Gang der Geschäfte, indem Sie der Bank Ergebnisse, Presseinfos, Prospekte, Muster und andere Informationen zugänglich machen. Welcher Teil Ihrer BWA dafür geeignet ist, sagt Ihnen Ihr Steuerberater.
- ➔ Liefern Sie jedes Jahr eine fundierte **Planung** und seien Sie sicher: Sie wird stets mit dem „Ist" verglichen! Fällt dieser Vergleich positiv aus, gehören Sie bald zu den ersten Adressen.
- ➔ Sorgen Sie dafür, dass Ihr Geschäftskonto stets **Umsätze** aufweist und Sie nicht monatelang in Ihrem Kontokorrent herumdümpeln.
- ➔ Stimmen Sie jede, aber auch die kleinste zu erwartende **Überziehung** vorher mit dem Banker ab. Es nützt Ihrem Ruf und kostet weniger.
- ➔ Verhandeln Sie regelmäßig über Ihre **Konditionen**. Sinkt zum Beispiel der Diskontsatz, fragen Sie sofort nach, wie es mit Ihrem Schuldzins steht. Die Bank registriert Ihre Aufmerksamkeit und nimmt Sie dadurch als Partner ernst.

Noch ein wichtiger Hinweis zu **Fördermitteln**. Die Bestimmungen zu den meisten staatlichen Finanzierungshilfen enthalten die **Vorbeginnsklausel**, das heißt, mit dem Vorhaben darf zum Zeitpunkt der Antragstellung noch nicht begonnen worden sein. Als Vorhabensbeginn zählen „wesentliche wirtschaftliche Verpflichtungen", die Sie eingehen, wie Bestellungen von Maschinen und das Auslösen von Bauaufträgen. Die Gewerbeanmeldung oder der Kauf eines Druckers sind noch unschädlich. Rechnen Sie damit, dass die Förderstelle, zum Beispiel die KfW, irgendwann die Einzelbelege prüfen wird. Stellt sich dann heraus, dass das Belegdatum vor dem Termin der Antragstellung lag, haben Sie die staatlichen Mittel zurückzuzahlen.

Gehen Sie also vor diesem Termin keinerlei Verpflichtungen solcher Art ein. Eine Variante ist, das erste konkrete Bankgespräch als Termin der Antragstellung zu werten. Das erfordert jedoch eine Abstimmung mit Ihrer Bank. Halten Sie es in einem **Protokoll** fest, wenn Sie so verfahren. Stützen Sie sich nicht nur auf die mündliche Zusage des Bankers; er kann sich später vielleicht nicht mehr erinnern, oder Sie sitzen einem neuen Partner gegenüber, der von der Übereinkunft mit seinem Vorgänger nichts weiß.

Da es auch Programme gibt, für die die Vorbeginnsklausel nicht gilt, stimmen Sie besser jede Ihrer Aktivitäten mit der Bank ab, und lassen Sie sich die Absprachen schriftlich bestätigen.

In fast allen Abschnitten unseres Buches finden Sie Handwerkszeug und Argumente, um auch diese Herausforderung zu meistern. Sie werden genau dann erfolgreich sein, wenn Geschäftsplan inkl. Finanzplanung, Präsentation und Persönlichkeit als Einheit wirken.

1.2 Die Lieferanten

Bei der Vorbereitung Ihrer Gründung ist es erforderlich, konkrete Informationen über die **Bezugsbedingungen** der benötigten Waren und Dienstleistungen zu besitzen. Das betrifft sowohl die Investitionen und das erste Warenlager als auch die späteren Waren- und Leistungsbezüge bei laufendem Geschäftsbetrieb. Praktisch heißt das, zu einem relativ frühen Zeitpunkt Verhandlungen mit Lieferanten zu führen, um Preise und Konditionen abzuklären, die Sie als Planungsgrundlage dringend benötigen.

Bei diesen Gesprächen haben Sie meist schlechte Karten: Die Gründung ist noch nicht vollzogen, niemand kennt Sie und Ihre Fähigkeiten. Hinzu kommt Ihre Unerfahrenheit und die Unsicherheit für den Verhandlungspartner, wie lange Sie wohl existieren werden. Das klingt etwas pessimistisch, entspricht aber der realen Situation, in der Sie sich befinden.

Sind es große Unternehmen, mit denen Sie eine Geschäftsbeziehung anstreben, sind Ihre Spielräume häufig sehr gering. Gehen Sie trotzdem von dem Grundsatz aus: Verhandeln lohnt immer! Wer das von vornherein für ergebnislos hält, wird auch nichts erreichen.

Basis für solche Gespräche sind hauptsächlich die **Allgemeinen Geschäftsbedingungen (AGB)** des Lieferanten. Sie sollten den Inhalt genau kennen. Lassen Sie sich von einem Juristen die einzelnen Passagen vorher erklären. Haben Sie genügend Branchenerfahrung, wird Ihnen das meiste nicht neu sein. Sprechen Sie mit anderen Kunden dieses Lieferanten über deren Erfahrungen.

Setzen Sie diesen AGB Ihre eigenen Vorstellungen entgegen. Gut ist es, wenn Sie selbst schon welche erarbeitet haben. Gehen Sie unbedingt davon aus, dass die

AGB des Lieferers und des Beziehers grundsätzlich von unterschiedlichen Interessenlagen geprägt sind: Was für den Lieferanten gut ist, kann für den Bezieher niemals gleich gut sein und umgekehrt. Übernehmen Sie deshalb niemals ungeprüft diese AGB für sich selbst. Das gilt übrigens auch für die Unterlagen Ihrer Konkurrenten. Der Gründer, der deren AGB „abkupfert" und nur seine eigene Firma darübersetzt, lebt gefährlich. Zum einen sind sie nicht auf Ihre konkreten Bedingungen zugeschnitten, zum anderen entstehen vielleicht juristische Konsequenzen aus diesem Plagiat. Ziehen Sie Ihren Anwalt hinzu. Das ist der sicherste Weg.

Basis sind Ihre Planungsunterlagen einschließlich Ihrer Ziele sowie die Informationen über das Unternehmen und die Konditionen Ihres Gesprächspartners. Branchenübliche Verfahrensweisen und spezielle Konditionen seiner Konkurrenten sollten Sie ebenfalls kennen. Klären Sie folgende Positionen eindeutig:

➔ Menge und Stückelung,
➔ Qualität,
➔ Preis,
➔ Rabatte,
➔ Zahlungsziel und Skonti,
➔ Zahlungsweise,
➔ Lieferort und -zeitpunkt,
➔ Gewährleistung,
➔ Gerichtsstand.

Für die **Preisverhandlung** ist es wichtig zu wissen, was andere Lieferanten bieten. Argumentieren Sie aber nicht mit diesen Zahlen. Nennen Sie besser den Preis, zu dem Sie zu kaufen bereit sind. Verschenken Sie nichts; auch der im Markt stärkste Lieferant hat Spielräume. Ob diese zu Ihren Gunsten zu Buche schlagen, hängt vor allem von Ihnen ab.

Selbst wenn Sie das Zahlungsziel niemals in Anspruch nehmen wollen – handeln Sie ein langes Zahlungsziel aus. In Verbindung mit einem hohen Skontosatz sparen Sie am Preis und haben trotzdem Bewegungsfreiheit für Notzeiten.

Beachten Sie, dass Ihre ausgehandelten Bedingungen die AGB außer Kraft setzen. Regel: **Individualabrede geht vor AGB**. Halten Sie deshalb alle getroffenen Vereinbarungen **schriftlich** fest. Die Gültigkeit des Wortes im Zusammenhang mit Ihrer Kaufmannseigenschaft ersetzt nicht die Schriftform, selbst wenn sie nicht obligatorisch ist. Falls für Sie das Handelsgesetzbuch gilt, lassen Sie sich von Ihrem Anwalt das **kaufmännische Bestätigungsschreiben** erläutern. Damit wurde schon manche für den Gründer günstige, aber nicht festgeschriebene Vereinbarung unterlaufen.

Schließen Sie **Vorverträge** ab, beachten Sie die Vorbeginnsklausel, falls Sie bestimmte Fördermittel benötigen. Selbst wenn das Wort Vorvertrag über der Vereinbarung steht, kann es bereits eine vollgültige Bestellung sein. Also: Nichts unterschreiben, bevor es nicht Ihr Anwalt gesehen hat.

Rechnen Sie auch damit, dass manche Lieferanten aus Wettbewerbsgründen Ihre **Gewerbeanmeldung** sehen wollen, bevor Sie mit Ihnen konkrete Gespräche führen. Zuweilen ist es erforderlich, diese Bedingung schon vor dem eigentlichen Start zu erfüllen. Klären Sie mit Ihrem Steuerberater in diesem Fall, wie Ihre Verpflichtungen gegenüber dem Finanzamt bis zur wirklichen Aufnahme des Geschäftsbetriebes auszusetzen sind.

Wie wichtig auch ein einzelner Lieferant für Sie ist – binden Sie sich niemals nur an einen allein! Sie verlieren damit Ihre Unabhängigkeit, und das ist gefährlich. Geht Ihnen dieser eine verloren, aus welchen Gründen auch immer, ist vielleicht Ihre Existenz bedroht. Viele Partner sind nicht nur sicherer für Sie; sie lassen auch einen ständigen Vergleich der Konditionen zu.

1.3 Die Kunden

Bereits vor der Eröffnung potenzielle Kunden bzw. Aufträge zu haben, ist wohl das Ziel jedes Gründers. Es hängt sehr von Ihrer Branche ab, ob Sie mit einer solchen Startvoraussetzung rechnen dürfen. Produktions- und Großhandelsbetriebe, einzelne Dienstleister und Freiberufler sind oft in der Lage, sich diesen Vorteil zu verschaffen.

Verhandeln Sie mit potenziellen Kunden über Ihr Angebot sowie die Konditionen und versuchen Sie, diese Absprachen sicher zu machen. Auch die Bank sieht solche Vereinbarungen gern. Das stärkt Ihre Position. Ein übliches Mittel sind auch hier Vorverträge, unter dem Vorbehalt der Gründung bzw. **„letters of intent“ (LOI).** Einklagbar sind diese Absichtserklärungen nur unter bestimmten Voraussetzungen; Ihr Anwalt berät Sie in dieser Sache. Inwieweit Sie sich auf das Vereinbarte verlassen dürfen, obliegt Ihrer eigenen Einschätzung im konkreten Fall.

Beratende Ingenieure, Entwickler von Software oder Projekten zeigen häufig Schwächen bei der Auftragsannahme; Leistungsart und -umfang werden unzureichend abgesteckt, die Zahlungstermine nicht genau festgelegt:

Beispiel

Dr. Ulrich Huber, Diplomingenieur aus Passau, vereinbart die Entwicklung einer kompletten Verwaltungs-Software für einen Büromöbelgroßhändler. In seiner Begeisterung über den ersten großen Auftrag nach seiner Geschäftseröffnung versäumt er es, die Aufgabe eindeutig zu umreißen und die Zahlungsbedingungen festzulegen. Nach zwei Monaten liegen die ersten Ergebnisse vor. Bei der Präsentation stellt sich heraus, dass die Hardware des Kunden veraltet ist, sodass das

Programm nicht läuft. Nach weiteren vier Wochen klappt die Vorführung. Nun vermisst aber der Kunde einzelne Funktionen im Programm, mit denen er gerechnet hat. Da es sich um komplizierte Lösungen handelt, gehen weitere sieben Wochen ins Land, bis die Software zufrieden stellend läuft und abgenommen wird.

In seiner Preiskalkulation für das Angebot war Dr. Huber von drei Monaten ausgegangen, benötigt wurden aber fast fünf. Sein Kunde weigert sich, den tatsächlichen Aufwand zu vergüten, da ein Festpreis ohne Zeitangabe ausgemacht war.

Der Zahlungseingang selbst erfolgt nach zwei Mahnungen weitere sechs Wochen später – der Kunde ist als schlechter Zahler in seiner Branche bekannt. So hat unser Gründer nach über sechs Monaten sein erstes Geld gesehen.

Wie hätte Ulrich Huber klüger gehandelt? Gerade bei solchen Projekten ist ein **Pflichtenheft** die beste Grundlage. In ihm werden alle Leistungen genau festgehalten und auch die einzelnen Zahlungstermine festgesetzt. Die Diskussion darüber verschafft beiden Seiten Klarheit über Art, Umfang und Schwerpunkte des geplanten Projektes. Basis einer solchen Verhandlung kann zunächst ein **Lastenheft** des Kunden sein, in welchem er alle Punkte fixiert, die er beim fertigen Projekt vorzufinden wünscht.

Die erste **Zahlung** sollte nach Vorliegen dieses Pflichtenheftes erfolgen. Zuweilen passiert es nämlich, dass der Kunde den Projektentwurf entgegennimmt und sich dann aus dem Projekt zurückzieht. Ihre Entwurfsarbeit bliebe unvergütet. Es kommt auch vor, dass den Auftrag sogar jemand anderes erhält. Sie gingen in allen Punkten leer aus. Haben Sie dagegen Ihr Pflichtenheft bereits vergütet bekommen, ist Ihnen kein großer Schaden entstanden.

Übrigens lohnt es sich bei größeren Aufträgen, eine **Wirtschaftsauskunftei** über die Bonität und das Geschäftsgebaren des künftigen Kunden zu befragen. Auch eine **Bankauskunft** (über die Hausbank) liefert oft wichtige Informationen. Schlagen Sie im Zweifel lieber einen Auftrag aus, ehe er am Ende ein Verlustgeschäft zu werden droht.

Hüten Sie sich auch vor **Probelieferungen zu Niedrigstpreisen**, die Ihre Kosten nicht decken. Mancher Kunde verspricht künftige Aufträge en masse, falls diese erste Charge ihm zusagt. Lassen Sie sich dann auf einen solchen Preis ein, wird die Lieferung zwar kassiert, aber die in Aussicht gestellten Folgegeschäfte bleiben meist aus.

Auch bei Kunden gilt die Lieferanten-Regel: Nicht nur ein großer, lieber viele kleine. So angenehm der große Auftraggeber auch ist – verlieren Sie ihn, sind Sie selbst verloren. Nicht selten diktiert Ihnen ein solcher Kunde die Preise, wenn er um seine dominierende Position weiß.

Gefahr droht auch dann, wenn einer Ihrer Abnehmer Sie plötzlich mit Aufträgen überschüttet und Sie dadurch zu ungeplanten Investitionen und Personalaufstockung animiert. Falls Sie dann noch andere Auftraggeber abbauen, um dieses große Geschäft machen zu können, hängen Sie wie eine Marionette am Faden. Nicht geleistete Zahlungen oder ein Auftragsstorno führen in solchen Fällen schnell zur Insolvenz oder zum Konkurs. Wer daran interessiert sein könnte, lässt sich unschwer erraten.

1.4 Der Vermieter

Falls Sie kein eigenes Grundstück besitzen, werden Sie Ihre Produktionsstätte, das Büro oder den Laden mieten oder pachten. Die Höhe der Miete oder Pacht ist ein wesentlicher Faktor in Ihren fixen Kosten. Die Verhandlungen haben demzufolge das Ziel, günstig abzuschließen, um zum einen Ihren Standort langfristig zu sichern und zum anderen einen akzeptablen Preis zu erzielen. Hier einige **Tipps für Ihre Verhandlungen**:

- ➔ Wählen Sie Ihr Objekt erst dann endgültig aus, wenn Ihre **Standortanalyse** positiv ausgefallen ist. Nachteile des Standortes sind niemals dem Vermieter anzulasten. Rechnen Sie demzufolge nur mit den Standortvorteilen, die Sie selbst für gegeben halten.
- ➔ Berechnen Sie die für Sie erträgliche **Preisobergrenze.** Überdenken Sie vor der Verhandlung, welche Eigenschaften die Mietsache besitzen muss. Decken Sie Mängel auf, um den Preis zu reduzieren. Gehen Sie Kompromisse aber nur dann ein, wenn Sie damit wirklich leben können, und sichern Sie sich im Vertrag **Gewährleistungsansprüche**.
- ➔ Lassen Sie sich nicht von **Konkurrenzangeboten** beeindrucken, oft ist das nur ein Druckmittel. Selbst wenn Ihnen ein Objekt verlorengeht, ist der Verlust meist geringer als wenn Sie voreilig abschließen, ohne das Angebot und den Vertrag genau geprüft zu haben. Vermeiden Sie jeden **Zeitdruck** und geben Sie nicht dem Drängen des Vermieters nach.
- ➔ Berücksichtigen Sie auch hier die Erfahrung: **„Wenn es leicht geht und billig ist, ist etwas faul.“** Vielleicht weiß der Vermieter von Entwicklungen am Standort, die ihn veranlassen, schnell noch zu vermieten, bevor ein Preisverfall eintritt?
- ➔ Bedenken Sie bei der **Laufzeit** des Vertrages Ihre Interessenlage. Sind Sie an einer langfristigen Standortsicherung interessiert oder beabsichtigen Sie später einen Wechsel?
- ➔ Was geschieht, falls sich Ihr Geschäft nicht wie geplant entwickelt? Wie kommen Sie aus diesem Vertrag wieder heraus? Sehen Sie stets die zwei Seiten: **Langfristige Bindung** nimmt Ihnen die Chance, früher auszusteigen; **kurzfristige Bindung** gefährdet Ihren Standort, wenn es Ihnen später nicht gelingt, den Vertrag zu annehmbaren Konditionen zu verlängern.

➔ Beabsichtigen Sie, **staatliche Förderhilfen** zu beanspruchen, ist zuweilen eine Laufzeit von mindestens zehn Jahren oder von fünf Jahren mit einer festen Option auf weitere fünf Jahre vorgeschrieben. Diese Klausel dient vor allem bei Gründungen im Einzelhandel der Standortsicherung über die Laufzeit des Darlehens.

➔ Prüfen Sie, ob das Objekt bei positiver Geschäftsentwicklung eine **spätere Erweiterung** zulässt. Machen Sie sich mit gesetzlichen Bestimmungen und den örtlichen Vorschriften, auch im **Umweltschutzbereich**, vertraut.

➔ Unterschreiben Sie den Vertrag nicht, ohne entsprechende **Fachleute** konsultiert zu haben. Dazu zählt auch der Anwalt, der den Vertragstext prüft.

Nutzen Sie als kleine Hilfe die folgende Checkliste

Checkliste Mietvertrag			
	Objekt A	Objekt B	Objekt C
➔ Standort			
➔ Vermieter			
➔ Nutzfläche			
➔ Verkaufs-/Produktionsfläche			
➔ Lagerfläche			
➔ Nettomiete			
➔ Nebenkosten			
➔ Vertragsdauer			
➔ Kündigungsfrist			
➔ Verlängerung			
➔ Option für zusätzlichen Raum			
➔ Umbauerlaubnis			
➔ Untervermietung gestattet			
➔ Baurechtliche Voraussetzungen			
➔ Außenwerbung erlaubt			
➔ Kommunale Einwirkungen			
➔ Gebäudesicherheit			
➔ Feuersicherheit			
➔ Reparaturaufwand			

Checkliste Mietvertrag			
	Objekt A	Objekt B	Objekt C
→ Instandhaltung			
→ Parkplatzkosten			
→ Kaution			
→ Abstandszahlungen			
→ Maklercourtage			

1.5 Die Mitarbeiter

Die Suche nach geeigneten und qualifizierten Mitarbeitern ist oft schwierig, zumal Sie anfangs kaum in der Lage sind, hohe Lohn- oder Gehaltsforderungen zu erfüllen. Die wichtigste Regel für diese Gespräche ist, nichts zu versprechen, was Sie nicht halten können. Täuschen Sie Ihre künftigen Angestellten über die Arbeitsaufgabe, finanzielle Positionen oder Arbeitsbedingungen, dann legen Sie den Grundstein für künftige Belastungen und für arbeitsrechtliche Auseinandersetzungen vor Gericht.

Vereinbaren Sie eine relativ lange **Probezeit**. So sind beide Seiten in der Lage, sich kennenzulernen und zu testen und haben die Chance, sich auch ohne große Formalitäten wieder zu trennen.

Ihr Vorzug besteht darin, dem Mitarbeiter in Ihrem jungen Unternehmen Raum für Kreativität und schnelle Aufstiegschancen zu bieten. Das motiviert viele und lässt über anfängliche finanzielle Nachteile hinwegsehen.

Prüfen Sie – abhängig von Ihrem Geschäftsgegenstand –, ob an Ihrem Standort Universitäten oder Fachhochschulen existieren. **Studentische Hilfskräfte** oder **Diplomanden**, die ihr **Praktikum** bei Ihnen machen, bieten gute Einstiegskontakte für die spätere Einstellung passender Fachleute. Sie haben am Anfang nicht zu hohe Personalkosten, lernen die Menschen im Rahmen der Arbeit im Team kennen, und der künftige Mitarbeiter hat Gelegenheit seinerseits zu prüfen, ob ihm die Aufgabe Spaß macht und die Unternehmensphilosophie seinen eigenen Zielen entspricht.

■ Psychologische Aspekte „verwandter" Mitarbeiter

In der unternehmerischen Praxis spielt die Einstellung von Mitarbeitern, je nach Unternehmensgröße und -struktur, eine unterschiedlich häufige, aber stets wichtige Rolle. Es ist eine gravierende Entscheidung – mit oft weit reichenden Folgen. Selbst mit korrekten Arbeitsverträgen sind sie mit einem gewissen Risiko behaftet, da sie stets die Existenz des Mitarbeiters sowie die des Unternehmens betreffen.

Um solche Risiken auszuschließen, entwickelt sich häufig die Überlegung, Mitglieder der eigenen Familie in das zu gründende oder bestehende Unternehmen einzubinden.

Begünstigt wird diese Idee durch die Tatsache, dass einem die Familienmitglieder meist vertraut sind, je nachdem, um wen es sich handelt.

Sie brauchen auch nicht mühsam gesucht und ausgewählt zu werden, sondern stehen meist zur Verfügung. Vielleicht suchen sie ohnehin gerade eine Beschäftigung, sodass sich das Einkommensproblem des Neffen mit dem Mitarbeiterproblem des Onkels gleichzeitig lösen lässt ...?

Bei Familienmitgliedern, die mit Ihnen in einem Haushalt leben, ist der Zusammenhalt meist sehr groß. Gäbe es Spannungen oder bestünde gar ein Zweifel an den Fähigkeiten und Fertigkeiten des Sohnes, der Schwester oder eines Elternteils, würde eine solche Variante meist gar nicht erwogen.

Sind die Betreffenden eher dem entfernteren Familienkreis zuzuordnen, rangieren sie trotz ihrer verwandtschaftlichen Bindung aber eher als Fremde, d. h. als relativ unbekannte Persönlichkeiten, dann sollte neben fachlichen Eignungstests auch eine Prüfung all jener Aspekte vorgesehen werden, die auch bei einem Nichtverwandten von Bedeutung wäre.

Gleich wie die Dinge liegen, prüfen Sie folgende Punkte sehr genau und möglichst ohne Emotionen, bevor Sie die Entscheidung treffen, einen Elternteil, Geschwister, Kinder oder sonstige Anverwandte einzustellen:

Prüfliste

Prüfliste für den Unternehmer

1. Hat der Betreffende die notwendige Ausbildung und Berufserfahrung?
2. Besitzt er alle Fähigkeiten und Fertigkeiten, die die Arbeitsaufgabe erfordert?
3. Würde ich ihn/sie auch einstellen, wenn wir nicht verwandt wären?
4. Fiele es mir schwer, ihn oder sie aus betrieblicher Notwendigkeit heraus zu kündigen?
5. Wie sicher ist der Arbeitsplatz, den ich meinem Verwandten bieten kann?
6. Gibt es persönliche Beziehungen desjenigen zu Mitarbeitern oder Führungskräften in meinem Betrieb? Wenn ja, welche?
7. Schaffe ich mit dieser Einstellung einen unerwünschten Informationskanal zu Mitarbeitern?
8. Erlangt das Familienmitglied Informationen, die ich vielleicht nicht im gesamten Familienkreis diskutiert haben möchte?
9. Gibt es eine besondere Wertschätzung oder bestimmte Vorurteile der Mitarbeiter gegenüber meinem Verwandten?

10. Hat die Tatsache, zur Familie zu gehören, eine negative oder positive Wirkung im Markt (positiv: hohe Akzeptanz oder negativ: „Vetternwirtschaft")?
11. Worin besteht das Motiv des Familienmitgliedes, bei mir zu arbeiten?
12. Welche Erwartungen fachlicher, finanzieller und persönlicher Natur hat der Kandidat?
13. Welche Empfindungen hatte ich spontan, als die Idee das erste Mal auftauchte?
14. Wer hatte die Idee überhaupt?

Sollten Ihnen bei der Beantwortung dieser Fragen Zweifel kommen, hat es sich wohl gelohnt, das Thema zu beleuchten.

Generell hat die Beschäftigung von Familienmitgliedern eine Reihe von Vor- und Nachteilen. Interessant ist dabei, dass bestimmte Positionen durchaus in beide Richtungen wirken können:

Vorteile

Der verwandte Mitarbeiter...

➔ ist Ihnen vertraut
➔ hat mehr Engagement, da es um die Familie geht
➔ schaut nicht ständig auf die Uhr
➔ ist leicht verfügbar
➔ ist leicht zu führen
➔ besitzt mehr Verantwortungsgefühl
➔ genießt höhere Akzeptanz bei Kunden, Lieferanten, Mitarbeitern
➔ kennt Ihre Stärken und Schwächen
➔ arbeitet zu für Sie günstigeren Konditionen

Nachteile

Der verwandte Mitarbeiter...

➔ „bohrt nur ein dünnes Brett", da sein Arbeitgeber zum Beispiel „nur" der Vater ist
➔ ist selbst bei Unfähigkeit schwer zu kündigen, da das familiäre Turbulenzen auslösen würde
➔ ist schwer zu führen, da Sie als vertrautes Familienmitglied wenig Autorität besitzen
➔ fühlt sich kaum eigenverantwortlich, da es „Vater notfalls schon richten wird ..."
➔ genießt bei den Mitarbeitern oder Kunden kaum Akzeptanz, da er ja „nur" der Sohn, Neffe, Enkel ist
➔ trägt negative Wirkungen betrieblicher Auseinandersetzungen in die Familie und umgekehrt

An Ihnen liegt es, Ihre konkrete Situation richtig einzuschätzen und die passende Entscheidung zu treffen.

Bedenken Sie stets, dass Sie Ihr Unternehmen leiten, dafür verantwortlich sind und familiäre Rücksichten hinter dem erfolgreich verwirklichten Unternehmenszweck in diesem Kontext zurückstehen sollten.

Achten Sie auch auf die **Dankbarkeits- bzw. Harmoniefalle**. Die gegenseitige Schonung bei sachlich notwendigen Auseinandersetzungen, um die Atmosphäre in der Familie nicht zu stören oder dem Blutsverwandten nicht wehzutun, führt nicht nur zu sachlichen Konflikten und Frustrationen bei den Beteiligten, sondern auch häufig zu Missstimmung bei anderen Mitarbeitern.

Aus familiärer Solidarität oder anderen privaten Gründen eine Personalentscheidung zu treffen, die Ihnen oder dem Unternehmen schadet, gefährdet Ihren Unternehmenserfolg, vielleicht sogar Ihre Existenz, und das wiederum auch die Ihrer Familie.

Durch die Einstellung von verwandten Mitarbeitern Ihrem persönlichen und dem Unternehmenserfolg näher zu kommen, ist dagegen eine sehr befriedigende Erfahrung. Sie kann durchaus dazu beitragen, in der Familie mehr Verständnis und Unterstützung für Ihren unternehmerischen Beruf und seine speziellen Belastungen zu entwickeln. Das bringt Ihnen möglicherweise auch eine Steigerung Ihrer Lebensqualität.

1.6 Die Behörden und Institutionen

Was immer Sie auch gründen, Behörden spielen dabei eine wichtige Rolle. Die Länder, Städte und Gemeinden, speziell die Wirtschaftsförderer, das Ordnungsamt, die Umweltbehörde, das Finanzamt, die Baubehörde, auch die Krankenkasse oder die Berufsgenossenschaft – sie alle sind Partner für Sie, und das weit über die Gründungsphase hinaus.

Bemühen Sie sich von Anbeginn um ein entspanntes Verhältnis zu diesen Stellen; das erleichtert Ihre Arbeit beträchtlich. Voraussetzung ist die genaue Kenntnis der gesetzlichen Bestimmungen und Vorschriften, die auf Sie zutreffen. Vermeiden Sie Gesetzesverletzungen, steuern Sie keinen Kollisionskurs. Nehmen Sie jedoch nichts so ohne weiteres hin, falls Sie sich im Recht fühlen. Sind Sie der Meinung, dass Ihnen Unrecht geschieht, wählen Sie nach entsprechender Konsultation mit Ihrem juristischen Berater die gesetzlichen Mittel.

Sehr oft jedoch klären sich die Dinge, auch gegenüber Behörden, besser im **Gespräch**. Vergessen Sie nicht alles, was Sie über die Behandlung von Kunden oder Banken gelernt haben, nur, weil es jetzt ein Beamter ist, der vor Ihnen sitzt. Entwickeln Sie Verständnis für die andere Sichtweise Ihres Kontrahenten und bauen

Sie stabile Kontakte auf. So schaffen Sie eine für die Arbeit günstige Atmosphäre und erhalten vielleicht wichtige Informationen, die Sie für Ihre täglichen unternehmerischen Entscheidungen benötigen.

2 Das Marketing Ihres Unternehmens

von Thomas Kühr

2.1 Was ist Marketing?

Ein Blick ins alte englische Wörterbuch aus der Schulzeit bringt Sie nicht viel weiter, denn dort wird Marketing mit „Marktbesuch" übersetzt. Falls Sie eine moderne Fassung besitzen, kommen Sie der Sache schon näher, wenn der Begriff mit „Verkaufsanstrengungen" umschrieben wird. Jedoch könnte Sie diese Umschreibung zur einseitigen Betrachtung verführen: Viele Menschen denken bei Marketing fälschlicherweise nur an „Verkaufen" und „Werbung". Das ist verständlich: Unsere Briefkästen quellen täglich über von Werbepost. Die Tageszeitungen und Illustrierten sind voll mit Anzeigen und Verkaufsappellen. Das Fernsehen unterbricht immer häufiger das laufende Programm, um Werbespots zu senden, die uns teilweise zu direkten telefonischen Verkaufsabschlüssen auffordern.

Dabei ist das nur die sichtbare Spitze des Marketing-Eisberges, dessen Fundament und Ausgestaltung in der US-amerikanischen Wirtschaft entstanden sind. Für die Amerikaner stand schon immer der Vertrieb im Mittelpunkt des Unternehmens. Mit der Bezeichnung „Marketing" geben sie dieser Tatsache Ausdruck. Zentralstellung des Vertriebs, Schaffung neuer Produkte, nachfrageorientierte Produktion, das sind die Schlagworte dieser Praxis – der Verbraucher bestimmt, was der Betrieb produziert.

Mithilfe eines Wirtschaftslexikons können Sie Ihren Erkenntnisstand weiter vertiefen:

Definition

> Unter Marketing versteht man die ziel- und wettbewerbsorientierte Ausrichtung bestimmter Marktaktivitäten unter Einsatz eines absatzpolitischen Instrumentariums. Grundlage dafür sind genaue Marktkenntnisse, vor allem über das Kundenverhalten und die Konkurrenzsituation, die durch Marktforschung gewonnen werden. Die wichtigsten Instrumente sind die Preispolitik, die Produktgestaltung, die Absatzwege und die Werbung. Im Marketing-Mix werden diese Instrumente aufeinander abgestimmt.

Sie erreichen Ihr Unternehmensziel nur, wenn Sie im innerbetrieblichen Steuerungsprozess alle betrieblichen Teilbereiche unter Marketinggesichtspunkten aufeinander abstimmen. Das amerikanische Überbetonen des Absatzes gegenüber der Produktion bedeutet keinesfalls einen Verzicht auf diese Abstimmung, sondern kennzeichnet lediglich die bedeutende Verschiebung des Schwergewichts in den betrieblichen Funktionen unserer modernen Marktwirtschaft.

Der Betriebswirtschaftler Professor Mellerowicz drückt das folgendermaßen aus: *„War früher die Einstellung des Unternehmens zum Absatzproblem die, dass die Verkaufsabteilung zu verkaufen habe, was der Betrieb erzeugt, so muss es heute heißen: Die Produktion muss erzeugen, was der Markt braucht! Aber – und das gehört zum Wesen des ‚Marketing' und zu seiner Unterscheidung vom reinen Absatzproblem – unter Gesichtspunkten der gesamten Vertriebspolitik, unter Abstimmung der Belange der Produktion und der des Absatzes."*

Der „marketingman", so in einem Geschäftsbericht von General Electric Co. beschrieben, rückt an den Beginn statt an das Ende der Produktionsreihe, und das Marketing-/Absatzkriterium wird zum integrierenden Bestandteil jeder einzelnen Stufe. So wird die Absatzpflege aufgrund ihrer Forschungen und Untersuchungen dem Ingenieur, dem Designer und dem Hersteller zeigen, was der Verbraucher von einem bestimmten Produkt erwartet, welchen Preis er zu zahlen bereit ist, wo und wann es gebraucht wird. Der Marketinggesichtspunkt wird die Planung des Produktes, die Herstellung und die Lagerhaltung ebenso beeinflussen wie den Verkauf und das Angebot der Ware.

Beziehen Sie sogar die Gründungsphase Ihres Unternehmens in diesen Abstimmungsprozess ein. Handeln Sie von Anfang an marketingorientiert. Betreiben Sie „pränatales" (vorgeburtliches) Marketing, indem Sie bei der Erstellung Ihres Unternehmenskonzeptes nicht nur die Käufer- und Marktwünsche berücksichtigen und ihre Auswirkungen auf den Produktions-, Einkaufs- und Finanzplan verankern, sondern auch **Marketing in eigener Sache** betreiben: Denken Sie an die Präsentationsfähigkeit Ihres Konzeptes und aller damit verbundenen schriftlichen Unterlagen gegenüber Dritten (Hausbank, Mitgesellschafter, Mitarbeiter, Gutachter bei Inanspruchnahme öffentlicher Finanzierungshilfen).

Die Arbeit und Mühe, die Sie hier investieren, ist in den meisten Fällen zugleich ein erster wichtiger Baustein z. B. für die Image-Broschüre über Ihr junges Unternehmen und erste Verkaufsprospekte. Sehen Sie Ihre Definition des Marketing ganz pragmatisch; verstehen Sie darunter den Einsatz aller Maßnahmen, die dazu führen, dass:

- ➔ die Bedürfnisse und Wünsche des Kunden erfüllt werden,
- ➔ der Kunde sich für Ihr Angebot entscheidet und nicht für das des Wettbewerbers und
- ➔ es dennoch zu einem für Sie lukrativen Geschäftsabschluss kommt.

2.2 Die Marketing-Infrastruktur

Bei der Einführung und Durchsetzung von Marketingkonzeptionen spielt die formale Management- und Organisationsstruktur Ihres Unternehmens eine wichtige Rolle. Mit dem Wachstumsprozess des Unternehmens wird in der Regel die Marketingaufgabe an Umfang und Gewicht gewinnen. Das findet zwangsläufig in der Bildung von formalen, funktionalen und spezifischen Aufgabenbereichen seinen Niederschlag. Der „Evolutionsprozess" des Marketing durchläuft dabei die folgenden Stadien:

■ Erstes Stadium

In der Gründungsphase und den ersten zwei bis drei Jahren werden Sie in Ihrem Unternehmen sicherlich die klassische Funktionsaufteilung in

Produktion	Verwaltung	Vertrieb

vornehmen und diese Aufgaben zunächst in Personalunion mehr oder weniger im Alleingang zu bewältigen versuchen.

■ Zweites Stadium

Mit zunehmender Bedeutung Ihrer Verkaufsaktivitäten werden Sie Ihre Vertriebsabteilung mit Spezialisten verstärken, die sich auf bestimmte Tätigkeiten (Funktionen) konzentrieren:

Vertrieb		
Verkauf/ Distribution	Werbung/ Verkaufsförderung	Kundendienst/ Service

■ Drittes Stadium

Sie entdecken die Notwendigkeit und Bedeutung der **Marktforschung** und der **Öffentlichkeitsarbeit (PR)** und nehmen weitere Spezialisten an Bord Ihres „Vertriebsschnellbootes".

Vergessen Sie beim Aufbau dieser ersten **drei Vertriebsstufen** nicht, dass ein solches Wachstum eine entsprechende Administration benötigt. Auch Marketingleistungen müssen verwaltet werden!

■ Viertes Stadium

Marketing gewinnt immer mehr an Bedeutung in Ihrem Unternehmen und fordert damit auch Arbeitsvolumen. Sie gliedern die entsprechenden Funktionen aus der Vertriebsabteilung aus und schaffen eine separate Marketingabteilung. Natürlich erweitert sich damit auch Ihr Managementteam – nunmehr haben Sie einen Vertriebsleiter und einen Marketingleiter:

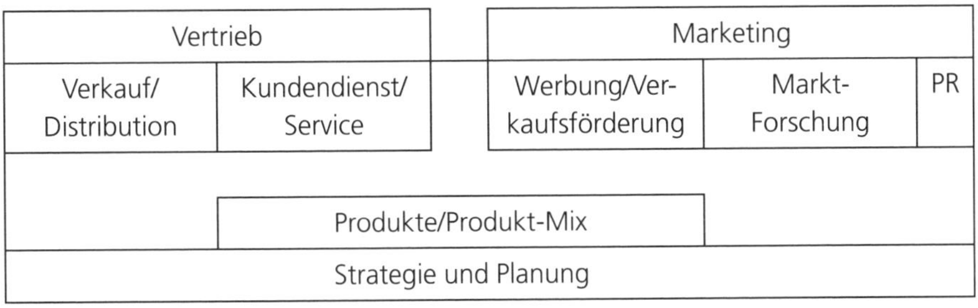

Die Produkte und das Produkt-Mix bilden dabei die natürliche Klammer für die Abteilungen. Das Fundament sind die Marktstrategie und -planung Ihres Unternehmens.

■ Fünftes Stadium

Da Ihr Unternehmen nun fast Konzerndimensionen angenommen hat, Sie international mit verschiedenen Produkten und unterschiedlichen Abnehmern beschäftigt sind, entscheiden Sie sich für die Matrix-Organisation. Sie führen weitere Kriterien und Kompetenzbereiche zur marketingorientierten Unternehmenssteuerung ein:

Marketing-Matrix	**Vertriebsleitung**	**Marketingleitung**
Regionale Kompetenz (national/international)	Verkauf, Kundendienst und Warendistribution	Werbung, PR, MaFo, Verkaufsförderung (R)
Produktkompetenz (Produktmanagement)	Verkauf, Kundendienst und Warendistribution	Werbung, PR, MaFo, Verkaufsförderung (P)
Marktkompetenz (Abnehmergruppen)	Verkauf, Kundendienst und Warendistribution	Werbung, PR, MaFo, Verkaufsförderung (M)

Damit haben Sie das Marketing zur Firmenkultur erhoben. Die Geschäftsführung bzw. der Vorstand Ihres Unternehmens ist personell gestärkt. Sie können sich in den Aufsichtsrat zurückziehen!

2.3 Der Instrumentenkasten Ihres Marketing-Mix

Als Zauberformel für ein wirksames „Turbo-Marketing" sollten Sie sich folgende **Marketing-Mix-Formel** merken:

$$M^2 = (4\ P + S) \times K$$

Keine Angst, das hat nichts mit höherer Mathematik zu tun. Diese Formel soll nur auf die Hauptinstrumente hinweisen, bei deren richtiger Anwendung Sie einen beschleunigten Markterfolg erzielen werden. Die Abkürzungen stehen für alle Aktivitäten, die Sie ergreifen können, um die Nachfrage nach Ihren Produkten zu beeinflussen. Herkömmlich betrachtet werden die Hauptaktivitäten als „Die vier P" bezeichnet:

➔ Produkt(-Mix),
➔ Preis(-Mix),
➔ Platz(Platzierungs-Mix),
➔ Promotion(-Mix).
Wir ergänzen diese vier „P" noch um die beiden Elemente S und K:
➔ Service(-Mix) und
➔ Kundenorientierung.

Wie Sie noch lesen werden, begleitet gerade das „K" wie ein roter Faden alle Ihre Marketingaktivitäten: vor, während und nach der eigentlichen Verkaufstätigkeit! Kundenorientierung ist das eigentliche Fundament Ihres Erfolges. Daher steht das „K" auch als „Multiplikator" in unserer „Turbo-Formel". Betrachten wir nun jeden Teil dieser Marketing-Mix-Formel für sich allein: Die einzelnen Elemente bestehen aus mehreren Teilen, gleichsam ein „Unter-Mix" im Instrumentenkasten.

2.3.1 Ihr Produkt-Mix

Das Hauptelement Ihres Marketing-Mix ist die Produktkomponente, weil

➔ das Produkt die Grundlage Ihres Unternehmens darstellt und
➔ auf Dauer der wichtigste Baustein ist, von dem Erfolg oder Misserfolg Ihres Unternehmens abhängen.

Bevor wir in die Betrachtung der Bestandteile des „Produkt-Mix" einsteigen, noch ein Hinweis: Für den Begriff „Produkt" existieren unterschiedliche Klassifizierungen, aus denen sich wiederum unterschiedliche Interpretationen und Schwerpunkte für eine Marketing-Produkt-Strategie ergeben. Am besten wird das aus folgender Matrix deutlich, in der Sie anhand der Beispiele sicherlich auch Ihr Produkt wiederfinden:

Produktklassifizierung	**Verwendungszweck/Zielgruppe**	
	Konsumgüter/ Endverbraucher	Investitionsgüter/ Weiterverarbeiter
Kurzlebige Wirtschaftsgüter	Lebensmittel, Kosmetikartikel	Roh-, Hilfs- und Betriebsstoffe
Langlebige Wirtschaftsgüter	Möbel, Pkw	Maschinen(-teile) Büromöbel
Dienstleistungen	Friseur (Handwerk) Rechtsanwalt, Steuerberater	Wartungs- und Reparaturdienste, Unternehmensberater

Das Produkt-Mix hat folgende Bestandteile:

- ➔ Qualität,
- ➔ Marke,
- ➔ Verpackung,
- ➔ Garantieleistung,
- ➔ Sortiment.

■ Qualität

Unter der **technischen Qualität** ist zu verstehen, in welchem Maß ein Produkt seine Funktion für den Kunden erfüllt. Beispiel: Ein Kopiergerät kann einfache Schwarz-Weiß-Kopien in schlichter Druckqualität produzieren; ein anderes kopiert die Vorlagen mit brillanten Farben – beide erfüllen die Funktion Kopieren.

Die **wirtschaftliche Qualität** wird häufig im Zusammenhang mit der Lebensdauer eines Produktes gesehen: Eine Küchenmaschine, die bereits nach wenigen Monaten veraltet ist, erweckt bei der Hausfrau keine Begeisterung. Andererseits ist der Hersteller nicht daran interessiert, dass dieses Gerät zwanzig Jahre einwandfrei funktioniert.

Ästhetische Qualität wird durch Merkmale wie Formgebung, Farbe, Abmessungen, Gebrauchs- oder Bedienungskomfort sowie Verwendungszweck bestimmt. Die Formgebung, die meist aufs engste mit dem Produkt selbst verbunden ist, unterliegt häufig Kompromissen: Einerseits wollen Sie den Geschmack des Kunden treffen, andererseits ist an die technischen Anforderungen zu denken. Das Gerät hat zu funktionieren, die Gebrauchssicherheit ist zu gewährleisten, die Formgebung sollte die Bedienung vereinfachen oder fördern. Nicht zuletzt muss der (technische) Inhalt das erfüllen, was die Formgebung verspricht.

Als (Einzel-)Händler haben Sie normalerweise wenig Einfluss auf diese Qualitätsmerkmale eines Produktes. Es sei denn, Sie vereinbaren mit dem Hersteller eine bestimmte „Sonderanfertigung", eine Exklusivserie. Das wird häufig von Einkaufsverbänden praktiziert, die ihren Mitgliedern auf diese Weise einen besonderen Qualitätsservice bieten.

■ Marke

Eine Marke ist für den Konsumenten ein wichtiger Teil des Produktes. Als Unternehmer erhöhen Sie mit der Schaffung einer Marke oft den Wert Ihres Produktes. Bei der Terminologie der Markenbildung gibt es verschiedene Schlüsselbegriffe: Eine Marke („Brand") besteht aus

- ➔ einem (Eigen-)Namen („Brand name") oder einer Buchstabengruppe, z. B. Philips, Ford, Siemens bzw. C&A, IBM;
- ➔ einem Markenzeichen („Brand mark"), das kann ein Symbol, eine Farbkombination oder ein bestimmter Schriftzug sein, z. B. der Mercedes-Stern;
- ➔ aus einer Kombination von beidem, z. B. VW.

Auch das Mittel, Ihre Marke oder einen Teil davon gesetzlich zu schützen, sollten Sie kennen: Lassen Sie ein **Warenzeichen**, eine **Handelsmarke** („Trademark") eintragen („registrieren"), haben Sie damit das Exklusivrecht, diesen Markennamen oder dieses Markenzeichen zu benutzen. Für literarische, musikalische oder künstlerische Werke sichern Sie sich die **Urheberrechte** („Copyright"), ein entsprechender Zusatz weist auf diesen Schutz hin.

Ist eine Marke sehr lange im Markt, hat sich das Produkt bewährt und sind andere Hersteller mit ähnlichen Produkten nachgezogen, führt das gelegentlich zu einem vom Unternehmer ungeliebten Effekt: Der Markenname überträgt sich auf eine ganze Produktgattung. So steht mittlerweile NIVEA für Hautcreme, UHU für Klebstoff oder TESA für Klebeband aller Art. Mit aufwändigen Werbekampagnen wird dann versucht, auf die Vorzüge des einzig Wahren und Guten hinzuweisen und den Konsumenten auf den Pfad der Markentreue zurückzuführen: „Nur wo NUTELLA draufsteht, ist auch NUTELLA drin!"

Ist es Ihnen gelungen, einen markentreuen Kundenstamm aufzubauen, versuchen Sie nun die **Strategie der Markenausweitung**. Verwenden Sie einen erfolgreichen Markennamen für die Einführung eines neuen oder modifizierten Produktes. Hier stehen Ihnen zwei Produktstrategien zur Verfügung:

- ➔ **trading down**
  Sie haben bislang erfolgreich ein exklusives, gutes und teures Markenprodukt hergestellt und verkauft. Um den Umsatz zu steigern, bringen Sie jetzt ein ähnliches Produkt in einer billigen Preisklasse heraus und hoffen, dass es

von dem guten Ruf profitiert, den der exklusive Teil Ihres Sortiments genießt. Ein Beispiel aus dem Pkw-Markt: der „kleine" Mercedes.

➔ **trading up**
Haben Sie sich dagegen bislang immer nur in unteren Preisklassen bewegt, so erreichen Sie vielleicht durch die Einführung eines exklusiven Modells, dass der billige Teil des Sortiments vom Ruf des exklusiven Modells profitiert. Ein Beispiel vom Uhrenmarkt: Aus der Billiguhr SWATCH entsteht die Sammler-/Designerkollektion, die zu Liebhaberpreisen gehandelt wird. Dadurch hat auch der Absatz der Billigversion wieder zugenommen.

Verpackung

Die ursprüngliche Funktion der Verpackung bestand darin, als Behälter für das Produkt zu dienen und es zu schützen. In den vergangenen Jahren ist die Verpackung von Produkten immer wichtiger geworden – einerseits aus Marketinggründen, andererseits wegen des zunehmenden Umweltbewusstseins. Mit beiden Problemkreisen sollten Sie sich beschäftigen, um eine verbraucher- und herstellergerechte Verpackungslösung zu finden:

➔ Der Konsument will beim Einkauf und Transport des Produktes möglichst wenig Mühe aufwenden.
➔ Mühelos soll auch der anschließende Verbrauch oder die Verwendung der Ware sein.
➔ Neue Vertriebsformen (Supermärkte) erfordern vorgepackte Produkte.
➔ Unsere hygienischen Anforderungen an die Produktverpackungen sind gewachsen, die gesetzlichen Vorschriften im Lebensmittelbereich gestiegen.
➔ Erfindungen auf dem Kunststoffsektor ließen neue Verpackungsvarianten entstehen.
➔ Unsere gestiegene Kaufkraft hat dazu geführt, dass aufwändige Verpackungen mitbezahlt werden.

Das Verpackungsthema hat schon immer die Aufmerksamkeit der Öffentlichkeit auch aus anderen Gründen für sich beansprucht:

➔ Mogel-Packungen und unkorrekte Etikettierungen rufen regelmäßig die Verbraucherschutzverbände auf den Plan.
➔ Kritiker sehen in vielen aufwändigen Verpackungen die Ursache für gestiegene und überhöhte Preise.
➔ Knappe Rohstoffe verbieten zunehmend die Verwendung von Einwegbehältern und erfordern neue Recyclingmethoden.
➔ In diesem Zusammenhang wächst auch die Umweltbelastung: Fachleute haben ermittelt, dass über 40 Prozent des gesamten Abfalls aus Verpackungsmaterial bestehen.
➔ Eine gesetzliche Vorschrift regelt, dass der Handel die Umverpackungen zurückzunehmen hat.

Garantieleistung

Garantieleistungen sind Ihnen meist als **Herstellergarantie** bekannt: Als Produzent einer Ware sichern Sie dem Kunden zu, dass Ihr Produkt a) keine Mängel aufweist und b) bestimmten Qualitätsansprüchen genügt. Selbst wenn Sie in Ihrer Fabrik eine ausgefeilte Qualitätskontrolle eingeführt und das Produkt sorgfältig getestet haben, stellen sich später vielleicht doch beim Kunden Mängel heraus. Für diesen Fall verpflichten Sie sich, das Produkt zu ersetzen oder zu reparieren, falls es innerhalb einer bestimmten Frist nicht mehr einwandfrei funktioniert. Schriftliche Garantiebestimmungen und der Nachweis des Verkaufszeitpunktes (Quittung) sind wichtige Bestandteile Ihres Garantiekonzeptes, das auch der Handel entsprechend zu beachten hat. In den meisten Fällen hat eine Aussage über die Garantieleistung zugleich einen ausgeprägten Werbeeffekt: Einige Pkw-Hersteller bieten eine Drei-Jahres-Garantie und weisen natürlich in der Werbung besonders darauf hin.

Sind Sie Händler, greift das Garantieinstrument ebenfalls: Sicherlich ist Ihnen schon der Slogan „Ware nicht gut – Geld zurück!“ begegnet. Oder die Aussage: „Niedrigpreis-Garantie – wenn Sie diesen Artikel innerhalb von 24 Stunden anderswo billiger angeboten bekommen, erstatten wir Ihnen die Differenz!“ Auch als Dienstleister bleiben Sie von Garantieansprüchen nicht verschont. So ist es in der Softwarebranche durchaus üblich, dass der Kunde Sie quasi unfreiwillig in die Garantiepflicht nimmt, indem er einen Teil des Honorars zurückbehält, bis das hundertprozentig einwandfreie Funktionieren Ihrer Software feststeht!

Falls Sie als Unternehmer eine Garantieleistung in Ihrem Marketingkonzept vorsehen, bedenken Sie auch die finanziellen Folgen: Kalkulieren Sie diese Garantiekosten in Ihren Preisen mit ein und bilden Sie Rückstellungen für die Inanspruchnahme aus Garantieleistungen in Ihrer Bilanz. Nicht unerwähnt sollte abschließend bleiben, dass Sie auch die gesetzlichen Vorschriften über Garantieleistungen zu beachten haben – Stichwort Produkthaftpflicht!

■ Sortiment

Unter „Sortiment“ versteht man die Gesamtheit aller Produktlinien und Artikel, die Sie im Angebot haben. Beachten Sie bei der Entscheidung über die Zusammensetzung des Sortiments grundsätzlich folgende Faktoren:

→ die Dimension,
→ seine innere Harmonie,
→ die Wechselbeziehungen zwischen den Artikeln.

Die **Dimension eines Sortiments** weist zwei Richtungen auf, eine in die Breite und eine in die Tiefe. Die **Breite** hängt von der Anzahl der unterschiedlichen Produktarten ab. Das Rundfunkgeräte-Sortiment für den Verbrauchsgütermarkt besteht beispielsweise aus tragbaren Radios, Tischgeräten, Hi-Fi-Anlagen und

Autoradios. Seine **Tiefe** beschreibt dann die unterschiedlichen Typen und Modelle eines jeden Teils des Sortiments:

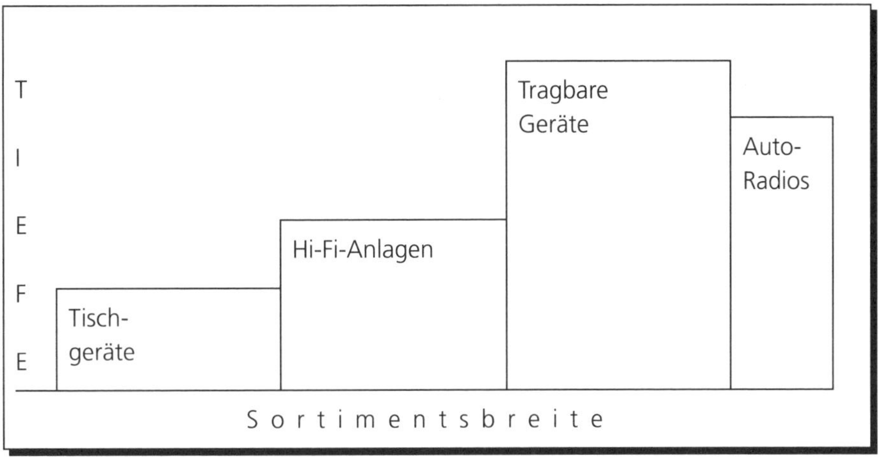

Ein Sortiment sollte ein **harmonisches Ganzes** darstellen. Im Allgemeinen gilt für Sortimente die **20/80-Regel**. Diese Regel besagt, dass auf 20 Prozent der Artikel eines Sortiments 80 Prozent des Umsatzes entfallen. Die restlichen 80 Prozent der Artikel bringen nur etwa 20 Prozent des Umsatzes.

Stellen Sie sich als Einzelhändler also darauf ein, dass Sie nur eine kleine Anzahl Artikel relativ häufig verkaufen. Den Rest der Artikel haben Sie deshalb im Angebot, weil sie zum Sortiment gehören und Ihre Kunden gelegentlich danach fragen. Verlangt ein Kunde einen dieser Artikel, Sie führen ihn aber nicht und vermögen es nicht, ihn für einen alternativen Artikel zu begeistern, wird er enttäuscht sein und Ihr Geschäft vielleicht nie wieder betreten.

Eine harmonische Zusammensetzung Ihres Sortiments ist oft auch bezüglich des Verkaufspreises von Bedeutung. Die Artikel einer Produktlinie sind in einer Reihe aufsteigender Preisklassen denkbar. Bleiben wir beim Beispiel Rundfunkhandel: Ein Kunde, der mit einer HiFi-Anlage in der unteren Preisklasse beginnt, kann später zu einer höheren Preisklasse übergehen, ohne dass er die Marke, mit der er grundsätzlich zufrieden ist, zu wechseln braucht. Falls Sie die aufeinanderfolgenden Preisklassen nicht führen, laufen Sie Gefahr, dass Sie Ihren Kunden an die Konkurrenz verlieren.

Sind einzelne Artikel miteinander verwandt, ergibt sich eine **Wechselbeziehung im Sortiment**. So entstehen beispielsweise auf der Basis von Ergebnissen der chemischen Grundlagenforschung Produkte, die zu verschiedenen Märkten gehören, über verschiedene Absatzkanäle vertrieben und mit andersartigen Maschinen hergestellt werden. Man nennt das **Forschungsverwandtschaft**.

Im Falle einer **Vertriebsverwandtschaft** gelangen Artikel eines Sortiments über den gleichen Absatzkanal vom Hersteller zum Händler bzw. zum Konsumenten. Als Händler senken Sie dadurch vielleicht Ihre Beschaffungskosten.

Auf eine **Absatzverwandtschaft** lässt sich der Zusammenhang im Sortiment zurückführen, wenn unterschiedliche Produkte für den gleichen Absatzmarkt bestimmt sind, aber in verschiedenen Läden verkauft werden, z. B. Pkw und Kraftstoff, Elektrorasierer und Rasierwasser.

Als Hersteller ergibt sich für Ihre Artikel möglicherweise eine **Produktverwandtschaft** dadurch, dass Sie in der Lage sind, verschiedene Produkte für unterschiedliche Abnehmer mit den gleichen Maschinen herzustellen.

Bevor Sie jedoch Ihre Sortimentsentscheidungen treffen, haben Sie zu kalkulieren: Eine hohe Verkaufsbereitschaft infolge eines vollen Sortiments hat immer Auswirkungen auf die Beschaffungs- und Lagerhaltungskosten. Als Unternehmer stehen Sie hier in einem permanenten Optimierungsprozess.

2.3.2 Ihre Preispolitik

Beginnen wir diesen Abschnitt mit einer erfreulichen Feststellung: Der Preis ist das einzige Element im Marketing-Mix, das Einnahmen bewirkt, während alle anderen Komponenten Kosten verursachen.

Trotz ihrer Bedeutung handhaben viele Unternehmen die Preispolitik unzweckmäßig. Das liegt einerseits an den zahlreichen komplizierten unternehmensinternen und -externen Bestimmungsfaktoren; andererseits an einer zu einseitigen Betrachtungsweise des Marktgeschehens zwischen Angebot und Nachfrage. Zu den häufigsten Fehlern zählen:

- ➔ Die Preisfestsetzung orientiert sich zu stark an den Kosten.
- ➔ Der Preis wird nicht häufig genug an veränderte Marktbedingungen angepasst.
- ➔ Die Preispolitik berücksichtigt nicht die anderen Instrumente des Marketing-Mix.
- ➔ Die Preise sind für unterschiedliche Produktausführungen und Marktsegmente nicht genügend differenziert.

Wir unterscheiden bei den klassischen Preisbestimmungs-Methoden drei Ansätze:

■ Kostenorientiertes Vorgehen

Am einfachsten ist die **Kosten-Zuschlagsmethode**, bei der Sie auf die Kosten des Produktes einen einheitlichen Gewinnaufschlag vornehmen.

Ein weiteres kostenorientiertes Verfahren stellt die Ermittlung von Gewinnschwellen (Break-Even-Analyse) und die Preisbildung auf Basis von Gewinnvorgaben dar. Ihre Preisuntergrenze setzen Sie danach in drei Stufen fest:

1. Stufe: Kosten inklusive der kalkulatorischen Kosten und des betriebswirtschaftlich notwendigen Gewinns;
2. Stufe: Deckung der Vollkosten (fix und variabel) ohne Gewinn;
3. Stufe: Break-even-Preisuntergrenze: der Preis, bei dem Sie gerade Ihre variablen (Herstell-)Kosten decken, aber noch keinen Cent für die fixen und kalkulatorischen Kostenarten hereinbekommen. Es versteht sich von selbst, dass Sie einen solchen Preis nur kurzfristig unter extremem Wettbewerbsdruck ansetzen dürfen, wenn Sie den Auftrag zum Beispiel unbedingt brauchen und bessere Anschlussgeschäfte erwarten. Ein längeres Beibehalten einer solchen Preisstrategie führt zum absolut sicheren Ruin des Unternehmens! Verwechseln Sie diese Größe aber nicht mit dem Break-even-Point (Abschnitt 5.4 „Wichtige Kennziffern für Ihr Controlling“).

■ Kundenorientiertes Vorgehen

Einige Kunden sind bereit, für den Prestigewert eines Produktes wesentlich mehr zu bezahlen, als ein normaler, auf Vollkosten basierender Preis, nebst ordentlichen Gewinnzuschlägen, ergibt. Natürlich nutzen Sie diese Chance.

Diese Preispolitik der Marktabsch(r)öpfung finden Sie häufig bei neuen Produkten in der Einführungsphase: So wird eine neu entwickelte Kamera als technisches Wunderwerk zunächst in der höchsten Preisklasse verkauft, um dann nach und nach das gleiche (etwas einfachere) Modell entsprechend preiswerter auf den Markt zu bringen.

■ Konkurrenzorientierte Vorgehensweise

Hier richten Sie Ihre Preisforderungen in erster Linie an den Wettbewerbspreisen aus, weniger an den eigenen Kosten oder der Nachfrage. Auch bei der Teilnahme an öffentlichen Ausschreibungen bestimmt häufig die (vermutete) Preisgestaltung des Wettbewerbs das Angebotsverhalten.

Betrachten wir abschließend noch einige Preisbestimmungs-Faktoren, die unter die Rubrik **Preisanpassungen** und **Preisnachlässe** gehören. Am Schluss finden Sie dazu einige Ausführungen über die Bestimmungen des UWG (Gesetz gegen den unlauteren Wettbewerb), die Sie bei der Preisgestaltung unbedingt zu beachten haben. Wollen Sie Ihre Kunden motivieren, kurzfristig zu zahlen, weisen Sie in der Rechnung, falls Sie ein Zahlungsziel gewähren, deutlich auf das Skonto hin. Gerade bei neu gegründeten Unternehmen ist **Vorkassen-Skonto** üblich: Sie bezahlen zuerst die Rechnung – unter Abzug von angenommen fünf Prozent – und erhalten danach die Ware.

Der **Mengenrabatt** ist eine Preisreduzierung, die Sie Kunden gewähren, damit sie pro Bestellvorgang eine größere Menge ordern. Einen **Funktionsrabatt** räumen

Sie Zwischenhändlern und Wiederverkäufern ein, die als Gegenleistung bestimmte Funktionen übernehmen, z. B. die Lagerhaltung und spezielle Servicefunktionen.

Saisonrabatte werden nicht nur bei den allseits bekannten Aktionen des Einzelhandels im Sommer- und Winterschlussverkauf eingeräumt. Auch als Hersteller sollten Sie versuchen, Ihre Produktionskapazitäten gleichmäßig auszulasten. Räumen Sie Ihren Kunden saisonale Preisnachlässe ein, um sie zu Bestellungen und Abnahmen außerhalb der Saisonspitzenzeit zu bewegen.

Bevor Sie Preisänderungen realisieren, denken Sie über zu erwartende Reaktionen Ihrer Kunden, aber vor allem Ihrer Wettbewerber nach. Sich auf einen Preiskampf einzulassen, ist immer gefährlich, insbesondere bei jungen Unternehmen, wenn diese noch nicht den gleichen „finanziellen Atem" haben wie ihre etablierten Konkurrenten!

2.3.3 Ihre Produktplatzierung

Das dritte „P" im Marketing-Mix kennzeichnet einen Problemkreis, der zu der grundlegenden Fragestellung Ihrer Unternehmensstrategie gehört: Auf welche Weise gelangt die Ware vom Hersteller zum Endabnehmer? Sie sollten sich frühzeitig dafür entscheiden, welche Absatzwege Sie einschlagen. Davon hängen im erheblichen Umfang der Einsatz und der Schwerpunkt der übrigen Elemente Ihres Marketing-Mix ab.

Die Kostenelemente der Vertriebslogistik (Personal, Fuhrpark, Lagerhaltung) beeinflussen Ihre Preisgestaltung. Sie stehen permanent in der Zwickmühle eines Optimierungsprozesses zwischen dem, was die Kunden wollen, die Konkurrenten bieten und dem, was Sie sich kalkulatorisch leisten können.

Der richtige Platz des Produktes am **Point of Sales**, also da, wo der Endverbraucher die Kaufentscheidung letztlich trifft, gehört als Endglied der Logistik-Kette ebenfalls zu diesem Marketinginstrument.

2.3.4 Ihr Promotion-Mix

Das Promotion-Mix – auch als **Marketing-Kommunikations-Mix** bezeichnet – besteht aus drei Hauptinstrumenten:

Werbung	Verkaufsförderung	Öffentlichkeitsarbeit (PR)

Diese drei klassischen Instrumente besitzen eher indirekten Charakter. Es handelt sich meist um nicht auf bestimmte Personen bezogene Aktivitäten. Deshalb wird häufig als viertes Instrument noch das **direct marketing** (direct mailing, Direktwerbung) aufgeführt.

Unter **Werbung** verstehen wir die Präsentation einer Ware oder Dienstleistung in der Öffentlichkeit, um die Nachfrage zu fördern, anzuregen oder hervorzurufen. Da Sie als kompetenter Jungunternehmer nicht unbedingt auch ein kreatives Werbegenie sind und anfangs wahrscheinlich noch keine eigene Werbeabteilung haben, sollten Sie diese Aufgabe Fachleuten übertragen.

Werbeagenturen bieten Ihnen häufig alle Bestandteile des Promotion-Mix aus einer Hand. Dies hat den Vorteil, dass Sie eine geschlossene und konsequente Linie in der Werbe- und PR-Botschaft nach außen tragen. Firmenschriftzug, Geschäftspapiere, Broschüren, Anzeigen bis hin zu Beschriftungen der Arbeitskleidung, der Firmenfahrzeuge und der Hausfassade sind auf diese Weise inhaltlich und design-/farbtechnisch aufeinander abgestimmt. Sie bilden eine harmonische Einheit (CI!).

Erarbeiten Sie auf der Basis Ihres Werbebudgets einen Werbeplan, in dem alle Maßnahmen sachlich und zeitlich festgelegt sind. Bedienen Sie sich verschiedenster Werbemittel und Werbeträger. Dazu gehören – mit besonderer Überzeugungskraft – die **Sprache** (Verkaufsgespräche, Rundfunk- und TV-Spots, Verkaufsförderungsaktionen), die **Schrift** (Werbebriefe, Anzeigen, Zeitungsberichte, Prospekte, Kataloge, Flugblätter, Transparente), Variationen von **Bilddarstellungen** (Fotos, Plakate, Film und Fernsehen) sowie **Musik** und sonstige **akustische Beeinflussungen** (Rundfunk, Lautsprecherdurchsagen).

Reißerische und irreführende Werbung verstößt gegen das Gesetz des unlauteren Wettbewerbs (UWG). Beachten Sie deshalb folgende Kriterien als wesentliche Grundsätze einer **lauteren Werbung**:

	Werbegrundsätze
Wahrheit	Die Werbung darf nichts Unwahres über die Ware aussagen, nicht mehr versprechen, als das Produkt hält.
Klarheit	Die Werbung hat einfach, deutlich, leicht verständlich und einprägsam in ihrer Aussage zu sein.
Wirksamkeit	Die Werbung soll sich der günstigsten Werbemittel für Ihren Zweck bedienen und beim Verbraucher einen nachhaltigen Eindruck hinterlassen.
Wirtschaftlichkeit	Die Kosten der Werbung sollten in einem günstigen Verhältnis zum Erfolg stehen, was oft nur schwer messbar ist.
Soziale Verantwortung	Als Werbender haben Sie sich dem Verbraucher gegenüber so zu verhalten, dass jede Irreführung sowie geistige, moralische und physische Beeinträchtigung vermieden wird. Das zielt auch auf alle, die Ihrer Werbung ausgesetzt sein *könnten!*

Die **Verkaufsförderung – Sales Promotion** – umfasst eine breite Auswahl von Instrumenten, die alle eines gemeinsam haben: Sie lösen mit ihnen einen starken Kaufreiz aus. Während Sie mit der Werbung sagen: „Kaufen Sie unser Produkt!", fordern Sie mit Verkaufsförderungsaktionen mehr oder weniger nachdrücklich dazu auf: „Kaufen Sie es jetzt, sofort, hier und heute!" Eine solche Maßnahme besteht zum Beispiel in der unmittelbaren Weitergabe von finanziellen Vorteilen, wie in Form von **Gutscheinen**, **Prämien** und **Gewinnen**; häufig praktiziert bei Geschäftseröffnungen.

Andere Verkaufsförderungsaktionen sind auf die **Vorführung** der Produkteigenschaften konzentriert, beispielsweise Musterdemonstrationen in Ausstellungsräumen – oft angewandt bei der Markteinführung neuer Produkte.

Die **Öffentlichkeitsarbeit – Public Relations** – dient in erster Linie dazu, die Beziehungen zu Ihren Kunden zu stärken und das Bewusstsein über die Leistungsfähigkeit Ihres Unternehmens zu fördern. PR ist also eher image- als verkaufsorientiert.

Ein Zeitungsbericht über Ihre Unternehmensgründung oder eine besondere Maßnahme Ihres Hauses in der Folgezeit wirkt häufig wirklichkeitsnäher, glaubwürdiger und nachhaltiger als ein Inserat. Ob Sie sich dabei als Sponsor im Rennsport oder als Kunstmäzen in der Kulturszene betätigen, hängt von Ihrer Zielgruppe und der gewünschten öffentlichen Wirkung ab. Je mehr Ihr Unternehmen im Markt und im (über-) regionalen Umfeld bekannt wird, desto stärker wächst auch das Zugehörigkeitsgefühl Ihrer Mitarbeiter zum Unternehmen: Sie schaffen ein „WIR"-Gefühl und damit die Grundlage für die **Corporate Identity**, die Stimmigkeit der Unternehmenswirkung nach außen. Ihre Mitarbeiter identifizieren sich mit „ihrem" Unternehmen und seinen Zielen.

Direct Marketing ist ein interaktives Marketinginstrument, mit dem Sie sich an den Kunden persönlich wenden. Von besonderer Bedeutung ist die **Direktwerbung** als schriftliche oder auch mündliche Werbeaktion, die Sie unmittelbar an sorgfältig ausgewählte Empfänger adressieren. Vorteile dieser Vorgehensweise sind:

- ➔ Sie schalten im Augenblick der Kundenansprache den Mitbewerber aus.
- ➔ Sie bewegen den Kunden zu einer Reaktion.
- ➔ Der Erfolg der Maßnahme ist mess- und kontrollierbar.

■ Messen und Ausstellungen

Sie nutzen die gesamte Palette des Promotion-Mix, wenn Sie sich an Messen beteiligen.

Sie sind ideale Plattformen, um Ihr Unternehmen und Ihr Angebot bekannt zu machen und Ihre potenziellen Kunden z. B. durch Produktdemonstrationen mit Anwendungsvorteilen vertraut zu machen. Messeaktivitäten werden aber nur dann zu einem sinnvollen und effektiven Marketinginstrument, wenn sie gut geplant und kalkuliert sowie professionell durchgeführt werden. Schalten Sie Messebauspezialisten ein, die Ihnen eine umfangreiche und kompetente Beratung bieten – von der Standkonzeption und Standaufstellung (Standortwahl) bis zur Hilfestellung bei Standevents und bei Ihrer Pressearbeit. Die Messeveranstalter und -verwaltungen verfügen meist über wertvolle Hinweise und Adressen.

Info

Hier gibt's Messeinfos

Die zentrale Stelle für Messestatistiken und Informationen ist der „Ausstellungs- und Messeausschuss der Deutschen Wirtschaft e. V. (AUMA) in Berlin

E-Mail: info@auma.de
Internet: www.auma-messen.de

Welche Vorteile haben Messen und Ausstellungen für Sie als Unternehmer?

- ➔ Sie bekommen einen zeitlich und räumlich komprimierten Branchenüberblick mit Erlebnischarakter.
- ➔ Sie partizipieren am nationalen und internationalen Informationsaustausch.
- ➔ Es bieten sich Ihnen eine Fülle zusätzlicher Chancen sowie Vergleichsmöglichkeiten bei Art, Qualität, Eignung, Preiswürdigkeit und Lieferbarkeit der Angebote.
- ➔ Messen erlauben Ihnen eine ausgiebige Konkurrenzbetrachtung, zeigen Entwicklungsstände und Perspektiven.
- ➔ Sie halten Ihnen selbst den Spiegel vors Gesicht und stellen Ihre gesamte Geschäftspolitik auf den Prüfstand.

Dem guten Willen zur Messebeteiligung stehen jedoch häufig exorbitant hohe Kosten gegenüber, die vor allem kleinen und mittelständischen Unternehmen die Präsenz auf großen, internationalen Messen erschweren oder gar unmöglich machen. Lösungen bieten Gemeinschaftsstände oder die Teilnahme an kleineren Regionalausstellungen; vorausgesetzt Sie sind sicher, dass Sie Ihre Zielgruppe auf diese Weise auch erreichen.

Um den tatsächlichen Nutzen für Sie festzustellen, muss Ihre **Messeauswertung** im Sinne einer Erfolgskontrolle selbstverständliche Pflicht sein. Dazu zählen:

- ➔ Besucherbefragungen
- ➔ Zählen der Geschäftskontakte
- ➔ Formalisierte Gesprächsnotizen
- ➔ Nachlassaktionen im Anschluss an die Veranstaltung

Registrieren Sie auch kritische Reaktionen und Anmerkungen Ihres Standpersonals, Ihrer Besucher und Kunden. Sollte alles zur Zufriedenheit verlaufen sein, melden Sie sich rechtzeitig für die nächste Messe an, und reservieren Sie gegebenenfalls denselben Standplatz. Sie erleichtern damit Ihren Stammkunden das Wiederkommen.

2.3.5 Ihr Service

„Der Königsweg zum kritischen Kunden führt über den Service." Mit dieser Aussage beschreibt der amerikanische Marketingprofessor Philip Kotler das Instrument des Kundenservice als den Schlüssel zum Markterfolg in den neunziger Jahren. Für Produzenten, aber auch für Dienstleister, stehen immer weniger Marktnischen zur Verfügung, die ihnen erlauben, sich mit innovativen Angeboten den Umsatz zu sichern. So engagieren sie sich angesichts des härter werdenden Wettbewerbes stärker im Kundenservice. **Service als Marketing-Instrument** stellt Sie vor drei Entscheidungen:

➔ **Welche Serviceleistungen wollen Sie anbieten (Service-Mix)?**
Sie haben mit Ihren stärksten Wettbewerbern mitzuhalten. Stellen Sie Ihren guten Lieferservice, kompetente Außendienstmitarbeiter und einen hoch qualifizierten technischen Service in Ihrer Werbung heraus. Mittels einer Kundenbefragung erfahren Sie schnell, wie man diese Leistungen beurteilt.

➔ **Welches Niveau erwarten Ihre Kunden?**
Stellen Sie Ihre Serviceleistungen in bedarfsgerechtem Umfang und in adäquater Qualität zur Verfügung. Auf welchem Service-Niveau sich Ihr Unternehmen befindet, lässt sich durch Testkäufe und Kundenbefragungen ermitteln. Richten Sie einen „Vorschlags- und Beschwerdekasten" ein, den Sie regelmäßig auswerten.

➔ **Welche Form und welchen Preis haben Ihre Leistungen?**
Ob Sie den Service kostenlos oder gegen Berechnung ausführen, hängt natürlich stark von der Art der Leistung, der Preissituation, den Branchenusancen und der individuellen „Kundenqualität" ab. Entscheiden Sie bei der Serviceform, ob Sie die Leistungen selbst ausführen oder den Auftrag an Dritte vergeben. Dabei spielen Kosten und Zuverlässigkeit eine wichtige Rolle.

2.4 Der Kunde ist König!

Wollen Sie den Status Ihres Unternehmens verbessern – beobachten Sie den Markt und schenken Sie Ihren Kunden Gehör. Die Anpassung an den Kundenbedarf ist ein wichtiger Schlüssel für Ihren Markterfolg. Betonen Sie vollmundig: „Mein Kunde ist König", dann darf das nicht nur ein branchentypisches Lippenbekenntnis sein! Es hat Ihre Maxime in allen Phasen des Marketingprozesses darzustellen: Vor dem Kauf, während des Kaufs und nach dem Kauf. Das „K" ist der Multiplikator unserer **Turbo-Formel**!

2.4.1 Vor dem Kauf: Zielgruppenanalyse

Zu den Instrumenten der Marktforschung gehört die **Zielgruppenanalyse**. Nur wenn Sie Ihre Zielgruppe genau kennen, haben Sie die Chance, tatsächlich Einfluss auf den Kaufentscheidungsprozess zu nehmen, indem Sie beispielsweise zum richtigen Zeitpunkt die richtigen Informationen über Ihr Angebot an Ihre Zielgruppe weitergeben. Beantworten Sie die sechs **„W-Fragen"** für Ihren Markt:

1. **Wer** bildet den Markt?
2. **Was** wird auf dem Markt gehandelt?
3. **Wann** wird gekauft?
4. **Wer** tätigt den Kauf?
5. **Warum** wird gekauft?
6. **Wie** wird gekauft?

Bedienen Sie sich des Instrumentariums der primären und sekundären Marktforschung, um diese Fragen zu beantworten. Mithilfe der Marktsegmentierung klassifizieren Sie Ihren Kundenkreis nach verschiedenen Faktoren:

- ➔ geographisch (Städte, Gemeinden, Kreise),
- ➔ demoskopisch (Geschlecht, Alter, Einkommen, Kaufkraft),
- ➔ soziale Muster (Arbeiter, Angestellte, Beamte, Unternehmer),
- ➔ Verhaltensmuster (Kaufgewohnheiten, Anwendungshäufigkeit).

Umfang und Intensität der Untersuchungen hängen wesentlich von Ihrer grundsätzlichen Entscheidung ab, wo Sie tätig sind:

- ➔ (End-)Verbraucher/Konsumenten-Markt,
- ➔ Hersteller-Markt,
- ➔ Wiederverkäufer-Markt,
- ➔ Öffentlicher Markt (öffentliches Auftragswesen).

2.4.2 Während des Kaufs: Information, Beratung, Betreuung

Kennen Sie den Entscheidungsprozess, den Ihre Kunden vor und während des Kaufs durchlaufen, sind Sie imstande, mit gezielten Informationen zum richtigen Zeitpunkt einzugreifen und den Ablauf zu beeinflussen. Bedenken Sie, dass das Kaufgeschehen ja bereits lange vor dem eigentlichen Kaufakt beginnt und auch nicht unmittelbar mit der Verkaufshandlung endet. Ihre Kunden durchlaufen (mit unterschiedlicher Intensität) fünf Phasen bzw. Stufen im Kaufprozess:

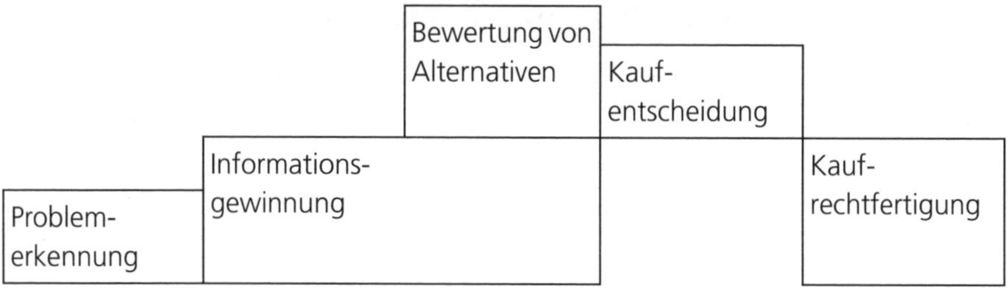

„Während des Kaufs" heißt nicht, dass der Kunde sich bereits für Ihr Angebot entschieden hat und den Auftrag erteilen wird. Er kann sich auch noch im Stadium der Alternativen-Bewertung befinden und benötigt die Verkaufsverhandlung als wichtigen Baustein für seine Entscheidung. Immerhin haben Sie in dieser Phase den unschätzbaren Vorteil, dass sich der Kunde in Ihrem „Revier" befindet. Unternehmen Sie alles, damit er sich dort wohl fühlt – aber ohne aufdringlich zu sein!

2.4.3 Nach dem Kauf: Kundenpflege

„Ein zufriedener Kunde ist die beste Werbung" – so ein altes Marketingsprichwort. Es ist erwiesen, dass es zu weniger Reklamationen, Produktrückgaben oder Auftragsstornierungen kommt, wenn Sie mit den Kunden auch nach dem Verkaufsabschluss noch in Verbindung bleiben. Laden Sie daher Ihre Kunden immer wieder zu Treffen ein, um sich deren Kritik und Anregungen anzuhören. Schicken Sie Ihre Kundenbetreuer regelmäßig zu Kunden, um Probleme und Besonderheiten vor Ort aufzuspüren. Gehen Sie persönlich von Zeit zu Zeit zu wichtigen Kunden. Das hilft, die geschäftliche Distanz abzubauen, und gibt Ihnen die Chance, frühzeitig Markttendenzen zu erkennen oder sogar einen neuen Bedarfsfall bzw. Kundenwunsch zu registrieren.

Einige Kundentypen haben die Angewohnheit, sich nach dem Vertragsabschluss bzw. der Kaufentscheidung zu „rechtfertigen". Sie prüfen nochmals die alternativen Angebote, um sich so zu vergewissern, dass sie auch wirklich die richtige Entscheidung getroffen haben. Versprechen Sie also im Rausch des Verkaufsabschlusses nicht Dinge, die sich hinterher als unrichtig erweisen: „Dieses Angebot erhalten Sie hier am Ort nur von uns!" oder „Wir haben das günstigste Preis-/Leistungsverhältnis!"

Edgar K. Geffroy, Verkaufstrainer aus Düsseldorf, gibt Tipps, mit denen Sie erfolgreich neue Kunden gewinnen und behalten:

Tipp

10 Verkaufstipps

1. **Warten Sie die Kaufsignale ab** (Sympathie und Abschlussbereitschaft) und konzentrieren Sie sich auf die umsatzstärksten Kunden!
2. **Lassen Sie den Faden zum Kunden nicht abreißen!** Persönliche Nachverfolgung durch Briefe, Telefonate, Einladungen zur Werksbesichtigung und Schulungsveranstaltungen machen aus Ihrem Erstkunden vielleicht einen Referenzkunden.
3. **Schaffen Sie mehr Verkaufszeit** durch geschickte Termin- und Gesprächsplanung!
4. **Planen Sie gemeinsame Erlebnisse und Bezugspunkte!** Eine Kundenkarte für Stammkunden sichert Einkaufsvorteile. Incentive-Reisen für Ihre Spitzenverkäufer, gemeinsam mit Ihren besten Kunden, sind eine gute Kontaktbasis.
5. **Veranstaltungen auf neutralem Boden** locken reservierte Kunden aus ihrer Zurückhaltung: Abendgalas, Messetreffen, Expertenseminare.
6. **Machen Sie Ihrem Kunden eine Freude** und nehmen Sie ihn dadurch positiv für sich ein! Der materielle Wert des Geschenkes sollte sich dabei in Grenzen halten; auf die Besonderheit und die gelungene Überraschung kommt es an.
7. **Eine Kundenbeziehung lebt von der Kommunikation!** Mit Hauszeitschriften, Newsletter, Audio- und Videokassetten, Prospekten und Chefbriefen wirken Sie gleichzeitig unterhaltend und informativ auf den Kunden ein.
8. **Kombinieren Sie mehrere Maßnahmen und Kontakte!** Der erste Brief an einen potenziellen Kunden muss Neugierde auf den Folgebrief wecken. Belohnen Sie schnelle Reaktionen mit einem Sondervorteil.
9. **Lernen Sie, im Dreieck zu verkaufen!** Suchen Sie Personen oder Institutionen, die für Sie als direkter oder indirekter Verkaufsvermittler wirken.
10. **Investieren Sie Zeit!** Bevor ein Kunde sich zum Kauf entschließt, vergehen bis zu sieben Besuchstermine. In Unkenntnis des „Siebenmal-Kontaktsystems" scheitern Akquisitionsbemühungen häufig fünf Minuten vor dem Ziel!

2.5 Marketing im Internet

Die Werbewirtschaft wandelt immer mehr auf multimedialen Pfaden und hat durch den Einsatz neuer Medien den Werbespieß zuweilen umgedreht: Während die klassische Werbung den Kunden sucht, surft der computerversierte Käufer heute durch die Angebotswelten des Internets, um den geeigneten Anbieter zu finden. Grund genug, um sich über die eigene Präsenz im Netz Gedanken zu machen, denn so kann man schneller Kontakt zu Kunden finden, wichtige Infos über den Markt erlangen, einen besseren Service bieten und vielleicht neue Zielgruppen erschließen. Gehen Sie dabei immer professionell vor und lassen Sie sich von E-Commerce-Experten beraten (vgl. Kapitel 2.5.5), denn nichts ist peinlicher als ein „stümperhafter" Internet-Auftritt!

2.5.1 Electronic Advertising

Werbung im Internet lässt sich in verschiedener Weise realisieren. Zunächst die Variante allgemeiner Werbeangebote in nicht-individualisierter Form:

- → Websites,
- → Links,
- → Suchmaschinen,
- → Banner Ads,
- → Newsgroups/Chats.

■ Websites

Sie bestehen aus einer Homepage mit dahinterliegenden Seiten im WWW, sind die klassische Online-Präsenz von Unternehmen und auf dem Wege, selbstverständliches Kommunikationsinstrument jedes Unternehmens zu werden. Die Präsenz im World Wide Web ermöglicht aufgrund seiner Eigenschaften die globale, zeitunabhängige und multimediale Präsentation des Unternehmens und seines Angebots. Unter diesem Gesichtspunkt ist sie vielen anderen Medien überlegen. Allerdings wirkt sich das Kernproblem der Datenüberflutung und des Datenchaos im Netz unter Umständen fatal auf die Wirkung der Website aus. Schöpfen Sie deshalb alle Möglichkeiten aus, sowohl die Auffindbarkeit als auch die Suchmotivation zu erhöhen.

Hierzu gehören

- → eine einfache und naheliegende WWW-Adresse,
- → Hinweise auf die WWW-Präsenz bei allen anderen Kommunikationsaktivitäten (klassische Werbung, Briefbögen, Visitenkarten, Gelbe Seiten usw.),
- → Angebote eines Zusatznutzens beim Besuch der Seiten (z. B. spezifische Informationen).

Achten Sie auf die Nutzerzufriedenheit – sie ist die Voraussetzung für ein Wiederaufsuchen Ihrer Seiten; neben stets aktuellen Inhalten zählt dazu die Bedienungsfreundlichkeit (keine technischen Probleme, bequeme Benutzerführung usw.).

■ Links

Sie sind das Charakteristikum der WWW-Seiten. Die Verweise auf andere Seiten stellen gleichzeitig den Reiz und die Chaosstruktur des Mediums dar, so dass aus

Nutzern „Surfer“ werden. Die Verweistechnik, speziell die Verknüpfung mit fremden Websites, kann systematisch für Werbezwecke genutzt werden. Je mehr Links auf die eigenen Seiten verweisen, desto größer wird die Chance, dass sie aufgerufen werden. Deshalb ist eine aktive Suche nach „Link-Partnern“, unter Umständen mit gegenseitiger Verlinkung, wichtig. Platzieren Sie aus juristischen Gründen aber im Impressum Ihrer Homepage immer einen Haftungshinweis, etwa so: „Trotz sorgfältiger inhaltlicher Kontrolle übernehmen wir keine Haftung für die Inhalte externer Links. Für den Inhalt der verlinkten Seiten sind ausschließlich deren Betreiber verantwortlich.“

■ Suchmaschinen

Mit ihrer Hilfe erhöhen Sie – neben den Links – die Zahl der Zugriffe auf Ihre Website. Die Eintragung in diese zahlrcich vorhandenen Suchhilfen ist ein Muss für den WWW-Anbieter. Das Problem liegt in der regelmäßig hohen Zahl von Treffern bei der Eingabe von Suchbegriffen. Optimieren Sie deshalb die Anmeldung, um möglichst einen vorderen Platz bei den Suchergebnissen zu belegen. Da die Suchmaschinen nach unterschiedlichen Prinzipien arbeiten, prüfen Sie, wie das zu erreichen ist, etwa durch häufige Wiederholung zentraler Wörter im Text, durch Angabe mehrerer Suchbegriffe usw.

■ Banner Ads

Sie sind vergleichbar mit Anzeigen in Print-Medien und können auch animiert sein (Blinken, Wechsel, Bildfolgen, mit Ton u. a.). Beliebt sind sie in elektronischen Publikationen (e-zines) und Suchmaschinen. Aber auch Websites anderer Unternehmen und individueller Personen kommen in Betracht, gegebenenfalls bieten sich Banneraustausch-Programme an.

Im Vergleich zu Print- und TV-Werbung sind Banner Ads recht kostengünstig. Der Aufruf der Seiten, die hinter dem Banner Ad liegen (**AdClick-Rate**), beträgt aber nur wenige Prozent.

Sind Ihre Seiten damit überladen, nervt das womöglich Ihre Zielgruppe und Sie erreichen das Gegenteil guten Marketings.

■ Newsgroups und Chats

Diese Internetdienste, die Informationsaustauschforen für zahlreiche Themenbereiche bzw. Räume für Live-Diskussionen am Computer darstellen, sind im Zusammenhang mit produkt- oder unternehmensnahen Themen in Diskussionsforen und Chatsystemen durchaus geeignet.

Alle bisher genannten Varianten stellen **Pull-Werbung** dar, d. h., die Mitglieder der Werbezielgruppe müssen aktiv werden, den Werbeinhalt abrufen und dafür die Online-Gebühren in Kauf nehmen. Der Gegensatz dazu ist die **Push-Werbung**, die auch passive Nutzer erreichen kann, indem sie die Werbung ohne eigenes Zutun geboten bekommen und ihr kaum ausweichen können. Die Newsgroups und Chats sind damit bereits weniger pull-orientiert, da bei Teilnahme an den Gruppen u. U. bereits Werbung über anzuklickende Banner vorhanden ist. Elektronische Pull-Werbung über diese Ansätze hinaus bieten

➔ E-Mail,
➔ Newsletter,
➔ Portale, Channels, Bildschirmschoner, Newsflash.

■ E-Mail

Sie sind neben dem WWW der beliebteste Internetdienst. Für Werbeangebote bieten sie sich wegen ihrer Individualität als Direktmarketinginstrument an, sind dabei viel einfacher und kostengünstiger sowie multimedial, also flexibel und anspruchsvoll gestaltbar.

Allerdings gibt es Akzeptanzprobleme für Werbe-E-Mails, insbesondere wenn sie massenhaft versendet werden (**Spamming**). Die ungeschriebenen Regeln des Internet (**Netiquette**) spielen hier u. a. eine Rolle. Schwarze Listen, Boykott und Gegenmaßnahmen (z. B. Vergeltungsmaßnahmen durch Massen-E-Mails an den Absender) können die Folge sein. Auch sind Programme zur Herausfilterung solcher E-Mails entwickelt worden.

Zulässig sind natürlich Werbeanfragen mittels E-mail. Der Push-Charakter ergibt sich, wenn eine einmalige Willenserklärung des Nutzers in Form der Zustimmung bzw. Anforderung eines Abonnements zum andauernden Empfang von Werbung erreicht werden kann. Das bieten elektronische **Newsletter**, die laufend an einen damit einverstandenen Empfängerkreis versandt werden und Werbeinhalte bieten.

Weitere Push-Technologien sind **Portale, Channels, Bildschirmschoner, Newsflash**. Inzwischen werden jedoch alle derartigen Technologien kritischer gesehen. Die zunehmende Übersättigung und Gewöhnung des Nutzers an solche Möglichkeiten verringert auch hier die Erfolgswirkung.

Tipp

Gehen Sie behutsam und zielgruppenorientiert vor. Beachten Sie auch die rechtlichen Vorschriften, z. B. Wettbewerbsrecht, gewerbliche Schutzrechte, Presserecht, Datenschutzrecht u. a. sowie die zurzeit aufgrund des Fehlens internationaler Vereinbarungen noch gegebene rechtliche Unsicherheit.

2.5.2 Electronic Commerce

Der elektronische Verkauf (**E-Commerce**) findet statt auf Basis von

➔ Bestellungen über E-Mail,
➔ Bestellungen im Rahmen einer WWW-Site,
➔ Bestellungen anlässlich des Besuchs von virtuellen Warenhäusern/Shopping Malls.

Bestellungen über E-Mail unterscheiden sich kaum von einer schriftlichen Order, lediglich das Medium ist schneller und erlaubt eine unkompliziertere Abwicklung. Gleiches gilt für elektronische Auftragsbestätigungen. Dieser Weg der Bestellung bietet sich für alle Waren und Situationen an, in denen früher Fax, Telefon oder Briefpost eingesetzt wurden.

Bestellungen im Rahmen einer Web-Site sind die logische Fortsetzung Ihrer Internet-Präsenz für Werbezwecke. Die Bestellung erfolgt durch aufrufbare E-Mail-Formulare bzw. das Anklicken von Rubriken, die in das Angebot integriert sind. Eine derartige Bestellung erfordert die spezifische Akzeptanz des Nutzers, die von seinem Vertrauen in das dargestellte Produkt und den Anbieter abhängt. Standardisierte Produkte und bekannte Anbieter sind für diese Form des Kaufens am ehesten geeignet. Kauferlebnis und physische Kontrolle werden durch die Bequemlichkeit des zeitungebundenen Bestellens von „zu Hause aus“ oder einen Preisvorteil des elektronischen Angebots kompensiert.

Bestellungen anlässlich des Besuches von virtuellen Warenhäusern (Shopping Malls) beruhen auf der Simulation von Einkäufen in realen Einzelhandelsbetrieben. Das Angebot wird in Katalogen und/oder in einem Kaufumfeld z. T. in aufwendiger Form bis hin zu Videosequenzen dargestellt. Die Rechnungsabwicklung geschieht heute noch weitgehend klassisch, unter Inkaufnahme eines „Medienbruchs“, indem eine Rechnung zugesandt wird. Die Entwicklung elektronischer Zahlungssysteme, seien es Formen des Online-Banking oder der Verwendung digitaler Zahlungseinheiten, ist in vollem Gange. Trotz inzwischen hoher Sicherheitsstandards durch entsprechende Verschlüsselungstechniken ist eine „letzte“ Sicherheit wohl kaum herzustellen.

Den entscheidenden Engpass des Electronic Commerce stellt aber die letzte Phase, die Warenauslieferung, dar. In der Mehrzahl der Fälle ist eine „echte Verteilung“ vonnöten, die dann doch auf reale Logistik mit all ihren Problemen hinausläuft. Das erfordert entsprechende Kapazitäten oder die Kooperation mit Partnern, gerade auch im Falle internationaler Transaktionen. Es entstehen auch nicht unerhebliche Risiken im Hinblick auf Nicht-Zustellbarkeit, Annahmeverweigerung, bewusste oder unbewusste Fehladressierung. Diese Auslieferungsprobleme können den gesamten elektronischen Kaufprozess beschränken.

Prüfen Sie also, ob Sie mit Ihrem Gründungsunternehmen diesem Prozess gewachsen sind. Allerdings gibt es auch Fälle, in denen selbst diese Phase auf elektronischem Wege abgewickelt werden kann. Das gilt einerseits für Software-Produkte, die als Download zur Verfügung gestellt werden können, andererseits für Informations- und Reservierungsdienstleistungen.

Beispiel

Für einen großen Outdoor-Ausrüster mit Flagshipstore in Köln hat sich das Internetmarketing als sehr lohnend erwiesen. Seit 30 Jahren handelt er mit wetterfester Kleidung, Trekking- und Campingausrüstung. Seit Mitte der 90er Jahre nutzt die Geschäftsführung zusätzlich zu den klassischen Handelswegen über bundesweit verstreute Filialen den Vertriebskanal Internet mit großem Erfolg: Im Geschäftsjahr 2008 lag allein der Online-Umsatz bei 80 Millionen Euro. Das sind rund 35 Prozent des Gesamtumsatzes. Zehn Vollzeitkräfte arbeiten dort in der Online-Abteilung. Derzeit arbeitet man an den Beratungsmöglichkeiten via Internet, damit es sich im Netz demnächst so gut shoppen lässt wie im Geschäft.

2.5.3 Electronic Customer Care

Für den potenziellen und tatsächlichen Kunden ist neben Werbung und Verkauf der **Service** der dritte zentrale Anwendungsbereich des Online-Marketings. Vor allem durch:

➔ Online-Beratung und -Information,
➔ Digitale Kundenschulung und Weiterbildung,
➔ Kundenclubs und Beschwerdehandling,
➔ Elektronische Ferndiagnose, Wartung und Reparatur.

■ Online-Beratung und -Information

Sie bilden den fließenden Übergang zur „reinen" Werbung. Serviceleistung ist hier die spezifische, individualisierte und weitgehende Unterstützung von Kunden. Die Informationen sind

➔ „on demand" (individuelle Zusammenstellung durch das Unternehmen für spezifische Anfragen der Interessenten),
➔ „on stock" (allgemeine Bereithaltung durch den Anbieter und Auswahl / Abruf durch den Interessenten),
➔ „on delivery" (weitgehend unaufgeforderte Zusendung an den Kunden).

Beispiel für den Fall des „on demand" sind Online-Hotlines zur Lösung aktuell auftretender Probleme, im Allgemeinen über E-Mail-Kommunikation. „On stock" werden Informationen in Form von FAQ-Listen (frequently asked questions) zu allen möglichen Problemkreisen, oder als FYI-Listen (for your information) oder Trouble Shooting Guides zu spezifischen Fragen bereitgestellt. Informations- und Nachrichtendienste, z. B. zu neuen Anwendungsfeldern, Problemen / Mängeln und deren Behebung, Upgradings, Konditionenänderungen, können als elektronische (Service-) Newsletter „on delivery" eingesetzt werden.

■ **Digitale Kundenschulung und Weiterbildung**

Das ist möglich über WWW-Angebote, Diskussionsforen, Newsletter und u. U. auch mittels Chatting. Für umfangreichere Aktivitäten bieten sich Intranetlösungen an.

■ **Kundenclubs und Beschwerdehandling**

Sie dienen der Kundenbindung bzw. zur Steigerung der Zufriedenheit. Offene Online-Diskussionsforen können noch stärker auf den Clubcharakter ausgerichtet werden, z. B. durch Moderation der Diskussion, an bestimmte Voraussetzungen geknüpfte Zugänge, exklusive Angebote etc. Hier geht es um einen Präventivdialog zur Vermeidung von Unzufriedenheit. Durch „E-Mail-Meckerkästen" und elektronische Beschwerdecenter werden konkrete Konfliktregelungsdialoge angestrebt. Das verbessert eine angemessene Beschwerdebearbeitung.

■ **Elektronische Ferndiagnose, -Wartung und -Reparatur**

Das sind wichtige Formen im Rahmen des Kundendienstes bei technischen Leistungen, die Softwaresteuerungen bzw. digitale Wartungsmöglichkeiten betreffen. Der dann realisierbare Maschine-Maschine-Dialog kann Inspektionen und Wartungen unterstützen, Patches (Korrekturen / Verbesserungen) und Upgrades oder Updatings vornehmen. Das spart erheblich Kosten und Zeit.

2.5.4 Voraussetzungen für Online-Marketing

Bei den Voraussetzungen für jegliches Online-Marketing, also für den Einsatz des Internet für Werbung, Verkauf und Service, handelt es sich um drei große Problemkreise:

1. das Verhalten externer Marktbeteiligter (potenzielle Kunden und Konkurrenz),
2. systembedingte Restriktionen (rechtlicher und technischer Art) und
3. unternehmensinterne Bedingungen.

Checkliste

12 Fragen zur Internetnutzung

1. Sind die Zielgruppen im Internet erreichbar?
2. Wie ist die Akzeptanz der Nutzer?
3. Wie nutzt die Konkurrenz das Internet?
4. Welche rechtlichen Vorschriften sind bei der Internetnutzung zu beachten?
5. Welche technischen Restriktionen gibt es?
6. Welches Angebot ist für welche Internetnutzung geeignet?
7. Ist die globale Offenlegung des Angebots unproblematisch?
8. Wie ist die Internetnutzung zu gestalten?
9. Ist die organisatorisch-personelle Implementierung der Internetnutzung gewährleistet?
10. Können die Internetvorteile belegt werden (z. B. durch Erfolgsmessungen)?
11. Fällt eine Kosten-Nutzen-Analyse positiv aus?
12. Besteht ein integriertes Marketingkonzept für Internet und andere Medien?

Heute steht die Frage der Erreichbarkeit der Zielgruppen noch im Vordergrund des Interesses, gleichzeitig auch deren Akzeptanz hinsichtlich der verschiedenen Online-Nutzungsmöglichkeiten.

Aber der Verbreitungsgrad des Internets wächst rasch und seine Verwendung als Kommunikationsmittel ist zunehmend selbstverständlich. Der Konkurrenzgesichtspunkt – die Tatsache, dass Internet-Aktivitäten anderer Unternehmen Nachahmung und Innovation hervorrufen – ist schon heute eine wesentliche Triebfeder der Entwicklung von Online-Marketing. Technische Probleme, z. B. bei Datenübertragungskapazitäten, sind lösbar.

Was aber immer Basis Ihrer Entscheidungen sein muss, sind die Möglichkeiten und Fähigkeiten der Internet-Anwender, also Ihrer Zielgruppe. Auch juristische Fragen sind zum Teil, auch wegen der internationalen Dimension, noch ungeklärt. Mit Sicherheit werden sie als wesentliche Restriktionen existent bleiben.

Entscheidend sind zunächst die **internen Bedingungen und Zielsetzungen Ihres Unternehmens**, bevor Sie sich zur Internetnutzung entschließen, denn nicht alles, was wir anbieten, ist internettauglich:

➔ Viele Lösungen bedeuten ein „gläsernes" Angebot; prüfen Sie, ob das für Sie akzeptabel ist.

- ➔ Analysieren Sie die Gestaltungsfrage – sie erfordert originär-kreative Lösungen, denn eine 1:1-Übersetzung traditioneller Vorgehensweisen in das Internet, z. B. im Hinblick auf Werbung, ist nicht möglich.
- ➔ Gibt es Engpässe bei der Implementierung?
- ➔ Ist sichergestellt, dass die Herausforderungen an Kompetenz, Schnelligkeit, Aktualität, Geschäftsausweitung usw. personell, organisatorisch sowie nach Kapazität und Finanzen bewältigt werden können?
- ➔ Führen Sie eine genaue Kosten-Nutzen-Betrachtung durch, bevor Sie Geld ausgeben.

Und: Internet-Marketing ist niemals isoliert zu sehen, sondern stets im Kontext Ihres gesamten Marketingkonzepts.

2.5.5 Know-how für E-Commerce

Fast jeder zweite Deutsche shoppt inzwischen im Internet, und beinahe ebenso viele informieren sich vorab auf einschlägigen Websites, bevor sie ein Geschäft betreten.

Diesem Trend folgen auch die Händler und Dienstleister. Egal ob Versandhäuser, Möbeldiscounter, Stadtwerke oder Gemeindeverwaltungen: Alle nutzen das World Wide Web als Informations- und Vertriebsweg und benötigen deshalb Rat und Tat von E-Commerce-Profis.

Die sind allerdings noch recht selten: Der Bundesverband Digitale Wirtschaft – BVDW (www.bvdw.org) hat bereits einen Fachkräftemangel in bestimmten Spezialgebieten registriert.

Für Vertriebsspezialisten bietet das Internet jenseits etablierter Handelsstrukturen folglich neue Jobperspektiven. Verschiedene Weiterbildungsmaßnahmen, zum Beispiel zum „Fachwirt Online-Marketing", können sie auf die spezifischen Aufgaben des Internet-Vertriebs ebenso vorbereiten wie entsprechend aufgestellte Studiengänge.

Allerdings ist die Branche noch jung, deshalb sind Ausbildungsstätten und Forschungseinrichtungen für so geschultes Personal momentan eher rar. Das bestätigt Harald Fortmann, Vizepräsident des BVDW: „Händler und Verkäufer sollten die Abläufe im Hintergrund des World Wide Web verstehen.", sagt er und empfiehlt deshalb interessierten Schulabgängern ein Hochschulstudium der Medienwirtschaft.

Wer bereits erste Berufserfahrung oder ein Hochschulstudium in der Tasche hat, kann sich an der Deutschen Dialogmarketing Akademie – DDA (www.dda-online.de) das Rüstzeug zum Online-Experten holen. An insgesamt sieben Standorten in Deutschland wird berufsbegleitend in achtmonatigen Lehrgängen zum Fachwirt Online- oder Dialogmarketing ausgebildet.

Aufgabe der so geschaffenen Online-Multitalente ist es unter anderem, neue Vertriebswege für Traditionsunternehmen zu finden und auszubauen. Dieses Geschäftsfeld kann für Unternehmen sehr lukrativ sein, wie es der Vorreiter des E-Commerce, die Intershop AG, seit 1992 vorlebt: Mit Software und umfassenden Dienstleistungen für den elektronischen Handel im Internet beliefert sie mittlerweile über 300 große und mittelständische Anwender, u. a. Otto, Tchibo, T-Home, Sun Microsystems, Hewlett Packard und Bosch (www.intershop.de).

2.6 Ihr Marketingcontrolling

Dieses Controlling betrifft das Vorbereiten, Durchführen, Steuern und Überwachen des gesamten Marketingprozesses. Messen und bewerten Sie regelmäßig die Ergebnisse Ihrer Marketingstrategien und -pläne. Veranlassen Sie alle erforderlichen Korrekturmaßnahmen. So stellen Sie Ihre gesetzten strategischen Ziele und die Realisierung Ihres Marketingplans sicher. Die nachfolgende Gliederung sollte Ihnen als Leitfaden dienen, wobei der Marketingplan stets als Teilplan Ihres gesamten Unternehmenskonzeptes zu verstehen ist. Stimmen Sie ihn daher entsprechend ab.

2.6.1 Ihr Marketingplan

Bedenken Sie bei der Erstellung dieses Planes, dass er als präsentationsfähiges Dokument für interne und externe Zwecke verwendet wird: Für die anderen Gesellschafter, Ihre Hausbank, das Top-Management. Ihr Marketingplan sollte deshalb mit einer Zusammenfassung der im Plan enthaltenen Hauptziele, Erkenntnisse und Empfehlungen beginnen:

Info

Marketingplan

1. **Zusammenfassung der wichtigsten Ergebnisse**
2. **Beschreibung der Marktsituation**
   - ➔ Ausgangslage Gesamtmarkt/relevanter Teilmarkt
   - ➔ Voraussichtliche Marktentwicklung
   - ➔ Situation und Entwicklung der eigenen Branche
   - ➔ Situation und Entwicklung der wichtigsten Kunden
   - ➔ Situation und Entwicklung der wichtigsten Wettbewerber
   - ➔ Stärken-/Schwächenprofil des eigenen Unternehmens
   - ➔ Risiken und Bedrohungsfaktoren
   - ➔ Chancen und Erfolgsfaktoren
3. **Unternehmens- und Marketingziele**
   - ➔ Quantitative Ziele (Umsatz, Deckungsbeitrag, Marktanteile)

→ Qualitative Ziele (Bekanntheitsgrad, Nischenpolitik, Image)

4. **Marketingmaßnahmen, Aktionsprogramm**
   → Produktpolitik (Beschreibung des Produkt-Mix)
   → Kontrahierungspolitik (Preise, Liefer- und Zahlungsbedingungen)
   → Kommunikationspolitik (Promotion-Mix)

5. **Budget und Zeitplan**
   → Kosten aller Maßnahmen
   → Externe Aufträge
   → Termine und zeitliche Abhängigkeiten
   → Verantwortung und Controlling
   → Marketing-Revision

2.6.2 Die Marketingrevision

Der Untersuchungsbereich der **Marketingrevision** ist außerordentlich umfangreich. Die sich daraus ableitenden Tätigkeiten unterscheiden sich nach der Häufigkeit und der Intensität, mit der sie durchgeführt werden. Alter und Marktposition Ihres Unternehmens spielen ebenfalls eine Rolle bei der Frage, wann Sie welche Revisionsschwerpunkte zu setzen haben. Die nachfolgende Übersicht hat deshalb mehr den Charakter einer generellen Checkliste. Sie hilft Ihnen, eine zweckdienliche „Marketinginspektion" vorzunehmen und berücksichtigt besonders das Alter und den „km-Stand" Ihres Unternehmens.

Untersuchungsbereiche der Marketingrevision (nach Philip Kotler):

Checkliste

Checkliste Marketingrevision

1. **Marketing-Umfeld-Revision**
   Das **Makro**-Umfeld:
   Demographische Faktoren, Gesamtwirtschaft, Natur, Technologie, Politik, Gesetze, Kultur

   Das **Mikro**-Umfeld:
   Märkte, Kunden, Konkurrenten, Absatzwege, Händler, Lieferanten, Marketing-Dienstleister, öffentliche Interessen

2. **Revision der Marketing-Strategie**
   Unternehmenszweck, operative Ziele, Kernstrategie, Ressourcen

3. **Überprüfen der Marketing-Organisation**
   Formale Strukturen, funktionelle Leistungsfähigkeit, Schnittstellen

4. **Überprüfen der Marketing-Systeme**

Informationssystem, Planungssystem, Controllingsystem, Konzept für Produktentwicklung

5. **Kontrolle der Marketing-Produktivität**
   Rentabilität, Kosten-/Nutzen-Analyse (Preis-/Leistungsverhältnis, Einhalten der Budgets)
6. **Überprüfen des vollständigen Marketing-Mix**

2.6.3 Gesetzliche Rahmenbedingungen (UWG)

Der verschärfte Konkurrenzkampf, besonders im Handel, hat in den letzten Jahren dazu geführt, dass das Wettbewerbsrecht eine immer größere Rolle spielt. Der Gesetzgeber hat dem Rechnung getragen und im „Gesetz gegen den unlauteren Wettbewerb" (UWG) Vorschriften erlassen, die Sie in Ihrer Preispolitik und in Ihrer Werbung – speziell mit Sonderpreisen – zu beachten haben.

Unlauterer Wettbewerb ist gesetzlich untersagt. Er liegt eindeutig dann vor, wenn Sie folgende Dinge tun:

Negativliste „Unlauterer Wettbewerb"

- ➔ irreführende Angaben über Ihr Unternehmen, seine Größe, seine geschäftliche Lage; über Art, Beschaffenheit und Menge der Ware machen,
- ➔ ihre Konkurrenten „anschwärzen",
- ➔ unternehmensgeheimnisse verraten,
- ➔ durch nicht zulässige Werbemethoden, wie Lockvogelangebote, auf Kundenfang gehen,
- ➔ ohne Genehmigung fremde Firmen- und Markenzeichen benutzen.

Dies sind nur die Punkte, die besonders sensibel sind. Fragen Sie Ihren Rechtsanwalt nach den für Sie relevanten Paragraphen oder sprechen Sie mit Ihrer Industrie- und Handelskammer. Sie veröffentlicht häufig Zusammenfassungen der wichtigsten Passagen dieses Gesetzes.

Wo ein Gesetz existiert, wird auch dessen Verletzung geahndet. Hier sind verschiedene Stufen üblich – je nach Schwere des Verstoßes. Falls Sie den Wettbewerb missachten, erwarten Sie **Anspruch auf Unterlassung**, **Schadenersatz** oder **strafrechtliche Verfolgung**.

Ein Unwesen besonderer Art sind **Gebührenvereine**, auch **Abmahnvereine** oder **Wettbewerbsvereine** genannt. Sie nutzen die gesetzlichen Spielräume, um gegen tatsächliche oder vermeintliche Wettbewerbsverstöße mit Abmahnungen vorzugehen. Und ganz nebenbei machen sie einen kräftigen Schnitt! Es kommt ihnen weniger auf den Schutz des Wettbewerbs an als auf das Kassieren der Pauschalgebühren für die jeweiligen Abmahnungen. Betrifft Sie ein solcher Vorgang, handeln Sie wie folgt:

3 Tipps gegen Abmahnvereine

- ➔ Prüfen Sie die Abmahnung genau, bevor Sie eine Unterlassungserklärung abgeben und eine Kostenpauschale zahlen!
- ➔ Ermitteln Sie sorgsam, wer hinter einer Abmahnung steht und ob dieser Verein überhaupt abmahn- und klagebefugt ist!
- ➔ Fragen Sie in jedem Fall Ihre Industrie- und Handelskammer, Ihren Berufsverband oder ziehen Sie einen Anwalt zu Rate!

Haben Sie Fragen über die Zulässigkeit von Werbemaßnahmen, bei denen spezielle branchentypische Vorschriften zu berücksichtigen sind, wenden Sie sich an den Zentralverband der Deutschen Werbewirtschaft e. V. (ZAW) in Berlin (E-Mail: werberat@werberat.de/ Internet: www.interverband.com). Diese Stelle arbeitet mit allen Verbänden der Wirtschaft eng zusammen.

Falls Sie nun der Meinung sind, Marketing sei ein zu schwieriges Feld und für Ihre Gründungsabsicht ja noch gar nicht relevant – beherzigen Sie stets die praxiserprobte Wahrheit:

Marketing ist nicht alles – aber ohne Marketing ist alles nichts!

3 Ihre Steuerpflichten

Als Gründer bleibt es nicht aus, dass Sie sich mit dem komplizierten Thema Steuern zu beschäftigen haben. Kenntnisse darüber ersparen nicht den Steuerberater, erhellen jedoch den Dschungel Ihrer Verpflichtungen als Unternehmer. Mit einem Grundwissen im Steuerrecht sind Sie viel besser in der Lage, gemeinsam mit Ihrem Steuerberater Wege zu finden, die Ihr Geld sparen. Diese Kenntnisse helfen Ihnen aber auch, den Gesetzen Genüge zu tun und so teure Konfrontationen zu vermeiden.

Nach den seit vielen Jahren immer wieder vollzogenen, angekündigten und nicht selten korrigierten Novellen des Steuerrechts – das letzte Beispiel von erheblicher Tragweite war „Die große Unternehmenssteuerreform 2008" – dürfte auch in der nahen Zukunft mit neuen Steuergesetzen zu rechnen sein. Sei es, dass man bestehende Steuersätze ändert, erhöht, erniedrigt oder neue Steuertatbestände schafft, Abschreibungsmöglichkeiten einschränkt oder Freibeträge entfallen lässt.

Sicher ist, dass Sie in allen Fragen nur von einem Steuerberater Ihres Vertrauens beraten werden sollten, der bei der Flut der Änderungen noch den Überblick behält und vor allem Ihre wirklichen Interessen vertritt.

Nach der geltenden **Definition** sind Steuern

- ➔ einmalige oder laufende Geldleistungen,
- ➔ die keine Gegenleistung für besondere Leistungen des Staates darstellen,
- ➔ allen auferlegt werden und auf die
- ➔ ein bestimmter, gesetzlich geregelter Tatbestand zutrifft.

Da sie ohne Gegenleistung erbracht werden, sind sie also „lästig". Von Steuern zu unterscheiden sind Gebühren und Beiträge:

Gebühren zahlen Sie als zur Kostendeckung beitragendes Entgelt für eine bestimmte Tätigkeit.

Beiträge dienen der Deckung oder Minderung von Kosten für besondere Vorteile, die Sie oder die Allgemeinheit nutzen. Dabei ist ohne Bedeutung, ob Sie im Einzelfall diese Einrichtung tatsächlich in Anspruch nehmen oder nicht.

Nach dem Gegenstand der Besteuerung wird unterschieden zwischen

- ➔ **Besitzsteuern**
  Steuern auf Ihren Besitz, Ihr Einkommen oder Ihren Ertrag
- ➔ **Verkehrssteuern**
  Steuern auf Vorgänge des rechtlichen oder wirtschaftlichen Verkehrs
- ➔ **Verbrauchssteuern**
  Steuern auf Ihren Verbrauch oder Aufwand

Sie sind wirklich gut beraten, sich mit diesem Thema auseinander zu setzen; nicht nur, um Steuern zu sparen, sondern auch zur Sicherung Ihrer Liquidität.

Steuerberatung und Steuerplanung sind schwierig, da das Entstehen der Steuergesetze von dem abhängt, dem das Steueraufkommen zufließt, also dem Staat. Sein Geldbedarf ist stetig steigend, wobei der Gesetzgeber beim „Kreieren“ neuer Steuern äußerst phantasievoll ist. Darüber hinaus trifft die finanzgerichtliche Rechtsprechung zum Teil innerhalb weniger Monate auch noch gegensätzliche Entscheidungen.

Diese Unwägbarkeiten werden auch in Zukunft anhalten, wobei Sie sich hüten sollten, anzunehmen, dass beispielsweise ein „Steuersenkungsgesetz“ tatsächlich Ihre Steuern senken würde, denn der Steuergesetzgeber schichtet immer nur um: Ermäßigt er den Einkommensteuerhöchstsatz, erhöht er die Mineralölsteuer und die Versicherungssteuer; ermäßigt er die „Familienbelastung“ durch Erhöhung der Kinderfreibeträge, erhöht er die Besteuerung bei der Veräußerung von Anteilen an Kapitalgesellschaften oder schafft gänzlich neue Steuertatbestände wie 2001 durch das „Steuerverkürzungsbekämpfungsgesetz – StBVG“ oder das „Gesetz zur Eindämmung illegaler Betätigung im Baugewerbe“. Bisherige Praxis war stets: Das Steuerrecht wurde noch nie vereinfacht, sondern stetig mit Regel-Ausnahme-Vorschriften komplizierter gestaltet.

Die Hektik des Steuergesetzgebers gerade während der Unternehmenssteuerreform macht es auch Steuerfachleuten schwer, den Überblick zu behalten, ab wann welche Änderung überhaupt wirksam wird, da ab 2008 durch „Die große Unternehmenssteuerreform“ wiederum Dutzende Änderungen vorgenommen wurden. 2010 bringt das „Wachstumsbeschleunigungsgesetz“ erneut zahlreiche Änderungen im Steuerrecht.

Die immer wieder diskutierten, und zum Teil beschlossen positiven Senkungen der Steuersätze dürfen Sie als Existenzgründer nicht dazu animieren, das Risiko, das auch durch die Besteuerung Ihres Unternehmens entsteht, zu bagatellisieren. Rechnen Sie besser mit „worst-case-Varianten“ als mit einer tatsächlichen Entlastung der Selbständigen. Kommt es dann besser, freuen Sie sich.

Die **Ertragshoheit**, d. h. wer die Steuergelder erheben darf, steht entweder dem Bund, den Ländern, zum Teil den Gemeinden oder allen drei Körperschaften nach einem gewissen Verteilungsschlüssel je nach Steuerart zu. Auch hier dürften in den nächsten Jahren noch zahlreiche „Reformgesetze“ erlassen werden, da bei allen Gebietskörperschaften „kreative“ Kräfte darüber diskutieren, wer was künftig bekommen soll.

Im Folgenden soll ein **Überblick** über die wichtigsten Steuerarten gegeben werden, wobei die Darstellung in diesem Rahmen nicht vollständig sein kann. Bedienen Sie sich von Anfang an in steuerlichen Dingen fachlicher Hilfe. Wir gehen in dieser Darstellung von der Einteilung in **natürliche Personen, Personengesellschaften** und **juristische Personen** aus. Lesen Sie besser vorher nochmals den Abschnitt „Rechtsformen“ im ersten Kapitel.

Die wichtigsten Steuern im Überblick

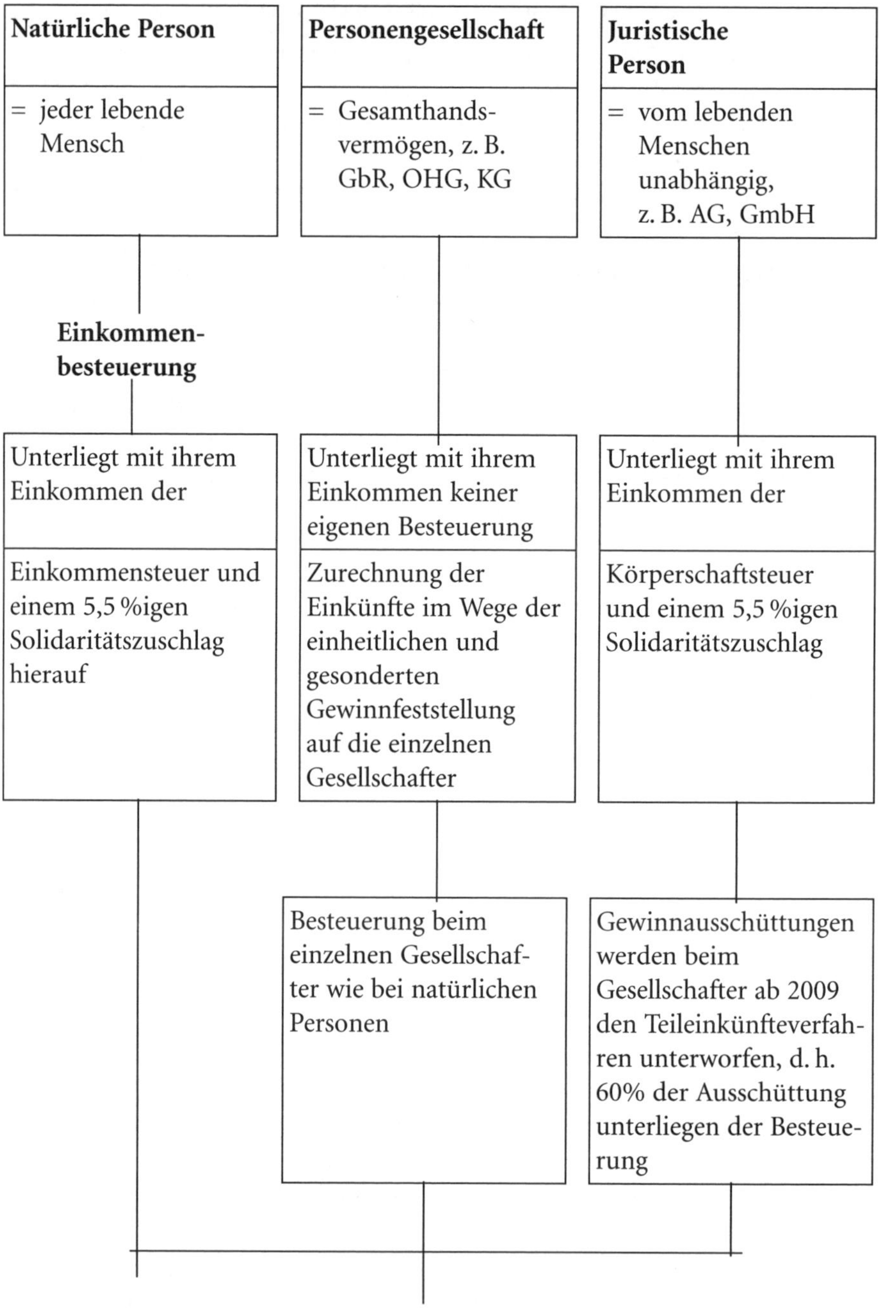

Gewerbesteuer

Soweit ein Gewerbe vorliegt, d. h.
- ➔ eine selbständige nachhaltige Gewinnerzielungsabsicht ausgeübt wird,
- ➔ am allgemeinen wirtschaftlichen Verkehr teilgenommen wird, ohne eine selbständige land- und forstwirtschaftliche oder vermögensverwaltende Tätigkeit auszuüben,
- ➔ oder kraft Rechtsform, damit unterliegen die Gewinne von AG und GmbH der Gewerbeertragssteuer und das Gewerbekapital der Gewerbesteuer.

Umsatzsteuer

Jede Form des Absatzes einer Leistung (vom Hersteller bis zum Verbraucher) unterliegt der Umsatzsteuer, unabhängig von der Rechtsform des Leistenden bzw. Leistungsempfängers.

Grundsteuer und Grunderwerbsteuer

Das Grundvermögen unterliegt beim Erwerb der Grunderwerbsteuer und beim Eigentümer der laufenden Grundsteuer, unabhängig von der Rechtsform des Erwerbers bzw. Eigentümers.

Erbschaftsteuer und Schenkungsteuer

Jeder Erwerb von Todes wegen und jede Schenkung unterliegen der Erbschaft- bzw. Schenkungsteuer, unabhängig von der Rechtsform des Erwerbers.

Bis 1997 bestand darüber hinaus die Vermögensteuer, die beim Steuerpflichtigen sämtliche Vermögenswerte (Grundvermögen, Betriebsvermögen und sonstiges Vermögen) abzüglich aller Verbindlichkeiten besteuerte. Es ist aber eine durchaus realistische Betrachtung, dass diese Steuer wieder eingeführt werden könnte. In der Politik gibt es immer wieder dementsprechende Vorstöße. Auch die Erbschaftsteuer wurde im Jahr 2008 grundlegend reformiert. Die Reform vereinfacht die Übernahme und Fortführung von Betrieben durch die Erben jedoch nicht. (Ein interessanter Aspekt ist dabei, dass diese Steuerarten genau genommen die erneute Besteuerung bereits einmal versteuerten Einkommens bedeuten.)

Daneben existieren eine Vielzahl weiterer Steuergesetze, die zum Teil

➔ **branchenspezifisch** (z. B. Rennwett- und Lotteriegesetz, Versicherungsgesetz),
➔ **sachbezogen** (z. B. Schaumweinsteuergesetz, Mineralölsteuergesetz) oder
➔ **personenbezogen** (Kraftfahrzeugsteuergesetz)

konzipiert sind.

Im Folgenden lernen Sie die wichtigsten Steuerarten kennen, wobei mit Neuem durchaus zu rechnen ist. Halten Sie sich deshalb auf dem Laufenden, was aktuell an Veränderungen zu beachten ist. Welche Gestaltungsmöglichkeiten sich für Ihre konkrete Situation anbieten, ist am besten mit Ihrem Steuerberater zu klären.

3.1 Die Einkommensteuer

Nur natürliche Personen, also lebende Menschen, sind einkommensteuerfähig (§ 1 EStG). Juristische Personen, also Kapitalgesellschaften, unterliegen nicht der Einkommensteuer; für sie gilt die Körperschaftsteuer.

Personengesellschaften, wie GbR, OHG und KG, sind nach keinem dieser beiden Gesetze steuerpflichtig. Deren Einkünfte werden einheitlich ermittelt und den Gesellschaftern anteilig zugerechnet. Diese haben sie im Rahmen ihrer Einkünfte der Einkommensteuer zu unterwerfen.

3.1.1 Ihre persönliche Steuerpflicht

3.1.1.1 Die Steuerpflicht von natürlichen Personen

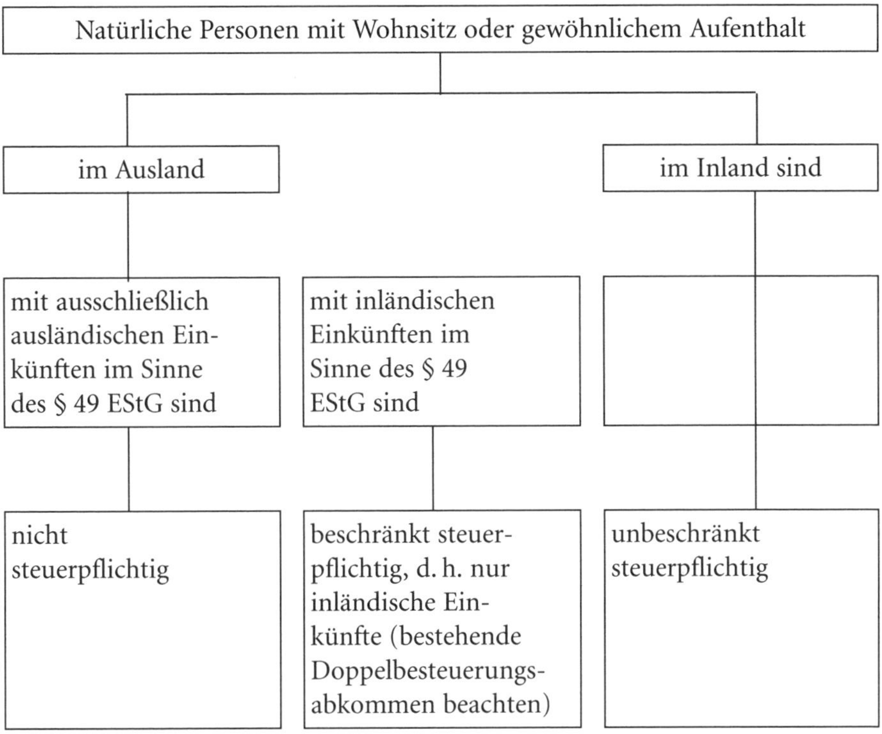

3.1.1.2 Steuerliche Obliegenheiten

Neben den **Zahlungs-, Einbehaltungs- und Haftungspflichten** obliegen Ihnen als steuerpflichtigem Unternehmer folgende **Mitwirkungspflichten**:

→ **Anzeigepflicht (§§ 137 ff. AO)**
Die Aufnahme einer unternehmerischen Tätigkeit ist dem Finanzamt anzuzeigen, z. B. die Gründung eines Unternehmens, der Erwerb von Betrieben, Betriebsstätten oder Beteiligungen – auch im Ausland.

→ **Buchführungspflicht (§§ 140 ff. AO)**
Diese Verpflichtung wird im Abschnitt 4 „Ihre Buchführung" erläutert.

→ **Steuererklärungspflicht (§ 149 AO)**
Ihre Steuererklärungen haben Sie innerhalb bestimmter Fristen – auch unaufgefordert – abzugeben. Dazu müssen Sie die vorgeschriebenen Vordrucke verwenden. Diese können auch in elektronisch lesbarer Form an die Finanzämter gesendet werden. Ab 2005 ist die Übermittlung der Umsatzsteuer-Voranmel-

dungen und der Lohnsteuer-Voranmeldungen an Ihr Betriebsstättenfinanzamt **in elektronisch lesbarer Form** zwingend.

- **Allgemeine Mitwirkungspflicht zur Sachverhaltsermittlung (§ 90 AO)**
  Diese Pflicht ist umfassend und bedeutet, dass Sie nach Aufforderung Ihre Geschäftspartner zu benennen haben, Verträge und Belege vorweisen und andere Nachweise erbringen müssen.

  Es empfiehlt sich also aus diesem Grund, Absprachen über Rabatte, Zahlungsziele und sonstige Details einer Geschäftsabwicklung schriftlich festzuhalten.

- **Besondere Mitwirkung im Rahmen von Steuerprüfungen (§ 200 AO)**
  Damit die Finanzverwaltung genau prüfen kann, haben Sie durch dieses Gesetz eine erweiterte Mitwirkungspflicht zur Auskunftserteilung. Das bedeutet u. a. die Vorlage sämtlicher Geschäftspapiere, Urkunden, Notizen sowie entsprechende Erläuterungen dazu. Inzwischen hat die Finanzverwaltung auch das Recht, diesbezüglich **auf Ihre betriebliche Datenverarbeitungsanlage zuzugreifen**. Diese Mitwirkung schließt die Pflicht ein, „räumliche und sachliche Mittel" für die Prüfung zur Verfügung zu stellen.

  Kommen Sie Ihren Mitteilungspflichten nicht nach, kann Ihnen der Fiskus Bußgeld abnehmen (§ 379 Abs. 2 Nr. 1 AO), die Anerkennung von Betriebsausgaben versagen (§ 160 AO bzw. § 16 UStG) und/oder eine Schätzung der Besteuerungsgrundlagen vornehmen (§ 162 Abs. 2 AO).

3.1.2 Die Einkunftsarten

Es gibt insgesamt **sieben Einkunftsarten**, die der Einkommensteuer unterliegen (§ 2 Abs. 1 EStG). Das sind Einkünfte

- aus Land- und Forstwirtschaft,
- aus Gewerbebetrieb,
- aus selbständiger Tätigkeit,
- aus nichtselbständiger Tätigkeit,
- aus Kapitalvermögen,
- aus Vermietung und Verpachtung,
- aus sonstigen Einkünften im Sinne des § 22 EStG.

Diese Einkunftsarten sind **abschließend**. Das bedeutet, dass Einkünfte, die keiner dieser sieben Einkunftsarten zuzuordnen sind, z. B. Erbschaft, Schenkung oder Verkauf privater Vermögensgegenstände, nicht der Einkommensteuer unterliegen.

3.1.3 Einkommensermittlung

Selbst wenn Sie Ihre Steuererklärung nicht selbst anfertigen, ist es sinnvoll, alle Elemente, die der Ermittlung Ihres Einkommens dienen, einmal im Zusammenhang zu betrachten:

Schema zur Ermittlung des Einkommens (§ 2 Abs. 4 EStG)

	Einkünfte aus Land- und Forstwirtschaft
+	Einkünfte aus Gewerbebetrieb
+	Einkünfte aus selbständiger Arbeit
+	Einkünfte aus nichtselbständiger Arbeit
+	Einkünfte aus Kapitalvermögen
+	Einkünfte aus Vermietung und Verpachtung
+	sonstige Einkünfte (§ 22)
./.	ausländische Verluste bei DBA (§ 2 a Abs. 3 Satz 1)
=	*Summe der Einkünfte*
./.	Altersentlastungsbetrag (§ 24 a)
./.	Entlastungsbetrag für Alleinerziehende (§ 24 b)
./.	Freibetrag für Land- und Forstwirte (§ 13 Abs. 3)
+	Hinzurechnungsbetrag (§ 52 Abs. 3 Satz 3 sowie § 8 Abs. 5 Satz 2 AIG)
=	*Gesamtbetrag der Einkünfte (§ 2 Abs. 3)*
./.	Verlustabzug (§ 10 d)
./.	Sonderausgaben (in der Reihenfolge §§ 10, 10c, 10a, 10b)
./.	außergewöhnliche Belastungen (§§ 33 bis 33b)
./.	Steuerbegünstigung der zu Wohnzwecken genutzten Wohnungen, Gebäude und Baudenkmale sowie der schutzwürdigen Kulturgüter (§§ 10 e bis 10i, 52 Abs. 21 Satz 6 i. d. F. vom 16. 04. 1997, BGBl 97 I, S. 821 und § 7 FördG)
+	zuzurechnendes Einkommen gem. § 15 Abs. 1 AStG
=	*Einkommen (§ 2 Abs. 4)*
./.	Freibeträge für Kinder (§§ 31, 32 Abs. 6)
./.	Härteausgleich nach § 46 Abs. 3, § 70 EStDV
=	**Einkommen (§ 2 Abs. 5)**

3.1.4 Verlustausgleich

Da unternehmerische Tätigkeiten die Chance auf Gewinne, aber auch das Risiko von Verlusten beinhalten, sind beide Varianten steuerlich relevant. Wir sprechen von „positiven und negativen Einkünften“, die „ausgeglichen“ werden können.

Bei diesem Verlustausgleich ist zu unterscheiden zwischen positiven und negativen Einkünften innerhalb der gleichen Steuerperiode (z. B. dem Kalenderjahr) sowie den Verlusten und Gewinnen verschiedener Veranlagungszeiträume (also über ein Jahr hinaus).

3.1.4.1 Verluste im gleichen Veranlagungszeitraum

Das Steuerentlastungsgesetz 1999/2000/2002 hat die Verlustbehandlung deutlich komplizierter gemacht, wobei hier für Ihr Verständnis als Unternehmer nur die grundsätzlichen Regeln darstellbar sind.

Verluste im Verlustentstehungsjahr sind uneingeschränkt, das heißt zwischen Einkünften verschiedener Einkunftsarten (= vertikaler Verlustausgleich), ausgleichsfähig.

Beispiel

Frau Medina erzielt positive Einkünfte aus Gewerbebetrieb in Höhe von 20.000 € und negative Einkünfte aus Vermietung und Verpachtung in Höhe von 15.000 €.

Sie kann die negativen Einkünfte aus Vermietung und Verpachtung von 15.000 € voll mit den positiven Einkünften aus Gewerbebetrieb in Höhe von 20.000 € verrechnen. Der Gesamtbetrag ihrer Einkünfte beträgt dann nur 5.000 €.

3.1.4.2 Verluste aus verschiedenen Veranlagungszeiträumen

Da in einem bestimmten Veranlagungszeitraum, zum Beispiel einem Kalenderjahr, vielleicht nicht alle Verluste mit den einzelnen positiven Einkünften im gleichen Zeitraum ausgeglichen werden können, dürfen Sie diese Verluste auch mit einer anderen Veranlagungsperiode, zum Beispiel dem vorigen (Verlustrücktrag) oder dem nächsten Jahr (Verlustvortrag), verrechnen. Auch hier wird zuerst horizontal ausgeglichen – also innerhalb gleicher Einkunftsarten –, bevor ein vertikaler Ausgleich zwischen verschiedenen Einkunftsarten unterschiedlicher Jahre vorgenommen werden darf. Es gelten jedoch Grenzen.

Verluste können in Folgejahren – unabhängig von der Einkunftsart, bei der sie entstanden sind – bis zu einem Gesamtbetrag der Einkünfte von 1.000.000 € voll abgezogen werden. Bei zusammen veranlagten Ehegatten wird der Betrag verdoppelt. Darüber hinaus ist nur noch ein Ausgleich bis zu 60 v. H. des 1.000.000 € (bzw. 2.000.000 € bei Ehegatten) übersteigenden Gesamtbetrags der Einkünfte möglich. Dies bedeutet, dass gewerbliche Gewinne oberhalb dieser Maximalbeträge nicht mehr voll mit gewerblichen Verlusten aus Vorjahren ausgeglichen werden können. Der Verlustabzug wird zeitlich gestreckt, es gehen aber keine Verluste endgültig verloren.

Die Neuregelung der Verlustverrechnung gilt auch für die Körperschaftsteuer und betrifft damit Kapitalgesellschaften. Durch die Neuregelung wird der Verlustvortrag nunmehr auch bei Körperschaften oberhalb eines Sockelbetrags von 1.000.000 € auf 60 v. H. des verbleibenden zu versteuernden Einkommens beschränkt.

3.1.4.3 Verlustbehandlung

Nach derzeit geltendem Recht verläuft die Verlustbehandlung wie in diesem Schema dargestellt:

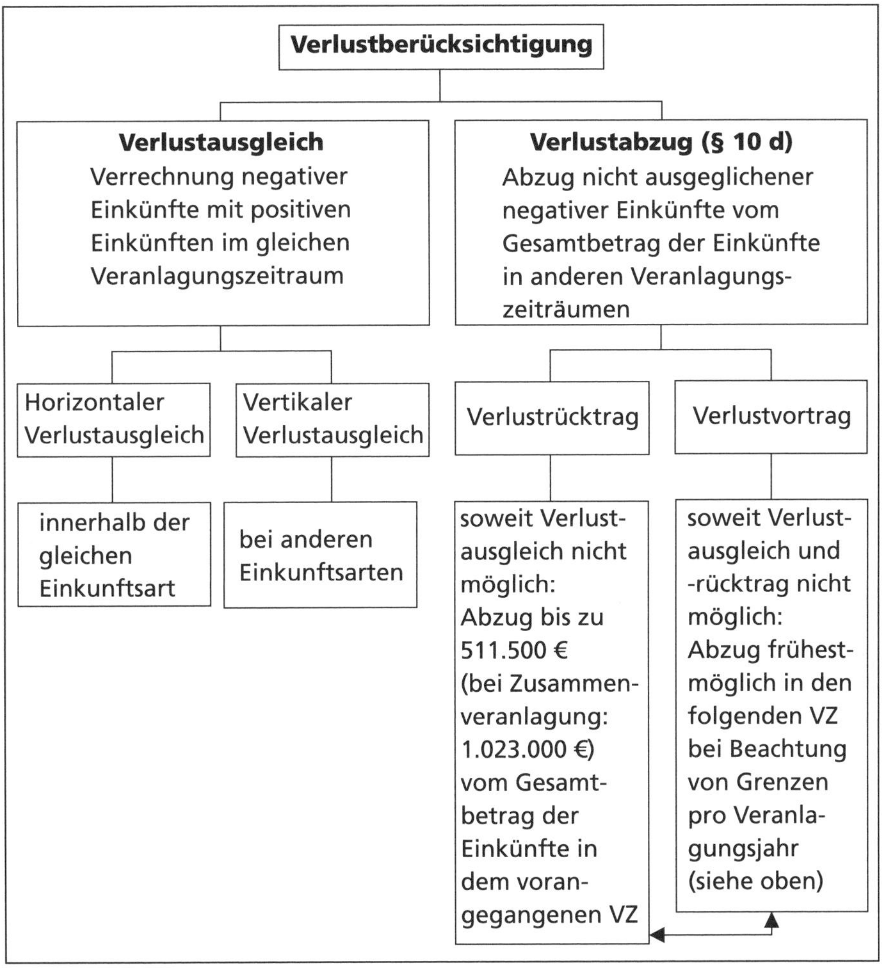

3.1.5 Ihre Gewinn- und Überschusseinkünfte

Von den sieben Einkunftsarten werden die ersten drei als Gewinneinkünfte, die letzten vier als Überschusseinkünfte bezeichnet. Die **Gewinneinkünfte** ermitteln sich auf zweierlei Weise: durch Betriebsvermögens-Vergleich oder Einnahmen-Überschuss-Rechnung.

Info

Gewinnermittlung durch Betriebsvermögens-Vergleich

	Betriebsvermögen am Ende des Jahres
./.	Betriebsvermögen am Ende des Vorjahres
=	Betriebsvermögensunterschied
+	Privatentnahmen
./.	Privateinlagen
=	Gewinn oder Verlust

Gewinnermittlung durch Einnahmen-Überschuss-Rechnung

	Betriebseinnahmen
./.	Betriebsausgaben
=	Gewinn oder Verlust

Bei den Überschusseinkünften werden den Einnahmen grundsätzlich nur die Werbungskosten gegenübergestellt. Inhaltlich sind **Betriebsausgaben und Werbungskosten** identisch – es sind Aufwendungen zur Erzielung von Einnahmen.

Für bestimmte Überschusseinkunftsarten werden Ihre Werbungskosten pauschal angesetzt, wenn Sie keine oder keine höheren Werbungskosten nachweisen (§ 9 EStG). Diese Pauschalbeträge betragen

➔ bei Einnahmen aus nichtselbständiger Arbeit	920,00 €
➔ bei Einnahmen aus Kapitalvermögen	
a) als Einzelperson	801,00 €
b) als Ehepaar	1.602,00 €
➔ bei wiederkehrenden Bezügen aus § 22 Nr. 3 EStG	102,00 €

Betriebseinnahmen sind grundsätzlich alle Güter, die in Geld oder in Geldeswert bestehen und im Rahmen einer Einkunftsart zufließen. Hierzu zählen auch sachbezogene Einkünfte, wie Wohnung, Betriebsessen oder Warenentnahmen – also jede Vermögensmehrung. Auch der Verkauf von Wirtschaftsgütern des Anlagevermögens kann zu Betriebseinnahmen führen.

Aufwendungen, die Sie nicht für die Erzielung Ihrer Einkünfte erbracht haben, also insbesondere Kosten Ihrer privaten Lebensführung, sind steuerlich ohne Bedeutung. Sie sind **keine Betriebsausgaben**. Hierzu gehören beispielsweise Aufwendungen für Ihre Ernährung, Ihre Kleidung (Ausnahme: spezielle Berufsbekleidung), Ihre Wohnung. Kosten für Ihre Kranken- und Lebensversicherung und Aufwendungen infolge einer Krankheit können sich allerdings unter bestimmten Voraussetzungen als abziehbare Sonderausgaben steuermindernd auswirken.

Die Einkommensteuer ist eine Jahressteuer, das heißt alle Besteuerungsgrundlagen sind für das Kalenderjahr zu ermitteln.

3.1.6 Ihre steuerfreien Einnahmen

Es gibt eine Reihe von Einnahmen, die von der Einkommensteuer befreit sind (§§ 3 und 3 b EStG). Hier einige Beispiele:

- ➔ Leistungen aus einer Krankenversicherung und der gesetzlichen Unfallversicherung (§ 3 Nr. 1 a EStG),
- ➔ Arbeitslosengeld, Kurzarbeitergeld und andere Leistungen nach dem Arbeitsförderungsgesetz (§ 3 Nr. 2 EStG),
- ➔ Geld und Sachbezüge an Wehrpflichtige und Zivildienstleistende (§ 3 Nr. 5 EStG),
- ➔ Abfindungen wegen einer vom Arbeitgeber veranlassten oder gerichtlich ausgesprochenen Auflösung des Dienstverhältnisses (Höchstgrenzen beim Steuerberater erfragen) (§ 3 Nr. 9 EStG),
- ➔ Zuschüsse der gesetzlichen Rentenversicherung zur Krankenversicherung der Rentner (§ 3 Nr. 14 EStG),
- ➔ Leistungen nach dem Bundeskindergeldgesetz (§ 3 Nr. 24 EStG),
- ➔ Aufwandsentschädigung für bestimmte nebenberufliche Tätigkeiten bis zur Höhe von 2.100,00 Euro (§ 3 Nr. 26 EStG),
- ➔ Leistungen nach dem Wohngeldgesetz (§ 3 Nr. 58 EStG),
- ➔ Aufwendungen, die ein Arbeitgeber zur Zukunftssicherung eines Arbeitnehmers erbringt (§ 3 Nr. 62 EStG).

3.1.7 Einkommensteuertarif

Die Einkommensteuer wird wie nachfolgend dargestellt ermittelt. Sofern der Grundfreibetrag nicht überschritten wird, fällt keine Einkommensteuer an:

Einkommensteuertarif ab 2006	
Grundfreibetrag	7.664,00 €
Eingangsteuersatz	
ab 7.664,00 € (Grundtabelle)	15,0 %
ab 15.329,00 € (Splittingtabelle)	15 %

Höchststeuersatz ab 52.152,00 €

– ab 52.152,00 € (Grundtabelle)	42 %
– ab 164.364,00 € (Splittingtabelle)	42 %
– sog. „Reichensteuer" für zu versteuerndes Einkommen ab 250.730 €/501.460 €.	45 %

Darüber hinaus gibt es Progressionszonen und Höchststeuersätze:

Nachfolgend ein Beispiel zu Illustration der Unterschiede von alleinstehenden und verheirateten Steuerpflichtigen.

Beispiel

Melek Taskin aus Köln hat 2009 ein steuerpflichtiges Einkommen von 26.000 Euro. Sie muss, da nicht verheiratet, 4.569,00 Euro Einkommensteuer bezahlen (17,57 %).

Wäre Frau Taskin verheiratet und ihr Mann hätte keine Einkünfte, würden beide zusammen veranlagt und die Steuerlast betrüge nur noch 2.102,00 Euro (8,08 %).

Verdient neben Frau Taskin auch ihr Ehemann eigenes Geld, zum Beispiel 39.000 Euro, würden beide bei einer Zusammenveranlagung 65.000 Euro steuerpflichtiges Einkommen erzielen und insgesamt 13.238 Euro Steuern abführen (20,37 %).

Wären beide einzeln veranlagt – fielen für Frau Taskin 4.569 Euro an und für den Ehemann rund 8.861 Euro. Beide zusammen zahlten also 13.430 Euro Steuern.

Aus dem Beispiel ergibt sich, dass eine Heirat im geschilderten Fall rund 192 Euro Steuerersparnis bringt. Trotz aller Berechnungen sollte eine Ehe niemals aus steuerlichen Erwägungen heraus geschlossen werden, denn Steuergesetze ändern sich und die Kosten einer Scheidung schlagen auch negativ zu Buche. Außerdem ist im konkreten Einzelfall sogar eine Zusammenveranlagung nicht automatisch von Vorteil.

3.1.8 Ihre wichtigsten Einkunftsarten

■ Einkünfte aus Gewerbebetrieb

Schließen Sie sich mit mehreren Personen zwecks gemeinschaftlicher Ausübung einer gewerblichen Tätigkeit zusammen – gründen Sie also eine GbR, OHG oder KG –, erzielen Sie anteilig Einkünfte aus Gewerbebetrieb; aber nur dann, wenn Sie **Unternehmerinitiative** oder **Unternehmerrisiko** tragen. Das gilt auch für Sie als Einzelperson, wenn Sie gewerblich tätig sind. Auf Ihren **typisch-stillen Gesellschafter**, der durch Kapitalhingabe lediglich mit einem Prozentsatz am Gewinn und Verlust Ihrer Gesellschaft beteiligt ist, trifft das nicht zu. Er ist, steuerlich betrachtet, Darlehensgeber, erzielt also keine gewerblichen Einkünfte, sondern Einnahmen aus Kapitalvermögen.

Ist Ihr Partner ein **atypisch-stiller Gesellschafter**, der regelmäßig auch an den stillen Reserven beteiligt ist, erzielt er als **Mitunternehmer** gewerbliche Einkünfte. Steuerliche Verluste darf er aber, wie der Kommanditist, nur in Höhe ihrer Einlage geltend machen. Wird also sein Einlagebetrag durch Verluste „aufgezehrt", ist das für den „Stillen" und den Kommanditisten **steuerneutral**.

Ihr Gewinn ist entsprechend dem gesellschaftsrechtlichen Verteilungsschlüssel auf die einzelnen Gesellschafter umzulegen. Er ist von jedem Einzelnen individuell zu versteuern. Dazu wird er vom für Ihre Gesellschaft zuständigen Finanzamt in einer einheitlichen und gesonderten **Gewinnfeststellung** fixiert.

Zu den Einkünften aus Gewerbebetrieb gehört auch der Gewinn aus der Veräußerung von Anteilen an Kapitalgesellschaften. Die frühere Regelung, dass eine Steuerpflicht nicht bestand, wenn Sie als Veräußerer innerhalb der letzten fünf Jahre am Gesellschafterkapital mit weniger als 10 Prozent beteiligt waren, wurde nunmehr auf 1 Prozent geändert. Damit bleiben Sie nur unter diesem einen Prozent Beteiligung steuerfrei – also unterliegt jetzt faktisch jede Beteiligung an einer Kapitalgesellschaft der Besteuerung.

Trotzdem kann die Gründung einer Kapitalgesellschaft – auch aus ertragssteuerlichen Gründen ab 2008 – nützlich sein, denn die Körperschaftsteuer beträgt nur maximal 15 Prozent, während der höchste Einkommensteuersatz sich auf 42 Prozent (Ausnahme sog. Reichensteuer 45 Prozent) beläuft. Es kann deshalb – insbesondere bei einer Ein-Personen-GmbH – sinnvoll sein, statt von einem hohen Gehalt auch von Darlehen seiner eigenen Gesellschaft zu leben (bei einem Steuersatz von 25 Prozent), auch wenn diese Darlehen des Gesellschafters an die GmbH wiederum zu verzinsen sind.

Bei solchen Überlegungen sollten Sie sich allerdings von einem Steuerfachmann beraten lassen, und alle hieraus folgenden Konsequenzen einbeziehen und nicht selbst „drauflosswurschteln".

■ Einkünfte aus selbständiger Tätigkeit

Die freiberufliche Tätigkeit (im Steuerrecht auch als „selbständige Tätigkeit" bezeichnet) wird von der gewerblichen Tätigkeit getrennt. Sie stellt eine eigenständige Einkunftsart dar. Freiberufliche Tätigkeiten üben Ärzte, Rechtsanwälte, Ingenieure, Architekten, Notare, Steuerberater, Journalisten, Heilpraktiker, Softwareentwickler und ähnliche (wissenschaftliche, künstlerische, schriftstellerische, unterrichtende und erzieherische) Berufe aus.

Die Angehörigen der freien Berufe sind ebenso wie Gewerbetreibende verpflichtet, Bücher zu führen und regelmäßig Abschlüsse zu machen. Für sie kommt allerdings regelmäßig die erleichterte Buchführung, die Einnahmen-Überschuss-

Rechnung als Gewinnermittlungsart, in Betracht. Beachten Sie jedoch, dass die Gründung einer Kapitalgesellschaft durch Freiberufler automatisch zum Gewerbebetrieb führt.

■ Einkünfte aus nichtselbständiger Tätigkeit

Einkünfte aus nichtselbständiger Tätigkeit erzielt nur der Arbeitnehmer, also nicht Sie als Unternehmer. Bei den Einkünften aus nichtselbständiger Tätigkeit wird die Einkommensteuer bereits durch den Arbeitgeber vom Arbeitslohn abgezogen und als **Lohnsteuer** bezeichnet. Das trifft auch dann zu, wenn Sie Geschäftsführer und Alleingesellschafter Ihrer Ein-Personen-GmbH sind.

Diese vom Arbeitgeber auf der Basis des gezahlten Bruttolohns einzubehaltende und abzuführende Steuer ergibt sich aus den **Lohnsteuertabellen**. Sie werden zwar nicht mehr vom Bundesministerium der Finanzen aufgestellt, sind jedoch im Buchhandel noch immer erhältlich. Im Rahmen der Einkommensteuererklärung darf der Arbeitnehmer (auch der Geschäftsführer/Gesellschafter) vom Arbeitgeber nicht berücksichtigte Umstände (Höhe der Werbungskosten, Sonderausgaben, außergewöhnliche Belastungen) geltend machen, falls sie in diese Tabellen nicht eingearbeitet sind. Soweit keine anderen Einkünfte erzielt und Höchstbeträge nicht überschritten sind, wird die Einkommensteuererklärung auch **Lohnsteuer-Jahresausgleich** genannt.

■ Einkünfte aus Kapitalvermögen

Zu den Kapitaleinkünften gehören (beispielsweise) Gewinnanteile an Kapitalgesellschaften, Einnahmen als typisch-stiller Gesellschafter, Zinseinkünfte, Dividenden, also generell Einnahmen aus Geldanlagen.

Gehört die Geldanlage zum Betriebsvermögen, sind die Einkünfte der Besteuerung entweder aus Gewerbebetrieb, selbständiger Tätigkeit oder aus Land- und Forstwirtschaft zuzuordnen (= Subsidiarität der Kapitaleinkünfte). Das hat teilweise unerwünschte Auswirkungen auf die Gewerbesteuer, die Nichtinanspruchnahme von Werbungskosten- und Sparer-Freibeträgen oder die Versteuerung von Kursgewinnen. Steuergünstig ist für Sie demzufolge, lieber „echte“ Einkünfte aus Kapitalvermögen zu kreieren, die auch nur dieser unterliegen. Da auch hier Einzelfälle eine gewisse „steuerliche Kreativität“ erfordern, beraten Sie sich rechtzeitig mit dem Fachmann.

Pro 100 Euro Gewinn hat der Gesellschafter nunmehr 47,70 Euro als Einkommen zu versteuern und bekommt auf die sich – je nach Progression – ergebende persönliche Steuerlast 11,92 Euro Kapitalertragsteuer angerechnet.

Durch die Unternehmenssteuerreform 2001 wurde die davor geltende Anrechnung auch der Körperschaftsteuer abgeschafft. Jetzt gilt das **Halbeinkünfteverfahren.**

2009 wurde das Besteuerungssystem für Einkünfte aus Kapitalvermögen grundlegend umgestellt.

➔ **Die Abgeltungsteuer**

Für im **Privatvermögen** erzielte Einkünfte aus Kapitalvermögen gilt ein **gesonderter Steuersatz** (vgl. unten). Soweit ein Kapitalertragsteuerabzug (i. d. R. durch ein Kreditinstitut) erfolgt, ist die Einkommensteuer generell abgegolten (**Abgeltungsteuer**).

➔ **Steuersatz**

Der gesonderte Steuersatz beträgt **25 %**. Soweit **Kapitalertragsteuerpflicht** besteht, erfolgt der Steuerabzug **in gleicher Höhe**, der früher 30 % betragende Zinsabschlag wird angepasst.
Bei der Ermittlung der **privaten Einkünfte** aus Kapitalvermögen ist der Abzug **tatsächlicher Werbungskosten** künftig **ausgeschlossen.** Der bisherige Sparer-Freibetrag und der Werbungskosten-Pauschbetrag werden zu einem **Sparer-Pauschbetrag** von **801 Euro** bei Einzelveranlagung bzw. **1.602 Euro** bei zusammenveranlagten Ehegatten zusammengefasst.

Auf **Antrag** führt das Finanzamt eine **Günstigerprüfung** durch, ob bei **Einbeziehung sämtlicher privaten Kapitalerträge** – inkl. derjenigen, die dem Kapitalertragsteuerabzug unterlegen haben – sich bei Besteuerung mit der tariflichen Einkommensteuer eine niedrigere Steuer ergibt. Zusammenveranlagte **Ehegatten** können einen solchen **Antrag nur einheitlich** für sämtliche Kapitalerträge beider Ehegatten stellen.

➔ **Betriebliche Kapitaleinkünfte**

Sind Einkünfte aus Kapitalvermögen dem **betrieblichen Bereich** zuzuordnen, findet der **gesonderte Steuersatz keine Anwendung.** Solche Einkünfte unterliegen **weiterhin** der **tariflichen Einkommensteuer**, wobei die bisherige Steuerbefreiung im Halbeinkünfteverfahren eingeschränkt wird. Die **Steuerbefreiung** wird ab 2009 von 50 % auf **40 %** der Erträge und Gewinne aus der Veräußerung von sich im Betriebsvermögen befindenden Anteilen reduziert, sog. **Teileinkünfteverfahren.** Entsprechend erhöht sich der **Werbungskostenabzug** auf **60 %.**

Beispiel

Der Gewerbetreibende Jürgen Spengler aus Saarbrücken hält seit dem 1. 7. 2004 (zulässigerweise) im Betriebsvermögen Aktien der Bio-AG. Am 15. 08. 2009 erhält er von dieser eine Bruttodividende in Höhe von 1.000 Euro.

Weil die Kapitalerträge in Form der Dividende nach dem 31. 12. 2008 zufließen, findet die Neuregelung über die Abgeltungsteuer Anwendung. Nach dem Subsidiaritätsprinzip des § 20 sind die eigentlich zu den Einkünften aus Kapitalvermögen gehörenden Dividenden betriebliche Einkünfte i. S. d. § 15 EStG. Es ist das Teileinkünfteverfahren anzuwenden. Damit sind 600 Euro als Gewinn aus Gewerbe-

betrieb mit der tariflichen Einkommensteuer zu versteuern. Außerbilanziell findet daher wegen der anteiligen Steuerfreiheit eine den Gewinn mindernde Abrechnung in Höhe von 400 Euro statt. Die AG hat Kapitalertragsteuer in Höhe von 25 % (250 Euro zuzüglich davon 5,5 % Solidaritätszuschlag in Höhe von 13,75 Euro) einzubehalten, die bei der einkommensteuerlichen Veranlagung von Jürgen Spengler angerechnet werden.

Beispiel

Wie vorher, jedoch gehören die Aktien zum Privatvermögen von Jürgen Spengler.

Der Kapitalertragsteuerabzug in Höhe von 25 % zzgl. Solidaritätszuschlag hat gem. § 43 Abs. 5 Satz 1 EStG abgeltende Wirkung.

Gewinne aus der Veräußerung von Aktien (u. ä. Wertpapieren) werden künftig als Einkünfte aus Kapitalvermögen erfasst. Gewinn ist der Unterschied zwischen den Einnahmen aus der Veräußerung (abzüglich der Veräußerungskosten) und den Anschaffungskosten. Bei Abwicklung der Veräußerung über ein Kreditinstitut unterliegt der Gewinn einem Kapitalertragsteuerabzug in Höhe von 25 %. Durch die Umschichtung dieser Einkünfte von § 23 EStG zu § 20 EStG ist die bisherige Ein-Jahres-Frist nicht mehr anzuwenden, wonach Veräußerungen nach Ablauf dieser Frist zur Steuerfreiheit eines erzielten Gewinns führten.

Die Neuregelung gilt erst für **nach dem 31. 12. 2008 erworbene Aktien**, vgl. § 52 a Abs. 10 EStG.

Für **vor dem 1. 1. 2009 erworbene Aktien** gilt die Ein-Jahres-Frist weiterhin. Demnach ist ein **Gewinn** aus der Veräußerung solcher Aktien **weiterhin steuerfrei** (und unterliegt nicht dem Kapitalertragsteuerabzug), wenn die Veräußerung erst **nach mehr als einem Jahr** nach Erwerb stattfindet. Bei Veräußerung innerhalb des Ein-Jahres-Zeitraums unterliegt ein Veräußerungsgewinn **weiterhin** dem **Halbeinkünfteverfahren** (Versteuerung zu 50 %), vgl. § 52 a Abs. 3 EStG.

Folgendes Beispiel zeigt die steuerliche Gesamtbelastung einer Kapitalgesellschaft (GmbH) und ihres Gesellschafters im Falle der Ausschüttung von Gewinnanteilen.

Beispiel

GmbH-Ebene

	Gewinn der GmbH	100,00 €
./.	Gewerbesteuer (GewSt), z. B. 19,02 %	19,02 €
		80,98 €
./.	15 % Körperschaftsteuer (KSt)	12,15 €
./.	5,5 % Solidaritätszuschlag	0,67 €
=	Gewinn nach Steuern	68,16 €
	Bei Ausschüttung behält die GmbH 25 % Kapitalertragsteuer (KapESt) ein, und führt diese an das Finanzamt ab	17,04 €
=	Ausschüttung an die Gesellschafter	51,12 €

Dabei werden die Einkünfte des Gesellschafters bei seiner individuellen Einkommensteuer nur zu 60 % angesetzt, also die Ausschüttung (wegen der bei der Gesellschaft vorgenommenen Körperschaftsteuerbelastung mit 15 Prozent) ermäßigt besteuert.

Beispiel

Gesellschafter-Ebene

	Ausschüttung	51,12 €
	zu versteuernde 60 % (Teileinkünfteverfahren)	30,67 €
./.	Steuerlast (angenommen mit 40 %)	12,26 €
./.	anrechenbare KapESt	17,04 €
=	Rückerstattung	0,67 €

Als Gesamt-Zufluss landen beim Gesellschafter:

	die Ausschüttung in Höhe von	56,24 €
+	die Steuerrückerstattung in Höhe von	0,67 €
=	also insgesamt	56,91 €

Das Teileinkünfteverfahren gilt nur für Dividenden und vergleichbare Erträge, nicht für andere Einkünfte aus Kapitalvermögen (z. B. Zinsen).

■ Solidaritätszuschlag

Seit dem Veranlagungszeitraum 1995 hat der Gesetzgeber als eine Ergänzungsabgabe zu Einkommensteuer und Körperschaftsteuer einen ab 1998 gültigen 5,5-prozentigen Solidaritätszuschlag eingeführt, der sich nach der festgesetzten Einkommen- bzw. Körperschaftsteuer berechnet. Letztlich wurde hierdurch nur der Steuersatz entsprechend erhöht.

3.2 Die Körperschaftsteuer

Sie ist gleichsam die **Einkommensteuer der juristischen Person.** Steuersubjekt sind insbesondere die Kapitalgesellschaften, aber auch sämtliche Erwerbs- und Wirtschaftsgenossenschaften, die rechtsfähigen Vereine und die sonstigen juristischen Personen des privaten Rechts.

Zivilrechtlich existieren Aktiengesellschaft und GmbH erst mit ihrer Eintragung in das Handelsregister. Wie Sie bereits wissen, entsteht aber im Abschluss des Gesellschaftsvertrages vor dem Notar bereits eine **Vorgesellschaft**. Sie bildet mit der später im Register eingetragenen eigentlichen Gesellschaft steuerlich eine Einheit. Konkret heißt das: Die Körperschaftsteuerpflicht beginnt schon mit dem Abschluss des Gesellschaftsvertrages beim Notar. Ihre **Vorgründungsgesellschaft** dagegen unterliegt der Körperschaftsteuer nicht, sondern wird wie eine Personengesellschaft besteuert.

Unbeschränkt körperschaftsteuerpflichtig sind sämtliche Körperschaften, Personen, Vereinigungen und Vermögensmassen, die ihren Sitz und/oder ihre Geschäftsleitung im Inland haben. Sie unterliegen mit sämtlichen Einkünften, also den inländischen und den ausländischen, der deutschen Körperschaftsteuer. Da mit den meisten Ländern Doppelbesteuerungsabkommen bestehen, die abweichende Regelungen vorsehen, gilt dieser Grundsatz jedoch nicht uneingeschränkt, so dass beispielsweise eine GmbH mit Sitz in Saarbrücken zwar unbeschränkt körperschaftsteuerpflichtig ist, also mit sämtlichen Einkünften, auch einer möglichen Betriebsstätte in Belgien, der deutschen Körperschaftsteuer unterliegt, nach dem deutsch-belgischen Doppelbesteuerungsabkommen jedoch die in Belgien erzielten Gewinne in der Bundesrepublik Deutschland unbesteuert bleiben.

Körperschaften, Personen, Vereinigungen und Vermögensmassen, die im Inland weder ihren Sitz noch ihre Geschäftsleitung haben, sind nur mit ihren inländischen Einkünften steuerpflichtig. Das heißt beispielsweise, eine „Société anonyme“ mit Sitz und Geschäftsleitung in Paris, die eine Betriebsstätte in

München betreibt, ist nur mit den inländischen Einkünften, also den Einkünften aus der Betriebsstätte in München, körperschaftsteuerpflichtig. Verlegt die Gesellschaft Sitz oder Geschäftsleitung in die Bundesrepublik Deutschland, ist sie nunmehr unbeschränkt körperschaftsteuerpflichtig und unterliegt mit allen Einkünften der deutschen Körperschaftsteuer, also auch mit den in Frankreich erzielten, wobei auch hier wiederum Doppelbesteuerungsabkommen zu beachten sind.

Falls Sie eine Unternehmensgründung mit Auslandsberührung vorhaben, sollten Sie diese Aspekte und die damit verbundenen Steuereinsparungen unbedingt in Ihre Überlegungen einbeziehen.

Der Körperschaftsteuersatz beträgt einheitlich 15 Prozent des durch Betriebsvergleich zu ermittelnden Gewinns.

Auf die Körperschaftsteuer ist – analog zur Einkommensteuer – zusätzlich eine 5,5-prozentige Solidaritätsabgabe zu zahlen.

3.2.1 Der Ermittlungszeitraum

Sind Sie nach den Vorschriften des HGB verpflichtet, Bücher zu führen, ist der Ermittlungszeitraum stets das **Wirtschaftsjahr** (§ 7 Abs. 4 KStG). Weicht das Wirtschaftsjahr vom Kalenderjahr ab, so gilt der Gewinn in dem Kalenderjahr als bezogen, in dem das Wirtschaftsjahr endet.

Ihr Wirtschaftsjahr kann auch einen Zeitraum von weniger als zwölf Monaten umfassen, wenn Ihre Gesellschaft gerade gegründet wird, oder wenn die Liquidationsbesteuerung eintritt. Ein Wirtschaftsjahr, das weniger als zwölf Monate umfasst, bezeichnet man als **Rumpfwirtschaftsjahr**.

Durch die Umstellung auf ein abweichendes Wirtschaftsjahr, die freilich von der Zustimmung der Finanzverwaltung abhängt, ergeben sich durchaus Gestaltungsspielräume. Dazu ein Beispiel:

Beispiel

Christian Codreanu, alleiniger Gesellschafter einer GmbH in Passau, hat seinen letzten Jahresabschluss zum 31.12.2009 erstellt. Er beabsichtigt eine Umstellung seines Wirtschaftsjahres, um sich kurzfristig steuerlich zu entlasten.

Der nächste Jahresabschluss soll zum 28.02.2010 erfolgen. Dadurch entsteht im Jahr 2010 ein Rumpfwirtschaftsjahr von zwei Monaten. Zu versteuern ist nur der – wie erwartet – geringe Gewinn vom 01.01.2010 bis zum 28.02.2010.

Erst 2011 versteuert Christian Codreanu wieder den Gewinn eines vollen Wirtschaftsjahres mit zwölf Monaten – nämlich vom 01.03.2010 bis 28.02.2011.

3.2.2 Die Ermittlung des Einkommens der Körperschaft

Die Ermittlung erfolgt grundsätzlich wie bei einkommensteuerpflichtigen Gewinnen der natürlichen Person. Ausgangspunkt ist die Handelsbilanz, wobei der sich hieraus ergebende Gewinn oder Verlust der Gesellschaft unter Umständen an steuerliche Vorschriften anzupassen ist. Das ist dann erforderlich, wenn in der Handelsbilanz Bilanz- und Wertansätze gewählt werden, die den steuerlichen Gewinnermittlungsvorschriften nicht entsprechen, oder wenn verschiedene Aufwendungen der Gesellschaft, wie Körperschaftsteuer- und Vermögensteuerzahlungen, nicht als körperschaftsteuerlicher Aufwand angesehen werden. Dieser Aufwand wäre dann hinzuzurechnen.

3.2.3 Körperschaftsteuerbelastung und Gewinnausschüttung

Wenn Ihre Kapitalgesellschaft Gewinne erzielt, erhebt sich bei Ihnen und Ihren Gesellschaftern die Frage, was damit geschehen soll. Zum einen kann der Gewinn im Unternehmen verbleiben (Gewinn-**Thesaurierung**) oder er kann an die Gesellschafter ausgeschüttet werden.

In jedem Fall wird der Gewinn einheitlich mit einem Körperschaftsteuersatz von 15 Prozent belastet.

Die individuelle Belastung auf Gesellschafterebene wurde bereits unter dem Punkt „Einkünfte aus Kapitalvermögen“ dargestellt.

Ausschüttungsfähig ist der **Handelsbilanzgewinn**, also der steuerliche Gewinn eines Wirtschaftsjahres, zuzüglich eines eventuellen Gewinnvortrages.

Das nachfolgende Berechnungsbeispiel gibt eine Übersicht, welche gesellschaftsrechtlichen Entscheidungen (Gewinn in GmbH belassen oder Gewinnausschüttung oder über Geschäftsführergehalt Gewinn „absaugen“) zu welchen steuerlichen Konsequenzen führen.

	Thesaurierung Gewinn verbleibt in GmbH in Euro	**Gewinnausschüttung an Gesellschafter in Euro**	**Leistungsvergütung (Geschäftsführergehalt) in Euro**
1. Ebene der Gesellschaft			
Gewinn vor Steuern	100.000	100.000	0
./. Gewerbesteuer (Hebesatz 425 %)	17.530	17.530	0

= Gewinn nach Gewerbesteuer	82.470	82.470	0
./. Körperschaftsteuer (15 %)	12.370	12.370	0
./. Solidaritätszuschlag (5,5 %)	680	680	0
= Steuerbelastung insgesamt	30.580	30.580	0
Ausschüttung oder Leistungsvergütung	0	69.420	100.000
Abfluss bei Gesellschaft	0	100.000	100.000
1. Ebene des Gesellschafters			
Einnahme	0	69.420	100.000
Steuerpflichtige Einkünfte (60 % der Dividende)	0	41.652	100.000
Einkommensteuer (42 %)	0	17.494	42.000
Solidaritätszuschlag (5,5 %)	0	962	2.310
Steuerbelastung	0	18.456	44.310
3. Gesamtsteuerbelastung	**30.580**	**49.036**	**44.310**
4. Zufluss beim Gesellschafter (nach Steuern)	**0**	**50.964**	**55.690**

3.2.4 Die verdeckte Gewinnausschüttung

Von besonderer Bedeutung im Körperschaftsteuerrecht ist die verdeckte Gewinnausschüttung. Sie wird nach neuerer Rechtsprechung des Bundesfinanzhofes (BFH) als eine **Vermögensminderung** oder **verhinderte Vermögensmehrung** definiert, die durch das Gesellschaftsverhältnis veranlasst ist, sich auf die Höhe des Einkommens auswirkt und nicht im Zusammenhang mit einer offenen Gewinnausschüttung steht.

Verdeckte Gewinnausschüttungen treten auf im Rahmen zivilrechtlich gültiger Verträge zwischen Gesellschaft und Gesellschafter. Typisch dafür sind Arbeitsverträge, Mietverträge, Darlehensverträge und Kaufverträge. Knackpunkt ist stets die Frage: Wäre der Vermögensvorteil, den die Gesellschaft dem Gesellschafter zuwendet, auch einer dritten Person gewährt worden?

Beispiel

Maximilian Pöppl aus Berlin bezieht als Geschäftsführender Gesellschafter seiner GmbH ein Jahresgehalt von 100.000 Euro. Angemessen, weil branchenüblich und der Größe seines Unternehmens entsprechend, wären lediglich 60.000 Euro. Es entsteht bei seiner GmbH eine Gewinnminderung aufgrund des Gesellschaftsverhältnisses in Höhe von 40.000 Euro.

Der so dezimierte Gewinn wird für Körperschaftsteuerzwecke um 40.000 Euro erhöht.

Stellt das eine Betriebsprüfung allerdings nachträglich bei Ihnen fest, hat das erhebliche Belastungen für Ihre Gesellschaft zur Folge. Und zwar in dem Jahr, in dem die verdeckte Gewinnausschüttung stattfand.

Weitere **typische Beispiele** für verdeckte Gewinnausschüttungen sind:

- eine Gesellschaft zahlt neben einem angemessenen Gehalt Umsatzprovisionen oder Ergebnisbeteiligungen;
- ein Gesellschafter erhält ein zinsloses Darlehen oder eines zu außerordentlich günstigen Konditionen;
- es wird dem Gesellschafter ein Darlehen gewährt, obwohl die Forderung voraussichtlich uneinbringlich ist;
- Schuldübernahmen der Gesellschaft für einen Gesellschafter („Hausbürgschaft“);
- ein Gesellschafter gibt der Gesellschaft ein Darlehen zu ungewöhnlich hohem Zinssatz;
- ungewöhnliche Leistungsbeziehungen zwischen Gesellschaft und Gesellschafter („Autoverkauf“);
- ein Gesellschafter beteiligt sich an seiner Gesellschaft als stiller Gesellschafter zu einem unangemessenen Gewinnanteil;
- eine Gesellschaft verzichtet gegenüber ihrem Gesellschafter/Geschäftsführer auf ein Wettbewerbsverbot;
- die Ehefrau wird angestellt, erbringt aber keine Arbeitsleistung.

Um auf der sicheren Seite zu sein, legen Sie am besten im Verhältnis Gesellschafter zu Gesellschaft stets die Grundsätze des Umgangs mit fremden Dritten zugrunde und regeln Sie alles peinlich genau mit Verträgen, sonst kann es zu eines Tages sehr teuer für Sie werden.

3.3 Die Gewerbesteuer

Jeder Gewerbebetrieb unterliegt der Gewerbesteuer, soweit Sie ihn im Inland betreiben (§ 2 Abs. 1, Satz 1 Gewerbesteuergesetz – GewStG).

Das Gewerbe ist als selbständige, nachhaltige, mit Gewinnerzielungsabsicht geführte Beteiligung am allgemeinen wirtschaftlichen Verkehr definiert, wobei die Tätigkeit keine Land- und Forstwirtschaft, keine selbständige Arbeit und keine Vermögensverwaltung darstellen darf (§ 15 Abs. 2 EStG).

Sie als Unternehmer müssen Ihre Tätigkeit also auf eigene Rechnung und Verantwortung betreiben. Ihr Betrieb selbst darf nicht nur unselbständiger Teil eines anderen Unternehmens oder eines Gesamtunternehmens sein. Weitere Voraussetzung ist, dass Sie die Leistung Ihres Betriebes der Allgemeinheit, d. h. einer unbestimmten Anzahl von Personen gegen Entgelt anbieten. Eine Kantine ist deshalb kein Gewerbebetrieb. Vergleichen Sie dazu nochmals das erste Kapitel.

Wesentlich ist, dass keine selbständige oder freiberufliche Tätigkeit erfolgt. Wird eine solche, z. B. die als Steuerberater, in Form einer GmbH betrieben, so liegt unabhängig von der Art der Tätigkeit kraft Gesetzes ein Gewerbebetrieb vor. Bei einer OHG oder KG wird ebenfalls angenommen, dass Sie ein Handelsgewerbe betreiben.

Im Gegensatz zur gewerblichen Tätigkeit steht ferner bei der bloßen **Vermögensverwaltung** die Nutzung des Vermögens durch Umschichtung der Vermögenswerte im Vordergrund – nicht die Gewinnerzielungsabsicht. Allerdings ist der planmäßige An- und Verkauf von Grundstücken über mehrere Jahre nach der Rechtsprechung einem Gewerbebetrieb gleichzustellen. Vorsicht: Das gilt auch für Privatleute, wenn sie mehrere Eigentumswohnungen an- und verkaufen **(Drei-Objekt-Grenze), die nicht eigengenutzt werden.**

Ein Gewerbebetrieb wird in der Rechtsprechung auch dann angenommen, wenn Sie eine **Betriebsaufspaltung** vornehmen, d. h., wenn das Besitzunternehmen Wirtschaftsgüter, die zu den wesentlichen Grundlagen des Betriebes gehören, an das Betriebsunternehmen verpachtet und daraus Einkünfte aus Vermietung und Verpachtung erzielt.

Bis 2007 wurde die Gewerbesteuer zum einen von ihrer eigenen Bemessungsgrundlage und zum anderen auch von der Bemessungsgrundlage der Einkommen- oder Körperschaftsteuer abgezogen. Dies führte zu aufwändigen Berechnungen, um die Steuerbelastung ermitteln zu können, und erschwert es den Beteiligten, das tatsächliche wirtschaftliche Belastungsniveau zutreffend zu erkennen.

Daher wurde der Abzug der Gewerbesteuer als Betriebsausgabe ab 2008 abgeschafft. Damit wird künftig wechselseitige Beeinflussung der Bemessungsgrundlagen der Gewerbesteuer einerseits und der Einkommen- oder Körperschaftsteuer andererseits entfallen.

Durch das Abzugsverbot der Gewerbesteuer sind auch Zinsen auf die Gewerbesteuer künftig als nichtabziehbare Ausgaben aus dem Gewinn aus Gewerbebetrieb hinzuzurechnen.

Um die Gewerbesteuerzahllast von Gewerbetreibenden im Rahmen der Einkommensbesteuerung zumindest teilweise zu kompensieren, sieht § 35 EStG eine Anrechnung der Gewerbesteuer in Höhe des 3,8-fachen Gewerbesteuermessbetrages auf die Einkommensteuer vor.

Die Gewerbesteuer hat als Besteuerungsgrundlage den **Gewerbeertrag**.

3.3.1 Der Gewerbeertrag

Grundlage für die Ermittlung der **Gewerbeertragssteuer** sind die Vorschriften des EStG und des KStG sowie der daraus ermittelte Gewinn.

■ Gewinnhinzurechnungen

Dem ermittelten Gewinn sind Beträge wieder hinzuzurechnen, sofern sie bei der Gewinnermittlung abgezogen wurden. Das ist interessant für Sie, denn es ist letztlich Ihr Geld:

- ➔ Die Entgelte für Schulden, unabhängig davon, ob es sich hierbei um Dauerschuldzinsen oder um kurzfristige Zinsen handelt.
- ➔ 20 % der Miet- und Pachteinnahmen (einschließlich Leasingraten) für die Benutzung von beweglichen Wirtschaftsgütern des Anlagevermögens, die im Eigentum eines anderen stehen (§ 8 Nr. 1 Buchst. d GewStG).
- ➔ 65 % der Miet- und Pachtzinsen (einschließlich Leasingraten) bei der Benutzung von unbeweglichen Wirtschaftsgütern des Anlagevermögens, die im Eigentum eines anderen stehen (§ 8 Nr. 1 Buchst. e GewStG).
- ➔ Gewinnanteile persönlich haftender Gesellschafter einer Kommanditgesellschaft auf Aktien (KG a. A. – § 8 Nr. 4 GewStG).
- ➔ Anteile am Verlust einer Personengesellschaft.
- ➔ Ausschüttungsbedingte Gewinnminderungen durch Ansatz niedriger Teilwerte an Beteiligungen einer GmbH/AG oder durch Veräußerung oder Entnahme von Anteilen an einer Körperschaft.
- ➔ Ausländische Steuern auf ausländische Einkünfte, soweit diese nicht im Gewinn enthalten sind.

Der Grund für die Hinzurechnung ist in allen Fällen, dass man die **Ertragskraft Ihres Betriebes** besteuern will, unabhängig davon, ob die Erträge daraus Ihnen als Unternehmer oder anderen Personen zufließen.

Von den Hinzurechnungen der Zinsen und zinsähnlichen Beträge wird ab 2008 ein Freibetrag in Höhe von 100.000 Euro abgezogen. Der über diesen Freibetrag hinausgehende Hinzurechnungsbetrag ist mit 25 % bei der Ermittlung des Gewerbeertrags zu berücksichtigen.

Beispiel

Der Unternehmer Heinz Kollmannsberger aus Mönchengladbach hat in seiner Gewinn- und Verlustrechnung Zinsen in Höhe von 120.000 € ausgewiesen. Darüber hinaus zahlt er für bewegliche Wirtschaftsgüter Leasingraten in Höhe von 250.000 €. Für das Betriebsgrundstück zahlt er eine Jahrespacht von 300.000 €.

Künftig ist für die vorgenannten Zahlungen folgender Hinzurechnungsfaktor bei der Ermittlung des Gewerbeertrags anzusetzen:

Zinsen:	120.000,00 €
+ Leasingraten für bewegliche Wirtschaftsgüter (20 % von 250.000 €).	50.000,00 €
+ Pachtzahlungen für Grundstücke (75 % von 300.000 €)	225.000,00 €
=	395.000,00 €
./. Freibetrag:	100.000,00 €
verbleiben:	295.000,00 €
davon ¼ als Hinzurechnung	73.750,00 €

■ Gewinnkürzungen

Nachdem die vorgenannten Beträge Ihrem Ergebnis aufgeschlagen wurden, ist der so ermittelte Gewinn nun durch folgende Positionen wieder zu kürzen (§ 9 GewStG). Diese Kürzungen reduzieren nun wieder Ihre Steuerzahllast:

- ➔ Für den Grundbesitz, der zum Betriebsvermögen Ihres Unternehmens gehört, erfolgt eine Kürzung um 1,2 Prozent des maßgebenden Einheitswertes (§ 9 Nr. 1 GewStG).
- ➔ Die Gewinnanteile an einer in- und ausländischen OHG, einer KG oder einer anderen Mitunternehmerschaft (§ 9 Nr. 2 GewStG).
  Gewinne aus Ihrer Beteiligung an einer Kapitalgesellschaft, deren Beteiligung zum Betriebsvermögen gehört, sind nur dann zu kürzen, wenn diese Beteiligung zu Beginn des Erhebungszeitraumes mindestens 10 Prozent des Grund- oder Stammkapitals betragen hat (§ 9 Nr. 2 a GewStG).
  Beide Kürzungen erfolgen, um eine doppelte Besteuerung Ihrer Gewinne zu verhindern.
- ➔ Nachdem nun die Miet- und Pachtzahlungen bei der Ermittlung des Gewerbesteuerertrages hinzugerechnet wurden, ist für den Fall, dass Sie als Gewerbetreibender einen Betrieb oder einen Teilbetrieb vermietet oder verpachtet haben, der Miet- und Pachtzins wieder zu kürzen.
- ➔ Bestimmte Spenden (§ 9 Nr. 5 GewStG)

Steuermessbetrag

Von dem so ermittelten maßgebenden **Gewerbeertrag** werden nun noch Abzüge vorgenommen: der **Gewerbeverlustvortrag** und ein **Freibetrag** in Höhe von 24.500 Euro (§ 11 Abs. 1 Nr. 1 GewStG). Der Restbetrag wird mit der **Steuermesszahl** multipliziert. Sie beträgt 3,5%.

Daraus ergibt sich dann der **Steuermessbetrag auf der Basis des Gewerbeertrags.**

Er ist die Grundlage für die Festsetzung Ihrer Gewerbesteuerschuld durch die hebeberechtigte Gemeinde.

Den **Hebesatz** legt die Gemeinde fest, wobei sich in der Praxis gravierende Unterschiede ergeben. Beziehen Sie diesen Fakt deshalb unbedingt in Ihre Standortanalyse ein.

Der **Hebesatz** bei Gemeinden über 500.000 Einwohner reichte im Jahr 2008 von Berlin mit 410 Prozent, über Dresden, Köln und Stuttgart mit 450 Prozent bis hin zu München mit 490 Prozent.

Wie Sie damit umgehen, um Ihre konkrete Gewerbesteuerbelastung zu ermitteln, zeigt folgende hilfreiche Übersicht:

Schema zur Ermittlung Ihrer Gewerbesteuerschuld

	Gewinn aus Gewerbebetrieb (§ 7 GewStG)
+	Hinzurechnungen (§ 8 GewStG)
./.	Kürzungen (§ 9 GewStG)
=	Gewerbeertrag (§ 7 GewStG)
./.	Kürzung um vortragsfähige Verluste i. S. v. § 10 a GewStG
./.	Abrundung auf volle 50 € (§ 11 Abs. 1 Satz 3 1. S GewStG)
./.	ggf. Freibetrag (§ 11 Abs. 1 Satz 3 2. HS GewStG)
=	Gewerbeertrag nach Freibetragsabzug
×	Steuermesszahl (§ 11 Abs. 2 GewStG)
=	Steuermessbetrag
×	Hebesatz (§ 16 GewStG)
=	Gewerbesteuer

3.3.3 Freibetrag

Die Gewerbesteuer gewährt für natürliche Personen und Personengesellschaften einen vorab abziehbaren **Freibetrag** in Höhe von 24.500 Euro.

3.3.4 Versagung des Betriebsausgabenabzugs

Bisher war die Gewerbesteuer zum einen von ihrer eigenen Bemessungsgrundlage und zum anderen auch von der Bemessungsgrundlage der Einkommen- oder Körperschaftssteuer abzuziehen. Dies führte zu aufwändigen Berechnungen, um die Steuerbelastung ermitteln zu können, und erschwerte es den Beteiligten, das tatsächliche wirtschaftliche Belastungsniveau zutreffend zu erkennen.

Der Abzug der Gewerbesteuer als Betriebsausgabe wurde 2008 abgeschafft. Das regelt § 4 Abs. 5 b EStG.

Durch das Abzugsverbot der Gewerbesteuer sind auch Zinsen auf die Gewerbesteuer künftig als nichtabziehbare Ausgaben dem Gewinn aus Gewerbebetrieb hinzuzurechnen.

Um die Gewerbesteuerzahllast von Gewerbetreibenden im Rahmen der Einkommensbesteuerung zumindest teilweise zu kompensieren, sieht § 35 EStG eine Anrechnung der Gewerbesteuer in Höhe des 3,8-fachen Gewerbesteuermessbetrages auf die Einkommensteuer vor. Bei Anwendung des Spitzensteuersatzes von 42 % kommt es so zu einer vollständigen Entlastung von der Gewerbesteuer, wenn der Gewerbesteuerhebesatz der Gemeinde etwa 380 % beträgt.

Zusätzlich wird die Gewährung der Gewerbesteueranrechnung auf die tatsächlich zu zahlende Gewerbesteuer des Unternehmens begrenzt. Die Begrenzung greift in den Fällen, in denen der Hebesatz der Gemeinde bei der Gewerbesteuer unter 380 % liegt.

Beispiel

Gewerbesteuer auf Basis GuV nach GewSt-Aufwand

	Umsatzerlöse lt. GuV	364.500 €	
	Aufwendungen lt. GuV incl. GewSt		
	steuerlich abzugsfähige Aufwendungen	196.000 €	
	Gewerbesteuer	20.160 €	
	nicht abzugsfähige Geschenke	4.000 €	
./.	Summe Aufwendungen	220.160 €	220.160 €
=	Gewinn lt. GuV nach Gewerbesteuer	144.340 €	
+	steuerliche Hinzurechnung. nichtabziehbarer Betriebsausgaben (GewSt u. Geschenke)	24.160 €	

=	steuerlicher Gewinn nach Gewerbesteuer	168.500 €
	keine gesonderten Hinzu- oder Abrechnungen lt. §§ 8, 9 GewStG	0 €
=	Gewerbeertrag nach Gewerbesteuer	168.500 €
./.	Freibetrag	24.500 €
=	Zwischensumme	144.000 €
	Steuermesszahl 3,5 %	5.040 €
	Hebesatz 400 %	
	Steuermesszahl x Hebesatz = GewSt	20.160 €

Beispiel

Anrechnung der Gewerbesteuer auf Einkommensteuerzahllast

	Einkünfte § 15 EStG	168.500 €
+	Einkünfte § 21 EStG	80.000 €
=	Gesamtsumme der Einkünfte	248.500 €
./.	Sonderausgaben	15.000 €
=	zu versteuerndes Einkommen	233.500 €
	tarifl. ESt (Einzelveranlagung)	90.156 €
./.	„Gewerbesteueranrechnung" § 35 EStG	19.152 €
	festzusetzende Einkommensteuer	71.004 €

3.4 Die Umsatzsteuer

Die Umsatzsteuer ist sach- und objektbezogen. Sie besteuert den „Mehrwert", den die Ware oder Dienstleistung beim Absatz durch Sie als Unternehmer erfährt. Sie wird letztlich vom Endverbraucher getragen. Für Sie ist das Beste an der Umsatzsteuer die Vorsteuer, die bei größeren Anschaffungen und in einer Investitionsphase durchaus in Ihre Liquiditätsüberlegungen einzubeziehen ist.

Wir betrachten das System der Umsatzsteuer am folgenden Schaubild, auf dem eine Handelskette im Ausschnitt dargestellt ist:

Der Weg der Umsatzsteuer

→ Hersteller	→ Händler	→ Verbraucher
Einkauf von Rohstoffen 20,00 €	Verkauf der Ware für 100,00 €	Verkauf der Ware für 200,00 €
Rechnung lautet auf Waren für 16,81 € + 19% USt 3,19 € 20,00 €	Rechnung lautet auf Waren für 84,03 € + 19 % USt 15,97 € 100,00 €	Rechnung lautet auf Waren für 168,07 € + 19 % USt 31,93 € 200,00 €
„Mehrwert“ netto: 67,22 € brutto: 80,00 €	„Mehrwert“ netto: 84,03 € brutto: 100,00 €	
Da Unternehmer: 1) Hersteller kann ausgewiesene USt als Vorsteuer für eingekaufte Waren abziehen (= 3,19 €) 2) Hersteller muss ausgewiesene USt bei Verkauf abführen (= 15,97 €) 3) Zahllast: 12,78 €	Da Unternehmer: 1) Händler kann ausgewiesene USt als Vorsteuer für Einkauf abziehen (= 15,97 €) 2) Händler muss ausgewiesene USt bei Verkauf abführen (= 31,93 €) 3) Zahllast: 18,13 €	Da kein Unternehmer: 1) kein Vorsteuerabzug 2) keine USt-Pflicht 3) keine Zahllast

Gegenstand dieser Steuer sind Umsätze durch

- → Lieferungen (= Verschaffung der Verfügungsmacht an Gegenständen),
- → sonstige Leistungen (= jedes Tun, Dulden oder Unterlassen),
- → Eigenverbrauch (= Entnahmen aus dem Unternehmen),
- → unentgeltliche Leistungen von Vereinigungen an ihre Mitglieder (wie Entnahme),
- → die Einfuhr von Gegenständen (= Einfuhrumsatzsteuer),

soweit das in einem **Leistungsaustauschverhältnis** erfolgt; das heißt gegen Entgelt durch einen Unternehmer.

Der **Umsatzsteuerbetrag** bemisst sich am vereinbarten Entgelt, also der tatsächlichen Gegenleistung, zuzüglich Nebenkosten (z. B. Stundungszinsen), abzüglich Skonti, Boni und der darauf lastenden Umsatzsteuer. Der Steuersatz beträgt zur Zeit 19 Prozent, eine Erhöhung ist in der Diskussion.

3.4.1 Steuerbefreiungen

Steuerbefreiungen haben den Sinn, eigentlich zu versteuernde Umsätze von der Steuerbelastung freizustellen. Wir unterscheiden drei Gruppen:

- ➔ **Steuerbefreiung mit Vorsteuerabzug:** Grundsätzlich gilt, dass der Unternehmer, der steuerfreie Umsätze bewirkt, die Vorsteuer hierfür auch nicht geltend machen darf. (Ausnahmen: § 4 Nr. 1–6; § 25 Abs. 2; § 26 Abs. 5; § 4 Nr. 8, Buchstabe a bis g. Wichtigster Fall ist die Ausfuhrlieferung.)
- ➔ **Steuerbefreiung mit Option:** Das sind Umsätze, auf deren Steuerbefreiung Sie als Unternehmer verzichten, das heißt die Regelbesteuerung (USt ./. VSt) wählen dürfen. Obgleich es auf den ersten Blick widersinnig klingt, auf eine Steuerbefreiung zu verzichten, kann es im Hinblick auf einen sofortigen Vorsteuerabzug unter Liquiditätsgesichtspunkten sinnvoll sein (§ 15 II UStG).
- ➔ **Steuerbefreiungen ohne Vorsteuerabzug:** Versicherungsmakler, Versicherungsvertreter, Bausparkassenvertreter und vor allem heilberufliche Tätigkeiten sind steuerbefreit, dürfen allerdings auch keine Vorsteuer geltend machen.

3.4.2 Wer Umsatzsteuerschuldner ist

Schuldner der Umsatzsteuer sind Sie als Unternehmer. Sie realisieren den zu versteuernden Umsatz. Der eigentlich Belastete, der Käufer, zahlt zwar letztlich die Umsatzsteuer, aber er ist nicht Schuldner oder Abführungsverpflichteter. Versteuert wird auf zweierlei Weise:

- ➔ Nach den vereinbarten Entgelten, d. h. ohne Rücksicht auf Ihren Zahlungseingang. Ihre Steuerschuld entsteht allein durch das Erbringen der Leistung. Diese Art heißt **Soll-Besteuerung**. Sie ist der Regelfall.
- ➔ Nach dem Prinzip der **Ist-Besteuerung**, das heißt zu dem Zeitpunkt, zu dem Sie das Entgelt vereinnahmen, also Ihre Rechnung bezahlt wird.

Die Ist-Besteuerung ist für Sie besonders dann günstiger, wenn Ihre Kunden lange Zahlungsziele nutzen oder säumig sind. Sie dürfen sie wählen, so lange Ihr Jahresumsatz den Betrag von 500 TE nicht übersteigt. Üben Sie dieses Wahlrecht nicht ausdrücklich aus, zum Beispiel beim Ausfüllen des Fragebogens, den Ihnen Ihr Finanzamt nach der Anmeldung Ihres Gewerbes oder Ihrer freiberuflichen Tätigkeit zusenden wird, gilt der Regelfall, also die Soll-Besteuerung.

3.4.3 Die Vorsteuer

Die an Ihnen selbst von Ihren Lieferanten berechnete Umsatzsteuer ist als **Vorsteuer** bei Ihnen abziehbar.

Es gilt der Grundsatz: „Je mehr Vorsteuer, desto weniger Umsatzsteuer“ – was allerdings auch bedeutet: „Mehr Aufwand als eigene Umsätze“, was bei näherer Betrachtung kein erfolgreicher Weg ist. Trotzdem ist die von der Finanzverwaltung zu erstattende Vorsteuer für Sie ein nicht unwesentliches Finanzierungsinstrument, wenn Investitionen anstehen. Voraussetzung ist dabei immer die Rechnung eines anderen Unternehmers mit Umsatzsteuer-Ausweis.

3.4.4 Kleinunternehmerregelung

Nehmen Sie die Kleinunternehmerregelung in Anspruch, sind die Rechte und Pflichten nach dem Umsatzsteuergesetz (§ 19 UStG) eingeschränkt. Sie brauchen diese Steuer weder ausweisen noch geltend machen und müssen demzufolge auch keine Umsatzsteuererklärung abgeben.

Als „Kleinunternehmer“ im Sinne des Umsatzsteuerrechts gelten Sie dann, wenn Sie

- ➔ für das vorangegangene Kalenderjahr keinen eigenen Umsatz über 17.500 Euro erzielt haben und
- ➔ im laufenden Kalenderjahr voraussichtlich keinen Umsatz über 50.000 Euro erzielen werden.

Unterliegen Sie dieser Regelung sind für Sie also nicht relevant:

- ➔ die **monatliche Abgabefrist** (wenn im Vorjahr eine größere Jahressteuerschuld als 7.500 Euro angefallen ist),
- ➔ die **vierteljährliche Abgabefrist** (wenn im Vorjahr eine geringere Jahressteuerschuld als 7.500 Euro angefallen ist),
- ➔ die **Abführungsfrist** (zehn Tage nach Ablauf der vorgenannten Fristen),
- ➔ die Abgabe einer **Umsatzsteuer-Jahreserklärung**.

Was Sie allerdings nicht mehr dürfen: den Vorsteuerabzug vornehmen, d. h. die in den von Ihnen bezahlten Rechnungen enthaltene Umsatzsteuer vom Finanzamt zurückfordern, da Sie nicht „für die Umsatzsteuer optieren“.

Die Kleinunternehmerregelung wurde einst geschaffen, um Nebentätigkeiten zu erleichtern.

Beispiel

Kleinunternehmerregelung im Nebenerwerb
Ute Leitmeier aus Hannover ist angestellte Diplom-Ökotrophologin und hält neben Ihrer Angestelltentätigkeit mit Genehmigung ihres Arbeitgebers Vorträge über gesunde Ernährung. Die daraus vereinnahmten Honorare bzw. Teilnehmerentgelte sind freiberufliche Einkünfte, die der Umsatzsteuer zu unterziehen sind. Durch die Kleinunternehmerregelung fällt das weg und die Kunden zahlen – gegenüber dem vergleichbaren Angebot anderer Anbieter – einen effektiv um 19 Prozent niedrigeren Preis. Da Frau Leitmeier keine Investitionen hat oder umfangreiche Kosten aus Ihrer Tätigkeit entstehen, ist der Vorteil eines niedrigeren Preises im Markt größer, als der Nachteil des wegfallenden Vorsteuerabzuges.

Ein anderes Beispiel zeigt die Kehrseite:

Beispiel

Kleinunternehmerregelung im Haupterwerb
Johannes Reitzammer aus Radolfzell gründet einen Fußbodenlegebetrieb. Im Gründungsjahr erwartet er kaum mehr als 10 TE Umsatz, so dass die 17.500-Euro-Grenze nicht überschritten werden würden. An Investitionen für Maschinen und das Betriebsfahrzeug sowie an Kosten für Baumaßnahmen und das Waren- und Materiallager fallen aber Aufwendungen in Höhe von mehr als netto 200 TE an. Würde Herr Reitzammer die Kleinunternehmerregelung in Anspruch nehmen, gingen ihm – auf diese 200 TE netto bezogen – 38 TE Vorsteuer verloren!

Haben Sie also einen hohen Aufwand an Investitionen und Kosten für Ihre unternehmerische Tätigkeit, fehlt Ihnen die nicht „zurückgeholte“ Vorsteuer empfindlich in Ihrer Kasse. Im Umgang mit Kunden, die ebenfalls für die Umsatzsteuer optieren, wirken Sie darüber hinaus alles andere als professionell und unternehmerisch zukunftsorientiert.

3.4.5 Auslandsbezug

Grundsätzlich liegt eine Steuerpflicht von Umsätzen nur dann vor, wenn diese im Inland ausgeführt werden (**Territorialbesteuerung**).

Nach dem deutschen Umsatzsteuer-Binnenmarktgesetz (BGBl. 92 I, 2150) wird bei Auslandslieferungen zwischen Lieferungen unterschieden, die entweder in das übrige Gemeinschaftsgebiet (**innergemeinschaftliche Lieferung**) erfolgen oder die ins Drittland (Ausland, ohne Gemeinschaftsgebiet zu sein) vorgenommen werden (**Ausfuhrlieferung**).

Liefert oder leistet ein Unternehmer an einen Unternehmer in einem anderen Mitgliedsstaat der Europäischen Gemeinschaft oder erhält von einem Unternehmer aus einem anderen Mitgliedsstaat etwas (also innergemeinschaftlich), gilt zwar nach wie vor das Territorialprinzip, jedoch können beispielsweise deutsche Unternehmer die ausländische Vorsteuer geltend machen, und zwar in Deutschland, wobei jedem EU-Land ein spezielles deutsches Finanzamt zugeteilt ist. Zum Beispiel das Finanzamt Kleve für die Niederlande. An dieses Finanzamt ist die Umsatzsteuer, die für einen deutschen Unternehmer für innergemeinschaftliche Lieferungen und Leistungen anfällt, abzuführen, während er die Vorsteuer im Ausland anfordern kann.

Der innergemeinschaftliche Ausgleich von Umsatzsteuer und Vorsteuer ist über **Umsatzsteuer-Identifikationsnummern** geregelt, die in Deutschland über das Bundesamt für Finanzen, Außenstelle Saarlouis, 66740 Saarlouis, vergeben wird.

Weisen Sie diese Nummer auf Ihrem Geschäftspapier aus bzw. geben Sie sie bei betrieblich veranlassten Einkäufen im Internet an, fällt für Sie die Umsatzsteuer in der jeweiligen Rechnung praktisch weg.

Besprechen Sie solche Geschäfte unbedingt vorher mit Ihrem Steuerberater, damit es infolge Fehlern nicht eines Tages ein nachträgliches, meist böses Erwachen gibt.

3.5 Sonstige Steuern

Die Erläuterung aller übrigen Steuerarten würde den Rahmen dieser kleinen Hilfe für Existenzgründer sprengen. Deshalb wurde nur das Wesentliche besprochen.

Beachten Sie jedoch, dass vor allem „junge" Unternehmer sich mit diesem lästigen Thema rechtzeitig zu beschäftigen haben. Das ist heute noch viel wichtiger als zu früheren Zeiten. Jährlich verändern sich unsere Steuergesetzgebung und die Auslegung dazu. Nutzen Sie das Wissen und die Erfahrung eines guten Steuerberaters, und bringen Sie Ihre eigene Kompetenz und Kreativität in diese Zusammenarbeit ein.

3.6 Betriebsprüfung und „Gläserner Steuerzahler"

Die jeweiligen Steuerfestsetzungen stehen meist unter dem Vorbehalt der Nachprüfung, so dass diese auch nach Jahren noch geändert werden können. Dies geschieht insbesondere durch **Betriebsprüfungen** und **betriebsnahe Veranlagungen**, aber auch im Fall von **Kontrollmitteilungen**, das heißt Mitteilungen an das zuständige Veranlagungsfinanzamt, beispielsweise im Rahmen der Außenprüfung bei Ihrem Kunden oder Lieferanten.

Sollte sich ein Betriebsprüfer bei Ihnen ankündigen, informieren Sie sofort Ihren Steuerberater.

3.7 Steuern im Besonderen

Sie sollten sich aber darüber im Klaren sein, dass die elektronische Betriebsprüfung, d. h. die Prüfung Ihrer Daten aus der Ferne auf Ihren Rechnern und Speichermedien technisch nicht mehr fern ist – die rechtlichen Grundlagen dafür sind teilweise bereits geschaffen. Das bedeutet unter Umständen, dass auch Ihr geschäftlicher E-Mailverkehr geprüft werden kann. Den Zugriff auf Ihre Bankkonten hat das Finanzamt bereits heute. Informieren sie sich also zeitnah über anstehende gesetzliche Veränderungen und vom Finanzamt angewandte Methoden. Vor allem auch darüber, wann und unter welchen Voraussetzungen solche Kontrollen in welcher Weise möglich und zu erwarten sind.

Die beste Prävention gegen Zugriffe des Staates und sich daraus ergebende Rechtsfolgen ist noch immer Ihre Steuerehrlichkeit und das Vermeiden von groben Fehlern in Ihren unternehmerischen Entscheidungen.

Wie willkürlich Steuertatbestände geschaffen, abgeschafft, mit Freigrenzen unterlaufen oder auf Ausnahmefälle begrenzt werden können, zeigt das „Gesetz zum Einstieg in die ökologische Steuer- und Abgabenreform" von 1999 oder die in den letzten Jahren vom Bundestag verabschiedeten Gesetze, wie: das „Steuervergünstigungsabbaugesetz", „Steuerverkürzungs-Bekämpfungsgesetz", das harmlos klingende „Vierte Finanzmarktförderungsgesetz" oder das „Gesetz zur Förderung der Steuerehrlichkeit.

So erhielt die Bundesanstalt für Finanzdienstleistungsaufsicht (BAFin) Mitte 2002 grünes Licht für das so genannte **Konto-Screening**. Das zielt auf alle Bankkunden. Die deutschen Banken und Sparkassen sind seit 2003 verpflichtet, eine aktuelle Datei über Kunden und deren Konten zu führen. In diese Dateien müssen alle Konten und Depots mit Name des Kunden, Geburtsdatum, Verfügungsberechtigten sowie Einrichtungs- und Auflösungsdatum eingespeist werden. Die Dateien dürfen erst drei Jahre nach der Auflösung des Kontos oder Depots gelöscht werden. Bisher werden allerdings noch keine Angaben über Kontostand und Kontobewegungen übermittelt.

Seit April 2005 hat auch das Bundesamt für Finanzen Zugriff auf diese **Kontenevidenzzentrale**. Das heißt im Klartext, dass auf Anfrage die Finanzämter auf Kontenstammdaten bei den Banken zugreifen können. Per Mausklick erkennen die Finanzämter, bei welchen Banken die Steuerpflichtigen Konten und Depots unterhalten.

Ein weiterer großer Schritt in Richtung **gläserner Steuerzahler** ist die Einführung der neuen, **lebenslänglichen Identifikationsnummer** für jeden Bürger.

Seit Neuestem wird bei der Finanzverwaltung die sogenannte ELSTAM-Datenbank aufgebaut und zunehmend mit personenbezogenen Daten „gefüttert". Verschiedene staatliche und halbstaatliche Einrichtungen und auch privatwirtschaftliche Unternehmen müssen dorthin Informationen einpflegen. So sind z. B. Versicherungsunternehmen verpflichtet, steuerrelevante Daten ihrer Versicherungsnehmer an diese Datenbank zu melden.

Unsere eindringliche Empfehlung: Experimentieren Sie nicht mit dem Steuerrecht, sondern holen Sie sich, auch bei scheinbaren „Kleinigkeiten", rechtzeitig fachmännischen Rat.

4 Ihre Buchführung

4.1 Funktionen der Buchführung

Ordnung führt zu allen Tugenden. Was aber führt zur Ordnung?
(Georg Christoph Lichtenberg)

Die Einsicht in deren Notwendigkeit und viel Selbstdisziplin. So könnte die Antwort auf diesen Satz lauten. Denn genau das brauchen Sie als Unternehmer, um die Aufgaben zu bewältigen, die Ihnen aus Ihrer Buchführung erwachsen. Ich habe ja alles im Kopf, wird mancher von Ihnen sagen. Selbst wenn das wirklich so ist, endet diese Verfahrensweise spätestens beim Eintritt der Buchführungspflicht, der Sie zu irgendeinem Zeitpunkt, wenn nicht gar von Anfang an, unterliegen.

Buchführung ist die planmäßige und lückenlose chronologische Aufzeichnung aller Geschäftsvorfälle mit inhalts- und zahlenmäßiger Wertangabe. Sie ist neben der Kostenrechnung, der Betriebsstatistik und der Planung das entscheidende Element des Rechnungswesens eines vollkaufmännischen Unternehmens.

Ihre Buchführung erfüllt **drei Funktionen**: Sie schafft die Basis für Ihre unternehmerischen Entscheidungen, dient als Beweismittel und Argumentationshilfe bei Verhandlungen mit Banken, Gesellschaftern, Lieferanten, ist aber auch die Basis für die Besteuerung Ihres Unternehmens.

Funktion der Buchführung

Entscheidungsgrundlage	**Beweis- und Argumentationsmittel**
Finanzierung und Kapitalbeschaffung	Unternehmensgründung
Plan-Ist-Vergleich	Kauf eines Betriebes
Ermittlung von Kosten und Preisen	Besteuerungsgrundlage
Kalkulation	Konkurs und Vergleich
Rentabilitätsanalyse	Bankverhandlungen o. Ä.
Vermögenslage	Rechtsstreitigkeiten
Bilanzanalyse	(Vermögen, Erbschaften,
Verlustanalyse	Kunden und Lieferanten,
Kennziffern	Steuern)

Sie sind gut beraten, von Anfang an Ihr Augenmerk auf Ihre Buchführung zu richten, denn so banal es auch klingt: Umsatz ist noch kein Gewinn! Viele Unternehmen mussten schon nach kurzer Zeit ihre Tätigkeit wieder einstellen, weil sie das Lenkungsinstrumentarium Buchführung ignorierten.

Die wichtigste Aufgabe der Buchführung sowohl für Sie als Unternehmer als auch für die Finanzverwaltung ist zwar die korrekte Gewinnermittlung innerhalb eines Zeitabschnittes. Sie erhalten aber aus ihr während des Zeitraums der Gewinnermittlung auch Ausgangsdaten für wichtige Entscheidungen, haben jederzeit einen Überblick über die Unternehmenslage und den Status Ihres Betriebsvermögens. Kosten- und Leistungsrechnungen, Statistiken und Planungen werden aus der originären Buchführung abgeleitet und bilden damit wichtige Entscheidungskriterien für zukünftige Investitionen, Ein- und Verkauf, Finanzierung, Personalpolitik und Rationalisierungsmaßnahmen. Daneben bewerten auch Dritte, wie Banken, Teilhaber und nicht zuletzt die Finanzverwaltung Ihr Unternehmen anhand der Zahlen aus Ihrer Buchhaltung.

Die Buchführung selbst zu machen ist nicht immer zu empfehlen, da Sie Ihre Zeit nutzbringender für unternehmerische Aufgaben verwenden sollten. Es ist anfangs meist kostengünstiger, den Steuerberater zu beauftragen. Liegen die Aufwendungen dafür eines Tages höher als die Beschäftigung eines eigenen (Teilzeit-)Buchhalters, dann wechseln Sie einfach. Ihr Steuerberater nutzt übrigens oft die DATEV, eine zentrale genossenschaftliche Datenbank, die speziell für Buchführungsaufgaben eingerichtet wurde.

Falls Ihre Buchführung außer Haus gemacht wird, sollten Sie allerdings zum Controller werden. Hier gilt der Satz „Nerven Sie ruhig Ihren Steuerberater. Sie müssen Ihre Zahlen verstehen, nicht er!"

4.2 Buchführungssysteme

Sie finden heute drei Systeme der Buchführung, die sich zum Teil beträchtlich voneinander unterscheiden:

■ Kameralistische oder Behördenbuchführung

Sie basiert auf einem **Haushaltsplan**, der, von der entsprechenden Körperschaft bestätigt, als Ausgangspunkt dient. Über das Jahr sind **Einnahmen und Ausgaben** festzuhalten und in einer **Jahresrechnung** diesem Haushaltsplan gegenüberzustellen. Abweichende Ergebnisse sind dann ein **Überschuss** oder ein **Defizit**.

■ Einfache Buchführungspflicht

Hier werden die Geschäftsvorfälle nur einmal verbucht. Die jeweiligen Finanzbewegungen erfassen Sie als Einnahmen und Ausgaben. Die Differenz bildet Ihren Überschuss oder Verlust. Diese Berechnung ist die Ihnen schon bekannte Einnahmen-Überschuss-Rechnung.

Einfache Buchführung ist als Steuerungsinstrument Ihres Betriebs nur bedingt geeignet, da zum Beispiel alle Kreditgeschäfte unberücksichtigt bleiben, also nie die volle Übersicht über die Betriebsleistung vorliegt. Sie dürfen sie wählen, wenn Sie Kleingewerbetreibender, Freiberufler, Handwerker oder Land- bzw. Forstwirt sind, also kein Kaufmann.

■ Doppelte Buchführung

Alle Buchungen sind zweimal vorzunehmen, daher der Name. Ihre Bestände werden in ihrer Veränderung dargestellt: Ihre Leistungen und Aufwände für einen bestimmten Zeitraum erfasst. Die zu erbringende Arbeit ist zwar größer, Sie haben jedoch eine umfassende Übersicht.

4.3 Die Buchführungspflicht

Ihre Buchführungs- und Aufzeichnungspflichten ergeben sich nach **Handelsrecht** und nach **Steuerrecht**. Stichtag ist übrigens immer die Eröffnung Ihres Geschäftes.

Grundsätzlich buchführungspflichtig sind demnach die AG, die GmbH, in der Regel die OHG und die KG sowie der Vollkaufmann. Als Minder- oder Nichtkaufmann, z. B. als Freiberufler, unterliegen Sie nach handelsrechtlichen Vorschriften nicht der Buchführungspflicht.

Nach steuerrechtlichen Vorschriften haben Sie Bücher zu führen, wenn diese Verpflichtung bereits nach handelsrechtlichen Vorschriften besteht. Daneben sind Sie als Gewerbetreibender und als Land- oder Forstwirt, also als Minder- oder Nichtkaufmann, auch dann zur Buchführung herangezogen, wenn folgende **Grenzen** überschritten sind (§ 140 ff. AO):

Info

Ab wann Sie Bücher zu führen haben

- → **Umsätze** von mehr als 500.000 Euro im Kalenderjahr
- → **Gewinne** von mehr als 50.000 Euro im Wirtschafts- und Kalenderjahr
- → **Wirtschaftswerte** für land- und forstwirtschaftliche Flächen von mehr als 20.500 Euro

Stellt Ihre Finanzbehörde das Überschreiten eines dieser Werte fest, teilt sie Ihnen durch Verwaltungsakt mit, dass Sie nun zur Buchführung verpflichtet sind. Diese

Verpflichtung ist vom Beginn des Wirtschaftsjahres an zu erfüllen, das auf die Bekanntgabe der Mitteilung folgt. Sind Sie betroffen, haben Sie folgende **Grundsätze** zu beachten:

Info

Grundsätze ordnungsgemäßer Buchführung

- ➔ Vollständiges, richtiges, zeitgerechtes, chronologisches und geordnetes Vornehmen der Buchungen und sonstigen Aufzeichnungen
- ➔ Verwenden einer lebenden Sprache (also nicht in Altgriechisch!)
- ➔ Lesbare Ausführung mit eindeutigen Abkürzungen
- ➔ Keine Buchung ohne Beleg
- ➔ Nummerieren der Belege
- ➔ Geordnete Ablage von Belegen und Datenträgern
- ➔ Vollständiger Ausdruck der Datenträger muss jederzeit möglich sein
- ➔ Tägliche Kassenführung
- ➔ Keine Veränderung von Aufzeichnungen oder Einträgen

Ihre Buchführung hat demzufolge so beschaffen zu sein, dass sie einem sachverständigen Dritten innerhalb angemessener Zeit einen Einblick über die Geschäftsvorfälle und die Lage Ihres Unternehmens vermitteln kann (§ 145, Abs. 1 AO). Alle Geschäftsvorfälle müssen in ihrer Entstehung und in ihrer Abwicklung verfolgbar sein. Für jeden Geschäftsvorgang hat ein einwandfreier **Beleg** zu existieren.

Bei Gründung eines vollkaufmännischen Betriebes haben Sie ein **Inventar** aufzustellen, das Ihr Vermögen darstellt (Grundstücke und Gebäude, Forderungen und Schulden sowie sonstige Vermögensgegenstände). Aus dem Verhältnis von Vermögen und Schulden wird dann Ihre **Eröffnungsbilanz** entwickelt.

Missachten Sie diese Grundsätze, also erfassen Sie beispielsweise einen wesentlichen Teil Ihres Warenbestandes nicht, ist Ihre Buchführung **nicht ordnungsgemäß** und hat keine Beweiskraft für die Besteuerung. Sie werden dann geschätzt. Der geschätzte Wert liegt oft höher als Ihr tatsächliches Ergebnis! Eine teure Konsequenz.

Außerdem kann die Verletzung der Buchführungs- und Aufzeichnungspflichten als eine leichtfertige **Steuerverkürzung oder Steuerhinterziehung** ausgelegt werden. Dann erwarten Sie strafrechtliche Folgen.

4.4 Die Aufzeichnungspflicht

Sind Sie nicht zur ordnungsgemäßen Buchführung verpflichtet, haben Sie trotzdem Aufzeichnungen über Einnahmen und Ausgaben anzufertigen: die Einnahme-Ausgabe-Rechnung. Zur Darstellung der Vermögenslage sind Sie nicht verpflichtet.

Was für Sie in jedem Fall zutrifft, sind die Vorschriften zur **Aufzeichnung Ihrer Warenbewegung**, also Wareneingang/Warenausgang (§§ 143 und 144 AO). Führen Sie deshalb am besten ein **Wareneingangs- und ein Warenausgangsbuch**.

Alle Aufzeichnungen sind vollständig, richtig und zeitgerecht geordnet vorzunehmen. Halten Sie Kasseneinnahmen und Kassenausgaben täglich fest, am besten durch ein **Kassenbuch**. Sämtliche Bücher und Aufzeichnungen sind grundsätzlich im Inland zu führen und aufzubewahren.

4.5 Die Aufbewahrungspflicht

Sind Sie zur Führung von Büchern und Aufzeichnungen verpflichtet, haben Sie diese geordnet aufzubewahren (§ 147 AO):

Info

Aufbewahrungsfristen

10 Jahre

- ➔ Bücher und Aufzeichnungen
- ➔ Inventare, Jahresabschlüsse und Lageberichte
- ➔ Eröffnungsbilanz
- ➔ Buchungsbelege
- ➔ Arbeitsanweisungen und Organisationsunterlagen
- ➔ Kassenbücher

6 Jahre

- ➔ Empfangene Handels- und Geschäftsbriefe
- ➔ Wiedergaben der abgesandten Handels- und Geschäftsbriefe

Die jeweilige Frist endet nicht, bevor die Festsetzungsfrist für Steuern zwischen einem und vier Jahren abgelaufen ist.

4.6 Ihre Belegorganisation

Belege dienen nicht nur als Grundlage Ihrer Buchführung schlechthin. Sie helfen Ihnen auch, Geschäftsvorfälle und Sachverhalte noch nach Jahren glaubhaft zu machen. Fertigen Sie unvollständige Belege, kann Ihnen das Finanzamt die Anerkennung verweigern. Das sind übers Jahr gerechnet oft hohe Beträge, die Ihnen verloren gehen.

Es beginnt schon bei den Rechnungen, die Sie schreiben, denn auch das sind Belege. Vorgeschriebener Inhalt:

Info

Beleginhalt

- ➔ Die Anschrift des Empfängers
- ➔ Ihre Anschrift als Lieferant oder Dienstleister
- ➔ Die genaue Bezeichnung der Leistung oder gelieferten Ware
- ➔ Den Rechnungsbetrag (USt-Ausweis beachten)
- ➔ Die Rechnungsnummer
- ➔ Das Datum der Rechnung
- ➔ Das Liefer- bzw. Leistungsdatum

Im Laufe der Zeit haben sich allgemeingültige Regeln für den Umgang mit Belegen herausgebildet:

Info

Regeln für den Umgang mit Belegen

- ➔ Keine Buchung ohne Beleg – **Belegprinzip**.
- ➔ **Urkundsprinzip** – Belege dürfen nicht verfälscht werden.
- ➔ Einheitliche Belegwahl – schaffen Sie Regelformulare!
- ➔ **Ablageprinzip** – Richten Sie eine feste Ordnung ein und keine „Kartonablage"!
- ➔ Auf dem Beleg ist anzugeben, wo er gebucht wurde; buchen Sie nicht selbst, betrifft das den Steuerberater.

Beachten Sie, dass Belege den Vorgang wiedergeben, der stattgefunden hat, nicht etwa zukünftige Aktionen! Sollte Ihnen ein Beleg verloren gehen, fertigen Sie einen **Eigenbeleg** an. Er ist kein Ersatz, aber ein Notbehelf. Üblicherweise sind Eigenbelege nur dann anzuwenden, falls für den Geschäftsvorfall kein Fremdbeleg zu erbringen ist, zum Beispiel als Nachweis der kostenpflichtigen Benutzung eines Parkplatzes mit Parkuhr.

4.7 Ihre Gewinnermittlung

Das Steuerrecht unterscheidet zwischen zwei verschiedenen Gewinnermittlungen – dem **Betriebsvermögensvergleich** und der **Einnahmen-Überschuss-Rechnung**. Daraus ergeben sich unterschiedliche Konsequenzen für Ihre Buchführung. Beide Formen wollen wir am Beispiel von Heinz Heydrich aus Erfurt und seinem Möbelhaus Schöner Wohnen abhandeln:

4.7.1 Methode 1: Betriebsvermögensvergleich

Bei dieser Gewinnermittlung führen Sie einen Vergleich zwischen Ihrem Vermögen am Schluss des laufenden und des vorangegangenen Wirtschaftsjahres durch, vermehrt um den Wert von Entnahmen und vermindert um den Wert der Einlagen. Das bedeutet, dass Sie Ihr Betriebsvermögen zu Beginn und zum Ende eines Geschäftsjahres im Ganzen erfassen. Sie stellen alle Aktiva und Passiva des Betriebes gegenüber und die Differenz stellt Ihr Eigenkapital dar. Zur Erläuterung: **Aktiva** sind die Vermögenswerte, **Passiva** die Schulden Ihres Unternehmens.

Zunächst benötigen wir dazu das **Inventar** für beide Jahre, um unseren Vergleich anstellen zu können:

Inventar des Möbelhauses Schöner Wohnen

	Wert in € 31.12.2008	**Wert in € 31.12.2009**	**Differenz**
Aktiva (Vermögen)			
Betriebsgrundstück	0	150.000	
Lagerhalle	0	75.000	
Fahrzeuge	130.000	100.000	
Einrichtungen	90.000	100.000	
Waren	48.000	40.000	
Forderungen	1.000	10.000	
Kasse	3.000	8.000	
Bank	22.000	34.000	
Summe Aktiva	**308.000**	**517.000**	**209.000**
Passiva (Schulden)			
Hypothek	0	75.000	
Lieferanten-verbindlichkeiten	16.000	18.000	
USt Dezember	0	5.000	
GewSt	2.500	3.500	
Summe Passiva	**18.500**	**101.500**	**83.000**
Betriebsvermögen	289.500	415.500	**126.000**
+ Entnahme			55.000
./. Einlage			50.000
Gewinn/Verlust			**131.000**

Zur **Erläuterung der Veränderungen** zwischen dem Jahr 2008 und 2009:

- ➔ 2009 hat Heinz Heydrich ein Betriebsgrundstück für 150.000 Euro erworben und darauf eine Lagerhalle errichtet, deren Wert zum 31.12.2009 75.000 Euro beträgt.
- ➔ Der Wert seiner Fahrzeuge ist während des Geschäftsjahres 2009 um 30.000 Euro gesunken. Bei Einrichtungen hat er hinzugekauft, das bedeutet eine Wertsteigerung um 10.000 Euro.
- ➔ Seine Warenvorräte sind 2009 um 8.000 Euro zurückgegangen, die Forderungen um 5.000 Euro.
- ➔ Der Kassen- und der Bankbestand sind um insgesamt 17.000 Euro gestiegen.
- ➔ Infolge des Grundstückkaufes musste Heinz Heydrich einen Bankkredit in Anspruch nehmen, der mit einer Hypothek auf das Grundstück gesichert ist.
- ➔ Die Lieferantenverbindlichkeiten zum jeweiligen Stichtag sind um 2.000 Euro gestiegen und die Steuerschulden im Vergleich zu 2008 um insgesamt 6.000 Euro.
- ➔ Aus den Geschäftsvorfällen über das Jahr 2009 ergibt sich für Heinz Heydrich ein Betriebsvermögen zum Ende des Geschäftsjahres in Höhe von 415.500 Euro.
- ➔ Nehmen wir an, Heinz Heydrich hätte 2009 zur Stärkung der Liquidität seines Geschäftes insgesamt 50.000 Euro eingelegt, also als Kapital zur Verfügung gestellt und dieses Geld auch im Unternehmen belassen, ergibt sich ein Gewinn in Höhe von 76.000 Euro.
- ➔ Hätte er aus seinem Geschäft zusätzlich Entnahmen in Höhe von 55.000 Euro getätigt, ergäbe sich ein Gewinn in Höhe von 131.000 Euro.

Somit ergibt sich nach dem Herausrechnen der Entnahmen und Einlagen im Betriebsvermögensvergleich der Differenzbetrag als Gewinn, der das Betriebsvermögen im Laufe des Wirtschaftsjahres betrieblich bedingt verändert.

Beim Betriebsvermögensvergleich ist nicht nur ein Inventar der einzelnen Aktiva und Passiva anzufertigen, sondern auch eine geordnete Gegenüberstellung der Vermögenswerte und Schulden zu einem bestimmten Stichtag – **die Bilanz**. Das in unserem Beispielfall entstandene Eigenkapital (ohne Entnahmen) ist auf der Passivseite auszuweisen. Zum besseren Verständnis ein kleines Bilanzschema:

Bilanz	
Aktiva (Vermögen) (Mittelverwendung)	**Passiva (Schulden)** (Mittelherkunft)
Anlagevermögen	**Eigenkapital**
➔ Grundstücke und Gebäude	
➔ Maschinen und Anlagen	**Fremdkapital**
Umlaufvermögen	Langfristiges Geld:
➔ Warenbestand	➔ Hypotheken
➔ Rohstoffe und Material	➔ Darlehen
➔ Kasse	Kurzfristiges Geld:
➔ Bank	➔ Kontokorrent
➔ Forderungen	➔ Lieferantenkredit
Bilanzsumme	**Bilanzsumme**

In unserem Beispiel sähe die Bilanz von Heinz Heydrich folgendermaßen aus:

Bilanz zum 31.12.2009			
Aktiva (Vermögen) (Mittelverwendung)		**Passiva (Schulden)** (Mittelherkunft)	
I. Anlagevermögen (AV)		**I. Kapital**	
➔ Grundstücke und Gebäude	225.000	Betriebsvermögen (BV) am Anfang	289.500
➔ Fahrzeuge	100.000	Entnahmen	55.000
➔ Einrichtungen	100.000	Einlagen	55.000
		Gewinn	131.000
AV am Ende	425.000	BV am Ende	415.500
II. Umlaufvermögen		**II. Fremdkapital**	
➔ Warenbestand	40.000	Hypothek	75.000
➔ Forderungen	10.000	Lieferantenkredit	18.000
➔ Kasse	8.000	Steuerschuld	8.500
➔ Bank	34.000		
	517.000		517.000

Das Schema, das der Gesetzgeber für die Bilanzgliederung vorgibt, finden Sie am Ende dieses Abschnitts. Daran ist auch zu sehen, wie sehr wir in unserem Beispiel vereinfacht haben. Wichtig ist, dass sich in der Bilanz, anders als beim Inventar, das Kapital als Anfangsvermögen, abzüglich Entnahmen, zuzüglich Einlagen und zuzüglich des Gewinns, entwickelt.

4.7.2 Methode 2: Einnahmen-Überschuss-Rechnung

Die Einnahmen-Überschuss-Rechnung ist einfach zu handhaben. Es handelt sich grundsätzlich um eine reine Geldrechnung, also entfallen hier die jährlichen Bestandsaufnahmen (Inventur) und das Aufstellen von Bilanzen. Sie haben bloß die Ihnen zufließenden Einnahmen und die geleisteten Ausgaben aufzuzeichnen und daraus den Gewinn oder Verlust Ihres Betriebes zu ermitteln. Bestandskonten – die Aktiva und Passiva – haben Sie nicht zu führen, sondern nur die Buchungen auf Ihrem Bank- und Kassenkonto (vgl. S. 338).

Dazu einige **Erläuterungen**:

- Buchung 1: Sie machen eine Einlage von insgesamt 2.100 Euro, indem Sie 2.000 Euro über Ihr privates Bankkonto auf Ihr Geschäftsbankkonto überweisen und 100 Euro in die Kasse einzahlen.
- Buchung 2: Sie zahlen Ihre Telefonrechnung über 50 Euro. Der Betrag wird über die Bank abgebucht und als Ausgabe unter der Kategorie Telefon erfasst.
- Buchung 3: Ihr Kunde zahlt eine Rechnung. Es gehen bei der Bank 5.000 Euro ein und Sie haben eine Einnahme von 5.000 Euro.
- Buchung 4: Sie zahlen Ihre Miete von 800 Euro über Bankeinzug. Ihr Bankbestand verringert sich um 800 Euro. Sie verbuchen das als Mietaufwand von 800 Euro.
- Buchung 5: Sie bewirten einen Kunden aus geschäftlichem Anlass und zahlen diese Rechnung aus der Kasse. Ihr Kassenbestand verringert sich um 75 Euro. Ihre Bewirtungsaufwendungen erhöhen sich um den gleichen Betrag.

Es liegt auf der Hand, dass diese in der Darstellung schlicht gehaltene Methode für Sie sehr viel einfacher zu handhaben ist. Welche Ausgabenkonten Sie im Einzelfall bilden, bestimmen Sie selbst. Sprechen Sie sich aber ruhig mit Ihrem Steuerberater ab. Es ist ratsam, diese Buchungen anhand der Kontoauszüge bzw. des Kassenbuches vorzunehmen und hinter jedem Kassenbuch- oder Kontoauszug die entsprechende Belegnummer anzugeben.

Diese Gewinnermittlungsart kommt besonders für Freiberufler, Land- und Forstwirte sowie bestimmte Gewerbetreibende (Handwerksbetriebe und Minderkaufleute) in Betracht. Unterliegen Sie aber der Buchführungspflicht, haben Sie den komplizierteren **Betriebsvermögensvergleich** über die Bilanz anzuwenden.

4.8 Jahresabschluss, Bilanz und GuV

Ihr Jahresabschluss mit der Bilanz als geordnete Gegenüberstellung Ihrer Vermögenswerte und Schulden muss stimmen. Sie stellt zwar nur eine **Stichtagsanalyse** dar, liefert aber trotzdem wichtige Informationen über Ihr Unternehmen. Dazu

Beispiel zur Einnahmen-Überschuss-Rechnung

Beleg-Nr.	**Beschreibung**	**Kasse**	**Bank**	Einnahmen	Ausgaben				
					Büromaterial	Miete	Telefon	Bewirtung	Einlagen/ Entnahmen
1	Einlage	100,00 €	2.000,00 €						2.100,00 €
2	Telefon		50,00 €				50,00 €		
3	Kunden		5.000,00 €	5.000,00 €					
4	Miete		800,00 €			800,00 €			
5	Bewirtung	75,00 €						75,00 €	

gehört auch die Gewinn- und Verlustrechnung, die das Geschäftsjahr im **gesamten Überblick** zeigt. Sie ist für die Bewertung Ihrer betrieblichen Leistung von beträchtlicher Bedeutung. Deshalb an dieser Stelle einige vom Gesetzgeber aufgestellte **Grundsätze**, die Sie nicht missachten dürfen (§ 242 ff. HGB). Verwenden Sie zum Verdeutlichen die im Anhang beigefügten Muster von Bilanz und GuV.

4.8.1 Gesetzliche Vorschriften für Jahresabschluss und Bilanz

- ➔ Der **Jahresabschluss** (Bilanz nebst Gewinn- und Verlustrechnung; § 242, Abs. 2 HGB) ist nach den Grundsätzen einer ordnungsgemäßen Buchführung aufzustellen. Er muss klar und übersichtlich sein (§ 243, Abs. 1, 2 HGB).
- ➔ Der Jahresabschluss ist innerhalb einer **Frist** aufzustellen, die einem ordnungsgemäßen Geschäftsgang entspricht (§ 243, Abs. 3 HGB), wobei bei kleinen Kapitalgesellschaften eine Frist von sechs, für mittlere und große eine Frist von drei Monaten vorgeschrieben ist (§ 264, Abs. 1 HGB).
- ➔ Ihr Jahresabschluss ist in **deutscher Sprache** und in **Euro** aufzustellen (§ 244 HGB).
- ➔ Sie haben ihn unter Angabe des **Datums** zu unterzeichnen (§ 245 HGB).
- ➔ Bei Kapitalgesellschaften sind als Erweiterungen der **Anhang** und ggf. der **Lagebericht** hinzuzufügen (§ 264, Abs. 1 HGB).
- ➔ Bilanz-, Gewinn- und Verlustrechnungen haben vollständig zu sein (§ 264, 1 HGB). Aktivwerte dürfen nicht mit Passivwerten, Erträge nicht mit Aufwendungen verrechnet werden (**Verrechnungsverbot** nach § 264, Abs. 2 HGB).
- ➔ Bei der **Bewertung Ihrer Aktiva und Passiva** ist außerdem zu berücksichtigen, dass
  - grundsätzlich von der **Fortführung** der Unternehmenstätigkeit auszugehen ist (§ 252, Abs. 1, Nr. 2 HGB),
  - Ihre Vermögenswerte und Schulden **einzeln** zu bewerten sind (§ 252, Abs. 1, Nr. 3 HGB),
  - die Bewertung **vorsichtig** erfolgen soll (§ 252, Abs. 1, Nr. 4 HGB), wobei Risiken und Verluste bereits bei ihrer Entstehung, Gewinne aber erst bei ihrer Realisierung zu berücksichtigen sind,
  - Aufwendungen und Erträge dem Geschäftsjahr nach ihrer wirtschaftlichen **Entstehung** und nicht nach ihrer Zahlung zugeordnet werden (§ 252, Abs. 1 Nr. 5 HGB),
  - im Vorjahr angewendete Bewertungsmethoden beibehalten werden (**Bilanzkontinuität**; § 252, Abs. 1, Nr. 6 HGB),
  - bei Vermögensgegenständen gegebenenfalls ein Wertansatz unter den (fortgeführten) Anschaffungs- oder Herstellungskosten gewählt werden muss (**Niederstwertprinzip**; § 253, Abs. 2 bis 5 HGB), um Wertverlust zu vermeiden.

4.8.2 Veränderungen der Bilanz durch Geschäftsvorfälle

Es liegt auf der Hand, dass sich Ihre Vermögenswerte und Schulden während eines Geschäftsjahres verändern: Sie kaufen und verkaufen Waren, begleichen Ihre Verbindlichkeiten und bekommen Ihre Rechnungen bezahlt.

Wir wollen das an unserem Betriebsvermögensvergleich verdeutlichen und einige Geschäftsvorfälle konstruieren. Es sollen, zur Vereinfachung, die einzigen Aktivitäten während eines Jahres sein:

■ Erfolgsneutrale Veränderungen

Ein Kunde bezahlt an Heinz Heydrich in unserem Möbelhaus Schöner Wohnen eine Rechnung in Höhe von 5.000 Euro. Bleibt das der einzige Geschäftsvorgang im Geschäftsjahr, ändern sich die Forderungen als Vermögenswerte von 15.000 Euro auf 10.000 Euro. Da er bar gezahlt hat, erhöht sich der Kassenbestand auf 8.000 Euro.

Hier liegt ein **Aktivaustausch** vor, der das Betriebsvermögen und den Betriebsvermögensvergleich nicht verändert. Die Positionsverschiebung findet ausschließlich auf einer Seite der Bilanz statt. Damit ist diese Transaktion **erfolgsneutral**.

Ebenso verhält es sich, wenn Heinz Heydrich wie in unserem Beispiel einen weiteren Vermögenswert erwirbt und nun höhere Verbindlichkeiten ausweist. Das Betriebsvermögen bleibt hiervon unberührt.

In diesen zwei Beispielen findet der Austausch nur zwischen **Bestandspositionen** statt, also erfolgsneutral. Das Betriebsvermögen, und damit der Gewinn oder Verlust Ihres Unternehmens, bleibt unverändert.

■ Erfolgsbezogene Veränderungen

Heinz Heydrich verkauft Waren, die er zum 31.12.2008 auf Lager hat (Einkaufspreis 8.000 Euro), zu einem Preis von 12.000 Euro. Jetzt reduzieren sich seine Warenvorräte, die zu Einkaufspreisen bewertet sind, um diese 8.000 Euro. Die Forderungen an seine Kunden erhöhen sich dagegen um 12.000 Euro; sein Betriebsvermögen steigt infolge des Gewinnes um 4.000 Euro, die Differenz zwischen Einkaufspreis und Verkaufspreis.

Es werden also neben Bestandskonten auch Gewinn-und-Verlust-Konten angesprochen; der Gewinn erhöht sich.

Ebenso verhält es sich, wenn Heinz Heydrich seine Miete in Höhe von 1.500 Euro bezahlt: Sein Bankguthaben sinkt, seine Aufwendungen (im Betriebsvermögen) werden höher, das Betriebsvermögen damit geringer und sein Gewinn niedriger.

Die hier vorgenommenen Transaktionen vollziehen sich letztlich in den Gewinn-und-Verlust-Konten. Sie wirken sich dadurch auf das Ergebnis, auf die Höhe des Betriebsvermögens aus. Sie sind **erfolgsbezogen**.

Sämtliche erfolgsabhängigen Buchungen werden während des laufenden Geschäftsjahres auf Unterkonten des Eigenkapitals verbucht. Das sind die Gewinn- und Verlustkonten. Ihre Zusammenfassung verändert damit das Vermögen des Unternehmens. Dieser Prozess wird in der **Gewinn- und Verlustrechnung (GuV)** dargestellt.

In der Praxis ist es nicht durchführbar, für jeden einzelnen Geschäftsvorgang einen neuen Betriebsvermögensvergleich oder eine neue Bilanz zu erstellen. Es ist zweckmäßiger, die Veränderungen der Vermögenswerte und Schulden während eines Wirtschaftsjahres in Form von **Konten** zu erfassen. Damit ist das einzelne Konto die **Dokumentationsquelle sämtlicher Geschäftsvorfälle** und wird durch diese ständig verändert und fortgeschrieben.

Um an unser Beispiel Heinz Heydrich mit einem Gewinn von 131.000 Euro anzuknüpfen, könnte also die Gewinn- und Verlustrechnung etwa wie folgt aussehen:

1. Erlöse	*920.000 €*
2. Personalkosten	*400.000 €*
3. Miete	*150.000 €*
4. Kfz-Kosten	*50.000 €*
5. andere Kosten	*189.000 €*
Gewinn	*131.000 €*

Um die Bilanzgliederung und die Gliederung der Gewinn- und Verlustrechnung deutlich zu machen, finden Sie im Anhang entsprechende Muster.

4.8.3 Wichtige Begriffe aus Bilanz und GuV

Um Ihnen das Nachschlagen in anderen Fachbüchern und Lexika zu ersparen, hier einige kurze Erläuterungen zu den Begriffen, die Ihnen im Zusammenhang mit Ihrer Bilanz sowie der Gewinn- und Verlustrechnung immer wieder begegnen:

■ Anlagevermögen

Das Anlagevermögen stellen Sie im **Anlagenspiegel** entweder mit der Netto- oder mit der Bruttomethode dar. Beispiel:

Nettomethode	Buchwert 01.01.	Zugänge	AfA	Buchwert 31.12.
Büro- und Geschäftsausstattung	50.000 €	4.000 €	11.000 €	43.000 €
...				

Bruttomethode	Anschaffungskosten 01.01.	Zugänge	Anschaffungskosten 31.12.
Büro- und Geschäftsausstattung	70.000 €	4.000 €	74.000 €
AfA	**aufgelaufen**	**Zugänge**	**Stand 31.12.**
	20.000 €	11.000 €	31.000 €
		Wert 31.12.	**43.000 €**

■ AfA

Ausgaben für die Anschaffung und Herstellung eines Wirtschaftsgutes des abnutzbaren Anlagevermögens sind Betriebsausgaben. Sie dürfen jedoch nicht sofort, sondern nur im Wege der **Absetzung für Abnutzung (AfA)** Ihren Gewinn mindern. Ausgangspunkt ist die **betriebsgewöhnliche Nutzungsdauer**. Wie Sie bereits wissen, gibt es zwei Abschreibungsmethoden:

1. **Lineare AfA** = Die Absetzung in gleichen Jahresbeträgen. Beispiel: Die Anschaffungskosten für Ihren Pkw betragen 20.000 Euro, die betriebsgewöhnliche Nutzungsdauer sechs Jahre. Das ergibt eine lineare AfA von 3.333 Euro jährlich. Beachten Sie, dass Sie die jeweilige jährliche Abschreibung nur „pro rata temporis", also für die Monate der Nutzung geltend machen dürfen. Die bisherige sogenannte **Halbjahresregel** ist entfallen.

2. **Degressive AfA** = Die wahlweise Absetzung von bestimmten, festen Prozentsätzen auf den jeweiligen **Restbuchwert** ist steuerlich nur noch für ab dem 1. 1. 2009 angeschaffte oder hergestellte bewegliche Wirtschaftsgüter möglich. Diese Regelung gilt befristet für zwei Jahre und endet demzufolge am 31. 12. 2010. Die degressive AfA darf das Dreifache des linearen AfA-Satzes, höchstens jedoch 25 % des Anschaffungswertes, betragen.

Nutzungsdauer (in Jahren)	Lineare AfA (bezogen auf die Anschaffungskosten)	Degressive AfA (bezogen auf den Restbuchwert)
5	20 %	25 %
6	16,7 %	25 %
7	14,3 %	25 %
...		
11	9,09 %	25 %
...		
20	5 %	15 %

3. Für die Dauer der Abschreibung (Nutzung) hatte der Bundesminister für Finanzen „AfA-Tabellen" aufgestellt, die die gewöhnliche Nutzungsdauer von Wirtschaftsgütern festlegen. Abweichungen davon werden nur in begründeten Ausnahmefällen gemacht. Da Abschreibungen eine steuerliche Wirkung haben, führt eine Verlängerung der betriebsgewöhnlichen Nutzungsdauer ggf. zur Erhöhung der Steuerzahllast im entsprechenden Jahr.

Um Ihnen Ihre eigene Planung zu erleichtern und Ihnen gleichzeitig die neu festgelegte Nutzungsdauer zu vermitteln, hier einige ausgewählte Wirtschaftsgüter:

Afa-Tabelle für Anlagegüter (Auszug)

Wirtschaftsgut		**Nutzungsdauer in Jahren**
1	**Unbewegliches Anlagevermögen**	
1.1	Hallen in Leichtbauweise	14
1.3	Traglufthallen	10
1.5	Baracken und Schuppen	16
1.10	Schornsteine	
1.10.1	aus Mauerwerk oder Beton	33
1.10.2	aus Metall	10
2	**Grundstückseinrichtungen**	
2.1	Fahrbahnen, Parkplätze usw.	
2.1.1	mit Packlage	19
2.1.2	in Kies, Schotter, Schlacken	9
2.3	Umzäunungen	

Afa-Tabelle für Anlagegüter (Auszug)

Wirtschaftsgut		Nutzungsdauer in Jahren
2.3.1	aus Holz	5
2.3.2	sonstige	17
2.4	Außen- und Straßenbeleuchtung	19
2.8	Grünanlagen	15
2.9	Golfplätze	20
3	**Betriebsanlagen allgemeiner Art**	
3.1	Krafterzeugungsanlagen	
3.1.1	Dampferzeugung	15
3.1.2	Stromerzeugung (Generatoren usw.)	19
3.1.4	Blockheizkraftwerke	10
3.1.5	Windkraftanlagen	16
3.1.6	Photovoltaikanlagen	20
3.1.7	Solaranlagen	10
3.1.8	Heißluft-, Kälteanlagen, Ventilatoren usw.	14
3.3	Mess- und Regeleinrichtungen	
3.3.1	allgemein	18
3.3.2	Emissionsmessgeräte	8
3.3.3	Materialprüfgeräte	10
3.3.5	Vermessungsgeräte	
3.3.5.1	elektronisch	8
3.3.5.2	mechanisch	8
3.4	Transportanlagen	
3.4.1	Elevatoren, Förderbänder usw.	14
3.4.2	Gleisanlagen	
3.4.2.1	nach gesetzlichen Vorschriften	33
3.4.2.2	sonstige	15
3.4.4	Aufzüge, Winden, Gerüste usw.	
3.4.4.1	stationär	15
3.4.4.2	mobil	11
3.5	Hochregallager	15
3.6	Transportcontainer, Bürocontainer	10
3.7	Laden- und Gaststätteneinbauten, Schaufensteranlagen und -einbauten	8
3.8	Lichtreklame	9
3.9	Schaukästen, Vitrinen	9
3.10	Sonstige Betriebsanlagen	

Afa-Tabelle für Anlagegüter (Auszug)

Wirtschaftsgut		**Nutzungsdauer in Jahren**
3.10.2	Tank- und Zapfanlagen	14
3.10.4	Autowaschanlagen	10
3.10.6	Alarm- und Überwachungsanlagen	11
3.10.7	Sprinkleranlagen	20
4	**Fahrzeuge**	
4.1	Schienenfahrzeuge	25
4.2	Straßenfahrzeuge	
4.2.1	Pkw und Kombiwagen	6
4.2.2	Motorräder, Motorroller, Fahrräder usw.	7
4.2.3	Lastkraftwagen, Sattelschlepper, Kipper	9
4.2.4	Traktoren und Schlepper	12
4.2.5	Kleintraktoren	8
4.2.6	Anhänger, Auflieger, Wechselaufbauten	11
4.2.7	Omnibusse	9
4.2.8	Sonderfahrzeuge	
4.2.8.1	Feuerwehrfahrzeuge	10
4.2.8.2	Rettungsfahrzeuge	6
4.2.9	Wohnmobile, Wohnwagen	8
4.2.10	Bauwagen	12
4.3	Luftfahrzeuge	
4.3.1	Flugzeuge unter 20 t zul.Fluggewicht	21
4.3.2	Hubschrauber	19
4.4.3	Segelyachten	20
4.5	Sonstige Beförderungsmittel (Hubwagen, Stapler usw.)	8
5	**Be- und Verarbeitungsmaschinen**	
5.1	Abrichtmaschinen	13
5.2	Biegemaschinen	13
5.3	Bohrmaschinen	13
5.3.1	stationär	16
5.3.2	mobil	8
5.4	Bohrhämmer usw.	7
5.6	Drehbänke	16
5.7	Fräsmaschinen	

Afa-Tabelle für Anlagegüter (Auszug)

Wirtschaftsgut		Nutzungsdauer in Jahren
5.7.1	stationär	15
5.7.2	mobil	9
5.9	Hobelmaschinen	
5.9.1	stationär	16
5.9.2	mobil	9
5.13	Stampfer und Rüttelplatten	11
5.14	Sägen aller Art	
5.14.1	stationär	14
5.14.2	mobil	8
5.25	Stempelmaschinen	8
6	**Betriebs- und Geschäftsausstattung**	
6.1	Wirtschaftsgüter der Werkstätten-, Labor- und Lagereinrichtungen	14
6.2	Wirtschaftsgüter der Laden-einrichtungen	8
6.3	Messestände	6
6.4	Kühleinrichtungen	8
6.5	Klimageräte (mobil)	11
6.6	Be- und Entlüftungsgeräte (mobil)	10
6.10	Heiß- und Kaltluftgebläse (mobil)	11
6.11	Raumheizgeräte (mobil)	9
6.13	Telekommunikationsanlagen	
6.13.1	Fernsprechnebenstellenanlagen	10
6.13.2	Kommunikationssendegeräte	
6.13.2.1	Allgemein	8
6.13.2.2	Mobilfunkendgeräte	5
6.13.3	Faxgeräte u. Ä.	6
6.13.4	Betriebsfunkanlagen	11
6.14.3	Datenverarbeitungsanlagen	
6.14.3.1	Großrechner	8
6.14.3.2	Workstations, PC, Notebooks und deren Peripheriegeräte	3
6.14.4	Foto-, Film-, Video- und Audiogeräte	7
6.14.5	Beschallungsanlagen	9
6.14.6	Präsentationsgeräte, Datensichtgeräte	8
6.14.7	Registrierkassen	6
6.14.8	Schreibmaschinen	9
6.14.9	Zeichengeräte	

Afa-Tabelle für Anlagegüter (Auszug)

Wirtschaftsgut		Nutzungsdauer in Jahren
6.14.9.1	elektronisch	8
6.14.9.2	mechanisch	14
6.14.10	Vervielfältigungsgeräte	7
6.14.11	Zeiterfassungsgeräte	8
6.14.13	Reißwölfe	8
6.14.14	EC-Kartenleser usw.	8
6.15	Büromöbel	13
6.16	Verkaufstheken	10
6.17	Verkaufsbuden usw.	8
6.18	Bepflanzungen in Gebäuden	10
6.19	Sonstige Büroausstattung	
6.19.1	Stahlschränke	14
6.19.2	Tresore usw.	23
6.19.4	Teppiche	
6.19.4.1	normale	8
6.19.4.2	hochwertige (ab 500 €/m^2)	15
6.19.5	Kunstwerke (ohne Werke anerkannter Künstler)	15
6.19.6	Waagen (Obst-, Gemüse-, Fleisch-)	11
7	**Sonstige Anlagegüter**	
7.1	Betonkleinmischer	6
7.2	Reinigungsgeräte	
7.2.1	Bohnermaschinen	8
7.2.3	Geschirr- und Gläserspülmaschinen	7
7.2.4	Hochdruckreiniger	8
7.2.5	Industriestaubsauger	7
7.2.6	Kehrmaschinen	9
7.2.8	Sterilisatoren	10
7.2.9	Teppichreinigungsgeräte (mobil)	7
7.2.10	Waschmaschinen	10
7.3	Wäschetrockner	8
7.4	Waren- und Dienstleistungsautomaten	
7.4.1	Getränke- und Leergutautomaten	7
7.4.2	Warenautomaten	5
7.4.3	Zigarettenautomaten	8
7.4.4	Passbildautomaten	5

Afa-Tabelle für Anlagegüter (Auszug)

Wirtschaftsgut		Nutzungsdauer in Jahren
7.4.5	Visitenkartenautomaten	5
7.5	Unterhaltungsautomaten	
7.5.1	Geldspielgeräte	4
7.5.2	Musikautomaten	8
7.5.3	Videoautomaten	6
7.5.4	Sonstige (Flipper usw.)	5
7.6	Fahnenmasten	10
7.7	Kühlschränke	10
7.8	Laborgeräte (Mikroskope usw.)	13
7.9	Mikrowellengeräte	8
7.10	Rasenmäher	9
7.11	Toilettenkabinen und -wagen	9
7.12	Zentrifugen	10

■ AfA auf geringwertige Wirtschaftsgüter

Anschaffungs- und Herstellungskosten eines abnutzbaren Wirtschaftsgutes (Maschinen, Fahrzeuge, Büromöbel) sind im Gegensatz zu den meisten anderen Aufwendungen nicht in voller Höhe als Betriebsausgaben oder Werbungskosten im Jahr der Anschaffung anzuerkennen. Das geht nur bei den **geringwertigen Wirtschaftsgütern** (GWG).

Bis 2007 konnten die Anschaffungs- und Herstellungskosten für Wirtschaftsgüter im Jahr der Anschaffung oder Herstellung sofort als Betriebsausgaben oder Werbungskosten geltend gemacht werden, wenn sie nicht mehr als 410 Euro (Nettobetrag) betragen. Diesen Sofortabzug konnten bislang alle Steuerpflichtigen unabhängig von der Einkunftsart und der Höhe der Einkünfte uneingeschränkt in Anspruch nehmen.

Durch das **Unternehmensteuerreformgesetz 2008** wurde der Sofortabzug geringwertiger Wirtschaftsgüter generell eingeschränkt, um mit dem **Wachstumsbeschleunigungsgesetz 2009** wieder eingeführt zu werden. **Ab 2010** gelten nunmehr folgende Abschreibungsmöglichkeiten:

→ **Sofortabzug** geringwertiger Wirtschaftsgüter als Betriebsausgabe oder Werbungskosten im Jahr der Anschaffung, falls die Anschaffungskosten nicht mehr als 410 EUR betragen (gilt für alle Einkunftsarten).

→ **Poolbewertung** (gilt nur für Gewinneinkünfte)
Bei Anschaffungskosten von 150,01 EUR netto bis 1.000 EUR netto sind alle

Zugänge eines Jahres in einem Sammelposten zu erfassen. Dieser Posten ist wie ein einzelnes Wirtschaftsgut zu behandeln. Dieser Sammelposten ist jahrgangsbezogen in die Bilanz einzustellen und auf die Dauer von fünf Jahren gleichmäßig zu verteilen und als Aufwand zu berücksichtigen.

Abgesehen von der buchmäßigen Erfassung des Zugangs des jeweiligen Wirtschaftsguts bestehen für die Bildung des Sammelpostens keine weiteren Dokumentationspflichten.

Bedingt durch die zusammenfassende Behandlung der einzelnen Wirtschaftsgüter infolge des Sammelpostens wirken sich Vorgänge nicht aus, die sich nur auf das einzelne Wirtschaftsgut beziehen, wie z. B. die Veräußerung, Entnahme oder Wertminderung eines Wirtschaftsguts. Daher bleibt der Sammelposten auch bei Veräußerung eines Wirtschaftsguts unverändert bestehen. Dies bedeutet, dass der Restbuchwert für das veräußerte Wirtschaftsgut nicht im Jahr der Veräußerung dem Veräußerungserlös gegengerechnet, sondern weiterhin auf die restlichen Jahre des fünfjährigen Verteilungszeitraums verteilt wird.

Beispiel

Der Unternehmer Fleischmann hat 2008 einen PC für netto 800 Euro angeschafft. Diesen PC hat er in den neuen Sammelposten nach § 6 Abs. 2 a EStG eingestellt und die Anschaffungskosten auf fünf Jahre verteilt. Jährlich fallen somit Aufwendungen in Höhe von 160 Euro an.

Der PC wird aber Ende 2009 veräußert. Der Veräußerungserlös beträgt 400 Euro.

2009 ist der Veräußerungserlös mit 400 Euro als Ertrag zu erfassen. Diesem Ertrag ist lediglich der Aufwand aus der fünfjährigen Verteilung mit 160 Euro gegenzurechnen, so dass sich 240 Euro gewinnerhöhend auswirken. In den Jahren 2010, 2011 und 2012 ist der Sammelposten mit jeweils 160 Euro aufwandsmäßig zu berücksichtigen.

Per Saldo stellt sich somit folgende „Gesamtgewinnauswirkung“ dar:

2009 verbuchter Ertrag:	*240 €*
./. 2008 verbuchter Aufwand:	*160 €*
./. als Aufwand 2010, 2011 und 2012 noch zu verbuchen (3x160 Euro)	*480 €*
verbleibender Aufwand insgesamt:	*./. 400 €*

Dies entspricht dem Differenzbetrag zwischen den ursprünglichen Anschaffungskosten und dem Veräußerungsprofil.

Bei entgeltlichem Übergang des gesamten Betriebes erwirbt der Rechtsnachfolger die einzelnen Wirtschaftsgüter, die in dem Sammelposten enthalten sind. Diese Wirtschaftsgüter sind von dem Erwerber, soweit die Anschaffungskosten innerhalb der Spanne von 150 Euro netto bis 1.000 Euro netto liegen, entsprechend der Neuregelung ebenfalls in einem Sammelposten auszuweisen.

Wirtschaftsgüter mit einem Anschaffungswert von über 1.000 Euro netto sind planmäßig auf die gesamte Nutzungsdauer zu verteilen. Steuerlich wird nur die **Absetzung für Abnutzung (AfA)**, also der anteilige Wert an der Nutzungsdauer im Wirtschaftsjahr, anerkannt.

■ Investitionsabzugsbetrag

Bereits bislang können kleine und mittlere Betriebe, die bestimmte Größenmerkmale nicht überschreiten, **Ansparabschreibungen** für geplante Investitionen und Sonderabschreibungen bei Verwirklichung des Investitionsvorhabens geltend machen. Diese Regelung in § 7 g EStG n. F. wurde durch das UntStRefG 2008 modifiziert.

Anstelle der Ansparabschreibung tritt nun ein außerbilanzieller **Investitionsabzugsbetrag**, der für die künftige Anschaffung oder Herstellung eines – neuen oder gebrauchten – abnutzbaren beweglichen Wirtschaftsguts des Anlagevermögens in Höhe von 200.000 EUR je Betrieb berücksichtigt werden kann.

Weiterhin ist die Inanspruchnahme von der Erfüllung von Größenmerkmalen des Betriebs abhängig, wobei für Gewerbebetriebe und der selbständigen Arbeit dienenden Betriebe die Betriebsgrößengrenze (Eigenkapital) auf 235.000 EUR festgelegt wurde, befristet für 2009 und 2010 auf 335.000 EUR. Für Gewinnermittlung durch Einnahmen-Überschussrechnung darf der Gewinn im betreffenden Jahr nicht mehr als 200.000 EUR ausmachen. Die Frist, innerhalb derer die geplante Investition realisiert werden muss, wurde von zwei auf drei Wirtschaftsjahre verlängert (§ 7g Abs. 1 EStG n. F.).

Im Wirtschaftsjahr der Anschaffung oder Herstellung des begünstigten Wirtschaftsguts ist der in Anspruch genommene Investitionsabzugsbetrag in Höhe von **40 % der voraussichtlichen Anschaffungs- oder Herstellungskosten**, maximal in Höhe des abgezogenen Investitionsabzugsbetrags, Gewinn erhöhend hinzugerechnet, ist der Abzug im Wirtschaftsjahr des Abzugs rückgängig zu machen (§ 7 Abs. 3 EStG n. F.).

Zudem können **Sonderabschreibungen** im Jahr der Anschaffung oder Herstellung und in den vier folgenden Jahren bis zu **insgesamt 20 %** der Anschaffungs- oder Herstellungskosten in Anspruch genommen werden (§ 7 g Abs. 5 EStG n. F.). Dies gilt erstmals für nach dem 31. 12. 2007 angeschaffte oder hergestellte Wirtschaftsgüter (§ 52 Abs. 23 Satz 2 EStG n. F.).

Anders als nach der alten Regelung ist die Inanspruchnahme der Sonderabschreibungen nicht mehr von der vorhergehenden Bildung einer Ansparabschreibung bzw. eines Investitionsabzugsbetrags abhängig.

Trotz dieses Wermutstropfens sollten Sie über die „Ansparrücklage“ nachdenken, insbesondere weil sie auch bei der Einnahmen-Überschuss-Rechnung, also nicht nur bei der Bilanzierung, anwendbar ist.

■ Beteiligungen

Das sind gesellschaftsrechtliche Kapitalanteile an Kapital- und Personengesellschaften, die dazu bestimmt sind, Ihrem Geschäftsbetrieb auf Dauer zu dienen, und bei denen Beteiligungsabsicht (enge wirtschaftliche Verbindung) besteht.

Sie sind gut beraten, in solchen Fällen vorher zu überlegen, ob Sie Beteiligungen ins Betriebsvermögen übernehmen oder privat halten sollen. Das betrifft speziell den Insolvenzfall, wo sie ins Insolvenzvermögen fallen und damit meist verloren sind.

Auch steuerlich kann dies bei einer Versteigerung eines Wirtschaftsgutes durchaus überlegt sein (Oldtimer), da Sie private Veräußerungsgeschäfte und deren Gewinn nur mit 15 Prozent pauschal zu versteuern haben und nicht mit Ihrem einkommensbezogenen, individuellen Steuersatz (sollten denn die derzeitigen Steuerreformpläne Wirklichkeit werden).

■ Rechnungsabgrenzungsposten (RAP)

Aktive RAP, das sind Ausgaben vor dem Abschlussstichtag, soweit sie den **Aufwand** für eine bestimmte Zeit nach diesem Tag darstellen (§ 250 I HGB). Zum Beispiel zum 31.12.2007 bezahlte Leasinggebühren oder Versicherungsbeiträge, die einen Zeitraum nach dem 31.12.2007 betreffen.

Passive RAP, das sind Einnahmen vor dem Abschlussstichtag, soweit sie den **Ertrag** für eine bestimmte Zeit darstellen. Zum Beispiel Zinsen für eine Darlehensforderung, die im November 2007 für den Zeitraum November 2007 bis April 2008 eingehen.

■ Rückstellungen

Gebildete Rückstellungen sind Verbindlichkeiten für Aufwendungen, die zwar im betreffenden Wirtschaftsjahr entstanden sind, deren Höhe oder Fälligkeit aber noch nicht genau feststehen. Zum Beispiel für noch anfallende Steuern, erwartete Geldstrafen oder noch nicht beanspruchten Urlaub von Arbeitnehmern.

Da Sie Ihre Rückstellungen meist schätzen müssen, besteht auch hier ein gewisser Gestaltungsspielraum, der es Ihnen erlaubt, eine Gewinnabgrenzung zwischen zwei Geschäftsjahren vorzunehmen.

■ Umlaufvermögen

Dazu zählen Vorräte und andere Gegenstände. Die Bewertung erfolgt auf verschiedene Weise:

Das **Vorratsvermögen** wird grundsätzlich zu den Anschaffungs- und Herstellungskosten oder zum niedrigsten Marktpreis bewertet. Zur Ermittlung der Anschaffungs- und Herstellungskosten gibt es folgende Durchschnittsmethoden:

- ➔ **Lifo-Verfahren**: Last in – first out, d. h. Basis sind die Anschaffungskosten der **zuerst** angeschafften Waren, das allerdings nach den derzeitigen Plänen steuerlich nicht mehr angewendet werden soll.
- ➔ **Fifo-Verfahren**: First in – first out, d. h. die Anschaffungskosten bestimmen sich nach den Preisen der **zuletzt** angeschafften Waren.

Bei der Bewertung Ihrer Vorräte gibt es erhebliche Bilanz- und damit auch **Gewinnspielräume**. Einzelheiten sowie die beabsichtigten Gesetzesänderungen sollten Sie unbedingt mit Ihrem Steuerberater besprechen.

Die **anderen Gegenstände** des Umlaufvermögens sind insbesondere **Forderungen**. Bei allen Einzelforderungen sind zunächst die Einzelwerte zu berichtigen, d. h. zu prüfen, was davon eintreibbar ist und entsprechend dieser Einschätzung Abschläge zu machen.

Daneben dürfen Sie eine **Pauschal-Wertberichtigung** bilden, und zwar in Höhe Ihrer durchschnittlichen **Forderungsausfälle**. Auch hier besteht ein hoher Bilanz- bzw. Gewinnspielraum, da diese Wertberichtigungen auf Ihren Erfolg wirken.

4.9 Ihre betriebswirtschaftliche Auswertung (BWA)

Das **Kernstück Ihrer Kontrolle** über die Wirtschaftlichkeit Ihres Unternehmens ist die **BWA**.

In ihr sind die **Einnahmen und Ausgaben monatlich und kumuliert** gegenübergestellt. Sie erkennen anhand Ihrer BWA den Erfolg oder Misserfolg sehr schnell und sind in der Lage, die notwendigen Entscheidungen unverzüglich zu treffen.

Wer seine BWA nicht liest oder nicht lesen kann, ist kein Unternehmer! Er sollte lieber Urlaub machen, aber kein unternehmerisches Risiko eingehen!

Eine BWA hat zum Beispiel folgenden Aufbau:

- ➔ Auf **Seite 1 bis 3** sind die einzelnen Kostensalden dargelegt, wobei in der linken Spalte die Eröffnungsbilanzseite, in Spalte 2 die monatlichen Kontenbewegungen und in Spalte 4 der jeweilige Kontensaldo ausgewiesen sind.

Die einzelnen Konten dürfen Sie beliebig einrichten. Lesen Sie dazu den nächsten Abschnitt über Controlling, Thema Kontenrahmen.

→ Aus **Seite 4** sind der Auswertungsmonat und das kumulierte Ergebnis Ihres Unternehmens ersichtlich. Die einzelnen Konten wurden bereits in Kontenklassen unterteilt und erlauben so einen schnellen Blick auf Ihr Monatsergebnis und das bisher aufgelaufene Jahresergebnis. Sie sehen daran zum Beispiel, dass
   - die Umsatzerlöse im Auswertungsmonat, bezogen auf die Kosten in diesem Monat, schlechter ausgefallen sind als im kumulierten Jahresdurchschnitt;
   - die Personalkosten, gemessen an der Gesamtleistung im Auswertungsmonat, im Vergleich zum kumulierten Durchschnitt, zu hoch lagen;
   - die Kfz-Kosten überproportional gestiegen sind;
   - das Betriebsergebnis einen Verlust ausweist, dass also dieser Monat ein Verlustmonat war.

   Schon hier taucht die Frage beim Unternehmer auf, warum war das so? Vielleicht war es ein Sommermonat oder Ostern lag dazwischen? Warum waren die Kfz-Kosten so hoch?

→ Auf **Seite 5** der BWA erfährt der Unternehmer, wo die erwirtschafteten Mittel geblieben sind.

→ Sehr wichtig ist die **Seite 7** der BWA. Hier werden der Auswertungsmonat dem Vorjahresmonat und das kumulierte laufende Jahr dem kumulierten Vorjahr gegenüber gestellt.

Unsere kleine Analyse hat Ihnen sicher gezeigt, wie inhaltsreich Ihre BWA für Sie ist. Allerdings müssen Sie auf die Fragen, die sie Ihnen stellen wird, auch eine passende Antwort haben, also letztendlich wirklich die **Übersicht in Ihrem Unternehmen** besitzen.

4.10 Ein Wort zu Ihren Betriebsausgaben

Betriebsausgaben sind ein Zauberwort. Die Tragik besteht darin, dass nicht alles, was Sie als Unternehmer an Aufwand zu betreiben haben, auch eine steuerlich wirksame Betriebsausgabe darstellt. Beachten Sie, neben den schon in verschiedenen Abschnitten teils recht detailliert enthaltenen Hinweisen, dass vor allem der vorhandene, sauber und überschaubar gehaltene Beleg, eine solche Ausgabe **glaubhaft** macht. Besprechen Sie mit Ihrem Steuerberater, welche Chancen er sieht, schwer nachweisbare betriebliche oder unternehmerische Aufwendungen als Betriebsausgabe darzustellen. Beachten Sie die Unterschiede bei den verschiedenen Rechtsformen: Was die GmbH ihrem Geschäftsführer erstattet, wird dem Einzelunternehmer oder Freiberufler noch lange nicht als Betriebsausgabe anerkannt.

Lassen Sie uns, als Orientierungshilfe für Sie, einige der in der Praxis immer wiederkehrenden Streitpunkte zum Thema Betriebsausgaben zusammenfassen. Die Liste mit Handhabungen und deren Ankündigung wäre allerdings endlos; deshalb nur eine Auswahl:

- ➔ **Bewirtungskosten** dürfen nur zu 70 % abgezogen werden.
- ➔ **Verpflegungsmehraufwendungen** nur im Rahmen der Höchstbeträge in § 4 Abs. 5 Nr. 5 EStG.
- ➔ Betrieblich veranlasste Kosten der doppelten Haushaltsführung sind im Rahmen der gesetzlichen Regelungen differenziert absetzbar. So sind Aufwendungen für die Zweitwohnung zeitlich unbegrenzt absetzbar. Demgegenüber dürfen Verpflegungsmehraufwendungen nur für einen Zeitraum von drei Monaten nach Bezug der Wohnung angesetzt werden.
- ➔ **Schuldzinsen** sollen nur in Höhe von 6 % anerkannt werden, wenn Verbindlichkeiten wegen einer „Überentnahme" (mehr entnommen als „verdient") entstanden sind.
- ➔ **Geschenke** – soweit nicht Werbeträger – werden nicht mehr als Betriebsausgaben anerkannt, es sei denn, der Unternehmer besteuert diese pauschal.
- ➔ **Geldbußen, Ordnungs- und Verwarnungsgelder** – auch **„Schmiergelder"** – sind keine Betriebsausgaben.
- ➔ Aufwendungen für **Gästehäuser** sind nur abziehbar, wenn sie innerhalb der Ortschaft des Betriebes liegen – außerhalb nicht.
- ➔ Aufwendungen für **Jagd, Fischerei, Boote und Yachten** sowie **Tierzuchten** sind nicht absetzbar, wenn keine Gewinnerzielungsabsicht vorliegt.

4.11 Bilanz (Muster)

AKTIVA

I. Ausstehende Einlagen auf das Grundkapital; davon eingefordert

II. Anlagevermögen

A. Sachanlagen und immaterielle Anlagewerte

1. Grundstücke und grundstücksgleiche Rechte mit Geschäfts-, Fabrik- und anderen Bauten
2. Grundstücke und grundstücksgleiche Rechte mit Wohnbauten
3. Grundstücke und grundstücksgleiche Rechte ohne Bauten
4. Bauten auf fremden Grundstücken, die nicht zu Nr. 1 oder 2 gehören
5. Maschinen und maschinelle Anlagen

6. Betriebs- und Geschäftsausstattung
7. Anlagen im Bau und Anzahlungen auf Anlagen
8. Konzessionen, gewerbliche Schutzrechte und ähnliche Rechte sowie Lizenzen an solchen Rechten

B. Finanzanlagen

1. Beteiligungen
2. Wertpapiere des Anlagevermögens, die nicht zu Nr. 1 gehören
3. Ausleihungen mit einer Laufzeit von mindestens vier Jahren; davon durch Grundpfandrechte gesichert

III. Umlaufvermögen

A. Vorräte

1. Roh-, Hilfs- und Betriebsstoffe
2. unfertige Erzeugnisse
3. fertige Erzeugnisse, Waren

B. Andere Gegenstände des Umlaufvermögens

1. geleistete Anzahlungen, soweit sie nicht zu II A Nr. 7 gehören
2. Forderungen aus Lieferungen und Leistungen; davon mit einer Restlaufzeit von mehr als einem Jahr
3. Wechsel; davon bundesbankfähig
4. Schecks
5. Kassenbestand, Bundesbank- und Postscheckguthaben
6. Guthaben bei Kreditinstituten
7. Wertpapiere, die nicht zu Nr. 3, 4, 8 oder 9 oder zu II B gehören
8. eigene Aktien unter Angabe ihres Nennbetrages
9. Anteile an einer herrschenden oder an der Gesellschaft mit Mehrheit beteiligten Kapitalgesellschaft oder bergrechtlichen Gewerkschaft unter Angabe ihres Nennbetrages, bei Kuxen ihrer Zahl
10. Forderungen an verbundene Unternehmen
11. Forderungen aus Krediten
12. sonstige Vermögensgegenstände

IV. Rechnungsabgrenzungsposten

PASSIVA

I. Kapital

1. Anfangsbetriebsvermögen
2. Entnahmen/Einlagen
3. Gewinn/Verlust

= Endbetriebsvermögen

II. Offene Rücklagen

1. gesetzliche Rücklage
2. Rücklage für eigene Aktien
3. andere Rücklagen (freie Rücklagen)

III. Wertberichtigungen

IV. Rückstellungen

1. Pensionsrückstellungen
2. andere Rückstellungen

V. Verbindlichkeiten mit einer Laufzeit von mindestens vier Jahren

1. Anleihen; davon durch Grundpfandrechte gesichert
2. Verbindlichkeiten gegenüber Kreditinstituten; davon durch Grundpfandrechte gesichert
3. sonstige Verbindlichkeiten; davon durch Grundpfandrechte gesichert

Von Nr. 1 bis 3 sind vor Ablauf von vier Jahren fällig:

VI. Andere Verbindlichkeiten

1. Verbindlichkeiten aus Lieferungen und Leistungen
2. Verbindlichkeiten aus der Annahme gezogener Wechsel und der Ausstellung eigener Wechsel
3. Verbindlichkeiten gegenüber Kreditinstituten, soweit sie nicht zu V. gehören
4. erhaltene Anzahlungen
5. Verbindlichkeiten gegenüber verbundenen Unternehmen
6. sonstige Verbindlichkeiten

VII. Rechnungsabgrenzungsposten

VIII. Bilanzgewinn

Gewinn- und Verlustrechnung (Muster)

	Umsatzerlöse
+	Erhöhung oder Verminderung des Bestands an fertigen oder unfertigen Erzeugnissen
–	**andere aktivierte Eigenleistungen**
=	**Gesamtleistung**
–	Aufwendungen für Roh-, Hilfs- und Betriebsstoffe sowie für bezogene Waren
=	**Rohertrag/Rohaufwand**
+	Erträge aus Gewinngemeinschaften, Gewinnabführungs- und Teilgewinnabführungsverträgen
+	Erträge auf Beteiligungen
+	Erträge aus anderen Finanzanlagen
+	sonstige Zinsen und ähnliche Erträge
+	Erträge aus dem Abgang von Gegenständen des Anlagevermögens und aus Zuschreibungen zu Gegenständen des Anlagevermögens
+	Erträge aus der Herabsetzung der Pauschalwertberichtigung zu Forderungen
+	Erträge aus der Auflösung von Rückstellungen
+	sonstige Erträge, davon außerordentliche
+	Erträge aus Verlustübernahme
–	Löhne und Gehälter
–	soziale Abgaben
–	Aufwendungen für Altersversorgung und Unterstützung
–	Abschreibungen und Wertberichtigungen auf Sachanlagen und immaterielle Anlagewerte

– Abschreibungen und Wertberichtigungen auf Finanzanlagen mit Ausnahme des Betrages, der in die Pauschalwertberichtigung zu Forderungen eingestellt ist

– Verluste aus Wertminderungen oder dem Abgang von Gegenständen des Umlaufvermögens außer Vorräten und Einstellung in die Pauschalwertberichtigung zu Forderungen

– Verluste aus dem Abgang von Gegenständen des Anlagevermögens

– Zinsen und ähnliche Aufwendungen

– Steuern
  a) vom Einkommen, vom Ertrag und vom Vermögen
  b) sonstige

– Aufwendungen aus Verlustübernahme

– sonstige Aufwendungen

– aufgrund einer Gewinngemeinschaft, eines Gewinnabführungs- und eines Teilgewinnabführungsvertrages abgeführte Gewinne

---

Jahresüberschuss/Jahresfehlbetrag

\+ Gewinnvortrag/Verlustvortrag aus dem Vorjahr

\+ Entnahmen aus offenen Rücklagen
  a) aus der gesetzlichen Rücklage
  b) aus der Rücklage für eigene Aktien
  c) aus freien Rücklagen

– Einstellungen aus dem Jahresüberschuss in offene Rücklagen
  a) in die gesetzliche Rücklage
  b) in die Rücklage für eigene Aktien
  c) in freie Rücklagen

Bilanzgewinn/Bilanzverlust

5 Controlling und Kalkulation im Gründungsunternehmen

„Controlling betrifft mich nicht. Das ist etwas für große Unternehmen, und ich gründe schließlich allein."

Mit dieser Aussage nehmen sich täglich unzählige Gründer in Deutschland die Chance, ihr Unternehmen von Anbeginn kaufmännisch sinnvoll und damit langfristig erfolgreich zu führen. Falls Sie nun von den folgenden Fragen auch nur zwei mit einem „Nein" beantworten müssen, ist dieser Abschnitt auch für Sie geschrieben:

Test

1. Ich weiß genau, welchen Preis ich mindestens benötige, damit ich Gewinn mache:
   Ja ❑ Nein ❑
2. Ich weiß, welche Einnahmen und Ausgaben ich in den nächsten sechs Monaten haben werde:
   Ja ❑ Nein ❑
3. Ich weiß, mit welchen Produkten, Waren oder Dienstleistungen ich am meisten verdiene:
   Ja ❑ Nein ❑
4. Ich weiß, welcher Kunde mir das meiste Geld bringt:
   Ja ❑ Nein ❑
5. Ich weiß, wann sich eine Investition lohnt und wann nicht:
   Ja ❑ Nein ❑

Und? Lesen Sie jetzt weiter? Es geht uns, wohlgemerkt, immer darum, Ihnen zu helfen, das für Sie sinnvolle Maß zu finden, kurz: die für Sie wichtigsten Instrumente richtig anzuwenden.

Vom Begriff her bedeutet Controlling nicht „kontrollieren", sondern „regeln" und „steuern" eines Unternehmens, vergleichbar mit dem Regelkreis einer Heizung. Es verschafft Ihnen Transparenz und eine größere Entscheidungssicherheit in Ihrem Betrieb.

In einer Studie von Deutschlands führendem Kreditversicherer, Euler Hermes, und dem ZIS (Zentrum für Insolvenz und Sanierung an der Universität Mannheim) wurden Insolvenzberater zu den häufigsten Insolvenzursachen befragt – „fehlendes Controlling" erreichte 79 Prozent!

Controlling ist für jede Unternehmensgröße sinnvoll. Natürlich hat ein Unternehmer ohne Mitarbeiter andere Instrumente nötig als ein mittelständisches Unternehmen mit 100 Beschäftigten oder gar ein internationaler Konzern. Aber bloß, weil Sie für ein großes Menü viele Besteckteile brauchen, essen Sie allein trotzdem nicht nur mit den Fingern.

5.1 Die Basis

Im Controlling arbeiten Sie hauptsächlich mit Zahlen – wo bekommen Sie die her? Ihre wichtigsten Informationsquellen stammen aus Ihrer Buchhaltung. Das ist die Basis für das Controlling.

5.1.1 Die Gewinn- und Verlustrechnung und Ihre Betriebswirtschaftliche Auswertung

Im Abschnitt I 4 (Buchführung) steht, dass Sie nach HGB § 275 die Verpflichtung haben, eine Gewinn- und Verlustrechnung aufzustellen. Sie dürfen zwischen Umsatzkostenverfahren und Gesamtkostenverfahren wählen. Wie das aussieht, sehen Sie in der **Struktur einer Gewinn- und Verlustrechnung** am Ende des Buchführungsabschnitts.

Die Gewinn- und Verlustrechnung entsteht im Rahmen der verwendeten, gängigen Buchhaltungssysteme. Diese verfügen auch über weitere Auswertungsmöglichkeiten, zum Beispiel über die Möglichkeit, eine **Betriebswirtschaftliche Auswertung (BWA)** vorzunehmen, die als Basis für Controllingzwecke genutzt werden kann und mehr Informationen enthält. Sie können aus der BWA wesentlich mehr ablesen, als nur, wie viel Gewinn oder Verlust Sie im aktuellen Monat erzielt haben.

Die Prozentzahlen neben den Monats- bzw. den Jahreswerten geben beispielsweise zusätzlich an, wie viel Prozent vom Umsatz der jeweilige Posten ausmacht. Da es für die unterschiedlichen Branchen Kennzahlen gibt, können Sie nun sehen, wie gut oder schlecht Sie mit Ihrem Unternehmen im Vergleich zu Ihren Kollegen liegen.

Betrachten Sie in Ihrer BWA zum Beispiel die Kosten- und Umsatzentwicklung im Monatsvergleich von Januar bis Dezember, entdecken Sie vielleicht größere Schwankungen, denen es sich nachzugehen lohnt.

Damit Sie sehen, wie das in Ihrer BWA eines Tages aussehen wird, hier ein Beispiel – es zeigt die Betriebswirtschaftliche Auswertung des Gasthauses „Zum Schwarzen Schwan“ für den Monat November 2009 und die kumulierten, also aufgelaufenen Zahlen des bisherigen Jahres 2009 (im Beispiel Januar bis November 2009):

Gasthaus „Zum Schwarzen Schwan"				
	Monatlich		Jährlich	
	Saldo	% Umsatz	Saldo	% Umsatz
Umsatzerlöse +/- Bestandsveränderung + Sonstige betriebliche Erträge	**79.000 €** – –	**100** 0 0	**908.500 €** – 5.000 €	**99** 0 1
= Summe Gesamtleistung	**79.000 €**	**100**	**913.500 €**	**100**
./. Summe Waren- und Material	**18.000 €**	**23**	**230.000 €**	**25**
+ Personalkosten	22.500 €	28	247.500 €	27
+ Raumkosten	20.000 €	25	220.000 €	24
+ Betriebliche Steuern	–	0	5.000 €	1
+ Versicherungen und Beiträge	500 €	1	9.000 €	1
+ Kraftfahrzeugkosten	800	1	9.600 €	1
+ Werbe- und Reisekosten	2.000 €	3	25.000 €	3
+ Warenabgabekosten	–	0	–	0
+ Abschreibungen	3.000 €ðR	4	33.000 €	4
+ Reparatur- und Instandhaltung	1.000 €	1	12.000 €	1
+ Sonstige Kosten	2.600 €	3	39.000 €	4
./. Summe Gesamtkosten	**52.400 €**	**66**	**600.100 €**	**66**
= Summe Betriebsergebnis ./. Summe Zinsaufwand ./. Übrige Steuern	**8.600 €** 100 € 2.580 €	**11** 0 3	**83.400 €** 1.100 € 25.020 €	**9**
= Summe Jahresüberschuss/Jahresfehlbetrag	**5.920 €**	**7**	**57.280**	**6**

Unter der **Gesamtleistung** verstehen wir hier „sämtliche Erträge, die ein Unternehmen im normalen Geschäftsbetrieb erwirtschaften kann", die also „normalerweise" im Betrieb vorkommen und nicht „außergewöhnlich" sind. Außergewöhnlich wäre zum Beispiel der Verkauf von Betriebsteilen. Zur Gesamtleistung zählen Ihre **Umsatzerlöse**, **Bestandsveränderungen** und **sonstigen betrieblichen Eigenleistungen**.

Die Erträge aus Ihrem Kerngeschäft heißen **Umsatzerlöse**. In diesem Beispiel sind es solche Erlöse aus Getränken, Speisen und Übernachtungen.

Bestandsveränderungen kommen vor allem im produzierenden Gewerbe vor. Da sind es Erhöhungen oder Verminderungen des Bestands an fertigen und unfertigen Erzeugnissen. In unserem Beispiel sind es selbstgefertigte Pralinen, die im November hergestellt und im Dezember verkauft werden.

Die Leistung und auch die zur Erbringung dieser Leistung notwendigen Kosten entstehen im November – der Umsatz wird erst später getätigt, nämlich im Dezember.

So lässt sich die Leistung des Monats besser einschätzen:

- ➔ Wenn Sie etwas herstellen, was aber noch nicht verkauft wurde, rechnen Sie es der Bestandsveränderung hinzu (Erhöhung des Bestands an fertigen und unfertigen Erzeugnissen).
- ➔ Wenn Sie etwas verkaufen, was in den Vormonaten hergestellt (geleistet) wurde, ziehen Sie es ab (Verminderung des Bestands an fertigen und unfertigen Erzeugnissen).

Unter **sonstige betriebliche Erträge** zählen wir Einnahmen, die nicht direkt mit dem Geschäftszweck zu tun haben. In unserem Beispiel sind das Erträge aus Anlagenverkauf, aus Werbegemeinschaften, Versicherungsentschädigungen usw. Also Erträge, die normalerweise in einem Geschäftsbetrieb vorkommen können, aber eben nicht durch das Kerngeschäft entstanden sind.

Der „Schwarze Schwan“ in unserem Beispiel macht in diesem Jahr, zumindest bis einschließlich November, Gewinn.

5.1.2 Die Bilanz

Im Gegensatz zur GuV gibt Ihnen die Bilanz einen Überblick über die Vermögenspositionen (Aktiva) und Schuldenpositionen (Passiva) Ihres Unternehmens – und zwar genau an einem Stichtag. Wann Sie eine Bilanz zu machen haben, haben Sie im Abschnitt III 4 (Buchführung) erfahren.

Die Bilanz ist ebenfalls eine wichtige Informationsquelle für Ihr Controlling. Wie bei der BWA können Sie wichtige Informationen über Stand und Entwicklung des Vermögens und der Schulden Ihres Unternehmens herausziehen.

Wie sieht nun die Bilanz des Gasthauses „Zum Schwarzen Schwan“ zum 30. November 2009 aus?

Aktivseite		
A. Anlagevermögen: Immaterielle Vermögensgegenstände: Software Sachanlagen: technische Anlagen und Maschinen; andere Anlagen, Betriebs- und Geschäfts- ausstattung;	 2.500 € 50.000 € 1.250.000 €	
B. Umlaufvermögen: Vorräte Forderungen und sonstige Vermögensgegen- stände: Forderungen aus Lieferungen und Leistun- gen; sonstige Vermögensgegenstände; Kassenbestand, Bundesbankguthaben, Guthaben bei Kreditinstituten Rechnungsabgrenzungsposten	 30.000 € 10.000 € 5.000 € 10.000 € 1.500 €	 1.359.000 €

Passivseite		
A. Eigenkapital: Gezeichnetes Kapital; Gewinnvortrag/ Verlustvortrag; Jahresüberschuss/Jahresfehlbetrag	 25.000 € 225.000 € 57.280 €	
B. Rückstellungen: Rückstellungen für Pensionen und ähnliche Verpflichtungen; Steuerrückstellungen; sonstige Rückstellungen	 27.000 € 15.000 €	
C. Verbindlichkeiten: Verbindlichkeiten gegenüber Kreditinstituten; Verbindlichkeiten aus Lieferungen und Leistun- gen; sonstige Verbindlichkeiten, davon aus Steuern, davon im Rahmen der sozialen Sicherheit	 953.300 € 37.920 € 10.500 € 2.300 € 5.700 €	 1.359.000 €

Immaterielle Vermögensgenstände sind Werte, die Sie zwar nicht „sehen und anfassen“ können, die aber einen Wert darstellen. Das können **Lizenzen**, **Patente** oder **Rechte** sein.

Rechnungsabgrenzungsposten sind Werte, die Sie für eine spätere Periode vorausbezahlen. Typisch dafür ist z. B. Miete, die Sie am Monatsletzten für den Folgemonat überweisen.

Gezeichnetes Kapital nennt man die gesetzliche **Einlage** in die Gesellschaft. Der **Gewinn- oder Verlustvortrag** entsteht kumuliert aus den Gewinnen bzw. Verlusten vergangener Jahre. Ein **Jahresüberschuss** oder **Jahresfehlbetrag** stammt aus dem aktuellen Jahr.

Rückstellungen bilden Sie für Aufwendungen, die das alte Geschäftsjahr (Monat) betreffen, für die Sie die Rechnung aber noch nicht erhalten haben. Typisch dafür sind z. B. Kosten für den Jahresabschluss.

5.2 Die jährliche Planung

Zu Beginn Ihrer Existenzgründung haben Sie sich Gedanken gemacht, ob Sie sich eine tragfähige Existenz aufbauen können. Nun haben Sie Ihr Unternehmen gegründet und möchten es langfristig sichern. Das geht nicht ohne vernünftige jährliche Planung.

Als existierendes Unternehmen haben Sie nun Zahlen und Erfahrungswerte aus der Vergangenheit als Grundlage. Abzuraten ist davon, die Kosten der Vergangenheit einfach um die Inflationswerte ergänzt zu übernehmen und irgendwelche prozentualen Steigerungsziele aus der Luft zu greifen. Auf diese Art und Weise können Sie die Chancen und Risiken Ihres Unternehmens im kommenden Jahr kaum rechtzeitig erkennen. Wie Sie eine passende Finanzplanung aufstellen, haben Sie im Abschnitt II 3.7 gelernt.

Für Ihre jährliche Planung ist aber auch die **Organisation** wichtig: Beginnen Sie mindestens drei bis vier Monate vor Ende des alten Geschäftsjahres mit der Planung für das kommende Jahr.

Sind Sie schon gewachsen und haben Sie bereits Mitarbeiter oder gar Führungskräfte in Ihrem Unternehmen, definieren Sie Verantwortliche für die Planung der unterschiedlichen Bereiche, z. B. für Finanzen, Vertrieb, Einkauf, Produktion, Personal usw.

Machen Sie jemanden für den Planungsablauf verantwortlich: für die Terminkoordination, die Überwachung der Abgabe der Einzelplanungen und deren Zusammenführen. Sichern Sie eine pünktliche Abgabe der Zuarbeiten (der „Budgets“) und setzen Sie fixe Termine.

Sind Sie als Unternehmer allein auf weiter Flur, bleibt das leider alles Ihnen selbst überlassen – zumindest entfällt dann der Ärger über säumige Zuarbeiten.

Planabweichungen

Wie gut Ihre Planung auch ist, Abweichungen sind unvermeidlich. Vergleichen Sie deshalb regelmäßig die geplanten mit den Ist-Werten und analysieren Sie, warum es Abweichungen gab (Abweichungsanalyse). Vielerorts wird das quartalsweise gemacht. Eine monatliche Abweichungsanalyse ist aber besser, denn Sie sehen frühzeitig, wie der Vormonat gelaufen ist, und können schnell reagieren.

Achten Sie bei der Gegenüberstellung von Plan- und Ist-Werten darauf, dass die Informationen in gleicher Weise aufbereitet sind. Dies bedeutet, dass Sie sinnvollerweise Ihren Plan (Budget) so aufstellen, wie Ihre Buchhaltung (und damit die BWA) strukturiert ist. Legen Sie also Ihre Buchhaltungsstruktur gemeinsam mit demjenigen fest, der buchen wird (Buchführungsservice, Steuerberater oder eigener Mitarbeiter) und beachten Sie dabei Ihre Vorstellungen zur Planungsstruktur. Äpfel und Birnen lassen sich nicht sinnvoll miteinander vergleichen, d. h. Positionen, die nur in einer der beiden „Welten" vorkommen, können Sie niemals wirklich gegenüberstellen.

Bei größeren Abweichungen gehen Sie den Ursachen sofort auf den Grund, um rechtzeitig gegenzusteuern. Bei einigen Kosten ist es sogar negativ, wenn Sie geringer ausfallen als geplant. Wenn z. B. Instandhaltungsarbeiten auf Folgemonate verschoben werden oder wichtige und große Rechnungen Ihrer Lieferanten noch nicht gestellt wurden und Ihre Buchhaltung dafür keine Rückstellung gebildet hat. In diesen Fällen belasten diese Kosten in den folgenden Monaten Ihr Budget ungeplant und das geht meist zu Lasten Ihrer Liquidität.

Die Hochrechnung

Die Hochrechnung (nicht nur zum Geschäftsjahresende) ist genauso wichtig wie die Analyse der Planabweichungen. Mit ihr sehen Sie, welche Auswirkungen die Abweichungen auf das restliche Jahr haben werden.

Stellen Sie sich vor, es ist Anfang Juli und Sie bemerken, dass Sie bis jetzt fast 20 Prozent weniger Umsatz hatten als geplant. Ist als Ursache erkennbar, dass Sie zu optimistisch geplant hatten oder die Konkurrenz stärker war als erwartet, werden Sie besser die Zahlen für den Rest des Jahres nach unten korrigieren, was deutliche Auswirkungen auf viele Ihrer Entscheidungen haben wird: Investitionen, Kosten, Entnahmen usw.

Ist es nur eine zeitliche Verzögerung, ist der Markt nur kurzzeitig eingebrochen, sehen diese Konsequenzen wieder ganz anders aus. Wichtig ist in jedem Fall, dass Sie den Grund erkennen und der Entwicklung nicht tatenlos entgegensehen.

Es kann aber auch sein, dass Kosten, die Sie für den Mai geplant hatten, erst im August anfallen, also „aufwandswirksam" werden. Erfassen Sie solche Korrekturen in Ihrer Hochrechnung und verringern Sie so die zunächst durchaus natürliche „Schere" zwischen Plan und Ist.

Ändern Sie nach der Hochrechnung Ihre Gesamtplanung der nächsten Jahre aber erst dann, wenn die Abweichungen groß sind und voraussichtlich einen entsprechenden Einfluss auf das Ergebnis und die Entwicklung der nächsten Jahre haben werden. Kleine Abweichungen sind normal. Es wäre ein unverhältnismäßig großer Aufwand, jeden Monat eine neue Hochrechnung zu erstellen, ohne dass es einen wirklichen Nutzen bringt. Unterdrücken Sie also ein eventuell vorhandenes Bedürfnis nach übergroßer Akribie.

5.3 Ihre Preiskalkulation

Die richtige Preisbildung ist für jeden Unternehmer eine beträchtliche Aufgabe, vor allem wenn er am Anfang steht und sich auf keinerlei Markterfahrung mit seinem Produkt, seiner Ware oder seiner Leistung stützen kann.

Bevor Sie sich mit kalkulatorischen Details befassen, prüfen Sie zunächst, welche Faktoren im Markt Ihre Preise insgesamt bestimmen:

Aspekte der Preisbestimmung

Ziele Ihres Unternehmens:	Gewinnmaximierung oder Marktanteile erobern
Angebotsstruktur im Markt:	Struktur und Anzahl der Anbieter und Nachfrage
Käuferverhalten:	Bedürfnisse – Kaufkraft – Dringlichkeit des Bedarfs
Konkurrentenverhalten:	zu erwartende Reaktionen auf Ihren Preis
Händlerverhalten:	Händlermeinung als Analysemodul (falls Sie im indirekten Vertrieb über Handelsmittler verkaufen)
Kostenaspekt:	betriebswirtschaftlich begründete Preisaspekte
Gesetze/Verordnungen:	staatliche Einflussnahme (z. B. VPÖA, VBO, HOAI)

Nachdem Sie diese Faktoren recherchiert haben, wenden Sie sich jetzt der betriebswirtschaftlichen Betrachtung Ihrer Preise zu. Vergessen Sie nicht, dass kein noch so ökonomisch begründeter Preis Bestand haben wird, wenn der Markt ihn nicht annimmt, dass aber umgekehrt auch die schönste Marktakzeptanz nichts nützt, wenn Sie nicht „auf Ihre Kosten", also zu Gewinn kommen.

Ein häufiger Konkursgrund lautet: keine oder eine falsche Kalkulation! Preise über den Daumen zu peilen oder die Konkurrenz nur zu kopieren, ist sehr gefährlich. Eine genaue Preisermittlung ist unverzichtbar, wollen Sie nicht bald wieder schließen. Eine gute Kalkulation hat stets mindestens zwei Phasen – die **Vorkalkulation**, das ist Ihr Angebotspreis, und die **Nachkalkulation**, mit der Sie überprüfen, ob dieser Preis richtig war. Gerade bei Dienstleistungen oder umfangreichen Projekten, zum Beispiel Bauvorhaben oder Ingenieurleistungen, unterscheiden sich die tatsächlichen Aufwendungen von den erwarteten zuweilen beträchtlich. Zumal in der Gründungsphase, wenn Sie noch wenig Erfahrung besitzen, ist die Kontrolle des tatsächlichen Aufwandes unverzichtbar. Stellen Sie deshalb unbedingt unter anderem mindestens folgende Fragen:

Fragen bei Vor- und Rückkalkulation

- ➔ Verbleibt genügend Reingewinn, wenn die Vorgaben des Auftraggebers erfüllt werden (Material, Methode, Umfang)?
- ➔ Ist der Auftrag ohne teure Überstunden oder den Einkauf fremder Leistungen zu bewältigen?
- ➔ Kann der Gewinnzuschlag geringer ausfallen, da das Auftragsvolumen groß genug ist?
- ➔ Machen Einstellungen und Investitionen den Auftrag unattraktiv oder riskant?
- ➔ Entstehen Finanzierungskosten oder hohe Kreditrisiken?

Die anderen beiden Phasen – **Zwischen- und Nachkalkulation** – sind ebenfalls existenziell: Die erste, sobald Sie während eines Auftrages feststellen, dass sich Bedingungen verändert haben (die dann sofort neu zu verhandeln sind), die zweite nach jedem Auftrag, um zu sehen, ob Sie einen ähnlichen Auftrag jemals wieder zu diesem Preis annehmen dürfen. In beiden Fällen wird Ihr Unternehmen über kurz oder lang scheitern, wenn Sie nichts ändern.

Kalkulation bedeutet eigentlich **Kostenträgerrechnung**, also die Kosten der einzelnen Leistung, der hergestellten oder verkauften Ware – der Kostenträger –, genau zu bestimmen, um einen realistischen Preis festzulegen. Die **Kostenartenrechnung** gibt Ihnen die Information, welche Aufwendungen das Material und der Arbeitslohn verursachen; die **Kostenstellenrechnung**, wie hoch die anteiligen Gemeinkosten (Fixkosten) sind. Bedenken Sie, dass nicht alle in Ihren Unterlagen befindlichen Zahlen auch gleichzeitig für die Kalkulation geeignet sind.

Beispiel

Werner Schulze aus Pritzwalk kauft 2010 für die Werkstatt seiner Bildungsgesellschaft eine Fräsmaschine für 16.000 Euro. Die betriebsgewöhnliche Nutzungsdauer beträgt 16 Jahre. Bei linearer Abschreibung sind das 1.000 Euro im Jahr. Mit diesem Abschreibungssatz errechnet er beispielsweise seine Plangrößen, unter anderem auch den Cashflow.

Nun wird diese Maschine, wenn sie nach Ablauf der Nutzungsdauer wiederbeschafft werden soll, niemals denselben Einkaufspreis haben. Nehmen wir an, sie wird teurer sein. Herr Schulze rechnet mit 20.500 Euro. Diesen Betrag benötigt er also nach sechzehn Jahren mindestens.

Legt er seiner Preiskalkulation nur die 16.000 Euro Anschaffungspreis zugrunde, fehlen ihm im Jahre 2026 genau 4.500 Euro zur Wiederbeschaffung. Er wird demzufolge mit dem Wiederbeschaffungspreis kalkulieren. Das bedeutet: Die ***kalkulatorischen Abschreibungen sind mit den steuerrechtlichen (bilanzmäßigen) Abschreibungen nicht identisch.***

Da die Verteuerungsfaktoren für das wiederzubeschaffende Wirtschaftsgut durchaus von Jahr zu Jahr wachsen können, ist der Aufschlag auf die bilanzmäßigen Abschreibungen nicht konstant. In Ihre Kalkulation gehören übrigens auch andere kalkulatorische Kosten, wie die **kalkulatorische Miete** für das Ihnen selbst gehörende Betriebsgebäude und die **kalkulatorischen Zinsen** auf Ihr eingesetztes Eigenkapital. Nicht zu vergessen Ihr **kalkulatorischer Unternehmerlohn**, falls Sie keine GmbH sind und das Gehalt nicht bereits in den Fixkosten enthalten ist (vgl. Kapitel II, Abschnitt 4 Gehalt oder Entnahme).

Das heißt, um eine wirkliche Basis für Ihre Preisbildung zu besitzen und die verschiedenen Kalkulationsmethoden überhaupt anwenden zu können, vor allem unter dem Aspekt künftiger Aufwendungen, benötigen Sie auch eine gute Finanzplanung. Nutzen Sie dafür die gleiche Planungssystematik, wie sie für Ihren Businessplan erforderlich ist.

Aus dieser Erkenntnis heraus präzisieren wir die Definition des Begriffes „Kalkulation" als **„die Berechnung von Preisen für Produkte, Waren und Dienstleistungen auf der Grundlage markt- und unternehmensrelevanter Daten"**.

Voraussetzungen sind dabei für

- ➔ bereits **existierende Unternehmen**: eine korrekte Kostenartenrechnung (einschließlich kalkulatorischer Kosten) ggf. samt Betriebsabrechnungsbogen sowie eine komplette Finanzplanung,
- ➔ für **Gründungsunternehmen**: eine komplette Finanzplanung einschließlich aller vom Markt erhältlichen Daten (Marktanalyse).

Ihr zu kalkulierender Preis lässt sich auf verschiedene Weise ermitteln. Das hängt nicht zuletzt von der Branche ab, in der Sie Ihr Unternehmen gründen. Unabhängig davon sollte Ihr Preis alle Bestandteile enthalten, die Sie als Einnahmen benötigen: alle Kosten, Ihren Gewinn und die zu zahlenden Steuern:

Dafür gibt es verschiedene Methoden. Sie sind nicht nur von der Branche abhängig, sondern auch von dem Ziel, das Sie mit Ihrer Kalkulation ins Auge fassen. Beabsichtigen Sie, ein Preisangebot zu formulieren, das Ihre vollen Kosten deckt, verwenden Sie Methoden der **Vollkostenrechnung**.

Möchten Sie nur die variablen Kosten berücksichtigen, wählen Sie eine **Teilkostenrechnung**, die Deckungsbeitragsrechnung. Sie wissen, dass der Deckungsbeitrag der Teil Ihres Erlöses ist, der nach Abzug der variablen, umsatzabhängigen Kosten zur Deckung der Fixkosten verbleibt. Liegt Ihr so kalkulierter Preis über den variablen Kosten, erwirtschaften Sie mit ihm einen Beitrag zur Deckung der übrigen Kosten. Der Vorteil dieser Methode besteht darin, dass Sie flexibler auf den Markt reagieren können, da Sie genau wissen, wie weit Sie gehen dürfen. Das ist besonders dann interessant, wenn Sie Teile Ihres Sortiments oder Ihres Leistungsangebotes zu einem bestimmten Preis anzubieten haben – weil es die Konkurrenz auch tut – obwohl die Erlöse dafür nicht die vollen Kosten erbringen. So berechnen Sie den Deckungsbeitrag, den die spezielle Leistung erreicht und wissen, wie viel Erlös mehr Sie mit anderen Waren oder Leistungen aufzubringen haben, damit am Ende das Betriebsergebnis stimmt.

Im Folgenden stellen wir Ihnen die drei wichtigsten **Kalkulationsmethoden** der Vollkostenrechnung vor. Es sind nur einfache Schemata, die ein gründliches Vertrautmachen mit dieser Materie nicht ersetzen! Für Dienstleister und bestimmte freie Berufe sind sie nicht ohne weiteres zu übernehmen. Mit einigem Geschick lassen sich daraus aber eigene, für Ihren speziellen Fall passende Formen entwickeln.

5.3.1 Zuschlagskalkulation

Diese Methode eignet sich für **Fertigungs-, Handwerks- sowie Handelsbetriebe** und auch für **Dienstleister** (mit Einschränkung). Es werden alle anfallenden Kosten der jeweiligen Leistungs- oder Wareneinheit zugeschlagen. Da Sie stets

„netto" kalkulieren, wird die Umsatzsteuer, zum Beispiel für einen Angebotspreis, diesem Preis erst am Ende hinzugefügt.

Haben Sie innerhalb Ihrer Gemeinkosten (Fixkosten) **verschiedene Kostenstellen**, wie Material, Fertigung, Vertrieb, könnte ein solches Schema folgendermaßen aussehen:

	Materialeinzelkosten	wie verursacht
	Materialgemeinkosten	proz. Aufschlag
=	Materialkosten	
+	Löhne in der Fertigung	wie verursacht
+	Fertigungsgemeinkosten	proz. Aufschlag
+	Sonderkosten der Fertigung	
proz. Aufschlag		
=	Herstellungskosten	
+	Verwaltungs- und Vertriebsgemeinkosten	proz. Aufschlag
+	Sonderkosten Vertrieb	proz. Aufschlag
=	Selbstkosten	
+	Gewinnzuschlagsatz in Prozent der Selbstkosten	
=	Listenpreis	
+	Rabatte, Skonti	
=	Netto-Angebotspreis	
+	Umsatzsteuer	
=	Brutto-Angebotspreis	

Noch viel einfacher geht es, wenn Sie – gerade am Anfang bei einem kleinen Betrieb – mit einem **einheitlichen Gemeinkostenzuschlag** arbeiten:

	Materialkosten
+	Lohnkosten
+	Gemeinkostenzuschlag in Prozent der Lohnkosten
+	Sonderkosten
=	Selbstkosten
+	Gewinnzuschlag
=	Nettopreis

Bei einem **Handelsbetrieb** sieht eine Zuschlagskalkulation so aus:

	Einkaufspreis
+	Gemeinkostenzuschlag in Prozent des Einkaufspreises
=	Selbstkosten
+	Gewinnzuschlag in Prozent der Selbstkosten
=	vorläufiger Verkaufspreis

+	Zuschläge (Provision, Rabatte, Skonti)
=	Netto-Verkaufspreis
+	Umsatzsteuer
=	Brutto-Verkaufspreis

Es geht auch anders: Rechnen Sie den Rohertrag aus (Verkaufspreis – variable Kosten) und beziehen diesen auf den Einkaufspreis (Rohertrag in Prozent des Einstandspreises). Jetzt haben Sie einen **Kalkulationszuschlag**, der alle Aufschläge enthält. Merken Sie ihn sich gut, damit lässt sich schnell ein überschlägiger Preis berechnen.

Sind Sie **Dienstleister** und stellen Ihren Kunden **Arbeitsstunden** in Rechnung, haben Sie den **Stundensatz** zu kalkulieren. Das geht wie folgt:

	Bruttolohn je Stunde	(35%)	=	21,00 €
+	Lohnzusatzkosten	(30%)	=	18,00 €
+	Gemeinkostenzuschlag	(25%)	=	15,00 €
+	Gewinnzuschlag	(10%)	=	6,00 €
=	Kosten einer Arbeitsstunde	(100%)	=	60,00 €
+	Umsatzsteuer	(19%)	=	11,40 €
=	Preis je Arbeitsstunde		=	71,40 €

Ermitteln Sie als Freiberufler Ihren Preis, geht das mit einer recht einfachen Methode. Als Voraussetzung brauchen Sie einen Preis für Ihren Zeitaufwand (z. B. Stunden- oder Tagessatz in Euro) und die variablen Kosten für den Auftrag bzw. das Projekt. Dann kalkulieren Sie so Ihren Angebotspreis:

	Variable Kosten für Auftrag
+	Kosten für Zeitaufwand
=	Selbstkosten
+	Gewinnaufschlag (20%)
=	Nettopreis
+	Umsatzsteuer (19%)
=	Bruttopreis (Angebotspreis)

Den Gewinnaufschlag gestalten Sie entsprechend Ihren Erfahrungen oder Analysen. Entscheidend ist oft, dass die gesamte Preisbestimmung, vor allem bei wenigen und vom Wert sehr unterschiedlichen Aufträgen, nur mithilfe einer **Mischkalkulation** möglich ist und Sie dabei noch einen gewissen Gesamtzeitraum zu berücksichtigen haben. Entdecken Sie bei Ihrer Preisgestaltung, dass selbst ein ökonomisch attraktiver Preis Ihre Fixkosten nicht deckt, müssen Sie die sicherlich dafür verantwortliche Umsatzlücke zunächst noch aus eigenen oder fremden Finanzierungsquellen schließen.

5.3.2 Divisionskalkulation

Gründen Sie einen Produktionsbetrieb, in dem Sie Serien fertigen, ist die Divisionskalkulation anwendbar. Sie verteilen die vorausberechneten Gesamtkosten auf die Anzahl der Erzeugnisse, das heißt, Sie dividieren alle Kosten durch die Stückzahl aller Teile und erhalten dann die Selbstkosten je Stück:

$$\text{Selbstkosten je Stück} = \frac{\text{Gesamtkosten der Produktionsperiode}}{\text{Gesamtstückzahl der Produktionsperiode}}$$

Mithilfe dieser Zahl rechnen Sie dann Ihren Preis aus:

	Selbstkosten je Stück
+	Gewinnzuschlag
=	Nettopreis
+	Umsatzsteuer
=	Bruttopreis

Diese Methode ist zum einen nur anwendbar, wenn Sie wirklich gleichartige Produkte herstellen. Zum anderen ist sie in dieser einfachen Form recht ungenau, denn sie differenziert die Kosten ungenügend. So entfallen die Vertriebskosten eigentlich nur auf die schon verkauften Produkte, nicht auf die, welche noch im Lager sind. Hier hilft die **mehrstufige Divisionskalkulation**, bei der Sie die einzelnen Kostenstellen berücksichtigen und zum Beispiel die Vertriebskosten nur auf den Teil der bereits vertriebenen Teile umschlagen.

5.3.3 Äquivalenzziffernkalkulation

Haben Sie es mit Produkten in Serie zu tun, die sich in einzelnen Details voneinander unterscheiden, zum Beispiel Bretter unterschiedlicher Stärke, differieren auch die Selbstkosten der einzelnen Erzeugnisse. Hier kalkulieren Sie mit entsprechenden Zu- oder Abschlägen auf die Kosten der jeweiligen Produkte – den Äquivalenzziffern.

5.3.4 Kalkulationsfehler

In der betrieblichen Praxis werden immer wieder Fehler beim Kalkulieren gemacht, meist mit langfristig negativen Folgen. Hier die häufigsten Schwächen in diesem Bereich:

Kalkulationsfehler

- ➔ Arbeiten ohne Kalkulation
- ➔ Übernehmen der Konkurrenzpreise
- ➔ Schätzen statt Berechnen
- ➔ Unklarheiten über den tatsächlichen Aufwand
- ➔ „Vergessen" der kalkulatorischen Kosten
- ➔ Kalkulieren ohne Gewinn- und Risikozuschlag
- ➔ Übernehmen von Kalkulationshilfen, ohne sie an die eigene Situation anzupassen
- ➔ Keine Nachkalkulation

5.4 Die Kennzahlen

Kennzahlen haben einen unschlagbaren Vorteil: Sie verschaffen Ihnen schnell und ohne großen Aufwand einen Überblick über die Entwicklungen in Ihrem Unternehmen.

Ihre Palette ist sehr breit und muss für die Bedürfnisse jedes Unternehmens individuell entwickelt und angepasst werden, sonst haben sie keinen Sinn.

Übernehmen Sie irgendetwas, ohne Ihre eigene Spezifik zu berücksichtigen, entstehen genau die Zahlenfriedhöfe, die Sie vielleicht schon in Ihrer früheren Tätigkeit abgeschreckt haben, sich mit kaufmännischen Themen zu befassen.

Deshalb betrachten wir hier nur die Kennziffern, die erfahrungsgemäß für die meisten Betriebe wichtig sind. Die sollten Sie kennen und auch interpretieren können.

5.4.1 Deckungsbeitrag und Handelsspanne

Der **Deckungsbeitrag** gibt Ihnen Auskunft darüber, wie viel das jeweilige Produkt, die Ware, die Dienstleistung oder der Kunde, das Verkaufsgebiet usw. zur Deckung Ihrer **Fixkosten** beitragen.

Der Deckungsbeitrag berechnet sich ganz einfach aus der Differenz zwischen Umsatz und variablen Kosten:

Deckungsbeitrag = Umsatz – Variable Kosten

Wir verwenden zur Erläuterung unser Beispiel, das Gasthaus „Zum Schwarzen Schwan".

Beispiel

Die Produktgruppe „Speisen" hat beispielsweise einen Deckungsbeitrag in Höhe von 28.000 €.

Das bedeutet: Die Fixkosten des Gasthauses werden durch die verkauften Speisen in Höhe von 28.000 € gedeckt.

Berechnung: 40.000 € Umsatz – 12.000 € Warenkosten = 28.000 € Deckungsbeitrag

In Prozent ausgedrückt, können Sie auch sagen, dass die Speisen zu 70 Prozent zum Decken der Fixkosten beitragen. Für jeden verdienten Euro werden also 30 Cent für die variablen Kosten bezahlt und 70 Cent bleiben zum Bezahlen der Fixkosten übrig.

Berechnung: $\frac{28.000\ €}{40.000\ €} \times 100 = 70\%$

Diese Berechnung eignet sich für sämtliche Sparten, Kundengruppen, Verkaufsgebiete usw.

Betreiben Sie ein Handelsgeschäft, wird das Ergebnis dieser Berechnung in Prozent auch als **Handelsspanne** bezeichnet. Das ist nichts anderes als der oben errechnete **Deckungsbeitrag in Prozent vom Umsatz.** Diese Kennziffer passt sogar zu unserem „Zum Schwarzen Schwan", denn auch dort gibt es Handelsware, die eingekauft und unverarbeitet einfach weiterverkauft wird, zum Beispiel Schokolade, ausgewählte Spirituosen oder Postkarten.

Im allgemeinen Sprachgebrauch wird die Handelsspanne fälschlicherweise gern als Aufschlag auf den Einkaufspreis bezeichnet. Lassen Sie sich dadurch nicht beirren.

5.4.2 Break-even-Analyse (Gewinnschwelle)

Eine der wichtigsten Fragen, auch für Sie als Gründer, lautet: „*Wie viel Umsatz muss ich mindestens erreichen, um Gewinn zu erzielen?*"

Die Berechnung der **Gewinnschwelle (Break Even Point)** hilft Ihnen bei Ihren täglichen Entscheidungen im Unternehmen. Diese Analyse dient dazu, nicht nur den Gewinn, sondern auch die Kosten, die Preise und den Umsatz zu kontrollieren. Sie können damit zum Beispiel folgende Fragen beantworten:

- ➔ Ab welcher Umsatzhöhe (oder Stückzahl) mache ich Gewinn mit meinen Dienstleistungen (oder Produkten)?
- ➔ Welche Preiserhöhung ist möglich, um Kostensteigerungen aufzufangen?
- ➔ Welche Absatzerhöhung (Stückzahl) ist notwendig, um bei einem gewährten Preisnachlass den gleichen Gewinn zu erzielen?

Der Break-even-Point wird auf verschiedene Weise betrachtet. Wir haben den **Break-even-Umsatz (Mindestumsatz)** ausgewählt, da er für viele Entscheidungen, gerade im Gründungsprozess, ein wichtiger Ausgangspunkt ist:

$$\text{Break-even-Umsatz} = \frac{\text{Fixe Kosten}}{\text{Deckungsbeitrag in Prozent vom Umsatz}}$$

Im Gasthaus „Zum Schwarzen Schwan" betrachten wir wieder die Sparte „Speisen". Die Zahlen dafür nehmen wir aus der Abbildung auf Seite 382 im Abschnitt 5.5 „Die Kosten- und Erfolgsrechnung".

Beispiel

Das Gasthaus hat Fixkosten, die auf die Sparte „Speisen" entfallen, in Höhe von 24.955 €. Der Deckungsbeitrag in Prozent vom Umsatz (siehe Abschnitt 5.4.1) beträgt 70 Prozent. Der Break-even-Umsatz liegt demzufolge bei 35.650 €:

Berechnung: $\frac{24.955\ €}{70} \times 100 = 35.650\ €$

Das bedeutet, dass das Gasthaus erst mit einem Umsatz über 35.650 € bei seinen Speisen den ersten Euro Gewinn erzielt. Ist der Umsatz niedriger, macht das Gasthaus mit diesem Teil seines Angebotes Verlust.

5.4.3 Umsatzrentabilität

Diese Kennziffer sagt Ihnen, *wie viel Prozent von jedem umgesetzten Euro als Gewinn für Sie übrigbleibt.*

Wir errechnen die Umsatzrentabilität folgendermaßen:

$$\text{Umsatzrentabilität} = \frac{\text{Betriebsergebnis}}{\text{Umsatz}} \times 100$$

Beispiel

In unserem Gasthaus ist die Umsatzrentabilität für die einzelnen Produktsparten in der Abbildung auf Seite 382 bereits berechnet. Dort hat der Bereich „Getränke" mit 22 Prozent die mit Abstand höchste Umsatzrentabilität im Vergleich zu den anderen Produktsparten.

Berechnung: $\frac{4.395}{20.000} \times 100 = 22\,\%$

Für jeden umgesetzten Euro erhält das Gasthaus bei den Getränken 22 Cent Gewinn, bei den Speisen 8 Cent und bei den Übernachtungen nur 5 Cent.

Im Vergleich mit den anderen Leistungsbereichen kann das Gasthaus „Zum Schwarzen Schwan" seinen Gewinn am leichtesten erhöhen, wenn es mehr Getränke verkauft. Demzufolge macht es Sinn, genau hier verkaufsfördernde Maßnahmen einzuleiten.

5.4.4 Liquiditätsgrade

Natürlich ist der Gewinn für Ihr Unternehmen das wichtigste Ziel, aber was nützt Ihnen ein späterer Gewinn, wenn Sie heute Ihre Rechnungen nicht zahlen können und zum Insolvenzfall werden?

Ohne ausreichende Liquidität drohen Zahlungsengpässe und im Extremfall die Zahlungsunfähigkeit. Deshalb gilt nach wie vor die Devise:

Liquidität geht vor Rentabilität!

Wie Sie einfach überprüfen können, wie es in Ihrem Unternehmen aussieht, zeigen Ihnen die folgenden drei Kennzahlen:

Die **Liquidität 1. Grades (Barliquidität)** informiert Sie über Ihre kurzfristige Zahlungsfähigkeit.

$$\text{Liquidität 1. Grades} = \frac{\text{Verfügbare Zahlungsmittel}}{\text{kurzfristige Verbindlichkeiten}} \times 100$$

Dazu addieren Sie sämtliche Liquide Mittel (Kassenbestand, Bankguthaben, Wertpapiere, usw.) und teilen das durch die kurzfristigen Verbindlichkeiten, d. h. Zahlungen, die innerhalb eines Jahres fällig werden.

Als **Richtwert** für die Liquidität 1. Grades gelten ca. 50 Prozent. Dies bedeutet, Sie wären in der Lage, 50 Prozent Ihrer kurzfristigen Verbindlichkeiten mit vorhandenen Barmitteln sofort zu bezahlen.

Beispiel

Im Gasthaus „Zum Schwarzen Schwan" liegt die Liquidität 1. Grades bei 21 Prozent: 10.000 € existieren als Bank- und Kassenbestand; dem stehen 37.920 € an Verbindlichkeiten aus Lieferungen und Leistungen zuzüglich 10.500 € sonstiger Verbindlichkeiten gegenüber.

Berechnung: $$\frac{10.000 \times 100}{37.920 + 10.500} = 21\ \%$$

Das liegt deutlich unter den empfohlenen 50 Prozent. Hier sollten Sie den Bank- oder Kassenbestand erhöhen, oder, weil das ja meist nicht so einfach geht, mit der Bank einen Kontokorrentrahmen vereinbaren, um für kurzfristig aufkommende Liquiditätsengpässe gewappnet zu sein.

Die **Liquidität 2. Grades** gibt Ihnen Auskunft über Ihre **mittelfristige Zahlungsfähigkeit**. Zum Berechnen brauchen Sie Ihre Liquiden (verfügbaren) Mittel (in der Formel LM), die zu erwartenden Forderungseingänge (Forderungen aus L+L) und Ihre kurzfristigen Verbindlichkeiten.

$$\text{Liquidität 2. Grades} = \frac{\text{LM} + \text{kurzfristige Forderungen}}{\text{kurzfristige Verbindlichkeiten}} \times 100$$

Nachdem Ihre kurzfristigen Verbindlichkeiten nicht alle sofort, sondern erst nach Ablauf des Zahlungszieles fällig sind, ist es kaum notwendig, einen Barbestand in Höhe der kurzfristigen Verbindlichkeiten vorzuhalten. Deshalb wurden hier die kurzfristig eingehenden Forderungen zum Begleichen der kurzfristigen Verbindlichkeiten verwendet.

Richtwert für die Liquidität 2. Grades: auf jeden Fall über 100 Prozent.

Beispiel

In unserem Gasthaus liegt die Liquidität 2. Grades bei 52 Prozent: 10.000 € sind Bank und Kassenbestand + 15.000 € sind Forderungen und sonstige Vermögensgegenstände – dem stehen 37.920 € Verbindlichkeiten aus L+L und 10.500 € sonstige Verbindlichkeiten gegenüber.

Berechnung: $$\frac{10.000 + 15.000}{37.920 + 10.500} = 52\ \%$$

Also wird auch bei der Liquidität 2. Grades der Richtwert nicht erreicht. Ein weiteres Zeichen dafür, dass ein Liquiditätsengpass droht.

Die **Liquidität 3. Grades** informiert Sie über Ihre **langfristige Zahlungsfähigkeit.**

Zu Ihren Liquiden Mitteln und den Forderungen werden nun die Warenvorräte hinzugezählt. Diese Kennziffer ist für Sie vor allem dann interessant, wenn Sie große Warenvorräte besitzen:

$$\text{Liquidität 3. Grades} = \frac{\text{LM} + \text{kurzfr.Forderungen} + \text{Vorräte}}{\text{kurzfristige Verbindlichkeiten}} \times 100$$

Der **Richtwert** für die Liquidität 3. Grades liegt bei 200 Prozent.

Beispiel

Im Gasthaus „Zum Schwarzen Schwan" liegt die Liquidität 3. Grades bei 114 Prozent:
10.000 € Bank und Kassenbestand + 15.000 € Forderungen und sonstige Vermögensgegenstände + 30.000 € Vorräte. Dagegen stehen nur 37.920 € Verbindlichkeiten aus L+L sowie 10.500 € sonstige Verbindlichkeiten.

Berechnung: $$\frac{10.000 + 15.000 + 30.000}{37.920 + 10.500} = 114\ \%$$

Damit ist auch dieser Richtwert deutlich unterschritten. Dem Gasthaus ist trotz seiner guten Gewinnsituation zu empfehlen, die kurzfristigen Bankguthaben zu erhöhen, um einem eventuell zu erwartenden Liquiditätsengpass entgegenzusteuern.

5.4.5 Kundenkreditdauer

Die **Kundenkreditdauer** zeigt Ihnen, nach wie viel Tagen die Forderungen an Ihre Kunden im Unternehmen eingehen, also wie lange Ihre Kunden bei Ihnen einen Kredit in Anspruch nehmen.

Das ist keine Kaffeesatzleserei, sondern hilft Ihnen, vor allem in einem größeren Betrieb, einzuschätzen, wie sich die Zahlungsmoral entwickelt. Steigt nämlich dieser Wert, ist das ein Hinweis auf eine negative Veränderung, also auf unzuverlässige Kunden und hohe Forderungsausfallrisiken. Was die Ursache dafür ist, wäre dann als Nächstes herauszufinden.

$$\text{Kundenkreditdauer} = \frac{\text{Ø Stand der Forderungen} \times 360}{\text{Nettoumsatz}}$$

Die Kundenkreditdauer ist stark von der Branche abhängig und davon, welches Zahlungsziel Sie eingeräumt haben.

Hätten Sie beispielsweise ein Zahlungsziel von 30 Tagen rein netto ohne Abzug vereinbart, wäre eine Kundenkreditdauer von 30 bis 40 Tagen völlig im Rahmen. Vergleichen Sie deshalb Ihre Kundenkreditdauer mit der Ihrer Branchenkollegen. Bei erheblichen Abweichungen ist das ein Indiz für mögliche Risiken.

Beispiel

Im Gasthaus „Zum Schwarzen Schwan" liegt die Kundenkreditdauer bei durchschnittlich vier Tagen:

Berechnung: $$\frac{10.000 \times 360}{908.500} = 4$$

Diese außergewöhnlich niedrige Kundenkreditdauer liegt an der Art des Geschäftes, vor allen an dem in der Hotellerie bzw. Gastronomie üblichen hohen Anteil an Barzahlungen.

5.4.6 Cashflow

Wohl kaum eine Kennziffer ist so in aller Munde wie der **Cashflow** (auch Kapitalfluss). Er drückt aus, *wie viel finanzielle Mittel aus eigener Kraft, aus betrieblicher Tätigkeit erwirtschaftet werden.* Und er kündet davon, in wieweit Ihr Unternehmen *in der Lage ist, seine Verbindlichkeiten, seine Kredite zurückzuzahlen.* Letzteres ist für Banken eine entscheidende Größe bei **Rating und Kreditgewährung**.

Die einfachste Form, der **Brutto Cashflow** errechnet sich so:

	Jahresüberschuss/Jahresfehlbetrag
+	Abschreibungen (oder ./. Zuschreibungen)
+	Zunahme (oder ./. Abnahme) langfristiger Rückstellungen
=	**Cashflow**

Beispiel

Im Gasthaus „Zum Schwarzen Schwan" liegt der Cashflow bei 90.280 €.

Berechnung:

	57.280
+	*33.000*
=	*90.280*

Veränderungen von langfristigen Rückstellungen liegen nicht vor. Das bedeutet, dass das Gasthaus „Zum Schwarzen Schwan" monatlich durchschnittlich (Basis 11 Monate) 8.207 € an Liquiden Mitteln z. B. für Neuinvestitionen oder zum Tilgen von Schulden zur Verfügung hat.

Dies sieht auf den ersten Blick sehr gut aus, aber schauen wir uns einmal die Bilanz an. Dort ist ein Kredit in Höhe von 953.300€ aufgenommen. Gehen wir von einer Tilgungsdauer von zehn Jahren aus, so liegt die monatliche Tilgungsrate bei 7.944 €. Der Cashflow reicht also nur sehr knapp für die Tilgung der Kredite und lässt kaum Raum für anderes.

5.4.7 Return on Investment – ROI

Der ROI – Return on Investment (Ausdruck der Kapitalverzinsung) ist eine Messung der Rendite des eingesetzten Kapitals, d. h. wie viel kommt vom eingesetzten Kapital letztlich im gegebenen Zeitraum zurück?

$$\text{Return on Investment} = \frac{\text{Gewinn} + \text{Fremdkapitalzinsen}}{\text{Gesamtkapital}}$$

Der grobe **Richtwert** für den ROI: mehr als zehn Prozent. Genaueres ist branchenabhängig – im Handel liegt er etwas höher und in der Industrie niedriger.

Beispiel

Im Gasthaus „Zum Schwarzen Schwan" liegt der ROI bei 4,3 Prozent.
57.280 Gewinn + 1.110 € (Fremdkapitalzinsen) / 1.359.000 (Gesamtkapital).

Berechnung: $$\frac{57.280 + 1.100}{1.359.000} = 4,3$$

Der niedrige ROI liegt hier an der hohen Investition in Anlagen sowie Betriebs- und Geschäftsausstattung. Ein Investor, dem es nur um die Rendite seiner Geldanlage geht, stellt sich in diesem Beispiel natürlich die Frage, ob sein Kapital in einem anderen Projekt nicht sinnvoller eingesetzt wäre. Für den Inhaber des Gasthofes, der ja investiert, um seine Existenzgrundlage zu erhalten, bedeutet diese Information nur, dass die Investition Früchte trägt, wenn auch langsam.

5.4.8 Was Kennzahlen können und was nicht

Kennzahlen sind ein wesentliches Element Ihres „täglichen Controllings" und auf den kurzfristigen Unternehmenserfolg ausgerichtet.

Wenn Sie wenig Zeit haben und sich rasch einen Überblick über Ihr Unternehmen verschaffen wollen, sind sie genau das richtige für Sie: Mit ihrer Hilfe erkennen Sie schnell und einfach wirtschaftliche Situation und Entwicklung in Ihrem Unternehmen. Sie helfen Ihnen auch, sich mit Mitbewerbern zu vergleichen.

Aber bedenken Sie, dass diese Kennzahlen stets nur einen kleinen Ausschnitt Ihres Unternehmens beleuchten – das Gesamtbild wird immer etwas vernachlässigt. Außerdem sind sie eine reine Vergangenheitsbetrachtung. Das macht sie zwar als Frühwarnsystem geeignet, zeigt aber die Potenziale und Risiken Ihres Unternehmens nicht in Gänze. Sie erhalten demzufolge auch keinerlei geeignete Informationen zu Einsparpotenzialen oder Entwicklungsmöglichkeiten.

Für eine langfristige und nachhaltige Unternehmenssicherung sind sie deshalb nur bedingt geeignet. Dafür sind weitere Controllinginstrumente notwendig.

5.5 Die Kosten- und Erfolgsrechnung

Die **Kosten- und Erfolgsrechnung,** kurz **Kostenrechnung,** brauchen Sie, um eine Antwort auf folgende Fragen zu bekommen:

- ➔ Welche Kosten fallen in meinem Unternehmen an?
- ➔ Wo entstehen sie?
- ➔ Welches Produkt, welche Ware, welche Dienstleistung trägt diese Kosten?
- ➔ Was bleibt nach ihrem Abzug vom einzelnen Erlös übrig?

Die **Kostenrechnung** ist neben der **Gewinn- und Verlustrechnung** eine Ihrer wichtigsten Informationsquellen, die Sie als Unternehmer direkt und ohne großen Zusatzaufwand aus Ihrer Buchhaltung erhalten.

Die benötigten Informationen werden beim Buchen vom Buchhalter, wer immer das sein wird, mit erfasst. Sie müssen ihm nur mitteilen, was Sie haben möchten. Also hängt auch das wiederum von Ihnen und Ihren Entscheidungen, also Ihrem unternehmerischen Vordenken ab.

Zum **Aufbau Ihrer Kostenrechnung** überlegen Sie zunächst, welche Kategorien für Sie wichtig sind. Das können sein:

- ➔ Leistungen, Waren oder Produkte,
- ➔ Leistungs-, Waren- oder Produktgruppen,
- ➔ Vertriebswege, (Direktvertrieb, Großhandel, usw.),
- ➔ Kunden, Kundengruppen (Private Kunden, staatliche Institutionen, gewerbliche Betriebe, usw.),

➔ Verkaufsgebiete (Nord-, Süd-, West-, Ostdeutschland, Europa usw.).

Beispiel

Bleiben wir bei unserem Beispiel, dem Gasthaus „Zum Schwarzen Schwan". Hier gibt es drei wichtige Leistungsbereiche

- ➔ *Getränke*
- ➔ *Speisen*
- ➔ *Übernachtungen*

Jeder dieser Sparten teilen Sie einen Code (Kostenstelle) zu, z. B. für Getränke 1000, für Speisen 2000 usw.

Als nächstes überlegen Sie, woraus Sie Erlöse und wofür Sie Kosten haben. Verteilen Sie diese sinnvoll auf Ihre vorhin festgelegten Kategorien. Sie werden vermutlich Kosten finden, die Sie problemlos auf die gewählten Kategorien (**Kostenstellen**) verteilen können, die **Einzelkosten**, und Kosten, die auf mehrere Kategorien, die **Gemeinkosten,** entfallen. Einzelkosten können variabel und fix sein.

Beispiel

Im Gasthaus „Zum Schwarzen Schwan" sind variable Einzelkosten Kosten für Speisen, Getränke und Übernachtungen; fixe Einzelkosten sind Personalkosten für die Küche, die Zimmermädchen und die Miete – das kennen Sie ja schon aus unserem Kapitel II, Teil „Finanzplanung".

Die Verteilung der Einzelkosten im Gasthaus „Zum schwarzen Schwan" ist in der folgenden Abbildung gut zu sehen:

Kostenrechnung vor der Verteilung der Gemeinkosten
Gasthaus „Zum Schwarzen Schwan"

	Getränke 1000	Speisen 2000	Übernachtungen 3000	Gesamt
Brutto-Erlös	20.000,00 €	40.000,00 €	20.000,00 €	80.000,00 €
./. Erlösschmälerung			1.000,00 €	1.000,00 €
Nettoerlös	20.000,00 €	40.000,00 €	19.000,00 €	79.000,00 €
./. Variable Einzelkosten (z. B. Warenkosten)	4.000,00 €	12.000,00 €	2.000,00 €	18.000,00 €
DB I	16.000,00 €	28.000,00 €	17.000,00 €	61.000,00 €

	Getränke 1000	Speisen 2000	Übernach-tungen 3000	Gesamt
./. Fixe Einzelkosten direkt zuordenbar				
Personalkosten		10.000,00 €	4.600,00 €	14.600,00 €
Miete			5.000,00 €	5.000,00 €
DB II	16.000,00 €	18.000,00 €	7.400,00 €	41.400,00 €
./. Gemeinkosten nicht direkt zuordenbar				
Personalkosten				7.900,00 €
Miete				15.000,00 €
Werbekosten				2.000,00 €
Verwaltung				2.500,00 €
sonstige Kosten				2.500,00 €
Abschreibung				3.000,00 €
Summe nicht direkt zu-ordenbare Gemeinkosten				32.900,00 €
Ergebnis				**8.500,00 €**

„Brutto-Erlös" nennen wir in der Kostenrechnung den „Umsatz ohne Umsatzsteuer" *vor* dem Abzug von **Erlösschmälerungen**.

Erlösschmälerungen wiederum sind Minderungen des Bruttoumsatzes durch Rabatte, Skonti, Boni, Forderungsausfälle und sonstige Umsatzminderungen. Ziehen wir die vom Bruttoerlös ab, haben wir den **Netto-Erlös.**

Gemeinkosten sind die Aufwendungen, die für mehrere Kostenstellen anfallen und erst noch verteilt werden müssen. Sie tun das am besten nach dem Schlüssel, der für Ihr eigenes Unternehmen sinnvoll ist. Das könnte beispielsweise sein:

- ➔ bei Miete – nach Raumgrößen (im Handel – z. B. Größe der Verkaufsfläche für einzelne Warengruppen)
- ➔ bei Personal – nach der Aufteilung der Arbeitszeit der Mitarbeiter auf die einzelnen Sparten
- ➔ bei Stromkosten – nach der Anzahl der verwendeten Geräte pro Bereich
- ➔ bei den Abschreibungen – bezogen auf die jeweiligen Nutzung des Anlagevermögens

→ bei sonstigen Kosten – durch eine Schätzung, in welchem Verhältnis die Kosten der einzelnen Kostenstellen zueinander stehen

Beispiel

In unserem Gasthaus sieht es nach der Verteilung der Gemeinkosten in Höhe von 32.900 € folgendermaßen aus:

Kostenverteilung nach Verteilung der Gemeinkosten Gasthaus „Zum Schwarzen Schwan"

	Getränke 1000	Speisen 2000	Übernachtungen 3000	Gesamt
Brutto-Erlös	20.000,00 €	40.000,00 €	20.000,00 €	80.000,00 €
./. Erlösschmälerung			1.000,00 €	1.000,00 €
Nettoerlös	20.000,00 €	40.000,00 €	19.000,00 €	79.000,00 €
./. Variable Einzelkosten (z. B. Warenkosten)	4.000,00 €	12.000,00 €	2.000,00 €	18.000,00 €
DB I	16.000,00 €	28.000,00 €	17.000,00 €	61.000,00 €
./. Fixe Einzelkosten direkt zuordenbar				
Personalkosten		10.000,00 €	4.600,00 €	14.600,00 €
Miete			5.000,00 €	5.000,00 €
DB II	16.000,00 €	18.000,00 €	7.400,00 €	41.400,00 €
./. Gemeinkosten nicht direkt zuordenbar				
Personalkosten	3.555,00 €	3.555,00 €	790,00 €	7.900,00 €
Miete	6.000,00 €	7.500,00 €	1.500,00 €	15.000,00 €
Werbekosten	600,00 €	1.000,00 €	400,00 €	2.000,00 €
Verwaltung	500,00 €	1.000,00 €	1.000,00 €	2.500,00 €
sonstige Kosten	500,00 €	1.000,00 €	1.000,00 €	2.500,00 €
Abschreibung	450,00 €	900,00 €	1.650,00 €	3.000,00 €
Summe nicht direkt zuordenbare Gemeinkosten	11.605,00 €	14.955,00 €	6.340,00 €	32.900,00 €
Ergebnis	**4.395,00 €**	**3.045,00 €**	**1.060,00 €**	**8.500,00 €**
Umsatzrentabilität	22%	8%	5%	11%

Hier wurde so verteilt:

- ➔ die Personalkosten nach dem tatsächlichen Arbeitsaufwand,
- ➔ die Mietkosten nach Quadratmetern,
- ➔ die Werbekosten nach Umsatzanteil,
- ➔ Verwaltungs- und sonstige Kosten nach geschätztem Anteil des Aufwandes,
- ➔ die Abschreibungen nach der Nutzung des Anlagevermögens durch die Kostenstellen.

Nun ergibt sich ein komplett verändertes Bild:

- ➔ **Bezogen auf den Rohertrag** (hier als **Deckungsbeitrag 1** = DB I bezeichnet), sieht es so aus, als ob die Speisen die lohnendste Produktgruppe wären und danach die Übernachtungen, die Getränke aber der am wenigsten lohnende Bereich.
- ➔ **Bezogen auf die Verteilung der Gemeinkosten** sehen wir aber, dass die Getränke mit Abstand das beste Ergebnis erzielen – die Speisen und die Übernachtungen rangieren dahinter.

Schlussfolgerung: Unbedingt die Verkaufsaktionen für Getränke forcieren, denn dort gibt es mit Abstand die höchste Umsatzrentabilität!

Für eine noch größere Transparenz brechen Sie die Kostenstellen bis auf die einzelnen Leistungseinheiten herunter, um zu sehen, welche davon die besten sind. Im vorangehenden Beispiel könnten das z. B. sein: Weißbier Kostenstelle 1005, Wasser Kostenstelle 1007, Schweinebraten Kostenstelle 2005 usw. Bei der monatlichen Erfassung der Daten für Ihre Buchhaltung werden diese festgelegten Kostenstellen miterfasst. So sehen Sie bei jedem Monatsabschluss – ohne Zusatzaufwand – wo das Geld verdient wird. Der Aufwand für Sie liegt lediglich beim Aufbau Ihrer Kostenrechnung, wo Sie sich diese Gedanken machen müssen.

Danach haben Sie zeitnah und detailliert wichtige Informationen, an die Sie sonst gar nicht oder nur sehr mühsam herankommen würden.

6 Arbeitsrecht für den Unternehmer

Mit arbeitsrechtlichen Fragestellungen werden Sie schon im Gründungsstadium Ihres Unternehmens konfrontiert: Einerseits planen Sie vielleicht, in Ihrem Unternehmen Angestellte zu beschäftigen. Andererseits befinden Sie sich gegenwärtig noch in einem Angestelltenverhältnis, so dass arbeitsrechtliche Bestimmungen aus der umgekehrten Perspektive – als „Noch-Arbeitnehmer" – zu beachten sind.

Es ist nicht ganz leicht, sich im deutschen Arbeitsrecht zurechtzufinden. Das Bürgerliche Gesetzbuch (BGB) enthält in den §§ 611 ff. nur eine lückenhafte Regelung. Weitere Vorschriften finden sich in einer Vielzahl von Spezialgesetzen, welche beispielsweise zusätzliche Regelungen zum Kündigungsschutz, zum Urlaub oder zur Arbeitszeit enthalten. Daneben können auch noch europarechtliche Vorschriften sowie Tarifverträge zu beachten sein. Hinzu kommen vielfältige Berührungspunkte zum Sozialrecht sowie Steuerrecht. Die folgende Darstellung soll Ihnen **wesentliche Grundzüge des Arbeitsrechts** vermitteln und so eine Orientierung auf diesem unübersichtlichen Rechtsgebiet ermöglichen.

6.1 Sie als Arbeitnehmer

Sofern Sie gegenwärtig in einem Beschäftigungsverhältnis stehen und daneben Ihre Selbständigkeit vorbereiten, stellen sich arbeitsrechtliche Fragen insbesondere im Hinblick auf die Vereinbarkeit einer Nebentätigkeit mit dem Hauptberuf sowie gegebenenfalls dessen Beendigung.

6.1.1 Wettbewerbsverbot und Treuepflicht

Grundsätzlich dürfen Sie neben Ihrem Beschäftigungsverhältnis weiteren beruflichen Tätigkeiten nachgehen. Dies darf natürlich nicht dazu führen, dass Sie Ihre hauptberuflichen Leistungen nur noch zeitlich oder qualitativ eingeschränkt erbringen. Außerdem darf Ihre Nebentätigkeit **nicht in direkter Konkurrenz zu Ihrem Arbeitgeber** stehen. Unzulässig ist es, wenn Sie aus dem bestehenden Beschäftigungsverhältnis heraus gezielt Kunden Ihres Arbeitgebers **abwerben.** Weiterhin kann es sogar strafbar sein, wenn Sie sich unbefugt Geschäfts- und **Betriebsgeheimnisse** Ihres Arbeitgebers verschaffen, um sie künftig selbst zu nutzen.

Weitergehende Regelungen über **Wettbewerbsverbote** ergeben sich eventuell aus Ihrem Arbeitsvertrag. Ist dort eine Vertragsstraferegelung für den Fall eines Verstoßes vorgesehen? Prüfen Sie die Zulässigkeit der von Ihnen beabsichtigten Nebentätigkeit anhand Ihres Arbeitsvertrages und lassen Sie sich hierzu oder bei

Zweifeln an der Wirksamkeit eines Verbots (Keineswegs alle entsprechenden Regelungen müssen tatsächlich wirksam sein!) fachkundig beraten.

Nach Beendigung des Arbeitsverhältnisses gibt es grundsätzlich kein Konkurrenzverbot mehr. Allerdings kann im Arbeitsvertrag ein **nachvertragliches Wettbewerbsverbot** vereinbart worden sein. Die Zulässigkeit eines solchen Verbots ist an den §§ 74 ff. HGB zu messen. Prüfen Sie deshalb, ob die Ihnen auferlegten Beschränkungen in angemessener Weise örtlich und zeitlich (höchstens 2 Jahre) begrenzt sind und ob Ihnen eine **Karenzentschädigung** zugesagt wurde, welche für jedes Jahr des Verbots mindestens die Hälfte der von Ihnen zuletzt bezogenen Jahresvergütung beträgt. Liegen diese Voraussetzungen nicht vor, wird die Vereinbarung unwirksam sein. Dann besteht auch kein Wettbewerbsverbot. In diesem Falle haben Sie deshalb auch keinen Zahlungsanspruch auf die Karenzentschädigung.

Beispiel

Sie sind in einem Handwerksunternehmen als Tischler angestellt und möchten sich als solcher selbständig machen. Sie erwerben eine Werkstattausrüstung und schließen einen Mietvertrag für Ihre künftigen Geschäftsräume ab. Obwohl das Arbeitsverhältnis noch nicht gekündigt wurde, weisen Sie Kunden Ihres Arbeitgebers auf die künftige Selbständigkeit hin. Nach Ablauf der Kündigungsfrist nehmen Sie Ihre selbständige Tätigkeit auf. Ihr Arbeitsvertrag enthält eine Regelung, nach der es Ihnen nach Beendigung des Arbeitsverhältnisses untersagt ist, eine Konkurrenztätigkeit aufzunehmen; anderenfalls droht eine Vertragsstrafe von 5.000 Euro.

Das bloße Vorbereiten der künftigen selbständigen Tätigkeit durch Einrichtung der Geschäftsräume stellt noch keine Konkurrenztätigkeit dar. Allerdings ist das versuchte Abwerben von Kunden treuwidrig, weshalb der Arbeitgeber gegebenenfalls Schadensersatz wegen entgangener Folgeaufträge verlangen könnte. Die Aufnahme einer Konkurrenztätigkeit nach Beendigung des Arbeitsverhältnisses verstößt zwar gegen das vertragliche Wettbewerbsverbot. Dieses ist jedoch unwirksam, wenn keine Karenzentschädigung für die Dauer des nachvertraglichen Wettbewerbsverbotes vereinbart wurde. Die Vertragsstrafe ist daher nicht zu bezahlen.

6.1.2 Beenden Ihres Arbeitsverhältnisses

Wollen Sie sich ganz Ihrer Selbständigkeit widmen, müssen Sie vorher Ihr bisheriges Arbeitsverhältnis beenden. Beachten Sie, dass eine von Ihnen herbeigeführte Vertragsbeendigung beim **Arbeitslosengeld** zu einer **Sperrzeit** von drei Monaten führen kann. Wird das Arbeitsverhältnis aufgrund ordentlicher betriebsbedingter Kündigung des Arbeitgebers beendet, drohen Ihnen – missbräuchliche Gestaltungen ausgenommen – keine sozialrechtlichen Sanktionen. Selbst eine gegebenenfalls vom Arbeitgeber noch gezahlte Abfindung wäre grundsätzlich nicht auf nachfolgende Ansprüche auf Arbeitslosengeld anzurechnen.

Lösen Sie das Arbeitsverhältnis, erfolgt dies durch einen individuell auszuhandelnden **Aufhebungsvertrag** oder durch **Kündigung**. Beides bedarf der **Schriftform.** Die schriftliche Kündigung muss dabei den zuständigen Adressaten erreichen, also beispielsweise den Geschäftsinhaber, den Geschäftsführer oder die Personalabteilung.

Eine Kündigung kann im Regelfall nur unter Beachtung der maßgeblichen **Kündigungsfrist** erklärt werden. Diese beträgt für den Arbeitnehmer gemäß § 622 Abs. 1 BGB regelmäßig **vier Wochen** zum 15. oder zum Ende eines Kalendermonats. Abweichende Fristen können sich aus Ihrem Arbeitsvertrag oder einem branchenspezifischen Tarifvertrag ergeben. In keinem Fall darf für die Kündigung durch den Arbeitnehmer eine längere Frist vereinbart werden als für die Kündigung durch den Arbeitgeber; anderenfalls gilt die gesetzliche Frist.

Beispiel

Sie haben sich am 17.01. entschlossen, Ihr seit fünf Jahren bestehendes Arbeitsverhältnis zu lösen, um künftig selbständig tätig zu sein. Der Arbeitsvertrag verweist auf die gesetzlichen Kündigungsfristen. Am Folgetag erklären Sie schriftlich die Kündigung. Diese wird mit Ablauf des Februars wirksam. Arbeitslosengeld werden Sie voraussichtlich nicht erhalten, da die Initiative zur Beendigung des Arbeitsverhältnisses von Ihnen ausging.

Eine **fristlose Kündigung** ist nur ausnahmsweise zulässig, sofern hierfür ein wichtiger Grund vorliegt. Die beabsichtigte Selbständigkeit wird regelmäßig keinen solchen Grund darstellen. Erscheinen Sie bereits vor Ablauf der Kündigungsfrist nicht mehr zur Arbeit, machen Sie sich gegebenenfalls schadensersatzpflichtig.

6.1.3 Ihre Rechte bei Beendigung des Arbeitsverhältnisses

Nach Beendigung des Arbeitsverhältnisses haben Sie Anspruch auf **Erteilung eines Arbeitszeugnisses.** Auf Verlangen ist Ihr Arbeitgeber verpflichtet, Ihnen ein qualifiziertes Arbeitszeugnis zu erteilen, welches auch Ihre individuelle Leistung und Führung wohlwollend bewertet. Um Ihren beruflichen Werdegang lückenlos dokumentieren zu können, sollten Sie von Ihrem Recht auf Zeugniserteilung unbedingt Gebrauch machen. Auch als Selbständiger kann das eines Tages von Nutzen sein.

Darüber hinaus ist Ihr Arbeitgeber verpflichtet, Ihnen alle weiteren **Arbeitspapiere** herauszugeben. Dies betrifft beispielsweise die ausgefüllte Lohnsteuerkarte, eine Urlaubsbescheinigung sowie eine bei der Bundesagentur für Arbeit vorzulegende Arbeitsbescheinigung.

Prüfen Sie weiterhin, ob Sie im Rahmen einer bestehenden **betrieblichen Altersversorgung** Ansprüche erworben haben. Gegebenenfalls wäre mit Ihrem Arbeitgeber bzw. dem Leistungspflichtigen zu klären, ob und wie Sie derartige Versorgungsansprüche überleiten können.

Haben Sie bei Beendigung des Arbeitsverhältnisses Ihren **Urlaub** noch nicht vollständig genommen, wäre dieser von Ihrem Arbeitgeber **abzugelten**. Maßgeblich ist je Urlaubstag der im zurückliegenden Quartal erzielte durchschnittliche Bruttotagesverdienst. Allerdings ruht Ihr Anspruch auf Arbeitslosengeld für die Zeit der Urlaubsabgeltung. Meist bestimmt der Arbeitgeber jedoch, dass Resturlaub vor Ende des Arbeitsverhältnisses zu nehmen ist – damit sind Sie von Ihrer Arbeitsverpflichtung freigestellt und erhalten keine Abgeltung.

6.2 „Endlich Chef" – Sie als Arbeitgeber

Als Arbeitgeber haben Sie die Möglichkeit, Ihre unternehmerischen Ansprüche an Ihr Personal durch Auswahl von geeigneten Bewerbern sowie individuelle Gestaltung von Arbeitsverträgen weitgehend frei zu gestalten.

Ihr Entscheidungsspielraum wird aber durch gesetzliche Verpflichtungen eingeengt. Zudem werden die aus Ihrer Arbeitgeberstellung resultierenden Zahlungsverpflichtungen für Gehälter und Lohnzusatzkosten von erheblicher Bedeutung sein. Lesen Sie dazu in Kapitel II den Abschnitt 3.7.3 zu „Personalkosten". Alternativen zur regulären Vollzeitbeschäftigung von Arbeitnehmern finden Sie später im Abschnitt 6.3.

Zunächst geht es hier um die arbeitsrechtlichen Besonderheiten bei der Suche nach geeigneten Mitarbeitern, die Gestaltung von Arbeitsverträgen, Ihre Rechte und Pflichten als Arbeitgeber sowie die Beendigung von Arbeitsverhältnissen.

6.2.1 Die Stellenausschreibung

Im Stadium der Stellenausschreibung sind rechtliche Besonderheiten zu beachten, deren Unkenntnis Sie bereits in der Gründungsphase Ihres Unternehmens viel Zeit und Geld kosten kann.

Die Veröffentlichung Ihrer **Stellenanzeige** (Beispiele liefern z. B. die Angebote der Bundesagentur für Arbeit unter www.bundesagentur.de) enthält kein *verbindliches Angebot* auf Abschluss eines Arbeitsvertrages, sondern lediglich eine *Aufforderung an Interessenten*, sich mit Ihnen zum Vertragsabschluss in Verbindung zu setzen. Sie müssen unbedingt darauf achten, dass die Stellenausschreibung gegen keines der **Diskriminierungsverbote** nach § 1 **AGG** (**Allgemeines Gleichbehandlungsgesetz**) verstößt. Danach sind Benachteiligungen aus Gründen der Rasse oder wegen der ethnischen Herkunft, des Geschlechts, der Religion oder

Weltanschauung, einer Behinderung, des Alters oder der sexuellen Identität unzulässig.

Beispiel

Suchen Sie etwa eine „Sekretärin bis 30 Jahre", so entsteht beispielsweise bei einem 40-jährigen männlichen Bewerber die Vermutung, Sie hätten ihn aufgrund seines Alters sowie seines Geschlechts benachteiligt.

Die Suche nach einem „Berufsanfänger" benachteiligt ältere, die Forderung nach „10 Jahre Führerschein" jüngere Bewerber.

Zulässig wären aber der zu besetzenden Position angemessene Kriterien wie Führungserfahrung bei einer Leitungsposition oder eine gewisse Fahrpraxis für einen Kurierfahrer.

Achten Sie auf eine **geschlechtsneutrale Ausschreibung** Ihrer Stellenangebote (*z. B.: „Büroangestellte(r)"*) und vermeiden Sie altersbezogene Vorgaben. Anderenfalls hat ein nicht berücksichtigter Bewerber die Möglichkeit, Sie auf Schadensersatz in Höhe von zumindest bis zu drei Monatsgehältern in Anspruch zu nehmen. Dies gilt auch dann, wenn die betreffende Person von Ihnen aus anderweitigen Gründen nicht eingestellt wurde. Eine unüberlegte Stellenausschreibung birgt somit beträchtliche Haftungsrisiken, weil Sie von Scheininteressenten geschickt ausgenutzt werden kann.

6.2.2 Bewerberauswahl

Filtern Sie aus den eingehenden Bewerbungen einen Kreis **geeigneter Bewerber** heraus und laden Sie sie zum persönlichen Gespräch.

Abgelehnte Bewerber haben Anspruch darauf, dass die von ihnen eingereichten Unterlagen an sie zurückgegeben werden. Die Ablehnung muss nicht begründet werden (außer bei Schwerbehinderten, siehe unten). Achten Sie besonders darauf, dass kein Verdacht auf unzulässige Benachteiligungen geweckt wird. Niemals darf die Ablehnung mit einem Diskriminierungsmerkmal im Sinne von § 1 AGG begründet werden („Sie sind für unser Team zu alt ..."). Am besten teilen Sie ohne weitere Erläuterungen lediglich mit, dass der betreffende Bewerber bei der Stellenbesetzung nicht berücksichtigt werden konnte.

Wichtig ist: Verweisen Sie im Ablehnungsschreiben darauf, dass Sie **Ablichtungen der Bewerbungsunterlagen** noch für drei Monate aufbewahren werden. Die Frist für die schriftliche Geltendmachung von Schadensersatzansprüchen wegen unzulässiger Benachteiligung nach dem AGG beträgt nämlich zwei Monate ab Ablehnung. Sollte ein Bewerber eine unzulässige Benachteiligung geltend machen, kann anhand der noch verfügbaren Bewerbungsunterlagen dargelegt werden, warum ihm ein anderer Bewerber vorgezogen wurde.

Auch nach Inkrafttreten des **AGG** ist kein Arbeitgeber verpflichtet, bestimmte Bewerber bevorzugt zu behandeln. Halten Sie alle Bewerber für ungeeignet und stellen Sie niemanden ein, so liegt hierin ebenfalls keine Benachteiligung.

Unklar ist noch, inwieweit (vermeintliche) Kundenerwartungen bei der Stellenbesetzung berücksichtigt werden dürfen. So werden Sie einen 50 Jahre alten Bewerber wohl nicht allein mit dem Argument zurückweisen können, die Zielgruppe Ihres Unternehmens sei etwa 30 Jahre alt. Hier muss die Rechtsprechung noch sichere Abgrenzungskriterien entwickeln. Beachten Sie also die Vorschriften des zweiten Abschnitts des AGG und nehmen Sie im Falle einer Klageerhebung durch Bewerber vor dem Arbeitsgericht rechtzeitig anwaltlichen Rat in Anspruch.

Beispiel

Der Unternehmer Paul Nowak aus Mönchengladbach stellt an Stelle eines 50 Jahre alten hochqualifizierten Bewerbers einen jungen Berufsanfänger ohne jegliche erforderliche Vorkenntnisse ein, so dass der Vorwurf einer Benachteiligung erhoben wurde . . .

Der junge Bewerber hätte wahrscheinlich problemlos eingestellt werden können, wenn er über eine hinreichende Qualifikation oder sogar über weitere für die auszuübende Tätigkeit nützliche Zusatzqualifikationen (z. B. Fremdsprachen- oder PC-Kenntnisse) verfügt hätte. Diskriminierung würde auch dann nicht vorliegen, wenn Paul Nowak der junge Mitarbeiter persönlich sympathischer gewesen wäre (wobei dies im Prozess beweisbar sein muss und die Sympathie nicht allein vom Alter abhängig sein darf). Da aber der 50-Jährige deutlich besser qualifiziert war als alle anderen Mitbewerber und seine Vorstellungen von Gehalt und Urlaub moderat waren, hätte Paul Nowak eine Nichteinstellung allenfalls noch dadurch rechtfertigen können, dass der Bewerber nach seiner Persönlichkeit oder seinem Verhalten nicht für die Stelle geeignet erschien, oder dadurch, dass die Fa. Nowak niemanden einstellen und die Stelle neu ausschreiben würde.

Ob das den Verdacht einer Benachteiligung in allen Praxissituationen beseitigt, ist durchaus zweifelhaft.

Ein besonderes Augenmerk ist auf **Bewerbungen von Schwerbehinderten** zu legen. Diesen müssen nämlich die **Gründe für eine Ablehnung** unverzüglich und vollständig mitgeteilt werden. Nachträgliche Ergänzungen der Ablehnungsgründe sind nicht zulässig. Unterbleibt eine solche Begründung, vermutet die Rechtsprechung eine unzulässige Diskriminierung. Als Gründe für die Nichtbeachtung der Bewerbung dürfen wiederum nur konkret tätigkeitsbezogene Kriterien angeführt werden. Die Behinderung rechtfertigt eine Ablehnung immer dann nicht, sobald die auszuübende Tätigkeit keine bestimmten Voraussetzungen erfordert, die von der Behinderung betroffen sind.

6.2.3 Das Einstellungsgespräch

Prüfen Sie die Eignung des Bewerbers im Einstellungsgespräch. Sie haben ein weitgehendes **Fragerecht**, insbesondere zum bisherigen beruflichen Werdegang sowie zur fachlichen Qualifikation. Bereiten Sie sich auf das Einstellungsgespräch eingehend vor und verfassen Sie eine Frageliste. Erfassen Sie den Verlauf des Gesprächs stichpunktartig.

Macht der Bewerber im Einstellungsgespräch unzutreffende Angaben, berechtigt Sie das später zur Anfechtung des Arbeitsvertrages wegen arglistiger Täuschung. Fragen, an deren Beantwortung Sie kein berechtigtes Interesse haben, sind jedoch **unzulässig**. Als berechtigt gilt nur, was die auszuübende Tätigkeit betrifft und nicht diskriminierend ist. Der Bewerber braucht ansonsten nicht wahrheitsgemäß zu antworten. Dies betrifft beispielsweise Fragen zu höchstpersönlichen Merkmalen wie einer bestehenden Schwangerschaft, zum Familienstand, zur Behinderung, zur Gewerkschaftszugehörigkeit.

Nach Vorstrafen darf dann gefragt werden, wenn ein Bezug zur auszuübenden Tätigkeit besteht.

Beispiel

*Verheimlicht ein Bewerber für eine Stelle als **Busfahrer,** dass ihm der Führerschein bereits wiederholt wegen Trunkenheitsfahrten abgenommen wurde, so berechtigt dies nach Bekanntwerden zur sofortigen Anfechtung des Arbeitsvertrages. Bei einem **Gerüstbauer** wird die Frage zulässig sein, ob sich der Bewerber sicher in großen Höhen bewegen kann, selbst wenn er dieses Kriterium aufgrund einer Schwerbehinderung nicht erfüllt. Beantwortet jedoch ein Bewerber bei einer zu besetzenden **Bürostelle** die Frage nach gesundheitlichen Einschränkungen, Schwerbehinderung oder Schwangerschaft unzutreffend, so rechtfertigt diese Lüge in der Regel keine Anfechtung des Arbeitsverhältnisses.*

Sie sind verpflichtet, dem Bewerber die Aufwendungen zur Durchführung des Einstellungsgesprächs, insbesondere die **Fahrtkosten**, zu erstatten. Wollen Sie das nicht, müssen Sie das bereits bei der Aufforderung zum Vorstellungsgespräch klar zum Ausdruck bringen. Möglicherweise kann der Bewerber bei der Bundesagentur für Arbeit einen Fahrtkostenzuschuss beantragen.

6.2.4 Der Arbeitsvertrag

Wollen Sie nun einen Arbeitnehmer einstellen, ist es wichtig zu wissen, ob und wie ein Arbeitsvertrag geschlossen werden kann.

Grundsätzlich können Sie jede beliebige Person als Arbeitnehmer einstellen. Ausgenommen sind aber Kinder unter 13 Jahren. **Kinder und Jugendliche** im Alter zwischen 13 und 18 Jahren dürfen nur in Abhängigkeit von den Bestimmungen des Jugendarbeitsschutzgesetzes beschäftigt werden. Die Beschäftigung Auszubildender setzt Ihre fachliche Eignung als Ausbilder nach den §§ 27 ff. Berufsbildungsgesetz voraus.

Ausländer dürfen nur beschäftigt werden, wenn sie eine Arbeitsgenehmigung besitzen. Bürger aus EU-Mitgliedsstaaten benötigen grundsätzlich keine Arbeitserlaubnis; ausgenommen hiervon sind noch bis 30. 04. 2011 Bürger der erst ab dem 01. Mai 2004 der EU beigetretenen (osteuropäischen) Staaten. Erleichterte Regelungen gelten für Saisonarbeitnehmer.

Der **Abschluss eines Arbeitsvertrages bedarf keiner Form**. Der Vertrag kommt zustande, sobald sich die Parteien über die zu leistende Arbeit und die Vergütungspflicht geeinigt haben. Es ist unschädlich, wenn bei Vertragsschluss die genaue Höhe der Vergütung noch nicht vereinbart wurde (empfehlenswert ist es trotzdem nicht).

Schließen Sie also, ungeachtet der Formfreiheit von Arbeitsverträgen, mit Arbeitnehmern nur schriftlich dokumentierte Vereinbarungen. Das schafft für beide Vertragsparteien Verlässlichkeit über Bestehen und Inhalt des Arbeitsverhältnisses. Außerdem besteht nach dem Nachweisgesetz eine gesetzliche Verpflichtung, die wesentlichen Vertragsbedingungen spätestens innerhalb eines Monats nach dem Beginn des Arbeitsverhältnisses schriftlich niederzulegen. In die **Niederschrift** sind mindestens aufzunehmen:

- ➔ Name und Anschrift der Vertragsparteien,
- ➔ Beginn des Arbeitsverhältnisses,
- ➔ Dauer des Arbeitsverhältnisses bei Befristungen,
- ➔ Regelung zum Arbeitsort,
- ➔ Beschreibung der vom Arbeitnehmer zu leistenden Tätigkeit,
- ➔ Regelung zum Arbeitsentgelt,
- ➔ Arbeitszeit,
- ➔ Dauer des jährlichen Erholungsurlaubs,
- ➔ Kündigungsfristen,
- ➔ Hinweis auf anwendbare Tarifverträge sowie Betriebs- oder Dienstvereinbarungen.

Es steht Ihnen natürlich frei, den Arbeitsvertrag selbst auszuformulieren oder auf Vorlagen (etwa von Arbeitgeberverbänden oder aus dem Fachhandel) zurückzugreifen. So tragen Sie jedoch das **Risiko unwirksamer Regelungen** im Vertrag sowie nachfolgender teurer Rechtsstreitigkeiten vor dem Arbeitsgericht, wenn unwirksame Klauseln ans Licht kommen. Beauftragen Sie daher einen fachlich spezialisierten Rechtsanwalt mit der Vertragserstellung. Er informiert Sie zugleich über die einzelnen vertraglichen Pflichten und erarbeitet auf Ihre Bedürfnisse zugeschnittene Gestaltungsvorschläge, mit denen Ihre Rechte als Arbeitgeber über die ansonsten geltende Gesetzeslage hinausgehend (soweit möglich) gestärkt werden.

Teilweise bestehen zwingende gesetzliche Schutzvorschriften zu Gunsten des Arbeitnehmers. So muss der **Erholungsurlaub** jährlich **mindestens 20 Tage** bei einer 5-Tage-Woche (24 Tage bei 6-Tage-Woche) betragen. Auch während seines Urlaubs hat der Arbeitnehmer Anspruch auf Vergütung entsprechend des durchschnittlichen Lohns. Sollten Sie Jugendliche beschäftigen, haben diese nach § 19 Jugendarbeitsschutzgesetz höhere Urlaubsansprüche.

Die gesetzlich zulässige **Höchstarbeitszeit** beträgt pro Tag **grundsätzlich 8 Stunden**. Sie kann aber flexibel gestaltet werden. So sind vorübergehend bis zu 10 Stunden täglich zulässig, sofern die Arbeitszeit über einen Zeitraum von 6 Monaten im Durchschnitt 8 Stunden täglich nicht überschritten hat. Überschreitungen der **10-Stunden-Grenze** können als **Ordnungswidrigkeit** mit Geldbuße geahndet werden. Arbeitnehmer dürfen an Sonntagen nicht beschäftigt werden. Das Arbeitszeitgesetz lässt jedoch für einzelne Branchen – z. B. im Gast- / Beherbergungsgewerbe, in Freizeit-, Erholungs- und Vergnügungseinrichtungen, bei Messen, Märkten und Festen, in der Landwirtschaft, im Bewachungsgewerbe, im Reinigungsgewerbe sowie bei Notfällen Ausnahmen zu.

Erbringt Ihr Mitarbeiter eine über seine vertragliche Arbeitszeit hinausgehende **Mehrarbeit**, so ist diese immer dann **zu vergüten**, wenn sie von Ihnen als Chef angeordnet bzw. jedenfalls geduldet wurde und keine abweichende Regelung (etwa **Freizeitausgleich**) existiert. Treffen Sie zur Vermeidung von Spannungen im Arbeitsverhältnis von Anfang an eine Regelung zu Überstunden. Unzulässig ist aber im Regelfall, jeglichen Ausgleich für geleistete Mehrarbeit auszuschließen. Eine Abgeltungsklausel, nach der geringfügige Mehrarbeit (etwa bis zu 10 % der Wochenarbeitszeit) vom Lohn mit abgegolten ist, kann allerdings unter bestimmten Voraussetzungen zulässig sein. Lassen Sie sich zu Einzelheiten beraten.

Vereinbaren Sie eine **Probezeit,** die maximal sechs Monate dauern darf. Während der Probezeit darf das Arbeitsverhältnis bereits mit einer Frist von zwei Wochen gekündigt werden.

Prüfen Sie, ob ergänzend bestehende **Tarifverträge** zu berücksichtigen sind. Dies gilt jedenfalls dann, wenn Sie Mitglied in einem Arbeitnehmerverband sind, der mit einer Gewerkschaft einen Tarifvertrag abgeschlossen hat. Die Mitgliedschaft einer Ihrer Mitarbeiter in einer tarifgebundenen Gewerkschaft allein zwingt Sie als Arbeitgeber aber **nicht** zur Anerkennung deren tarifvertraglicher Vereinbarungen. Abweichungen gibt es, sobald ein Tarifvertrag für **allgemein verbindlich** erklärt wurde (z. B. für Betriebe des Bauwesens). Das sind derzeit immerhin etwa 450 Tarifverträge (wobei sich diese Zahl dadurch relativiert, dass in vielen Branchen bundesweit parallele Regelungen für einzelne Bundesländer existieren). Eine aktualisierte Übersicht gibt das Bundesministerium für Arbeit und Soziales unter www.bmas.de heraus. Prüfen Sie das, bevor Sie Ihre Einstellungsgespräche führen.

Achtung: Ergänzende Inhalte des Arbeitsverhältnisses können sich aus der so genannten „**betrieblichen Übung**" ergeben. Die liegt vor, wenn Sie als Arbeitgeber durch „gleichförmiges und wiederholtes Verhalten" gegenüber Ihren Arbeitnehmern die Erwartung wecken, Sie würden eine einmalige Leistung auch künftig gewähren (z. B. Zahlung von Weihnachtsgeld, Vergütung von Überstunden, Übertragung von Urlaub auf das Folgejahr usw.). Wann ein entsprechendes Vertrauen „geweckt" worden ist, lässt sich nicht pauschal sagen. Bei finanziellen Sonderzuwendungen ist dies aber meist nach **Wiederholung in drei aufeinander folgenden Jahren** der Fall. Auch neu eingestellte Arbeitnehmer können sich auf eine bereits bestehende „betriebliche Übung" berufen. Vermeiden Sie diese Wirkung, indem Sie bei jeder Leistungsgewährung einen **Freiwilligkeitsvorbehalt** erklären. Der lässt sich – bei sorgfältiger Formulierung – bereits im Arbeitsvertrag festlegen.

Beispiel

Sean Wichtel aus Saarbrücken gewährt seinen Mitarbeitern ohne weitergehende Erklärungen oder Angaben im Arbeitsvertrag seit fünf Jahren Weihnachtsgeld. Ein neu eingestellter Arbeitnehmer begehrt nun ebenfalls Weihnachtsgeld, obwohl Unternehmer Wichtel ihm das nie zugesagt hatte. Trotzdem muss er ihm Weihnachtsgeld zahlen.

Dem wäre Sean Wichtel entgangen, wenn er bei jeder Zahlung auf die Freiwilligkeit verwiesen und idealerweise im neu abgeschlossenen Arbeitsvertrag einen entsprechenden Hinweis vereinbart hätte.

6.2.5 Nebenpflichten als Arbeitgeber

Als Arbeitgeber trifft Sie eine **allgemeine Fürsorgepflicht** für Ihre Mitarbeiter. Im Rahmen Ihrer Betriebsorganisation sind Sie beispielsweise gehalten, von der Arbeit ausgehende Gefahren für Ihre Mitarbeiter zu vermeiden und die einschlägigen **arbeitsschutzrechtlichen Vorschriften** einzuhalten. Auch sind Sie gesetzlich verpflichtet, die vereinbarte Vergütung bei unverschuldeter vorübergehender Verhinderung eines Mitarbeiters (etwa **im Krankheitsfall für 6 Wochen**) fortzuzahlen. Näheres regelt das Entgeltfortzahlungsgesetz.

Besonderen gesetzlichen Schutz genießen Jugendliche, Schwangere, Eltern sowie Wehrpflichtige.

Als Arbeitgeber sind Sie weiterhin verpflichtet, **Steuern und Sozialversicherungsbeiträge** des Arbeitnehmers vom Bruttolohn einzubehalten und an die zuständige Stelle abzuführen. Zentrale Einzugsstelle für die Sozialversicherungsbeiträge ist im Regelfall die **Krankenkasse** des jeweiligen Arbeitnehmers. Für die abzuführenden Beiträge und Steuern haften Sie persönlich. Eine sorgfältige Lohnbuchhaltung ist daher unverzichtbar. Zudem hat der Arbeitnehmer Anspruch auf eine übersichtliche **monatliche Gehaltsabrechnung**. Oft empfiehlt es sich, diese Aufgaben von einem spezialisierten Dritten, zum Beispiel einer Steuerkanzlei, ausführen zu lassen. Das **Nichtabführen der Arbeitnehmerbeiträge** zur Sozialversicherung ist **strafbar**. Davor schützt Sie auch eine Krise Ihres Unternehmens nicht.

Nach Beendigung eines Arbeitsverhältnisses mit einem Mitarbeiter sind Sie verpflichtet, diesem ein **Zeugnis** über das Dienstverhältnis und dessen Dauer zu erteilen. Auf Anforderung durch den Arbeitnehmer hat sich das Zeugnis auch auf die Leistungen und die Führung im Dienst zu erstrecken. Dabei ist eine **wohlwollende Formulierung** geboten. Das hat zu einer häufig floskelhaft anmutenden „Zeugnissprache" geführt, die subtil auf Stärken und Schwächen des Mitarbeiters hindeuten soll. Machen Sie sich zu den verdeckten Bedeutungen dieser Vokabeln kundig, damit Sie Ihrem scheidenden Mitarbeiter nicht unbeabsichtigt einen Bärendienst erweisen.

6.2.6 Haftung im Arbeitsverhältnis

Sobald Ihr Mitarbeiter bei Verrichtung seiner beruflichen Tätigkeit jemand anderem einen Schaden zufügt, stellt sich die Frage nach der Haftungsverteilung. Der Geschädigte darf sich dabei an Sie halten. Erfolgt die Schädigung **im Rahmen eines bestehenden Vertragsverhältnisses mit dem Geschädigten, haften Sie für jedes schuldhafte Verhalten Ihres Mitarbeiters**. Stand der Geschädigte zu Ihnen in keinem vertraglichen Verhältnis (*Beispiel: Bei der Ausführung von Bauarbeiten geht durch Unachtsamkeit Ihres Mitarbeiters ein Fenster auf dem Nachbargrundstück zu Bruch*), haften Sie nur dann, wenn Sie Ihren Arbeitnehmer nicht sorgfältig ausgesucht, eingewiesen und überwacht haben. Für Handlungen Ihres Arbeitnehmers ohne jeglichen Bezug zur beruflichen Tätigkeit (*zum Beispiel Ihr Arbeitnehmer verursacht auf dem Weg zur Arbeit einen Verkehrsunfall mit eigenem Pkw*) haften Sie nicht.

Haften Sie, sollten Sie prüfen, ob Sie bei Ihrem Mitarbeiter **Regress** nehmen dürfen, d. h. ob Sie sich das Geld wieder holen können. Hier differenziert die Rechtsprechung: Für Schäden, die auf **Vorsatz oder grobe Fahrlässigkeit des Arbeitnehmers** zurückzuführen sind, haftet dieser grundsätzlich in vollem Umfang. Bei nur **mittlerer Fahrlässigkeit** haftet der Arbeitnehmer **anteilig** in Abhängigkeit vom jeweiligen Einzelfall sowie nicht zuletzt auch der Schadenshöhe. Bei nur **leicht fahrlässig** verursachten Schäden haftet der Arbeitnehmer häufig nicht. Die Abgrenzung zwischen diesen Fallgruppen hängt damit entscheidend von der Bewertung des jeweiligen Einzelfalls ab.

Beispiel

Ihr Arbeitnehmer versäumt es bei einer unter Termindruck erfolgten Installation, eine Verschraubung ordnungsgemäß vorzunehmen. Die konkrete Tätigkeit wurde ihm zum ersten Mal übertragen. Später löst sich die Verschraubung und eine benachbarte Maschine wird durch herabstürzende Teile beschädigt.

Der Geschädigte kann sich an Sie beide halten und Schadensersatz verlangen: an Sie als Auftragnehmer und an den Arbeitnehmer als Schädiger.

Daraufhin gleichen Sie den entstandenen Schaden aus und verlangen Erstattung vom Arbeitnehmer. Dieser wendet ein, jedenfalls nicht grob fahrlässig gehandelt zu haben. Daher muss er nicht für den gesamten Schaden aufkommen. Möglicherweise besteht sogar überhaupt kein oder nur ein sehr geringer Erstattungsanspruch, sofern z. B. der entstandene Schaden sehr hoch ist und Sie sich durch Abschluss einer geeigneten Versicherung hätten absichern können.

Für Schäden, die Sie oder einer Ihrer Mitarbeiter **einem anderen Mitarbeiter Ihres Unternehmens** zufügen oder die dieser sich selbst zufügt, besteht im Regelfall übrigens kein Ersatzanspruch des Geschädigten gegen Sie (ausgenommen grobe Fahrlässigkeit und Vorsatz). In diesen Fällen leistet die **gesetzliche Unfallversicherung.**

6.2.7 Kündigen von Mitarbeitern

Die richtige Beendigung der Zusammenarbeit mit einem Mitarbeiter wirft viele Fragen und Unsicherheiten auf. Sie birgt regelmäßig hohes Streitpotenzial und führt zu einer Reihe von Auseinandersetzungen vor den Arbeitsgerichten. Informieren Sie sich daher als Arbeitgeber unbedingt über die Grundzüge des Kündigungsrechts. Hier einige Basisinformationen:

■ Aufhebungsvertrag

Ein unproblematischer Weg zur Beendigung eines Arbeitsverhältnisses ist der Aufhebungsvertrag.

Er bedarf der **Schriftform.** Häufig wird im Gegenzug für eine einvernehmliche Beendigung des Arbeitsverhältnisses an den Arbeitnehmer eine **Abfindung** gezahlt. Zwingende Vorgaben zu deren Höhe gibt es keine. Häufig wird aber als Faustformel ein halber Monatslohn je Jahr der Betriebszugehörigkeit gewährt. Da die Abfindung sozialversicherungspflichtig und zu versteuern ist, empfiehlt sich die Vereinbarung eines Bruttobetrages, von dem vor der Auszahlung zunächst die anfallenden Abzüge abzuführen sind.

Erfolgt der Aufhebungsvertrag zur Vermeidung einer betriebsbedingten Kündigung, kann die gesetzlich vorgeschriebene Anrechnung der Abfindung auf das künftig vom Arbeitnehmer zu beziehende Arbeitslosengeld häufig vermieden werden. Dies gilt aber nur, wenn das Arbeitsverhältnis nicht vom Arbeitnehmer beendet wird (auf seine Initiative oder wegen seines Verschuldens). Wenn Ihr Mitarbeiter aber keine Anrechnung zu fürchten hat, wird er dem Abschluss eines Aufhebungsvertrages eher zustimmen. Hilfreich ist dann eine Formulierung, dass das Arbeitsverhältnis „auf Veranlassung des Arbeitgebers" und/oder „zur Vermeidung einer betriebsbedingten Kündigung" beendet wird.

■ Form der Kündigung

Eine **Kündigung bedarf immer der Schriftform**. Ein Telefax oder eine E-Mail genügen hierfür nicht. Die Kündigung wird erst wirksam, wenn sie dem Arbeitnehmer auch tatsächlich zugeht. Dokumentieren Sie deshalb sorgfältig, wann und wie das Kündigungsschreiben übergeben wurde. Am einfachsten ist eine **persönliche Übergabe** mit Quittung des Mitarbeiters. Kündigen Sie ihm per Brief, verwenden Sie ein **Einschreiben mit Rückschein**. Für den Fall, dass der Mitarbeiter den Empfang des Einschreibens verweigern wird, beauftragen Sie einen **Boten**, der das Schreiben persönlich in den Briefkasten des Arbeitnehmers wirft und hierüber eine Notiz anfertigt. Das ist besonders wichtig, sobald Sie eine bald ablaufende Kündigungsfrist einhalten müssen. Werfen Sie das Schreiben selbst ein, nehmen Sie einen Zeugen mit.

Beispiel

Sie wollen einem Mitarbeiter noch am 30. Januar die Kündigung zum 28.02. aussprechen. Eine persönliche Übergabe des Kündigungsschreibens ist nicht möglich.

Am sichersten ist der persönliche Einwurf des Schreibens in den Briefkasten Ihres Mitarbeiters. Von ihm darf erwartet werden, dass er seinen Briefkasten täglich leert und daher noch am 31. Januar das Kündigungsschreiben liest. Das Versenden mit der Post birgt das Risiko, dass das Schreiben vielleicht erst am 1. Februar oder noch später zugeht oder dass Ihr Mitarbeiter das jedenfalls behauptet.

Werfen Sie das Kündigungsschreiben erst am 31. Januar um 20:00 Uhr in den Briefkasten, kann der Arbeitnehmer einwenden, dass er seinen Briefkasten immer bereits gegen 17:00 Uhr nach Rückkehr von der Arbeit leert.

■ Kündigungsfristen

Die Kündigung eines Arbeitsverhältnisses kann nur in Ausnahmefällen nach § 626 BGB **fristlos mit sofortiger Wirkung** aus wichtigem Grund erfolgen. Das setzt voraus, dass Tatsachen vorliegen, die es für Sie unzumutbar machen bis zum Ablauf der Kündigungsfrist zu warten. Und zwar unter Berücksichtigung aller Umstände des Einzelfalles und unter Abwägung Ihrer Interessen und der des Mitarbeiters. Hierzu gehören z. B. strafbare Handlungen zu Ihren Lasten, beharrliche Arbeitsverweigerung oder erhebliche Verletzung anderweitiger vertraglicher Pflichten, wenn dadurch das Vertrauensverhältnis zu Ihnen zerrüttet wurde. Einer vorherigen Abmahnung bedarf es in diesen Fällen nicht. Eine solche Kündigung ist aber innerhalb von **zwei Wochen** ab Kenntnis des Kündigungsgrundes auszusprechen, also nicht später, irgendwann, nach Gutdünken.

Ist eine fristlose Kündigung nicht möglich, sind die **Kündigungsfristen** des § 622 BGB zu beachten, es sei denn, Sie haben das vertraglich anders vereinbart.

Nach Beendigung der Probezeit (Kündigungsfrist zwei Wochen) beträgt die Kündigungsfrist vier Wochen zum Fünfzehnten oder zum Ende des Kalendermonats.

Sie verlängert sich bei länger dauernden Arbeitsverhältnissen und beträgt dann beispielsweise

- ➔ bei einer Beschäftigung von mindestens 2 Jahren einen Monat,
- ➔ bei mindestens 5 Jahren Tätigkeit 2 Monate,
- ➔ bei mindestens 8 Jahren Tätigkeit 3 Monate,
- ➔ bei mindestens 10 Jahren Tätigkeit 4 Monate

jeweils zum Ende eines Kalendermonats.

Beispiel

Bei drei Jahren Betriebszugehörigkeit und einer Kündigung zum 30. Juni muss die Kündigung bis spätestens 31. Mai erklärt werden.

Bei fünf Jahren Betriebszugehörigkeit und einer Kündigung zum 30. Juni muss die Kündigung bis spätestens 30. April erklärt werden.

Aufgrund Ihres Direktionsrechts als Arbeitgeber steht es Ihnen frei, einen mit ordentlicher Frist gekündigten Arbeitnehmer bei voller Bezahlung **von der Arbeit freizustellen.** Sie sollten zuvor unbedingt prüfen, ob der Arbeitnehmer noch Anspruch auf Urlaub hat. In diesem Fall wäre die Freistellung mit der Anordnung zu verbinden, noch nicht gewährten Urlaub zu nehmen. Anderenfalls könnte der Mitarbeiter **Urlaubsabgeltung** verlangen.

■ Kündigungsschutz

Von großer praktischer Bedeutung ist die Frage, ob die **Sondervorschriften des Kündigungsschutzgesetzes** zugunsten eines zu kündigenden Mitarbeiters beachtet werden müssen:

■ Das Kündigungsschutzgesetz ist nicht anwendbar

Das ist der Fall, wenn das Arbeitsverhältnis **nicht länger als sechs Monate** bestanden hat oder wenn in Ihrem Unternehmen **nicht mehr als zehn Arbeitnehmer in Vollzeit** beschäftigt werden. Auszubildende werden nicht mitgezählt. Für teilzeitbeschäftigte Arbeitnehmer gilt eine gesonderte Zählweise (vgl. § 23 Abs. 1 Satz 3 Kündigungsschutzgesetz).

Wenn Sie nur bis zu zehn Mitarbeiter beschäftigen, sind Sie bei der Kündigung von Arbeitnehmern weitgehend frei. Das Vorliegen eines besonderen Kündigungsgrundes ist dann nicht erforderlich. Die Kündigung darf nur nicht willkürlich oder diskriminierend sein (beispielsweise eine Kündigung, die ausdrücklich darauf gestützt wird, dass der Arbeitnehmer männlich, weiblich, zu alt oder behindert ist).

Achten Sie darauf, ob Mitarbeiter einen **gesetzlichen Sonderkündigungsschutz** genießen. Dies sind insbesondere **Schwerbehinderte** mit einem Grad der Behinderung ab 50 % (hier ist die vorherige Zustimmung des Integrationsamtes erforderlich), Schwangere sowie Frauen kurz nach der Entbindung, Eltern in Elternzeit sowie Wehrdienstleistende.

■ Das Kündigungsschutzgesetz ist anwendbar

Ist das der Fall, muss die Kündigung **sozial gerechtfertigt** sein. Dazu muss ein anzuerkennender **Kündigungsgrund** vorliegen. Hier kommen in Betracht:

→ **in der Person des Arbeitnehmers liegende Gründe**
Der Arbeitnehmer ist beispielsweise körperlich nicht mehr in der Lage, die vertraglich vereinbarten Tätigkeiten zu erbringen; das ist in der Praxis eher selten überzeugend darzulegen.

→ **verhaltensbedingte Gründe**
Ein Verstoß gegen die vertraglichen Verpflichtungen des Arbeitnehmers; Voraussetzung ist aber, dass der Mitarbeiter zuvor mindestens einmal erfolglos wegen des konkreten Fehlverhaltens **abgemahnt** wurde.

→ **betriebsbedingte Gründe**
Etwa wegen dauerhaften Auftragsmangels, notwendiger Einsparmaßnahmen, notwendiger Betriebsaufgabe.
Eine betriebsbedingte Kündigung setzt weiter voraus, dass es in Ihrem Unternehmen keine **anderweitige Beschäftigungsmöglichkeit** gibt (gegebenenfalls müssten Sie zuvor Leiharbeitnehmern kündigen sowie Teilzeitarbeit oder Kurzarbeit erwägen) und dass nicht unter Berücksichtigung von Alter, Betriebszugehörigkeit, Unterhaltspflichten und Schwerbehinderung eine besondere **Schutzwürdigkeit** im Vergleich mit anderen Arbeitnehmern im Unternehmen besteht.

Anforderungen der Arbeitsgerichte

Die Anforderungen der Arbeitsgerichte an die dargelegten Kündigungsgründe im Falle eines **Kündigungsschutzprozesses** sind streng. In der Praxis ist insbesondere die Sozialauswahl unter den Arbeitnehmern im Zuge einer betriebsbedingten Kündigung fehleranfällig. Stellt sich nach häufig langwierigem Rechtsstreit heraus, dass die ausgesprochene Kündigung nicht wirksam war, hat der in der Zwischenzeit häufig von der Arbeit freigestellte Mitarbeiter grundsätzlich Anspruch auf volle Bezahlung sowie Wiedereinstellung. Lassen Sie sich daher insbesondere im Vorfeld einer Kündigung im Geltungsbereich des Kündigungsschutzgesetzes unbedingt anwaltlich beraten.

6.3 Gestaltungsmöglichkeiten zur Beschäftigung von Mitarbeitern

In Anbetracht der vielfältigen Arbeitgeberpflichten fragen Sie sich als Unternehmensgründer möglicherweise, welche anderen Varianten Ihnen für die Einbindung von Mitarbeitern zur Verfügung stehen.

6.3.1 Befristetes Arbeitsverhältnis

Ein etwaiger gesetzlicher Kündigungsschutz lässt sich durch die Vereinbarung eines nur befristeten Arbeitsverhältnisses ausschließen. Das Arbeitsverhältnis **endet dann automatisch mit Ablauf der vereinbarten Zeit**. Ohne Vorliegen eines besonderen Grundes kann ein Arbeitsvertrag bis zur Dauer von **zwei Jahren** befristet werden. In den ersten vier Jahren nach **Gründung eines Unternehmens** können Arbeitsverträge sogar bis zur Dauer von **vier Jahren** befristet werden. Beschäftigungsverhältnisse mit Arbeitnehmern, die das 52. Lebensjahr vollendet haben, können unter bestimmten Voraussetzungen sogar bis fünf Jahre befristet werden. Die Befristung kann nur in einem **schriftlichen Arbeitsvertrag** erfolgen.

Eine Befristung ohne besondere Begründung ist dann **nicht zulässig**, wenn der betreffende Arbeitnehmer bei Ihnen bereits befristet oder auch unbefristet beschäftigt war. Anderenfalls gilt der Arbeitsvertrag, als sei er unbefristet geschlossen worden.

Ohne zeitliche oder persönliche Beschränkung ist eine Befristung von Arbeitsverhältnissen nur möglich, wenn dies durch einen **besonderen sachlichen Grund** gerechtfertigt ist. Einzelheiten hierzu regelt § 14 des Teilzeit- und Befristungsgesetzes. **Befristungsgründe** sind beispielsweise ein vorübergehender betrieblicher Bedarf (beispielsweise die Arbeit an einem bestimmten Projekt) oder die vorübergehende Vertretung eines anderen Arbeitnehmers, der beispielsweise wegen Mutterschutz oder Elternzeit eine Zeit lang zu Hause bleibt.

Aufgrund der Gefahr, ungewollt ein unbefristetes Arbeitsverhältnis abzuschließen, sollten Sie sich zuvor anwaltlich beraten und einen entsprechenden Arbeitsvertrag entwerfen lassen. Regeln Sie darin auch, ob das Arbeitsverhältnis bereits vor dem vereinbarten Ende der Teilzeitbeschäftigung ordentlich gekündigt werden kann; ohne eine solche Regelung geht das nämlich nicht.

Sofern Sie in Ihrem Unternehmen höchstens zehn Arbeitnehmer beschäftigen werden, bedarf es meist keiner gesonderten Befristungsabrede, da die bestehenden Arbeitsverhältnisse dann ohnehin frei gekündigt werden dürfen.

6.3.2 Teilzeitbeschäftigte

Sie haben als Arbeitgeber auch die Möglichkeit, mit einzelnen Arbeitnehmern kürzere Wochenarbeitszeiten zu vereinbaren. Auf diese Weise können Sie beispielsweise regeln, dass sich mehrere Mitarbeiter als Teilzeitbeschäftigte einen Arbeitsplatz teilen.
Sie dürfen auch vereinbaren, dass ohne Festlegung einer bestimmten Wochenarbeitszeit die **Arbeitsleistung auf Abruf** – abhängig vom Arbeitsanfall in Ihrem Unternehmen – erfolgen soll. Einzelheiten regelt das Teilzeit- und Befristungsgesetz. Im Übrigen handelt es sich bei Teilzeitbeschäftigung stets um ein normales Arbeitsverhältnis, für das die oben unter 6.2 geschilderten allgemeinen arbeitsrechtlichen Grundsätze gelten.

6.3.3 Geringfügige Beschäftigung

Als geringfügige Beschäftigung wird ein Arbeitsverhältnis bezeichnet, bei dem die Vergütung regelmäßig im Monat **400 Euro** nicht übersteigt (**„Mini-Job“**). Zumeist wird es sich um Teilzeitarbeit oder Arbeit auf Abruf handeln. Für den Arbeitnehmer bietet sich der Vorteil, dass er keine Sozialversicherungsbeiträge abführen muss. Die abzuführende Lohnsteuer beträgt pauschal zwei Prozent. Sie als Arbeitgeber sind verpflichtet, einen Beitragsanteil in Höhe von 13 Prozent des Arbeitsentgelts an die gesetzliche Krankenversicherung sowie in Höhe von 15 Prozent an die gesetzliche Rentenversicherung abzuführen. Besonderheiten können dann gelten, wenn der Arbeitnehmer in mehreren geringfügigen Beschäftigungsverhältnissen steht.

Beträgt das regelmäßige Entgelt zwischen 400,01 Euro und 800 Euro (**„Midi-Job“**), zahlen Sie als Arbeitgeber nur die üblichen hälftigen Anteile zur Sozialversicherung; für den Arbeitnehmer erhöhen sich die Beiträge stufenweise bis zum normalen Satz.

Ein Sonderfall der geringfügigen Beschäftigung ist weiterhin die **kurzfristige Beschäftigung**. Diese darf innerhalb eines Kalenderjahres höchstens zwei Monate oder 50 Arbeitstage betragen. Erfasst werden hiervon typischerweise Saisonarbeiten oder zeitlich eng begrenzte projektbezogene Beschäftigungen. Bei einem solchen Beschäftigungsverhältnis sind Sie lediglich verpflichtet, einen Arbeitgeberanteil von 13 Prozent des Arbeitsentgelts zur Krankenversicherung abzuführen. Werden **Studenten** für eine solche vorübergehende Tätigkeit beschäftigt, sind unter Umständen sogar keinerlei Sozialversicherungsbeiträge abzuführen, da Studenten gegenwärtig bis zum 14. Semester, höchstens aber bis zum 30. Lebensjahr, nicht krankenversicherungspflichtig sind.

6.3.4 Leiharbeitnehmer

Bei der Beschäftigung eines Leiharbeitnehmers besteht zwischen Ihnen und dem „entliehenen" Mitarbeiter kein unmittelbares vertragliches Verhältnis. Vielmehr ist der Arbeitnehmer **Angestellter des Verleihers**. Damit trägt dieser auch die Arbeitgeberanteile zur Sozialversicherung.

Sie schließen mit dem Verleiher lediglich einen **Arbeitnehmerüberlassungsvertrag**. Für die Überlassung schulden Sie dem Verleiher ein Entgelt.

Vorsicht! Prüfen Sie, ob der Verleiher über eine entsprechende **behördliche Erlaubnis** zur Arbeitnehmerüberlassung verfügt. Sonst gelten Sie als Arbeitgeber und werden sozialabgabenpflichtig!

Erbringt Ihr Leihmitarbeiter nicht die gewünschte Tätigkeit oder verursacht er Schäden, so besteht zumeist für Sie kein Schadensersatzanspruch gegen den Verleiher. Der Arbeitnehmer selbst wird zumeist nur in Fällen von Vorsatz oder grober Fahrlässigkeit haften. Das einzige was Ihnen bleibt, ist, die Ausleihe zu beenden.

6.3.5 Freie Mitarbeiter

Für die Erfüllung Ihrer unternehmerischen Verpflichtungen dürfen Sie selbständige Subunternehmer gegen Zahlung eines frei zu vereinbarenden Entgelts bzw. Honorars einsetzen. Eine solche Zusammenarbeit darf auch dauerhaft erfolgen: Als Architekt beziehen Sie beispielsweise einen selbständigen Statiker regelmäßig in Ihre Planungen ein.

Das Verhältnis zu Ihrem Auftragnehmer wird über einen Dienst- oder Werkvertrag geregelt. Da kein Arbeitsverhältnis besteht, kann die Zusammenarbeit im Rahmen der getroffenen Vereinbarungen frei beendet werden, ohne dass kündigungsschutzrechtliche Bestimmungen zu beachten wären; Sozialversicherungsbeiträge haben Sie ebenfalls nicht zu entrichten.

Liegt aber nur eine **Scheinselbständigkeit** Ihres Auftragnehmers vor, wird sozialrechtlich Ihre Arbeitgeberstellung angenommen (fingiert), sodass Sozialversicherungsbeiträge abzuführen sind. Maßgeblich für die Abgrenzung zwischen einem freien Mitarbeiter bzw. Subunternehmer und einem als Arbeitnehmer zu behandelnden Scheinselbständigen ist nicht der Wortlaut der getroffenen Vereinbarung, sondern **die tatsächlich ausgeübte Tätigkeit:**

Wird Ihr Mitarbeiter nach Ihren Weisungen tätig und ist er faktisch in Ihr Unternehmen eingegliedert, zum Beispiel durch

- ➔ feste Arbeitszeiten,
- ➔ einen festen Arbeitsort,
- ➔ die Erledigung von Ihnen zugewiesener Tätigkeiten bei gleichzeitiger Gewährung fester Bezüge oder
- ➔ von Ihnen gewährte Nebenleistungen wie bezahlter Urlaub oder Vergütung im Krankheitsfall,

werden Behörden eine Arbeitnehmereigenschaft und damit eine Scheinselbständigkeit, annehmen.

Ein **Freier Mitarbeiter** hingegen erbringt seine Leistung

- ➔ ohne Gebundenheit an Ihre Aufsicht und Weisungen,
- ➔ bei freier Zeiteinteilung.

Die **Abgrenzung** ist im Einzelfall nicht immer leicht. Natürlich können Sie grundsätzlich auch einem freien Mitarbeiter Räume in Ihrem Unternehmen zur Verfügung stellen, damit er dort seine Tätigkeiten ausführen kann. Je mehr er jedoch über die bloße räumliche Nähe hinausgehend auch organisatorisch in Ihr Unternehmen eingegliedert wird und für Sie verfügbar ist, desto eher droht eine Interpretation als Scheinselbständigkeit.

Als Ausweg zur Vermeidung der Scheinselbständigkeit bietet es sich an, anstelle einer Einzelperson eine **Gesellschaft**, etwa in Form der neuerdings zulässigen Unternehmergesellschaft (haftungsbeschränkt), zu beauftragen. Eine solche Gesellschaft kann durch nur einen Gesellschafter gegründet werden, der zugleich auch Geschäftsführer ist. Eine derartige Beauftragung soll Scheinselbständigkeit ausschließen, da der Geschäftsführer nicht unmittelbar für den Auftraggeber, sondern für die ihn beschäftigende Gesellschaft tätig wird. Neben allen Nachteilen dieser Rechtsform (vgl. Kap. II, Abschnitt 4) ist aber zu bezweifeln, dass die Rechtsprechung dauerhaft solche Umgehungskonstruktionen zulassen wird.

6.4 Das arbeitsgerichtliche Verfahren

Ein Verfahren vor dem Arbeitsgericht wird Ihnen vor allem dann drohen, wenn ein Mitarbeiter eine von Ihnen ausgesprochene Kündigung angreift. Lassen Sie sich in diesem Falle unbedingt von einem Arbeitsrechtler beraten.

Bei erstinstanzlichen Verfahren vor den Arbeitsgerichten gibt es jedoch keinen Anwaltszwang. Es gilt weiterhin die Besonderheit, dass jede Partei ungeachtet des Ausgangs des Verfahrens **stets** die eigenen **Rechtsanwaltskosten** zu tragen hat.

Für einen Kündigungsschutzprozess können – abhängig vom Gehalt des Mitarbeiters – leicht Anwaltskosten in Höhe von 1.000 Euro oder darüber entstehen. Durch rechtzeitige anwaltliche Beratung bei Abschluss des Arbeitsvertrages oder im Vorfeld von Kündigungen vermeiden Sie meist unnötige und teure gerichtliche Streitigkeiten. Es lohnt, die Erfolgsaussichten einer Kündigung vorab prüfen lassen. So umgehen Sie manchen Ärger sowie die monatelange Unsicherheit über den Ausgang des Arbeitsrechtsstreits.

Auf Grund der Besonderheiten des Arbeitsrechts sollten Sie darauf achten, einen fachlich versierten Rechtsanwalt auszuwählen. Nähere Informationen hierzu finden Sie beispielsweise in den Gelben Seiten oder auf Anfrage bei der örtlichen Anwaltskammer.

7 Risikomanagement und betriebliche Versicherungen

Eine unternehmerische Tätigkeit eröffnet Chancen, bringt damit aber auch neue Risiken.

Nicht nur Ihr Erfolgswille, sondern auch der Gesetzgeber fordern, dass Sie sich damit auseinandersetzen und diese neuen Risiken beherrschbar machen. Diesen Vorgang bezeichnet man als Risikomanagement.

Alle Überlegungen, die Sie bisher als Privatperson dazu angestellt haben, bleiben weiterhin gültig. Aus dem Blickwinkel des Unternehmers sind sie zu erweitern und gegebenenfalls neu zu gewichten, es lassen sich aber auch neue Gestaltungsspielräume nutzen.

Der **erste Schritt zum Risikomanagement** ist das **Erfassen** aller Risiken, die aus Ihrer Tätigkeit erwachsen. Gehen Sie gedanklich den gesamten Produktionsablauf von Einkauf über Personal bis zur Nutzung des fertigen Produkts durch den Kunden durch, verfolgen sie dann den Finanzierungsstrom vom Fakturieren über den Zahlungseingang bis zum Eigenkapital zurück und überlegen dabei, was alles **gegen** Ihre Erwartung laufen kann.

Dieser Prozess ist sehr langwierig, vor allem ist er mit jeder Geschäftserweiterung oder -änderung zu wiederholen, dennoch sollten Sie ihn sich nicht ersparen. Den dabei zwangsläufig auszumalenden düsteren Szenarien rücken Sie dann im **zweiten Schritt** zu Leibe.

Bewerten Sie die erkannten Risiken, und zwar unter folgenden Gesichtspunkten: Erzwingen diese Risiken bei Eintritt

- ➔ eine Änderung Ihrer Unternehmensziele (existenzgefährdend),
- ➔ eine Änderung von Verfahren und Vorgehensweisen (kosten- oder ertragsrelevant) oder
- ➔ lassen sie sich selbst tragen?

Der **dritte Schritt** besteht aus einer weiterführenden **Steuerung**, für die Ihnen die folgende Skizze Anhalt geben kann:

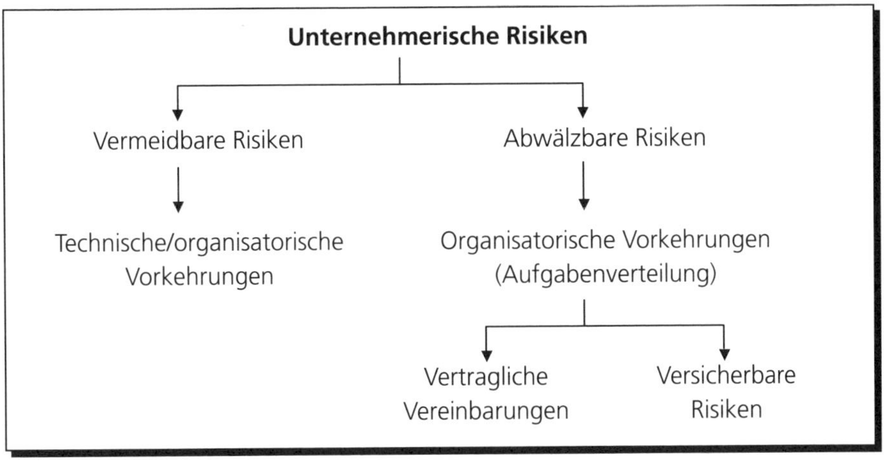

Während die vermeidbaren Risiken eher Fragen an den Techniker oder branchenkundigen Berater beinhalten, sind vertragliche Vereinbarungen Sache des Rechtsberaters, die versicherbaren Risiken schließlich der Gegenstand dieses Kapitels.

Versicherbar heißt dabei, dass die Risiken gegen eine Prämie auf ein Versicherungsunternehmen abgewälzt werden können, so dass sie zusammen mit einem Selbstbehalt und sonstigen selbsttragbaren Risiken einer kaufmännischen Kalkulation zugänglich werden.

Angesichts der Vielfalt unternehmerischer Tätigkeiten und der Unübersichtlichkeit des Versicherungsmarktes kann natürlich kein verbindlicher Katalog erstellt werden. Wir bilden aber sehr wohl Vorrangstufen nach dem Leitsatz:

Je weniger ein Risiko durch eigenes Handeln zu vermeiden ist, und je weitreichender die wirtschaftlichen Folgen eines Schadenereignisses sind, desto höher ist die Priorität für eine Abwälzung dieses Risikos!

Daraus ergeben sich folgende Prioritätsstufen:

Priorität 1: Risiken, die mit Unternehmensgründung zu versichern sind (teilweise Pflichtversicherungen).

Priorität 2: Risiken, die für bestimmte Unternehmen sofort, für alle anderen erst ab Überschreiten einer objektiv bestimmbaren Schwelle zu versichern sind.

Priorität 3: Risiken, die nach kaufmännischer Beurteilung günstigerweise zu versichern sind, für deren Bewältigung aber grundsätzlich auch andere Lösungen gefunden werden können.

Wer keine guten Kenntnisse im Versicherungswesen hat, ist auf **Beratung** angewiesen. Diese wird von Beratern gegen Honorar, oder von Vermittlern geleistet, die aus Provisionen, die in die Versicherungsprämien einkalkuliert sind, bezahlt werden. In jedem Fall ist das Ergebnis der Beratung zu protokollieren und von Ihnen zu unterschreiben. Verzichten Sie nicht auf dieses Protokoll, es ist ein erster Schritt erfolgreicher Risikoabwälzung.

In Deutschland tätige Versicherungsunternehmen und Vermittler unterliegen der Überwachung durch das BaFin. Vermittler können auftreten als

- ➔ Makler,
- ➔ Mehrfachagenten,
- ➔ Vertreter eines Versicherers oder als
- ➔ Angestellte.

Leider sagt das alles noch nichts über die Qualität der Beratung aus. Als Beurteilungskriterien können Sie aber heranziehen:

- ➔ die Qualifikation des Vermittlers nach Vorbildung und Branchenerfahrung,
- ➔ seine Befähigung zur Risikoidentifikation und -analyse, auch nicht versicherbarer Risiken,
- ➔ die Hilfestellung bei der Schadensabwicklung,
- ➔ die laufende Überwachung und erforderlichenfalls Überarbeitung der Versicherungsverträge.

Abzuraten ist von sogenannten Direktanbietern, oder dem Abschluss über **Internet** oder **Call Center**: Sie verzichten damit auf Beratung und tragen das Risiko einer unzulänglichen Versicherungsdeckung selbst. Sehr wohl eignen sich beide Wege aber zur Kontaktaufnahme und ersten Orientierung.

Das komplexe Thema Versicherungen wird nach dem Versicherungsvertragsgesetz (VVG) in **Personen- und Sachversicherungen** unterteilt.

Die Unfallversicherung ist dabei ein Zwitter, weil sie dem Zweck nach eine Personenversicherung ist, versicherungstechnisch aber wie eine Sachversicherung gehandhabt wird.

Zu den Personenversicherungen finden Sie im Abschnitt 8 dieses Kapitels ausführliche Erläuterungen. Die **Sachversicherungen** wiederum lassen sich zunächst einteilen in solche, die den betrieblichen **Ertrag** betreffen, und solche, die Ihre **Sachwerte** absichern.

7.1 Erträge

Unter **Ertragsrisiken** verstehen wir alles, was den Geldstrom, der Ihrem Unternehmen für seine Leistungen zufließen soll, bis hin zum Eigenkapital, bedroht. An erster Stelle, mit Priorität 1, steht dabei Ihr **Haftungsrisiko.**

7.1.1 Die gesetzliche Haftpflicht

Wir unterscheiden zwischen vertraglich übernommener und gesetzlicher Haftung. Da die vertragliche Haftung von Ihnen als Unternehmer selbst zu gestalten ist, gegebenenfalls unter Mithilfe eines Rechtsanwalts, ist hier nur in Ausnahmefällen ein Versicherungsschutz möglich (z. B. Rückrufkosten für Automobile).

Wir betrachten daher im Abschnitt Haftung nur die **Haftung aufgrund Gesetzes.**

7.1.1.1 Gefährdungshaftung

Als Privatperson sind Sie vielleicht mit diesem Prinzip in Berührung gekommen, wenn Sie einen Hund oder ein Pferd halten, Eigentümer eines Heizöltanks sind oder ein Kraftfahrzeug zulassen. In all diesen Fällen unterstellt Ihnen nämlich der Gesetzgeber, dass Sie besondere Gefahren in die Welt setzen. Wird jemand dadurch geschädigt, lautet die Frage folglich nicht mehr, wer daran „schuld" sei, sondern nur noch, wovon die Gefahr ausging.

Als Unternehmer treffen Sie häufiger auf dieses Prinzip.

■ Kraftfahrzeughaftpflichtversicherung

Wer ein Kraftfahrzeug zum Verkehr zulassen will, gleichgültig, ob als Privatperson oder als Unternehmer, muss der Zulassungsstelle dazu eine Versicherungsbestätigung nachweisen. Diese wird vom Versicherer elektronisch an die Zulassungsstelle übermittelt (EVB= elektronische Versicherungsbestätigung), Sie – oder Ihr Bevollmächtigter – erhält zur Erkennung (fernmündlich, über Fernkopierer oder elektronisch) eine EVB-Nummer übermittelt.

Der Versicherungsmarkt ist dazu sehr unübersichtlich. Die Tarife unterscheiden sich danach, ob das Unternehmen oder Sie als Person der Halter sind. In jedem Fall werden nach Branche, Einsatzart und gegebenenfalls auch persönlichen Merkmalen Rabatte oder Zuschläge berechnet. Die Versicherungsbedingungen (das „Kleingedruckte") weichen auch beim gleichen Versicherer voneinander ab, teilweise sind deftige Konventionalstrafen beim Abweichen von den Vereinbarungen vorgesehen.

Gehen Sie zur Erstinformation folgendermaßen vor:

- ➔ Wenn Sie das Fahrzeug auf sich als Privatperson zulassen, können Suchmaschinen im Internet hilfreich sein.
- ➔ Ist Ihr Unternehmen Halter, wird diese Suche unergiebig, da Direktanbieter häufig keine Unternehmen versichern, und der Vergleich der Bedingungen Zeit und häufig auch Vorkenntnisse erfordert.
- ➔ Wenn Sie mehrere Fahrzeuge (drei oder mehr) zulassen, prüfen Sie, ob eine Versicherung als „Kleinflotte" nicht vorteilhafter ist.

Auch Suchmaschinen im Internet haben keinen völligen Marktüberblick. Holen Sie deshalb auch zu diesem Thema professionellen Rat ein.

Wählen Sie in jedem Fall die höchstmögliche Deckungssumme, sie kostet nur etwa 2 Prozent mehr als die gesetzlich vorgeschriebene. Das finanzielle Risiko, das Sie im Schadensfall erwartet, kann astronomische Größen erreichen.

■ Produkthaftung

Wer Sachen herstellt oder in Verkehr bringt, haftet für Personen- und Sachschäden, die fehlerhafte Produkte verursachen.

Als Hersteller müssen Sie also beweisen können, dass Ihre Produkte nicht fehlerhaft waren und nach dem neuesten Stand der Technik gefertigt wurden. Die Herstellung ist so zu dokumentieren, dass Sie sich, wenn nötig noch nach Jahren, damit entlasten können.

Stellen Sie Ihre Produkte nicht selbst her, liegen Sie unter Umständen als **Quasihersteller** in der Haftungskette. Das trifft dann zu, wenn Sie Waren importiert haben und der ausländische Hersteller nicht zu Verantwortung gezogen werden kann, oder Sie Waren unter eigenem Namen in Verkehr gebracht haben.

Besonders der Export in Länder, in denen Sie nach nordamerikanischem Recht in Anspruch genommen werden, stellt ein schwer überschaubares Risiko dar.

Versichern müssen Sie dieses Risiko immer dann, wenn Güter hergestellt oder gehandelt werden. Beim Export von Dienstleistungen ist das Recht des Ziellandes wesentlich, dies ist jedoch von Deutschland aus meistens nicht versicherbar.

■ Umwelthaftung

Hinter diesem Begriff stehen mittlerweile mehrere Gesetze:

- → Störfallverordnung,
- → Wasserhaushaltsgesetz,
- → Immissionsschutzgesetz,
- → Umwelthaftungsgesetz,
- → Umweltschadengesetz.

Aufgrund dieser Gesetze kann man Ihr Unternehmen nach dem Prinzip der Gefährdungshaftung verantwortlich machen. Dabei stehen der Betrieb bestimmter genehmigungspflichtiger Anlagen, die Handhabung bestimmter Mindestmengen von umweltgefährdenden Stoffen und bestimmte berufliche Tätigkeiten an erster Stelle.

Ob Sie wirklich davon betroffen sind, erfragen Sie beim Gewerbeamt, bei der IHK oder spätestens bei Ihrem Versicherungsberater.

Fallen Sie nicht unter diesen Katalog, bleibt trotzdem ein Restrisiko, das Sie auch als reiner Bürobetrieb mit einer **Umweltbasisdeckung** absichern sollten.

7.1.1.2 Verschuldenshaftung

Die Verschuldenshaftung ist weniger abstrakt als die Gefährdungshaftung, weil ein **tatsächliches Verschulden** durch Tun oder Unterlassen nachzuweisen ist.

Nach diesem Prinzip sind Personen-, Sach- und Vermögensschäden abzusichern, sowie die Gefährdung der Umwelt – soweit Sie das nicht schon mit Verträgen zur Umwelthaftung getan haben.

Das **Umweltschadengesetz** verlangt nur, dass die drohende Beeinträchtigung bereits vorsorglich abzuwenden und nach einem eingetretenen Schaden zu sanieren ist.

Die Gefährdung der **Biodiversität,** also der natürlichen Vielfalt, ist bisher aber durch die Rechtsprechung noch nicht ausgelegt, so dass es bisher keine Vorstellung vom Umfang und damit von den Kosten einer Sanierung gibt.

Was ist z. B. mit der Nachzucht einer aussterbenden Pflanzenart oder dem Wiederherstellen eines Zustandes vor Baubeginn? Sicher ist nur, dass sowohl die öffentliche Hand als auch Umweltorganisationen Klage erheben dürfen und dass diese Sie als Lieferanten in Regress nehmen können. Das dürfen übrigens auch Kunden, die ihren Schaden auf fehlerhafte Vorleistungen durch Sie als Unternehmer, z. B. in der Planung, zurückführen.

Da der Artenschutz Ländersache ist, ist mit einer einheitlichen Auslegung auch nicht schnell zu rechnen.

Als **Vermögensschaden** gilt ein Schaden, der weder Personen- noch Sachschaden, noch eine Folge von solchen Schäden ist.

Während ein Nichtunternehmer kaum die Möglichkeit hat, einen solchen Vermögensschaden zu verursachen, steht bei allen Berufen, bei denen Beratung eine Rolle spielt, dieses Risiko im Vordergrund. Seine Absicherung ist für einige Berufe sogar Voraussetzung für die Aufnahme der Tätigkeit (z. B. Versicherungsvermittlung; vgl. Kapitel I, Abschnitt 5.3.4).

Ein Sonderfall ist die **Vermögensschadenhaftpflichtversicherung für Organe von juristischen Personen** (**DOL**, **D**irectors & **O**fficers **L**iability Insurance).

Sie schützt Geschäftsführer, Aufsichtsräte usw. vor Schadenersatzforderungen der Anteilseigner wegen fehlerhafter Entscheidungen und vor persönlicher Inanspruchnahme durch Dritte, z. B. durch das Finanzamt oder durch die Sozialversicherungsträger.

Diese Versicherung ist für alle Unternehmen, die nicht Personengesellschaften sind, bedenkenswert (Priorität 2). Für manche Branchen (z. B. Bauwesen) ist eine Deckung schwer zu erhalten. Dies gilt aber auch generell für Unternehmen in den ersten drei Jahren ab Gründung und für solche mit Bilanzsummen oder einem Umsatz unterhalb einer siebenstelligen Größe.

Ein **Sachschaden** entsteht leicht – beispielsweise

➔ durch einen Mitarbeiter, der vergisst, einen Wasserhahn zuzudrehen (Wasserschaden am gemieteten Büro),
➔ bei der Installation von Software auf dem PC eines Kunden (Zerstörung eines vorher installierten Programms) oder dann,
➔ wenn einer Besucherin versehentlich heißer Kaffee über das Kostüm gegossen wird.

Alle **Folgen eines Sachschadens** gelten weiter als Sachschaden, so z. B. wenn die versehentlich falsch angeschlossene Stromleitung nicht nur den Bildschirm zur Implosion bringt, sondern auch noch Umstehende durch Glassplitter verletzt werden.

Personenschäden entstehen z. B. bei einem Zusammenstoß mit einem Radfahrer auf dem Fußweg zum Kunden oder durch den Umzugskarton, der einem Mitarbeiter auf der Treppe entglitten ist und fünf Meter tiefer eine Person trifft.

Der **Rückruf von Produkten** einschließlich der Kosten für Ein und Ausbau ist in der Regel nur bei Automobilherstellern und -zulieferern versicherbar. Für andere Branchen und Produkte, z. B. die Erpressung eines Lebensmittelherstellers durch Androhung von **Produktvergiftung**, sind auf dem Markt teilweise Versicherungslösungen zu finden bzw. werden noch entwickelt. Versicherungstheoretisch ist sogar eine Entführung mit **Lösegeldforderung** eine Unterart der Produkthaftung. Auch dabei wird die Einwirkung Dritter auf die Bilanz als abzuwehrendes Risiko gesehen.

Tipp

Unsere Empfehlungen zur Haftpflicht

1. Prüfen Sie unter Hinzuziehung eines geeigneten Beraters Ihr gesamtes betriebliches Leistungsspektrum und den Ablauf der Tätigkeiten.
2. Messen Sie die **Qualität des Beraters** an der Qualität der Fragen, die er zu Ihren betrieblichen Tätigkeiten stellt. Testen Sie ihn, indem Sie ihn dazu Lösungsvorschläge erarbeiten lassen.
3. Schließen Sie eine **Betriebshaftpflichtversicherung** ab, die auf alle Fälle pauschal alle Personen- und Sachschäden abdeckt, auch Mietsachschäden und gegebenenfalls das Übergreifen eines Feuers von Ihrem Betrieb auf Nachbargrundstücke. Sie sollte eine Umweltbasisdeckung einschließen und, soweit erforderlich, ergänzt sein um
   a) sonstige Umwelthaftungsrisiken (deckt teilweise auch eigene Schäden),

b) Tätigkeits- und Bearbeitungsschäden,
c) Produkthaftung, wenn Sie Waren herstellen oder importieren,
d) Vermögensschäden.

4. Wählen Sie als Deckungssumme mindestens 3 Mio. Euro, besser 5 Mio. Euro.
5. Vereinbaren Sie einen tragbaren Selbstbehalt und schließen Sie, wenn möglich, Ihre Privathaftpflichtversicherung ein.

7.1.2 Rechtsschutzversicherung

Jede **Haftpflichtversicherung** beinhaltet als Dienstleistung einen gewissen Rechtsschutz, da die Versicherungsgesellschaft bei Schadenersatzforderungen gegen Sie zunächst überprüft, ob diese unter den versicherten Haftpflichtschutz fallen.

Wenn ja, prüft sie weiter, ob die Forderungen zurecht erhoben werden. Gegebenenfalls führt sie den Rechtsstreit zur Abwehr der Forderungen gegen Sie oder sie entschädigt den Anspruch.

Die **Rechtsschutzversicherung** im eigentlichen Sinn versichert im Gegensatz dazu die **Kosten eines Rechtsstreits**, den Sie führen. Leider ist dieser Rechtsschutz nicht allumfassend, weil einige Rechtsgebiete nach deutschem Recht **nicht versicherbar** sind. Das betrifft insbesondere

- ➔ das Wettbewerbs- und Kartellrecht,
- ➔ das Recht der Handelsgesellschaften,
- ➔ weite Teile des öffentlichen Rechts und des Baurechts, sowie in den meisten Branchen
- ➔ Vertragsstreitigkeiten.

Gerade die sind es aber häufig, die ein Unternehmer mit einer solchen Versicherung abdecken will.

Prüfen Sie also, ob die oft vorgeschlagene „einfache“ Umwandlung Ihrer bisherigen privaten Rechtsschutzversicherung in eine Police für Ihre Selbständigkeit nicht eher dem Versicherer dient als tatsächlich Ihnen in Ihrem neuen, unternehmerischen Status.

7.1.2.1 Bausteine Ihrer Rechtsschutzversicherung

Versicherbar sind folgende **Rechtsgebiete:**

- ➔ Strafrecht,
- ➔ Schadenersatzforderungen,
- ➔ Sozialrecht,

- → Arbeitsrecht,
- → Steuerrecht,
- → Mietrecht,
- → Standesrecht,
- → Vertragsrecht.

Diese Bausteine decken aber, wie erwähnt, nicht alle Rechtsstreitigkeiten aus diesen Rechtsgebieten ab. Es gibt Ausschlüsse und Leistungsbegrenzungen, die Sie sich von Ihrem Berater ausführlich darstellen lassen sollten, auch deswegen, weil die Produktbezeichnungen oft wenig Aufschluss über die eingeschlossenen Leistungen geben!

Jeder Baustein kann einzeln versichert werden, häufig werden sie aber gebündelt als „**Firmenrechtsschutz**“ angeboten. Eine bekannte Form ist der **Verkehrsrechtsschutz**, der verschiedene Rechtsgebiete, soweit sie Fahrzeuge und Teilnahme am Straßenverkehr berühren, zusammenfasst.

Privat hatten Sie vielleicht die schon erwähnte **Familienrechtsschutzversicherung**. Sie ist zwar das Spiegelbild einer Firmenrechtsschutzversicherung, allerdings bezogen auf Ihre Privatsphäre und ihre Arbeitnehmerrolle. Gibt es daraus weiter notwendige Elemente, können diese möglicherweise als Zusatz kostengünstig angehängt werden.

7.1.2.2 Beurteilung des Nutzens

Das **Kostenrisiko eines Rechtsstreits** ist für den Nichtjuristen schwer einzuschätzen, kann aber gerade deswegen für Sie und Ihr junges Unternehmen Existenz bedrohend werden.

Wägen Sie mit kaufmännischem Kalkül ab, ob der Verzicht auf die gerichtliche Durchsetzung der eigenen Rechtsvorstellung die Ertragskraft Ihres Unternehmens übersteigt. Kurz gesagt: ob der Verzicht auf eine Forderung nicht billiger ist als das gerichtliche Erstreiten der Bezahlung. So ist beispielsweise für ein Ein-Personen-Unternehmen der Arbeits- und Sozialgerichtsrechtsschutz keineswegs zwingend, oder bei einer niedrigen Miete für Ihr Büro die denkbare vierstellige Forderung des Vermieters im Schadensfall tragbar. Beraten Sie sich aber spätestens an dieser Stelle mit Ihrem Rechtsanwalt.

Soweit die **aktive** Seite der Rechtsschutzversicherung.

Anders die **passive** Seite, wenn Ihnen Rechtsverstöße vorgeworfen werden und Sie sich dagegen wehren müssen. Das gilt insbesondere bei strafrechtlichen Vorwürfen gegen Angehörige von Vertrauensberufen, auch Heilberufen, sowie Branchen, die umweltgefährdende Anlagen oder Stoffe besitzen oder handhaben.

Der Vorwurf der Unzuverlässigkeit ist Existenz bedrohend und nur mit hohem Aufwand, also professioneller Hilfe, zu widerlegen. Für Personen, die die oben angeführte D&O-Deckung nicht erhalten können, dient eine entsprechende Rechtsschutzversicherung zumindest der Schadenabwehr.

Dementsprechend wird die Rechtsschutzversicherung für manche Branchen in den genannten passiven Fällen Priorität 1 haben, in allen anderen Fällen Priorität 2.

Tipp

Unsere Empfehlungen zum Rechtsschutz

1. Ermitteln Sie mit Ihrem Rechtsanwalt die möglichen **Streitwerte** oder **Abwehrkosten**, die sich aus Ihrer beruflichen Tätigkeit ergeben können.
2. Lassen Sie sich die Kosten eines derartigen Streites über zwei Instanzen unter der Annahme Ihres Unterliegens ausrechnen. Berücksichtigen Sie neben den Kosten auch **Ihre nervliche und zeitliche Belastung**.
3. Prüfen Sie, ob für Ihre spezielle Risikosituation eine maßgeschneiderte Rechtsschutzversicherung erhältlich ist. Das kann z. B. speziell für das Steuerrecht oder für das Anstellungsverhältnis als GmbH-Geschäftsführer gelten.
4. Schließen Sie, wenn Sie in einer exponierten Tätigkeit sind, eine **Strafrechtsschutzversicherung** ab, die auch Vorsatztaten, z. B. von Mitarbeitern, in Ihrem speziellen Risikobereich abdeckt.
5. Wenn Sie ein Kraftfahrzeug halten, empfiehlt sich immer eine **Verkehrsrechtsschutzversicherung (**Priorität 1).
6. Stellen Sie eine für den Privatbereich abgeschlossene Versicherung auf eine **Deckung ohne Risikoausschlüsse** um.

7.1.3 Unterbrechungsschäden

Der Ausfall Ihrer Arbeitskraft oder Ihres Schlüsselpersonals kann eine Unterbrechung Ihres betrieblichen Leistungsprozesses bewirken. Das gilt ebenso für materielle Schäden. Beides hat einen Ertragsausfall zur Folge.

Während die Absicherung von Arbeitskraft zur Personenversicherung zählt, befassen wir uns hier nur mit **materiellen Schäden**. Wir trennen dabei die Unterbrechungsschäden gedanklich in solche, die

→ durch Ausfall von Betriebsmitteln entstehen und solche,
→ die den betrieblichen Leistungsprozess sonst stören können.

7.1.3.1 Betriebsunterbrechung nach Sachschäden

Der Wert der Sachen, die Sie zur betrieblichen Leistungserstellung einsetzen, spielt zunächst keine Rolle. Das wird erst beim Thema „Sachwerte" entscheidend. Hier ist nur wichtig, ob die **eingesetzten Mittel** versicherbar sind und welche Folgen ein Ausfall hätte.

Versicherbar sind immer solche Risiken, wie:

- ➔ Feuer,
- ➔ Einbruchdiebstahl,
- ➔ Vandalismus,
- ➔ Explosion,
- ➔ Überspannung,
- ➔ Beraubung,
- ➔ Leitungswasser,
- ➔ Sturm.

Das sind **zufällige** Ereignisse.

Nicht versicherbar sind **vorhersehbare** Störungen, z. B. durch:

- ➔ Verschleiß,
- ➔ Alterung,
- ➔ einfachen Diebstahl.

Als **Betriebsmittel in diesem Sinne** gelten vier Gruppen:

- ➔ Gebäude/Räume,
- ➔ Maschinen und Anlagen,
- ➔ Elektronik,
- ➔ Waren/Vorräte.

■ Gebäude und Räume

Diese Gruppe ist durch Feuer, Leitungswasser und manchmal auch Sturmschäden bedroht. Darüber hinaus werden noch **Elementarschäden** definiert, unter denen Lawinen, Erdrutsch, Erdbeben, **Überschwemmung** und Vulkanausbrüche eher von der geographischen Lage abhängen, während Schneedruck oder eine **Überflutung** infolge hoher Niederschläge auch ohne ein fließendes oder stehendes Gewässer zustande kommen können.

Um Ihr Risiko voll zu bewerten, unterstellen wir den Totalverlust durch Feuer. Daraus ergibt sich die Frage, wie lange Sie brauchen werden, um entweder die Objekte wiederherzustellen oder geeigneten Ersatz zu finden.

Falls der Standort für Ihr Unternehmen entscheidend ist, z. B. für einen Einzelhandelsbetrieb in 1a-Lage oder ein Ausflugslokal, ist ein Ausweichen auf andere

Örtlichkeiten nicht möglich und ein Ausfall von wenigstens einem halben Jahr anzunehmen.

Haben Sie dagegen einen Dienstleistungsbetrieb, der nur ein eingerichtetes Büro benötigt, können Sie möglicherweise sehr schnell auf gemietete Räume ausweichen, so dass nur die Kosten des Umzugs und der in dieser Zeit eintretende Stillstand zu berücksichtigen sind.

Ihre dazugehörige **kaufmännische Einrichtung** (Büromöbel, Akten, Pläne, Fachliteratur) muss wiederhergestellt werden.

Sofern es sich um Standardgegenstände handelt, ist der Zeitbedarf für die Wiederbeschaffung sicherlich überschaubar, Kundenakten, Dokumente und Pläne aber sind meist unwiederbringlich verloren, wenn nicht Sicherungskopien angelegt und diese feuersicher oder **außerhalb** der Betriebsräume aufbewahrt wurden. Beachten Sie beides, nämlich Standardausstattung und Sicherungskopien, reduziert sich Ihr Risiko möglicherweise auf einen selbst tragbaren Rest, dem nur Priorität drei zukommt.

■ Elektronik

All Ihren Betriebsgegenständen, die mit Schwachstrom betrieben werden (Rechner, Fernsprecher, Kopierer, Messgeräte, Datenübertragungsanlagen u. ä.) drohen noch weitere Risiken, z. B.:

- ➔ Störungen der Stromversorgung,
- ➔ versehentliche oder vorsätzliche Bedienungsfehler (Hacker im EDV-Bereich) oder
- ➔ Beschädigung (Fallenlassen, eindringende Flüssigkeiten).

Daraus folgende Betriebsunterbrechungen sind versicherbar. Hier gilt aber wieder die kaufmännische Vernunft: Verwenden Sie Standardausstattungen, die jederzeit wieder beschaffbar sind, und fertigen Sie Kopien an.

Sind seltene oder sonst schwer wiederherstellbare Geräte eingesetzt, kann ein Vertrag mit dem Lieferanten, um Ersatzteile vorzuhalten, unter Umständen kostengünstiger sein als das Versichern der eventuellen Unterbrechung.

■ Maschinen

Warenhersteller verwenden meist Maschinen. Bei einer aus mehreren Maschinen bestehenden Anlage kann der Ausfall einer Maschine oft problemlos kompensiert werden, bei Engpässen oder Herzstücken der Anlage, vor allem aber bei Spezialanfertigungen, besteht diese Möglichkeit der Risikovermeidung nicht. Hier ist neben den oben genannten Gefahren auch noch der **Maschinenbruch** zu versichern.

Prüfen Sie die Möglichkeit, Ihre Produktion einstweilen auf Subunternehmer zu verlagern. Das geht allerdings nur in bestimmten Branchen (z. B. bei Herstellern von Generika oder Druckereien).

Beachten Sie auch, dass alle Anlagen zur Produktion, z. B. Bierzelte einer Brauerei oder Gerüste eines Bauunternehmens als „Maschinen" versichert werden können.

■ Waren und Vorräte

Hängt Ihre Produktion von **Materiallieferungen** oder **Vorprodukten** ab, betrachten Sie auch Ihre Lieferanten:

- ➔ Kann ich zu gleichem Bezugspreis auf andere Lieferanten ausweichen?
- ➔ Ist bei termingenauer Lieferung ein Puffer vorhanden?
- ➔ Steht bei einer Betriebsstörung bei meinem Lieferanten (z. B. wegen Streiks) auch mein Betrieb?

Theoretisch können diese Risiken auch vertraglich auf den Lieferanten abgewälzt werden – sofern es Ihnen gelingt, diese Verhandlungsposition durchzusetzen.

In der Praxis sind eher organisatorische Vermeidungsstrategien (Lagerhaltung, Verwendung von marktüblichen Artikeln) anzustreben. Ist beides nicht möglich, bleibt nur die Versicherungslösung, der dann die Priorität 1 zuzuordnen ist.

Fertigwaren in Ihrem Lager bergen nur dann ein Unterbrechungsrisiko, wenn sie vertraglich oder aufgrund starker saisonaler Absatzschwankungen nicht zeitgerecht ersetzt werden können.

Tipp

Unsere Empfehlungen zur Betriebsunterbrechungsversicherung

1. Ermitteln Sie den Zeitbedarf, um den Untergang einzelner oder aller Betriebsmittel auszugleichen. Treffen Sie, wenn möglich, organisatorische oder vertragliche **Vorkehrungen**, um diese Zeit möglichst kurz zu halten.
2. Kalkulieren Sie Unterbrechungsschäden, indem Sie die Gesamtkosten des Betriebsstillstandes für diesen Zeitraum ermitteln: Er setzt sich zusammen aus den Fixkosten für den gesamten Zeitraum, dem entgangenen Gewinn und den Sonderkosten für Wiedergewinnung oder Erhalt des Marktanteils, z. B. Information der Kunden, zusätzliche Werbung, Aufräumkosten und höhere Kosten einer Standortverlegung. Das heißt überschlägig **Umsatzausfall zuzüglich der Sonderkosten.**
3. Lassen Sie sich für den so ermittelten bedrohten Ertrag, berechnet für die gesamte Zeit bis zur Wiederherstellung des Zustandes vor dem Schadenereignis, **Versicherungsangebote** machen.

4. Versichern Sie dann den Teilbetrag, der weder organisatorisch noch vertraglich vermieden werden kann, sofern sie ihn nicht selbst tragen können (Priorität 1) oder nicht tragen wollen (Priorität 3).

7.1.3.2 Transportversicherung

Die Transportversicherung deckt ab:

- ➔ die Lagerung und den Transport von Gütern,
- ➔ die Folgen von Schäden an Transportmitteln,
- ➔ alle Schadensereignisse, die den Bezug von Leistungen stören und nicht im eigenen Betrieb stattfinden.

Denken Sie auch an Ausstellungen und Veranstaltungen und die dafür notwendigen Musterkollektionen, Werbemittel und das Reisegepäck. Wir können hier nicht einmal einen annähernden Überblick über die etwa 50 Untersparten des Themas „Transportversicherungen" geben. Deshalb nur einige Beispiele, die wir in zwei Untergruppen teilen:

■ Bezug und Lieferung

Beziehen Sie Waren, z. B. Vorprodukte ab Werk, oder kaufen Sie Leistungen hinzu, z. B. elektrische Energie für die Kühlung eines Lagers, stehen Sie im Risiko, dass dieser Bezug gestört wird.

Wägen Sie kaufmännisch klug ab, ob

- ➔ das Risiko zu vermeiden ist (z. B. durch Beschaffen eines Notstromaggregates),
- ➔ die Leistung dazugekauft werden kann (z. B. durch Vereinbarung der Lieferbedingungen „frei Haus") und ob
- ➔ das Risiko versicherbar ist (z. B. der Ausfall eines Betriebsfestes wegen Regens oder einer Veranstaltung oder eines Drehtages wegen Erkrankung der Schauspieler).

Auch bei Lagerung und Lieferung tragen Sie zunächst die Gefahr bis zum Risikoübergang. Ihr Spediteur wird sich gegen Ihre Ansprüche absichern und diese Kosten in seinem Preis berücksichtigen.

Die trockene Lagerung feuchtigkeitsempfindlicher Güter kann technisch sichergestellt werden, das Risiko einer Überschwemmung aber vielleicht nicht. Stellen Sie in solchen Fällen die Kosten einer Versicherung den Kosten der Risikovermeidung gegenüber.

Fehlleistungen, wie falsche Lieferung oder Fehlkalkulation der Transportkosten sind nicht versicherbar, immer aber „höhere Gewalt".

■ Bewegung

Verstehen Sie darunter die Risiken, denen Ihre Sachen ausgesetzt sind, wenn sie das Betriebsgelände verlassen. So beispielsweise Ihre Musterkollektion, die Einrichtung Ihres Messestandes, Geldtransporte, das persönliche Reisegepäck Ihrer Mitarbeiter, das Notebook usw..

Es geht hier nicht mehr nur um Unterbrechungsschäden – diese Versicherung erfasst alle möglichen Betriebsmittel außerhalb des Betriebes. Damit werden weitere Risiken versicherbar, wie einfacher **Diebstahl, Verlieren** oder **Herunterfallen.**

Selbstverständlich kosten diese Absicherungen ebenfalls Geld. Ermitteln Sie daher die Kosten, beginnend mit dem Zeitbedarf für vermehrte eigene Umsicht über Mehrkosten für Umwege bis hin zu Bewachungskosten.

Stellen Sie diesen Aufwand der Versicherungsprämie gegenüber. Kalkulieren Sie das zum jeweiligen aktuellen Anlass oder bei Ihrer jährlichen Bilanzierung bzw. Planung.

Ein Hinweis noch zur Mobilität: Der aus dem Privatleben her bekannte Schutzbrief für Pkw ist versicherungstechnisch eine Transportversicherung, die sich mittlerweile durch eine Zuschlagsprämie zur Haftpflichtversicherung des Autos für etwa 10 Euro pro Jahr mitversichern lässt.

Beachten Sie, dass zum Beispiel der Wechsel eines Autos nach einem Unfall oder das Beschaffen von Ersatzdokumenten und Zahlungsmitteln im Ausland für Sie als Unternehmer nun einen völlig anderen Stellenwert haben kann, als im früheren Privatleben.

Tipp

Unsere Empfehlungen

1. Ermitteln Sie alle Bezüge und Versendungen sowie alle Bewegungen von Betriebsmitteln außerhalb Ihres Betriebsgrundstückes.
2. Stellen Sie fest, welche **Störungen** existenzbedrohend werden können.
3. Versichern Sie diejenigen Risiken, die weder organisatorisch vermieden noch vertraglich abzuwenden sind (Priorität 1).
4. Überprüfen Sie jährlich, ob Sie die enthaltenen Versicherungsleistungen günstiger versichern oder selbst tragen können (bei Übersteigen bestimmter Schwellenwerte Priorität 2).
5. Bedienen Sie sich dabei eines Versicherers, der dafür nicht nur Versicherungsschutz, sondern auch **kalkulatorische Hilfestellungen** geben kann.

7.1.4 Kreditversicherungen

Besonders bedauerlich ist es, wenn Ihr gut geführtes, aufstrebendes Unternehmen durch Fremdeinwirkung in den Ruin getrieben wird. Während Bürgschaften in Deutschland den Bankgeschäften zuzurechnen sind, ist die Absicherung von **Forderungsausfällen** und **Vertrauensschäden** reine Versicherungssache.

7.1.4.1 Forderungsausfälle

Mit der **Warenkreditversicherung** werden Forderungsausfälle durch eine Zahlungsunfähigkeit Ihres Kunden abgedeckt.

Mit dem Versicherer ist zu vereinbaren, welche ihrer Kunden einbezogen werden (Andienungspflicht), welche selbst zu überprüfen sind, und für welche der Versicherer eine laufende Bonitätsprüfung erbringt. Voraussetzung ist, dass Sie mit den Kunden klare Zahlungsziele vereinbart haben.

Tipp

Unsere Empfehlung zur Warenkreditversicherung

1. Hängen Sie wirtschaftlich von der Zahlungsfähigkeit einiger weniger Kunden ab oder beliefern Sie eine Branche, die erheblichen konjunkturellen oder strukturellen Risiken ausgesetzt ist, hat eine solche Versicherung Priorität 1.
2. Die mit der Warenkreditversicherung verbundene **Bonitätsprüfung** Ihrer Kunden ist wiederum eine Leistung, die selbst bei einer Zuordnung zu Priorität zwei oder drei sinnvoll sein kann (z. B. bei einer breit gefächerten Kundenstruktur, hohem Anteil ausländischer Kunden, wechselndem Kundenpotenzial, starker Erweiterung des Kundenstammes).
3. Als Alternative kann sich das **Factoring** (vgl. Kapitel I Abschnitt 3) anbieten, das aber häufig teurer ist, als die Versicherung und somit nur in Frage kommt, wenn entweder das Risiko nicht versicherbar und/oder die damit übernommene Buchhaltung wirtschaftlich vorteilhaft ist.

7.1.4.2 Vertrauensschäden

Ein heikles Thema sind Vertrauensschäden, weil sie aus **kriminellen Handlungen von Betriebsangehörigen** herrühren.

Sind Außenstehende betroffen, ist das Risiko über die Betriebshaftpflichtversicherung abgedeckt. Der Schaden aber, den Ihr Unternehmen durch Unterschlagung, Manipulation von Daten, Preisgabe von Betriebsgeheimnissen oder einfach den Griff in die Portokasse erleidet, bleibt bei Ihnen hängen. Da derartige Handlungen meistens **rufschädigend** auf den Betrieb zurückfallen, empfehlen sich oft Diskretion und somit der Verzicht auf staatsanwaltliche Ermittlungen. Den materiellen Schaden kann eine **Vertrauensschadenversicherung** auch in diesem Fall ausgleichen.

Ihre Notwendigkeit ist mit der Beschäftigung des ersten Mitarbeiters zu überprüfen und erneut immer dann, wenn die Belegschaft und ihre Zugriffsmöglichkeiten erweitert werden.

7.2 Sachwerte

Bis hierher wurde Ihnen sicher deutlich, dass das eigentliche, leider eher verdeckte und abstrakte Risiko Ihres Unternehmens mehr in der Bedrohung der Erträge und Ihres Vermögens besteht.

Viel anschaulicher sind dagegen oft die Sachwerte Ihres Betriebes und die Schäden, die ihnen dort zustoßen können. Verfügt Ihr Betrieb aber über wenige Sachmittel oder solche von nur geringem Wiederbeschaffungswert, kommt deren Versicherung nur die Priorität 3 zu.

7.2.1 Gebäude

Sofern Ihr Betrieb Gebäude besitzt oder Sie die Versicherung für gemietete Gebäude zu übernehmen haben, sind dies regelmäßig die höchsten Anlagewerte.

Sie sind gegen die Risiken **Feuer (auch Blitzschlag und Explosion), Leitungswasser, Sturm** und gegebenenfalls auch gegen **Elementarschäden** zu schützen.

Elementarschäden, aber auch Abwässer, sind nicht immer versicherbar. Hinsichtlich der möglichen Schadenshöhe (Trockenlegung und auch Betriebsunterbrechung) sollten sie nicht unterschätzt werden.

Als Versicherungssumme ist nur in Ausnahmefällen der Zeitwert anzusetzen – z. B. bei einem neu erworbenen Sanierungsobjekt –, sonst immer der **gleitende Neuwert.** Gleitend bedeutet dabei, dass der nach dem Baupreisindex des Statistischen Bundesamtes erforderliche Wiederherstellungspreis versichert ist.

Der Marktpreis kann bei gewerblichen Objekten stark schwanken und ist deshalb zur Wertermittlung nicht geeignet. Nutzen Sie einen Gutachter oder den Versicherer.

Ihr Betriebsgrundstück kann durch die genannten Gefahren nicht untergehen, ist also auch nicht zu versichern.

Trotzdem können von Ihrem Grundstück Gefahren ausgehen, oder es kann von **Altlasten** oder durch **Immissionen** gefährdet sein. Während Altlasten nicht versicherbar sind, ist der Schutz vor Immissionen, z. B. bei Bio-Landwirten oder durch allmähliche Anreicherung aus laufender Produktion für bestimmte Unternehmen notwendig. Diese Fälle sind aber systematisch bei der Haftpflichtversicherung angesiedelt und werden hier nur wegen der engen gedanklichen Verknüpfung mit Gebäuden erwähnt.

Unterschätzen Sie nicht die **Aufräumungs- und Entsorgungskosten** nach einem Brand und den dazugehörenden Löschwasserschäden. **Brandschutt** ist Sondermüll, **Löschwasser** demzufolge kontaminiert, d. h., es wird eine Bodensanierung erfolgen müssen. Auch die Beseitigung von einsturzgefährdeten Gebäuderesten erfordert zuweilen den Einsatz von hochspezialisierten Firmen. Das sind Kosten, die kaum ein Unternehmen tragen kann. Selbst für einen kleinen Betrieb, der nur 350.000 Euro Jahresumsatz erwirtschaftet, kann ein **Entsorgungs- und Dekontaminierungsaufwand** in Millionenhöhe entstehen. Darüber hinaus stellt sich die Frage, ob ein Wiederaufbau Ihrer Gebäude an gleicher Stelle zu gleichen Bedingungen überhaupt behördlich genehmigt werden würde.

Obwohl sie nicht zur Gebäudeversicherung zählt, sei hier die **Bauleistungsversicherung** genannt. Sie ist zu erwägen, sobald Sie als Bauherr oder Bauunternehmer auftreten, also gegebenenfalls sogar im Privatbereich. Sie deckt das noch nicht fertiggestellte Gebäude, die Einrichtung der Baustelle und einige dazugehörige Unwägbarkeiten beim Bau ab. Sie ist vor Abschluss der Verträge, die den Bau betreffen, abzuschließen.

7.2.2 Lager und Büroräume

Für Lager und Büroräume gilt sinngemäß das gleiche wie für Gebäude. Es kommen noch die Risiken von **Einbruchsdiebstahl und Vandalismus** dazu. Prüfen Sie als guter Kaufmann immer wieder die Frage nach der Betriebsnotwendigkeit.

Wenn bei einer Unternehmensgründung zunächst noch mit günstig erworbenen gebrauchten Einrichtungen gearbeitet werden kann, scheint die Priorität 2 ausreichend. Entscheidend ist aber der **Wiederbeschaffungspreis.** Sie werden nämlich im Schadensfall unter Zeitdruck nicht unbedingt zu gleich günstigen Konditionen einkaufen können wie bei Ihrer Geschäftsgründung. Der **Inhaltswert** von Lagern und Geschäftsräumen ist nach dem Spitzenwert zu ermitteln, der sich ergibt, wenn das Maximum an teuren und schwer zu ersetzenden Einrichtungsgegenständen, Waren und Vorräten saisonal erreicht ist.

Beim Inhalt Ihres Büros ist der Materialwert der Ordner und Papiere überschaubar, der **eigentliche Inhalt der Papiere** aber oft unersetzlich. Ermitteln Sie deren Wert unter dem **Blickpunkt der Betriebsunterbrechung**.

Der **Inhaltsversicherung** eines Büros entspricht im Privaten die **Hausratversicherung**. Diese ist „gebündelt“, das heißt, alle Risiken sind **unauflösbar** in einem Vertrag zusammengefasst, während der Büroinhalt in einer „verbundenen“ Versicherung zusammengefasst werden **kann**, aber nicht **muss**.

Falls Sie Ihre unternehmerische Tätigkeit als „Ein-Personen-Unternehmen“ im Wohnzimmer anfangen, sollten Sie mit dem Versicherer verhandeln, ob die Werte nicht einfach in Ihre **Hausratversicherung** einbezogen werden können.

7.2.3 Elektronik

Hardware, sofern sie handelsüblich ist, stellt vielfach keinen herausragenden Wert mehr dar, vor allem, wenn Sie den laufenden Preisverfall bei gleichzeitiger Leistungsverbesserung berücksichtigen. Das Gleiche gilt für eingebaute Betriebssysteme und Standardsoftware.

Gewichtiger ist das Risiko bei Verwendung von **Spezialanfertigungen** oder **eigener Programme.** Auch das ist unter dem Blickwinkel der **Betriebsunterbrechung** zu betrachten.

Liegt der Wert Ihrer Hardware unter 15.000 Euro, überdenken Sie, ob die Summe einfach als Zuschlag zur sonstigen Büroeinrichtung behandelt werden soll. Damit ist zwar nicht die typische Risikoabdeckung für elektronische Geräte (jede schädigende Einwirkung von Außen) versichert, in der Praxis ist diese bei entsprechendem Unternehmensprofil aber durchaus vorstellbar, wenn Sie Vorsorge gegen Unterbrechungsschäden (z. B. Sicherungskopien) getroffen haben.

7.2.4 Maschinen und Anlagen

Hier gelten die gleichen Ausführungen wie zur Elektronik, da „Hardware“ nur ein Sonderfall von „Maschine“ ist.

Betrachten Sie aber die Frage der **Wiederbeschaffung** genauer: Da Maschinen meistens keinem schnellen Preisverfall unterliegen, sondern im Gegenteil, der Wiederbeschaffungspreis, auch konjunkturell bedingt, deutlich über den ursprünglichen Beschaffungskosten liegen kann, ist die Lage hier anders als bei Hardware.

Während bei Elektronik der Versicherer im Schadensfall überprüft, ob eine Instandsetzung nicht teurer käme als eine Neuanschaffung, haben Sie bei einer Maschine unter Umständen gar keine Wahl, wenn sonst Ihre ganze Anlage geändert werden müsste. Diese Verflechtung ist zwischen Versicherer und Techniker abzustimmen, da sonst nicht versicherte Folgekosten und auch Unterbrechungsschäden eintreten können.

Ein weiterer Sonderfall von Maschinen sind **Fahrzeuge**, die für den Straßenverkehr zugelassen sind.

Eine **Teilkaskoversicherung** deckt dabei Ihre Risiken **Diebstahl, Zusammenstoß mit Haarwild (vereinbar: mit Tieren), Brand, Explosion, Hagel, Überschwemmung und Glasbruch** ab.

Die **Vollkaskoversicherung** erfasst darüber hinaus Schäden durch **fahrlässige selbstverschuldete Beschädigungen**.

Als Faustregel gilt: Teilkaskoversicherung Priorität 1, Vollkaskoversicherung nur für die ersten 5 Jahre.

Die Ermittlung der Prämie entspricht der der Haftpflichtversicherung, mit der sie auch in einem Vertrag zusammengefasst wird. Der Markt ist deswegen auch recht unübersichtlich. Fragen Sie deshalb beim Versicherer nach Sonderlösungen, die für manche Unternehmen elegante Gestaltungen bieten, wie z. B. Flottenversicherungen oder Kaskoversicherungen nur für Dienstreisen.

Direktanbieter und **Internetrecherche** sind dafür meistens unergiebig.

Für die Versicherung von **Luft- und Wasserfahrzeugen** gelten weitere Besonderheiten, die Sie im konkreten Fall erfragen.

7.2.5 Glasbruchversicherung

Als spezielle Versicherung weist sie Besonderheiten auf: Zum einen betrifft sie nicht ein besonderes Risiko, sondern leistet immer, wenn ein Glas zerbrochen ist (allerdings nicht bei Vorsatz des Eigentümers!), zum anderen leistet sie grundsätzlich **Naturalersatz**, es gibt also keinen Anspruch auf die Auszahlung von Geldbeträgen.

Die Glasbruchversicherung schließt damit die Lücke, die weder durch Sturmversicherung (Wind zählt erst ab Stärke 8 als Sturm), noch durch die Gebäudefeuerversicherung abgedeckt ist, wenn kein Brand Ursache des Schadens war.

Wirtschaftlich sinnvoll ist sie für Sie nur dann, wenn Sie z. B. gewerblich Wohnräume vermieten, speziell angefertigte oder schwer zugängliche Glasflächen besitzen oder etwa Gewächshäuser betreiben.

Tipp

Unsere Empfehlungen zu den Sachversicherungen

1. Betrachten Sie Ihr Risiko parallel zur **Planung Ihrer Unternehmensgründung**. In dieser Phase können organisatorische, vertragliche und investive Verfahren der Risikovermeidung und -minderung kostengünstig einfließen.
2. In dieser Gesamtbetrachtung werden auch die **Prioritäten** zur Absicherung derjenigen Risiken entschieden, die Sie auf ein Versicherungsunternehmen abwälzen können.
3. **Unverzichtbar** ist die Abdeckung der Haftungsrisiken, da diese nicht nur Ihr Unternehmen, sondern Ihr ganzes persönliches Vermögen bedrohen.

4. Wiederholen Sie die **Überprüfung Ihrer Risiken** jährlich, zeitsparend im Zusammenhang mit Nachkalkulationen und Planung. Als Ergebnis können andere Prioritäten oder sogar Risikofortfälle (= Kostenersparnis) erkennbar werden..
5. In den Versicherungen sind nicht nur Entschädigungen in Geld, sondern auch **Dienstleistungen des Versicherers** enthalten. Im Schadensfall ist er nämlich mindestens so stark wie Sie daran interessiert, den Schaden klein zu halten. Er verfügt aber über einen Apparat, der Ihnen nicht zur Verfügung steht.
6. Suchen Sie einen **leistungsfähigen Versicherer/Vermittler**, nicht nur bezogen auf ein günstiges Preis-/Leistungsverhältnis, sondern auch auf **Handhabung, Gestaltung und Anpassung** der Verträge.
7. Gebündelte Verträge, gegebenenfalls mit **All-Risk-Deckungen**, können Ihre Arbeit erleichtern, wenn mehr als nur der Haftpflichtvertrag erforderlich ist. Wo immer es geht, Verträge abschließen, in denen der Versicherer auf den **Einwand der groben Fahrlässigkeit** verzichtet.
8. Hinterfragen Sie die **Hilfestellung bei der Abwicklung von Schadensfällen**, weil Sie im Schadensfall nicht nur psychisch unter Druck stehen, sondern auch zeitlich belastet sind. Sofern Sie nicht sogar physisch außerstande sind, lenkend einzugreifen.
9. **Qualitätsmerkmale** für Versicherer sind die begleitende Beratung und die kundenorientierte Schadensabwicklung. Dieses letzte Qualitätsmerkmal müssen Sie hoffentlich niemals beurteilen.

8 Ihre persönliche Absicherung als Unternehmer

8.1 Private Risiken

Der Einstieg in die Selbständigkeit bedeutet für Sie gleichzeitig den Ausstieg aus dem sozialen Netz, das für Sie bisher als selbstverständlicher Schutz gegen Krankheit, Berufsunfähigkeit und Basisversorgung für das Alter im Arbeitsverhältnis vorhanden war. Ihr bisheriger Arbeitgeberanteil zu Ihren Beiträgen Renten-, Kranken- und Arbeitslosenversicherung entfällt.

Mit dem Beginn der Selbständigkeit unterliegen Sie keiner Versicherungspflicht in der gesetzlichen Sozialversicherung mehr. Um Lücken zu vermeiden, sorgen Sie deshalb umgehend dafür, einen nahtlosen Übergang von der Pflichtversicherung in eine private Vorsorge für sich und Ihre Familienangehörigen zu schaffen.

Versicherungen sind sehr wichtig. Es gibt sie gegen alles und sie sind schnell abgeschlossen. Orientieren Sie sich vor Ihrer Entscheidung in erster Linie an Ihrem tatsächlichen Vorsorgebedarf und an Ihrem finanziellen Belastungsspielraum. Ihr Versicherungsschutz sollte diesen Vorgaben entsprechen und angemessen sein. Für Existenzgründer, die voll und ganz auf ihre Arbeitsfähigkeit angewiesen sind, ist ein ausreichender Versicherungsschutz existentiell und hilft ihnen, latente Risiken zu begrenzen.

Grundlage für Ihre Entscheidung ist eine **Analyse der Risiken**, denen Sie als Unternehmer ausgesetzt sind.

Risiken, denen Sie als Existenzgründer im persönlichen Bereich gegenüberstehen, sind:

- ➔ Krankheit
- ➔ Unfall
- ➔ Berufs- oder Erwerbsunfähigkeit
- ➔ Arbeitsunfähigkeit
- ➔ Pflegefall
- ➔ Todesfall

Stellen Sie sich die Frage: Was kann meine Existenz privat und im Unternehmen gefährden? Listen Sie die Antworten auf und holen Sie sich dann umfassende Angebote zur Deckung dieser Risiken, in Form einer Versicherung, ein. Entscheiden Sie sich nach Abwägen des jeweiligen Preis-Leistungs-Verhältnisses für die Versicherungsangebote, die für Sie geeignet und angemessen sind. Gute Beratung erhalten Sie von Versicherungsmakler/innen, die Ihnen gegenüber verpflichtet sind, das für Sie passende Produkt herauszufiltern und dafür dann auch haften.

Zu diesen persönlichen Risiken, die es abzudecken gilt, kommt noch die **Altersvorsorge**. Das Alter ist kein Risiko, und Sie müssen daher nicht zwingend eine Versicherung abschließen. Neben der Kapitallebens- und privaten Rentenversicherung kommen alle anderen Geldanlagemöglichkeiten sowie Immobilien als Instrumente für Ihre Altersvorsorge in Frage. Besondere Neuerungen hält dazu seit 2005 das Alterseinkünftegesetz für Sie bereit.

8.2 Ihre Krankenversicherung

Seit der Gesetzesänderung zum 1. April 2007 ist jeder Bürger/jede Bürgerin in Deutschland verpflichtet, sich bei einer gesetzlichen oder privaten Krankenversicherung anzumelden. Die Wahlfreiheit von Selbständigen, ob sie sich versichern wollen oder nicht, fiel damit weg. Auf diese Weise soll sicher gestellt werden, dass niemand in Deutschland im Fall einer Krankheit ohne Versicherungsschutz ist.

Als Unternehmer/in haben Sie grundsätzlich die Wahl zwischen einer Mitgliedschaft in einer gesetzlichen Krankenkasse oder Ersatzkasse sowie einer privaten Krankenversicherung.

Selbständige Künstler und Publizisten sind über die Künstlersozialkasse (KSK) versichert.

8.2.1 Die gesetzliche Krankenversicherung

Waren Sie bereits vor Ihrer Existenzgründung Mitglied einer **gesetzlichen Krankenkasse (GKV)** oder **Ersatzkasse (EK)**, können Sie nun freiwilliges Mitglied bei Ihrer Krankenversicherung bleiben. Voraussetzung dafür ist, dass Sie unmittelbar vor dem Ausscheiden ununterbrochen mindestens zwölf Monate oder aber in den letzten fünf Jahren zusammen mindestens 24 Monate versichert waren. Den Antrag sollten Sie sofort stellen, damit ein nahtloser Schutz gegeben ist.

Ihr monatlicher Beitrag orientiert sich – nach Abzug der Betriebsausgaben – an Ihrem steuerpflichtigen Gesamteinkommen (Jahresumsatz abzüglich Betriebsausgaben zuzüglich sonstiger Einkünfte wie beispielsweise aus Vermietung, Verpachtung und Kapitalvermögen).

Der Nachweis über die Höhe Ihrer Einnahmen muss grundsätzlich von Ihnen geführt werden.

Die **Beitragshöhe** (Stand August 2009) ist 14,3 Prozent. Dies ist der ermäßigte Beitragssatz für Selbständige. Er beinhaltet jedoch seit dem 1. Januar 2009 keinen Anspruch auf Krankengeld mehr. Optional bieten die gesetzlichen Krankenkassen und Ersatzkassen für Selbständige und Existenzgründer einen Krankengeld-Wahltarif an, mit dem Sie kostengünstig eine individuelle Vorsorge für Einnahmeausfälle bei Krankheit treffen können. Informationen zu diesen Tarifen finden Sie auf den jeweiligen Webseiten der regionalen AOK. Dort sehen Sie auch, wie viel Sie für das zusätzliche Krankengeld zahlen müssen. Dabei können Sie wählen, ob Sie das Krankengeld ab dem 15. Tag oder ab dem 43. Tag der Arbeitsunfähigkeit haben wollen. Das zu versichernde Krankengeld kann bis zu 200 Euro pro Tag betragen.

Sie können nach einer Gesetzesänderung im Juni 2009 auch wieder das „reguläre" Krankengeld von Ihrer Krankenkasse bekommen. Sie zahlen dafür dann den allgemeinen Beitragssatz von 14,9 Prozent, müssen dann jedoch eine „Wahlerklärung" abgeben und binden sich damit für drei Jahre.

Tipp: Wenn Sie ein Krankengeld erst ab der siebten Woche wollen, ist der gesetzliche Anspruch über den allgemeinen Beitragssatz besser als der Wahltarif.

Als Existenzgründer werden Sie gebeten, zur Berechnung Ihres Krankenversicherungsbeitrages Ihr zu erwartendes Einkommen für das erste Unternehmensjahr zu schätzen und Ihrer Krankenversicherung anzugeben.

Wenn das Einkommen unter 1.890 Euro pro Monat liegt, zahlen Sie anfänglich den **Mindestbeitrag**, derzeit 270,27 Euro monatlich.

Erhalten Sie als Existenzgründer einen monatlichen Gründungszuschuss, so gilt als beitragspflichtige Einnahme 1.260 Euro monatlich und somit Ihr Mindestbeitrag 180,18 Euro pro Monat. Unter bestimmten Voraussetzungen kann diese Bemessungsgrundlage auf Antrag auch für hauptberufliche Selbständige gelten, die keinen Gründungszuschuss beziehen, jedoch nur ein geringes Einkommen und Vermögen haben.

Schätzen Sie Ihr Einkommen in der Anfangsphase realistisch ein, denn:

- ➔ Stellt sich später heraus, dass Ihre Angaben zu hoch waren, haben Sie keinen Anspruch auf Erstattung der zu viel gezahlten Beiträge.
- ➔ Geben Sie Ihr Einkommen niedriger an, als es tatsächlich ist, um Geld zu sparen, hat Ihre Krankenversicherung das Recht, die Differenzbeträge nachträglich einzufordern.

Die meisten Existenzgründer beziehen ihr Einkommen aus der eigenen Arbeitskraft, sodass deren Absicherung gegen Krankheit **überlebenswichtig** ist.

Wenn Sie nur den Mindestbeitrag zahlen und Sie sich auch für keinen Wahltarif der GKV oder EK entschieden haben, sollten Sie deshalb eine private Zusatzversicherung abschließen. Jede private Krankenversicherung bietet Existenzgründern ein Krankentagegeld von mindestens 50 Euro pro Tag an, dies entspricht 1.500 Euro pro Monat. Der Leistungsbeginn (dritte oder vierte Woche) ist unterschiedlich. Es werden auch gestaffelte Lösungen angeboten.

Informieren Sie sich, welche Lösung für Sie die beste und kostengünstigste ist.

Für Ihren **Verbleib in der GKV oder EK** spricht, dass durch Ihre Mitgliedschaft auch die nicht berufstätigen Angehörigen Ihrer Familie beitragsfrei mitversichert sind. Das ist immer dann von Vorteil, wenn Ihre Familie größer ist und Sie noch in der Anfangsphase sind.

Voraussetzung dafür ist, dass Ihre Angehörigen kein eigenes monatliches Einkommen von mehr als 360 Euro beziehungsweise 400 Euro bei Ausübung eines Mini-Jobs im Monat haben.

Prüfen Sie auf jeden Fall das Leistungsangebot Ihrer bisherigen Krankenkasse und vergleichen Sie es mit den Angeboten anderer Krankenkassen. Stellen Sie fest, welche Kasse den für Sie – unter **Berücksichtigung Ihrer Familienverhältnisse** – günstigsten Beitrag bietet. Spezialisierte Versicherungsmakler verfügen über Vergleichsprogramme und sind Ihnen behilflich, einen Überblick über die Beiträge bei den gesetzlichen Kranken- und den Ersatzkassen zu gewinnen.

Die Gesundheitsreformen der vergangenen Jahre haben zu erheblichen Leistungskürzungen bei der GKV und EK geführt. Diese können Sie durch den Abschluss einer Zusatzversicherung für Leistungen im ambulanten, stationären und Zahnbereich auffangen und ergänzen. Prüfen Sie die Notwendigkeit und vergleichen Sie die Preis- und Leistungsangebote verschiedener Anbieter.

8.2.2 Die Private Krankenversicherung

Ihre Alternative zur freiwilligen Versicherung in einer gesetzlichen Kranken- oder Ersatzkasse ist die **private Krankenversicherung (PKV).**

Der gravierende Unterschied zur GKV und EK liegt nicht nur in den weitaus besseren Leistungen, sondern insbesondere darin, dass Ihr **Beitrag nicht nach Ihrem Einkommen bemessen** wird. Er ist ausschließlich abhängig von

➔ Ihrem **Eintrittsalter,**
➔ dem Umfang der gewünschten **Leistungen** sowie
➔ der Höhe der **Selbstbeteiligung.**

Da die PKV keine Familienversicherung kennt, gilt dies auch für jede weitere, nicht berufstätige Person in Ihrer Familie, also auch für jedes Ihrer Kinder. Diese zahlen eigene Beiträge.

Eine private Krankenversicherung lohnt sich für

➔ junge Unternehmer ohne Familie,
➔ Doppelverdiener und
➔ an umfangreichen und individuellen Leistungen Interessierte.

Holen Sie sich konkrete Angebote über unabhängige Versicherungsmakler ein, bei denen Sie detailliert die gewünschten Leistungen und die Höhe der Selbstbeteiligung angeben. Wählen Sie nicht unbedingt den billigsten oder den neuesten Anbieter, sondern fragen Sie nach der Kundenfreundlichkeit bei der Leistungsabwicklung und in welchem Rhythmus Beitragsanpassungen in der Vergangenheit vorgenommen wurden. Dies schützt Sie meist vor unliebsamen Überraschungen.

Die private Krankenversicherung bietet die verschiedensten Alternativen für jeden Geldbeutel und jeden Leistungswunsch:

→ **Basisschutz mit Umtauschoption**
Diese Form ist vergleichbar mit den Leistungen der gesetzlichen Krankenversicherung. Achten Sie darauf, dass die Umtauschoption es Ihnen ermöglicht, jederzeit – ohne erneute Gesundheitsprüfung – in einen Tarif mit besseren Leistungen zu wechseln.

→ **Vollschutz und unterschiedliche Leistungen mit Selbstbeteiligung**
Hier können Sie auswählen, welche überdurchschnittlichen Leistungen Sie im ambulanten Bereich (beispielsweise Heilpraktiker, Fachärzte, hohe Zuschüsse für Brillen und Kontaktlinsen), dem stationären Bereich (Einbettzimmer und Chefarztbehandlung) sowie bei der Zahnbehandlung (hohe Zuschüsse bei Zahnersatz, Kieferorthopädie) wünschen.

Den Preis für diese erweiterten Leistungen können Sie durch eine Selbstbeteiligung, das heißt die Übernahme der anfallenden Kosten bis zu einer vereinbarten Höhe, verringern. Erst wenn die Kosten darüber hinaus gehen, werden alle weiteren Rechnungen von der Krankenversicherung übernommen.

Übliche Selbstbeteiligungen beginnen ab 300 Euro pro Jahr, gehen bei den „Großschadenstarifen“ bis hin zu 1.000 und 2.500 Euro pro Jahr und können somit zu ganz niedrigen Monatsbeiträgen führen.

8.3 Die Krankentagegeldversicherung

Als Angestellter erhielten Sie bisher bei längerer und ärztlich attestierter Erkrankung von Ihrem Arbeitgeber sechs Wochen lang Ihr Gehalt weiter, bevor dann Ihre Krankenversicherung durch die Zahlung eines Tagegeldes Ihren Verdienstausfall absicherte.

Als Selbständiger müssen Sie für einen Verdienstausfall durch Krankheit selbst sorgen.

Ein Krankentagegeld hilft Ihnen deshalb, Einkommensausfälle bei längerer Erkrankung, zumindest teilweise, auszugleichen. Erkundigen Sie sich bei Ihrer Krankenkasse (GKV oder EK), ab welchem Tag der Arbeitsunfähigkeit und in welcher Höhe Sie ein Krankentagegeld erhalten. Prüfen Sie, ob das genügt, Ihre finanziellen Verpflichtungen für die Zeit einer Krankheit oder eines Klinikaufenthaltes – und eventuell auch die Kosten für eine Ersatzkraft – aufzufangen. Falls nicht, ergänzen Sie die Leistung Ihrer Kasse durch den Abschluss einer zusätzlichen, privaten Krankentagegeldversicherung. Achten Sie dabei darauf, ab wann der Leistungsbeginn und ein gestaffeltes Tagegeld sinnvoll sind.

Sofern Sie **privat versichert** sind, müssen Sie die Krankentagegeldversicherung separat und ergänzend zu Ihrer privaten Krankenversicherung abschließen. Der Beitrag richtet sich nach der gewünschten Tagegeldhöhe sowie der Regelung, ab welchem Tag der Arbeitsunfähigkeit dieses gezahlt werden soll. Die Beiträge und die Leistungen der verschiedenen Anbieter weichen erheblich voneinander ab.

Als Unternehmerin, die ein Kind haben möchte, sollten Sie beachten, dass die Zeiten des **Mutterschutzes** ein Arbeitsverbot bedeuten. Während dieser Zeit haben Sie auch keinen Anspruch auf Krankentagegeld, da Sie ja ohnehin laut Gesetz nicht arbeiten dürfen – auch nicht als Selbständige.

Ganz wichtig ist die Frage des „Kündigungsrechtes". Wenn Sie bei einer Versicherungsgesellschaft **nur** die Krankentagegeldversicherung abschließen wollen, achten Sie darauf, dass das Unternehmen auf das Kündigungsrecht in den ersten drei Jahren verzichtet. Wenn diese Zusage nicht vorliegt, laufen Sie Gefahr, dass das Versicherungsunternehmen Ihnen den Versicherungsvertrag kündigt, sobald eine erste Erkrankung vorliegt und Sie Krankentagegeld beziehen!

Falls Sie sich bereits ab der zweiten Woche ein Tagegeld zahlen lassen wollen, treibt das Ihre Beiträge beträchtlich nach oben. Eine Zahlung ab der vierten oder fünften Woche weist einen deutlichen **Beitragsunterschied** auf. Das liegt daran, dass die privaten Krankenversicherungen davon ausgehen, dass ein Unternehmer mindestens vier Wochen finanziell überbrücken kann. Hier ist eine Staffelung empfehlenswert, beispielsweise ab der dritten Woche 50 Euro pro Tag und zusätzlich ab der siebten Woche 80 Euro pro Tag.

Die Entscheidungsgrundlage für die notwendige Höhe einer Tagegeldversicherung finden Sie in Ihrem Kapitalbedarfsplan. Dort haben Sie die Höhe der monatlichen Betriebskosten sowie die Höhe Ihrer monatlichen Lebenshaltungskosten zusammengetragen. Und deren Summe sollte durch eine Tagegeldversicherung, zumindest in der ersten Zeit der Selbständigkeit, abgedeckt werden.

8.4 Die Unfallversicherung

8.4.1 Die gesetzliche Unfallversicherung

Die gesetzliche Unfallversicherung ist eine **Pflichtversicherung der Arbeitgeberverbände.**

Die Gründung Ihres Unternehmens wird über das Gewerbeamt an den jeweiligen Landesverband übermittelt. Für den gewerblichen Bereich gibt es 35 **Berufsgenossenschaften**. Die für Sie zuständige Berufsgenossenschaft setzt sich nach Eingang der Meldung mit Ihnen in Verbindung und teilt Ihnen mit, inwieweit Sie Beiträge für einen Pflichtversicherungsschutz zu zahlen haben. Etwa für die Hälfte der Unternehmer besteht die **satzungsmäßige Unternehmerpflichtversicherung**.

Leistungen der gesetzlichen Unfallversicherung

- → Arbeitsunfälle und Berufskrankheiten
- → Rehabilitationsmaßnahmen mit Verletztengeld
- → Pflegeleistungen
- → Verletztenrente
- → Hinterbliebenenversorgung
- → Sterbegeld

Sofern Sie keiner Pflichtversicherung unterliegen, können Sie sich freiwillig versichern. Der relativ niedrige Jahresbeitrag, der sich nach dem von Ihnen angegebenen Einkommen richtet, gewährt einen erheblichen Versicherungsschutz. Dieser bezieht sich jedoch nur auf Arbeits- oder Wegeunfälle sowie Berufskrankheiten, ist aber meist jedem Unternehmer und insbesondere Existenzgründern zu empfehlen.

8.4.2 Die private Unfallversicherung

Die Ergänzung der gesetzlichen Unfallversicherung durch eine private bringt Ihnen erst ausreichenden Schutz. Denn im Gegensatz zur gesetzlichen Unfallversicherung umfasst die private nicht nur Betriebs- und Wegeunfälle, sondern schließt Unfälle zu Hause, in der Freizeit, im Beruf und auf der Straße rund um die Uhr mit ein. Sie ist für Ihre berufliche Existenz unabdingbar.

Schließen Sie keine Pauschalversicherung ab, sondern legen Sie die erforderliche oder gewünschte Leistung für sich selbst individuell fest. Wählen Sie eine hohe Versicherungssumme für den Fall der Vollinvalidität (mindestens 500.000 Euro).

Ob und in welcher Höhe der Einschluss eines Krankenhaustagegeldes mit Genesungsgeld oder Übergangsleistungen sinnvoll ist, hängt ganz von Ihrer persönlichen Situation ab. Der Einschluss einer Todesfallversicherung ist überflüssig, sofern Sie über eine Lebensversicherung verfügen.

Wenn Sie in Ihrem Unternehmen von Anfang an Mitarbeiter (mindestens drei) beschäftigen, wäre auch eine Gruppenunfallversicherung mit günstigeren Prämien für Ihren Betrieb denkbar.

8.5 Die Pflegeversicherung

Die Pflegeversicherung ist seit 1995 ein weiterer Bestandteil unserer sozialen Grundabsicherung. Da die Kosten für Pflegeleistungen im Alter schon jetzt sehr hoch sind und immer weiter steigen, ist es unabdingbar geworden, hier Vorsorge zu treffen. Grundsätzlich sind Sie sowohl als Mitglied einer gesetzlichen Kranken- oder Ersatzkasse als auch der privaten Krankenversicherung **versicherungspflichtig**.

Sie können als Unternehmer zwischen einer privaten oder gesetzlichen Pflegeversicherung wählen. Der Beitrag für die **gesetzliche** Pflegeversicherung ist bundeseinheitlich 1,95 Prozent des Bruttoeinkommens, wobei die Beitragsbemessungsgrenze für die gesetzliche Krankenversicherung gilt. Sofern Ihr monatliches Einkommen die Beitragsbemessungsgrenze von 3.675 Euro erreicht hat, zahlen Sie maximal 71,66 Euro pro Monat. In der gesetzlichen Pflegeversicherung sind Ehepartner und Kinder kostenfrei mitversichert.

Dies gilt auch für Studenten bis zum 25. Lebensjahr. Danach gilt ein eigener Beitrag von 9,09 Euro bzw. 10,25 Euro für Kinderlose pro Monat (seit 01. 07. 2008).

■ Zusatzbeitrag für Kinderlose

Zur Entlastung von Eltern bei der Pflegeversicherung wurde ein „Kinderlosigkeitsmalus" eingeführt. Seit dem 1. Januar 2005 müssen deshalb kinderlose Mitglieder der gesetzlichen Pflegeversicherung einen um 0,25 Prozent höheren Beitragssatz zahlen (Grundlage: Mindestalter 23 Jahre und nicht vor dem 1. Januar 1940 geboren).

In der privaten Pflegeversicherung zahlt jeder Versicherte, also Sie und Ihr Ehegatte jeweils eigene Beiträge in Höhe von einem Prozent des Monatsbeitrages Ihrer privaten Krankenversicherung. Kinder sind hier ebenfalls beitragsfrei pflegeversichert.

Leider reichen auch bei der gesetzlichen Pflegeversicherung die Leistungen im Ernstfall nicht aus. Deshalb macht es Sinn, über eine ergänzende, private Pflegezusatzversicherung nachzudenken. Diese werden als Pflegerenten-, Pflegekosten- oder Pflegetaggeldversicherung angeboten.

8.6 Die Berufs- und Erwerbsunfähigkeitsversicherung

Eine Erkrankung oder ein Unfall, die zur Berufs- oder gar zur kompletten Erwerbsunfähigkeit führen, sind häufig existenzvernichtend für Unternehmer, da die eigene Arbeitskraft meist der Motor des Unternehmens ist. Eine Unfallversicherung ist hier nicht ausreichend. Deshalb gehört eine private **Berufs- und Erwerbsunfähigkeitsversicherung** zwingend zur Ihrer Risikoabsicherung.

Bevor Sie eine **private Vorsorge** treffen, prüfen Sie, ob Sie **Ansprüche aus der gesetzlichen Rentenversicherung** haben. Seit einigen Jahren sind auch Selbständige in der gesetzlichen Rentenversicherung umfassend durch eine Rente im Falle einer Erwerbsminderung abgesichert. Voraussetzung: Sie waren mindestens 5 Jahre rentenversichert und haben in den letzten 5 Jahren vor Eintritt der Erwerbsminderung mindestens 3 Jahre Pflichtbeiträge gezahlt.

Die **Höhe der gesetzlichen Erwerbs- und Berufsunfähigkeitsrente** richtet sich nach Dauer und Höhe der eingezahlten Beiträge. Sie reicht aber nicht aus, um Ihren gesamten Verdienstausfall oder eine Ersatzkraft abzufangen, sodass eine private Ergänzung unumgänglich ist.

Die Rentenreform, die am 01. 01. 2002 in Kraft trat, brachte gravierende Einschnitte in der gesetzlichen Berufs- und Erwerbsunfähigkeitsversicherung. Danach haben derzeit

- ➔ nur noch die Jahrgänge 1960 und älter Anspruch auf eine Berufsunfähigkeitsrente, die aber durchschnittlich nur 800 Euro pro Monat beträgt,
- ➔ Versicherte unter 40 Jahren nur Anspruch auf eine Erwerbsminderungsrente, die maximal 30 bis 40 Prozent ihres letzten Bruttoeinkommens entspricht. Aber auch diese fließt in voller Höhe nur dann, wenn Sie nicht mehr als drei Stunden arbeiten können. In halber Höhe, wenn Sie wenigstens drei, aber keine sechs Stunden durchhalten. Gar keinen Anspruch haben Sie, wenn Sie mehr als sechs Stunden täglich arbeiten können. Und dies ganz gleich in welchem Beruf!

Wenn Sie also im Falle einer Berufsunfähigkeit nicht auf Unterstützung angewiesen sein wollen, müssen Sie rechtzeitig vorsorgen. Eine **private Berufsunfähigkeitspolice** ist deshalb unverzichtbar!

Die private Berufsunfähigkeitsversicherung zahlt Ihnen, wenn Sie wegen einer Krankheit nach der vereinbarten Karenzzeit (üblicherweise nach sechs Monaten) nicht mehr oder nur noch eingeschränkt arbeiten können (im Regelfall ab 50 Prozent Berufsunfähigkeit), eine monatliche Rente. Wie hoch diese Rente ist und wie lange sie gezahlt wird, richtet sich nach den Vereinbarungen, die Sie vertraglich mit einem Versicherer getroffen haben.

Da die Versicherungsgesellschaften im Falle einer Berufsunfähigkeit meist für lange Zeit hohe Leistungen zu erbringen haben, achten sie sehr genau auf Ihre Angaben zu den **Gesundheitsfragen**, die bei Antragstellung für eine Berufsunfähigkeitsversicherung fällig sind. Bereits kleinste Erkrankungen können zu Ausschlüssen oder Beitragserhöhungen führen. Schließen Sie deshalb eine private Berufsunfähigkeitsrente als Zusatzabsicherung möglichst in jungen Jahren ab, wenn Gesundheitsfragen noch kein Problem darstellen. Die private Berufsunfähigkeitsrente sollte **mindestens** die Hälfte Ihres monatlichen Einkommens abdecken und bis zum 60. Lebensjahr gezahlt werden. Eine Berufsunfähigkeitsversicherung kostet viel Geld, ist aber immens wichtig.

Die Angebote und vor allem die Leistungen der Versicherungsgesellschaften sind sehr unterschiedlich. Aber: Die Billigste ist nicht immer die Beste!

Für die Angebote zur Berufsunfähigkeitsversicherung gibt es zwischenzeitlich eine unabhängige Leistungsbeurteilung. Demnach sollte eine **private Berufsunfähigkeitsversicherung** unbedingt folgende Leistungen enthalten:

Mindestinhalte einer Berufsunfähigkeitsversicherung

- ➔ Weltweiter Versicherungsschutz
- ➔ Volle Leistung ab 50 Prozent Berufsunfähigkeit oder die Möglichkeit, eine Staffel zwischen 25 und 75 Prozent zu vereinbaren
- ➔ Verweisbarkeit nur entsprechend „Ausbildung und Erfahrung" bzw. Verzicht auf abstrakte Verweisbarkeit bei bestimmten Berufen
- ➔ Verzicht auf eine Beitragsanpassungsklausel
- ➔ Rückwirkende Leistung ab dem ersten Tag der Berufsunfähigkeit, auch wenn der Arzt die andauernde Berufsunfähigkeit erst später feststellt
- ➔ Einschluss einer Pflegerente
- ➔ Freie Arztwahl
- ➔ Keine Anzeigepflicht bei nachträglich eintretenden Risiken (beispielsweise gefährliche Sportart)

Eine Berufsunfähigkeitsversicherung kann als eigenständige Versicherung oder in Verbindung mit einer Risiko-, einer Kapitallebens-, privaten Rentenversicherung oder Fondspolice abgeschlossen werden. Lassen Sie sich verschiedene Angebote unterbreiten und entscheiden Sie sich für die Variante, die das beste Preis-/Leistungsverhältnis hat und für ein Unternehmen, das für sein kundenfreundliches Vertragsverhalten bekannt ist.

Eine interessante Alternative bei den selbständigen **Berufsunfähigkeitsabsicherungen** bieten einige Versicherungsgesellschaften, indem die Überschüsse regelmäßig in einen vorgegebenen oder frei wählbaren Investmentfonds für die gesamte Vertragsdauer angelegt werden. Das sich daraus entwickelnde Fondsvermögen wird Ihnen bei Vertragsende in voller Höhe ausgezahlt und kann so eine zusätzliche Altersvorsorge darstellen. Beanspruchen Sie eine Leistung, werden Sie also berufsunfähig, erhöht sich für Sie Ihre monatliche Berufsunfähigkeitsrente durch laufende Auszahlungen aus dem Fondsvermögen. Vergleichen Sie die einzelnen Angebote sehr genau und lassen Sie sich beraten, welche Form für Sie optimal ist.

Eine wichtige Grundlage für Ihre Entscheidung kann auch das **Rating der Versicherungstarife** zur Absicherung der Berufsunfähigkeit sein, das es von unabhängigen Agenturen wie zum Beispiel Franke u. Bornberg etc. gibt. Vergleiche der

Zeitschrift „Finanztest“ können eine Hilfestellung sein, es empfiehlt sich jedoch nicht, diese Informationen ohne Beratung im „Alleingang“ ungeprüft zu übernehmen.

8.7 Die Risikolebensversicherung

Für die private Grundversorgung und finanzielle Absicherung Ihrer Familie sorgt eine Risikolebensversicherung. Im Todesfall zahlt sie die vereinbarte Versicherungssumme an die Hinterbliebenen und schützt sie somit vor hohen finanziellen Belastungen, insbesondere, wenn Sie Kredite abgeschlossen haben.

Im Gegensatz zur kapitalbildenden Lebensversicherung ist der Versicherungsschutz sehr **preisgünstig** zu haben. Prüfen Sie daher, wie hoch Ihre Kreditsummen sind und in welcher Höhe Sie Ihre Familie, und hier insbesondere die Ausbildung Ihrer Kinder, absichern müssen. Die entsprechende Summe decken Sie über eine Risikolebensversicherung ab, wobei sich die Laufzeit nach dem zeitlichen Bedarf der Absicherung richtet.

So kostet ein Versicherungsschutz von 50.000 Euro für einen 30-jährigen Mann bei einer Vertragslaufzeit von 20 Jahren etwa zehn bis zwölf Euro im Monat. Wählen Sie bei einer Risikolebensversicherung den günstigsten Anbieter.

Neu sind Risikoversicherungen, die nicht nur im Todesfall, sondern auch bei Eintritt von schweren Erkrankungen wie Krebs, Herzinfarkt, Schlaganfall usw. leisten. Diese ersetzen jedoch keine Berufsunfähigkeitsversicherung, sondern bieten lediglich mehr Flexibilität.

Noch eine weitere Empfehlung: Lassen Sie sich von Banken bei der Kreditvergabe nicht unter Druck setzen, wenn diese bei der Einräumung eines Kredites den Abschluss einer kapitalbildenden Lebensversicherung wünschen. Dies ist nicht notwendig! Es ist absolut ausreichend, wenn Sie eine Risikolebensversicherung in der notwendigen Höhe nachweisen oder neu abschließen.

8.8 Arbeitslosenversicherung für Unternehmer

Eine Arbeitslosenversicherung für Selbständige war lange Zeit nicht möglich. Seit dem 1. Februar 2006 können Existenzgründer sich freiwillig in der Arbeitslosenversicherung weiter versichern, damit haben Sie die Möglichkeit, im Falle einer Aufgabe Ihres Unternehmens einen Anspruch auf Arbeitslosengeld zu erhalten bzw. aufzubauen.

Voraussetzung dafür ist eine selbständige Tätigkeit mit mindestens 15 Wochenstunden und dass Sie innerhalb der letzten 24 Monate vor Beginn der Selbständigkeit als Angestellter mindestens 12 Monate versichert waren oder Lohnersatzleistungen wie Arbeitslosengeld I, Krankengeld oder Mutterschaftsgeld erhalten haben.

Die Höhe des Monatsbeitrages beträgt 17,64 Euro (West) und 14,95 Euro (Ost).

Die Anmeldung zur freiwilligen Weiterversicherung muss spätestens innerhalb einer Ausschlussfrist von einem Monat nach der Aufnahme der Tätigkeit zu stellen. Weitere Informationen erhalten Sie von den örtlichen Agenturen für Arbeit.

8.9 Ihre Altersvorsorge (Schichtmodell)

Seit dem 1. Januar 2005 regelt das neue **Alterseinkünftegesetz** – kurz **AltEinkG** – die steuerrechtliche Grundlage von Alterseinkünften und Altersvorsorgeaufwendungen neu. Grundlage für dieses Gesetz ist ein Urteil des Bundesverfassungsgerichtes, das eine Gleichbehandlung von Renten und Pensionen gefordert hatte. Daraus ergeben sich einige gravierende Veränderungen – das Altersvorsorgesystem wird neu gegliedert.
Gab es bisher die drei Säulen der Altersvorsorge, die aus der gesetzlichen Rentenversicherung, der betrieblichen und der privaten Altersversorgung bestanden, so haben wir es jetzt mit **drei Schichten** der Altersvorsorge zu tun.

3-Schicht-Modell der Altersvorsorge

I. Schicht: Basisversorgung			
Gesetzliche Rentenversicherung	Berufsständische Versorgung	Versorgung über landwirtschaftliche Alterskasse	**Basis-(Rürup-)Rente**
II. Schicht: Zusatzversorgung			
Rentenversicherung nach dem Altersvermögensgesetz **(Riesterrente)**	**Betriebliche Altersversorgung z. B.**		
	Direktversicherung	Unterstützungskasse	Pensionszusage
III. Schicht: Ergänzende private Vorsorge/Vermögensaufbau			
z. B. Kapitallebensversicherung, private Rentenversicherung, Fondspolicen, Einzelanlagen, Immobilien, Fonds			

8.9.1 Die Basisversorgung (Schicht 1)

Sie ersetzt den bisherigen Begriff der „gesetzlichen Rentenversicherung" und besteht aus

→ der **gesetzlichen Rentenversicherung (gRV)**,

→ den **Berufsständischen Versorgungseinrichtungen** (z. B. für Ärzte, Anwälte usw.),
→ der **Basisrente** (auch **„Rürup-Rente"** genannt).

Die Vorsorgemöglichkeiten der Schicht 1 werden steuerlich besonders gefördert, sind aber gleichzeitig an bestimmte Voraussetzungen geknüpft:

→ Es dürfen nur monatliche Renten **und** keine Kapitalleistungen ausbezahlt werden.
→ Im Todesfall dürfen nur Rentenleistungen an den Ehepartner oder Kinder ausbezahlt werden.
→ Eine Abtretung oder Verpfändung von Ansprüchen aus der Versicherung darf nicht erfolgen.
→ Die Vereinbarung von Bezugsrechten oder ein Wechsel des Versicherungsnehmers ist nicht möglich.

Die **steuerlichen Vorteile sind jedoch gerade für Selbständige hoch rentabel,** wenn Sie viele Steuern zahlen, denn von den Beiträgen, die Sie für die Vorsorgemöglichkeiten der 1. Schicht ausgeben, können Sie pro Jahr bis zu 20.000 Euro als Sonderausgaben in Ihrer jährlichen Steuererklärung geltend machen. Sind Sie verheiratet, verdoppelt sich der Betrag auf bis zu 40.000 Euro pro Jahr.

Einschränkung: Diese neue Regelung trat 2005 in Kraft und hat eine Übergangsregelung. In 2005 konnten 60 Prozent der eingezahlten Beiträge steuerlich geltend gemacht werden, die sich jährlich um 2 Prozent erhöhen. Somit kann erst ab 2025 der volle Betrag von 20.000 Euro/40.000 Euro zu 100 Prozent berücksichtigt werden.

Die Möglichkeiten im Einzelnen:

■ Die gesetzliche Rentenversicherung (gRV)

Die **gesetzliche Rentenversicherung (gRV)** bietet Ihnen die Möglichkeit, die Anwartschaften auf Altersruhegeld, Berufs- und Erwerbsunfähigkeitsrente, die Sie während Ihres bisherigen Berufslebens erworben haben, durch eine Pflichtmitgliedschaft zu erhalten.

Wenn Sie sich für eine Pflichtversicherung entschieden haben, können Sie zwischen zwei Beitragsarten wählen:
→ Regelbeitrag oder
→ Einkommensgerechte Beitragszahlung.

Normalerweise zahlen Sie den **Regelbeitrag** an die gesetzliche Rentenversicherung, ohne einen Einkommensnachweis führen zu müssen. Dieser beträgt 501,48 Euro (West) und 424,78 Euro (Ost) pro Monat.

Existenzgründer können eine **Halbierung des Regelbeitrages** für die ersten drei Jahre beantragen und zahlen dann 250,74 Euro (West) oder 212,44 Euro (Ost).

Sie haben aber auch die Möglichkeit, sich für die ersten drei Jahre Ihrer Selbständigkeit komplett von der Beitragszahlung befreien zu lassen.

Bei der **einkommensgerechten Beitragszahlung** zahlen Sie derzeit 19,5 Prozent auf Ihr Arbeitseinkommen in die gesetzliche Rentenversicherung ein.

Einen **Anspruch** auf Altersruhegeld haben Sie, wenn Sie mindestens 60 Monate Beiträge zur gesetzlichen Rentenversicherung geleistet haben. Dabei werden die Zeiten der Schul- und Hochschulausbildung mit erfolgreichem Abschluss für maximal drei Jahre sowie Wehrdienstzeiten als „Ausfallzeiten" fiktiv angerechnet. Leistungsanspruch haben Sie ab dem 65. Lebensjahr.

Gehören Sie zu einer der folgenden Berufsgruppen, so sind Sie ohnehin **pflichtversichert:**

Pflichtversicherte Berufsgruppen

- ➔ Handwerker (unter 18 Pflichtbeitragsjahren)
- ➔ Lehrer und Erzieher ohne versicherungspflichtige Mitarbeiter
- ➔ Pflegepersonen ohne versicherungspflichtige Mitarbeiter
- ➔ Hausgewerbetreibende
- ➔ Küstenschiffer und -fischer mit nicht mehr als zwei versicherungspflichtigen Mitarbeitern
- ➔ Künstler und Publizisten
- ➔ Privat- und Tanzlehrer
- ➔ Dozenten an einer Volkshochschule
- ➔ Hebammen
- ➔ Pfleger und Pflegerinnen.

Als **freiwilliges Mitglied** entscheiden Sie selbst, welchen Beitrag Sie zur gesetzlichen Rentenversicherung entrichten wollen. Der Mindestbeitrag in den alten Bundesländern ist 79,60 Euro pro Monat, der Höchstbeitrag ist 1.074,60 Euro pro Monat. Die freiwillige Versicherung ist spätestens bis zum 31.03. des Folgejahres nach Ihrer Existenzgründung zu beantragen.

Um klären zu können, ob es sinnvoll ist, freiwillig Beiträge zur gesetzlichen Rentenversicherung zu leisten, sollten Sie die **Beratung in den örtlichen Geschäftsstellen der Bundesversicherungsanstalt für Angestellte** in Anspruch nehmen und durch eine Kosten- und Leistungsberechnung eines unabhängigen und kompetenten Maklers ergänzen.

Ganz gleich, ob Sie sich durch eine Pflicht- oder eine freiwillige Versicherung die bereits vorhandenen Ansprüche aus der gesetzlichen Rentenversicherung erhalten und durch die Zahlung weiterer Beiträge noch ausbauen – die Leistungen der gesetzlichen Rentenversicherung gehen immer weiter zurück. Um den höchsten

Rentenbetrag zu erhalten, müssten Sie derzeit 45 Jahre lang jeweils den Höchstbeitrag eingezahlt haben.

Da das wenig wahrscheinlich ist, liegt die durchschnittliche Rentenerwartung viel niedriger. Es klafft eine beträchtliche Lücke zwischen Ihrem Einkommen während Ihrer Berufstätigkeit und Selbständigkeit und dem zu erwartenden Altersruhegeld. Schließen Sie diese Lücke am besten durch eine private Vorsorge.

■ Berufsständische Versorgungseinrichtungen

Die **berufsständische Versorgung** erfolgt über die Versorgungswerke selbst verwalteter Berufskammern. Wenn Sie also freiberuflich z. B. als Arzt, Architekt oder Anwalt tätig sind, unterliegen Sie nicht der gesetzlichen Rentenversicherung, sondern der berufsständischen Versorgung.

Die Berufskammern haben hier für ihre Kammermitglieder eine obligatorische Absicherung für Altersvorsorge, Invalidität und Todesfall vorgesehen. Die Leistungen sind je nach Satzung unterschiedlich, aber meist besser als die Leistungen des gesetzlichen Rentenversicherungssystems, auch wenn sie in den letzten Jahren ebenfalls rückläufig waren.

Die Finanzierung des Versorgungswerkes erfolgt ausschließlich über die Beiträge der Mitglieder. Staatliche Zuschüsse gibt es hier nicht. Wie hoch die Leistungen sind, richtet sich nach der Anlagepolitik der Berufskammern.

■ Basisrente

Die **Basisrente**, auch **„Rürup-Rente“** (nach dem Erfinder Prof. Bert Rürup genannt) kann in Form einer klassischen Rentenversicherung mit garantierter Verzinsung von 2,25 Prozent p. a. plus Überschüsse oder als Fondspolice abgeschlossen werden. Frühestens ab dem 60. Lebensjahr können Sie daraus eine laufende, lebenslange Rente beziehen.

Für Unternehmer ist die Basisrente nicht nur wegen der hohen steuerlichen Förderung interessant, sondern insbesondere auch wegen der hohen Flexibilität und den Variationsmöglichkeiten bei der Beitragszahlung. Sie können sich für einen festen laufenden Betrag entscheiden und jährlich festlegen, ob Sie aufgrund der steuerlichen Rahmendaten noch Zuzahlungen vornehmen wollen, oder Sie zahlen grundsätzlich nur einmal im Jahr.

Ein weiterer Vorteil für Sie: Die Rürup-Rente ist pfändungssicher, sollte es zu einem Insolvenzverfahren kommen.

8.9.2 Die Zusatzversorgung (Schicht 2)

Darunter versteht man die **betriebliche Altersversorgung (bAV)**. Sie stellt die zweite Schicht der neuen Alterseinkünfteversorgung dar und gewinnt weiter an Bedeutung.

Wie schon zuvor bei der Basisversorgung sind auch hier die steuerlichen Vorteile ausschlaggebend. Und Beiträge zur betrieblichen Altersversorgung sind auch sozialabgabenfrei. Ursprünglich war diese Befreiung bis zum 21. 12. 2008 befristet. Inzwischen wurde dieser Vorteil unbefristet verlängert.

Haben Sie eine Kapitalgesellschaft gegründet, zum Beispiel eine GmbH oder eine Unternehmergesellschaft (haftungsbeschränkt), sind einige Besonderheiten zu berücksichtigen bzw. bieten sich Ihnen bezüglich Ihrer Vorsorge interessante Gestaltungsmöglichkeiten.

■ Variante Direktversicherung

Sobald Ihr Unternehmen regelmäßig Gewinne abwirft, kann es sinnvoll werden, von der GmbH eine Direktversicherung für Altersversorgung zahlen zu lassen. Diese Leistung erhalten Sie zusätzlich zu Ihrem Gehalt. Die Beiträge zu einer Direktversicherung sind für die GmbH Betriebsausgaben. Versicherungsnehmerin ist die GmbH, versicherte Person sind Sie und erhalten – frühestens zum 60. Lebensjahr – das fällige Kapital ausgezahlt oder beziehen eine lebenslange Rente.

Eine Direktversicherung für Sie kann auch durch Gehaltsumwandlung begründet werden: Als Geschäftsführender Gesellschafter bekommen Sie monatlich ein festes Gehalt, das Sie versteuern müssen. Die GmbH schließt nun eine der oben genannten Versicherungen ab, bei der Sie die versicherte Person sind, behält den fälligen Betrag von maximal 2.544 Euro von Ihrem Bruttogehalt ein und führt ihn an die Versicherungsgesellschaft ab.

Neu seit 2005 und ein richtiger Vorteil für Sie und die GmbH: Die Pauschalbesteuerung von 20 Prozent plus Kirchensteuer und Solidaritätszuschlag entfallen! Zukünftig werden die Beiträge zur Direktversicherung von Ihrem Bruttogehalt bezahlt und Sie sparen sich die volle Steuer. Der Nachteil dabei, im Alter wird die Rente voll versteuert, sofern die Freibeträge überschritten sind und eine teilweise oder komplette Kapitalabfindung wird voll steuerpflichtig.

Darüber hinaus sparen Sie und die GmbH noch die Beiträge zur Sozialversicherung, da in diesem Fall der Versicherungsbeitrag von der Kranken-, Arbeitslosen- und Rentenversicherung befreit ist.

■ Variante Pensionszusage

Sobald Ihre GmbH regelmäßig beträchtliche Gewinne erwirtschaftet, sprechen Sie mit Ihrem Steuerberater über die Möglichkeiten, Ihre Altersversorgung mit einer Pensionszusage zu verbessern und gleichzeitig bei Ihrer GmbH Steuern zu sparen, denn für die Zusage können steuermindernde Rückstellungen gebildet werden.

Eine GmbH kann grundsätzlich allen Mitarbeitern wie auch Ihnen als Geschäftsführendem Gesellschafter sowie Ihrem mitarbeitenden Ehepartner eine Pensionszusage in einer angemessenen Höhe gewähren.

Die Pensionszusage erfolgt schriftlich und sollte ebenfalls ein unwiderrufliches Bezugsrecht enthalten. Damit sie auch später erfüllt werden kann, achten Sie darauf, dass für die zugesagte Pension eine ausreichende Rückdeckung erfolgt. Das heißt, dass die GmbH das durch die Pensionszusage und die gebildeten bilanziellen Rückstellungen ersparte Geld anlegt, um Ihnen frühestens ab dem 60. Lebensjahr die betriebliche Rente auch zahlen zu können.

Bei Ein-Personen-Gesellschaften ist es empfehlenswert, sich durch eine Verpfändungserklärung den Anspruch auf die Versorgung zu sichern. Im Falle einer Insolvenz zählt dann das angelegte Geld nicht zur Konkursmasse. Prüfen Sie das aber immer wieder, da sich auch die Insolvenzgesetzgebung permanent wandelt.

Für die Rückdeckung kommen neben einer Kapitallebensversicherung, einer privaten Rentenversicherung oder einer Fondspolice auch Immobilien, Beteiligungen oder besser Investmentfonds in Frage.

Seitdem Aktienfonds mit deutscher Depotführung, die im Betriebsvermögen gehalten werden, steuerbegünstigt sind, das heißt, jährliche Dividendenausschüttungen und realisierte Kursgewinne komplett steuerfrei ausfallen, erhöht sich deren Attraktivität. Gute Fonds überzeugen auch trotz der letzten schlechten Börsenjahre mit langfristig attraktiven Renditen gegenüber der üblichen Nutzung von Kapitallebensversicherungen, denn deren Deckungskapital muss als Buchwert in der Bilanz des Unternehmens ausgewiesen werden.

Ein weiteres dickes Minus bei Kapitallebensversicherungen sind die schlechte Wertentwicklung sowie die hohe Kostenbelastung. Hier sind Aktienfonds wesentlich attraktiver. Außerdem gibt es zwischenzeitlich Fonds mit Risikobegrenzung oder Kapitalgarantie, so dass Kursschwankungen weitgehend minimiert oder keine große Rolle mehr spielen.

Achten Sie dabei stets darauf, dass Sie über das Risiko aufgeklärt wurden und alles auch wirklich verstanden haben. Die Ereignisse der letzten Jahre gebieten das. Außerdem sind für 2010 oder später Änderungen im Gespräch. Zeitnahe Beratung ist also immer von Vorteil.

■ Variante Unterstützungskasse

Wie bei der Direktversicherung kann entweder das Unternehmen die Beiträge komplett übernehmen oder aber Sie nutzen die Möglichkeit der Gehaltsumwandlung. Das Unternehmen erteilt in beiden Fällen eine Versorgungszusage. Die Beiträge fließen in eine Unterstützungskasse. Dabei ist es nicht notwendig, eine eigene Unterstützungskasse zu gründen, vielmehr können Sie sich einer bereits bestehenden „Gruppen-Unterstützungskasse" anschließen.

Die Höhe der Beiträge ist nicht begrenzt, es sollte aber eine Verhältnismäßigkeit zum Gehalt beachtet werden.

Auch hier können Sie bis zu 5 Prozent der Rentenbeitragsbemessungsgrenze, das sind 2.544 Euro (Stand 2009), steuer- und sozialversicherungsfrei einzahlen.

■ Variante Pensionskasse

Diese gibt es derzeit schon bei vielen Großunternehmen in Deutschland. Pensionskassen werden inzwischen von einer Reihe von Versicherungsunternehmen angeboten und sind offen für alle Finanzierungsformen: arbeitgeber-, arbeitnehmer- und mischfinanziert. Das heißt, Sie können sich vom Unternehmen die Beiträge zur Pensionskasse voll bezahlen lassen oder sich ganz oder teilweise mit einer Entgeltumwandlung daran beteiligen.

Die Pensionskasse ist eine ideale Alternative zur herkömmlichen Direktversicherung und bringt Ihnen folgende Vorteile:

Vorteile einer Pensionskasse

- → Flexible Tarife mit attraktiven Renditen
- → Eine steuerfreie Anlage bis zur Höhe von vier Prozent der Beitragsbemessungsgrenze
- → Einfache Handhabung und weniger Verwaltungsaufwand als bei einer Direktversicherung
- → Keine Beitragspflicht zur Sozialversicherung
- → Keine Pflicht zum Beitritt zum Pensionssicherungs-Verein
- → Keine Nachschusspflicht im Leistungsfall

■ Variante Pensionsfonds

Pensionsfonds können seit dem 01.01.2002 als zusätzliche, neue Form der betrieblichen Altersversorgung genutzt werden. Sie bilden eine ideale Ergänzung zu den bereits vorhandenen Formen.

Vorteile eines Pensionsfonds

- → Im Gegensatz zur Pensionskasse kann ein Pensionsfonds frei über die Anlageformen, die er nutzen will, entscheiden. Theoretisch ist eine Anlage bis zu 100 Prozent in Aktien möglich.

- ➔ Sie können bis zu vier Prozent der Beitragsbemessungsgrenze jährlich, das sind im Jahr 2.544 Euro, in einen Pensionsfonds einzahlen.
- ➔ Beiträge, auch monatliche, bleiben sozialabgabenfrei.
- ➔ Die Auszahlung erfolgt als lebenslange Rente, wobei 20 Prozent auch als einmalige Kapitalauszahlung möglich sind.

Als Geschäftsführender Gesellschafter profitieren Sie bei einem Pensionsfonds davon, dass Sie die Möglichkeit einer reinen „Beitragszusage" nutzen können und somit die – verbunden mit der Mindestgarantie – einzuzahlenden Beiträge besser kalkulieren können. Die Kosten sind für das Unternehmen somit fix. Welche Leistungen Sie im Alter dann erhalten, ist abhängig von der Kapitalmarktentwicklung.

Bei allen Varianten können Sie zusätzlich zum maximal umwandelbaren Bruttogehalt von 4 Prozent der jährlichen Beitragsbemessungsgrenzen noch pauschal den Betrag von 1.800 Euro steuerfrei in die betriebliche Altersversorgung einzahlen.

Damit erhöht sich der Gesamtbetrag auf 4.344 Euro (Stand 2009). Die Befreiung von der Sozialabgabenpflicht gilt für die zusätzlichen 1.800 Euro jedoch nicht.

Die „Riester-Rente" gehört ebenfalls in Schicht 2. Für Selbständige macht der Abschluss einer Riester-Rente jedoch nur dann Sinn, wenn sie auch die staatlichen Zulagen bekommen. Dies ist dann der Fall, wenn Sie Pflichtbeiträge zur gesetzlichen Rentenversicherung zahlen oder Ihr Ehepartner zu den Förderberechtigten gehört. Dann könnten Sie einen sogenannten „Partnervertrag" abschließen. Ob dies für Sie sinnvoll ist, zeigt eine einfache Berechnung, die Sie bei jedem qualifizierten Finanzberater bekommen können.

Leider ist es gar nicht so einfach, sich einen Überblick darüber zu verschaffen, welcher Weg für Sie der interessanteste ist. Nutzen Sie auf jeden Fall eine kompetente Beratung durch Ihren Steuer- und Finanzberater.

■ GmbH-Geschäftsführer – pflichtversichert oder nicht?

Als Selbständiger müssen Sie zwar für Ihre persönliche Absicherung selber Sorge tragen, aber es gibt folgende Ausnahme: Haben Sie die Rechtsform einer GmbH gewählt und sind Sie Geschäftsführender Gesellschafter, hängt die versicherungsrechtliche Beurteilung davon ab, ob Sie als Unternehmer oder als Arbeitnehmer gelten.

Sie gelten als Arbeitnehmer, wenn Sie

- ➔ keinen maßgeblichen Einfluss auf die Geschicke der Gesellschaft haben, da neben Ihnen noch weitere Gesellschafter vorhanden sind,

➔ für Ihre Beschäftigung ein entsprechendes Arbeitsentgelt erhalten.

In diesem Fall gelten Sie sowohl in der Kranken- als auch in der Sozialversicherung als Arbeitnehmer und unterliegen somit der Pflichtversicherung.

Sie gelten nicht als Arbeitnehmer, wenn Sie

➔ über mindestens 50 Prozent des Stammkapitals verfügen,
➔ aufgrund besonderer Vereinbarungen im Gesellschaftsvertrag die Beschlüsse anderer Gesellschafter verhindern können (Sperrminorität).

Dann haben Sie den Status eines Unternehmers und sind somit sozialversicherungsfrei.

8.9.3 Private Altersvorsorge (Schicht 3)

Die dritte Schicht des neuen Alterseinkünftegesetzes umfasst alle Kapitalanlageprodukte, zu denen nun auch die verschiedenen Versicherungsvarianten zählen.

Auch wenn es mehr als unübersichtlich erscheint, sich mit dem Thema Altersvorsorge zu beschäftigen und es von Existenzgründern gern weggeschoben wird, ist es eine dringende Notwendigkeit für uns alle, bereits so früh wie möglich damit zu beginnen, ausreichend Kapital für das Alter aufzubauen, wenn wir nicht zum Sozialfall werden wollen.

Nehmen Sie deshalb die private Vorsorge rechtzeitig in Ihre Planung auf und entwickeln Sie sinnvolle Strategien. Die Möglichkeiten dafür sind vielfältig und individuell. Wenn Sie es nicht selbst tun wollen, dann delegieren Sie diese Aufgabe. Mit einem guten Finanzberater zusammenzuarbeiten, ist kein Luxus, sondern meist günstiger und für Sie erfolgreicher, als wenn Sie Ihre Vorsorge falsch oder zu spät in Angriff nehmen.

Ermitteln Sie zunächst Ihren persönlichen Bedarf, indem Sie Ihre Ansprüche aus der gesetzlichen Rentenversicherung und aus der berufsständischen Versorgung als Grundlage heranziehen. Bei den örtlichen Geschäftsstellen der BfA erhalten Sie auf Anfrage eine Berechnung, aus der Ihr zu erwartender Anspruch hervor geht.

Klären Sie, welche private Vorsorge (Immobilie, Kapital- oder private Rentenversicherung, Sparguthaben, Aktien usw.) Sie bereits getroffen haben und über welche Kapital- oder Rentenleistungen Sie im Alter voraussichtlich verfügen können.

Vielleicht sind auch aus früheren Anstellungsverhältnissen Ansprüche auf eine betriebliche Altersversorgung vorhanden. Vergessen Sie nicht, dass das immer eine Hol- und keine Bringschuld ist, das heißt wenn Sie im Alter Ihre Ansprüche gegenüber früheren Arbeitgebern nicht geltend machen, kann es sein, dass Sie keine Zahlung erhalten.

Je geringer Ihre Ansprüche insgesamt sind, umso wichtiger ist es, Ihre vorhandene „Versorgungslücke" zu schließen.

Eine private Altersvorsorge sieht für jeden anders aus. Dabei spielen die steuerliche und private Situation, Ihr Alter sowie Ihre finanziellen Möglichkeiten eine große Rolle. Auf jeden Fall sollte Ihre private Vorsorge aus verschiedenen Bausteinen bestehen. Sie erreichen damit mehr Flexibilität und können auf veränderte Einkommensverhältnisse besser reagieren.

Klären Sie, ob die geförderten Anlageformen wie Riester- und Rürup-Rentenverträge für Sie sinnvoll und attraktiv sind.

Darüber hinaus bieten sich für die private Altersvorsorge an:

- ➔ Eigengenutzte Immobilie,
- ➔ Immobilie als Kapitalanlage,
- ➔ Private Rentenversicherung,
- ➔ Festverzinsliche Wertpapiere,
- ➔ Aktien,
- ➔ Investmentfonds,
- ➔ Beteiligungen.

Die **eigengenutzte Immobilie** ist wohl die beliebteste Geldanlage, dient sie doch im Alter dem mietfreien Wohnen. Ob es sinnvoll ist, eine Immobilie als Kapitalanlage zu erwerben, ist davon abhängig, ob die Lage, die zu erwartende Miete und das Preis-Leistungs-Verhältnis stimmen und ob Ihr steuerpflichtiges Einkommen samt einer sinnvollen Finanzierung dazu passt.

Waren die **Kapitallebensversicherungen und privaten Rentenversicherungen** aufgrund ihrer niedrigen Erträge in der Vergangenheit weniger interessant, so bringt auch hier das neue Alterseinkünftegesetz eine Verschärfung. Zukünftig gibt es bei diesen beiden Varianten eine steuerbegünstigte Kapitalabfindung nur noch unter folgenden **Bedingungen**:

- ➔ Sofern eine Kapitallebens- oder private Rentenversicherung oder eine selbständige Berufsunfähigkeitsversicherung mit einem Endalter von 60 Jahren und einer Mindestlaufzeit von zwölf Jahren abgeschlossen werden, unterliegen eventuelle Kapitalabfindungen zum Vertragsende nur dem Halbeinkünfteverfahren, das heißt nur der Unterschiedsbetrag zwischen Aus- und Einzahlungen unterliegt Ihrem persönlichen Steuersatz.
- ➔ Entscheiden Sie sich jedoch für eine lebenslange Rentenzahlung, unterliegt der Ertragsanteil einer gesenkten Ertragsanteilsbesteuerung.

Sofern Sie die Mindestlaufzeit und das Endalter nicht beachten, müssen Sie etwaige Kapitalabfindungen voll versteuern. Hier gilt dann die neue Abgeltungssteuer.

Ob Fondspolicen zukünftig noch attraktiv sind bzw. ihre Berechtigung haben werden, hängt von den Produktvarianten ab.

In jedem Fall gilt:
Lassen Sie sich umfassend über die verschiedenen Möglichkeiten informieren, um die für Sie passende Kombination herauszufinden. Nehmen Sie kompetente Beratung in Anspruch. Denn nur diese hilft Ihnen, Geld zu sparen und sinnvoll in die richtige Anlageformen zu investieren, so dass Sie sich im Alter entspannt vom aktiven Arbeitsleben zurückziehen können.

Zu einem richtigen Mix gehören auch die nachfolgenden Anlagemöglichkeiten.

Die **Direktanlage** in festverzinsliche Wertpapiere und Aktien ist eine Form der Altersvorsorge. Die Vielfalt bei den **festverzinslichen Wertpapieren (Rentenpapieren)** ist groß. Ihr Nachteil liegt in der begrenzten Laufzeit, sodass Sie sich im Regelfall immer wieder nach fünf bis zehn Jahren, wenn die Rentenpapiere fällig werden, nach neuen umsehen müssen. Langfristig betrachtet liegt die Rendite nur bei durchschnittlich fünf Prozent pro Jahr. Hinzu kommt die Steuerpflicht bei den Erträgen, wenn Sie die Sparerfreibeträge überschritten haben.

Langfristig interessanter und gewinnbringender können **Aktien** sein. Das aber nur, wenn die Anlage in Aktien erfolgt, die langfristig kontinuierliche Erträge bringen. Hierzu eignen sich insbesondere „Wachstumsaktien“ wie beispielsweise Gillette, L'Oréal, General Electric, Microsoft, um nur einige beispielhaft zu nennen.

Wenn Ihnen die Direktanlage zu anstrengend und zeitaufwändig ist, können Sie auch die bequeme Form der Investmentfonds nutzen. Am ertragreichsten und auch risikoärmer sind dabei **internationale Aktienfonds**.

Beachten Sie jedoch immer die aktuellen Aspekte, z. B. die Entwicklung der Finanzmärkte!

Es gibt zwei Möglichkeiten, in Fonds zu investieren: den **Fondssparplan**, bei dem Sie regelmäßig einen bestimmten Betrag einzahlen oder die **Einmalanlage**, verbunden mit unregelmäßigen Nachzahlungen. Monatliches Sparen in Aktienfonds hat sich bei langer Anlagedauer als unschlagbar erwiesen und ist sehr gut für die Altersvorsorge geeignet.

Als Selbständiger müssen Sie jedoch auf die **Laufzeit** achten. Sind Sie noch sehr jung, ist es sinnvoll Fondssparpläne auch mit reinen Länder- oder Regionenfonds einzusetzen. Diese haben große Schwankungen und bringen somit bei Sparplänen durch die unterschiedlichen Kaufkurse interessante Mehrerträge.

Sofern Ihnen jedoch nicht mehr soviel Zeit zur Verfügung steht, bis Sie über das vorhandene Geld verfügen müssen, sollten Sie sehr auf die Auswahl der Fonds achten. Entscheiden Sie sich hier eher für Fonds mit einer aktiven Risikokontrolle (z. B. einen Dachfonds) oder Fonds mit Kapital- und Höchststandsgarantie. Bei diesen erhalten Sie zum vereinbarten Termin auf jeden Fall Ihr eingezahltes Kapital sowie die während der Laufzeit erreichten Erträge heraus, unabhängig, wie die Börse zum Ende steht.

Interessant sind die Fondssparpläne vor allem aufgrund der **günstigen Kostenstruktur**. Sie sind eine echte Alternative zu Versicherungsverträgen, auch wenn die Abgeltungssteuer hier mit 25 Prozent plus Soli-Beitrag und evtl. Kirchensteuer zum Tragen kommt. Denn im Gegensatz zu den Versicherungslösungen sind hier die laufenden Kosten weitaus niedriger, so dass die Abgeltungssteuer nicht so sehr ins Gewicht fällt. Voraussetzung ist jedoch, dass man nicht ständig seine Anlageform ändert.

Neutrale Berechnungsprogramme sind hier sehr hilfreich, um zu einer individuellen, für Sie passenden Lösung zu kommen.

9 Chancen und Risiken beim Umweltschutz

Der Schutz der Umwelt und der Gesundheit – wohl kaum ein anderes Thema beschäftigt uns alle mehr, zählt es doch zu den großen Themen unseres 21. Jahrhunderts.

Die Motive dafür sind vielfältig: Die einen erkennen die existenzielle Bedeutung dieses Themas für uns alle, andere wiederum sehen es als notwendiges Übel, das der Gesetzgeber beschert. Für manchen Politiker ist es ein „Jobmotor" zur Schaffung von Arbeitsplätzen und mancher Manager poliert damit das Aushängeschild seines Betriebes.

Eines ist jedoch sicher: Eine Alternative zum Schutz der Umwelt und der Gesundheit gibt es nicht. Beide bilden die Grundlagen unseres Lebens und unserer Lebensqualität. Wo es keinen Umweltschutz gibt, herrscht Umweltzerstörung. Wo die Gesundheit nicht geschützt wird, herrscht Krankheit.

Diese Logik hat mittlerweile zu umfangreichen Umwelt- und Gesundheitsschutzgesetzen geführt. Gesetze und Verordnungen, z. B. berufsgenossenschaftliche Forderungen, sind bindend und fordern dem Unternehmen teilweise einen beträchtlichen Aufwand ab. Nicht immer ist das leicht zu bewältigen – gerade für ein Gründungsunternehmen.

Inzwischen gibt es aber schon viele Betriebe, die mehr tun als sie müssen: Sie haben erkannt, dass sich Engagement beim Umwelt- und Gesundheitsschutz langfristig für sie rechnet und sich positiv auf die Mitarbeiter auswirkt. Sie haben begriffen, dass ihre Kunden immer umweltbewusster werden und ihre Kaufentscheidungen zunehmend nach dem Gesichtspunkt treffen, ob ein Unternehmen umweltgerecht produziert, handelt oder leistet.

Sehen Sie die hier besprochenen Themen als gangbare Wege, aus gesellschaftlicher Verantwortung etwas für uns alle zu tun, das gleichzeitig Ihre Marktchancen verbessert und damit Ihre unternehmerische Existenz langfristig sichert.

9.1 Was Sie als Gründer für die Umwelt tun können

Die Flut an Gesetzen, Verordnungen und Normen in Deutschland – und zunehmend auch in ganz Europa – wirkt zuweilen erdrückend.

Doch wie wäre es ohne diese Regelungen? Komplexer denn je gerät unsere Welt schnell aus den Fugen, sobald einzelne Komponenten ausufern. Gesetze, Verordnungen und Normen stellen hier eine Ordnung her, um die uns viele Länder der Erde durchaus beneiden.

Das Reden über Umweltschutz gewinnt für Sie als Unternehmer plötzlich eine ganz konkrete Bedeutung: Sie haben nämlich dafür Sorge zu tragen, dass Wasser, Boden und Luft nicht verunreinigt werden.

Für Sie als Dienstleister, der eventuell nur ein Büro betreibt, ist das natürlich wesentlich einfacher als für einen Betrieb, der als Nebeneffekt eines Produktionsprozesses Abgase und Abwasser an die Umwelt abgibt. Damit das nicht unkontrolliert geschieht, haben sich über Jahrzehnte hinweg Regelungen in Form von Gesetzen und Verordnungen entwickelt, die die Verschmutzung unserer Umwelt so gering wie möglich halten.

Als ersten Themenkreis stellen wir Ihnen deshalb die wichtigsten Fakten für die einzelnen Bereiche des **Umweltschutzes** dar, damit Sie einen Überblick bekommen, welche Pflichten Sie als Unternehmer haben.

Im Abschnitt **Gebäudeschutz** gibt es für Sie als Betriebsinhaber besonders zu dem wichtigen Thema „Energiesparen" einiges zu beachten.

Als dritter Bereich tangiert Sie der **Gesundheits- bzw. Arbeitsschutz**. Vor allem, wenn Sie Arbeitnehmer beschäftigen. Als **Arbeitgeber** haben Sie für Ihre Mitarbeiter eine Fürsorgepflicht, die zum einen die „klassischen" Gefahren durch Tätigkeiten an Maschinen oder auf Baustellen betrifft, aber darüber hinaus auch Gefahrenbereiche einschließt, die man nicht sehen oder riechen kann, weil sie im chemischen, mikrobiologischen oder strahlungstechnischen Bereich liegen.

Am Ende jeden Abschnitts sind die wichtigsten Gesetze und Verordnungen genannt, damit Sie sich weiter informieren können, denn es gibt für jeden Sektor Bestimmungen auf Landes- und kommunaler Ebene, die Sie kennen sollten.

Aber: Kein Mensch kann alles wissen. Als findiger Gründer denken Sie sicherlich ohnehin in Netzwerken – reden Sie mit denen, die mehr wissen als Sie, mit anderen Unternehmern und mit Fachleuten. Gerade in den Wirtschaftskammern warten die Experten geradezu darauf, Sie als Betriebsgründer unterstützen zu dürfen. Sparen Sie also Zeit und Nerven und lernen Sie Ihren Umweltberater in Ihrer jeweiligen Kammer kennen.

9.2 Umwelt

9.2.1 Abfallentsorgung

In den letzten Jahren hat sich ein immer ausgeklügelteres System zur Mülltrennung entwickelt mit dem Hintergrund, möglichst viele Stoffe wieder zu verwerten. So wird gesetzlich in **Abfälle zur Verwertung** und **Abfälle zur Beseitigung** unterschieden.

Für ein korrektes Entsorgen bedarf es jedoch weiterer Einteilungen. Zunächst wird der **Abfallschlüssel** bestimmt, dann die **Überwachungskategorie**.

Sowohl für die Abfälle zur Verwertung als auch für die zur Beseitigung wird eingeteilt in:

➔ **Gefährlicher Abfall – besonders überwachungsbedürftig**
z. B. Ölbinder, verunreinigt

➔ **Nicht gefährlicher Abfall – überwachungsbedürftig**
z. B. Altreifen (Verwertung), gemischte Siedlungsabfälle (Beseitigung)

➔ **Nicht gefährlicher Abfall – nicht überwachungsbedürftig**
z. B. Verpackungen aus Kunststoff, Papier

Entsorgen Sie überwachungsbedürftige Abfälle, haben Sie deren ordnungsgemäße Entsorgung zu dokumentieren. Sowohl der Abfallerzeuger als auch der Entsorger unterliegen dieser Nachweispflicht.

In kleinen Unternehmen, wie z. B. Dienstleistungsbüros, fallen oft nur haushaltsähnliche Gewerbeabfälle an. In anderen Betrieben dagegen sind Abfälle als Sondermüll zu entsorgen.

Hilfestellungen geben Ihnen die **Gewerbeabfall-Berater** Ihrer Kommune. Sie erstellen – falls erforderlich – mit Ihnen gemeinsam ein Entsorgungskonzept.

Gesetze und Verordnungen

➔ Kreislaufwirtschafts- und Abfallgesetz
➔ Bestimmungsverordnung überwachungsbedürftiger Abfälle zur Verwertung (BestüVabfV)
➔ Abfallverzeichnis-Verordnung (AVV)
➔ Kommunale Abfallsatzungen

9.2.2 Bodenschutz

Das Thema Bodenschutz hat zwei Seiten: **Im ersten Fall** werden Sie mit diesem Thema konfrontiert, sobald Sie ein Betriebsgelände mieten oder kaufen, das möglicherweise durch Altlasten kontaminiert ist.

Bevor Sie also ein Grundstück übernehmen, klären Sie unbedingt die Frage, wie die vorherige Nutzung war – am besten in schriftlicher Form. Gibt es hierzu keine Unterlagen oder Informationen, schaffen Untersuchungen von Boden, Wasser oder Bodenluft Klarheit. Falls bekannt ist, dass Verunreinigungen stattgefunden haben, aber nicht, wie hoch sie tatsächlich noch sind, geben nur entsprechende Analysen darüber verbindlichen Aufschluss.

Interessieren Sie sich beispielsweise für ein Grundstück, auf dem sich vorher eine Tankstelle befunden hat (oder eine betriebsinterne Tankanlage), besteht die Gefahr der Verunreinigung z. B. durch Mineralölkohlenwasserstoffe. Der erste Schritt ist eine **Bodenanalyse**, um festzustellen, ob tatsächlich Verunreinigungen vorliegen. Ist das der Fall, hängt es davon ab, wie stark die vorhandenen Konzentrationen sind. Danach werden die Art des Sanierungsverfahrens festgelegt und die entstehenden Kosten ermittelt.

Bedenken Sie, dass eine Sanierung durch das Abtragen hunderter Kubikmeter verunreinigten Bodens Sie Hunderttausende von Euro kosten kann! Auch **alternative Sanierungsmethoden**, wie beispielsweise chemisch-physikalische, thermische und mikrobiologische Verfahren, kosten Geld.

Erst nach diesen Berechnungen wissen Sie, ob das von Ihnen gewünschte Grundstück für Sie immer noch interessant ist oder nicht.

Im zweiten Fall betrifft Sie der Bodenschutz, sobald Sie als Betriebsinhaber selbst dafür zu sorgen haben, dass keine Verunreinigung des Bodens stattfindet.

Durch Lagerung und Umgang mit Gefahrstoffen besteht das Risiko, dass durch Leckagen oder unsachgemäße Handhabung, Flüssigkeiten, Öle usw. in den Boden und damit in das Grundwasser gelangen.

Gesetze und Verordnungen

➔ BundesBodenSchutzGesetz (BBSCHG)
➔ BundesBodenschutz- und AltlastenVerordnung (BBSchV)

9.2.3 Abwasser – Gewässerschutz

Trinkwasser ist unser am strengsten überwachtes Lebensmittel. Ständige Kontrollen der Wasserversorger im Leitungsnetz sorgen für die Einhaltung gesetzlicher Grenzwerte und somit für eine gute Trinkwasserqualität.

Auch für Abwässer gelten Grenzwerte. Wer Abwässer in das öffentliche Kanalnetz leiten will, muss das genehmigen lassen und Grenzwerte, die in den **Entwässerungssatzungen der Kommunen** dokumentiert sind, einhalten. Sie als Verursacher haben die Schadstofffracht so gering wie möglich zu halten und entsprechende Maßnahmen zu ergreifen, um nach dem Stand der Technik die Schadstoffe soweit wie möglich herauszufiltern. So kann beispielsweise der Einbau eines Ölabscheiders in einer Kfz-Werkstatt notwendig werden.

In der Regel leiten Betriebe und Haushalte ihre Abwässer indirekt über das öffentliche Kanalnetz ab.

Sind **schadstoffhaltige Abwässer** zu erwarten, genehmigt Ihnen die **Untere Wasserbehörde** diese Einleitungen in die öffentliche Kanalisation. Das kommt z. B. für Kfz-Betriebe, Waschanlagen, Zahnarztpraxen oder Chemische Reinigungen in Betracht. Bestehen Unklarheiten, wenden Sie sich sicherheitshalber vorher an die Untere Wasserbehörde Ihrer Kommune oder auch an die zuständige Umweltbehörde.

Es gibt jedoch auch Betriebe – meist Industriebetriebe –, die ihre Abwässer direkt in ein bestimmtes Gewässer einleiten. Hier gelten andere Regelungen und es werden Abgaben fällig. Deren Höhe ergibt sich aus der Menge und dem konkreten Schadstoffgehalt. Damit wird dem **Verursacherprinzip** Rechnung getragen, da **Direkteinleiter** zumindest einen Teil der Kosten für die Nutzung als „Entsorgungsmedium" bezahlen müssen.

Gesetze und Verordnungen

- → Trinkwasserverordnung (TrinkWV)
- → Wasserhaushaltsgesetz (WHG)
- → Abwasserverordnung (AbwV)
- → Abwasserabgabengesetz (AbwAG)
- → Kommunale Bestimmungen

9.2.4 Abluft und Luftschutz

Ob der Saure Regen oder das Waldsterben heute noch ein Thema sind, mag strittig sein. In jedem Fall dient die „Luftreinhaltung (...) dem Schutz von Menschen, Tieren, Pflanzen, des Bodens, des Wassers, der Atmosphäre sowie von Kultur- und Sachgütern vor schädlichen Umwelteinwirkungen durch Luftschadstoffe." So lauten die einleitenden Worte des Bundes-Immissionsschutzgesetzes.

Zu den **Luftverunreinigern** zählt neben den Haushalten und dem Verkehr auch der gewerbliche Bereich.

Wie beim Thema „Abfall, Boden und Abwasser" gilt auch hier zunächst die Maßgabe, dass Emissionen im Betrieb soweit wie möglich zu reduzieren sind, bevor eine „Entsorgung" über die Luft erfolgt.

Dabei wird in „nicht genehmigungspflichtige" und „genehmigungspflichtige" und dabei wiederum in „überwachungsbedürftige" und „nicht überwachungsbedürftige" Anlagen unterschieden.

Im kleinen Betrieb und im Handwerk sind überwachungsbedürftige Anlagen eher selten. Die nicht überwachungsbedürftigen müssen nur bei der Errichtung des Gebäudes oder der Anlage von der Baubehörde genehmigt werden. Eine „indirekte" Überwachung findet allerdings oftmals durch Beschwerden aus der Nachbarschaft statt, die dann eine Prüfung auslösen.

Gesetze und Verordnungen

- → Bundesimmissionsschutzgesetz (BImSch)
- → Technische Anleitung Luft (TA Luft)

9.2.5 Elektrische Umweltbeeinflussung

Betreiben Sie ein Unternehmen mit direktem elektrischem Anschluss an das Mittelspannungsversorgungsnetz und einem eigenen Transformator, haben Sie dafür zu sorgen, dass keine überhöhten elektrischen und magnetischen Wechselfelder (Niederfrequenz) auf Ihre Mitarbeiter oder auf öffentliche Flächen einwirken.

Die betreffenden Regelungen finden Sie in der 26. Bundesimmissionsschutzverordnung sowie in der Berufsgenossenschaftlichen Regel BGR B11 – Elektromagnetische Felder.

In beiden Verordnungen sind noch weitere Anlagen und Betriebsmittel erwähnt, zum Beispiel hochfrequente Sendeanlagen, die Sie berücksichtigen müssen und die Anlass zu einer messtechnischen Überprüfung sind.

9.3 Gebäude

9.3.1 Anforderungen an die Arbeitsplatzgestaltung

Viele Menschen verbringen ihren ganzen Arbeitstag in Innenräumen. Deswegen haben sich in den letzten Jahren immer konkretere Anforderungen an Lüftung, Raumtemperatur, Beleuchtung, Lärmpegel usw. ergeben. Auch für Bildschirmarbeitsplätze existieren mittlerweile genaue Vorgaben.

Die Regelungen reichen vom ergonomischen Bürostuhl bis hin zu Lichtschutzeinrichtungen für die Fenster. Auch bauliche Gegebenheiten, wie Fluchtwege und Notausgänge, sind von Ihnen als Unternehmer zu berücksichtigen.

Führen Sie einen Handwerks- oder sonstigen produzierenden Betrieb, prüfen Sie besser auch die Branchenspezifik. So ist z. B. in Schreinereien, in denen Holzstaub in die Raumluft gelangt, eine explosionssichere Elektroinstallation erforderlich.

Federführend im Thema „**Arbeitsplatzgestaltung**“ sind die Berufsgenossenschaften, die als Träger der gesetzlichen Unfallversicherung die Aufgabe haben, Arbeitsunfälle und Berufskrankheiten zu verhüten. Sie sind die Ansprechpartner für Ihre Fragen.

Gesetze und Verordnungen

- ➔ Arbeitsstätten-VO
- ➔ Arbeitsstättenrichtlinien
- ➔ Bildschirmarbeitsplatz-VO

9.3.2 Energieeinsparverordnung (ENEV)

Die Energieeinsparverordnung dient dem wichtigen Ziel des Energiesparens. Oft aktualisiert und an den jeweiligen Stand der Technik angepasst, regelt diese Verordnung bereits seit einigen Jahren die Anforderungen bei Dämmung und Heizung in Bauwerken.

Sind Sie Besitzer eines Gebäudes oder werden Sie es im Rahmen Ihrer Gründung, ist dieses Thema für Sie unverzichtbar.

Bei einem Neubau sind die Vorgaben der ENEV 2009 relativ unproblematisch einzuhalten, weil die professionelle Baufirma die Vorschriften von Anbeginn berücksichtigen kann.

Im Altbau wird es da schon etwas komplexer. Planen Sie an Ihrem bestehenden Gebäude Renovierungen oder andere Veränderungen, kommt es darauf an, was konkret durchgeführt werden soll: Wird nur neu gestrichen, greift die ENEV 2009 nicht.

Soll aber zum Beispiel ein Fassadenteil gedämmt werden, bleibt die ENEV nur dann außen vor, solange die zu dämmende Fläche weniger als zehn Prozent der Gesamtfläche ausmacht. Bei mehr als zehn Prozent gilt die ENEV 2009; das bedeutet für Sie, dass Ihre komplette Fassade den neuen Vorschriften entsprechend gedämmt werden muss.

Beispiel

Peter Scheel will sich als Dienstleister im Grafikbereich selbständig machen und wählt als Standort sein eigenes, schon älteres Einfamilienhaus. Das Büro entsteht im Obergeschoss, allerdings braucht Herr Scheel Licht und möchte das existierende Fenster vergrößern oder ein weiteres einbauen. Alle Genehmigungen liegen für beide Varianten bereits vor.

Die Vergrößerung des vorhandenen Fensters berührt die ENEV 2009 nicht, da die Fläche der Zimmerwand zu weniger als zehn Prozent betroffen ist. Variante 2, das zusätzliche Fenster, überschreitet aber diesen Wert – hier würde die auflebende Geltung der ENEV dazu führen, dass die kompletten Wände dem darin geforderten Standard anzupassen sind.

Das würde nicht nur viel Geld kosten, sondern auch die Nutzfläche des Raumes verringern. Peter Scheel verzichtet also lieber auf das zweite Fenster.

9.3.3 Denkmalschutz

Beim Denkmalschutz besitzen die Länder Kulturhoheit. Sie regeln, welche Gebäude unter den Denkmalschutz fallen.

Wenden Sie sich deshalb an das zuständige Bauamt. Besitzen Sie ein altes Gebäude, das für sich alleine gesehen aufgrund seiner Fassade oder Bauweise und Ausstattung ein **Baudenkmal** sein könnte oder das mit anderen nebenstehenden Gebäuden ein Ensemble bildet, sprechen Sie mit Ihrer Kommune oder dem Landesamt für Denkmalschutz.

Falls Sie an solchen Gebäuden Veränderungen vornehmen wollen, unterliegt das einer denkmalschutzrechtlichen Erlaubnis oder Baugenehmigung. Das muss nicht immer schlecht sein, denn Bauvorhaben in diesem Bereich werden gefördert – vielleicht auch Ihr Projekt.

Gesetze und Verordnungen

➔ Denkmalschutzgesetz

9.4 Gesundheit

9.4.1 Arbeitsschutz – Arbeitssicherheit – Betriebssicherheit

Jahr für Jahr passieren viele Arbeitsunfälle, die den Unternehmen teuer zu stehen kommen.

Beschäftigen Sie Arbeitnehmer, haben Sie dafür Sorge zu tragen, dass deren Sicherheit und Gesundheitsschutz gewährleistet sind. Dieser Bereich umfasst alle erforderlichen Maßnahmen zur Vermeidung von Arbeitsunfällen, wie bauliche Maßnahmen, Arbeitsgeräte und Maschinen bis hin zu arbeitsmedizinischer Vorsorge.

Egal, ob eine Gesundheitsgefährdung von Arbeitsgeräten oder unsichtbaren Gefahren wie z. B. chemischen Gefahrstoffen ausgeht – Sie als Arbeitgeber müssen eine **Gefährdungsbeurteilung** durchführen und zielgerichtete **Schutzmaßnahmen** ergreifen. Sie haben Ihre Mitarbeiter über die Gefährdung und die Schutzmaßnahmen zu unterweisen und die Mitarbeiter müssen diesen **Arbeitsschutzanweisungen** Folge leisten.

Schritt 1: Legen Sie die Arbeitsbereiche mit den dazugehörigen Tätigkeiten fest, um mögliche Gefährdungen überhaupt ermitteln und beurteilen zu können.

So gilt der Schutz vor Stolpern und Stürzen als allgemein zutreffende Maßnahme, die für beinahe alle Betriebe gilt. Für Schlossereien beispielsweise müssen die Gefährdungen durch Schleifstäube oder wegfliegende Teile an einer Schleifmaschine beurteilt werden.

Schritt 2: Legen Sie konkrete Arbeitsschutzmaßnahmen fest und überprüfen Sie deren Wirksamkeit. Bei stets ähnlichen Arbeiten, zum Beispiel in einer Werkstatt, genügt eine jährliche Beurteilung. Bei Tätigkeiten auf Baustellen wird ein baustellenbezogener **Arbeits- und Sicherheitsplan** erstellt usw.

Die Berufsgenossenschaften haben als Träger der gesetzlichen Unfallversicherung branchenspezifische und entsprechend der jeweiligen Arbeitsverfahren geltende Unfallverhütungsvorschriften erlassen. Erfragen Sie dort, welche konkret für Ihren Betrieb wichtig sind. Teilweise kommen deren Sachbearbeiter zu Ihnen und bieten Ihnen neben der Beratung noch weitere kostenlose Dienstleistungen.

Gesetze und Verordnungen

- → Arbeitsschutzgesetz
- → Arbeitssicherheitsgesetz
- → Arbeitsstättenverordnung
- → Baustellenverordnung
- → Betriebssicherheitsverordnung
- → Unfallverhütungsvorschriften

9.4.2 Gefahrstoffe

Der Umgang mit Gefahrstoffen ist in vielen Betrieben so alltäglich, dass es meist niemandem bewusst ist – beispielsweise der Einsatz von Farben oder von Zement.

Trotz der scheinbaren Geringfügigkeit unterliegt dieser Betrieb im Sinne des Arbeitsschutzes besonderen Vorschriften, die den Umgang mit chemischen Gefahrstoffen regeln, da von ihnen Gefahren sowohl für die Arbeitnehmer als auch für die Umwelt ausgehen können.

Gefahrstoffe werden nach ihrer **Wirkung** unterschieden und durch Symbole gekennzeichnet. Sie werden unter anderem in „gesundheitsgefährdend", „ätzend" oder „sehr giftig" eingestuft. Eine weitere Unterscheidung ist die in *krebserzeugende, erbgutverändernde* oder *fortpflanzungsgefährdende* Stoffe – **CMR-Stoffe**.

Für Gefahrstoffe gibt es Grenzwerte, wie die **Maximale Arbeitsplatz Konzentration (MAK-Wert)** oder, ganz neu, den **Arbeitsplatz-Grenzwert (AGW)**.

Gehen Sie mit Gefahrstoffen um, müssen Sie Ihre Mitarbeiter unterweisen. In diesen Unterweisungen sind mindestens folgende Informationen verpflichtend:

1. Welche Gefahrstoffe treten am Arbeitsplatz auf?
2. Welche Vorsichtsmaßregeln sind zum Schutz der Mitarbeiter erforderlich?
3. Welche Maßnahmen sind bei einer Betriebsstörung oder einem Unfall zu ergreifen?

Wichtig ist es, dass Sie Ihre **Betriebsanweisung** bei jeder maßgeblichen Veränderung der Arbeitsbedingungen entsprechend anpassen.

Gesetze und Verordnungen

→ Gefahrstoffverordnung
→ Technische Regeln Gefahrstoffe (TRGS)

9.4.3 Biostoffverordnung

Für **Arbeiten mit biologischen Arbeitsstoffen** gelten ebenfalls bestimmte Regeln. Damit Sie die richtigen Schutzmaßnahmen treffen können, führen sie wieder eine **Gefährdungsbeurteilung** durch.

Unterscheiden Sie dabei zunächst, ob beispielsweise in einem Labor mit Mikroorganismen gearbeitet wird oder ob eine Person im Zusammenhang mit anderen Tätigkeiten, z. B. bei der Sanierung von Schimmelpilzen oder Abwasserschäden, damit in Berührung kommt.

Die biologischen Arbeitsstoffe werden – je nach Infektionsrisiko – in verschiedene Risikogruppen unterteilt. Erstellen Sie auch hier eine Betriebsanweisung, um Ihre Mitarbeiter auf die Gefahren hinzuweisen. Das gilt unabhängig von der Anzahl der bei Ihnen Beschäftigten.

Gesetze und Verordnungen

→ Biostoffverordnung
→ Technische Regeln Biologische Arbeitsstoffe (TRBA)
→ Technische Regeln Gefahrstoffe (TRGS)

9.4.4 Lärm

Das Thema **Lärmschutz** ist etabliert; das Tragen von Gehörschutz in den meisten Fällen mittlerweile eine Selbstverständlichkeit. Dennoch wird Lärm als gesundheitliche Beeinträchtigung oft unterschätzt, da seine Langzeitauswirkungen (Schwerhörigkeit, Herz-Kreislauf-Störungen) meist nicht mehr in einen ursächlichen Zusammenhang gebracht werden.

Lärmschutz erfasst

1. den **Schutz der Umgebung** vor Lärm,
   z. B. durch schallgedämpfte Maschinen und Geräte oder bauliche Schallschutzmaßnahmen, und
2. den **Schutz der Personen** vor Lärm,
   z. B. durch Gehörschutz.

Wie wichtig Lärmschutz ist, zeigen negative Erfahrungen mit den Langzeitauswirkungen.

Lärmmessungen in Ihrem Betrieb bilden die Grundlage für Ihre Gefährdungsbeurteilung und die sich daraus ergebenden Schutzmaßnahmen. Solche Messungen sind auch sinnvoll, um Auseinandersetzungen mit Ihrer Nachbarschaft zu vermeiden. Messungen zur Schallprognose werden teilweise im Rahmen von Baugenehmigungen ohnehin von Ihnen gefordert.

Abhängig davon, wo sich Ihr Betrieb befindet – Wohngebiet, Mischgebiet oder Industriegebiet –, gelten unterschiedliche Richtwerte, die Sie in der „TA Lärm" (Technische Anleitung Lärm) finden. Im Einzelfall kann es für Sie sinnvoll sein, vorab ein **Lärmgutachten** erstellen zu lassen. So ist schon so mancher Nachbarschaftsstreit wegen Lärmbelästigung vermieden worden.

Gesetze und Verordnungen

- ➔ Bundesimmissionsschutzgesetz
- ➔ TA Lärm
- ➔ Arbeitsschutzgesetz
- ➔ Lärm- und Vibrations-Arbeitsschutzverordnung
- ➔ Geräte- und Maschinenlärmschutz-Verordnung

9.5 Ökologie

9.5.1 Qualitätsverbund umweltbewusster Betriebe – QuB

Jetzt wissen Sie einiges über Ihre Pflichten. Vielleicht wollen Sie aber im Bereich des Umweltschutzes mehr tun, als die Gesetze von Ihnen verlangen? Falls das so ist, nehmen Sie doch am Qualitätsverbund umweltbewusster Betriebe (QuB) teil. Ihre Kunden werden das sicherlich positiv vermerken.

Es begann vor einigen Jahren mit einem Verbund umweltbewusster Handwerksbetriebe (QuH); mittlerweile wurde dieses Konzept auf kleine und mittlere Betriebe der Industrie und des Handels ausgeweitet.

Kriterien für eine Teilnahme am QuB sind u. a.

- ➔ die Erfassung und Darstellung Ihres Energieverbrauchs,
- ➔ das Bereitstellen von Informationen über die Umweltverträglichkeit der in Ihrem Betrieb verwendeten Stoffe und Produkte sowie
- ➔ die regelmäßige externe Überwachung.

Neben dem, was Sie für unseren gemeinsamen Lebensraum tun, gibt es eine Reihe von weiteren **Vorteilen Ihres Engagements**:

- ➔ Sie dürfen damit werben.
- ➔ Die Dokumentationspflicht beinhaltet den Bereich „Gefahrstoffe und Arbeitssicherheit"; damit ist eine präzisere Risikoabschätzung verbunden, wodurch möglicherweise Versicherungsprämien sinken.

→ Die Erfassung des Verbrauchs, z. B. von Energie und Wasser, ist ein Teilnahmekriterium. Als Konsequenz daraus sparen Sie gezielt Kosten ein.

9.5.2 Regenerative Energiequellen

Der Schritt vom Energiesparen zum Einsatz erneuerbarer Energiequellen ist naheliegend. Unser Zeitalter ist geprägt von ständigen Innovationen. Fragen Sie Ihren Umweltberater schon im Vorfeld Ihrer Gründung nach den für Sie zutreffenden Entwicklungen.

9.5.3 Energieeinsparpotenziale

Wie viel Energie benötigen Sie? Wie viel verpufft durch veraltete Geräte und Heizanlagen? Ihr erster Schritt: Lernen Sie Ihren Energieverbrauch kennen. **Energieberater** helfen Ihnen, indem Sie Ihre Energiekosten mit Kenndaten vergleichen. Bei elektrischen Geräten lohnt es sich, beim Energieversorger kostenlos ein entsprechendes Messgerät auszuleihen.

Erzeugen Sie Prozesswärme oder haben Sie branchenspezifische Möglichkeiten zur Beheizung? Viele Schreinereien und Zimmereien heizen zum Beispiel ihren Betrieb und die nebenstehenden Wohnhäuser mit den Holzabfällen.

Halten Sie sich auf dem Laufenden, denn Sparen lohnt. Es ist Ihr Geld, das Sie mit viel Aufwand erst verdienen müssen.

9.6 Büroarbeitsplatz – Gesundheitsvorsorge – Baubiologie

Ein helles Büro, es duftet nach geöltem Holz, nach Blumen. Wer würde dort nicht gerne arbeiten?

Ihre Arbeitsplätze über die gesetzlichen Anforderungen hinaus zu optimieren, kann sich mehrfach für Sie lohnen. Langfristig betrachtet bedeutet es einen wichtigen Beitrag zu Ihrer eigenen Motivation und Gesunderhaltung sowie der Ihrer Mitarbeiter.

Der Künstler und Architekt Friedensreich Hundertwasser hat das schon vor langer Zeit erkannt: „Die scheinbaren Mehrkosten eines ökologisch gesunden oder eines menschlichen Hauses sind gar keine. Denn sie werden durch eine höhere Lebensqualität, durch eine hellere Wohnqualität und durch Glücklichsein amortisiert.“

9.6.1 Der strahlungsarme Büroarbeitsplatz

Das populärste Label für freiwilligen Gesundheitsschutz ist das **TCO-Label.** Sie finden es auf der Rückseite eines jeden Bildschirmes.

Der schwedische TCO-Standard für Computerbildschime, Fax-Geräte usw. ist keine verbindliche Norm. Trotzdem hat sich dieses Umweltlabel, das u. a. auch die Emissionen von elektrischen und magnetischen Wechselfeldern berücksichtigt, weltweit durchgesetzt. Was viele nicht wissen: Die niedrigen Emissionswerte gelten nur für das Gerät selbst, jedoch *nicht* für die Anschlussleitung.

Je nach Konfiguration eines Arbeitsplatzes mit vielen Leitungen, Steckdosenleisten usw. ergeben sich durchaus beträchtliche Immissionen durch elektrische und magnetische Felder, die auf Sie und Ihre Mitarbeiter einwirken. Geschirmte Komponenten aus dem Spezialfachhandel sowie spezielle Vorrichtungen und Büromöbel, z. B. Schreibtische mit leitfähigen und geerdeten Flächen, führen zu einer drastischen **Minimierung der Strahlungsbelastung**.

Überlegen Sie auch, ob Sie dem Trend zu drahtlosen **Datenübertragungstechniken** in jedem Falle folgen müssen. Kabellösungen haben den Vorteil der Minimierung von hochfrequenten Belastungen und sind in punkto Industriespionage und nicht erwünschten Abhörprozessen drahtlosen Varianten überlegen.

9.6.2 Schadstoffe am Arbeitsplatz minimieren

Hier sind nicht die Schadstoffe gemeint, mit denen z. B. in Lackierereien umgegangen wird und die damit der Gefahrstoffverordnung unterliegen. Es gibt durchaus weitere ernstzunehmende Quellen für Schadstoffe, z. B. die Ausstattung eines Raumes mit Bodenbelägen, Farben und Möbeln. Auch Ihre Laserdrucker emittieren Schadstoffe und Feinstaub in die Raumluft.

Sie bemerken das durch auffällige Gerüche oder ein Unwohlsein, sobald Sie sich dort aufhalten.

Planen Sie Ihr Betriebsgebäude neu, achten Sie von vornherein auf eine schadstoffarme Ausstattung und Einrichtung der Räume sowie auf den Einsatz emissionsarmer Geräte. Auch durch das Aufstellen von Druckern und Kopierern in einem separaten Raum verringern Sie eine Belastung im Hauptarbeitsbereich.

Nutzen Sie ein bereits vorhandenes Gebäude, hilft ein **Sachverständiger**, Belastungen zu erkennen und Lösungen zu entwickeln.

9.6.3 Pilzbelastungen vorbeugen

Belastungen in Innenräumen entstehen auch durch **Mikroorganismen**, wie Schimmelpilze und Bakterien. Sei es durch den „klassischen" Schimmelpilzbefall an der Wand oder durch eine nicht gewartete Klimaanlage.

Beugen Sie dem vor, indem Sie – ganz banal und oft doch sehr schwierig auszuführen – regelmäßig und gründlich lüften. Wie wichtig dieses Thema ist, zeigt die Tatsache, dass es eine DIN-Vorschrift zum Thema „Lüften“ gibt.

Zum richtigen Lüften gehört auch das Heizen in einem ausgewogenen Verhältnis. Leider befürchten manche Menschen, durch Lüften zu viel Energie zu verbrauchen, wo doch Energie eingespart werden muss. Lüften Sie richtig, kurz und intensiv, dann geht kaum Energie verloren.

Für Lüftungs- oder Klimaanlagen ist eine regelmäßige Wartung unverzichtbar, um das Problem auf ein Minimum zu reduzieren.

9.6.4 Raumluft – Klima – CO_2

Wer kennt das nicht: Sie betreten morgens das Büro und werden von unangenehmer Luft empfangen. Die Reaktion darauf ist, erst einmal die Fenster zu öffnen und frische Luft herein zu lassen. Doch dieses eine Mal reicht nicht, denn Luft „verbraucht“ sich schneller als allgemein bekannt. Auch setzt ein Gewöhnungseffekt ein und die betreffenden Personen bemerken zunächst gar nicht, dass sich Schadstoffe in der Raumluft anreichern und die Luftfeuchtigkeit sinkt. Verstärkt wird dieser Effekt durch den Betrieb von Elektrogeräten. Eine Folge kann die Reizung der Schleimhäute sein, ebenso die Gefahr von elektrostatischen Aufladungen, die beim Berühren von Metallteilen unangenehme und schmerzhafte Endladungsvorgänge hervorrufen.

Eine oft unterschätzte weitere Folge ist die rasch ansteigende Kohlendioxid-Konzentration (CO_2). Das kann sich z. B. in Konzentrationsschwäche und in Kopfschmerzen äußern. Einzig wirksames Gegenmittel auch hier: regelmäßig lüften.

In den letzten Jahren haben sich immer mehr kontrollierte Be- und Entlüftungsanlagen durchgesetzt. Ausgereifte Systeme vereinen die Aspekte „Energieeinsparung“ und ausreichender „Luftaustausch“.

9.7 Ansprechpartner

9.7.1 Behörden

Als Gewerbetreibender sind Sie Mitglied der Industrie- und Handelskammer, als Handwerker der Handwerkskammer. Diese Ihre Organisationen geben Ihnen als zahlendem Mitglied kostenlose Beratungen und Hilfestellungen bei Fragen und Problemen zum Thema „Umwelt- und Arbeitsschutz“. Darüber hinaus – oder falls Sie keiner Kammer angehören – bieten kommunale Ämter weitere Hilfestellungen an. In einigen Kommunen gibt es sogar „Verwaltungslotsen“, die Sie durch den Behördendschungel führen.

9.7.2 Netzwerke und Verbände

Wenn Probleme mit Innenraumschadstoffen, Schimmelpilzen oder „Elektrosmog“ auftreten oder ein entsprechender Verdacht besteht, ist es sinnvoll sich kompetente Hilfe zu holen. Im Fachverband Gebäudediagnostik und Innenraumhygiene (FAGI) haben sich Sachverständige zusammengeschlossen, um als deutschlandweites Netzwerk innerhalb des Verbandes einen Wissenstransfer zu ermöglichen und durch interdisziplinäre Zusammenarbeit mit Juristen, Umweltmedizinern und Bausachverständigen Synergie-Effekte zu schaffen.

Regionale Netzwerke haben das Ziel, einen Erfahrungsaustausch auch im Bereich des Umweltschutzes zu fördern. Sie sind meist über die Wirtschaftskammern organisiert, wie z. B. bei der IHK in Baden Württtemberg oder, wie der „**Umweltpakt in Bayern**“, auf der Ebene der Landkreise und kreisfreien Städte.

9.7.3 Verzeichnisse und Förderungen

Zum Thema Umweltschutz existiert eine Flut von Informationen, die über das Internet zugänglich sind. An dieser Stelle sei stellvertretend das „**UMFIS – Umwelt-Firmen-Informations-System**“ genannt. Dieses System der IHK bietet einen Überblick über Berater, Hersteller und Händler, die im Bereich des Umweltschutzes tätig sind: www.umfis.de.

Umweltschutzmaßnahmen werden auch staatlich gefördert. Welche Programme es für welche konkreten Maßnahmen gibt, kann beispielsweise auf der Seite des Bayerischen Landesamtes für Umwelt über die Eingabe des Stichworts „Fördermöglichkeiten“ abgefragt werden: www.izu.bayern.de.

10 Wege zur Selbständigkeit

Sich selbständig zu machen gelingt auf vielen Wegen. Neben der Neugründung existiert eine Reihe von Varianten, die vielleicht auch für Ihren Fall zutreffen: **Franchising** oder der Erwerb einer **Beteiligung**; die **Übernahme** des elterlichen Betriebes (**Unternehmensnachfolge**) oder der **Kauf** eines anderen bestehenden Geschäfts; die **Ausgründung** von Unternehmensteilen (**Spin-off**) oder der Erwerb der Firma, in der Sie bislang als Führungskraft tätig waren (**MBO**).

Verschaffen Sie sich in diesem Abschnitt einen kurzen Einblick in diese Wege zur Selbständigkeit. Gehen Sie aber grundsätzlich davon aus, dass, gleich für welche Form Sie sich entscheiden, eine verantwortungsbewusste Gründungsplanung die Basis darstellt.

Zur heute so aktuellen **Scheinselbständigkeit** finden Sie im Abschnitt 6 „Arbeitsrecht für den Unternehmer“ weitere Informationen.

Eine gewisse Art von „Scheinselbständigkeit“, zumindest gedanklich, haben auch bestimmte Gründungen, die gern mit dem modern gewordenen Begriff **„Outsourcing“** verbrämt werden, obwohl darunter wiederum eher ein Spin-off verstanden wird. Es sind Ausgründungen, die einen Zustand der Abhängigkeit begründen, der dem Unternehmer keinen Spielraum für eigene Entscheidungen lässt, dem „Mutterunternehmen“ aber alle Freiheit sowie beträchtliche Kostenersparnis beschert. Das verdeutlicht folgendes Beispiel:

Beispiel

Diplomingenieur Ernst Helfrich aus Ingolstadt leitet eine kleine Betriebsabteilung eines internationalen Konzerns. Sein Wunsch, eine selbständige Existenz aufzubauen, wird vom arbeitgebenden Unternehmen begrüßt und gefördert. Neben einem großzügigen Kredit wird ihm zugesichert, dass er für die gesamte Kapazität seines neuen Betriebes (Fertigung von Maschinenteilen) Aufträge erhalten wird.

Ernst Helfrich stimmt zu und gründet. Die Investitionen für Maschinen und Anlagen finanziert er mit Hilfe der Bank und seines ehemaligen Arbeitgebers. Er stellt Fachleute ein, kauft Material und mietet für zehn Jahre Gebäude.

Sehr bald stellt er fest, dass die vereinbarten Preise seine Kosten nicht decken. Entsprechende Verhandlungen mit seinem einzigen Kunden bleiben ergebnislos. Stattdessen erhält er dort die Information, dass man im Folgejahr zu einem niedrigeren Preis bei ihm einkaufen wird, da entsprechende Konkurrenzangebote vorlägen.

Da Ernst Helfrich keine weiteren Kunden hat und technische Ausstattung sowie Produktionsprofil ausschließlich auf den einzigen Abnehmer zugeschnitten sind, hat er ein Problem …

Was in unserem Beispiel weiter passieren könnte, ist, dass der Superkunde die Verträge gänzlich kündigt. Vielleicht, weil sich die Wirtschaftslage negativ entwickelt oder das Finalprodukt Absatzschwierigkeiten hat. Der ehemalige Arbeitgeber hat sein unternehmerisches Risiko auf Erich Helfrich abgewälzt und beträchtliche Kosten gespart. Wann immer es ihm geraten erscheint, wird er sich vom „gesponserten" Zulieferer trennen.

Werten Sie kein solches Angebot pauschal und verurteilen Sie nichts grundlos. Prüfen Sie in jedem Fall, wie weit solche Einschränkungen wirklich gehen, und entscheiden Sie danach. Rechnen Sie aber nie mit glücklichen Entwicklungen in der Zukunft, wenn Sie diese nicht vertraglich festgeschrieben haben. Personen sind austauschbar, und am Ende bleibt für Sie das alleinige unternehmerische Risiko. Das sollten Sie bedenken.

Eine ähnliche Abhängigkeit ergibt sich, falls Sie sich auf einen einzigen **Lieferanten** stützen. Sein Schicksal ist dann auch das Ihre!

10.1 Franchising

Diese Form, sich selbständig zu machen, ist ein Sonderfall. Schließlich finden Sie ein fertiges, erprobtes Konzept vor, das Sie auf eigenes Risiko realisieren. Wer allerdings glaubt, damit den Erfolg sicher zu haben, befindet sich im Irrtum! Erreichen Sie nicht alle Maßstäbe, die Sie auch für eine andere Gründungsform als Norm erkannt haben, ist Ihr Scheitern programmiert. Wer sich also nicht zum Unternehmer eignet, ist auch kein geeigneter Franchise-Partner, der „in eigenem Namen und auf eigene Rechnung" tätig wird.

Franchising ist ein „arbeitsteiliges, kooperatives Vertriebssystem vertikaler Struktur". Wirtschaftlich und juristisch selbständige Betriebe verschiedener Wirtschaftsstufen arbeiten hier zur Verbesserung ihrer Leistungsfähigkeit längerfristig zusammen. Es ist mehr als eine Vertriebsvereinbarung, eine Konzession oder ein Lizenzvertrag, so die Begriffsbestimmung der Europäischen Kommission.

Zwischen 6.000 und 8.000 Existenzgründer erproben jährlich einen Franchise-Start. Dabei erreichen nur 4,2 Prozent der Gründer nicht das dritte Jahr. (Im Vergleich: Andere Gründungen haben einen „Schwund" von 61,9 Prozent im gleichen Zeitraum.)

10.1.1 Vor- und Nachteile

Vorteil ist, Sie nutzen eine marktreif entwickelte und erprobte Geschäftsidee mit relativ geringem Zeitaufwand. Das unternehmerische Gesamtrisiko ist etwas geringer als beim Start in einen unbekannten Markt. Außerdem nutzt jeder Franchise-Nehmer das Potenzial der anderen Partner, beispielsweise durch ein gemeinsames Marketing und die zentrale Schulung von Mitarbeitern. Die Investitionen sind zum Teil niedriger als im Alleingang.

Nachteile der Zusammenarbeit sind die Abhängigkeit vom Franchise-Geber, von dessen Ruf, seiner Kapitalkraft und Leistungsfähigkeit. Desgleichen fallen Schwächen anderer Franchise-Nehmer im gleichen System vielleicht auch auf Sie zurück. Ihr Einfluss auf Waren- oder Leistungsangebot, Betriebsausstattung, Werbung und Zulieferer ist meist gleich Null.

10.1.2 Leistungen der Franchise-Partner

„Jeder macht das, was er am besten kann" – so könnte man die Leistungen der Franchise-Partner charakterisieren. Sie als Franchise-Nehmer werden in erster Linie für die Finanzierung, den Verkauf, die Betriebsführung sowie die Information an die Systemzentrale zuständig sein. Ihr Franchise-Geber wird alles verantworten, was für das Ansehen, die Identität (Corporate Identity) und die Funktionsfähigkeit des Systems notwendig ist. Hier verknüpfen sich die Vorzüge eines Großbetriebes mit denen eines kleinen oder mittelständischen Unternehmens.

Folgende **Leistungen von Franchise-Gebern** sind üblich:

- ➔ das Franchise-Paket oder Drehbuch mit Beschaffungs-, Absatz- und Organisationskonzept, einschließlich Werbung, Sales Promotion und Public Relations,
- ➔ das Nutzen von Schutzrechten,
- ➔ Ihre Ausbildung und Schulung als Franchise-Nehmer,
- ➔ die Verpflichtung, Sie aktiv und laufend zu unterstützen sowie das Konzept ständig weiterzuentwickeln.

Nicht selten auch:

- ➔ die Erfolgskontrolle,
- ➔ der organisierte Erfahrungsaustausch mit anderen Franchise-Nehmern.

Sie als **Franchise-Nehmer** bieten dafür:

- ➔ Ihr Kapital,
- ➔ Ihre Arbeit,
- ➔ die ständige Information,
- ➔ das Entgelt für die Nutzung des Franchise-Pakets.

10.1.3 Fragen, die Sie als Franchise-Nehmer stellen sollten

Bevor Sie sich für diese unternehmerische Variante entscheiden und irgendeinen Vertrag unterzeichnen, prüfen Sie das Ihnen offerierte Angebot genau:

Checkliste

Checkliste zum Franchise-Angebot

1. **Ist der Franchise-Geber qualifiziert?**
   ➔ Seit wann ist er aktiv?
   ➔ Ist er Mitglied im Deutschen Franchise Verband?
   ➔ Stimmen die Leistungen:
   - Drehbuch?
   - Intensive Schulung?
   - Markt- und Standortanalyse?
   - Permanente Betreuung?

   ➔ Existieren genaue Pläne, wie es nach Vertragsabschluss weitergeht?

2. **Funktioniert das System?**
   ➔ Wie viele Partner sind wie lange dabei?
   Kriterien:
   bis 10 = System-Erprobungsphase
   bis 50 = Kinderkrankheiten überwunden
   ab 50 = im Markt etabliert
   ➔ Wie viele Partner sind ausgeschieden und warum?
   ➔ Wie entwickeln sich die Geschäfte bei anderen Franchise-Nehmern dieser Kette? Befragen Sie mehrere von ihnen selbst!

3. **Taugt die Geschäftsidee?**
   ➔ Ist sie über einen längeren Zeitraum tragfähig oder ist sie nur ein Modetrend?
   ➔ Ist sie originell oder nur eine Kopie?
   ➔ Sind die Erfolgsfaktoren an Ihrem Standort wiederholbar oder sind sie nur bei den geprüften Beispielen gegeben?
   ➔ Hat die Branche, in der Sie sich bewegen wollen, auch Zukunft?

4. **Ist der Markt am geplanten Standort vorhanden?**
   ➔ Wie groß ist das Kundenpotenzial?
   ➔ Wie entwickelt sich die Nachfrage?

5. **Sind die Gebühren marktgerecht?**

6. **Erhalten Sie ein Mitspracherecht?**

7. **Verkraften Sie die Finanzierungsbelastung?**

8. **Ist die Verdienstspanne für Sie lukrativ?**

10.1.4 Wie hoch sind die Kosten?

Bei den einzelnen Systemen haben Sie mit unterschiedlichen Kosten zu rechnen. Die Investitionen sind zunächst Ihre eigene Sache. Die Höhe ist vom Einzelfall abhängig. So ist es wesentlich teurer, ein McDonald's-Restaurant zu eröffnen als sich am Yves-Rocher-System zu beteiligen. Hinzu kommen verschiedene Gebühren:

➔ **Die Einstandsgebühr**
Sie enthält im Regelfall die Abgeltung der pauschalen Vorleistungen, wie Markenaufbau, Bekanntheitsgrad und Systementwicklung. Bei höheren Beträgen haben auch greifbar erbrachte Leistungen dazuzugehören, wie Standortanalyse, Architektenleistung und Eröffnungswerbung.

➔ **Die laufende Franchise-Gebühr**
Sie deckt die ständig zu erbringenden Serviceleistungen der Systemzentrale.

➔ **Die Werbegebühr**
Fordern Sie zu diesen Kosten stets einen Verwendungsnachweis.

Feste Richtsätze gibt es nicht. Um Ihnen einen Überblick zu geben, hier die Anforderungen einiger **Franchisesysteme** im Jahr 2003:

System	**Eigenkapital** (in 1.000 €)	**Investitionen** (in 1.000 €)	**Aufnahmegebühr** (in 1.000 €)	**Franchisegebühr** (in Prozent vom Nettoumsatz)	**Werbegebühr** (in Prozent vom Nettoumsatz)
Anubis *Tierbestattungen*	10	15	15	3 min. 2.000 €	2 min. 1.000 €
Burger King GmbH *Fast food*	220	550	46	5	5
Condor *Luftbilder vom Boden*	20	50	keine	keine	keine
JobExpress GmbH *Personalberatung und -vermittlung*	keine Angaben	38–49	19	8,5 inkl. Werbung	–
Kochlöffel GmbH *Fast food*	20	40	15	5	3
mobilcom GmbH *IT*	5	30	keine	keine	keine
PORTAS GmbH & Co. KG *Renovierung*	15	45–50	15	3	keine

System	Eigenkapital (in 1.000 €)	Investitionen (in 1.000 €)	Aufnahmegebühr (in 1.000 €)	Franchisegebühr (in Prozent vom Nettoumsatz)	Werbegebühr (in Prozent vom Nettoumsatz)
Foto Quelle *Foto-Einzelhandel*	ca. 20	ca. 60	keine	keine	keine
Scheiben-Doktor *Autoglas – Handel und Montage*	ca. 15	40–100 (Low-Budget-Variante: 10)	8	6,5	2,5
ZGS Zentrale Gelsenkirchener Schülerhilfe *Nachhilfeunterricht*	20	20	4,5 ohne MWSt	(monatlich 450 € inkl. MWSt)	(monatlich 386 € inkl. MWSt)
UNIGLOBE Travel GmbH *Reisebüro*	BSA: 20 Agentur: 70	BSA: 15 Agentur: 55	BSA: 7,5 Agentur: 25	5–10	(Agentur: 520 €)
Villeroy & Boch AG *Einzelhandel*	(20% der Investitionssumme)	80–150	12	2,5	3
Vom Fass AG *Einzelhandel Wein und Spirituosen*	15–18	65	62 (in der Investitionssumme enthalten	6 (oder 410 € monatlich)	keine Angaben

Quelle: www.franchise-net.de

10.1.5 Risikopositionen im Franchising

Mindestens 80 Prozent der ohne Hilfe des DFV abgeschlossenen Franchise-Verträge weisen infolge von Fallstricken in Franchise-Verträgen schwerwiegende Rechtsmängel auf.

Diese Verträge stellen eine komplizierte Kombination verschiedener Vertragstypen dar, die unterschiedliche Rechtsgebiete berühren. Wählen Sie deshalb unbedingt einen darauf **spezialisierten Anwalt.** Besonders dann, wenn Sie ein Superangebot auf dem Tisch haben! Sehr viele, gerade in den neuen Bundesländern angebotene Systeme, sind alles andere als das, wofür sie sich ausgeben. Schauen

Sie genauer hin, entpuppt sich die Superchance als nicht tragfähig und unerprobt. Sehr oft ist es nur der verschleierte Verkauf irgendeiner überteuerten Ware und hat mit Franchising nichts zu tun! Prüfen Sie deshalb jedes dieser Angebote genau und befragen Sie den DFV – die Adresse finden Sie im Anhang. Meist sind die schwarzen Schafe schon gut bekannt.

Nach Einschätzung des DFV stellen auch folgende Themenkreise im juristischen Bereich Risikopositionen dar:

Risikopositionen im Vertrag

- ➔ Schutzrechte
- ➔ Know-how
- ➔ Wettbewerbsbeschränkungen
- ➔ Bezugsbindungen
- ➔ Gebietsschutz

Nutzen Sie besonders hierzu fachkundige Beratung. Noch ein Hinweis: Der DFV hat einen **Ehrenkodex** für seine Mitglieder aufgestellt, der auf dem **Europäischen Verhaltenskodex für Franchising** aufgebaut ist. Lassen Sie ihn sich zusenden.

10.2 Gründen als „Networker"

Vielleicht sind Sie bereits mit einer solchen Vertriebsform in Berührung gekommen, lange bevor Ihnen der Gedanke kam, sich selbständig zu machen? Freunde, Bekannte oder Arbeitskollegen haben Sie angesprochen und auf eine öffentliche Informationsveranstaltung oder eine Präsentation in kleiner Runde eingeladen. Immerhin haben in den vergangenen mehr als 40 Jahren viele Unternehmen unterschiedlichster Branchen diese Handelsform für sich entdeckt, auf die eigenen Bedürfnisse abgestimmt und sich damit ansehnliche Marktanteile gesichert.

Der Prozess der Globalisierung, die allgemeine Wirtschafts- und Finanzkrise, und die vielfachen Veränderungen im sozialen Miteinander drängen immer mehr Menschen in diesen Wirtschaftszweig. Persönlichkeiten, wie Donald J. Trump, zeigen, dass es möglich ist, finanzielle Unabhängigkeit auch durch Networking zu erreichen – nicht nur in Amerika. High-Performance-Coaches wie Brian Tracy, Burke Hedges oder Michael Strachowitz bringen die Dinge auf den Punkt. Und Gabi Steiner, Autorin und bekannteste Networkerin (Life Plus), bestärkte mit ihrem Beispiel viele Frauen auf ihrem Weg, als weibliche Führungskräfte Kompetenz und Stärke zu zeigen.

Wie können Sie in einem solchen Bereich eine erfolgreiche Existenz aufbauen? Mit Sicherheit nur, wenn Sie das Ganze als eine unternehmerische Aufgabe begreifen, denn: „Diese Art des Geschäfts ist einfach, aber nicht leicht!" (Michael Strachowitz).

Doch zunächst bringen wir etwas Klarheit in den Wirrwarr an Formen und Begriffen dieses Bereiches.

10.2.1 Strukturvertrieb

Im ursprünglichen Sinn bezeichnet dieser Begriff lediglich den Weg, den ein Produkt oder eine Dienstleistung vom Hersteller zum Kunden gehen, nämlich **durch den Vertrieb innerhalb einer bestimmten Struktur** oder Hierarchie.

Seit den frühen 1960er Jahren entstanden aus diesem Geschäftsmodell viele Varianten und Sonderformen, die, in ihrer Gesamtheit gesehen, inzwischen zu einem großen Wirtschaftszweig herangewachsen sind. Da ein Großteil der Unternehmen im Strukturvertrieb Finanzdienstleistungen erbringen, wird diese Form vielfach mit dieser Sparte – und leider meist mit deren „schwarzen Schafen" – gleichgesetzt.

10.2.2 Direktvertrieb

Das Produkt oder die Dienstleistung gelangt **direkt vom Hersteller zum Kunden**. Oftmals wird auch der Begriff des Direktmarketings verwendet. Angestellte Mitarbeiter werden gezielt und regelmäßig für den Außendienst geschult und umsatzunabhängig bezahlt. Kompetente Beratung des Kunden steht hier im Vordergrund und schafft Vertrauen für langfristige Geschäftsbeziehungen. Hierbei kann der Kunde eine Privatperson sein (B2C-„Business to Customer"), aber auch ein anderes Unternehmen (B2B-„Business to Business").

10.2.3 Network-Marketing

Diese Form wird auch als **Multi-Level-Marketing (MLM)** oder **Empfehlungsmarketing** bezeichnet. Hier vertreiben **selbständige Vertriebspartner** (VP), oft auch als **Geschäftspartner** bezeichnet, Produkte oder Dienstleistungen, die sie selbst zum Einkaufspreis vom Unternehmen erwerben und nach Aufschlag einer Spanne an den Kunden weiterverkaufen.

Zusätzlich werden durch die Rekrutierung neuer VP Provisionen generiert, die im unternehmenseigenen Marketingplan, auch **Karriereplan** genannt, festgelegt sind.

10.2.4 Pyramiden- und Schneeballsysteme

Im Grunde genommen weist jedes Wirtschaftsunternehmen, sofern es kein Einzelunternehmen ist, eine gewisse Hierarchie in Pyramidenform auf: An der Spitze steht der Boss, dann folgen die Führungskräfte und darunter stehen die Mitarbeiter. Neben solchen, sinnvollen Wirtschaftsstrukturen entstehen mithilfe krimineller Energie aber auch Systeme, die sich die Gutgläubigkeit und die Sehnsucht der Menschen nach schnellem Geld zunutze machen.

Das in vielen europäischen Ländern bereits gesetzlich verbotene **Pyramidensystem** ist ein solches Gebilde:

Von der Spitze einer Struktur werden Produkte in mehrere Ebenen nach unten weiterverkauft – und zwar jeweils zum höheren Preis! Dabei stehen das Produkt oder die Dienstleistung nur scheinbar im Vordergrund, denn es geht bei diesem Geschäftsmodell primär um die **Gewinnung immer neuer Teilnehmer für das System**. Diese finanzieren durch ihren Beitrag die bestehenden Partner.

Natürlich sind die Provisionen abhängig vom jeweiligen Level, in dem man ins System eintritt. Werden logischerweise irgendwann keine neuen Teilnehmer mehr gefunden oder erreicht das „Produkt" einen Preis, den niemand mehr zu zahlen bereit ist, kollabiert das System. **Gewinner sind immer die Initiatoren**. Bestenfalls stoppt ein staatliches Organ diesen Betrug, bevor diese sich ins Ausland absetzen können.

Analog zum Pyramidensystem liegt auch beim **Schneeballsystem** der Schwerpunkt auf der Rekrutierung möglichst vieler neuer Teilnehmer. Zumeist ist hier aber **von einem Produkt oder einer Dienstleistung gar nicht mehr die Rede**. Da die Initiatoren ihre Konstruktion logischerweise nicht als verbotenes Schneeball- oder Pyramidensystem deklarieren werden, verschwimmen vielfach die Merkmale, anhand derer solche Systeme aufgedeckt und rechtlich verfolgt werden können.

Allerdings zeigt sich gerade bei diesen beiden Begriffen, dass Halbwissen schadet: Die negativen Erfahrungen der Betrogenen, die ja letztlich Opfer ihrer eigenen Unüberlegtheit geworden sind, führen regelmäßig zu starkem Misstrauen gegenüber jeder Vertriebsform, die nicht wie ein „Laden an der Ecke" ausschaut. Zuweilen sind solche Äußerungen auch die Reaktion von unternehmerisch erfolglosen „Ehemaligen" aus durchaus seriösen Unternehmen, die damit von ihrem eigenen Unvermögen ablenken möchten.

Bevor Sie also negative Vermutungen über ein Unternehmen artikulieren oder Meinungen Dritter ungeprüft weitertragen, sollten Sie handfeste Beweise dafür haben. Im Zeitalter von Internet, Twitter und Facebook machen solche Aussagen schnell die Runde. Sind sie falsch, kann die mit ihrer Verbreitung verbundene Rufschädigung teure Konsequenzen für Sie nach sich ziehen.

Prüfen Sie genau, ob das Unternehmen, das Sie vor sich haben, nicht tatsächlich eine gute Chance bietet, erfolgreich Ihre eigene Existenz aufzubauen. Fragen Sie bei Ihrer IHK nach, falls Ihnen selbst die Einschätzung schwerfällt.

10.2.5 Klassischer Direktvertrieb oder Network-Marketing?

Vergleichen Sie an einigen Punkten die Unterschiede zwischen beiden Vertriebsformen:

Unterschiede zwischen Direktvertrieb und Network-Marketing		
	Direktvertrieb	**Network-Marketing**
Geschäftsmodell	Ausschließlicher Verkauf von Produkten und Dienstleistungen ohne Zwischenhändler vom Hersteller an den Kunden	Die Waren gelangen über selbständige Vertriebspartner („Berater") vom Hersteller zum Kunden; dabei kann der jeweilige Vertriebspartner sowohl Wiederverkäufer, als auch lediglich Vermittler sein.
Vertragsverhältnis	Die Außendienstmitarbeiter im Direktvertrieb sind fest angestellt.	Die Vertriebspartner sind selbständig tätig (gewerbliche Einzelunternehmer).
Schulung und Weiterbildung	Die angestellten Mitarbeiter werden gezielt für den Außendienst geschult.	Im wachsenden Netz selbständiger Vertriebspartner, werden Erfahrungswerte sowie Fach- und Branchenkenntnisse unternehmens- und strukturintern weitergegeben.
Einkommen	Jeder Außendienstler sorgt als Einzelkämpfer für Umsatz und Einkommen. Seine Bezüge enden mit Kündigung des Vertragsverhältnisses.	Im Team (sofern aktiv und gut ausgebildet) erreichen die einzelnen Partner ihre Vertriebsziele schneller. Durch den Aufbau des eigenen Netzes fließt dabei Einkommen aus mehreren Kanälen, auch dann, wenn der Vertriebspartner selbst nicht mehr aktiv ist (passives Einkommen).

10.2.6 Wie Network-Marketing funktioniert

Der selbständige Vertriebspartner bezieht die Ware beim Partnerunternehmen zum Einkaufspreis. Er hat die Möglichkeit, die Produkte selbst zu nützen (Eigenbedarf) oder nach Aufschlag einer vom Unternehmen festgelegten Spanne weiterzuverkaufen (Wiederverkäufer). Empfiehlt er die erfolgsgeprüfte Geschäftsidee weiter und findet so neue Vertriebspartner, verdient er zusätzlich durch den Vertriebsaufbau. Die Höhe der dafür vorgesehenen Provisionen ist im Vergütungsplan (Karriereplan, Marketingplan) geregelt. Jedem einzelnen Geschäftspartner bleibt überlassen, welche der Möglichkeiten er nützt.

10.2.7 Chancen im Network-Marketing

Um ein Produkt, eine Dienstleistung oder eine Geschäftsidee begeistert weiterzuempfehlen (MLM), bedarf es lediglich der Kommunikation. Somit kann, unabhängig von Wochentag, Tageszeit oder Standort, jedes Gespräch genützt werden, um neue Geschäftskontakte zu knüpfen, den eigenen Kundenpool zu vergrößern und weitere Vertriebspartner zu gewinnen.

Krisenzeiten sind nur ein Faktor, der immer mehr Menschen zu beruflicher Veränderung zwingt oder ein Zusatzeinkommen notwendig macht. Network-Marketing-Unternehmen bieten allen eine gute Chance, die nebenberuflich ein zweites Standbein aufbauen wollen, um gegebenenfalls zu einem späteren Zeitpunkt hauptberuflich einzusteigen.

Eine Gründung in dieser Branche ist meist mit einer nur kleinen Investition verbunden. Ein Starterpaket mit Produkten, ein Vorführkoffer oder Werbematerial sind im Vergleich zu anderen Geschäftsmodellen ein geringer Aufwand.

Im Network-Marketing haben Frauen gleiche Karrierechancen wie Männer. Da sie von Natur aus eher bedacht sind, langfristige Beziehungen aufzubauen und Seilschaften zu bilden, haben sie gute Voraussetzungen, erfolgreich zu sein. Die im Network typische, flexible Zeiteinteilung erleichtert auch die Lösung des bekannten Problems der Kinderbetreuung.

Paare haben eine gute Möglichkeit, gemeinsam etwas aufzubauen. Gegenseitige Motivation und Ergänzung der geschlechtsspezifischen Fähigkeiten sind nachweislich Erfolgsgaranten im Teamaufbau und in der Führung einer Struktur. Durch das Erreichen gemeinsamer Ziele wächst das Gefühl der Zugehörigkeit; Begeisterung und Erfolg wirken gleich einem Erfolgsturbo.

Das Internet und andere zeitgemäße Kommunikationstechniken schaffen weltweite Geschäftsmöglichkeiten. Statistiken belegen eine ständig wachsende Zahl der Internetuser insgesamt (www.destatis.de). Aktuell liegt das Augenmerk der Branche auf den Best-Agern (Silver-Agern), den finanzstarken 50- bis 59jährigen Konsumenten.

E-Commerce gilt aufgrund der vielen Vorteile, wie grenzüberschreitende Geschäfte via Internet, keine Öffnungszeiten, keine Parkplatznot usw. (vgl. Kapitel III, Abschnitt 2.5) auch im Networking als Vertriebsform der Zukunft.

10.2.8 Worin die Risiken liegen

Erfahrungen zeigen, dass Menschenansammlungen zu wahren Begeisterungsstürmen fähig sind. Das machen sich Marketingexperten zunutze, um bei Großveranstaltungen möglichst viele neue Geschäftspartner zu finden – grundsätzlich ist das legal, gleichzeitig beginnt aber hier auch das Risiko:

Menschen aus unterschiedlichsten Lebenssituationen treffen aufeinander, erleben ein Unternehmen, dessen Philosophie und die vielfältigen Erfolgschancen in den schillerndsten Rosafärbungen dargestellt sind und vergessen für wenige Augenblicke die Sorgen ihres Alltags. Mancher sieht sich bereits in der höchstmöglichen Vergütungsstufe, ohne zu wissen, was hierfür nötig ist. Oft wird diese Stimmung gezielt erzeugt, um Produkte als absolutes „Incentive des Tages“, als Super-Sonder-Angebot, in Rekordzeit an die Anwesenden zu verkaufen. Später enden diese Produkte aufgrund mangelnder Verkaufserfolge als „Keller- oder Garagenleichen“ des hoffnungsvollen Aufsteigers. Wer es nicht selbst erlebt hat, kann kaum glauben, zu welch überstürzten Entscheidungen Menschen fähig sind, sobald man ihnen Geld verspricht.

Gerade weil im Networking keine ausgewiesene Qualifikation erforderlich ist und keine Kontrolle der Arbeitsweise innerhalb der Teams stattfinden kann, finden schwarze Schafe hier ihre Spielwiese. Oft wird eigener finanzieller Druck nach unten weitergereicht oder werden notwendige Informationen zurückgehalten. Eine Ausbildung in der Sache findet selten statt. So gehen Menschen mit guten Voraussetzungen und wichtigen Kontakten für ein wirklich erfolgsträchtiges Geschäft verloren.

Fehlendes kaufmännisches Wissen und Mangel an unternehmerischem Denken – die beiden größten Risikofaktoren – führen zum reihenweisen Scheitern der Akteure und verhelfen der Branche damit immer wieder zu Negativschlagzeilen. Auch hier gelten die drei „K“: „Kosten killen Karriere“.

10.2.9 Voraussetzungen für einen erfolgreichen Geschäftsaufbau

Was kann verhindern, dass Sie auf solche Weise scheitern? Im Grunde alles, was jeden Gründer befähigt, erfolgreich selbständig zu sein. Zuallererst die Erkenntnis, dass auch das Gründen im Network keine geringeren Voraussetzungen verlangt, als das Gründen eines beliebigen anderen Unternehmens in Industrie, Handel oder Dienstleistung.

Stellen Sie sich gerade in diesem Bereich die Frage nach Ihren **persönlichen Stärken und Motiven**: Sind Sie lern- und leistungsbereit, teamfähig, diszipliniert, zielstrebig, begeisterungsfähig und mobil? Haben Sie dann noch einen Traum, für den es sich lohnt, durchzuhalten, verfügen Sie bereits über eine gute Ausgangssituation in diesem Geschäft.

Allerdings ist ohne die **wirtschaftlichen Voraussetzungen** der Erfolg trotzdem fraglich. Prüfen Sie also Ihre finanziellen Rücklagen oder laufenden Einkünfte. Reichen sie aus für:

- ➔ Reise- und Verpflegungskosten,
- ➔ Schulungen,
- ➔ Erstausstattung,
- ➔ Fachliteratur,
- ➔ Büroausstattung,
- ➔ Businesskleidung sowie die
- ➔ monatlichen privaten Fixkosten für mindestens 1 Jahr (bei nebenberuflichem Einstieg) bzw. für mindestens 2 Jahre (bei hauptberuflichem Einstieg)?

Ist auch dieser Punkt positiv bewertet, wird Sie zumindest finanzieller Druck nicht vom erfolgreichen Geschäftsaufbau abhalten.

10.2.10 Woran Sie ein seriöses Network-Unternehmen erkennen

Stehen Sie vor einer Entscheidung, wird oft eine letzte Prüfung der Seriosität den Ausschlag für Ihre Entscheidung geben. Was sind eindeutige Kriterien dafür?

Tipp

Seriositätskriterien für Network-Unternehmen

- ➔ vollkommene **Transparenz** für jeden Vertriebspartner
- ➔ keinerlei **Gebietsbeschränkungen**
- ➔ keine **Mindestabnahme** an Produkten
- ➔ Bereitschaft, alle Ihre Fragen **verständlich** zu beantworten, bevor Sie etwas unterschreiben
- ➔ Ihre Unterstützung als Vertriebspartner durch **Weiterbildung** und **Informationen**
- ➔ absolute **Entscheidungsfreiheit** im Hinblick auf Umsatz und/oder Strukturaufbau

Selbst wenn Sie in allen Positionen eine positive Antwort geben können, prüfen Sie einen letzten Punkt: Natürlich ist die Seriosität eines Unternehmens ganz klar von den Verhaltensweisen einzelner Mitarbeiter zu trennen. Trotzdem sind es noch immer die Menschen, mit denen Sie dann arbeiten werden, die letztendlich zählen. Taugt Ihnen die ganze Atmosphäre nicht, lassen Sie es besser bleiben! Denn, wer sich nicht wohlfühlt in seinem Geschäftsfeld, erzielt auch keine Erfolge!

10.2.11 Persönliche Kriterien für eine Kooperation

Bevor Sie sich für ein bestimmtes Unternehmen entscheiden, arbeiten Sie folgende Punkte ab:

1. Sammeln Sie ausreichende Branchenkenntnisse durch Fachliteratur und über den Erfahrungsaustausch mit aktiven Networkern aus **unterschiedlichen** Unternehmen.
2. Besuchen Sie öffentliche, meist kostenfreie Informationsveranstaltungen.
3. Machen Sie sich ein eigenes Bild, ob Unternehmensphilosophie, Produkt und Vergütungsplan zu Ihnen passen.
4. Lassen Sie sich zu keiner voreiligen Entscheidung drängen.
5. Erliegen Sie nicht der Sympathie oder Antipathie, die Sie gegenüber einzelnen Vertriebspartnern empfinden.

Nur wenn Sie selbst zu 100 Prozent überzeugt sind, das für Sie Richtige gefunden zu haben, werden Sie Höhen und Tiefen des Geschäfts heil überstehen und solange durchhalten, bis „der Erfolg droht“.

Tipp

Spezielle Informationsquellen

www.netcoo-online.de – das führende internationale Business- und Lifestyle-Magazin für Networker

www.network-karriere.com – die Fachzeitschrift für internationales Network Marketing und Vertrieb

www.bundesverband-direkt.de – der Bundesverband Direktvertrieb Deutschland e. V.

www.handelsvertreter.de – der Wirtschaftsverband Bayerischer Handelsvertretungen e. V.

10.3 Unternehmenskauf und Beteiligungserwerb

10.3.1 Formen

Der Kauf von ganzen Unternehmen oder Teilen von ihnen sowie der Erwerb von Beteiligungen sind Formen, die gerade in den letzten Jahren neue Aspekte hinzugewonnen haben. Wir wollen Ihnen hier eine kurze Einführung in diesen speziellen Teil des Selbständigwerdens geben, da es zunehmend Fragen dazu gibt. Infolge verschiedener aktueller wirtschaftlicher Prozesse in den alten und neuen Bundesländern verändern sich die Motive, solche Wege zu beschreiten.

Eine geradezu klassische Form ist der **Unternehmenskauf**. Der kaufwillige Gründer erwirbt ein komplett bestehendes Unternehmen. Grund ist oft ein Ausscheiden aus Altersgründen. Denkbar ist aber auch das Motiv, den florierenden Betrieb mit Gewinn zu veräußern, frei nach dem Motto: „Wegen Reichtum geschlossen!“

Konkursreife Unternehmen zu erwerben, kann nicht Ihr Ziel sein; wenn Sie jedoch nicht aufpassen, geht das schneller als Sie glauben.

Eine spezielle Art des Kaufs von bestehenden Betrieben ist der **Management Buyout (MBO)**, der Erwerb des Unternehmens durch die bisher angestellten Führungskräfte, das Management. Unter **MBI – Management Buy-in** – versteht man dagegen die Übernahme des Unternehmens durch Führungskräfte von außen. Zuweilen gibt es Mischformen. **Nachfolgeregelungen** sind nicht selten mit diesen Formen verknüpft.

Oft ist mit MBO und MBI eine **Mitarbeiterbeteiligung** verbunden. Dass das für diese Arbeitnehmer keine selbständige Existenz bedeutet, sei nur am Rande erwähnt. Interessant ist die Form für Sie als Unternehmer jedoch trotzdem. Mitarbeiterbeteiligungen bringen nicht nur beachtliche Motivationsschübe im Unternehmen hervor. Mit den Beteiligungsgeldern lassen sich auch Investitionen finanzieren und eine ganze Anzahl von Steuerchancen nutzen. Falls Sie über solche Themen nachdenken, informieren Sie sich bei der „Arbeitsgemeinschaft zur Förderung der Partnerschaft in der Wirtschaft e. V. – AGP“ in Kassel (www.agpev.de).

Um keine Illusionen zu fördern: Damit MBO und MBI erfolgreich sind, bedarf es einiger Voraussetzungen:

Voraussetzungen für MBO/MBI

- ➔ Qualifiziertes und erfahrenes Management
- ➔ Genügend Kapital in Händen der Gründer sowie Fördervoraussetzungen, um staatliche Finanzhilfen zu beanspruchen
- ➔ Starke Wettbewerbsposition im Markt
- ➔ Werthaltiges Anlagevermögen und geringer Investitionsbedarf zu Beginn
- ➔ Gesunde Bilanz
- ➔ Gute Gewinnentwicklung
- ➔ Hoher Cashflow
- ➔ Tragfähiges Unternehmenskonzept

Diese Punkte sind durch all das zu ergänzen, was Sie in den drei Kapiteln bisher gelesen haben. Zusätzlich sind wirtschaftliche Rahmenbedingungen erforderlich, die ein solches Projekt von außen unterstützen.

Ein Wort noch zur Finanzierung: Der teilweise umfangreiche Geldbedarf lässt sich nur decken, wenn staatliche Förderprogramme existieren und eigenes Geld der Gründer (Mitarbeiter?) vorhanden ist. Hier sind bei entsprechenden Voraussetzungen auch Beteiligungs- und Venture-Capital-Gesellschaften als Finanzierungspartner üblich.

Die Form der Ausgründung – des **Spin-off** – ist ebenfalls immer häufiger anzutreffen. Mitarbeiter eines Mutterbetriebes übernehmen die auszugliedernden Teile in eigener Regie und Verantwortung. Während MBO und MBI eine Übernahme bestehender Strukturen darstellen, ist der Spin-off eine **echte Neugründung**.

Die **Motive für einen Spin-off** sind unterschiedlich. Oft ist die auszugliedernde Abteilung zu kostenintensiv oder passt nicht mehr zum Image des Unternehmens. Zuweilen ist sie auch nicht ausgelastet, also unwirtschaftlich. Als eigene Wirtschaftseinheit könnte sie noch andere Aufträge annehmen und so Gewinn erzielen. Das sind nur die häufigsten Beweggründe dafür. Für den Mitarbeiter, der hier einsteigt, liegen die Motive ähnlich, wie bei jeder anderen Gründung auch. Das Abwenden von Arbeitslosigkeit kommt heute verstärkt hinzu.

Typische Bereiche, in denen Spin-offs realisiert werden, sind Dienstleistungen, wie Lagerhaltung, Versand, Wartung, Montage, Marketing, EDV sowie Forschung und Entwicklung. Auch die Zulieferbereiche werden häufig ausgegründet.

Bei einem echten Spin-off, bei dem die Muttergesellschaft weiterbesteht, reißt der Faden zwischen ihr und dem ausgegründeten Unternehmen so schnell nicht ab. Hier gibt es einige Formen der **Unterstützung**, wie günstige Übernahme von Anlage- und Umlaufvermögen (speziell Grundstücksteile und Gebäude), Lizenzen, Bürgschaften, Übernahme des Kundenstammes, Know-how-Transfer. Verwechseln Sie diese Gründungsform aber nicht mit einer Scheinselbständigkeit. Lebensfähig ist der Spin-off nur, wenn er auf dem Markt besteht, auch ohne eine ewige Nabelschnur. Dazu zählen ein überzeugendes Konzept und wirkliche Marktchancen.

Der Begriff **Outsourcing** wird heute teilweise inhaltsgleich verwendet. Leider aber auch dann, wenn es im Grunde nur darum geht, Mitarbeiter auf geschickte Art „loszuwerden“, und dabei noch Geld zu sparen. Ob Ihr Arbeitgeber Sie nur „rausorganisieren“ will oder Ihnen eine echte Chance bietet, selbständig zu werden, erkennen Sie gut an den Bedingungen, unter denen dieser Prozess verläuft.

Zum Thema gehört auch der **Beteiligungserwerb**. Es hängt immer davon ab, **woran** Sie sich **wie** beteiligen wollen. Formen gibt es mehrere: als Miteigentümer an einer Personengesellschaft oder Anteilseigner an einer Kapitalgesellschaft; in Form von Geld, Sachen oder immateriellen Werten (Lizenzen, Patente). Was immer Sie auch vorhaben, prüfen Sie genau, welche rechtlichen Aspekte Sie zu beachten haben, welche Rechtsform der Betrieb hat; welche Haftungsfragen sich ergeben; wie die steuerlichen Konsequenzen aussehen. Beraten Sie sich mit Juristen und Steuerfachleuten.

Ziehen Sie Erkundigungen ein und prüfen Sie das Unternehmen auf Herz und Nieren. Sie riskieren in manchen Fällen nicht nur Ihre Einlage, sondern Ihre gesamte Existenz, falls Sie zum Beispiel für Schulden zu haften haben, die bereits vor Ihrem Eintritt bestanden. Unabhängig davon, ob Sie auch als Geschäftsführer tätig sein wollen oder sollen – prüfen Sie Ihren Partner und berücksichtigen Sie das im ersten Kapitel dazu Ausgeführte.

Beispiel

Thomas Meurer aus Memmingen wollte sich 2010 mit einer halben Million Euro an dem Unternehmen eines guten Bekannten beteiligen. Er hatte das Geld erspart und ererbt und wollte die Angestelltentätigkeit gegen eine unternehmerische eintauschen.

Erst die Prüfung der Unterlagen durch eine Unternehmensberatungsgesellschaft zeigte, dass Herr Meurer mit dieser Beteiligung gleichzeitig Verbindlichkeiten von 1,2 Millionen Euro eingegangen wäre. Sein künftiger Kompagnon fand diese Konstellation ganz praktisch, hatte seinem langjährig „guten Bekannten" aber nichts davon gesagt . . .

Tragen Sie sich mit dem Gedanken, ein Unternehmen zu **pachten**, ist das natürlich keine selbständige Existenz; Eigentümer bleibt der Verpächter. Berücksichtigen Sie trotzdem die Hinweise zum Unternehmenskauf, denn auch ein Pachtverhältnis bedarf einer gründlichen Prüfung aller Aspekte.

Notwendige Unterlagen, um sich zunächst einen Überblick über ein zu erwerbendes Unternehmen zu verschaffen, wären folgende:

Checkliste

Checkliste zum Unternehmenserwerb

- ➔ Basis: GuV sowie die drei letzten Jahresbilanzen
- ➔ Vermögenswerte
- ➔ Umsätze und Gewinne der letzten drei bis fünf Jahre
- ➔ Kostenentwicklung
- ➔ Forderungsbestand
- ➔ bestehende Verträge (Mitarbeiter, Lieferanten, Kunden, Vermieter)
- ➔ Mitarbeitersituation und Betriebsklima
- ➔ Image des Unternehmens
- ➔ Kundenstruktur
- ➔ Konkurrenzsituation
- ➔ Standortentwicklung
- ➔ Belastungen und Verpflichtungen gegenüber Dritten
- ➔ Veräußerungsmotiv
- ➔ Kaufpreis

Hauptfrage ist: Wie hoch kann der durch Sie zu erzielende Gewinn wirklich sein? Hat der Verkäufer Besonderheiten zu seinen Gunsten nutzen dürfen, die Ihnen künftig versagt bleiben? Sind die für Sie notwendigen Einnahmen für die Realisierung von Unternehmerlohn, Vorsorgeaufwendungen und Kapital- oder Anlageverzinsung überhaupt zu erwirtschaften?

Versäumen Sie nie, die in diesen Unterlagen ausgewiesenen Vermögenswerte auch persönlich in Augenschein zu nehmen. Vielleicht entpuppen sich die so hoch bewerteten Material- und Warenbestände als Ladenhüter? Eine Staubschicht auf solchen „Vermögens"teilen spricht zuweilen Bände!

10.3.2 Unternehmensbewertung

Gleichgültig, ob Unternehmenskauf oder Beteiligungserwerb – die Frage nach dem **Unternehmenswert** stellt sich immer. Bei der Bewertung von Unternehmen existieren verschiedene Begriffe, die Sie kennen sollten.

Der **Goodwill** ist ein Synonym für die Summe der immateriellen Werte eines Unternehmens, also der Name, das Image, die Geschäftsverbindungen, der Kundenstamm – Sie sehen, eine schwer quantifizierbare Größe. Praktische Schätzungen gehen oft von einem Prozentsatz des überdurchschnittlichen Umsatzes der letzten drei bis fünf Jahre aus. Da Umsatz nicht automatisch Gewinn einschließt, ist das sehr problematisch.

Der **Substanzwert** stellt den aktuellen Wert der Aktiva minus Forderungen zu Wiederbeschaffungspreisen dar. Hier hängt alles von der Bewertung ab. Passen Sie nicht auf, rechnet sich der Verkäufer reich. Fazit: Nichts Endgültiges ohne **Ihren Gutachter**!

Der **Ertragswert** ermittelt die zukünftige Ertragskraft des Unternehmens aus Daten der Vergangenheit. Deshalb ist diese Berechnung bei der Bewertung ehemaliger Staatsbetriebe aus Treuhandvermögen in den neuen Ländern kaum anwendbar.

Vereinfacht gilt die Formel:

$$\text{Ertragswert} = \frac{\text{Durchschnittsrendite der letzten 3–5 Jahre}}{\text{Kapitalisierungszinsfuß}} \times 100$$

Für die Ermittlung des aktuellen Kapitalisierungszinsfußes ziehen Sie Ihren Steuerberater oder besser einen Wirtschaftsprüfer hinzu.

Die Rendite wird nach dem bereinigten Buchgewinn bestimmt:

	bereinigter Buchgewinn
./.	außerordentliche und betriebsfremde Erträge
+	außerordentliche und betriebsfremde Verluste
./.	Unternehmerlohn
./.	kalkulatorische Miete
./.	Eigenkapitalverzinsung
=	Rendite des Unternehmens

Die hier aufgeführten kalkulatorischen Kosten sind bei Einzelunternehmen und Personengesellschaften zu berücksichtigen, da das Resultat sonst überhöhte Werte aufweisen würde.

Das gebräuchlichste Verfahren zur Ermittlung des Unternehmenswertes ist das **Mittelwertverfahren**. Sie kommen dann zu folgenden Ergebnissen:

$$\text{Gesamtwert} = \frac{\text{Ertragswert} + \text{Substanzwert}}{2}$$

$$\text{Goodwill} = \text{Gesamtwert} - \text{Substanzwert}$$

Selbst der schönste Preis muss erst die Verhandlungen überstehen. Nehmen Sie nichts als gegeben hin und handeln Sie herunter, was nur geht. Falls Sie eines Tages selbst Verkäufer Ihres Unternehmens sind, sollten Sie das ebenfalls berücksichtigen: Alle Berechnungen sind nichts wert, wenn sich keiner findet, der diesen Preis zahlt. Die aktuellen Marktbedingungen bestimmen letztlich auch hier das Ergebnis.

Die Industrie- und Handelskammern geben Informationsmaterial zu diesen Themen heraus. Beschaffen Sie sich diese Orientierungshilfen oder befragen Sie Ihren Steuerberater. Haben Sie den Schritt fest ins Auge gefasst, sollten Sie diese allgemeinen Orientierungen nur als Basis für erste Verhandlungen zugrunde legen. Wird es ernst, brauchen Sie unbedingt eine **exakte Unternehmensbewertung durch einen Sachverständigen**. Geeignet ist in diesem Fall ein **Wirtschaftsprüfer.**

10.4 Unternehmensnachfolge

In der Unternehmensnachfolge liegt für Sie möglicherweise eine große Chance für die Gründung einer eigenen Existenz: Folgt man statistischen Erhebungen, dann verfügen weniger als die Hälfte der Unternehmen über ein Familienmitglied, das zur Übernahme des Betriebes bereit ist und eine entsprechende Qualifikation aufweist. 85 Prozent davon sind Söhne und Töchter, die übrigen 15 Prozent hauptsächlich Schwiegersöhne und entfernte Verwandte.

Dabei haben es viele Eigentümer meist kleinerer und mittelständischer Betriebe in Deutschland bisher versäumt, ihre Unternehmensnachfolge zu regeln. So entstehen jährlich in Deutschland riesige Verluste, weil indifferente Nachfolgekonstellationen zur Schließung von Familienbetrieben führen. Viele Unternehmer suchen händeringend, allerdings meist zu spät, nach einem geeigneten Nachfolger.

Auf dem Weg zu einer erfolgreichen Nachfolgeregelung bzw. Übernahme sind allerdings einige Hürden zu überwinden:

Fehler im steuerlichen, juristischen sowie finanzierungstechnischen Bereich bringen viele Nachfolgen zum Scheitern.

Die gravierendsten Schäden bei Nachfolgen im Unternehmen sind aber dem schwer kalkulierbaren **psychologischen Aspekt** zuzuschreiben. Die dabei auftretenden Konflikte machen die ausgefeiltesten steuerlichen und juristischen Schachzüge zunichte. Hier spielen Emotionen eine große Rolle. Die psychologische Barriere im Kopf der beteiligten Personen ist deshalb das größte Hindernis für den Erfolg.

Dabei handeln immer mehrere Leute, deren Positionen niemals gleich sein können: Übergeber und Übernehmer, als Verwandte oder Fremdnachfolger, sowie Personen, deren Interessen ebenfalls berührt sind, wie Familienmitglieder und Mitarbeiter.

Sie selbst werden entweder als Familiennachfolger oder als Fremdnachfolger betroffen sein. Ihre Interessen und die sich daraus ergebenden Positionen sind recht unterschiedlich. Allerdings ist auch bei diesem Weg in Ihre Selbständigkeit in erster Linie Ihre grundsätzliche Eignung als Unternehmer entscheidend.

Falls Sie **Familienmitglied** sind, behandeln Sie den elterlichen Betrieb so, als wäre er ein fremdes Unternehmen. Analysieren Sie alle Punkte gründlich und hüten Sie sich vor Emotionen. Nutzen Sie den Rat von Steuerberater und Anwalt, gehen Sie so vor, als hätten Sie neu zu beginnen. Ihr Ziel ist es, erfolgreich zu sein. Das ist die beste Art, gute Traditionen fortzusetzen.

Auch hier steht im Mittelpunkt Ihr **Lebensziel**. Nur wenn Ihre Träume und Visionen, Ihre langfristigen Ziele mit denen eines Unternehmerdaseins kompatibel sind, werden Sie als Nachfolger Erfolg haben.

Kennen Sie als **Fremdnachfolger** das Unternehmen aus Ihrer eigenen Tätigkeit, sind die **Motive** ähnlich denen, die ein Familienmitglied dazu bewegen, die Nachfolge anzutreten:

- ➔ Sie sehen eine Chance, Ihre eigene wirtschaftliche Situation zu verbessern.
- ➔ Das Angebot erfüllt Ihren Lebenstraum, Unternehmer zu werden.
- ➔ Die langjährige Tätigkeit im Betrieb ist Ihnen zur Gewohnheit geworden. Sie fühlen sich als Teil des Unternehmens, haben dessen Entwicklung teilweise mitbestimmt. Sie besitzen Verdienste um die Ergebnisse, sind im Markt bekannt und werden mit dem Betrieb identifiziert.
- ➔ Die langjährige Tätigkeit in Ihrer Funktion hat zu einer engen Bindung an die Unternehmerfamilie geführt. Sie empfinden sich als Familienmitglied und betrachten die Übernahme als ein Vermächtnis, das Sie zu erfüllen haben.

Kommen Sie als völlig Fremder von außen, entsprechen Ihre Motive in wichtigen Positionen denen jeder anderen Führungskraft, die sich um eine Beteiligung samt Geschäftsführerposition bewirbt:

- ➔ Sie sehen Ihr unternehmerisches Engagement als Investition in die Zukunft, als wirtschaftliche Chance.
- ➔ Sie sichern mit diesem Schritt langfristig Ihre Existenz und die Ihrer Familie.
- ➔ Sie sehen eine Aufgabe, die es zu meistern gilt, und empfinden die Herausforderung.

Die Verantwortung, die Sie übernehmen, erlaubt Ihnen aber nicht immer, diese Ziele sofort und bis zur Neige zu verwirklichen.

Als Nachfolger haben Sie vielleicht auch eine Reihe von Befürchtungen: Zum Beispiel die Angst, zu versagen oder durch die Mitarbeiter nicht anerkannt zu werden. Oder das Unbehagen, ständig entscheiden zu müssen, vor allem, wenn der Vorgänger vielleicht ständig hineinredet.

Für den Seniorunternehmer kann es aus mehreren Gründen interessant sein, Ihnen als Nichtfamilienmitglied ein Angebot zu machen: Er sichert sein **Lebenswerk** durch Sie, weil kein anderer in der Familie da ist oder niemand Lust dazu verspürt oder Kompetenz dafür besitzt. Was immer es auch ist – prüfen Sie genau, ob Sie nicht der **Lückenbüßer** für andere sind oder sich in ein sinkendes Schiff einkaufen.

Es wird oft gesagt, eine Nachfolge sei leichter als eine Gründung auf der grünen Wiese. Es ist eher umgekehrt, denn Sie müssen etwas am Laufen halten, das Sie nicht von Grund auf kennen. Falls Sie es aber selbst aufgebaut haben, wachsen Sie mit den Aufgaben zusammen. Bestehende Betriebe liefern allerdings bereits eine Datenbasis. Prüfen Sie aber, ob das erstens auch alles wirklich stimmt und zweitens auch so bleiben kann.

Ein zu übernehmender Familienbetrieb ist häufig belastet mit einer Menge von Emotionen, von Erwartungen und Befürchtungen. In dieses Spannungsfeld geraten Sie nun als Nachfolger. Auf Sie schaut die Belegschaft, die Familie des Vorgängers, dieser selbst und Ihre eigene Familie.

Erfahrungsgemäß bewegen den übernehmenden Fremdnachfolger ähnliche Sorgen wie den familieninternen Junior. Das betrifft zum Beispiel die Angst vor dem persönlichen Scheitern und einem wirtschaftlichen Misserfolg. Auch der „alte Geist des Vorgängers" bewegte bereits Generationen von Nachfolgern. Der notwendige Bruch zum Führungsstil des Seniors kann zu Problemen führen.

Von besonderer Bedeutung ist für Sie als Fremdnachfolger, dass Sie als Seiteneinsteiger von außen kommend nicht den „Stallgeruch" der Familie besitzen. Das führt häufig zu der Befürchtung, von den Mitarbeitern und auch von der Familie nicht angenommen zu werden. Vor allem dann, wenn Angehörige des Vorgängers im Betrieb mitarbeiten. Unterschätzen Sie diese Angst vor fehlender Autorität nicht. Deutliche Leistungen und klare Zielvorstellungen sowie Authentizität befähigen meist dazu, die Schwelle anfänglicher Ablehnung zu überwinden.

Nehmen Sie all Ihre Bedenken zum Anlass, den Schritt in die erste Reihe der neuen Front besonders gründlich zu durchdenken und inhaltlich gut vorzubereiten. Bauen Sie nicht auf einen imaginären Rückenwind durch andere Personen, sondern auf sich selbst und das, was Sie für richtig halten.

10.5 Gründen aus der Arbeitslosigkeit

Die Tatsache, im Arbeitsmarkt erfolglos einen neuen Wirkungskreis zu suchen, macht noch niemanden geeignet, erfolgreich Unternehmer zu sein. Im Gegenteil: der wirtschaftliche Druck, im Verein mit der Enttäuschung, nicht gebraucht zu werden und die vielfältigen äußeren Einflüsse auf diesen Prozess, machen es häufig schwer, objektive Entscheidungen zum Thema Selbständigkeit vorzubereiten und zu treffen.

Prüfen Sie zuallererst, ob Sie überhaupt selbständig sein wollen, ob diese Lebensweise Ihnen entspricht.

Wer immer Ihnen erzählen mag, dass Selbständigkeit einen sicheren Ausweg aus der Misere darstellt, ohne Job zu sein, hat nicht Recht. Es ist, wie bei vielen Entscheidungssituationen im Leben: eine Chance, den nächsten Schritt anders zu wählen, aber keine Garantie für den Erfolg dieser Entscheidung.

Mancher allerdings bekommt durch eine solche Entwicklung die Möglichkeit, einen Weg zu gehen, von dem er schon immer geträumt hat. Aber auch hier zählen alle Entscheidungskriterien, wie für jede andere Unternehmensgründung – in welcher Branche oder Rechtsform auch immer.

Nutzen Sie alle Möglichkeiten, die der Staat Ihnen bietet, Ihre Lage zu verbessern, auch im Hinblick auf eine Selbständigkeit. Setzen Sie Ihre Rechte durch und lassen Sie sich nicht unter Druck setzen, denn eine voreilige Gründung kann das Scheitern einer ansonsten erfolgreichen Idee bedeuten! Der Sachbearbeiter, der Ihren Fall betreut, hat für diesen Aspekt grundsätzlich keine Fachkompetenz – dafür gibt es die „Stellungnahme der fachkundigen Stelle zur Tragfähigkeit der Existenzgründung" nach § 57 Abs. 2 Nr. 3 SGB III.

Nun ist ein Buch keine Tageszeitung. Insofern hat es wenig Sinn, hier die aktuellen Maßnahmen der Bundesagentur für Arbeit aufzuführen – morgen schon kann alles anders sein. Informieren Sie sich bitte zeitnah auf den Internetseiten der Agentur über die aktuellen Bedingungen für Zuschüsse und andere Hilfen bzw. nehmen Sie die konkrete Beratung einzelner Institutionen, wie der IHK, der HWK oder die der Wirtschaftsförderer in Anspruch. Versäumen Sie auch nicht, im Internet die Erfahrungen anderer Gründer mit den Arbeits- und Verfahrensweisen, besonders der örtlichen Agenturen für Arbeit, zu nutzen.

Besuchen Sie gute Gründerseminare und Veranstaltungen, wie die Gründertage der Kammern oder die bundesweite START-Messe, also nicht nur die, welche von der Behörde selbst angeboten werden. Sind nämlich die rechtlichen Bedingungen für einen Zuschuss erfüllt, hängt Ihr Anspruch meist nicht davon ab, wo Sie Ihre Seminare besuchen.

Nutzen Sie einschlägige Publikationen, wie das „Gründermagazin" und die „Gründerzeit"-Broschüren des BMWi sowie das bundesweite Portal „www.existenzgruendung.de" zu Ihrer Information, bevor Sie eine Entscheidung treffen.

10.6 Gründen im Nachbarland

Immer mehr Menschen erwägen, sich mit ihrem Unternehmen im Ausland niederzulassen. Die Gründe dafür sind vielfältig, häufig entsteht dieser Gedanke jedoch im Zusammenhang mit einem Handelsgeschäft, mit Tourismusthemen oder gewerblichen bzw. freiberuflichen Dienstleistungen über eine nahegelegene Staatsgrenze hinaus.

Zu unterscheiden ist, ob das Unternehmen in Deutschland gegründet wird und nur der Geschäftsgegenstand den ausländischen Markt mit einbezieht oder ob es eine direkte Gründung in einem anderen Land betrifft. Wir wählen hier nur die zweite Variante, bei welcher der oder die Gründer im jeweiligen Land ein Unternehmen gründen – entweder als Niederlassung eines bestehenden deutschen Betriebes oder als Einzelgründung, verbunden mit einem Wohnsitzwechsel des Gründers.

Informieren Sie sich zunächst bei folgenden deutschen Stellen über die **Bedingungen einer Gründung** im jeweiligen Land:

- ➔ AHK und IHK,
- ➔ Botschaften,

- ➔ Außenministerium des Ziellandes,
- ➔ Deutsches Außenamt,
- ➔ Vereine, Verbände oder andere Organisationen, die eine wirtschaftliche Zusammenarbeit von Deutschland und dem Zielland anstreben.
- ➔ Steuerberater bzw. Wirtschaftsprüfer sowie Rechtsanwälte mit Kenntnissen über das dortige Rechts- und Steuersystem. Das wird Ihnen gerade in den grenznahen Städten nicht schwerfallen.

Recherchieren Sie im Internet, welche Erfahrungen anderer Unternehmer es mit ähnlichen Projekten gibt.

Wählen Sie eine **Person Ihres absoluten Vertrauens im Gründungsland**, die nicht nur die Sprache spricht, sondern auch mit den kulturellen und institutionellen Besonderheiten und Gepflogenheiten des Ziellandes vertraut ist und für Sie oder mit Ihnen gemeinsam die notwendigen Gespräche und Formalitäten erledigen kann. Sie wird auch nötig sein, um einen dort ansässigen, geeigneten **Steuerberater,** einen **Rechtsanwalt** und eine **Bank** zu finden.

Für alle diese Projekte gilt in verstärktem Maße die Notwendigkeit einer tiefgehenden **Zielgruppen- und Standortanalyse.** Auch in Ländern, die historisch und kulturell enge Bindungen zu Deutschland haben, gibt es trotzdem eine **eigenständige unternehmerische Kultur**, die sich zuweilen in verblüffenden Details von dem uns Gewohnten unterscheidet. Und nur, weil jemand Deutsch spricht, sind seine Bedürfnisse und Erwartungen sowie seine Bewertungsmaßstäbe, ja sein ganzes Wertesystem, noch lange nicht mit unserer Sicht der Welt identisch.

Noch ein Wort zur **Rechtsformwahl.** Der hohe Rang im Vertrauen von Kunden und Geschäftspartnern, den **Personenunternehmen**, insbesondere Personengesellschaften, wie OHG und KG, in Deutschland einnehmen, wird diesen Rechtsformen nicht in jedem anderen europäischen Land gleichermaßen eingeräumt. Es kann also sein, dass die Gründung einer **Kapitalgesellschaft**, zum Beispiel einer GmbH (in der jeweiligen Landesform), ein besseres Image im Markt bedeutet.

Freiberufliche Einzelunternehmer, die also keinen Gewerbeschein vorweisen können, haben zuweilen die Not, ihren unternehmerischen Status nachzuweisen. Abhilfe ist durch die Rechtsform der **Partnerschaftsgesellschaft** erreicht worden – hier besitzen die Gesellschafter einen präsentablen Eintrag im Partnerschaftsregister. Das bedingt jedoch eine Unternehmenskonstruktion mit mindestens zwei Gesellschaftern, hilft also dem Einzelnen kaum.

Nicht selten entstehen Konstruktionen, bei denen ein Gründer in Deutschland und einer im jeweiligen Ausland sitzt. Zum Beispiel bei Handelsunternehmen, aber auch bei wissenschaftlichen Kooperationen mit Vermarktungsabsichten der Ergebnisse.

Um das Risiko einer GbR nicht eingehen zu müssen, bleibt üblicherweise nur die GmbH – mit allen ihren Nachteilen, hier u. a. vor allem bei Gründungsaufwand und Kosten. Die **UG haftungsbeschränkt** bietet hier seit 2009 eine schnelle und preisgünstige Alternative. Lässt die Art des Geschäftsgegenstandes es zu (z. B. bei einem wissenschaftlichen Projekt), entsteht auch nicht der negative Beigeschmack des „Billiggründers" im deutschen Markt.

Ein Problem kann sein, dass man im Ausland wiederum mit dieser Form nichts anfangen kann. Hier empfiehlt sich unter Umständen dann doch die Wahl einer englischen **Limited** (Ltd.), da diese Rechtsform außerhalb Deutschlands als klassische „GmbH Großbritanniens" keine negative Ausstrahlung hat und eine ähnliche Plattform bietet wie die UG. Beachten Sie dazu bitte Kapitel I, Abschnitt 4. und nehmen Sie unbedingt eine qualifizierte rechtliche und steuerliche Einzelberatung in Anspruch, bevor Sie solche Entscheidungen treffen.

■ Gründung in Österreich

In diesem Land fällt zumindest die Sprachbarriere weg, was eine große Erleichterung bedeutet. Leider führt das häufig zu der Fehleinschätzung, dass die Verhältnisse nun mit deutschen Maßstäben gemessen werden dürfen. Das trifft weder für die rechtlichen und steuerlichen Gegebenheiten zu, noch für die landeskulturellen Aspekte. Auch die Begrifflichkeit im rechtlichen, steuerlichen und kaufmännischen Bereich unterscheidet sich teilweise so voneinander, dass manchmal auf den ersten Blick kein Sinnzusammenhang zum gewohnten deutschen Fachausdruck erkennbar ist. So heißt unser Amtsgericht dort Bezirksgericht, eine Abschrift ist eine Gleichschrift und **Bezirkshauptmannschaften** entsprechen unseren Landratsämtern.

Konsultieren Sie vorher die jeweilige **Wirtschaftkammer** an dem Standort, wo Ihre Gründung erfolgen soll, besuchen Sie die dortigen Seminare und nehmen Sie den Rat der österreichischen Kammerexperten an. Die österreichischen Wirtschaftskammern vertreten alle Unternehmen, es gibt also keine Trennung zwischen Handwerk und Gewerbe.

Kontakt aufzunehmen mit deutschen Experten, die sich mit den Bedingungen in Österreich auskennen, ist genauso ratsam, wie Gespräche mit österreichischen Unternehmern.

Ihre künftigen Mitarbeiter gehören der **Arbeiterkammer** an, die ihren Mitgliedern umfangreiche Leistungen in Weiterbildung, Rechtsberatung und anderen Bereichen gewährt.

Es gibt wichtige Unterschiede im Rechtssystem, so wird die GmbH, auch GesmbH genannt, in Österreich derzeit mit einem Stammkapital von 35 T€ gegründet, und Unternehmensberatung ist nicht, wie in Deutschland, eine Freiberufliche Tätigkeit, sondern ein erlaubnispflichtiges Gewerbe – um nur zwei Beispiele zu nennen.

Auch bei den Steuern und Versicherungen ist einiges anders: So sind alle Gewerbetreibenden verpflichtend kranken-, pensions- und unfallversichert.

Der Umsatzsteuersatz beträgt 20 Prozent – wie damit zu verfahren ist, finden Sie an anderer Stelle dieses Buches, wobei eine ausführliche steuerliche Beratung zu diesem Thema unverzichtbar ist.

Der österreichische Staat bietet auch gute Fördermöglichkeiten für Gründer, die jedoch teilweise nach anderen Kriterien ausgereicht werden, als in Deutschland. Es empfiehlt sich vorher umfassende Informationen einzuholen, wer welchen Antrag wie zu stellen hat und an welche Voraussetzungen die Bewilligung der Mittel gebunden ist. So übernimmt beispielsweise die Staatskasse die meisten behördlichen Gebühren, die für eine Gründung anfallen. Andere Programme bieten prozentuale Zuschüsse von im Einzelfall mehr als 10 Prozent für Investitionen, aufgeteilt nach einem Bundes- und einem Landesanteil – und das mehrere Jahre lang.

Im Anhang finden Sie einige Kontaktadressen zu Partnern in Österreich, die sich als Anlaufstellen eignen.

KAPITEL IV

Gefahren für Ihr Unternehmen

1 Alarmsignale für den Unternehmer

Die Eröffnungsveranstaltung ist vorüber. Stolz und glücklich betrachten Sie im Geiste Ihr Werk: „Die eigene Firma". Ihr neu erworbenes Wissen, alle Erfahrungen, das Geld und ungezählte Ideen stecken nun darin. Das Schwerste scheint geschafft. Aber erst *„am Ende deiner Bahn ist gut Zufriedenheit"*. So das Rückert-Wort.

Ihr Weg zum Erfolg ist lang, und wirklich erst relativ spät werden Sie wissen, ob Ihre Bilanz positiv ist. Dann, wenn Sie Ihr Unternehmen einst den Nachfolgern übergeben – oder es für eine runde Summe verkaufen, um „auf die Insel" zu gehen. Bis zu diesem Zeitpunkt liegt noch viel Arbeit vor Ihnen. Leider ist dieser Weg auch mit zahlreichen Gefahren bestückt. Marktveränderungen, gesamtwirtschaftliche Prozesse, unvorhergesehene Ereignisse werden Ihnen zu schaffen machen – dazu Ihre eigenen Fehler.

Behalten Sie Ihr Unternehmen stets im Auge und handeln Sie nicht sorglos. Gerade der Anfangserfolg erzeugt zuweilen Leichtsinn. Wir weisen Sie hier auf einige Signale hin, die Sie beachten sollten.

1.1 Verlust – was tun?

Falls Sie alles beherzigen, was wir Ihnen in diesem Buch auf den Weg gegeben haben, funktioniert natürlich auch Ihr Controlling. Stellen Sie plötzlich in Ihrer KER (kurzfristigen Erfolgsrechnung) einen Verlust fest, kann das mehrere Gründe haben:

Gründe für Verluste

- ➔ Umsatzrückgang
- ➔ Einkaufspreise gestiegen
- ➔ Falsche Kalkulation für ein neues Produkt, eine Handelsware oder Dienstleistung
- ➔ Forderungen ausgefallen
- ➔ Unerwartete Zahlungen (Havarien, Steuern!)
- ➔ Fixkosten gestiegen

Hier nur eine kleine Auswahl von denkbaren Ursachen für einen **Umsatzrückgang:**

Gründe für einen Umsatzrückgang

- ➔ Marketing (Falsche oder schlechte Werbung, Unklarheiten bei der Zielgruppendefinition, falsche Preispolitik)
- ➔ Marktveränderungen und Konkurrenz
- ➔ Preissituation
- ➔ Qualität des Produkts, der Ware, der Leistung
- ➔ Schlechte Information und Schulung der Mitarbeiter
- ➔ Neue oder unqualifizierte Mitarbeiter
- ➔ Logistikschwächen
- ➔ Rückstände in der Fertigung

Unerwartete Zahlungen sollten Sie nicht verblüffen, denn Sie planen ja gründlich. Das betrifft vor allem Steuerschulden, die kaum von ungefähr kommen. Trotzdem ist mit Überraschungen zu rechnen, beispielsweise bei schwer kalkulierbaren Kosten oder Havarien, die niemand voraussieht. Was leider immer wieder aus dem Blickfeld gerät, ist die Tilgung des Fremdkapitals. Obwohl der Unternehmer weiß, dass zu tilgen ist, werden weder Rücklagen gebildet noch rechtzeitig Maßnahmen ergriffen für den Fall, dass sich eine Liquiditätsschwäche abzeichnet. Bei gründlicher Planung gehen Sie diesem Risiko aus dem Weg. Oft kumulieren solche Versäumnisse mit der ersten Steuerzahlung: Es fallen dann ESt- und GewSt-Nachzahlung, ESt- und GewSt-Vorauszahlung sowie Tilgungslast zusammen! Schaffen Sie früh genug Liquditätsreserven oder stocken Sie – ebenfalls zur rechten Zeit – Ihren Kreditrahmen bei der Bank auf.

Ein **Kostenanstieg** ist immer gravierend, sei es im Einkauf oder in anderen Unternehmensbereichen. Teuer wird es auch, wenn Sie die Übersicht bei den Aufwendungen für Ihre Mitarbeiter verloren haben, Verträge abgeschlossen werden, die Sie nicht kennen oder die ohne Anwalt zustande kamen. Oft ist es jedoch der zu niedrige Ansatz bei den Personalzusatzkosten. Die Fixkosten verdienen generell Ihre besondere Aufmerksamkeit.

In Ihren Gesamtkosten liegen nicht nur Risiken, sondern auch beträchtliche Reserven. Erfolgreiche Unternehmer kontrollieren ihre Kostenpositionen unter Umständen täglich. Bedenken Sie, dass im Markt meist wenig Spielräume vorhanden sind, um zusätzliche Gewinne über den Preis zu realisieren. Oft bleibt nur der Weg der Kostensenkung. **Typische Schwachstellen** im Betrieb sind:

Gründe für zu hohe Gesamtkosten

Unternehmer
- ➔ Zu hohe Privatentnahmen
- ➔ Zu hohe Repräsentations- und Reisekosten

Fertigung
- ➔ Stillstandszeiten
- ➔ Unrationelle Prozesse
- ➔ Fehlende Standards
- ➔ Falsches Entlohnungssystem

Beschaffung und Lager
- ➔ Zu hohe Einkaufspreise
- ➔ Ungünstige Einkaufsmengen
- ➔ Keine Kontrolle
- ➔ Abhängigkeit von Lieferanten
- ➔ Zu hohe Provisionen

Verwaltung
- ➔ Schlechte Arbeitsorganisation
- ➔ Unklare Aufgabenverteilung
- ➔ Unzureichende Anwendung moderner Bürotechnik
- ➔ Zu hohe Kommunikationsaufwendungen
- ➔ Verschwenderischer Materialverbrauch

Vertrieb und Marketing
- ➔ Falsches Entlohnungssystem
- ➔ Schlechtes Marketing wegen fehlender Konzeption
- ➔ Ungeeignete Werbeträger
- ➔ Zu hohe Provisionen
- ➔ Kein Marketing-Controlling

Mitarbeiter
- ➔ Geringe Motivation
- ➔ Falsche Mitarbeiterauswahl
- ➔ Schlechte Einweisung und Weiterbildung
- ➔ Unzureichende Information
- ➔ Kein Einbinden in die Unternehmensstrategie (CI)
- ➔ Unangemessene Löhne und Gehälter
- ➔ Falsch kalkulierte Personalzusatzkosten

Natürlich sollten Sie nicht erst aktiv werden, wenn Verluste da sind, sondern bereits bei negativen Veränderungen im Kostenbereich, in der Auftragslage oder beim Forderungsbestand. Sind Sie Ihr eigener Controller, dürfen Sie selbst nichts vernachlässigen. Haben Sie dafür einen Mitarbeiter, lassen Sie sich täglich über diese Positionen informieren.

Was bei auftretenden Verlusten zu tun ist, hängt natürlich von den konkreten Ursachen ab. Gut ist es, die **Umsätze** zu steigern, doch das hängt nicht von Ihnen allein ab. Im Einkauf lässt sich zuweilen durch **Gemeinschaftskäufe** ein Mengenrabatt erzielen. Sprechen Sie auch mit Ihren Mitbewerbern. Es gibt bereits viele Einkaufsgenossenschaften, die gut damit fahren. Prüfen Sie, ob Sie nicht durch **Spezialisierung** oder **Sortimentsveränderungen** effizienter werden. Merzen Sie **Verlustgeschäfte** aus. Reduzieren Sie die **Kosten**. Speziell bei **Personalkosten** schleicht sich über Jahre mancher „Leer- oder Doppellauf" ein.

1.2 Informationen, die Ihr Geld sparen

Sie haben in diesem Buch schon an verschiedenen Stellen gelesen, wie wichtig Informationen für Sie als Unternehmer sind. Falls Sie sich ausschließlich in Ihre Tagesaufgaben vergraben, entgehen Ihnen nicht nur wichtige Entwicklungen und Marktchancen, Sie leben auch gefährlich. Sehr viele Zahlungsausfälle entstehen letztlich dadurch, dass nicht rechtzeitig auf Signale geachtet wurde, die schon frühzeitig eine Zahlungsunfähigkeit oder andere Schwierigkeiten eines Kunden signalisiert haben.

Erhalten Sie bestimmte Informationen, prüfen Sie stets, ob die Ursachen nicht eine negative Auswirkung auf Sie und Ihr Unternehmen haben. Nicht immer ist das der Fall, doch das werden Sie erst dann genau wissen, wenn Sie es überprüfen. Die folgenden Alarmsignale sind nur einige Beispiele. Haben Sie grundsätzlich erkannt, in welche Richtung Sie als Unternehmer zu denken haben, werden Ihnen weitere solcher Zeichen auffallen. Hier stellen wir dar, welche Ursachen hinter bestimmten Erscheinungen zu vermuten sind. Der Aussender soll in diesen Fällen einer Ihrer Kunden sein:

Signale, die hellhörig machen

- ➔ Rechtsformänderung
- ➔ Stilllegen von Betriebsteilen und Einstellungsstopp
- ➔ Fluktuation im Management
- ➔ Verändertes Bestell- und Zahlungsverhalten
- ➔ Unbegründete Reklamationen
- ➔ Bankwechsel
- ➔ Offene Zessionen
- ➔ Umwandlungs- oder Beteiligungsangebot
- ➔ Scheckrückgaben und Wechselproteste
- ➔ Gerichtlicher Mahnbescheid
- ➔ Pfändung

Der Kunde ändert die **Rechtsform seines Unternehmens** – er gründet um in eine GmbH, UG (haftungsbeschränkt) oder Ltd. Durchaus ein normaler Prozess, wenn neue Gesellschafter hinzustoßen oder die Haftungsrisiken aus erklärlichen Gründen sehr hoch sind. Auch steuerliche Aspekte sind denkbar (um Vorsorgeaufwendungen des Unternehmers als Betriebsausgabe zu deklarieren). Negativ kann sein, dass „etwas im Busch ist" und man langfristig versucht, aus der Haftung zu kommen.

Das **Stilllegen von Betriebsteilen** sowie ein **Einstellungsstopp** sind nicht gerade Zeichen von Wachstum. Unabhängig davon, ob es sich um eine branchenweite Erscheinung handelt, sollten Sie die genauen Ursachen erforschen.

Eine deutliche **Fluktuation im Management** zeigt nicht nur, dass das Betriebsklima bei Ihrem Kunden vielleicht nicht das beste ist. Es kann auch auf gravierende Entwicklungen hindeuten, die Sie kennen sollten.

Ihr Kunde, der regelmäßig bestimmte Mengen zu festen Zeiten bezogen hat, bestellt plötzlich **sporadisch**. Neben einer Zahlungsschwäche liegt es vielleicht daran, dass er einen neuen Lieferanten hat! Prüfen Sie sofort, was in Ihrem eigenen Betrieb los ist.

Obwohl sonst stets Zufriedenheit herrschte – plötzlich **reklamiert** der Kunde. Neben echten Mängeln ist auch hier eine Zahlungsschwäche denkbar: Er „mauert" und versucht, die fällige Zahlung hinauszuzögern. Passiert Ihnen das bei einem neuen Kunden, überlegen Sie, ob Sie nicht lieber von vornherein auf ihn verzichten oder nur noch gegen **Vorauskasse** liefern.

Ein Kunde, mit dem das nicht vereinbart war, zahlt plötzlich in **Teilbeträgen**. War es ein Versehen, oder fehlt ihm das Geld?

Ihr Kunde hat bisher, so wie Sie, sofort gezahlt und seinen Skontoabzug vorgenommen. Nun nutzt er sein **Zahlungsziel**. Neben einem Versäumnis in der Verwaltung kann das auch an akuter Liquiditätsschwäche liegen.

Das gesetzte **Zahlungsziel wird überschritten**, d. h. der Kunde ist im Verzug. Nehmen Sie das ernst, denn Gründe gibt es viele. Lassen Sie das durchgehen, verlieren Sie unter Umständen Ihr Geld bzw. es schleift sich ein, Ihre Rechnungen nicht pünktlich zu zahlen.

Sie erhalten die Information, dass Ihr Kunde häufig seine **Bank wechselt**. Neben üblichen Erklärungen, wie Ortswechsel und Änderungen beim Bankpersonal, kann das auch der letzte Aufschrei vor dem Ende sein. Lassen Sie durch Ihre Bank eine Auskunft einholen, es sei denn, er hat die gleiche Bank wie Sie, denn dann kann die Auskunft durch andere Interessen beeinflusst sein.

Sie erfahren, dass Ihr Geschäftspartner seine Forderungen an die Bank verpfändet hat. Diese Zession ist an sich ein übliches Verfahren, um kurzfristiges Geld zu besichern: Man verpfändet die Forderung für bereits gelieferte Waren oder geleistete Dienste an die Bank. Das bleibt üblicherweise verdeckt. Erst wenn man nicht zahlt, wendet sich die Bank an den Kunden und treibt diese Forderung ein. Damit wird die Sicherheit zur **offenen Zession** und für jeden sichtbar. Besonders bedenklich sind **Globalzessionen.** Dann wird nicht nur eine bestehende Forderung verpfändet, sondern auch die künftigen für noch zu erbringende Leistungen oder Lieferungen.

Falls Sie von einem Kunden Geld zu bekommen haben, lassen Sie sich nicht auf die **Umwandlung dieser Verbindlichkeiten** in ein Darlehen ein. Sie sind keine Bank. Die Chance, Ihr Geld später wirklich zu bekommen, wird nicht größer, wenn Sie sich auf Zinsen freuen. Sie selbst entscheiden natürlich, ob Sie mit dieser Methode nicht einem alten Geschäftspartner über den Berg helfen. Es ist aber Ihr Risiko.

Gefährlich wird es, wenn ein säumiger Zahler Ihnen eine **Beteiligung** an seinem Unternehmen anbietet. Steigen Sie lieber nicht auf ein sinkendes Schiff. Falls die Rechtsform „passt", verlieren Sie noch mehr als Ihre ausstehende Forderung!

Sie erfahren von **Scheckrückgaben** Ihres Kunden. Das ist der vornehme Ausdruck für einen geplatzten Scheck. Die Bank des Kunden hat also einen von ihm ausgestellten Scheck nicht eingelöst. Neben dem Signal „Kein Geld" kommt hier noch der Hinweis auf unseriöses Geschäftsgebaren oder chaotisches Management hinzu. Ein Scheck ist immer nur dann auszustellen, wenn ein Guthaben in dieser Höhe auf dem Konto vorhanden ist. Vergessen Sie das nie!

Ähnlich beim Wechsel. Ein Kundenwechsel ist zu **Protest** gegangen, d. h. er wurde nicht eingelöst: Ursachen prüfen und das eigene Geld eintreiben!

Sie hören, dass einem Ihrer Kunden ein **gerichtlicher Mahnbescheid** zugestellt oder gar vollstreckt wurde. Mahnbescheide haben mit herkömmlichen Mahnungen nichts zu tun. Informieren Sie sich darüber rechtzeitig bei Ihrem Anwalt.

Wie komme ich nun zu solchen **Informationen**? Das werden Sie sich oft fragen. Neben vielen Kontakten, unzähligen Gesprächen, oft am Rande von nicht nur rein geschäftlichen Veranstaltungen, zeigt sich, wie gut Sie Ihr Hinterland ausgebaut haben. Wie weit gehen Ihre Kontakte zu Kunden, Banken, Wettbewerbern, Behörden und eigenen Mitarbeitern? Nutzen Sie neben diesen Quellen – gute Beziehungen haben noch keinem geschadet – auch **Bankauskünfte** und die Dienste von **Wirtschaftsauskunfteien.** Gerade Letztere bieten einen umfangreichen Service für das Mitglied. Vorsicht jedoch bezüglich der Aktualität: Nicht immer ist die Datenbank auf dem neuesten Stand, und manche Entwicklung vollzieht sich wahrhaft rasant.

Folgende Übersicht stellt noch einmal zusammen, wo bzw. von wem Sie Informationen erhalten können, die eine Aussage über die Bonität Ihrer tatsächlichen oder potenziellen Kunden zulassen:

Informationsquellen				
Bonitätskriterium	**Auskunfteien**	**Banken/ Sparkassen**	**Außendienst**	**Statistiken**
Gründungsjahr	ja	ja		
Handelnde Personen	ja	ja	ja	
Führungsverhalten	ja		ja	
Rechtsform	ja	ja		
Marktposition	ja		ja	
Auftragslage	ja	ja	ja	
Konkurrenzsituation	ja		ja	
Kundenbonität	ja	ja	ja	
Branchentrends		ja	ja	ja
Zahlungsweise				
– Scheckrückgaben	ja	ja	ja	
– Mahnbescheid	ja	ja		
– Prolongation fälliger Verbindlichkeiten	ja	ja		
– Kreditbeurteilung durch die Bank (Rating)	ja	ja		

Die geschilderten Zeichen sind übrigens bei **Mitbewerbern** ebenfalls interessant zu beobachten. Die Schlussfolgerungen liegen auf der Hand. Bedenken Sie jedoch, dass diese Signale durchaus auch von Ihnen selbst ausgehen könnten – also Vorsicht besonders im Finanzgebaren!

1.3 Mahnen oder ausbuchen?

Eine Forderung ist ein schönes Bild in Ihrer Bilanz. Stellt sie doch eine erbrachte Leistung dar, die sich bald in der Kasse zeigen wird. Das hofft jeder Gläubiger. Ihr Ziel ist es, diese Forderungen schnell zu Geld zu machen, denn unbezahlte Kundenrechnungen sind eine Belastung: Fällige eigene Zahlungen mit Krediten zu finanzieren, verursacht Zinskosten; und falls die Forderung ausfällt, erhalten Sie gar nichts. Treiben Sie deshalb Ihre Außenstände schnell und kostengünstig ein. Organisieren Sie ein **funktionierendes Mahnwesen** in Ihrem Unternehmen.

Voraussetzung ist, dass Sie über Ihre Zahlungseingänge täglich informiert sind und ein einwandfreies Rechnungswesen besitzen. Warten Sie jedoch Wochen oder Monate mit Ihrer ersten Mahnung, brauchen Sie sich nicht zu wundern, wenn die Zahlungsmoral Ihrer Kunden weiter sinkt. Es gibt regelrechte „Tester", die die Schmerzgrenze beim Gläubiger behutsam ergründen und dann mit Ihrem Geld arbeiten.

Vorgerichtliche Mahnungen, um die es hier zunächst geht, verlangen, dass Sie rechtlich gesehen den Schuldner zunächst in **Verzug zu setzen** haben.

Das kann dadurch geschehen, dass Sie bereits im Vertrag oder auf der Rechnung einen **eindeutigen Zahlungstermin** setzen. Steht dort nichts dergleichen, reicht **eine einzige Mahnung** aus, um dem Gesetz zu genügen. Darin ist Ihr Kunde zur Zahlung aufzufordern. Knackpunkt ist, dass Sie diese eindeutige Forderung nachzuweisen haben. Falls Sie also bereits beim ersten Verzug damit rechnen, dass es sich nicht um ein Versäumnis, sondern um volle Absicht handelt, verwenden Sie ein Einschreiben mit Rückschein. Zu berechnende Gebühren, Verzugszinsen oder sonstige Kosten, die aus dem Schuldigbleiben der Rechnung abzuleiten sind, orientieren sich stets an dieser ersten Mahnung. Dokumentieren Sie deshalb gerade sie besonders sorgfältig. Telefonische Mahnungen oder andere mündliche Absprachen sind da wenig hilfreich. Die darauffolgenden Schreiben dürfen Sie frei gestalten. Sie sind für das spätere gerichtliche Vorgehen nicht mehr erheblich.

Natürlich macht hier der **Ton** die Musik. Vergraulen Sie mit Ihren Maßnahmen keinen Kunden. Wählen Sie einen freundlichen Ton und kriminalisieren Sie Ihren Kunden nicht, falls er drei Tage im Verzug ist. Eine Vorschrift, mindestens drei Mahnungen auszulösen, bevor gerichtliche Verfahren angewendet werden, gibt es nicht. Auch über den Inhalt existieren keine juristischen Normen – er muss nur eindeutig und zugegangen sein. Die blumige Formulierung „Einer gelegentlichen Begleichung unserer Rechnung sehen wir gern entgegen", wie sie kurioserweise oft in Anwaltsrechnungen zu lesen ist, reicht nicht aus.

Üblich ist inzwischen, die erste Mahnung als **Zahlungserinnerung** zu gestalten. Wollen Sie vorbeugen, dass der Schuldner mit einer „verlorenen Rechnung" operiert, mahnen Sie einfach auf einer Rechnungskopie mit einem freundlichen, aber eindeutigen Satz oder legen Sie die Kopie als Anlage bei.

Beispiel

Zahlungserinnerung

14. Januar 2010

Sehr geehrter Herr Säumig,

sicherlich ist Ihrer Aufmerksamkeit entgangen, dass die von uns gestellte Rechnung, deren Kopie wir beigefügt haben, noch nicht beglichen ist. Wir bitten Sie höflich, den am 02.01.2010 fällig gewordenen Betrag von 59,80 Euro auf unser unten stehendes Konto zu überweisen.

Sollte die Zahlung bereits erfolgt sein, betrachten Sie dieses Schreiben bitte als gegenstandslos.

Mit freundlichen Grüßen

gez. M. Höflich

Die **zweite Mahnung** sollte binnen zehn bis vierzehn Tagen mit einer Fristsetzung, vielleicht mit dem Hinweis auf zusätzliche Kosten und Verzugszinsen, erfolgen:

Beispiel

2. Mahnung

23. Januar 2010

Sehr geehrter Herr Säumig,

in unserem Schreiben vom 14.01.2010 baten wir Sie, die noch offen stehende Rechnung vom 02.01.2010 bei Ihren Zahlungen zu berücksichtigen.

Leider ist unserem Konto der ausstehende Betrag von 59,80 Euro bis heute nicht gut geschrieben worden. Wir bitten Sie, unsere Rechnung bis zum 02.02.2010 zu begleichen.

Mit freundlicher Empfehlung

gez. M. Höflich

Falls es Ihnen geraten erscheint, könnte der nächste Schritt schon ein **gerichtlicher Mahnbescheid** sein. Meist wird jedoch noch eine **dritte Mahnung** mit der Androhung einer Klage versandt:

Beispiel

3. Mahnung

4. Februar 2010

Sehr geehrter Herr Säumig,

leider haben Sie die von uns bereits zweimal angemahnte Rechnung in Höhe von 59,80 Euro bis heute nicht beglichen. In Anbetracht unserer eigenen Verpflichtungen bitten wir Sie letztmalig um Regulierung, zuzüglich der unten angeführten Mahngebühr und Verzugszinsen.

Sollten Sie unserer Forderung bis spätestens zum 11.02.2010 nicht nachkommen, sehen wir uns veranlasst, den Gesamtbetrag gerichtlich geltend zu machen.

Mit freundlicher Empfehlung

gez. M. Höflich

Womit Sie auch drohen, wenn Sie die in Aussicht gestellten Maßnahmen nicht wirklich ergreifen, sparen Sie sich besser den Aufwand. Sie werden damit unglaubwürdig.

Beachten Sie stets die **Kosten Ihres Mahnverfahrens.** Als zweiter oder dritter Schritt ist manchmal ein Telefonanruf recht wirksam. Er ist zuweilen auch billiger. Mehrfache Mahnungen zu einem Betrag unter den Mahnkosten sollten Ihnen nicht unterlaufen. Übersteigen Ihre Aufwendungen den Schuldbetrag, erwägen Sie, ihn als Verlust **auszubuchen.**

Nach der zweiten oder, falls Sie lieber doch noch warten, nach der dritten Mahnung ist nun zu entscheiden, wie es weitergeht. Neben einem Verzicht auf die Forderung bleiben Ihnen zwei Wege: Der **gerichtliche Mahnbescheid** oder die **Klage beim Amtsgericht.** Bevor Sie sich zu einem solchen Schritt entschließen, besprechen Sie mit Ihrem Anwalt die Vorgehensweise. Tun Sie das am besten schon im Rahmen Ihrer Gründungsvorbereitung. Sie wissen dann im konkreten Fall, wie Sie sich zu verhalten haben. Denn auch der anwaltliche Rat kostet Geld.

Den Charakter eines Mahnbescheids und die übliche Verfahrensweise sollten Sie frühzeitig kennen. Das auch deswegen, weil nicht in jedem Fall ein Mahnbescheid eingesetzt werden darf, beispielsweise dann nicht, wenn der Schuldner im Ausland wohnt oder Ihnen seine Adresse unbekannt ist.

Den **amtlichen Vordruck „Antrag auf Erlass eines Mahnbescheides“** erhalten Sie im Schreibwarenhandel. Er ist korrekt auszufüllen, vor allem die **genaue Adresse** (kein Postfach), die **Höhe der Forderung,** der **Anspruch** und die **aufgelaufenen Nebenforderungen** (Verzugszinsen, Mahnkosten). Dann schicken Sie ihn an das **zuständige Amtsgericht,** dessen **Anschrift** ebenfalls korrekt zu vermerken ist. Erfragen Sie vorher genau, welches Amt wirklich zuständig ist.

Aufzuführen sind weiterhin der **Gerichtsort,** der im Vertrag vereinbart war, und weitere Angaben. Vergessen Sie Ihre **Unterschrift** nicht.

Das Gericht stellt diesen Bescheid nun Ihrem Schuldner amtlich zu. Es prüft die Forderung aber nicht! Jetzt läuft die Uhr. Der Säumige hat **zwei Wochen Frist,** zu zahlen oder bei Gericht zu widersprechen. Tut er beides nicht, dürfen Sie, ebenfalls beim Amtsgericht, die **Vollstreckung beantragen.** Das heißt, der Gerichtsvollzieher pfändet Ihre Forderung beim Schuldner. Manchmal ist allerdings eine Lohn- oder Gehaltspfändung für Sie günstiger. Für all das brauchen Sie weder ein Gerichtsurteil noch einen Anwalt. Das macht den Mahnbescheid so **einfach und kostengünstig.**

Im folgenden Fall sollten Sie jedoch nicht auf einen Juristen verzichten:

Beispiel

Karin Müller aus Bautzen betreibt ein kleines Schreibwarengeschäft. Eines Tages erhält Sie mit Postzustellungsurkunde einen gerichtlichen Mahnbescheid. Die Forderung lautet auf 3.278 Euro für einen Posten französischen Parfums. Karin Müller wundert sich, denn Parfümerieartikel gehören nicht in ihr Sortiment. Sie wirft den Bescheid in den Papierkorb.

Einige Wochen darauf erscheint der Gerichtsvollzieher in ihrem Laden, sie selbst ist gerade auf der Bank, und pfändet Teile ihres Warenbestandes. Karin Müller ist außer sich und ruft ihren Anwalt an ...

Das hätte sie besser vorher getan, denn die Situation ist gefährlich. Neben Rufschädigung durch die Zwangsvollstreckung lässt sich am verlorenen Gut kaum etwas ändern. Selbst der im Beispiel offensichtlich ungerechtfertigte Mahnbescheid wird vollstreckt, sofern Sie nicht binnen 14 Tagen nach Erhalt beim Gericht Widerspruch einlegen. Will Ihnen also jemand schaden oder handelt es sich gar um einen Betrüger, haben Sie schlechte Karten, wenn erst gepfändet ist.

Sobald Sie einen **gerichtlichen Mahnbescheid erhalten,** rufen Sie den Anwalt an. Lässt sich das nicht sofort klären, legen Sie **Widerspruch** ein – auf dem beigefügten Formular oder formlos. Tun Sie das auch dann, wenn die Forderung berechtigt ist. Zahlen können Sie immer noch.

Regeln Sie den Posteingang, besonders für Ihre Abwesenheit vom Geschäft. Denn falls Sie drei Wochen verreist sind, wird das zum Problem: Die Zustellung gilt auch in Ihrer Abwesenheit als erfolgt. Was Sie dann im Einzelnen trotzdem noch tun können, um den Schaden zu begrenzen, erklärt Ihnen Ihr Anwalt.

Organisieren Sie Ihr Mahnwesen rechtzeitig. Sobald Sie Mitarbeiter zur Verfügung haben, führen Sie eine verbindliche Regelung ein, die auch ohne Ihre Mitwirkung funktioniert. Schaffen Sie sich **Musterbriefe** und bestimmen Sie **feste**

Termine und Fristen. Nutzen Sie Ihre **EDV** und schulen Sie Ihre Mitarbeiter über den **richtigen Umgang** mit säumigen Kunden. Achten Sie auch in diesem Bereich auf Ihre Unternehmensphilosophie und Ihre **Corporate Identity.**

2 Die häufigsten Gründungsfehler

Henry Ford hatte sicher recht, als er sagte, „dass unsere Fehlschläge ... lehrreicher (sind) als unsere Erfolge". Zuweilen ist es aber besser, bestimmte Fehler dadurch zu vermeiden, dass man sie zunächst bei anderen sieht.

Sie als Unternehmensgründer oder schon Selbständiger werden wissen, dass nichts ohne Fehler abläuft. Unbedingt zu vermeiden haben Sie aber solche, von deren Schäden Sie sich kaum mehr erholen oder die Sie gar vernichten. Leider gibt es in der Phase der Gründung und in den ersten Jahren immer wieder Fehlleistungen von Jungunternehmern, die zu einer derartigen Vernichtung der Existenz führen. Die eingegangenen Risiken sind beträchtlich, die Wirkungen oft nicht berechenbar. Schlimm ist besonders, dass es immer wieder die gleichen Fehler sind. Und dabei sind die meisten davon durchaus vermeidbar.

Analysen von Industrie- und Handelskammern zu Unternehmensschließungen haben ein Geflecht von Ursachen zutage gebracht. Die folgenden Zahlen zeigen, dass selten ein Grund allein zum Scheitern führt:

Betriebsschließungen

Ursachen	**Verteilung im Prozent**
Unzureichende Finanzierung	68,9
Informationslücken	61,0
Qualifikationsmängel	47,5
Schwächen der Gründungsplanung	30,1
Negative private Einflüsse	23,9
Überschätzen der Betriebsleistung	20,9
Äußere Einflüsse	15,4
Versäumnisse im Mitarbeiterbereich	6,0

Lassen Sie mich Ihnen zunächst etwas Positives sagen: Allein, dass Sie dieses Buch erworben haben und gerade diese Passage lesen, spricht für Ihre unternehmerischen Qualitäten. Sie haben erkannt, dass Ihr Wissen und Ihre Erfahrung, dass Ihre eigene Qualifikation Schlüssel zu Ihrem nachhaltigen Erfolg sind. Schon diese Einstellung zum planvollen Vorgehen und die selbstkritische Haltung zu den eigenen Voraussetzungen werden Sie vor manchem dieser Hauptfehler bewahren.

Im nächsten Abschnitt sprechen wir über Vergleiche und Konkurse. Gerade diese Verfahren zeigen durchgängig, wie schnell unternehmerisches Fehlverhalten zum Aus führt. Es geht dabei oft um viel Geld, meist um die ganze Existenz und die der

Familie. Es ist zusätzlich die tiefgehende Enttäuschung, gescheitert zu sein, die genauso drückend ist wie die Last der immensen Schulden, die oft am Ende stehen.

Wir stellen Ihnen hier die häufigsten Fehler bei Existenzgründungen vor. Sie sind leider nicht akademisch: Hinter jedem stehen unzählige kritische Situationen, bis hin zum Konkursverfahren. Diese Fehler sind authentisch, sie finden täglich statt. Unsere Beispiele sind es ebenfalls. Deshalb wollten wir sie auch nicht „aktualisieren".

Beispiel 1 – Gastronomie

Klaus R., 26 Jahre alt, von Beruf Kellner, eröffnet 2006 in Chemnitz ein Bierlokal. Die Lage ist zentral, der Name der Kneipe von früher bekannt. Der Markt krankt an einer zu geringen Anzahl Gastwirtschaften.
Der Gründer schließt einen Vertrag mit einer Brauerei, die ihm bei der Geschäftsausstattung unter die Arme greift und ihn einen Biervertrag unterschreiben lässt. Aus staatlichen Förderprogrammen erhält er zinsgünstige Kredite. An Eigenkapital besitzt er 5.000 Euro. Klaus R. stellt Mitarbeiter ein und eröffnet.
Sieben Monate später ist das Bierlokal geschlossen. Klaus R. hat nach Abwicklung aller Formalitäten eine Schuldenlast von 65.000 Euro, für die er persönlich einzustehen hat.

Die **Gründe** für das Scheitern:
- hohe Personalkosten; neben ihm selbst waren vier Mitarbeiter beschäftigt,
- unzureichende fachliche Voraussetzungen,
- keine kaufmännischen Kenntnisse,
- unkontrollierte Entnahmen durch den Gründer (Es gab eine Schublade, aus der jeder Geld nahm, der etwas zu zahlen hatte!),
- keine Buchführung,
- schlechte Verträge.

Beispiel 2 – Einzelhandel

Karl und Selma B., 36 und 32 Jahre alt, eröffnen 2004 einen Lebensmitteleinzelhandel in Gießen, Rechtsform: Einzelunternehmung. Karl B. hat einen Handwerksberuf erlernt, seine Frau mehrere Jahre als Kassiererin in einem Supermarkt gearbeitet.
Das Ladenlokal liegt in einer Nebenstraße und ist gemietet. Parkplätze vor dem Geschäft sind vorhanden. Die notwendigen Mittel beschaffen beide von Verwandten. 12.000 Euro eigenes Geld sind vorhanden. Die Bank finanziert den Rest mit einem üblichen Darlehen. Das Ende kommt 2008.

Die **Gründe**:
- fehlende fachliche Voraussetzungen,
- keine Buchführungskenntnisse,
- zu geringe Eigenmittel; unzureichende Geschäftsausstattung,
- gleichartige Geschäfte im Umfeld; 2006 eröffnete ein Supermarkt in unmittelbarer Nähe,
- die Straße führte über eine Brücke, die 2005 saniert wurde. Damit entfiel für neun Monate der Durchgangsverkehr,
- Zahlungsschwierigkeiten führten bald zu Pfändungen,
- da kein Geld für ein vernünftiges Marketing vorhanden war, fiel der Laden gegenüber den Mitbewerbern stark ab,
- von Anbeginn eine zu geringe Ladenfläche, die nicht auszubauen war; Sortiment und Warenpräsentation dadurch unzureichend.

Beispiel 3 – Freiberufler

Christian H., Diplomingenieur, 31 Jahre alt, gründet 2004 ein Büro für Softwareentwicklung und -beratung in München. Seine Anstellung bei einem großen Unternehmen gab er auf, nachdem ihm ein Kunde einen großen Entwicklungsauftrag zugesichert hatte.
Um keine Kredite zu benötigen, verwendet er den größten Teil seines Eigenkapitals auf die Anschaffung eines schnellen Rechners mit entsprechender Peripherie. Sein Büro in der Mietwohnung wird mit neuen Möbeln ausgestattet.
Die Entwicklung des lauffähigen Programms dauert vier Monate. Während dieser Zeit arbeitet Christian H. durchschnittlich 70 Stunden pro Woche. Zeit, weitere Aufträge vorzubereiten, bleibt nicht. Seinen Lebensunterhalt finanziert er aus den restlichen Eigenmitteln, später aus dem Dispokredit. Der erste Zahlungseingang erfolgt nach vier Monaten; Nachbesserungen hatten den Abschluss des Auftrags verzögert. Der Preis deckt die bisher entstandenen Kosten nicht.
Erst 2009 kann ein weiterer Kunde akquiriert werden. Nach sechs Wochen Vorarbeiten und Verhandlungen springt dieser jedoch ab. Die inzwischen geleistete Arbeit ist verloren. Inzwischen hatte die Bank den Dispositionskredit gekündigt. Christian H. ist zahlungsunfähig.

Gründe für das Scheitern:
- weder Unternehmensplanung noch Marktanalyse,
- nur ein Kunde und keine Zeit für die Akquisition,
- völlig unzureichende Kalkulation. Unterschätzen der tatsächlichen Kosten – Verlustgeschäft,
- weder Pflichtenheft noch klare Absprachen über Auftragsumfang und Zahlungsweise (sieben Monate bis zum ersten Zahlungseingang!),
- falsche Finanzierung; kein Bankgespräch, nur ein Dispo-Kredit.

Beispiel 4 – Baugewerbe

Gert W. aus Freising, 42 Jahre alt, eröffnet 2005 als Einzelunternehmer ein Baugeschäft. Sein Beruf ist Handwerksmeister. 15.000 Euro Eigenkapital bringt er selbst auf, den Rest finanziert die Bank.
Die Umsätze entwickeln sich in den ersten Jahren stetig nach oben. Er dehnt seinen Einzugsbereich weiter aus. Bei einigen Ausschreibungen kann er mit Niedrigpreisen öffentliche Aufträge erhalten, darunter einen sehr umfangreichen.
2007 treten die ersten Zahlungsschwierigkeiten auf. Parallel dazu häufen sich die Reklamationen. 2008 erreicht ihn die Klage eines Kunden, der Bauschäden festgestellt hat. Die Summe, für die W. zu haften hat, ist beträchtlich. Eröffnung des Konkursverfahrens 2009.

Gründe für den Konkurs:
- keinerlei Erfahrungen in der Betriebsführung,
- fehlerhafte Buchführung, falsche Vorkalkulation und keine Nachkalkulation,
- schlechte Personalführung und fehlende Übersicht auf den Baustellen,
- keine Qualitätskontrolle,
- öffentliche Auftraggeber mit äußerst späten Zahlungseingängen,
- Einzugsbereich zu groß – Verlustgeschäfte,
- ungeeignete Rechtsform – eine GmbH wäre besser gewesen,
- schlechte Verträge, da auf einen Anwalt verzichtet wurde.

Beispiel 5 – Fertigung

Bernhard F. und Klaus-Peter G. aus Wolfenbüttel gründen 2007 eine GmbH. Unternehmenszweck ist die Fertigung von Teilen für die Fensterproduktion. Stammkapital 25.000 Euro, eingezahlt werden zunächst 12.500 Euro. Beide übten bisher einen Metallberuf aus. Kaufmännische Kenntnisse besitzen sie nicht.
Die Investitionen halten sich in Grenzen, da sie auf gebrauchte Maschinen zurückgreifen. Jeder der beiden geschäftsführenden Gesellschafter legt sich allerdings ein teures Leasing-Fahrzeug mit Telefon zu. Auch das Gehalt ist sehr stattlich.
Die ersten Aufträge kommen mit Unterstützung eines Bekannten herein. Nach relativ kurzer Zeit ist jedoch das Stammkapital aufgebraucht. Das vorhandene Betriebsvermögen ist gering. Über Lieferantenkredite und kurzfristige Bankmittel wird der Betrieb aufrechterhalten. Aufgrund großzügiger Angaben gegenüber dem Finanzamt fallen zusätzlich Steuervorauszahlungen an.
Nachdem die Zahlungsschwierigkeiten überhand nehmen, werden einzelne Gläubiger mit kleineren Vorauszahlungen stillgehalten. Obwohl kaum Kenntnisse vorhanden sind, wissen beide, dass das Unternehmen reif für den Konkursantrag ist.
Infolge gezielter Hinweise nimmt die Steuerbehörde eine Prüfung vor. Neben der Überschuldung wird auch die verdeckte Gewinnausschüttung festgestellt. Die Verhandlung findet 2009 statt.

Gründe für das Scheitern:
- Selbstüberschätzung der Gründer,
- unzureichende Kapitalausstattung,
- keine Branchenkenntnis,
- ungenügendes Wissen um steuerliche und rechtliche Belange,
- keine sichere Finanzierung,
- zu hohe Bezüge der Gründer im Verein mit verdeckter Gewinnausschüttung,
- keine Unternehmensplanung,
- Verletzen der Konkursantragspflicht.

Schon diese wenigen Beispiele zeigen, woran viele Unternehmen scheitern. Die Liste der häufigsten Fehler ist jedoch noch etwas länger. Sie treten fast immer zu mehreren auf. Obwohl die Darstellung keine Rangfolge enthält, ist die Schwäche des Gründers selbst als eine der wesentlichen Ursachen anzusehen.

Info

Die 20 häufigsten Gründungsfehler

➔ Ungeeignete Gründerperson
➔ Finanzierungsfehler
➔ Zu wenig Eigenkapital
➔ Kalkulationsschwächen
➔ Vorhandene oder sich entwickelnde Standortnachteile
➔ Falsche oder fehlende Marktanalyse
➔ Schlechte oder keine Buchführung
➔ Zu hohe Personalkosten
➔ Keine oder fehlerhafte Unternehmensplanung
➔ Ungeeignete Betriebsstätte
➔ Nichttragfähige Geschäftsidee
➔ Überschätzen der Ertragskraft
➔ Verletzung steuerlicher und rechtlicher Pflichten
➔ Falsche Rechtsform
➔ Keine Schulung und Beratung
➔ Schlechte oder keine Verträge
➔ Unqualifizierte Mitarbeiterführung
➔ Unzureichende Organisation
➔ Keine oder nicht ausreichend qualifizierte Mitarbeiter
➔ Unkontrollierte Entnahmen

Die Erfahrung zeigt, dass neben diesen Fehlern auch die Branchen selbst zum Teil besonders hohe Risiken darstellen. Sehr oft liegen die Gründe aber weniger in der Branche selbst, sondern eher in ihren charakteristischen Merkmalen. So entscheidet über die Häufigkeit einer Unternehmenspleite auch die Höhe der Hürde, die für eine dort geplante Neugründung zu überwinden ist. Das heißt, dort, wo man ohne viel Geld, Qualifikation oder behördliche Genehmigungen gründen darf, ist das Risiko des Scheiterns größer. Nicht zuletzt deswegen, weil diese Branchen auch den Eindruck von außen erwecken, es wäre dort leichtes Geld zu verdienen.

Untersuchungen der letzten Jahre über die Insolvenzwahrscheinlichkeit in einzelnen Branchen ergaben (und bis heute hat sich daran nicht viel geändert), dass sich die Ausfallquote von Unternehmen innerhalb der ersten fünf Jahre branchenbezogen wie folgt darstellt:

Info

Gaststätten und Kioske	65 Prozent
Videotheken	62 Prozent
Boutiquen	58 Prozent
Unternehmensberater	57 Prozent
Softwareentwickler	54 Prozent
Immobilienverwaltung	38 Prozent
Reisebüro	33 Prozent

Diese Beispiele sollen Sie nicht erschrecken, sondern eher sensibel machen für die Risiken, denen Sie ausgesetzt sind. Unser Ziel ist, dass Sie die Ausführungen im folgenden Abschnitt niemals wirklich brauchen.

3 Das Ende eines Unternehmens

3.1 Der Trend ist negativ

Die Zahl der Unternehmensinsolvenzen in Deutschland hat nach Angaben des Statistischen Bundesamtes seit den letzten zehn Jahren Hochkonjunktur:

Info

Unternehmensinsolvenzen in Deutschland

1992 – 1.920
1993 – 15.148
1994 – 18.837
1995 – 22.344
1996 – 25.530
1997 – 27.485
1998 – 27.828
1999 – 27.400
2000 – 28.235
2001 – 32.278
2002 – 37.579
2003 – 39.320
2004 – 39.213
2005 – 36.843
2006 – 30.680
2007 – 29.150
2008 – 29.291
2009 – 32 687

Das Ende der unternehmerischen Tätigkeit ist ein trauriges Kapitel – und zwar nicht nur für den Unternehmer, sondern auch für die Gläubiger, die meist nur noch eine im einstelligen Prozentbereich liegende Quote ihrer Forderungen im Insolvenzverfahren erzielen konnten und für die Arbeitnehmer, denen in vielen Regionen die Alternativen fehlen.

Dabei betreffen Insolvenzen Unternehmen in jedem Unternehmensalter:

Info

Das Unternehmensalter der Insolvenzanmelder 2008
(in Prozent, gerundet, Quelle: Statistisches Bundesamt)

Unternehmensalter	
bis zu 2 Jahren	15,6
3 bis 4 Jahre	17,5
5 bis 6 Jahre	12,7
7 bis 8 Jahre	10,1
9 bis 10 Jahre	8,7
bei über 10 Jahren	35,5

Ungefähr 66 Prozent der insolventen Unternehmen haben es nur bis zum 10. Jahr geschafft. Erst mit zunehmender Dauer der Geschäftstätigkeit sinkt demzufolge die statistische Wahrscheinlichkeit für ein „Aus" durch Insolvenz.

Auffallend ist, dass vor allen Dingen kleinere Unternehmen trotz geringerer Beschäftigungszahlen häufiger Konkurs anmelden als große Unternehmen.

Info

Insolvenzhäufigkeit nach Beschäftigungsgrößen 2008
(in Prozent, gerundet, Quelle: Statistisches Bundesamt)

Betriebe mit	
1 bis 5 Beschäftigten	80,6
6 bis 10 Beschäftigten	9,1
11 bis 100 Beschäftigten	9,8
101 und mehr Beschäftigten	0,6

Die Insolvenzen verteilen sich laut Statistischem Bundesamt auf die einzelnen Wirtschaftsbereiche im Jahre 2007 wie folgt:

Info

Insolvenzhäufigkeit nach Wirtschaftszweigen 2007
(in Prozent, gerundet, Quelle: Statistisches Bundesamt)

Baugewerbe	18,24
Handel	21,08
Verarbeitendes Gewerbe	8,30
Gastgewerbe	10,92
Verkehr und Nachrichtenübermittlung	6,76
Kredit- und Versicherungsgewerbe	1,50
Sonstige Dienstleistungen	31,48
Übrige Wirtschaftsbereiche	2,00

Nach der Rechtsform gegliedert sieht das folgendermaßen aus:

Info

Insolvenzhäufigkeit nach Rechtsformen (2008)
(in Prozent, gerundet, Quelle: Creditreform)

Einzelunternehmen	56,6
GmbH	33,2
GmbH & Co KG	3,9
Freiberufler	3,8
GbR	1,1
OHG, KG	0,9
AG, KG auf Aktien	0,5
e. V.	0,6
e. G.	0,1

Dieser Blick in die Statistik soll Sie nicht entmutigen, aber schon vor dem Start Ihres Unternehmens zu Denken geben.

3.2 Die Insolvenzordnung

Die seit 1999 geltende Insolvenzordnung enthält neben dem „Zerschlagungsgesichtspunkt" des früheren Rechts (Konkursrecht) auch Möglichkeiten der Sanierung und Erhaltung vorhandener, insolventer Unternehmen.

Deshalb ist es wichtig, dass Sie sich schon bei der Gründung Ihres Unternehmens zu dieser Situation Gedanken machen, da die Weichen für eventuell später notwendige Lösungen bereits in der Startphase gestellt werden.

Da die Materie nicht einfach ist, bedienen Sie sich bitte im Ernstfall unbedingt fachmännischer Hilfe. Dieser Teil des Buches kann Ihnen nur einen allgemeinen Überblick geben, hilft Ihnen aber vielleicht, gravierende Fehler zu vermeiden.

Das **gerichtliche Insolvenzverfahren** dient bei allen Sanierungsmöglichkeiten in erster Linie der angemessenen Befriedigung von Gläubigern aus den noch verbliebenen Vermögenswerten eines zahlungsunfähigen Schuldners (Insolvenzmasse). In der Praxis – insbesondere bei kleineren Unternehmen – ist deshalb das **Zerschlagungsprinzip** vorherrschend, d. h. es werden alle vorhandenen Vermögensgegenstände verwertet und der Erlös gleichmäßig – entsprechend der Forderungsquoten – an die Gläubiger verteilt.

Trotzdem sollten Sie in der Insolvenzphase versuchen zu retten, was noch zu retten ist.

Bedenken Sie: Es war *Ihre* Geschäftsidee; Sie haben dafür *Ihr* (sicherlich täglich mehr als zehnstündiges) Engagement eingesetzt, *Sie* haben Lieferanten- und Kundenverbindungen aufgebaut, *Ihr* Know-how sowie *Ihren* guten Ruf eingebracht und vielleicht *Ihr* Privatleben vernachlässigt – das berechtigt Sie durchaus, ebenfalls *Ihre* Interessen zu verfolgen!

3.3 Lösungen vor dem Insolvenzstadium

Bereits in den vorigen Abschnitten sind die Risiken und die Alarmsignale für den Unternehmer und die häufigsten Gründungsfehler exemplarisch behandelt worden. Bevor Sie jedoch den Untergang Ihres Betriebes in Kauf nehmen, denken Sie rechtzeitig über andere Varianten zur Lösung des Problems nach. Das tatsächliche Ende bedeutet nämlich fast stets beträchtliche Verluste auch für Sie persönlich:

- ➔ Vernichtung des Goodwill,
- ➔ Zerschlagung von Sachen und Rechten,
- ➔ Einbüßen von Nutzungswerten im lebenden Unternehmen.

Die Rufschädigung und die psychologischen Wirkungen auf Sie selbst und Ihre Familie kommen noch hinzu.

Bevor Sie also den Weg zum Insolvenzgericht antreten, erwägen Sie auch folgende Varianten:

Alternative „Letzte Mittel"

- ➔ Verkauf Ihres Unternehmens,
- ➔ Veräußerung von Teilen des Betriebes,
- ➔ Aufnehmen neuer Gesellschafter,
- ➔ Einbringen in andere Unternehmen,
- ➔ Kooperation mit Konkurrenten.

Überprüfen Sie also stets und jederzeit hauptsächlich

- ➔ das Verhältnis zwischen Eigenkapital und Fremdkapital in Ihrem Unternehmen,
- ➔ Ihre Wettbewerbsfähigkeit,
- ➔ Ihre Kosten,
- ➔ vorhandene Abhängigkeiten von Lieferanten oder Abnehmern.

Und vor allen Dingen: Holen Sie sich Hilfe von außen, denn ein objektiver Blick sieht Dinge, an die Sie sich schon längst gewöhnt haben und die deshalb nur allzu leicht übersehen werden.

4 Das Insolvenzstadium

Die Vorschriften der Insolvenzordnung beinhalten das Verfahren im Allgemeinen, nach dem Unternehmensinsolvenzen abgewickelt werden. Sie gelten – mit Einschränkungen – ebenfalls für den Einzelkaufmann und den Freiberufler.

Das Vermögen des Schuldners – ob Einzelunternehmer oder juristische Person – wird mit Eröffnung des Insolvenzverfahrens hoheitlich (also vom Staat) in Beschlag genommen und von einem Insolvenzverwalter gesammelt, verwertet und anschließend in einem förmlichen Verfahren an die Gläubiger verteilt.

4.1 Eröffnungsgründe

Das Insolvenzverfahren wird nur auf Antrag des Schuldners oder eines Gläubigers eröffnet, wobei das neue Recht drei Gründe der Insolvenz kennt, in denen Insolvenzantrag gestellt werden muss:

1. Zahlungsunfähigkeit
2. Überschuldung
3. Drohende Zahlungsunfähigkeit (bei juristischen Personen)

Bei Zahlungsunfähigkeit und bereits eingetretener Überschuldung *muss* der Schuldner den Insolvenzantrag stellen; bei drohender Überschuldung *kann* der Schuldner (und nur er allein) den Antrag stellen.

Der Gesetzgeber hat damit die Insolvenzantragspflicht zeitlich sehr weit nach vorn verlagert: Es soll frühzeitig ein Insolvenzverfahren durchgeführt werden, um für die Gläubiger noch zu retten, was zu retten ist.

Zahlungsunfähigkeit

Zahlungsunfähigkeit besteht, wenn der Schuldner nur noch in der Lage ist, weniger als 90 Prozent der fälligen Verbindlichkeiten des Unternehmens aus dessen Zahlungsmitteln innerhalb von drei Wochen zu begleichen (so der Bundesgerichtshof). Insbesondere von der Staatsanwaltschaft streng bewertete Anzeichen für eine Zahlungsunfähigkeit liegen dann vor, wenn Sie Ihre Zahlungen eingestellt haben, weil (möglicherweise) keine Finanzmittel mehr zur Verfügung stehen. Die Zahlungsunfähigkeit ist dabei jedoch von einer bloßen Zahlungsstockung zu unterscheiden, bei der der Geldmangel durch eine kurzfristige Kreditaufnahme oder andere Maßnahmen beseitigt werden kann.

Überschuldung

Eine Überschuldung liegt vor, wenn Ihr Vermögen die bestehenden Verbindlichkeiten nicht mehr deckt, wenn also mehr Passiva vorhanden sind als Aktiva.

Bei diesem Überschuldungstatbestand wird jedoch bei der Bewertung Ihres (Schuldner-)Vermögens die mögliche Fortführung des Unternehmens zugrunde gelegt, wenn diese nach den Umständen überwiegend wahrscheinlich erscheint („Going-Concern-Prinzip").

Wann genau der Tatbestand der Überschuldung eingetreten ist, sollten Sie mit Ihrem Steuerberater, aber auch mit Ihrem Wirtschaftsprüfer erörtern und vielleicht auch einen fachkundigen Juristen hinzuziehen.

Drohende Zahlungsunfähigkeit

Drohende Zahlungsunfähigkeit liegt vor, wenn Sie voraussichtlich nicht mehr in der Lage sein werden, bestehende Zahlungspflichten im Zeitpunkt der Fälligkeit erfüllen zu können.

Die drohende Zahlungsunfähigkeit kann also beispielsweise eintreten, wenn Sie einen Zulieferervertrag unterzeichnet haben, der Sie verpflichtet, während eines gesamten Jahres oder über einen gewissen Zeitraum Zuliefererteile abzunehmen und beispielsweise Ihr Hauptkunde, der die von Ihnen gefertigten Waren wiederum bei Ihnen abnimmt, Insolvenzantrag gestellt hat.

Der Insolvenzgrund der drohenden Zahlungsunfähigkeit setzt also keine tatsächliche Zahlungsunfähigkeit voraus, sondern die Zahlungsunfähigkeit muss sich nur abzeichnen.

Der Gesetzgeber hat diesen neuen Tatbestand ganz bewusst als Insolvenzgrund aufgenommen, um nach Insolvenzantrag eine Unternehmenssanierung und Fortführung des Unternehmens durch die möglicherweise noch freien Vermögenswerte herbeiführen zu können. So ergeben sich auch für Sie als den in der Krise befindlichen Unternehmer erhebliche eigene Gestaltungsmöglichkeiten, wenn der Insolvenzantrag rechtzeitig gestellt wurde. Um Missbrauch durch Ihre Gläubiger zu verhindern, ist für diesen Fall nur Ihnen, dem Schuldner, ein Antragsrecht eingeräumt.

4.2 Stellen des Insolvenzantrages

Das Stellen des Insolvenzantrages bei dem für Sie zuständigen Amtsgericht führt zu einem **Eröffnungsverfahren**, in dem zunächst ein allgemeines **Verfügungsverbot** sowie die Erstellung eines **Insolvenzgutachtens** angeordnet werden.

Der vorläufige Insolvenzverwalter hat Ihr Vermögen zu sichten, zu bewerten und in Besitz zu nehmen. Hier ergeben sich neue Möglichkeiten für Sie, etwa die Vorfinanzierbarkeit von Insolvenzausfallgeld, d. h., dass die laufenden Personalkosten Ihres insolventen Unternehmens für eine Zeit von maximal drei Monaten durch die Agentur für Arbeit gedeckt werden können. In dieser Phase hat Ihr insolventes Unternehmen die notwendige Ruhe vor Gläubigern, um etwaige **Sanierungsmaßnahmen** zu prüfen.

Diese Chance setzt jedoch voraus, dass sich schon in einer sehr frühen Phase (also im Eröffnungsverfahren) abzeichnet, dass eine überwiegende Wahrscheinlichkeit für den Erhalt eines wesentlichen Teils der Arbeitsplätze besteht oder Unternehmensteile von Dritten übernommen werden, oder eine günstige Fortführungsprognose angenommen werden kann.

Vor dem Stellen Ihres Insolvenzantrags hatten Ihre Gläubiger die Möglichkeit, eine **Zwangsvollstreckung** in Ihr Vermögen (Schuldnervermögen) nach dem Prinzip „Wer zuerst kommt, vollstreckt zuerst" zu veranlassen. Das geht nun nicht mehr. Nach Eröffnung des Insolvenzverfahrens (durch Gerichtsbeschluss) kann nur noch eine **Gesamtvollstreckung** erfolgen. Das daraus erlöste Vermögen wird nun in Höhe der prozentualen Ansprüche Ihrer Gläubiger (Quote) vom Insolvenzverwalter verteilt. Der hat aber die bei ihm anzumeldenden Forderungen vorher zu prüfen und anzuerkennen.

Damit einzelne, „schnelle" Gläubiger sich aus Ihrer Zwangslage keinen Vorteil gegenüber anderen Gläubigern verschaffen können, sind alle laufenden Maßnahmen ausgesetzt bzw. bis zu einem Monat vor Ihrem Antrag auf Eröffnung der Insolvenz ungültig.

Das betrifft beispielsweise Einzelzwangsvollstreckungen wie Pfändung, Abnahme der eidesstattlichen Versicherung etc. – selbst, wenn sie schon abgeschlossen sind (Rückschlagsperre des § 88 InsO).

4.2.1 Wer antragsberechtigt ist

Nicht jeder kann einen Insolvenzantrag stellen. Antragsberechtigt sind:

- ➔ der Schuldner selbst oder seine Vertretungsorgane sowie
- ➔ jeder Gläubiger, wenn er Folgendes glaubhaft machen kann:
  - die **Forderung**, beispielsweise durch einen Titel,
  - einen **Eröffnungsgrund**, beispielsweise Überschuldung oder Zahlungsunfähigkeit,
  - ein **rechtliches Interesse** an der Eröffnung des Insolvenzverfahrens.

Neben dem Recht des Schuldners zur Antragstellung besteht auch seine **gesetzliche, strafbewehrte Pflicht** hierzu.

Der Schuldner persönlich oder (bei einer Gesellschaft als Schuldnerin) der jeweilige, gesetzliche Vertreter hat ab Kenntnis vom Insolvenzgrund ohne schuldhaftes Zögern, also **unverzüglich**, spätestens jedoch binnen 21 Tagen Insolvenzantrag zu stellen, § 15 a InsO. Diese Frist soll ihm aber nur die Gelegenheit geben, Sanierungsmöglichkeiten für die Gesellschaft zu suchen. Ein bloßes Abwarten der Frist genügt der Verpflichtung zur unverzüglichen Antragstellung nicht!

Der Begriff „Kenntnis" bedeutet übrigens nicht, dass Ihr Verhalten danach beurteilt wird, wann Sie **tatsächlich** Kenntnis hatten. Es zählt der Zeitpunkt, zu welchem Sie den Sachverhalt nach Meinung des Gerichts gekannt haben müssten. Das heißt, sobald Sie eine fundierte kaufmännische Ausbildung oder vergleichbare Berufserfahrungen haben, wird Ihnen kaum ein Richter abnehmen, dass Sie nicht wussten, wie ernst die Lage ist.

Achtung: Verstöße gegen diese Ihre gesetzliche Antragspflicht bedeuten für Sie persönliche Schadensersatzverpflichtungen, auch, wenn Sie nur angestellter Vertretungsberechtigter (etwa GmbH-Geschäftsführer) sind. War Ihr Verstoß dazu noch strafbar, führt das – im Falle einer rechtskräftigen Verurteilung – zu einem fünf Jahre dauernden Ausschluss von der Befugnis, Geschäftsführer oder Vorstand einer Kapitalgesellschaft zu sein.

4.2.2 Folgen der Antragstellung

Das Insolvenzgericht hat bei Vorliegen eines Insolvenzantrages, der nicht offensichtlich unbegründet ist, von Amts wegen zu ermitteln, ob Insolvenzgründe vorliegen.

Mit der Antragstellung wird das zuständige Insolvenzgericht zunächst seine **Sicherungsmaßnahmen** nach § 21 InsO anordnen, nämlich in der Regel:

a) Anordnung eines allgemeinen Verfügungsverbotes
Das bewirkt, dass Sie als Schuldner über Gegenstände der Insolvenzmasse nicht mehr verfügen dürfen, Ihre eigenen Schuldner (Debitoren) können allerdings weiterhin schuldbefreiend leisten (also ihre Rechnungen bezahlen), soweit ihnen die Eröffnung des Verfahrens noch nicht bekannt ist.

b) Beauftragung eines Insolvenzgutachters, eines Vorläufigen Insolvenzverwalters, Klärung der Erfolgsaussichten einer Insolvenzeröffnung
Soweit das Insolvenzgericht – wie meistens – nicht in der Lage ist, anhand eigener Erkenntnisse über einen vorgelegten Insolvenzantrag zu entscheiden, wird es einen **Gutachter** mit der Prüfung dieser **Verfahrensvoraussetzungen** beauftragen. Oft verpflichtet das Gericht den Gutachter, die Notwendigkeit von Sicherungsmaßnahmen für die Insolvenzmasse vor Verlusten (etwa durch Ihre Verfügungen als Schuldner) schnellstmöglich zu prüfen.

Bis zur Entscheidung über den Eröffnungsantrag hat das Insolvenzgericht nämlich die Pflicht, Maßnahmen zur Sicherung des Schuldnervermögens zu treffen:

Es kann einen vorläufigen Insolvenzverwalter bestellen, Ihnen als Schuldner ein Verfügungsverbot auferlegen und Einzelzwangsvollstreckungen untersagen oder einstweilen einstellen. Wird ein vorläufiger Insolvenzverwalter eingesetzt und Ihnen zugleich ein allgemeines Verfügungsverbot auferlegt, spricht man vom „starken" Insolvenzverwalter (er übernimmt die Befugnisse des Schuldners vollständig), ansonsten vom „schwachen" vorläufigen Insolvenzverwalter.

Arbeiten Sie unbedingt mit dem vorläufigen Insolvenzverwalter kooperativ zusammen!

Sie sind als Schuldner oder als Gesellschafter einer Schuldnerin (Kapitalgesellschaft) oder als Vertretungsberechtigter gegenüber dem (vorläufigen) Insolvenzverwalter, dem Insolvenzgericht und der Gläubigerversammlung zur Auskunft über alle das Insolvenzverfahren betreffenden Verhältnisse gesetzlich verpflichtet.

Ein Auskunftsverweigerungsrecht besteht nicht einmal dann, wenn der zur Auskunft Verpflichtete sich oder Andere hierbei der Gefahr eigener Strafverfolgung aussetzt. Lediglich die Verwendung solcher Informationen in einem späteren Strafprozess gegen den Auskunftspflichtigen oder gegen dessen nahe Angehörige kann nur mit seiner Zustimmung erfolgen. Als Schuldner oder als Vertretungsberechtigter sind Sie zur Unterstützung des Insolvenzverwalters gesetzlich verpflichtet.

Verweigern Sie Auskunft oder Unterstützung oder Mitwirkung, kann der Insolvenzverwalter durch das Insolvenzgericht eine Erzwingung mit den Mitteln der Zwangsvollstreckung anordnen lassen. Das geht bis hin zur Ordnungshaft. Der Insolvenzverwalter ist außerdem berechtigt, zur Aufklärung eine Postsperre gegen Sie als Schuldner verhängen zu lassen.

c) Entscheidung über die Verfahrenseröffnung

Nach Vorlage der vorläufigen Bewertung aller Aktiva und Passiva wird über die Eröffnung des Insolvenzverfahrens entschieden.

Deckt die Insolvenzmasse die erforderlichen geschätzten Verfahrenskosten (wie z. B. Gerichtskosten, Vergütung und Auslagen des vorläufigen Insolvenzverwalters und des Gläubigerausschusses) nicht, können Sie als Schuldner – soweit Sie eine natürliche Person sind – die Stundung der Verfahrenskosten beantragen. Erfolgt dieser Antrag nicht, wird der Insolvenzantrag „Mangels Masse" zurückgewiesen. Eine Einstellung des Insolvenzverfahrens mangels ausreichender Masse kann übrigens auch noch später, nach Verfahrenseröffnung, erfolgen.

Ergibt die Antragsprüfung das Vorliegen eines Insolvenzgrundes und eine ausreichende Deckung der Verfahrenskosten, muss das Gericht das Verfahren eröffnen.

Bevor eine Verteilung der Insolvenzmasse an die Insolvenzgläubiger stattfinden darf, müssen zuerst die „Massekosten" (Gerichtskosten, Vergütung des Insolvenzverwalters/Treuhänders) gesichert sein. Ohne ausreichende Deckung der Massekosten findet ein Insolvenzverfahren nicht statt.

Achtung: Das Insolvenzgericht teilt die Verfahrenseröffnung auch der zuständigen Staatsanwaltschaft mit. Diese hat zu prüfen, ob zusätzlich ein Anfangsverdacht für Steuer-, Insolvenz-, Buchführungs- und Bilanzierungsdelikte oder nicht rechtzeitige und vollständige Abführung der Beiträge zur Sozialversicherung besteht.

4.2.3 Der Eröffnungsbeschluss

Mit dem Eröffnungsbeschluss wird vom Gericht folgendes geregelt bzw. angeordnet:

a) Insolvenzverwalter
Das Gericht benennt endgültig den Insolvenzverwalter.

b) Amtslöschung
Eine im **Handelsregister** eingetragene Gesellschaft wird dort gleichzeitig mit dem Beschluss zur Eröffnung des Insolvenzverfahrens oder zur Abweisung des Insolvenzantrages mangels Masse gelöscht. Bei natürlichen Personen erfolgt eine Eintragung in das **Schuldnerverzeichnis.**

c) Gläubigerbenachrichtigung
Die Gläubiger erhalten eine schriftliche Aufforderung, ihre Sicherungsrechte mitzuteilen.

d) Terminbestimmung
Es werden folgende Termine bestimmt:

- ➔ Ein **Berichtstermin** gegenüber dem Insolvenzgericht.
- ➔ Ein **Prüfungstermin**, in dem sämtliche angemeldeten Forderungen vom Insolvenzverwalter entweder anerkannt oder abgelehnt werden.

e) Bekanntmachung
Der **Eröffnungsbeschluss** wird öffentlich, d. h. im Bundesanzeiger (bzw. auch in der in der Satzung des Unternehmens vorgesehenen Zeitung) bekannt gemacht und im Handelsregister (§ 30 ff. InsO) eingetragen.

Auch nach dem Eröffnungsbeschluss besteht für Sie als Schuldner eine gesetzliche und sanktionsbewehrte Pflicht (zum Beispiel Haft), mit dem Insolvenzverwalter eng zu kooperieren und ihm Entscheidungsgrundlagen bereitzustellen. Das ist für Sie als Schuldner allerdings meist mit erheblichen und vergütungslosen Arbeiten verbunden. Stellen Sie sich vor, Sie haben ein Baugeschäft geführt und 8,1 Millionen Euro Verbindlichkeiten. Da können leicht 700 bis 800 Forderungsanmeldungen zu bearbeiten sein.

4.2.4 Rechtsfolgen der Verfahrenseröffnung

Aus der Eröffnung des Verfahrens ergeben sich eine Vielzahl von Rechtsfolgen, die teilweise gravierend für Sie sein können. Sie haben weitreichende Konsequenzen und reichen unter Umständen Jahre zurück.

a) Erwerb der Verwalterbefugnisse
Mit Eröffnung des Insolvenzverfahrens geht die Verwaltungs- und Verfügungsbefugnis über die Insolvenzmasse auf den Insolvenzverwalter über, der das zur Masse gehörende Vermögen in Besitz nimmt. **Für die Dauer des Insolvenzverfahrens** übernimmt der Verwalter sämtliche, sonst Ihnen zustehende Befugnisse. D. h. er wird besonders für Rechtsstreitigkeiten zugunsten der Insolvenzmasse zur „Partei kraft Amtes“.

Er zieht dem Schuldner zustehende Forderungen kraft seiner Verwaltungsbefugnis direkt bei Drittschuldnern ein. Er kann Vermögensgegenstände, die unverwertbar oder nicht wirtschaftlich sinnvoll verwertbar sind, von der Masse **freigeben**, so dass Sie wieder darüber verfügen dürfen.

b) Vollstreckungsunterbrechung
Einzelzwangsvollstreckungsmaßnahmen in die Insolvenzmasse sind für die Dauer des Verfahrens unzulässig, bereits bei Gericht anhängige Rechtsstreitigkeiten werden unterbrochen, der Insolvenzverwalter entscheidet, ob er das Verfahren fortführt.

Auch ein Erwerb von Rechten an Gegenständen der Insolvenzmasse ist nicht mehr möglich. Darüber hinaus tritt die **Rückschlagsperre** in Kraft, nach der von Ihren Gläubigern vor der Verfahrenseröffnung Erreichtes teilweise rückwirkend unwirksam wird. Damit sind bereits erfolgte Verfügungen über Ihr Vermögen teilweise zu Gunsten der Insolvenzmasse anfechtbar.

c) Aufrechnungsverbot
Gläubiger, die gleichzeitig bei Ihnen Schulden haben (also bei der Insolvenzmasse), können das nicht mehr gegeneinander aufrechnen.

d) Wahlrecht des Insolvenzverwalters
Alle von Ihnen als Schuldner vereinbarten Verträge oder gegebenen Vollmachten erlöschen. Der Insolvenzverwalter hat ein Wahlrecht, ob er in diese Rechtsgeschäfte eintritt und diese fortsetzt oder nicht.

e) Aussonderung
Gegenstände Ihres Besitzes, die anderen gehören (z. B. Mietsachen oder Vorbehaltseigentum, etwa bei Ratenkauf), sondert der Insolvenzverwalter aus der Masse aus und übergibt sie den Berechtigten.

f) Absonderungsrechte
Gegenstände, die mit Pfandrechten oder Sicherungseigentum belastet sind, verwertet der Verwalter außerhalb des Insolvenzverfahrens nach wirtschaftlichen

Gesichtspunkten (durch Veräußerung oder Zwangsversteigerung). Die Rechtsinhaber erhalten dann den Verwertungserlös, abzüglich der Kosten für die Verwertung, aber nicht die Sache selbst.

4.2.5 Prüfung und Bericht

Ein wichtiger Zeitpunkt für die Entscheidung über die wesentliche Weichenstellung in Ihrem Verfahren ist der Berichtstermin:

Der Insolvenzverwalter erstellt zur Vorbereitung dieses gesetzlich vorgeschriebenen Berichtstermins Verzeichnisse aller wesentlichen Gegenstände der Insolvenzmasse, der ihm bis dahin (insbesondere durch Forderungsanmeldung) bekannten Gläubiger sowie eine Übersicht über Ihr Vermögen als Schuldner.

Dann erläutert er im Berichtstermin der Gläubigerversammlung Ihre vorgefundene wirtschaftliche Lage, die Möglichkeiten eines Unternehmenserhalts und eines Insolvenzplans.

Die Gläubigerversammlung entscheidet nun auf Grundlage dieses Berichtes über die Fortführung des Insolvenzverfahrens, insbesondere über Zerschlagung oder Fortführung Ihres (Schuldner-)Unternehmens. Mitglieder dieser Versammlung sind Ihre Gläubiger, Sie als Schuldner, der Insolvenzverwalter und ein eventuell durch das Insolvenzgericht eingesetzter Gläubigerausschuss.

Der Insolvenzverwalter soll/hat bis dahin die Forderungsanmeldungen der Gläubiger entgegengenommen und in die Forderungstabelle eingetragen. Die dürfen alle Verfahrensbeteiligten einsehen. Im Prüfungstermin werden die angemeldeten Forderungen nach Betrag und ihrem Rang geprüft. Diejenigen Forderungen, denen weder der Verwalter noch ein Insolvenzgläubiger widerspricht, gelten als festgestellt und werden in der Forderungstabelle mit Rang sowie mit ihrem Betrag eingetragen.

Wird einer Forderung widersprochen, kann deren Gläubiger eine Klage auf ihre Feststellung zur Insolvenztabelle erheben.

4.2.6 Restschuldbefreiung

Wenn Sie als Insolvenzschuldner eine natürliche Person sind, besteht (auf Antrag) die Möglichkeit einer Restschuldbefreiung, die jedoch erst nach einer sechs Jahre langen Phase Ihres Wohlverhaltens und der gerichtlich angeordneten Treuhand über Ihr (Schuldner-) vermögen erfolgen kann. Eine Restschuldbefreiung für Sie setzt aber unter anderem voraus, dass während des Insolvenzverfahrens alle Ihre pfändbaren Einkünfte vom Treuhänder nach dem Insolvenzplan an die Gläubiger verteilt werden konnten.

Für nicht selbständig erwerbstätige natürliche Personen, also Angestellte, besteht eine Sonderregelung durch das Verbraucherinsolvenzverfahren.

4.2.7 Insolvenzanfechtungen

Ihr Insolvenzverwalter darf Ihre bereits vor der Antragstellung abgeschlossenen und vollständig erfüllten Verträge nachträglich – teilweise rückwirkend bis zu vier Jahren – anfechten! Das geschieht zum Schutz der gleichmäßigen Verteilung der Insolvenzmasse an Ihre Gläubiger, wenn sie zeitnah vor Eröffnung des Insolvenzverfahrens oder unter folgenden Bedingungen stattfanden:

- ➔ Ihre Verfügungen auf fällige Schulden („Kongruente Deckung") bis zu drei Monaten vor der Insolvenzeröffnung, wenn Ihr Vertragspartner von Ihrer Zahlungsunfähigkeit wusste.
- ➔ Ihre Verfügungen auf nicht fällige Schulden („Inkongruente Deckung") bis zu drei Monaten vor Insolvenzeröffnung bei Kenntnis der Gläubigerbenachteiligung.
- ➔ Unmittelbar für Ihre Gläubiger nachteilige Verfügungen bis zu drei Monaten vor der Insolvenzeröffnung bei Kenntnis von der Zahlungsunfähigkeit.
- ➔ Vorsätzliche Benachteiligungen in den letzten zehn Jahren vor Insolvenzeröffnung.
- ➔ Unentgeltliche Leistungen in den letzten vier Jahren vor Insolvenzeröffnung an Dritte.
- ➔ Besicherung oder Tilgung kapitalersetzender Darlehen in den letzten zehn Jahren bzw. im letzten Jahr vor Insolvenzeröffnung.
- ➔ Verfügungen zugunsten dem Schuldner nahestehender natürlicher oder juristischer Personen bis zu mehreren Jahren vor Insolvenzeröffnung.

Dies kann zu erheblichen, unschönen Überraschungen für Sie als Unternehmer führen. Deshalb – ohne Anspruch auf Vollständigkeit – vier ausgewählte Beispiele:

Beispiel

Fall 1:

Ihre Ehefrau oder Lebensgefährtin hat Ihnen als Alleingesellschafter einer Handwerker-GmbH eine Grundschuld auf ihr Grundstück von 200.000 Euro eingeräumt, da die Bank Ihrem Unternehmen keine weiteren Kredite gewähren wollte.

Im Gegenzug hat sich Ihre Ehefrau/Lebensgefährtin den Fuhrpark und sämtliche Maschinen sicherungsübereignen lassen.

Ergebnis: Obgleich eine kongruente Deckung vorliegt (die Grundschuld entspricht wertmäßig der Sicherungsübereignung), kann der Insolvenzverwalter die Sicherungsübereignung isoliert anfechten, sodass die Sicherheit für Ihre Ehefrau/Lebensgefährtin wertlos wird (§§ 30, 32 a GmbHG).

Fall 2:

Einem Lieferanten Ihrer Handwerker-GmbH ist die Krise in Ihrem Unternehmen bekannt. Aufgrund langjähriger Geschäftsbeziehungen ist er trotzdem bereit, Sie weiterhin zu beliefern, bittet jedoch um die Sicherungsübereignung Ihrer Lastwagen.

Ergebnis: Da keine kongruente Deckung vorliegt (Belieferung ohne Rechtspflicht gegen Sicherungsübereignung anderweitigen Betriebsvermögens), kann diese Besicherung des Lieferanten angefochten werden. Er bleibt auf seinen Lieferforderungen sitzen.

Fall 3:

Ein Bauunternehmer hat dreieinhalb Jahre vor seinem Insolvenzantrag den Swimmingpool eines ihm befreundeten Politikers aus reiner Freundschaft aufwändig saniert und die Arbeiten umsonst erbracht.

Ergebnis: Es liegt eine Schenkung vor, der Insolvenzverwalter kann anfechten und der Politiker muss die ihm zugeflossene „Bereicherung" (Sanierungswert) zugunsten der Insolvenzmasse des Bauunternehmens zurückzahlen.

Fall 4:

Sie haben Ihre Frau in Ihrer GmbH angestellt, diese hat sich aber hauptsächlich um die gemeinsame Kindererziehung gekümmert.

Ergebnis: Die Zahlungen aus dem Arbeitsvertrag sind eine verdeckte Gewinnausschüttung und eine Bereicherung Ihrer Frau. Sie und Ihre Frau haften für das gezahlte, dem Betriebsvermögen „entzogene" Arbeitsentgelt persönlich.

Diese Beispiele lassen sich beliebig vermehren. Gezeigt werden soll hier, dass unter Anfechtungsgesichtspunkten **bis vier Jahre vor Insolvenzantrag vollzogene Handlungen** im Verfahren eine Rolle spielen und nachträglich Sie selbst sowie Dritte erheblich schädigen können.

Beachten Sie auch, dass nicht nur der Insolvenzverwalter anfechtungsberechtigt ist, sondern unter den Voraussetzungen des Anfechtungsgesetzes (AnfG) auch jeder andere Gläubiger – und zwar auch außerhalb des Insolvenzverfahrens.

Sprechen Sie deshalb mit Ihrem rechtlichen Berater auch über diese Risiken und lassen Sie sich hierüber immer aufklären, möglicherweise schon zu einem Zeitpunkt, wo eine Insolvenz noch gar nicht auf der Tagesordnung steht.

4.3 Regel- und Sanierungsverfahren

Nach Auswahl der Gläubigerversammlung sind folgende Verfahrenstypen möglich:

Regelverfahren (Zerschlagung und Verteilung) oder **Planverfahren** (Sanierung).

4.3.1 Regelinsolvenzverfahren

Vorrangige Verpflichtung des Insolvenzverwalters ist die gleichmäßige Verteilung der Insolvenzmasse an die Gläubigerversammlung, die Herrin des Insolvenzverfahrens.

Masseverwertung

Nach dem Berichtstermin beginnt, wenn kein gegenteiliger Beschluss der Gläubigerversammlung vorliegt, die Verwertung der Masse.

Der Verwalter hat in der Regel die möglichst wirtschaftliche Art der Verwertung für die Insolvenzmasse zu bestimmen. Er kann hierzu (auch ohne Zustimmung der Gläubigerversammlung) einzelne Wirtschaftsgüter „freihändig“ (d. h. an einzelne Anbieter) verkaufen oder auch versteigern lassen („Industrieversteigerung“).

Beabsichtigt der Verwalter eine Veräußerung des gesamten Schuldnerunternehmens oder eines Betriebsteils, benötigt er die Zustimmung der Gläubigerversammlung (oder ggf. des Gläubigerausschusses).

Die Verwertung der Insolvenzmasse kann so auf drei (in der Praxis oft miteinander vermischten) Wegen erfolgen:

1. **Liquidation**
   Das gesamte Schuldnervermögen wird (meist durch Versteigerungen) verwertet. Der Erlös wird an die Gläubiger verteilt.
2. **Sanierung**
   Das Unternehmen wird durch den Insolvenzverwalter fortgeführt. Nach der Stabilisierung der Unternehmenssituation stehen die erwirtschafteten Gewinne den Gläubigern zu.
3. **Übertragung**
   Der Verkauf des gesamten Unternehmens – der Erlös wird zur Befriedigung der Gläubiger verwendet.

Masseverteilung

Die Masseverteilung durch Befriedigung der Insolvenzgläubiger beginnt frühestens nach dem Prüftermin. Alle Insolvenzgläubiger sind dabei gleich zu behandeln.

Soweit die Insolvenzmasse in Geld umgesetzt ist, werden (je nach Einschätzung der wirtschaftlichen Möglichkeiten durch den Insolvenzverwalter) zunächst die Kosten des Insolvenzverfahrens (die Vergütung des Verwalters sowie Gerichtskosten) entnommen. Danach sind die sonstigen Masseverbindlichkeiten, also alle durch Handlungen des Insolvenzverwalters (und auch eines vorläufigen „starken“ Verwalters) entstandenen Kosten auszugleichen.

Aus der verbleibenden Insolvenzmasse werden die Insolvenzgläubiger nach einem vom Verwalter erstellten Verzeichnis befriedigt. Der Gläubigerausschuss muss zustimmen und die **Quote** festlegen. Wenn die **Masseverwertung** abgeschlossen ist, erfolgt mit Zustimmung des Insolvenzgerichts die **Schlussverteilung**. Über nicht verwertbare Gegenstände wird in einer abschließenden Gläubigerversammlung entschieden.

Nach der Schlussverteilung beschließt das Gericht die **Aufhebung des Insolvenzverfahrens**. Erst danach können die Gläubiger ihre verbleibenden Forderungen wieder unbeschränkt geltend machen, soweit nicht das Gericht eine Restschuldbefreiung angeordnet hat.

Das Regelinsolvenzverfahren kann statt von einem gerichtlich bestellten Insolvenzverwalter auch (bei Einverständnis der Gläubiger) in Eigenverwaltung des Schuldners geführt werden.

Eine Eigenverwaltung sollten Sie aus naheliegenden Gründen jedoch nicht völlig allein durchführen, sondern sich von Sanierungsfachleuten beraten lassen.

4.3.2 Sanierungs- und Insolvenzplanverfahren

Im **Insolvenzplanverfahren** können die Beteiligten weitgehend autonom vom Regelinsolvenzverfahren abweichende Vereinbarungen treffen. Vor allem kann in einem Insolvenzplan eine Regelung zum Erhalt Ihres Unternehmens getroffen werden.

■ Planaufstellung/Prüfung

Ein Insolvenzplan kann dem Insolvenzgericht von Ihnen als Schuldner oder vom Insolvenzverwalter vorgelegt werden. Der Insolvenzverwalter kann außerdem von der Gläubigerversammlung mit der Erarbeitung eines Planes beauftragt werden.

Der Insolvenzplan besteht aus einem darstellenden und einem gestaltenden Teil

Der **darstellende Teil** enthält die Beschreibung der Unternehmenssituation und der erforderlichen Sanierungsmaßnahmen. Die Gläubiger und das Insolvenzgericht sollen über das Ziel des Plans und den Weg zu dessen Erreichung unterrichtet werden. Planziele können z. B. die Eigensanierung, die übertragende Sanierung, die Liquidation oder ein Moratorium zur Stundung von Forderungen sein.

Der **gestaltende Teil** legt fest, wie die Rechtsstellung der Verfahrensbeteiligten durch den Plan verändert wird.

Die Gläubiger werden im Plan in Gruppen unterteilt. Vom Gesetz vorgegeben sind dabei nur absonderungsberechtigte, nicht nachrangige und nachrangige Insolvenzgläubiger, weitere Gruppen sind möglich. Eine Gleichbehandlung der Gläubiger findet im Unterschied zum Regelinsolvenzverfahren **nur innerhalb der jeweiligen Gruppe** statt.

Das Gericht prüft den Plan nur auf Mängel, leitet ihn – sofern es ihn nicht zurückweist – an Gläubigerausschuss, Verwalter und Schuldner zur Stellungnahme weiter und bestimmt einen Termin, in dem nach der Erörterung und etwaigen Änderungen über den Plan abgestimmt wird.

■ Planabstimmung

Nur Gläubiger, deren Forderungen durch den Plan beeinflusst werden, haben bei der Abstimmung Stimmrecht. Die Gläubiger stimmen in den vom Plan vorgesehenen Gruppen ab. Der Plan wird angenommen, wenn sich in jeder Gruppe eine Mehrheit nach Köpfen und Forderungssummen für den Entwurf entscheidet.

Wird in einer Gruppe keine Mehrheit erzielt, so gilt die Zustimmung dieser Gruppe von Gesetz wegen als erteilt, wenn sich z. B. die Stellung der Gruppe durch den Plan nicht verschlechtert oder wenn die Mehrheit der Gruppen zustimmt.

Ein Insolvenzplan wird also in der Praxis umständliche Diskussions- und Abstimmungsprozesse zwischen den Gläubigern und Ihnen auslösen, denn jeder Gläubiger wird sehr gründlich prüfen, ob es sinnvoll ist, Ihr insolventes Unternehmen fortzuführen oder zu zerschlagen.

Sie als Schuldner können dem Plan auch widersprechen, wenn Sie durch den Plan eine Verschlechterung ihrer Stellung befürchten.

Kommt keine Einigung zustande, hat ein Regelverfahren stattzufinden.

■ Aufhebung des Insolvenzverfahrens

Nach Annahme durch die Gläubiger (Sie haben kein Widerspruchsrecht) bestätigt das Insolvenzgericht den Plan. Mit Rechtskraft des Beschlusses treten die

Wirkungen des Planes für und gegen alle Beteiligte ein und das Insolvenzverfahren wird vom Gericht aufgehoben.

Sofern im Insolvenzplan keine andere Vereinbarung getroffen wird, werden Sie als Schuldner mit Erfüllung der im gestaltenden Teil des Plans vorgesehenen Befriedigung der Insolvenzgläubiger von Ihren restlichen Verbindlichkeiten gegenüber den Gläubigern vollständig befreit. Die Überwachung der Planerfüllung durch den Insolvenzverwalter kann angeordnet werden.

Im Rahmen eines Insolvenzplans, der das Überleben Ihres Unternehmens sichern soll, besteht auch die Möglichkeit, dass Sie selbst das Sanierungsverfahren in Eigenregie durchführen, allerdings stehen Sie hierbei ebenfalls unter der Kuratel Ihrer Gläubiger.

Sind Sie betroffen, sollten Sie das nicht allein in die Hand nehmen, sondern sich von Sanierungsfachleuten beraten lassen.

5 Vereinfachte Verfahren für Einzelunternehmer und Privatpersonen

5.1 Vereinfachtes Insolvenzverfahren

Ein gesondert geregeltes, **vereinfachtes Insolvenzverfahren** steht zahlungsunfähigen natürlichen Personen, also neben Privatpersonen auch Einzelunternehmern – Kaufleuten oder Freiberuflern – zur Verfügung.

Es läuft in fünf Phasen ab:
- ➔ den zunächst vorgeschriebenen außergerichtlichen Einigungsversuch,
- ➔ das gerichtliche Eröffnungsverfahren (bei Scheitern des Einigungsversuches),
- ➔ das gerichtliche Schuldenbereinigungsplanverfahren,
- ➔ das Insolvenzverfahren im engeren Sinne und
- ➔ das Restschuldbefreiungsverfahren.

Bei erfolgreichem Abschluss des Verfahrens innerhalb einer **Wohlverhaltensperiode von sechs Jahren** besteht auf Ihren Antrag die Möglichkeit der Zahlungsentpflichtung durch Gerichtsbeschluss („Restschuldbefreiung"). Auf begründeten Antrag mindestens eines Gläubigers (insbesondere bei Bestehen von Forderungen aus unerlaubter Handlung wie etwa Straftaten) kann das Gericht die Restschuldbefreiung jedoch auch verweigern.

Für nicht selbständig erwerbstätige Personen existiert eine Sonderregelung durch das **Verbraucher- oder Privatinsolvenzverfahren**.

5.2 Verbraucherinsolvenz

Die Insolvenzordnung ermöglicht auch für reine Privatpersonen zum Zweck der Schuldenbereinigung, ihre Vermögensverhältnisse offenzulegen, das Vermögen zur Tilgung von Verbindlichkeiten gegenüber den Gläubigern zu verwenden und im Übrigen nach einer Wohlverhaltenszeit auf die Dauer von sieben Jahren sämtliche pfändbaren Bezüge an einen Treuhänder abzutreten, der diese wiederum an die Gläubiger gleichmäßig verteilt („auskehrt").

Das Verbraucherinsolvenzverfahren ist über **vier Phasen** möglich:

- ➔ **Phase 1: Außergerichtlicher Einigungsversuch (Vorphase)**
  Sie als Privatperson müssen sechs Monate vor Antrag auf Eröffnung des Verbraucherinsolvenzverfahrens durch die Bestätigung „einer geeigneten Person oder Stelle" (Schuldnerberatung, Rechtsanwalt, Steuerberater, karitative soziale Einrichtung) nachweisen, dass Sie eine Einigung auf außergerichtlicher Basis mit Hilfe eines Schuldenbereinigungsplans erfolglos versucht haben.

➔ **Phase 2: Gerichtlicher Einigungsversuch (Insolvenzphase)**
Das Gericht (Insolvenzgericht) versucht nach Ihrem Antrag als Schuldner und nach Vorlage eines Schuldenbereinigungsplans unter Angabe aller Schulden nochmals eine gütliche Einigung, wobei Ihr Schweigen als Schuldner als Zustimmung gilt.

➔ **Phase 3: Eröffnung des gerichtlichen Insolvenzverfahrens (Eröffnungsphase)**
Bei Scheitern eines gerichtlichen Einigungsversuches ordnet das Insolvenzgericht einen Schuldenbereinigungsplan an, der Ihnen als dem Schuldner nur Einkünfte unterhalb der Pfändungsfreigrenzen gewährt und ansonsten Ihre Einkünfte quotenmäßig an die Gläubiger – unter Einschaltung eines Treuhänders – auszahlen lässt.

➔ **Phase 4: Wohlverhaltensperiode (Treuhandphase)**
In dieser Phase werden Ihre sämtlichen Einkünfte, soweit sie die Pfändungsfreigrenzen übersteigen, für die Dauer von bis zu 72 Monaten an den Treuhänder abgetreten, der für Sie Ihre Obliegenheiten als Schuldner zu erfüllen hat. In diese Frist für die sechsjährige Wohlverhaltensphase wird aber die Dauer des gerichtlichen Insolvenzverfahrens (in der Praxis oft ca. sechs bis zwölf Monate) ab dem Tag der Eröffnung des gerichtlichen Insolvenzverfahrens mit eingerechnet.

Wichtig ist, dass Sie im gesamten Verfahren **zutreffende und vollständige Angaben über Ihre Vermögensverhältnisse** gemacht haben. Etwaige Unwahrheiten in Ihrer Selbstauskunft sollten Sie schnellstmöglich korrigieren bzw. bisher fehlende Angaben nachliefern, bevor diese dem Insolvenzgericht anderweitig bekannt werden. Denn sonst droht eine Versagung der Restschuldbefreiung, ebenso bei Ihrer rechtskräftigen Verurteilung wegen Straftaten gemäß §§ 283 bis 283 c des Strafgesetzbuchs.

■ Restschuldbefreiung

Erst nach erfolgreicher Bewältigung der vorangegangenen vier Phasen, also nach sechs Jahren plus Vorphase, wird Ihnen als dem Schuldner auf Antrag eine Restschuldbefreiung gewährt. Nach der Wohlverhaltenszeit werden Sie dann von Ihren Verbindlichkeiten gegenüber den Insolvenzgläubigern befreit.

Durch die Restschuldbefreiung werden jedoch nicht alle Insolvenzforderungen gegen den Schuldner beseitigt. Auch nach erfolgreichem Verfahren bleiben folgende Forderungsarten weiter bestehen (und sind dann für Ihre Gläubiger wieder jederzeit vollstreckbar).

➔ Ihre Verbindlichkeiten aus einer vorsätzlich begangenen unerlaubten Handlung, (sofern der Gläubiger die entsprechende Forderung unter Angabe dieses Rechtsgrundes angemeldet hatte).

- ➔ Geldstrafen und die diesen in § 39 Abs. 1 Nr. 3 InsO gleichgestellten Verbindlichkeiten des Schuldners.
- ➔ Verbindlichkeiten aus zinslosen Darlehen, die Ihnen zur Begleichung der Kosten des Insolvenzverfahrens gewährt wurden.

5.3 Fazit

Die Verbraucherinsolvenzmöglichkeiten können hier nicht näher untersucht werden. Erkundigen Sie sich im Interesse Ihrer Familie rechtzeitig darüber, da es – statistisch gesehen – mehrere Millionen Haushalte gibt, die – teilweise auch infolge gescheiterter unternehmerischer Aktivitäten – überschuldet sind.

Geraten Sie wirklich in eine prekäre Situation, konsultieren Sie rechtzeitig einen Anwalt oder Wirtschaftsprüfer. So mancher Betrieb wäre noch zu retten gewesen, hätte sich der Unternehmer früh genug mit fachlicher Unterstützung versehen! Die Legende, dass erst nach einer Insolvenz genügend Erfahrung vorhanden ist, um ein erfolgreicher Unternehmer zu sein, ist falsch. Und es wird auch in der Zukunft der Satz gelten, dass die meisten Unternehmer nach einem Insolvenzverfahren nicht mehr in der Lage sind, erfolgreich und unternehmerisch tätig zu werden.

Die von Ihnen gewählte Variante, sich als Gründer lieber rechtzeitig zu qualifizieren, ist der bessere Weg. Viel Erfolg dabei!

Adressen der Autoren

RA Michael Ebert
Kanzlei Quack, Gutterer & Partner
Theresienstrasse 29
D-01097 Dresden
E-Mail: quack-gutterer@t-online.de
Website: www.gutterer.de

Dr. oec. habil. Dietrich Eschler
Wirtschaftsprüfer und Steuerberater
Kanzlei Dr. D. Eschler · E. Wetzig
Bahnhofstraße 11
D-04736 Waldheim
E-Mail: waldheim@eschler-wetzig.de
Website: www.eschler-wetzig.de

Thomas Fürst
Diplom-Ökonom (Univ.)
Stadtsparkasse München
Ungererstraße 75
D-80805 München
E-Mail: thomas.fuerst@sskm.de
Website: www.sskm.de

Christiane Herget
Sachverständige für Schimmelpilze und Schadstoffe in Innenräumen
Martin Schauer Umweltmesstechnik
Gertrud-von-le-Fort-Str. 8
D-97074 Würzburg
E-Mail: mail@sv-herget.de
Website: www.svbüro-schauer.de

Peter Höhne
Hauptgeschäftsführer
IHK Ostthüringen zu Gera
Gaswerkstr. 23
D-07546 Gera
E-Mail: hoehne@gera.ihk.de

RA Arne Kausch
Kanzlei Quack, Gutterer & Partner
Theresienstrasse 29
D-01097 Dresden
E-Mail: quack-gutterer@t-online.de
Website: www.gutterer.de

Heike Kirst
Geschäftsführerin
Kirst – Gesellschaft für Kommunikation mbH
Wien und Linz/Leonding
Landstraßer Hauptstraße 71/2
A-1030 Wien
E-Mail: heike.kirst@kirst-gmbh.at
Website: www.kirst-gmbh.at

Dr. oec. Uwe Kirst
Diplomökonom (Univ.)
Titularprofessor
Kirst – Gesellschaft für Kommunikation mbH
Wien und Linz/Leonding
Landstraßer Hauptstraße 71/2
A-1030 Wien
E-Mail: uwe.kirst@kirst-gmbh.at
Website: www.kirst-gmbh.at

Thomas Kühr
Diplomkaufmann
Feyer-Weg 5
D-53894 Mechernich-Weyer
E-Mail: kuehr@equity4ventures.de
Website: www.equity4ventures.de

RA Dr. Ulrich Lichtner †
Fachanwalt für Steuerrecht,
Steuerberater

Jörg Naujoks
Dipl. Informatiker (FH)
x-root Software GmbH
Theodor-Gietl-Str. 15
D-83026 Rosenheim
E-Mail: info@x-root.de
Website: www.x-root.de

Dr. Ulrich Roeder
Schwarzach 18
D-91126 Schwabach
E-Mail: ulrich.roeder@nefkom.net

Martin Schauer
Öffentlich bestellter und vereidigter Sachverständiger der Handwerkskammer für Unterfranken im Elektrotechniker-Handwerk und elektrische, magnetische und elektromagnetische Felder
Gertrud-von-le-Fort-Str. 8
D-97074 Würzburg
E-Mail: mail@sv-schauer.de
Website: www.sv-schauer.de

Michaela Schwarzenbach
Diplombetriebswirtin (FH)
Concepta GmbH
Weinbergstr. 11b
D-85386 Eching
E-Mail: schwarzenbach@conceptaweb.de
Website: www.conceptaweb.de

Birgit Willberger
Diplombetriebswirtin
Lady Invest-Beratungsgesellschaft mbH
Pirckheimerstr. 68
D- 90 408 Nürnberg,
E-Mail: info@ladyinvest.de
Website: www.ladyinvest.de

Dr. Konrad Zipperlen
Bereichsleiter
IHK für München und Oberbayern
Max-Joseph-Str. 2
D-80333 München
E-Mail: zipperlen@muenchen.ihk.de

Wichtige Adressen, Links und Portale

Aktivsenioren Bayern e. V.
D-80538 München
E-Mail: info@aktivsenioren.de
Website: www.aktivsenioren.de

Bundesarbeitsgemeinschaft ALT HILFT JUNG e.V.
D-53175 Bonn
E-Mail: info@diewirtschaftssenioren.de
Website: www.diewirtschaftssenioren.de

AUMA Ausstellungs- und Messe-Ausschuss der Deutschen Wirtschaft e. V.
D-10179 Berlin
E-Mail: info@auma.de
Website: www.auma.de

Arbeitsgemeinschaft Deutscher Innovations-, Technologie- und Gründerzentren e. V.
D-12489 Berlin
E-Mail: adt@adt-online.de.
Website: www.adt-online.de

BA Bundesagentur für Arbeit
D-90478 Nürnberg
Website: www.arbeitsagentur.de

Bundesaufsichtsamt für das Versicherungswesen (BaV)
D-53117 Bonn
Website: www.bav-bund.de

Bundes-Ingenieurkammer
D-10969 Berlin
E-Mail: info@bingk.de
Website: www.bundesingenieurkammer.de

Bundeskreditgarantiegemeinschaft des Handwerks GmbH
D-10117 Berlin
E-Mail: info@zdh.de
Website: www.zdh.de

Bundesministerien Deutschlands
Website: www.deutschland.de

Bundesministerium für Wirtschaft und Technologie
D-10115 Berlin
E-Mail: info@bmwi.bund.de
Website: www.bmwi.de

Bundesnotarkammer
D-10117 Berlin
E-Mail: bnotk@bnotk.de
Website: www.bnotk.de

Bundesrechtsanwaltskammer
D-10179 Berlin
E-Mail: zentrale@brak.de
Website: www.brak.de

Bundessteuerberaterkammer
D-10178 Berlin
E-Mail: zentrale@bstbk.de
Website: www.bstbk.de

Bundesverband Deutscher Kapitalbeteiligungsgesellschaften
D-10117 Berlin
E-Mail: bvk@bvkap.de
Website: www.bvkap.de

Bundesverband Deutscher Unternehmensberater (BDU) e. V.
D-53113 Bonn
E-Mail: info@bdu.de
Website: www.bdu.de

DIE FAMILIENUNTERNEHMER – ASU e. V.
Bundesgeschäftsstelle Berlin
D-10117 Berlin
E-Mail: geyer@familienunternehmer.eu
Website: www.familienunternehmer.eu

Deutscher Franchise-Verband e. V. (DFV)
D-10117 Berlin
E-Mail: info@franchiseverband.com
Website: www.franchiseverband.com

DIHK
Deutscher Industrie- und Handelskammertag e. V.
D-10178 Berlin
E-Mail: infocenter@dihk.de
Website: www.dihk.de

Deutsches Patent- und Markenamt
D-80331 München
E-Mail: post@dpma.de
Website: www.deutsches-patentamt.de

Gesamtverband der deutschen Versicherungswirtschaft e. V. GDV
D-10117 Berlin
E-Mail: berlin@gdv.org
Website: www.gdv.de

Gesellschaft für Außenwirtschaft und Standortmarketing mbH
D-10117 Berlin
E-Mail: office@gtai.com
Website: www.gtai.de

Geschäftsstelle des Verbandes
deutscher Unternehmerinnen e. V.
Gustav-Heinemann-Ufer 94
D-10178 Berlin
E-Mail: info@vdu.de
Website: www.vdu.de

Deutsche Gesetzliche Unfallversicherung e. V. DGUV
D-10117 Berlin
E-Mail: info@dguv.de
Website: www.dguv.de

Euler Hermes Kreditversicherung AG
D-22763 Hamburg
E-Mail: info.de@eulerhermes.com
Website: www.eulerhermes.com

Institut für Freie Berufe (IFB)
D-90402 Nürnberg
E-Mail: info@ifb.uni-erlangen.de
Website: www.ifb.uni-erlangen.de

Institut für Handelsforschung IfH
D-50865 Köln
E-Mail: info@ifhkoeln.de
Website: www.ifhkoeln.de

Kreditanstalt für Wiederaufbau (KfW)
D-60325 Frankfurt am Main
E-Mail: info@kfw.de
Website: www.kfw.de

Leitstelle für Gewerbeförderungsmittel des Bundes
D-50969 Köln
E-Mail: info@leitstelle.org
Website: www.leitstelle.org

Mittelstandsbank des Bundes
E-Mail: info@kfw.de
Website: www.kfw-mittelstandsbank.de

Patentanwalt-Suchdienst
D-82319 Starnberg
E-Mail: info@pavis.de
Website: www.patentanwalt-suche.de

START- Messe
Website: www.start-messe.de

Umweltbundesamt
Website: www.umweltbundesamt.de

Umweltfirmen-Informationssystem der IHKn in Deutschland
Website: www.umfis.de

Verband der Bürgschaftsbanken
D-53113 Bonn
E-Mail: info@vdb-info.de
Website: www.vdb-info.de

Verband der Vereine Creditreform e. V.
D-41460 Neuss
E-Mail: creditreform@verband.creditreform.de
Website: www.creditreform.de

Wirtschaftsjunioren Deutschland (WJD) e. V.
D-10178 Berlin
E-Mail: wjd@wjd.de
Website: www.wjd.de

Wirtschaftsprüferkammer (KdöR)
D-10787 Berlin
E-Mail: kontakt@wpk.de
Website: www.wpk.de

Zentralverband der Deutschen
Werbewirtschaft e. V. (ZAW)
D-10117 Berlin
E-Mail: zaw@zaw.de
Website: www.zaw.de

Zentralverband des Deutschen
Handwerks (ZDH)
D-10117 Berlin
E-Mail: info@zdh.de
Website: www.zdh.de

Portale

Bundesministerium der Justiz
www.gesetze-im-internet.de

Existenzgründungsportal des BMWi
www.existenzgruender.de

Statistisches Bundesamt
www.destatis.de

Markt- und Standortanalyse
www.standortanalyse.biz

Links und Kontaktadressen für Österreich

Statistisches Bundesamt Österreich
www.statistik.at

Bundesministerien Österreichs
Website: www.bka.gv.at

Wirtschaftskammer Österreich
www.wko.at
www.gruenderservice.at

Moore Stephens Uniconsult
Wirtschaftstreuhand- und Steuerberatungsgesellschaft mbH
Dr. Josef Rumpl
Bahnhofstraße 35A
A-4910 Ried im Innkreis
E-Mail: riedoffice@uniconsult.at
Website: www.uniconsult.at

Wagner Rechtsanwälte GmbH
Dr. Karl Wagner
Unterer Stadtplatz 4
A-4780 Schärding,
E-Mail: office@wagner.at
Website: www.wagner.at

Stichwortverzeichnis